FPGA嵌入式微处理器系统设计

[德] 乌韦·迈耶-贝斯(Uwe Meyer-Baese)　著

杨文波　陈　进　　　　　译

清华大学出版社

北　京

北京市版权局著作权合同登记号　图字：01-2022-4814

First published in English under the title

Embedded Microprocessor System Design using FPGAs

by Uwe Meyer-Baese.

Copyright © Springer Nature Singapore Pte Ltd. 2021.

This edition has been translated and published under licence from Springer Nature Switzerland AG. Part of Springer Nature.

图书在版编目（CIP）数据

FPGA 嵌入式微处理器系统设计 / (德) 乌韦·迈耶-贝斯著；杨文波, 陈进译.

北京 : 清华大学出版社, 2025. 6. -- ISBN 978-7-302-69435-9

I. TP331.2

中国国家版本馆 CIP 数据核字第 202555AJ19 号

责任编辑：王　军
封面设计：高娟妮
版式设计：恒复文化
责任校对：成凤进
责任印制：杨　艳

出版发行：清华大学出版社
　　网　　址：https://www.tup.com.cn，https://www.wqxuetang.com
　　地　　址：北京清华大学学研大厦 A 座　　　　邮　　编：100084
　　社 总 机：010-83470000　　　　　　　　　邮　　购：010-62786544
　　投稿与读者服务：010-62776969，c-service@tup.tsinghua.edu.cn
　　质 量 反 馈：010-62772015，zhiliang@tup.tsinghua.edu.cn
印 装 者：大厂回族自治县彩虹印刷有限公司
经　　销：全国新华书店
开　　本：170mm×240mm　　　印　　张：27　　　字　　数：689 千字
版　　次：2025 年 7 月第 1 版　　印　　次：2025 年 7 月第 1 次印刷
定　　价：128.00 元

产品编号：097319-01

前　　言

嵌入式微处理器系统无处不在，只要看看你的周围就能明白这一点。你会在手机、数字时钟、GPS、摄像机和互联网路由器以及家用电子娱乐设备中找到它们。一辆现代汽车通常会使用50~100 个微处理器。嵌入式系统通常会在价格、功耗、内存或存储等资源上受限。一台通用计算机通常要耗费数百瓦的功率，而一个时钟或遥控器只需要耗费微瓦级功率，从而能够靠一节AAA 电池运行一年。尽管许多嵌入式系统运行时需要低功耗，但其所实施的算法，像 UMTS 手机中使用的 turbo 纠错码，对计算量的要求却很高。不管怎样，今天，嵌入式处理器能够执行复杂的任务并运行相关的复杂算法。一辆汽车中的微处理器估计会使用上亿行代码，其中仅 GPS和无线电模块就占了 2000 万行。

FPGA 是开始探索嵌入式系统设计空间的最佳选择，因为它们属于细粒度逻辑可编程的商业现货(Commercial Off The Shelf，COTS)器件，其一次性工程(Non Recurring Engineering，NRE)成本比目前能买到的基于单元(cell)的系统低得多。最新一代的 FPGA 电路板和设备支持在同一块板卡上使用软核、参数化或硬核微处理器来设计微处理器系统。这些板卡为许多设计提供了很棒的起点，因为板卡上还有大量的外围元件，如音频编解码器、视频 HDMI 连接器或 SD 卡。如果你使用的是非 FPGA 的标准商业现货微处理器系统，要把这些组件纳入项目中就会非常耗时。

在 21 世纪进入第二个十年之际，我们发现，可编程逻辑器件(Programable Logic Device，PLD)市场的两个领导者(Altera/Intel 和 Xilinx)的收入都超过了 20 亿美元。在过去的十年中，FPGA 获得了超过 20%的稳定增长，比 ASIC 和 PDSP 高出 10%。这是因为 FPGA 与 ASIC 有许多共同的特点，如减少了尺寸、重量和功耗；更高的吞吐量；增强了防止未经授权复制的安全性；更低的器件和库存成本，更少的电路板测试成本；在有些方面，FPGA 更胜过了 ASIC，如减少了开发时间(快速原型)、具有在线(重新)编程能力和更低的一次性工程成本，从而让少于 1000 个成品的解决方案的设计更加经济。硬件设计领域的另一个趋势是从图形设计输入(entry)向硬件描述语言(Hardware Description Language，HDL)进行迁移。人们发现，基于 HDL 的设计输入中的"代码重用"率要比基于图形的高得多。对 HDL 设计工程师的需求量很大，我们已经见到本科生课程在用 HDL 教授逻辑设计。如今，有两种流行的 HDL 语言。美国西海岸和亚洲更喜欢使用Verilog，而美国东海岸和欧洲更经常使用 VHDL。尽管由于 VHDL-2008 支持定点和浮点数据类型，一些使用 VHDL 进行设计的例子更容易阅读一些，但对于使用 FPGA 进行的嵌入式微处理器设计，这两种语言似乎都很适合。其他限制因素可能包括个人偏好、EDA 库和工具的可用性、可读性、能力和使用编程语言接口(Programming Language Interface，PLI)的语言扩展以及商业、业务和营销问题等，而以上因素也仅是略举几例。如今，工具供应商已经认识到这两种语言都必须得到支持，而本书也涵盖了这两种设计语言的例子。我们现在很幸运，"基准" FPGA 工具可以从不同的来源获得，并且对于教学用途来说基本上没有成本。我们在本书中利用了这个条件。书中包含了 Altera/Intel Quartus 15.1 Lite Edition 以及 Xilinx Vivado 2016.4 工具可用的代码，后者提供了一套完整的设计工具，涵盖从能感知内容的编辑器、微处理器配置器、编译器、模拟器到比特流生成器。本书展示的所有例子都用 VHDL 和 Verilog 编写，也容易移植到其他专有的设计输入系统中。

本书的结构安排如下。第 1 章首先简要介绍了当今主流的微处理器和基本的微处理器原理，特别是基于 FPGA 的微处理器。它还包括一个关于用 IP 块进行设计的概述和一个 PLL IP 核设计实例。第 2 章讨论了用于设计当前最先进的 FPGA 系统的器件、板卡和工具。还讨论了终极 RISC(URISC)微处理器的详细案例，包括模型讨论、编译步骤、仿真、性能评估、功率估计以及使用 Quartus 和 Vivado 进行的布局规划。这个案例研究是后续章节中许多其他设计实例的基础。第 3 章和第 4 章涉及微处理器设计中使用的 VHDL 和 Verilog 语言元素。第 5 章回顾了 ANSI C 语言，还讨论了调试方法以及与 C++的区别。第 6 章介绍了微处理器的软件工具开发，详述了使用 GNU Flex 的词法分析和使用 GNU Bison 的解析器实现。我们为 PICOBLAZE 微处理器设计了一个汇编器，为三地址机器设计了一个基本的和全功能的 C 语言编译器，还讨论了指令集模拟器和软件调试器。在第 7 章中，逐步开发了软核 PICOBLAZE，使其增加越来越多的架构特性。我们研究了循环控制和数据存储器的设计并用 HDL 来实现。第 8 章全面讨论了最流行的基于 FPGA 的 8 位微处理器对应的完整指令集。第 9 章和第 10 章讨论了 Altera/Intel 和 Xilinx 设备具有的两个最流行的参数化内核，分别称为 Nios II 和 MICROBLAZE。我们开发了一种自顶向下和自底向上的系统设计方法。我们通过为 Nios 添加浮点数协处理器和为 MICROBLAZE 添加 HDMI 解码器来演示如何将定制 IP 添加到微处理器中。我们也构建了 Tiny RISC 版本的处理器，名为 TRISC3N 和 TRISC3MB，它们支持精简指令集并且可以运行通过供应商 GCC 工具生成的基本程序。第 11 章讨论了最流行的 32 位商业现货硬 IP 处理器核 ARM Cortex-A9，它已经包含在 Altera/Intel 和 Xilinx 的最新设备中。我们再次展示了自顶向下和自底向上的设计，同时会开发一个 Tiny RISC 版本的 TRSC3A，从而展示 ARM Cortex-A9 为什么在架构上更有优势。我们定制了一个 IP 以加速 FFT 地址计算，并测量其速度提升水平。本书的附录 A 采用在线方式提供，其中包含了可以在 Quartus 和 Vivado 中使用的全部 5 个(小)处理器模型(URISC、TRISC2、TRISC3N、TRISC3MB 及 TRISC3A)对应的 Verilog 源代码和 xsim 仿真。附录 B 也采用在线方式提供，其中的缩写词列表可供读者快速参考。还有一些额外的文件、HDL 语言参考卡片以及实用工具将在 GitHub[1]和作者的个人网站[2]上发布，读者也可通过扫描本书封底的二维码下载。

在此要说明的是，本书采用黑白印刷，书中的彩图以在线方式提供，读者可通过扫描本书封底的二维码下载。

---

1 译者注：https://github.com/uwemeyerbaese。
2 译者注：https://web1.eng.famu.fsu.edu/~umb/。

致 谢

本书的编写基于我自 2003 年以来在位于塔拉哈西市的佛罗里达农工大学——佛罗里达州立大学工程学院开设的嵌入式微处理器系统设计课程。在过去的 17 年里，我指导了 60 多位硕士和博士的论文项目。我希望感谢所有在实验室和会议上帮助我进行过关键性讨论的同事们以及用他们的设计想法启发过我的学生们，其中的一些设计想法会在第 9、10 和 11 章中讨论。

我特别感谢我在格拉纳达大学的朋友和同事，我从 1998 年起就有幸与他们一起工作，并在 2014 年夏天到西班牙拜访他们。他们最近帮助我的实验室开始了对 FECG(胎儿心电图)分析的研究。特别感谢 A. Garcia、E. Castillo、L. Parrilla、A. Lloris 和 J. Ramírez。

我想感谢 2015 年夏季我在德国卡塞尔大学进行研究访问时的同事们，感谢他们在 Vivado Xilinx 设计和 ZyBo 板方面对我提供的大力支持。特别感谢 P. Zipf、M. Kumm 和 K. Möller。

特别感谢 Francesco Poderico 对我的信任，让我继续在他的 PCCOMP 编译器上提供对 PICOBLAZE 的支持。

我要感谢亚琛高等理工学院国际空间站的同事们，在 2006 年和 2008 年暑期我受洪堡奖资助赴德国研究期间，他们花了很多时间和精力教我进行 LISA 和 C 编译器设计。特别感谢 H. Meyr、G. Ascheid、R. Leupers、D. Kammler 和 M. Witte。

我尤其要感谢来自马德里大学的 Guillermo Botella 和 Diego Gonzalez，感谢他们在图像和视频处理应用中提供的帮助。

我想感谢来自 Altera/Intel 和 Xilinx 的 Rebecca Nevin、B. Esposito、M. Phipps、A. Vera、M. Pattichis 在软硬件方面提供的支持。我要感谢出版方(Spring-Verlag)的 Charles Glaser 和 Merkle 博士近年来给予我的持续支持和帮助。

如果读者发现任何错误或者有任何改进建议，请通过出版方联系我。

Uwe Meyer-Baese

美国佛罗里达州塔拉哈西市

2020 年 4 月

目　　录

第1章

嵌入式微处理器系统基础

摘要

本章概述了本书中我们将使用的算法和技术。我们首先从嵌入式微处理器系统设计综述开始讨论,然后将重点讨论基于 FPGA 设计的系统。

关键词

嵌入式微处理器 • 指令集 • 现场可编程门阵列 • FPGA 技术 • 知识产权核(IP Core) • FPGA 测试基准 • 存储器架构 • 中央处理器(Central Processing Unit,CPU) • 常量编码可编程状态机 KCPSM • 寻址模式 • 数据流架构 • 软核 • 参数化核 • 硬核 • 锁相环(Phase-Locked Loop,PLL) • 硬件语言仿真器 ModelSim • 复杂指令集计算机(Complex Instruction Set Computer,CISC) • 精简指令集计算机(Reduced Instruction Set Computer,RISC) • 专用芯片 ASIC • 标准单元芯片 CBIC

1.1 引言

嵌入式系统通常具有的特征是,它们包括一个微处理器(μP),但没有键盘、显示器或鼠标等计算机的典型组件[VG02, HHF08, Wol08]。

如今,大多数微处理器被用于嵌入式系统。只要看看你的周围,就会发现嵌入式系统无处不在。你可以在手机、数字时钟、GPS、录像机、互联网路由器,以及家用终端电子娱乐设备中找到它们[A08]。一辆现代汽车通常使用 50~100 个微处理器[C09]。一些嵌入式系统可能也有实时要求,例如,一定的计算必须在一定的期限内完成,就像汽车的 ABS 系统一样,但大多数不是这样。嵌入式系统通常受到价格、功耗、内存或存储资源的限制。一台通用计算机通常具有数百瓦功耗,而一台时钟或遥控器仅消耗微瓦级(μW)的功耗,以至于可以使用一节 AAA 电池运行一整年。虽然许多嵌入式系统要求具有低功耗,但其实现的算法,如 UMTS 手机中使用的 turbo 纠错码,对计算量却要求很高。总而言之,如今的嵌入式处理器正在执行复杂的任务并运行复杂的算法。汽车上的微处理器大约需要编写 1 亿行代码才能实现,仅 GPS 和无线电模块就占用了 2 千万行代码[C09]。典型的嵌入式微处理器系统的设计目标可以总结如下。

- 针对功耗、性能、内存、成本进行优化
- 兼容性

- JTAG 调试支持
- 架构风格：微控制器、可编程数字信号处理器(Programmable Digital Signal Processor，PDSP)、SIMD(单指令多数据流)、MIMD(多指令多数据流)
- 超标量：指令级并行、功能单元数目、协处理器
- 存储器层次结构
- 指令集(CISC、RISC、控制器)

考虑到嵌入式系统的广泛应用范围，毫不奇怪的是，没有一个微处理器能够满足所有这些硬件(Hardware，HW)和软件(Software，SW)的需求，所以系统定制是不可避免的。这正是现代嵌入式系统工程师的工作描述：对硬件(即微处理器及其外设)和软件(即算法和用诸如汇编或C/C++等计算机语言进行编码)有深入的了解。要掌握如此复杂的系统设计需要具有不同的技能，涵盖从数字逻辑、微处理器、计算机架构、编译器设计、编程语言(VHDL/Verilog/C/C++)、数字信号处理(Diyital Signal Processing，DSP)、图像处理、数学算法，到要解决的任务的背景知识，如图 1.1 所示。

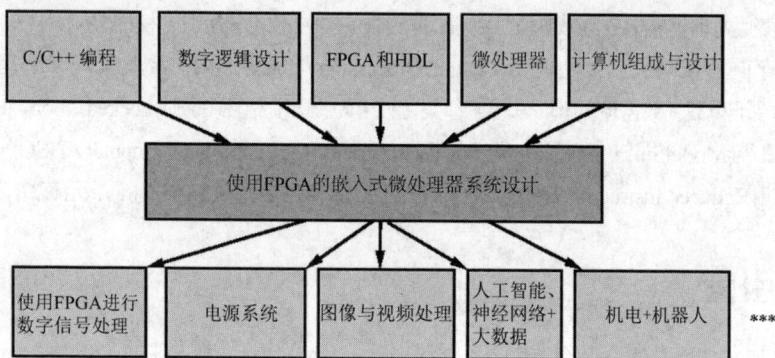

图 1.1　嵌入式微处理器的必要预备知识和可能应用领域的概述

微处理器历史上的几个里程碑都促成了今天嵌入式系统的成功。从 20 世纪 60 年代集成电路(Integrated Circuit，IC)的发明，到早期出现的英特尔微处理器，以及后来一再被证实的摩尔定律(即每 18 个月晶体管数量翻一番)，这些事件使我们今天能够以低成本制造数百万个门电路。20 世纪 80 年代 RISC 处理器的发明使得可以构建功耗只有通用处理器(General Purpose Processor，GPP)零头的高性能微处理器(μP)。最后，同样重要的是，如今 FPGA 允许我们采用商业现货(Commercial Off The Shelf，COTS)器件来设计各种定制的微处理器，而在这过程中无需参与到专用芯片的代工制造。但是，在详细讨论基于 FPGA 构建的 μP 系统之前，让我们简要回顾一下微处理器的重要架构选择。

微处理器的基础概况

通常情况下，微处理器分为三大类：通用或 CISC 处理器、精简指令集处理器(Reduced Instruction Set Processor，RISC)以及微控制器。现在让我们简单了解一下这些类别的微处理器的发展历程和它们之间存在的主要区别。

　　1968 年，人们使用的典型的通用小型计算机是 16 位架构，在一块电路板上使用约 200 颗 MSI 芯片。每颗 MSI 芯片上大约有 100 个晶体管。当时一个流行的问题[Maz95]是：我们是否也可以(只)用 150、80 或 25 个芯片制造单个 CPU？

　　大约在同一时间，原来在 Fairchild 公司工作的罗伯特•诺伊斯(Robert Noyce)和戈登•摩尔(Gordon Moore)创办了一家新公司，最初名为 NM 电子公司，后来改名为英特尔，其主要产品是内存芯片。1969 年，日本的一家计算器制造商 Busicom 请英特尔为其新的可编程计算器系列设计一套芯片。英特尔没有足够的人力来制造 Busicom 要求的 12 种不同的定制芯片，因为当时优秀的 IC 设计师是很难找到的。作为替代方案，英特尔的工程师泰德•霍夫(Ted Hoff)建议建造一套更为通用的 4 芯片组，它可以从一片存储芯片中获取指令。一个带有存储器的可编程状态机(Programmable State Machine, PSM)便诞生了，如今我们称之为微处理器。在 F. Faggin 的帮助下，9 个月后，霍夫小组交付了英特尔 4004，它是一款 4 位 CPU，可用于 Busicom 计算器中使用的 BCD 算术运算。4004 使用 12 位程序地址和 8 位指令，执行一条指令需要花费五个时钟周期。一个最基本的可以工作的系统(包括 I/O 芯片)可以只用两个芯片来构建：4004 CPU 和一个程序 ROM。1 MHz 的时钟频率允许以每个数字 80 ns 的速度进行多位 BCD 数字的加法运算[FHM96]。

　　霍夫当时的设想是将 4004 的用途从计算器扩展到数字秤、出租车计价器、加油泵、电梯控制、医疗仪器、自动售货机等应用领域。因此，他说服英特尔管理层从 Busicom 获得授权，可以同时向其他公司出售芯片。1971 年 5 月，英特尔向 Busicom 公司做出了价格让步，同时作为交换获得了将 4004 芯片用于非计算器应用的销售权。当时的一个担忧是，4004 的性能无法与当时最先进的小型机竞争。但来自同为英特尔公司的 Dov Frohamn-Bentchkovsky 的另一项发明 EPROM，帮助 4004 开发系统进行了市场推广。有了它，程序不需要经过 IC 工厂生成 ROM，从而避免了由此带来的长期开发延迟。如果有必要，EPROM 可以由开发者多次编程和重新编程。

　　英特尔的一些客户要求有一款更强大的 CPU，于是，一款 8 位 CPU 被设计了出来，它可以处理 4004 的 4 位 BCD 算术运算。英特尔决定制造 8008，它也支持标准的 RAM 和 ROM 器件；而且它不再像 4004 的设计那样需要定制存储器。8008 设计中的一些缺点在 1974 年的 8080 设计中得到了修正，该设计当时使用了大约 4500 个晶体管。1978 年，第一款 16 位的 μP 推出了，即 8086。1982 年，80286 紧随其后：一个 16 位的 μP，但性能大约是 8086 的六倍。1985 年推出的 80386，是第一个支持多任务的 μP。在 80387 中，增加了一个数学协处理器，以加快浮点运算的速度。然后在 1989 年，80486 推出，它带有指令缓存和指令流水线，以及一个用于浮点运算的数学协处理器。1993 年，奔腾系列问世，它有两条流水线用于执行指令，即超标量架构。1997 年推出的下一代奔腾 II 增加了多媒体扩展(Multimedia Extension, MMX)指令，可以执行一些类似于 MAC 的并行矢量操作，最多有四个操作数。随后的奔腾 3 和奔腾 4 具有更先进的功能，如超线程和 SSE 指令，以加快音频和视频处理。2006 年出现的最大规模的处理器是英特尔安腾，它拥有两个处理器内核和高达 5.92 亿个晶体管，单是它的 L3 高速缓存就有 9 MB。英特尔处理器的完整系列见表 1.1。

表 1.1　英特尔微处理器系列

名称	推出年份	MHz	IA/比特数	制程/µm	晶体管数目
4004	1971	0.108	4	10	2300
8008	1972	0.2	8	10	3500
8080	1974	2	8	6	4500
8086	1978	5~10	16	3	29 K
80286	1982	6~12.5	16	1.5	134 K
80386	1985	16~33	32	1	275 K
80486	1989	25~50	32	0.8	1.2 M
奔腾	1993	60~66	32	0.8	3.1 M
奔腾 II	1997	200~300	32	0.25	7.5 M
奔腾 3	1999	650~1400	32	0.25	9.5 M
奔腾 4	2000	1300~3800	32	0.18	42 M
至强	2003	1400~3600	64	0.09	178 M
安腾 2	2004	1000~1600	64	0.13	592 M

IA　指令集架构

纵观半导体公司的收入，英特尔主要凭借微处理器这一种产品，多年来一直保持领先地位，这仍然令人印象深刻。其他以微处理器开发为主的公司，如德州仪器、摩托罗拉/飞思卡尔或 AMD 的收入要低得多。而其他顶级公司，如三星或东芝则以存储器技术为主导，但仍然没有获得英特尔那么高的收入，英特尔多年来一直处于领先地位。各顶级半导体公司的收入详见图 1.2。

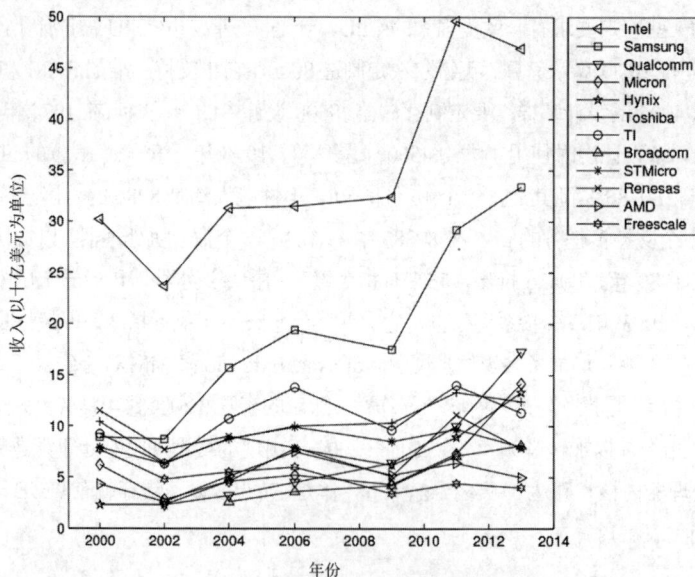

图 1.2　顶级半导体公司的收入

　　刚才讨论的英特尔架构有时被称为复杂指令集计算机(Complex Instruction Set Computer，CISC)。从早期的 CPU 开始，后续的设计就试图做到兼容，即能够运行相同的程序。随着数据和程序位宽的扩大，你可以想象，这种兼容性是以牺牲性能为代价的。仰仗着摩尔定律，这种 CISC 架构不断增加新的组件和功能(如数值计算协处理器、数据和程序缓存、MMX 和 SSE 指令以及支持这些新增功能以提高性能的相应指令)，从而大获成功。英特尔 μP 的特点就是有许多种指令并支持许多寻址模式。有关 μP 的手册其篇幅常常超过 700 页。

　　1980 年左右，加州大学伯克利分校(Patterson 教授)、IBM(后来称为 PowerPC)和斯坦福大学(Henessy 教授)，其致力于后来称为无互锁流水线级微处理器的研究，即 MIPS μP 系列)的研究分析了 μP 并得出结论，从性能角度来看，CISC 机器存在若干问题。在伯克利，这种新一代的 μP 被称为 RISC-1 和 RISC-2，因为它们最重要的特征之一是具有有限的指令和寻址模式，从而被命名为精简指令集计算机(Reduced Instruction Set Computer，RISC)。现在我们简单回顾一下(至少是早期)RISC 和 CISC 机器具有的一些最重要的特征。

- CISC 机器的指令集很丰富，而 RISC 机器通常支持少于 100 条指令。
- RISC 指令的字长是固定的，通常为 32 位。在 CISC 机器中，字长是可变的。在英特尔机器中，指令的长度为 1~15 字节。
- CISC 机器支持丰富的寻址模式，而在 RISC 机器中只支持很少的寻址模式。典型的 RISC 机器只支持立即数寻址和寄存器基址寻址。
- CISC 机器中 ALU 操作的操作数可以来自指令字、寄存器或存储器。在 RISC 机器中，没有直接的存储器操作数可用，只允许向/从寄存器加载/存储，因此 RISC 机器被称为加载/存储架构。
- 在子程序中，参数和数据在 CISC 机器中通常通过栈链接；而 RISC 机器有大量的寄存器，用于将参数和数据链接到子程序。

　　到 20 世纪 90 年代初，显而易见的是，无论是 RISC 还是 CISC 架构，在其最纯粹的形式下，都不适合所有的应用。CISC 机器，尽管仍然支持许多种指令和寻址模式，但利用了更多的 CPU 寄存器和深度流水线。而今天的 RISC 机器，如 ARM、MIPS、PowerPC、SUN Sparc 或 DEC alpha，会有数百条指令，有些指令的执行需要花费多个时钟周期，几乎不再适配精简指令集计算机的称号。

　　虽然现代 32 位或 64 位 RISC 和 CISC 处理器可以高速执行复杂的任务，但我们发现，特别是在汽车和家电领域，还有另一套要求。在这些场景中，我们不需要实现高性能，也就是说，一个 8 位的处理器以几 kHz 或几 MHz 的速度运行就足够了，要使其运行过程消耗最少的电力(即电池寿命长)，还要是一个"完整的系统"，要具有片上程序 ROM 存储器、多输入/输出、最少的外部元件，有时还要在片上集成 ADC 和/或 DAC。这样的微处理器通常被称为微控制器，这些微小的工作机器以每年数十亿的数量被制造出来。8 位机已经成为最受欢迎的微控制器。每年的销售量约为 30 亿个，而 4 位或 16/32 位控制器的销售量为 10 亿个。4 位处理器通常不具备所需的性能，而 16 位或 32 位控制器对于许多应用来说通常过于昂贵或耗电。例如，在汽车中，只有少数高性能微控制器需要用于音频或发动机控制；其他 50 多个微控制器用于诸如电动后视镜、安全气囊、速度表和门锁等功能，而许多这样的功能都可以由 8 位处理器来完成。

有时，RISC 和微处理器之间的区别变得有点模糊，因为微控制器也有一个小的称为"精简"的指令集。然而，微控制器通常没有高流水线延迟，没有较大的寄存器文件，但有非常低的功耗，并有 PROM 和外围组件，如片上 ADC 或 DAC，这通常是 RISC 机器所没有的。

1.2 FPGA 上的嵌入式微处理器

当提及目前最先进的微处理器时，你可能会想到拥有 5.92 亿个晶体管的英特尔 Itanium 处理器。用 FPGA 来设计这种微处理器对今天的 FPGA 来说要求也许太高了。显然，今天的 FPGA 尚无法利用其可编程资源实现这样顶级的微处理器。尽管现在的一些 FPGA 系列有高性能的 RISC 硬核处理器，如 ARM Cortex-A9，但它仍然是一个嵌入式处理器，资源占用还是相当小的。不过，在许多应用中，功能有限的微处理器可以起到很大的作用。记住，同硬接线解决方案相比较，微处理器是舍弃性能换取了更高的门效率。在软件中，或者当设计为 FSM 时，像卷积这样的算法可能运行得比较慢，但通常需要用到的资源要少得多。因此，我们用 FPGA 构建的微处理器更像是微控制器类型，而不是功能齐全的现代英特尔奔腾或 TI VLIW PDSP。我们将在后面讨论一个典型的应用，该应用对一个简单游戏进行微控制器设计。现在你可能会争辩说，这可以用 FSM 来完成。是的，这是真的，我们基本上认为所用的 FPGA 微处理器设计不外乎是一个 FSM，再加上一个程序存储器，其中包含了 FSM 将执行的操作，如图 1.3 所示。事实上，Xilinx PICOBLAZE 处理器的早期版本被称为 Ken Chapman 可编程状态机(Ken Chapman Programmable State Machine，KCPSM)[Xil05a]。基于 FPGA 的嵌入式微处理器中存在的重点约束(我们将在后面的章节中详细讨论)可总结如下。

- 比起性能强大的通用处理器，嵌入式处理器的产量会是其 100 倍
- 由小型团队设计的嵌入式处理器，满足上市时间的硬性要求
- 硬性的性能/成本/上市时间问题
- 工具的一致性：架构设计→编译器开发→FPGA 实现流程中，建议使用高层次抽象工具
- 嵌入式处理器，通常更接近可编程 FSM→但并不适用于 Itanium(580M)
- 基于应用的指令集设计
- μP 使用 FPGA 的(小型)片上块存储器→经常用汇编语言编程
- 使用平面存储器以获得高性能
- 使用 C→HDL 编译器或自定义指令以提高性能

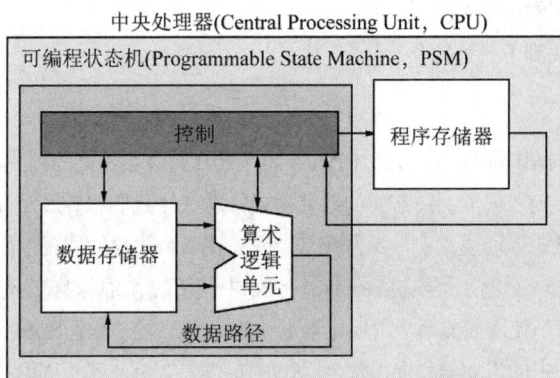

图 1.3　典型的基于 FPGA 的微处理器：Xilinx KCPSM 即 PicoBlaze

一套完整的微处理器设计通常包含多个步骤，例如，架构探索阶段、指令集设计，以及开发工具。涉及微处理器的指令集和 μP 功能细节方面的设计决定可能包括：

- 数据路径和程序字长
- 寄存器的数量和大小
- 定点/浮点支持
- 寻址模式及其生成方式
- 流水线级

我们将在下一节详细讨论这些选择。我们鼓励读者另外学习计算机体系结构方面的书籍；现在有很多这方面的书籍，因为这是大多数本科计算机工程课程的标准主题[BH03, HJ04, HP03, MH00, PH98, Row04, Sta02]。

1.3　微处理器指令集设计

微处理器(μP)的指令集描述了 μP 可以执行的动作集合。通常，设计者首先要问的是，在我所用的微处理器的应用中，我需要用到哪种算术操作？例如，对于数字信号处理(Digital Signal Processing, DSP)的应用，就要特别注意支持(快速)加法和乘法运算。在需要进行大量 DSP 处理的场合，由一系列较小移位加法完成的乘法可能不会是好选择。除了这些 ALU 操作，我们还需要用到一些数据移动指令和一些程序流类型的指令，如分支或 goto。

指令集的设计主要取决于底层的 μP 架构。如果不考虑硬件要素，就不能完整地定义我们所用的指令集。指令集的设计是一项复杂的任务，所以把开发分成几个步骤是个好主意。我们将通过回答以下问题来进行设计：

1. μP 支持哪些寻址模式？
2. 底层的数据流结构是什么，即一条指令涉及多少个操作数？
3. 我们在哪里可以找到每个操作数(如寄存器、内存、端口)？

4. 支持哪些类型的操作？

5. 在哪里可以找到下一条指令？

寻址模式

寻址模式描述了操作数的定位方式。CISC机器可能支持许多不同的模式，而RISC或者PDSP等为性能服务的设计则要求限制最常用的寻址模式。现在让我们看看最常被支持的模式。

隐式寻址　在隐式寻址模式中，操作数来自或去往一个隐含的位置，而不是由指令显式定义的位置，见图1.4。一个例子是栈机(stack machine)中使用的 ADD 操作(没有列出操作数)。栈机中的所有算术运算都是使用栈的两个顶层元素进行的。另一个例子是 PDSP 的 ZAC 操作，它清零了 TMS320 PDSP 中的累加器和乘积寄存器[TI83]。表 1.2 列出了不同微处理器中采用隐式寻址的一些例子。

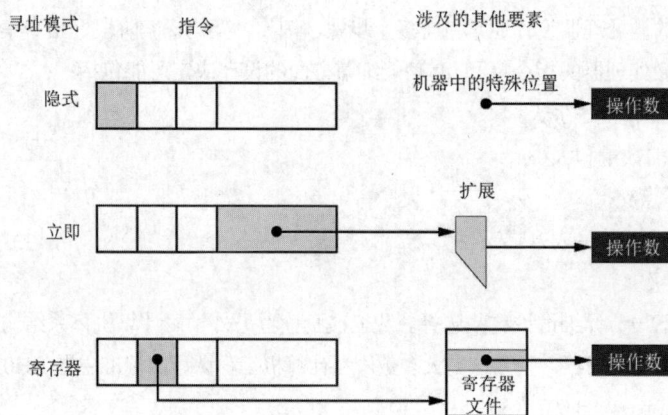

图 1.4　隐式、立即和寄存器寻址

表 1.2　不同微处理器中采用隐式寻址的示例

指令	描述	μP
RETURN	pc 加载了栈寄存器的值	PicoBlaze
bret	将 b 的状态复制到状态寄存器中，并在 pc 中加载 ba 寄存器的值	Nios II
imm 0	将下一条指令中立即操作数寄存器的高 16 位设置为 0	MicroBlaze
eret	异常返回，即把 lr 加载到 pc	ARM

立即寻址　在立即寻址模式中，操作数(即常量)就包含在指令本身之中。图 1.4 中展示了这一点。此处存在一个小问题，即一个指令字中提供的常量通常比 μP 中使用的(完整的)数据字的位数小。以下几种方法可以解决这个问题。

(a) 使用符号扩展，因为程序中使用的大多数常量(如增量或循环计数器)都很小，反正不需要用到完整位长。我们应该使用符号扩展(即复制 MSB 到字的高位)，而不是零扩展，这样负值(如-1)就能被正确扩展。

(b) 使用两条或更多的独立指令，一个接一个地加载常量的低位和高位部分，并将这两部分串联成一个全长的字(例如，ARM 中的 MOV 和 MOVT)。

(c) 使用双字长指令格式来访问长常量。如果我们将默认的指令大小延长一个字，这通常可以提供足够的比特位来加载一个全精度的常量。这通常是由所谓的伪指令完成的，这些指令被映射到低/高指令。

(d) 使用操作数的桶形(barrel)移位对齐，将常量按所需方式对齐。

表 1.3 列出了不同微处理器中采用立即寻址的一些例子。

表 1.3　不同微处理器中采用立即寻址的示例

指令	描述	μP
LOAD s1, 05	将数据 5 加载到寄存器 1 中	PicoBlaze
roli r6, r6,1	将寄存器 6 循环移动 1 位	Nios II
lwi r3, r19, 4	将 r3 中的值存储到 r19+4 指向的内存地址	MicroBlaze
subs r3, r3, #1	寄存器 3 的值减 1	ARM
ldr r2, [r6, r8, lsl #4]!	将 r6+r8<<4 指向的内存的数据加载到寄存器 2 中	ARM

为了避免总是要进行两次内存访问，也可以将方法(a)符号扩展和(b)高/低位寻址结合起来。然后，我们只需要确保在低地址字的符号扩展后再进行高地址字的加载。

寄存器寻址　在寄存器寻址模式中，操作数从 CPU 内部的寄存器中访问，不发生外部存储器访问，见图 1.4。表 1.4 列出了不同微处理器中采用寄存器寻址的一些例子。

表 1.4　不同微处理器中采用寄存器寻址的示例

指令	描述	μP
AND sA, sB	sA 和 sB 进行按位逻辑 AND 运算，结果存到 sA 寄存器中	PicoBlaze
addk r19, r1, r0	将 r1 和 r0 的和存入 r19，并保留进位标志	MicroBlaze
xor r6, r7, r8	寄存器 7 和 8 进行 XOR 并把结果存到寄存器 6	Nios II
mul r2, r4, r5	寄存器 4 和 5 相乘并把结果放到寄存器 2	ARM

由于在大多数机器中，寄存器访问比常规的内存访问要快得多，消耗的功率也更少，因此这是 RISC 机器中经常使用的一种模式。事实上，RISC 机器中的所有算术运算通常只通过 CPU 寄存器完成；内存访问只允许通过单独的加载/存储操作来进行。

存储器寻址　为了访问外部存储器，通常使用直接、间接和组合模式。在直接寻址模式中，指令字的一部分指定了要访问的存储器地址，见图 1.5。这里出现了和立即寻址相同的问题：指令字中提供的用于访问存储器操作数的位数太小，无法指定完整的存储器地址。完整的地址长度可以通过一个显式或隐式指定的辅助寄存器来构建。如果将辅助寄存器的值加到直接存储器地址上，则称作基址寻址，见下面的 ldbu 例子。如果辅助寄存器的值只是用来提供缺失的 MSB，这被称为分页寻址，因为辅助寄存器支持我们指定一个可以访问数据的页面。如果需要访问页面之外的数据，我们需要首先更新页指针。由于寄存器在基址寻址模式下代表一个全长的地址，因此也可以在没有直接存储器地址的情况下使用该寄存器。这就是所谓的间接寻址，见下面的 str 例子。表 1.5 列出了不同微处理器中采用的典型存储器寻址模式的例子。

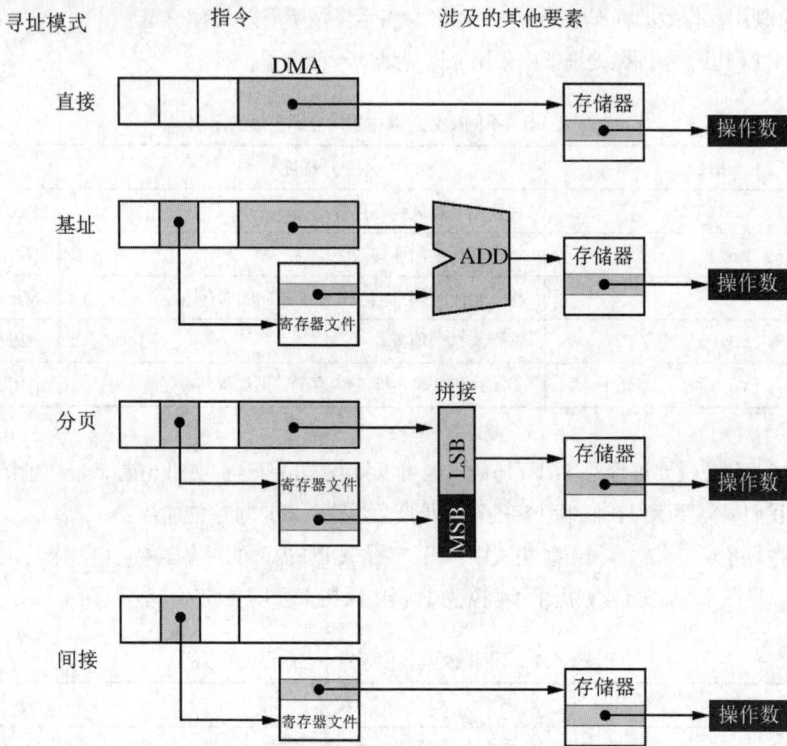

图 1.5 存储器寻址：直接、基址、分页和间接

表 1.5 不同微处理器中采用典型存储器寻址的示例

指令	描述	μP
FETCH s4, 3F	将便笺内存位置 3F 的数据读入寄存器 4	PicoBlaze
ldbu r6, 100(r5)	将寄存器 r5 中的地址加上 100 得到目标地址，将该地址中的数据读入寄存器 r6	Nios II
str r1, [r0]	将寄存器 r1 中的值存储到由寄存器 r0 指定的地址	ARM

由于间接寻址模式通常只能指向有限的索引寄存器，而这通常会缩短指令字数，因此它也是 RISC 中最流行的寻址模式。在 RISC 机器中，基址寻址也更受青睐，因为它允许指定基地址和数组元素的偏移量来方便地访问数组，见上面的 ldbu 例子。

数据流架构

一条典型指令的汇编编码首先会列出操作码，然后是操作数。一个典型的 ALU 操作需要用到两个操作数，如果我们还想指定一个单独的结果位置，自然的方法是让指令字有一个操作码，跟着是三个操作数，这就让程序员易于编程。然而，三个操作数的设计可能需要构建一个很长的指令字。一个现代的 CPU 在寻址 4 GB 的数据时需要用到 32 位的地址，而直接寻址的三个操作数至少需要构建一个 96 位的指令字，且不计操作码的位数。因此，限制操作数可以减少指令字的长度，从而节省资源。在这方面，使用零地址或栈机是完美的。另一种方法是使用寄存器文件，而不是直接访问内存，只允许加载/存储单个操作数，这是 RISC 机器的典型做法。对于一个有 8 个寄存器的 CPU 来说，只需要使用 9 个比特来指定三个操作数。但是我们还需要使用额外的操作码来加载/存储寄存器文件中的数据存储器数据。在下面的章节中，我们将讨论在指令字中允许使用 0~3 个操作数时对硬件资源和指令集的影响。

栈机：零地址的 CPU　你可能会问，零地址的机器，这怎么可能工作？我们需要回顾一下寻址模式，操作数可以隐式地在指令中指定。例如，在 TI PDSP 中，所有的乘积都存储在乘积寄存器 P 中，这不需要在乘法指令中指定，因为所有的乘法结果都会存入 P。同样，在零地址或栈机中，所有的双操作数运算都是用栈的两个顶层元素进行的[Koo89]。顺便说一下，栈可以被认为是一个后进先出(Last In First Out，LIFO)队列。当我们使用 POP 操作时，弹出的第一个元素是我们用指令 PUSH 放在栈顶上的。让我们简单地分析一个类似于这样的表达式

$$e=a-b+c\times d \tag{1.1}$$

在栈机上进行运算。表 1.6 的左边是指令，右边是四元素栈中包含的内容。栈顶在左边。

表 1.6　表达式在栈机上的运算过程

指令	栈			
	顶	2	3	4
push a	a	—	—	—
push b	b	a	—	—
sub	$a-b$	—	—	—
push c	c	$a-b$	—	—
push d	d	c	$a-b$	—
mul	$c\times d$	$a-b$	—	—
add	$c\times d+a-b$	—	—	—
pop e	—	—	—	—

可以看出，所有的算术运算(ADD、SUB、MUL)都使用了隐式指定的栈顶和第二个元素作为操作数，这实际上是零地址指令的操作。然而，内存操作 PUSH 和 POP 需要使用一个操作数。

栈机的代码被称为后缀(或逆波兰)运算，因为首先指定了操作数，然后进行运算。如式(1.1)中所示的标准算术符号被称为中缀记法，例如，我们有如下两个等价的表示法。

$$\text{中缀:}\ a-b+c\times d \leftrightarrow\ \text{后缀:}\ ab-cd\times+ \tag{1.2}$$

在练习(1.45-1.47)中，展示了应用这两种不同算术模式时的更多例子。有些人可能记得，后缀记法与 HP41C 袖珍计算器所要求的编码方式完全相同。HP41C 也使用了一个包含 4 个值的栈。图 1.6a 展示了栈机的机器架构。

累加器机: 单地址的 CPU 现在我们在 CPU 上增加一个累加器，并把这个累加器作为单个操作数的源以及结果的目标。算术运算的形式为

$$accu \leftarrow accu\ \square\ op1 \tag{1.3}$$

其中 □ 描述了一个 ALU 操作，如 ADD、MUL 或 AND。TI TMS320 [TI83]系列 PDSP 的底层结构就是这种类型，如图 1.6b 所示。例如，在 ADD 或 SUB 运算中，会指定一个操作数。上一节所举例子对应的表达式(1.1)在 TMS320C50[TI95]汇编器代码中对应的编码如表 1.7 所示。

表 1.7　式(1.1)在汇编器代码中对应的编码

指令	描述
ZAP	;清零 accu 和乘法寄存器
ADD DAT1	;将 DAT1 加到 accu
SUB DAT2	;从 accu 减去 DAT2
LT DAT3	;将 DAT3 加载到 T 寄存器
MPY DAT4	;将 T 和 DAT4 相乘存入 P 寄存器
APAC	;将 P 寄存器加到 accu
SACL DAT5	;存储 accu (低位) 到地址 DAT5

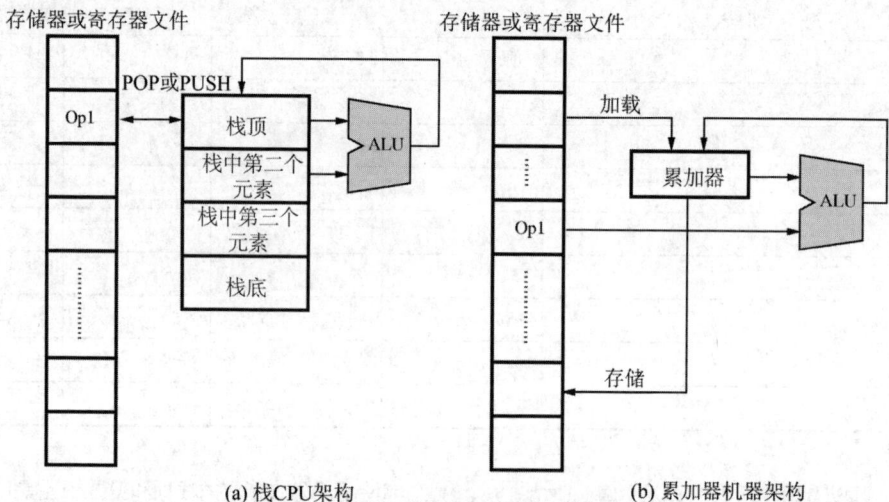

(a) 栈CPU架构　　　　　　　　(b) 累加器机器架构

图 1.6　栈机与累加器机的机器架构

这个例子假设变量 a-e 被映射到数据内存字 DAT1-DAT5。对比栈机和累加器机，我们可以得出以下结论：

- 指令字的大小没有改变，因为栈机也需要使用包含了操作数的 POP 和 PUSH 操作。
- 编码一个代数表达式所需的指令数量没有从本质上减少(累加器机为 7 条，栈机为 8 条)。

当我们使用双操作数机器时，编码代数表达式所需的指令数量预计会显著减少，这一点将在接下来讨论。

双地址 CPU　在双地址机器中，允许我们在算术运算中独立指定两个操作数，目的操作数也是第一个操作数，即操作的形式为

$$op1 \leftarrow op1 \square op2 \tag{1.4}$$

其中□描述了一个 ALU 操作，如 SUB、DIV 或 AND。Xilinx 公司的 PICOBLAZE[Xil02a, Xil05a] 和 Altera 公司的第一代 Nios 处理器[Alt03a]就使用了这种数据流。基本的数据流结构如图 1.7a 所示。对两个操作数的限制使得在这些情况下可以使用 16 位指令字格式。我们列出的式(1.1)对应的编码在采用了 PICOBLAZE[1]风格的微处理器的汇编程序中的表示如表 1.8 所示。

表 1.8　式(1.1)对应的编码在采用了 PICOBLAZE 风格的微处理器的汇编程序中的表示

指令	描述
LOAD sE, sC	;将寄存器 C 的值存入寄存器 E
MUL sE, sD	;将寄存器 D 的值和寄存器 E 的值相乘
ADD sE, sA	;将寄存器 A 的值加到寄存器 E
SUB sE, sB	;从 E 中减去寄存器 B 的值

为了避免出现乘积的中间结果，有必要对操作进行重排。请注意，PICOBLAZE 没有单独的 MUL 操作，因此该代码仅用于演示两个操作数的原理。PICOBLAZE v6 使用了 2×16 个寄存器，每个寄存器位宽都是 8 位。有了两个操作数和 8 位的常数值，我们可以将操作码和操作数或常数放在一个 16 位或 18 位的数据字中。你还可以看到，与栈机或累加器机相比，双操作数编码实质上减少了操作的数量。

三地址 CPU　三地址机器是所有机器中最灵活的。两个操作数和目标操作数可以来自或去往不同的寄存器或内存位置，也就是说，操作的形式为

$$op1 \leftarrow op2 \square op3 \tag{1.5}$$

大多数现代 RISC 机器，如 ARM、PowerPC、MicroBlaze 或 Nios II，都偏爱使用这种类型的编码[Alt03b, Xil02b, Xil05b]。而操作数通常是寄存器操作数，或者最多只有一个操作数可以来自数据存储器。数据流架构如图 1.7b 所示。

1　现在的 PICOBLAZE 使用 18 位指令字，在其 ISA 中仍然没有乘法运算。

存储器或寄存器文件 存储器或寄存器文件

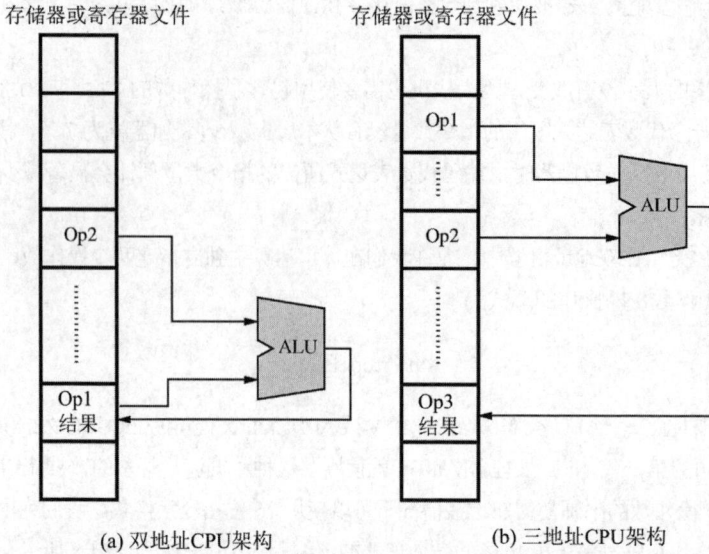

(a) 双地址CPU架构 (b) 三地址CPU架构

图 1.7 双地址和三地址 CPU 架构

用汇编语言对三操作数机器进行编程是一项直截了当的任务。我们列出的式(1.1)在 Nios Ⅱ 机器上对应的编码看起来如表 1.9 所示。

表 1.9 式(1.1)在 Nios Ⅱ 机器上对应的编码

指令	描述
sub r5, r1, r2	;将 r1 寄存器的值减去 r2 的值并存入 r5
mul r6, r3, r4	;将寄存器 r3 和 r4 的值相乘并存入 r6
add r5, r5, r6	;将 r5 和 r6 的值相加并存入 r5

假设寄存器 r1-r5 保存了变量 a 到 e 的值，这是迄今为止我们讨论过的所有 4 种机器中长度最短的代码。付出的代价则是具有较长的指令字。在硬件实现方面，我们不会看到双操作数机和三操作数机之间有太大的区别，因为无论如何，寄存器文件都需要使用单独的复用器和解复用器。

零、单、双和三地址 CPU 的比较

为了了解 4 种 CPU 架构之间的区别，我们先做一个简短的并列对比，要计算式(1.1)，即 e=a−b+c×d，我们假设存在以下指令集。

- 0-AC(栈)：PUSH Op1，POP Op1，ADD，SUB，MUL，DIV
- 1-AC(累加器)：LA Op1，STA Op1，ADD Op1，SUB Op1，MUL Op1，DIV Op1
- 2-AC：LD Op1, M; ST Op1, M; ADD Op1, Op2; SUB Op1, Op2; MUL Op1,Op2; DIV Op1, Op2

- 3-AC: LD Op1, M; ST Op1, M; ADD Op1, Op2, Op3; SUB Op1, Op2, Op3; MUL Op1, Op2, Op3; DIV Op1, Op2, Op3

我们假设 2-AC 和 3-AC 的操作数 "a" 到 "d" 已经被加载到寄存器中，但是最终结果应该被存储到存储器当中，而 2-AC 和 3-AC 机器中原来的寄存器值应该被保留下来。表 1.10 是对这 4 种机器进行的并列比较。

表 1.10 零、单、双和三地址 CPU 架构的并列比较

0-AC：栈	1-AC：累加器	2-AC：(a=sA;b=sB;...)	3-AC：(r1=a;r2=b; ...)
PUSH a	LA a	LD sE,sC	SUB r5,r1,r2
PUSH b	SUB b	MUL sE,sD	MUL r6,r3,r4
SUB	STA t	ADD sE,sA	ADD r5,r5,r6
PUSH c	LA c	SUB sE,sB	ST r5,e
PUSH d	MUL d	ST sE,e	
MUL	ADD t		
ADD	STA e		
POP e			

下面总结一下我们的发现。

- 栈机有最长的程序和最短的单条指令。
- 即使是栈机，也需要使用一条单地址指令来访问存储器。
- 三地址机的代码最短，但每条指令需要的比特数最多。
- 寄存器文件可以减少指令字的大小。一般来说，在三地址机中，支持使用两个寄存器和一个存储器操作数。
- 加载/存储机器只允许在存储器和寄存器之间移动数据。任何 ALU 操作都是通过寄存器文件完成的。
- 大多数设计假定寄存器访问比存储器访问快。虽然在基于单元的 IC(Cell Based IC，CBIC) 或使用了外部存储器的 FPGA 中确实如此，但在 FPGA 内部，寄存器文件访问和嵌入式存储器访问时长处于相同的范围，这就提供了用嵌入式(三端口)存储器来实现寄存器文件的选择。

上述发现并不令人满意，但似乎没有最好的选择，每一种风格在实践中都会被使用，正如我们举出的编码例子所显示的那样。那么问题来了：为什么没有哪一种特定的数据流类型脱颖而出成为最佳选择？这个问题的答案并不简单，因为需要考虑许多因素，如编程的难易程度、代码的长短、处理的速度和硬件要求。下面我们根据不同的设计目标来比较不同的设计，其总结见表 1.11。

汇编程序编码的难易程度与指令的复杂度成正比。三地址的汇编代码比我们在栈机汇编编

码中见到的许多 PUSH 和 POP 操作要易读易写得多。另一方面，针对栈机来设计简单的 C/C++ 编译器要简单得多，因为它易于采用后缀操作，而后缀操作易于用解析器分析。对于编译器来说，以高效的方式管理寄存器文件是一项非常困难的任务。而流水线化则进一步增加了高效使用寄存器文件的复杂度。算术操作中包含的代码字数对于双地址和三地址操作来说要短得多，因为中间结果很容易被计算出来。指令的长度与操作数的个数直接成正比。这一点可以通过使用寄存器而不是直接的内存访问来简化，但更少的操作数仍然会带来短得多的指令长度。可以存储的立即操作数的大小取决于指令的长度。在指令字数较短的情况下，可以嵌入指令的常数也较短，这样我们就可能需要使用多条加载或双字长的指令，见上面的存储器寻址部分。如果涉及的操作数较少，那么取操作数及解码的速度就会更快。由于栈机总是使用栈的两个顶层元素，因此不会出现由寄存器文件的 MUX 或 DEMUX 而导致的长时间延迟。硬件大小主要取决于寄存器文件。三操作数的 CPU 要求最高，栈机最小；ALU 和控制单元的大小则相似。

表 1.11　从零到三操作数 CPU 的不同设计目标的比较

目标	操作数个数			
	0	1	2	3
汇编难易程度	最差	…	…	最好
简单的 C/C++编译器	最好	…	…	最差
代码字数	最差	…	…	最好
指令长度	最好	…	…	最差
立即数范围	最差	…	…	最好
操作数取数和解码速度	最差	…	…	最好
硬件大小	最好	…	…	最差

　　总之，我们可以说每个特定的架构都有其优缺点，它们必须与设计者的工具、技能、尺寸/速度/功率方面的设计目标以及开发工具(如汇编器、指令集模拟器或 C/C++编译器)相匹配。

寄存器文件和存储器架构

　　在计算机出现的早期，当存储器很昂贵的时候，冯诺依曼提出了备受赞誉的一项创新：将数据和程序放在同一个存储器中，见图 1.8a。当时的计算机程序通常是在 FSM 中硬连接的，只有数据存储器使用 RAM。现在的技术约束则不同：存储器很便宜，但是对于典型的 RISC 机器来说，其访问速度仍然比 CPU 的寄存器慢得多。因此，在三地址机中，我们需要考虑三个操作数应该来自哪里。是否应该允许所有的操作数来自主存储器，或者只允许其中的两个或一个，或者我们应该实现一个加载/存储架构，只允许在寄存器和存储器之间进行单次传输，但要求所有的 ALU 操作都通过 CPU 寄存器完成？在这方面，VAX PDP-11 一向被誉为冠军，它支持多存储器和多寄存器操作。对于 FPGA 设计，存在一个额外的限制条件，即指令字的数量通常数以千计，冯诺依曼的方式并不是一种好选择。如果我们使用独立的程序和数据存储器，就可以避免由于数据和程序字复用所造成的时间浪费。这就是所谓的哈佛架构，见图 1.8b。对于 PDSP 的设计，如果能够使用三个不同的存储器端口，那就更好了(想想矢量乘积)：系数和数据来自两个独立的数据存储器位置 x 和 y，而累加的结果则保存在 CPU 寄存器中。还需要用到第三个存储器作为程序存储器。由于许多算法使用短循环，一些处理器试图通过实现一个小型缓存来节省第三条总线。在循环第一次运行后，指令就存储在缓存中，程序存储器则可以作为第二个数据存储器使用。这种三总线结构如图 1.8c 所示，通常被称为超级哈佛架构。

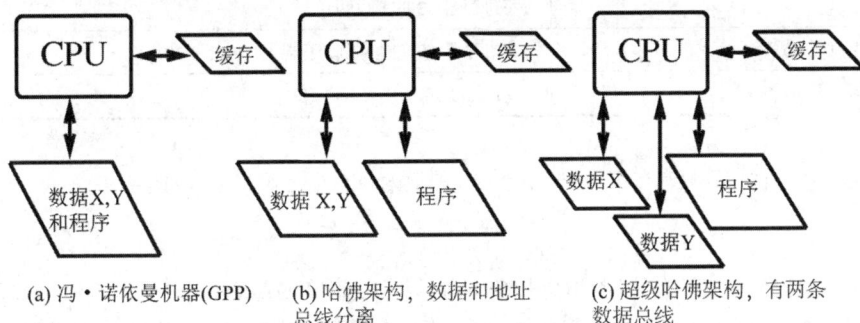

(a) 冯·诺依曼机器(GPP)　　(b) 哈佛架构，数据和地址　　(c) 超级哈佛架构，有两条
　　　　　　　　　　　　　　总线分离　　　　　　　　　　数据总线

图 1.8　存储器架构

像英特尔的奔腾或 RISC 机器这样的 GPP 机器通常使用存储器层次结构为 CPU 提供连续的数据流，但也允许人们使用较便宜的存储器来处理主要数据和程序。这样的存储器层次结构从非常快的 CPU 寄存器开始构建，然后是一级、二级数据和/或程序缓存，再到主 DRAM 存储器，以及 CD-ROM 或磁带等外部介质。这种存储器系统的设计要比我们在 FPGA 内的设计复杂得多。

从硬件实现的角度来看，CPU 的设计可以分成如下三个主要部分。

- 控制路径，即有限状态机
- ALU
- 寄存器文件

在这三部分中，尽管寄存器文件设计起来并不困难，但在用标准逻辑资源实现时，往往却是成本最高的一个模块。从这些高的实现成本来看，我们似乎需要在使用更多寄存器以使 μP 易用和更大的文件(如 32 个寄存器)带来的高实现成本之间进行折中。当设计一个 RISC 寄存器文件时，通常需要实现更多的寄存器。一种用于节省寄存器文件逻辑资源的选项是使用两个嵌入式双端口存储器块作为寄存器文件。我们可在两个存储器中写入相同的数据，并可以从存储器的另一个端口读取源数据。这一思路已经在 Nios μP 中采用，可以大大减少所需的逻辑资源。然而从时序要求来看，现在出现了一个问题，即 Block RAM 是同步存储块，我们不能从两个端口的同一时钟沿来加载并存储存储器地址和数据，也就是说，在同一时钟沿不可以用当前的解复用器值替换同一个寄存器的值。不过，我们可以先在上升沿指定要加载的操作数地址，然后在下降沿存储新值并置位写使能。

为了避免因使用间接寻址(偏移量为 0)或清零一个寄存器(两个操作数都为 0)或寄存器移动指令而出现所需的额外指令，有时将第一个寄存器永久地设置为 0，在 MICROBLAZE 和 Nios II

中就是这样。这对于一个没有多少寄存器的机器来说似乎是一种很大的浪费，但却从根本上简化了汇编代码，如表 1.12 中的例子所示。

表 1.12　简化后的汇编代码示例

指令	描述
add r0, r0, r0	;NOP，即什么也不做
add r3, r0, r0	;将寄存器 r3 的值设为 0
add r4, r2, r0	;将寄存器 r2 的值存到寄存器 r4
ldbu r5, 100(r0)	;从地址 100 加载数据到 r5

注意，以上伪代码只有在第一个寄存器 r0 的值为 0 的前提下才能完成任务。

操作支持

大多数机器至少使用以下三类指令中的一类：算术/逻辑单元(Arithmetic Logic Unit，ALU)、数据移动，以及程序控制。下面我们简单回顾一下每个类别对应的一些典型例子。底层的数据类型通常是字节的倍数，即 8、16 或 32 位的整型数据类型；一些更复杂的处理器使用 32 或 64 位的 IEEE 浮点数据类型。

ALU 指令　ALU 指令包括算术、逻辑和移位操作。其支持的典型双操作数算术指令有加(ADD)、减(SUB)、乘(MUL)或乘积累加(MAC)。对于单个操作数，绝对值(ABS)和符号反转(NEG)是最低限度也要提供支持的指令。除法操作通常由一系列移位-减法-比较指令完成，因为一个阵列除法器可能相当大。

移位操作的用处在于，在 b 位整型算术运算中，每次乘法运算后位数增长到 $2b$。移位器可以像 TI 公司的 TMS320 PDSP 那样是隐含的，或者作为单独的指令提供。通常会支持逻辑和算术运算(即正确的符号扩展)以及循环移位。在块浮点数据格式中，指数检测(即确定符号位的数量)也是必须支持的操作。

表 1.13 列出了不同微处理器具有的算术和移位操作。

表 1.13　不同微处理器具有的算术和移位操作

指令	描述	μP
XOR s3, FF	将 s3 和 FF 按位 XOR，即翻转 s3	PicoBlaze
div r3, r2, r1	r2 除以 r1，并把商存到寄存器 r3 中	Nios II
mul r2, r4, r5	r4 和 r5 相乘；把乘积的 32 位 LSB 存入 r2	MicroBlaze
lsl r2, r5, #3	将 r5 左移 3 位并填 0，也就是乘以 8，结果存入 r2	ARM

对于像 PicoBlaze 这样字长较短的 μP 来说，了解进位输入、进位输出和零位标志如何被指令使用和更新也很重要。这些标志是用来建立大于原始字长的长字算术运算的。尽管逻辑运

算不像算术运算那样常用,但较长的 IF 条件求值和一些使用了密码学或纠错算法的更复杂的系统需要用到一些基本的逻辑运算,如 AND、OR、NOT 或 XOR。如果指令条数很关键,我们也可以使用单一的 NAND 或 NOR 运算,所有其他的布尔运算都可以从这些通用函数中衍生出来。

数据移动指令　由于地址空间的增大和性能方面的考量,大多数机器更接近于典型的 RISC 加载/存储架构,而不是采用 VAX PDP-11 那种允许指令的所有操作数都来自存储器的统一方式。在加载/存储哲学中,只支持在存储器和 CPU 寄存器间或不同的寄存器间使用数据移动指令——存储器地址不可以成为 ALU 操作的一部分。通常会使用寄存器间接寻址方式来访问存储器,可能还支持额外的操作前或者操作后减/增。

表 1.14 列出了不同微处理器具有的数据移动操作。

表 1.14　不同微处理器具有的数据移动操作

指令	描述	μP
FETCH s2, 03	将暂存器位置 3 处的数据加载到寄存器 s2	PicoBlaze
ldw r4, 4(r6)	从内存位置 r6+4 处加载数据到寄存器 r4	Nios II
str r2, [r4]	将 r2 中的值存储到 r4 指定的存储器地址	ARM

程序流程指令　控制流相关的指令组中包括支持用于实现循环、调用子程序或跳转到特定程序位置的指令。我们也可以将 μP 设置为空闲状态,等待中断的发生,这表明有新的数据到达,需要进行处理。

更新的 μP 还支持更长的循环和几级的嵌套循环。在大多数 RISC 机器应用中,循环通常不像 PDSP 那样短,循环开销也不那么关键。此外,RISC 机器使用延迟分支间隙来避免流水线机器中出现的 NOP。函数和过程调用通常需要使用一个数据栈来保存寄存器、返回 PC 值和参数值。在开始进行软件开发之前,程序员应该知道嵌套调用的级别。

表 1.15 列出了不同微处理器具有的数据移动操作。

表 1.15　不同微处理器具有的数据移动操作

指令	描述	μP
JUMP NZ, loop	如果零标志没有置位,则跳到标签 loop	PicoBlaze
CALL func	调用名为 func 的函数	PicoBlaze
braid 4b4	无条件分支到十六进制地址 4b4;由于下一条指令操作位于延迟间隙中,因此它会被执行	MicroBlaze
beq r5, r0, no_button	比较寄存器 r5 和 r0,如果值相等跳到标签 no_button	Nios II
bne wait	如果前一个操作的相等(即 0)标志是 0,则跳到标签 wait	ARM

下一个操作的位置

理论上,我们可以提供包含了下一条指令字地址的第四个操作数来简化下一个操作的计算。

但由于几乎所有的指令都是一条接一条地执行的(除了跳转类指令)，因此这个地址大多会是冗余信息，至今，我们还没有发现有使用这种设计理念的商用微处理器。

只有当设计一个单指令类型的处理器，也就是终极 RISC(Ultimate RISC，URISC) 机器时，我们才需要在指令字中包括下一个地址，甚至更进一步，包括与当前指令相比的偏移量[Par05]。

1.4 FPGA 技术

VLSI 电路的分类如图 1.9 所示。FPGA 可归为现场可编程逻辑器件(Field Programmable Logic Device，FPLD)。FPLD 可定义为包含了小逻辑块和元素[1]的可编程器件，见图 1.10。可以认为，FPGA 也是一种 ASIC 技术，因为 FPGA 是特定于应用程序的 IC。然而，人们普遍认为经典 ASIC 的设计需要额外的半导体处理工序，已经超越了 FPLD 所需。额外的工序提供了更高阶的 ASIC 的性能和功耗优势，但也提高了其一次性工程成本(Non Recurring Engineering，NRE)。在 40 纳米条件下，NRE 的成本约为 400 万美元，见[BB08]。另一方面，门阵列通常由 "NAND 门海" 组成，其功能由客户在 "线路表" 中提供。在制造过程中使用线路表以实现最终金属层的明确定义。可编程门阵列解决方案的设计者则可完全控制实际的设计实现，而不需要利用任何物理 IC 制造设施及产生的相关延迟。更详细的 FPGA/ASIC 比较可以在有关 FPGA 的竞争技术一节中找到。

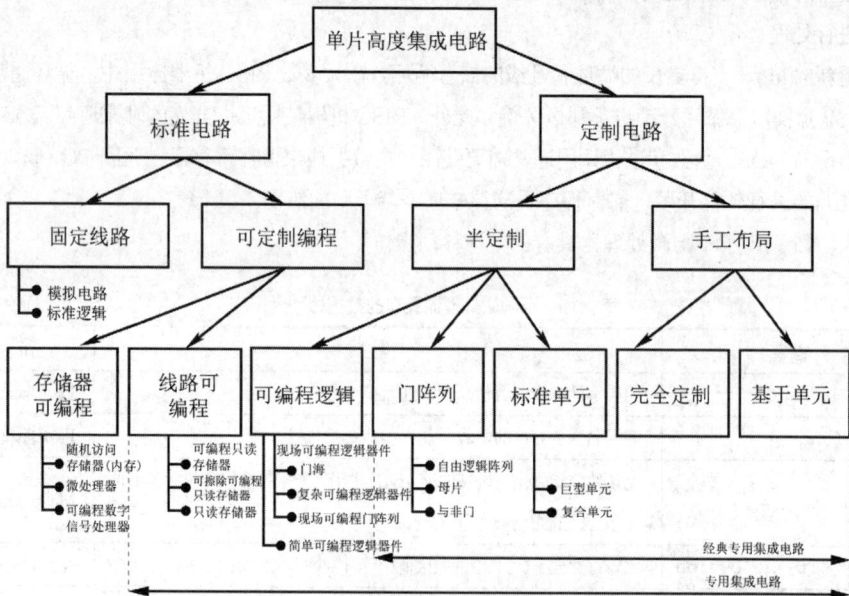

图 1.9　VLSI 电路分类

1　Xilinx 称为切片(slice)或者可配置逻辑块(Configurable Logic Block，CLB)，Altera 称为逻辑单元(Logic Cell，LC)，逻辑元素(Logic Element，LE)，或者自适应逻辑模块(Adaptive Logic Module，ALM)。

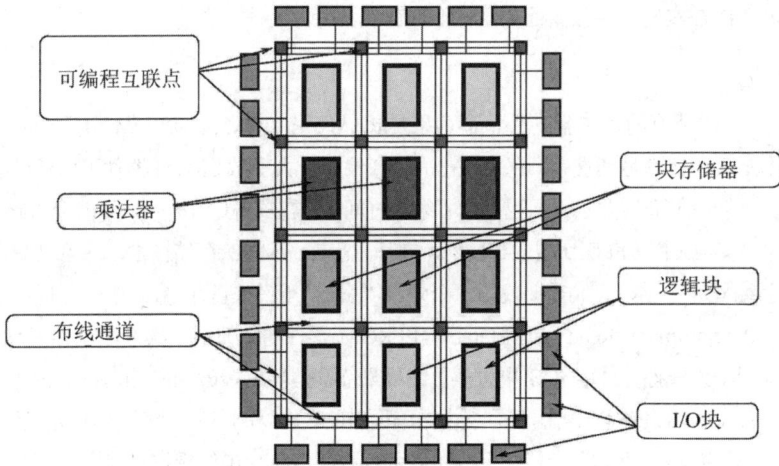

图 1.10 FPGA 架构

按粒度分类

逻辑块大小与器件的粒度(*granularity*)相关,而器件的粒度又与完成块之间的连接(布线通道)所需的工作量相关。通常,可以按粒度将器件分为三类。细粒度器件(*fine-grain device*)最初由 Plessey 授权而后由摩托罗拉授权,由 Pilkington 半导体公司提供。基本逻辑单元由一个 NAND 门和一个锁存器组成。因为使用 NAND 门可以实现任何二进制逻辑函数(见练习 1.39),所以 NAND 门被称为万能(*universal*)函数。这种技术仍然被用于门阵列设计中,并且与经过认可的逻辑合成工具(如 ESPRESSO)一同被采用。门阵列 NAND 门之间的布线通过使用附加的金属层来达成。对于可编程架构来说,这将成为瓶颈,因为连接逻辑功能所需的路由资源将非常大。双输入 NAND 对 PLD 而言并不是一个好的选择。此外,要构建一个简单的电路,需要使用大量的 NAND 门。例如,一个快速的 4 位加法器要使用大约 130 个 NAND 门。这使得细粒度技术在实现大多数微处理器组件时缺乏吸引力。

最常见的 FPGA 架构如图 1.10 所示。现代中等粒度 FPGA 器件的具体例子如图 2.16 和 2.19 所示。基本逻辑块通常是小表(通常有 4~8 位输入表,1~2 位输出),或者用专用的多路复用器(multiplexer,MPX)逻辑来实现,Actel ACT-2 器件中就使用了这种逻辑[GHB93]。路由通道选择范围从短到长。还有一个带有触发器的可编程 I/O 块附加在器件的物理边界上。

大粒度器件,如复杂可编程逻辑器件(Complex Programmable Logic Device,CPLD),其特点是将几个所谓的简单可编程逻辑器件(Simple Programmable Logic Device,SPLD)结合在一起。SPLD 由一个用 AND/OR 阵列实现的可编程逻辑阵列(Programmable Logic Array,PLA)和一个通用 I/O 逻辑块组成,该逻辑块包括一个存储元素,如锁存器或触发器。CPLD 中使用的 SPLD 通常有 8~10 个输入,3~4 个输出,并支持大约 20 个乘积项。在这些 SPLD 块之间,可以使用具有短延迟的宽总线(Altera 称为可编程互连阵列(Programmable Interconnect Array,PIA))。通过将总线和固定的 SPLD 时序相结合,可以在 CPLD 上提供可预测且短的引脚到引脚(pin-to-pin)延迟。SPLD 中所用的解码器通常小而快,而算术电路即使是中等位宽也需要用到 CPLD 的许多乘法项，使得 SPLD 在实现大多数微处理器时不具有吸引力。

按技术分类

FPLD 在几乎所有的存储器技术中都可用：SRAM、EPROM、E^2PROM 和反熔丝[RGS93]。具体的技术定义了器件是可重新编程还是一次性可编程。大多数 SRAM 器件可以通过单比特流进行编程，这能降低布线要求，但也增加了编程时间(通常在毫秒范围内)，可能会引起 IP 窃取的担忧。SRAM 器件是 FPGA 的主导技术，它基于静态 CMOS 存储技术，并可以在系统内(in system)重新编程。不过，它们需要使用一个外部"引导"器件进行配置。电可编程只读存储器(Electrically Programmable Read Only Memory，EPROM)器件通常使用一次性 CMOS 可编程模式，因为需要使用紫外线擦除。CMOS 电可擦可编程只读存储器(Electrically Erasable Programmable Read Only Memory，E^2PROM)可用于系统内重编程。EPROM 和 EEPROM 的优点是设置时间短。因为编程信息没有被"下载"到器件上，所以可以更好地防止未经授权的使用。最近一项基于 EPROM 技术的创新被称为"闪存"存储器。这些器件通常被视为具有较小物理单元的"按页"系统内可编程系统，等效于 E^2PROM 器件。最后，表 1.16 总结了不同器件技术具有的重要优缺点。

表 1.16　FPLD 技术的属性

技术	SRAM	EPROM	E^2PROM	反熔丝	闪存
可重新编程	是	是	是	否	是
在系统内可重新编程	是	否	是	否	是
易失性	是	否	否	否	否
复制保护	否 [a]	是	是	是	是
例子	Xilinx Zynq	Altera MAX5K	AMD MACH	Actel ACT	Xilinx XC9500
	Altere Cyclone	Xilinx XC7K	Altera MAX7K		Cypress Ultra 37K

a　一些现代 SRAM 使用 DES/AES 加密来保护配置文件

FPLD 的基准测试

为 FPLD 提供客观基准并非易事。性能通常取决于设计人员具有的经验和技能，以及设计工具的特性。为了建立有效的基准，Xilinx [Xil93]、Altera [Alt93]和 Actel [Act93]创办了可编程电子性能合作组织(Programmable Electronic Performance Cooperative，PREP)，后来扩展到十多个成员。PREP 为 FPLD 制定了 9 个不同的基准，列于表 1.17。基准测试的核心思想是每个供应商使用自己的器件和软件工具在指定的器件中尽可能多地实现基本块，同时试图将速度最大化。同一个逻辑块在一个器件中的实例化数量称为重复率(repetition rate)，是所有基准测试的基础。对于嵌入式微处理器的比较，表 1.17 中所示的小型和大型 FSM 设计的基准测试 3 和 4 是最相关的。

表 1.17　FPLD 的 PREP 基准测试

编号	基准测试名称	说明
1	数据通路	8 个 4 对 1 多路复用器驱动一个带并行加载的 8 位移位寄存器
2	定时器/计数器	两个 8 位的数值由 8 位数值寄存器给出时钟并加以比较
3	小状态机	具有 8 个输入和 8 个输出的 8 状态机(见图 3.14)
4	大状态机	具有 40 个状态转换、8 个输入和 8 个输出的 16 位状态机
5	算术电路	4×4 无符号倍增器和 8 位累加器
6	16 位累加器	一个 16 位累加器
7	16 位计数器	可加载二进制递增计数器(见图 3.15)
8	16 位同步预分频计数器	带异步复位的可加载二进制计数器(见图 3.15)
9	存储映射器	将 16 位地址空间解码为 8 个区域(见图 3.16)

在图 1.11 中，以频率为重复率的单位，报告了目前在大学开发板中常用的 Altera(A_k)和 Xilinx(X_k)FPGA 及 CPLD 器件。这些并不总是可用的最大器件，但所有器件都得到了基于 Web 的设计工具版本的支持。Xilinx 似乎实现了更快的速度，而 Altera FPGA 的重复率数字则更大。与 PLDC 相比，可以说，现代 FPGA 提供了最好的嵌入式微处理器资源和最快的速度。这是由于现代器件提供了延迟小于 0.1 ns / bit 的快速进位逻辑，它支持具有宽位的快速加法器，而不需要使用昂贵的"超前进位"解码器。尽管 PREP 基准测试在比较等效门数和最大速度时很有用，但对于具体应用，附加属性也很重要。它们包括：

- 片上大块 RAM 或 ROM
- 外部存储器支持 ZBT、DDR、QDR、SDRAM
- 嵌入式硬连线处理器系统(Hardwired Processor System，HPS)。例如，32 位 ARM Cortex-A9
- 阵列乘法器(例如，18×18 位，18×25 位)
- 封装如 BGA、TQFP、PGA
- 配置数据流加密，DES 或 AES
- 片上快速模数转换器(Analog to Digital Converter，ADC)
- 引脚到引脚延迟
- 内部三态总线
- 回读或边界扫描解码器
- 摆率或电压可编程的 I/O
- 功率耗散
- 硬 IP 块，支持×1、×2 或×4 PCIe

功耗是 FPLD 具有的另一个重要特性，尤其是在移动应用中。我们发现，CPLD 通常有较高的"待机"功耗。对于更高频率的应用，可以预期 FPGA 有更高的功耗。详细的功率分析示例见[MB14，第 1.4.2 节]。

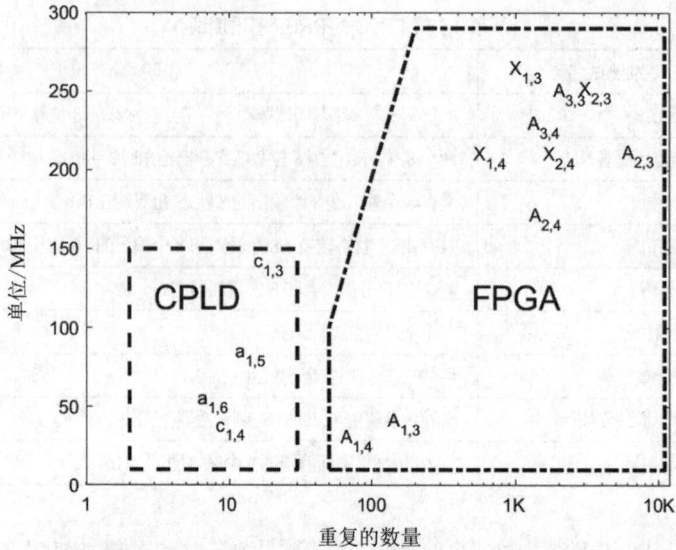

图1.11　Digilent 的 FPLD 提供的 PREP 基准 3 和 4(即第二个下标)平均值和 TERASIC 开发板：UP2 的 A_1 = FLEX10K；

DE2 的 A_2 =Cyclone；DE2-115 的 A_3 =Cyclone IV；UP2 的 a_1 = EPM7128；Nexys 的 X_1 = Spartan 3；Nexys III 的 X_2 =

Spartan 6；Atlys 的 X_3 = Spartan 6 LX45；以及 c_1 = CoolRunner II CPLD

最新的 FPGA 系列和特性

这些特性中的一部分(取决于特定的应用)与嵌入式微处理器的设计更加相关。我们分别在表 1.18 和表 1.19 中总结了 Xilinx 和 Altera 的一些关键特性的可用性。下面列举了器件的系列名称以及其与大多数嵌入式系统应用相关的特性：

1. 器件系列的名称。

2. 到 LUT 的地址输入(扇入)数量。

3. 嵌入式阵列乘法器的大小。

4. 片上块 RAM 的大小，以千(1024)位来衡量。

5. 嵌入式微处理器：当前 Xilinx ZYNQ 和 Altera 器件上的 32 位 ARM Cortex-A9。

6. Xilinx 器件的片上(Virtex 6: 10 位，0.2 MSPS；7 系列: 12 位，1 MSPS)快速 ADC。

7. 器件系列的目标价格和可用性。不再被推荐用于新设计的器件被归为成熟器件，以 m 表示。低成本器件用一个 $ 表示，中等价格器件用两个 $$ 表示，而高价器件用三个 $$$ 表示。

8. 器件系列推出的年份。

9. 工艺技术，以纳米计。

本书编写时，Xilinx 支持 4 个器件系列：性能和容量领先的 Virtex 系列、DSP 密集应用和低成本的 Kintex 系列，以及成本最低用于取代 Spartan 系列的 Artix 系列。此外，还介绍了名为 ZYNQ 的以嵌入式微处理器为中心的系列。包含一个或多个 IBM PowerPC RISC 处理器的 Virtex-II、Virtex-4-FX 或 Virtex-5-FXT 系列不再推荐用于新设计。Xilinx 器件有 18×18 位或 18×25 位嵌入式乘法器。目前大多数器件提供容量为 18 Kbit 或 36 Kbit 的内存。第六代 Virtex 增加了 0.2 MSPS 10 Kbit 快速片上 ADC。第七代包括一个 12 位 1 MSPS 双通道 ADC，带有额外的电源传感器和片上温度传感器，ADC 支持多达 17 个传感器源，见图 1.12 b。请记住，在开发软件对应的 Web 版本中，仅支持大量的 Spartan 系列；大多数其他器件则需要使用 Xilinx ISE 软件的订阅版本。

表 1.18　最新的 Xilinx FPGA 系列微处理器系统的特性

FPGA 系列	特性						年份	工艺/nm
	LUT 扇入	嵌入式 乘法器大小	BRAM 大小/Kbit	快速 A/D	嵌入式 μP	成本/ 成熟度		
Spartan3	4	18×18	18	无	–	m	2003	90
Virtex 4	4	18×18	36	无	PPC	m	2004	90
Virtex 5	6	18×18	36	无	PPC	m	2006	65
Spartan 6	6	18×18	18	无	–	$	2009	45
Virtex 6	6	18×25	36	有	–	$$	2009	40
Artix 7	6	18×25	36	有	–	$	2010	28
Kintex 7	6	18×25	36	有	–	$$	2010	28
Virtex 7	6	18×25	36	有	–	$$	2010	28
Zynq 7Ks	6	18×25	36	有	1×ARM	$$	2011	28
Zynq 7K	6	18×25	36	有	2×ARM	$$	2011	28
Zynq CG	6	18×25	36	有	2+2ARM	$$$	2015	20
Zynq EV	6	18×25	36	有	2+4ARM	$$$	2015	16

表 1.19　Altera FPGA 系列微处理器系统的特性

FPGA 系列	特性						年份	工艺/nm
	LUT 扇入	嵌入式乘法器 大小	BRAM 大小 /Kbit	快速 A/D	嵌入式 μP	成本/ 成熟度		
FLEX10K	4	无	4	无	–	m	1995	420
Cyclone	4	无	4	无	–	$	2002	130
Cyclone II	4	18×18	4	无	–	$	2004	90
Cyclone III	4	18×18	9	无	–	$	2007	65
Cyclone IV	4	18×18	9	无	–	$	2009	60
Cyclone V	8	18×19	0.640，10	无	2×ARM	$	2011	28
Cyclone 10	8	18×19	0.64，20	无	–	$	2017	20
Arria	8	18×18	576	无	–	$	2007	90
Arria II	8	18×18	9	无	–	$	2009	40

(续表)

FPGA 系列	特性						年份	工艺/nm
	LUT 扇入	嵌入式 乘法器大小	BRAM 大小/Kbit	快速 A/D	嵌入式 μP	成本/ 成熟度		
Arria V	8	27×27	10	无	2×ARM	$$	2011	28
Stratix	4	18×18	0.5, 4, 512	无	–	$$	2002	130
Stratix II	8	18×18	0.5, 4, 512	无	–	$$	2004	90
Stratix III	8	18×18	9, 144	无	–	$$	2006	65
Stratix IV	8	18×18	9, 144	无	–	$$	2008	40
Stratix V	8	27×27	20	无	–	$$	2010	28
Stratix 10	8	18×19	4500, 20, 0.64	无	4×ARM	$$$	2013	14

Altera 提供了 3 种主要的 FPGA 器件：Stratix 高性能器件系列、Arria 中档器件和 Cyclone 器件。其中 Cyclone 器件具有最低成本、最低功率、最低密度和最低性能的特点。如今，器件的逻辑块大小已经从 4 个输入 LUT 增加到最大 8 个不同的输入，例如，允许构建三输入加法器，其速度几乎与双输入加法器相同。在物理结构上，ALM 有两个触发器，两个全加法器，两个四输入 LUT 和四个三输入 LUT，以及许多多路复用器，支持实现一般的六输入功能，见图 1.12。Altera 器件中的嵌入式乘法器大小从 9×9 位、18×18 位到 27×27 位不等。以降低速度为代价将这些块组合在一起，可以构建更大的乘数器。从第五代开始，三个 9×9 位块被组合成一个快速的 27×27 位乘法器。存储器种类繁多，从 0.5K、M4K、M9K、M10K、M144K、到 M512K 位存储器。请记住，只有少数 Cyclone 器件可以在 Web 版本上也就是 Quartus 开发软件的 Prime Lite 版本上运行；Arria 和 Stratix 器件则需要使用订阅版本的软件。

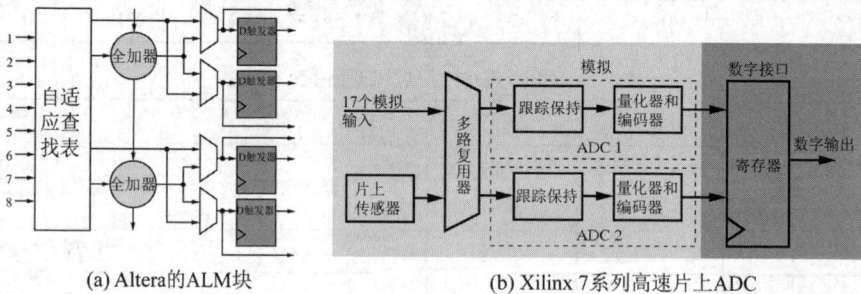

(a) Altera的ALM块　　　　　　(b) Xilinx 7系列高速片上ADC

图 1.12　最新 FPGA 系列中使用的新架构特性

与 FPGA 竞争的技术

按厂商划分的 PLD 市场份额如图 1.13 所示。自从 PLD 在 20 世纪 80 年代初问世以来，前 20 年中的营收以每年 20%的数量稳步增长，超过 ASIC 增长数量的 10%以上。2001 年全球微电子衰退降低了 ASIC 和 FPLD 的营收增长速度。自 2003 年以来，我们再次看到两家市场领导者的营收大幅增长(每年增长约 10%)。Actel 于 2010 年 11 月成为 Microsemi Inc.的一部分。Altera 自 2015 年起成为英特尔的一部分。多年来，FPLD 的表现优于 ASIC，其原因似乎与 FPLD 能提

供许多类似 ASIC 具有的优点有关，例如：

- 减小尺寸、重量和功耗
- 更高的吞吐量
- 更好地防止未经授权的复制
- 降低器件和库存成本
- 降低板测试成本

而没有 ASIC 的许多缺点，例如：

- 将开发时间(快速原型)缩短至原来的三分之一到四分之一
- 在线可重编程
- 更低的 NRE 成本，对 1000 台以下微处理器的设计方案更经济

CBIC ASIC 用于高端、高出货量的应用(约超过 1000 份)。与 FPLD 相比，CBIC ASIC 在相同尺寸的裸晶(die)上会有十倍的门数。解决该问题的一种尝试是使用所谓的硬连线 FPGA(Altera 称为 HardCopy ASIC，而 Xilinx 现在将其称为 EasyPath FPGA)，在这种设计中，门阵列用于实现经过验证的 FPGA 设计。

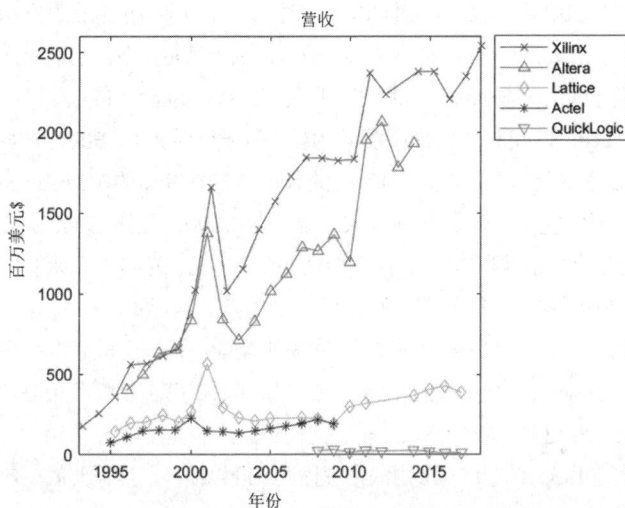

图 1.13　PLD/FPGA/CPLD 市场上营收最高的五家厂商

1.5　使用知识产权核的设计

尽管 FPGA 以其支持快速原型开发的能力而闻名，但这只适用于 HDL 设计已经可用并经过充分测试的情况。像 PCI 总线接口、带流水线的 FFT、FIR 滤波器或微处理器这样的复杂模块可能需要花费几周甚至几个月的开发时间。有一种选择可以让我们从根本上缩短开发时间，那就是使用所谓的知识产权(Intellectual Property，IP)核。这些是预先开发的(较大的)模块，其中典型的标准模块如微处理器、锁相环(Phased Locked Loop，PLL)、FIR 滤波器或 FFT 可直接从 FPGA

供应商处获得，而更专业的块(如 AES、DES 或 JPEG 编解码器、I2C 总线或以太网接口)可从第三方供应商处获得。虽然有些模块在 QUARTUS 软件包中是免费的，但更大更复杂的模块价码可能就高了。然而，只要该块能满足你的设计要求，使用这些预定义的 IP 块往往更合算。现在让我们快速了解一下不同类型的 IP 块，并讨论每种类型具有的优缺点[H00, VG02, CMG07]。通常，IP 核分为三种主要形式，如下所述。

软核 软核是一种需要使用 FPGA 供应商工具进行综合的组件行为描述。该模块通常以硬件描述语言(Hardware Description Language，HDL)的形式提供，如 VHDL 或 Verilog，让用户能够轻松修改，甚至可以针对特定供应商或器件在进行综合之前增加或删除功能。缺点在于，IP 块可能需要做更多的工作来满足所需的尺寸/速度/功耗要求。很少有 FPGA 供应商模块以这种形式提供，例如，Altera 公司开发的第一代 Nios 微处理器，或是第 7 和第 8 章讨论的 Xilinx 公司发布的 PICOBLAZE 微处理器。FPGA 供应商要对软核进行 IP 保护是可能的[CMG07]，但很难实现，因为该模块是作为可综合的 HDL 提供的，很容易用于竞争平台的 FPGA 工具/器件套件或基于标准单元的 ASIC。以 HDL 方式提供的第三方 FPGA 模块的价格通常比接下来要讨论的价格较为适中的参数化核的价格高得多。

参数化核 参数化核或固核是对组件结构的描述。设计的参数可以在进行综合之前改变，但通常不提供 HDL。Altera 和 Xilinx 提供的大多数核都属于这种类型。它们允许具有一定的灵活性，但会禁止其他 FPGA 供应商或 ASIC 代工厂使用该核，因此为 FPGA 供应商提供了比软核更好的 IP 保护。Altera 和 Xilinx 提供的参数化内核的例子包括 PLL、FIR 滤波器编译器、FFT(并行和串行)，以及嵌入式处理器，例如，Altera 的 Nios II 和 Xilinx 的 MicroBlaze。参数化内核的另一个优点是，它通常提供资源估计(LE、乘法器、块 RAM)，且其期望准确度会在百分之几以内，这使得在进行综合之前就可以在尺寸/速度/功耗要求方面快速探索设计空间。HDL 中的测试平台(用于 MODELSIM 模拟器)允许进行时钟级精确的建模，同时 C/C++模型或 MATLAB 脚本支持行为级精确的仿真，这也是参数化内核具有的标准功能。代码生成通常只需要花费几秒钟。在本章的末尾，我们将研究一个小型的参数化 PLL 核,随后在第 9 章和第 10 章将研究 Altera Nios II 和 Xilinx MicroBlaze 这种大规模参数化内核的例子。

硬核 硬核(固定网表核)是 FPGA 内的物理描述或硬接线核。当需要低功耗、高速度或硬性实时约束时，内核通常被优化并可用于特定的器件(系列)，例如，PCI 总线接口。设计的参数是固定的，如 16 位 256 点 FFT。对于一些核的行为，会提供 HDL 描述，让它在一个更大的项目中进行仿真和集成。大多数来自 FPGA 供应商的第三方 IP 核、Xilinx 的几个免费 FFT 核和 ARM Cortex-A9 嵌入式处理器都属于这种类型的核。由于布局是固定的，因此所提供的时序和资源数据是精确的，并且不依赖于综合结果。但缺点是不能改变参数，所以如果 FFT 需要有 24 位输入数据的话，就不能使用 16 位 256 点 FFT 硬核 IP 块。在后面的第 11 章和第 12 章中，我们将研究 Altera 的 SoC Cyclone V 以及 Xilinx Zynq 7K 器件中包含的 ARM cortex A9。

IP 核的比较和挑战

如果我们现在比较不同的 IP 块类型，就必须在设计的灵活性(软核)和快速得到结果及数据的可靠性(硬核)之间做出选择。软核更灵活，比如，我们容易改动它的系统参数或器件/工艺技术，但可能会需要较长的调试时间。硬核已经在硅片上验证过。硬核减少了开发、测试和调试时间，但没有 VHDL 代码可供查阅。参数化往往是灵活性和可靠性之间的最佳折中方案。然而，目前的 IP 块技术面临两个主要挑战，即块的定价和与之密切相关的 IP 保护。由于核是可重复使用的，因此供应商的定价必须依赖于客户将使用的 IP 块的单元数量。这是一个多年来在专利权方面众所周知的问题，通常需要签订长期的许可协议，并且在客户滥用的情况下需要支付高额罚款。FPGA 供应商提供的参数化块(以及设计工具)有非常适度的定价，因为供应商的获利方式是：首先客户在许多器件中使用该 IP 块，并且这些器件也往往必须从同一供应商处购买。这与第三方 IP 块的供应商不同，他们没有第二种收入来源。这种情况下，许可协议，特别是软核的许可协议，在起草时必须非常仔细。

为了保护参数化内核，FPGA 供应商使用基于 FlexLM 的密钥来启用/禁用单个 IP 内核的生成。通过使用有时间限制的编程文件或要求通过 JTAG 在上位 PC 和电路板之间保持连接，可以支持对参数化内核进行直至硬件验证的评估，让设计者在购买许可证之前就可以对器件进行编程并在硬件上验证设计。例如，Altera 的 OPENCORE 评估功能允许设计者在目标系统内模拟 IP 核功能的行为，以验证设计的功能，并快速、轻松地评估其大小和速度。当你对 IP 核功能完全满意并希望将设计投入生产时，可以购买一个许可证，从而允许生成不受时间限制的编程文件。QUARTUS 软件会自动从 Altera 的网站下载最新的 IP 核。许多第三方 IP 供应商也支持 OPENCORE 评估流程，但你必须直接与 IP 供应商联系，以启用 OPENCORE 功能。

对软核的保护更为困难。有人建议对 HDL 进行修改，使其难以读取，也就是使用混淆技术[MCB11]，或者在最小化额外硬件的同时将水印嵌入高层设计中[CMG07]。水印应该足够健壮，也就是说，水印中如果有一个位发生变化就足以破坏所有者的认证。

表 1.20 显示了对三种类型的 IP 核最重要特性的比较。

表 1.20　IP 核比较

特性	IP 核类型		
	软核	参数化核	硬核
灵活性	++	++	-
性能	+	+	++
IP 成本	-	+	+
开发时间	-	+	++
不依赖供应商	++	-	-
电源效率	+	+	++
例子	PICOBLAZE、Nios	FIR 编译器、FFT 编译器、Nios II、MICROBLAZE	PCI、IEEE FP、ARM Cortex-A9

图例：++=优秀，+=良，-=差

基于 IP 核的 PLL 设计实例

最后，我们以一种典型的开发板设计为例，评估 IP 块生成并将其集成到项目中的设计过程。开发板有一个高精度的固定在 50 MHz 频率的振荡器；而我们所用的嵌入式微处理器系统可能需要用到一个高达 2.5 倍的时钟，即 125 MHz。这样升高了的时钟基本上不可能用同步数字逻辑产生。于是，大多数现代 FPGA 使用锁相环(Phase Locked Loop，PLL)来产生不同的时钟或相位延迟。图 1.14 展示了 FPGA 中使用的典型 PLL 的整体结构。PLL 是一种混合的模拟/数字电路，其核心是一个相位/频率检测器(Phase Frequency Detector，PFD)、一个压控振荡器(Voltage Controlled Oscillator，VCO)和一个反馈计数器。在稳定状态下，我们会注意到两个 PFD 信号(F_{REF} 和 F_{FB})是同相的(完全一样)。环路是稳定的也就是说已锁定，即反馈频率 $F_{FB}=F_{VCO}/M$ 与输入频率为 $F_{REF}=F_{IN}/N$ 的参考信号同相，假定参考频率来自输入分频器 N。重新排列使输出频率 F_{VCO} 在左边，我们选择 $M=5$ 和 $N=2$，期望的输出频率为：

$$F_{VCO} = M \times F_{IN}/N = 5 \times 50 \text{ MHz} / 2 = 125 \text{ MHz} \tag{1.6}$$

额外的后缩放分频器 C 可以用来产生基于 F_{VCO} 的额外分频，或产生不同的相位延迟。

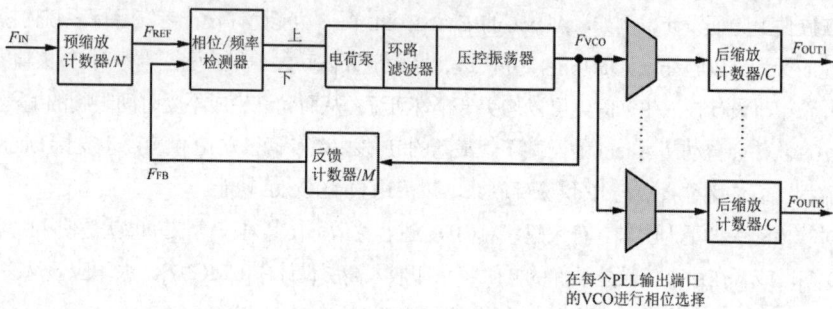

图 1.14　FPGA PLL 的架构

你可以在 Altera Quartus IP 目录中找到各种 PLL 架构，包括零输出延迟和直接选项。为了进行简单的评估，我们把 IP 核命名为我们开发的项目，即 PLL。在 QUARTUS 中建立一个新的文件目录并打开一个新的项目，命名为 PLL 并选择 Tools→IP Catalog。第一步，在 IP Catalog 的 Basic Functions→Clocks; PLLs and Resets→PLL→Altera PLL 窗口下找到 PLL 块，见图 1.15a。然后选择所需的输出格式(AHDL、VHDL 或 Verilog)，并指定我们的工作目录。在 IP GUI 工具弹出后(见图 1.15b)，我们就可以访问 PLL 文档并可以开始对该模块进行参数化。可以将 PLL 配置成专门的模式，如零延迟(参考输入和输出之间只需要相位延迟)，不过我们使用了基本的配置，称为 direct，即直接操作模式。由于我们想用上面例子中的 50 MHz 参考信号产生 125 MHz 的输出信号，因此在 GUI 中分别输入 Desired Frequency 期望频率和 Reference Clock Frequency 参考时钟频率这两个数据。我们保持 50% 的占空比，不需要任何相移。信息窗口会立即给我们提供反馈，告诉我们选择的频率是否可以通过 FPGA PLL 实现。由于 PLL 是一个混合的模拟/数字电路，FPGA 通常在 VCO 信号的上下界会进行限制，这点可以从 PLL 参数窗口的 Info 输出中看到。我们选择的 125 MHz 当然是在 5~700MHz 的允许范围内的。

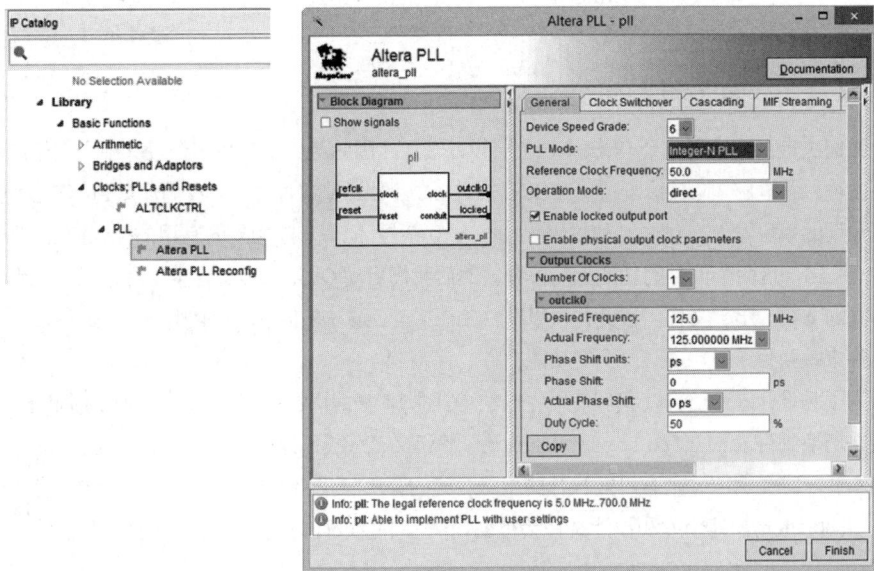

(a) IP Catalog 元素选择　　　　(b) 按照对参考时钟输入进行2.5倍频对PLL IP核参数化

图 1.15　PLL IP 设计

在对选择的参数感到满意后，我们单击 Finish 完成设计，然后模块和所有支持文件就会立即生成。除了设计文件，还提供了 ALDEC、CADENCE、MENTORGRAPHICS 和 SYNOPSYS 的仿真脚本。表 1.21 中列出了生成的一些最重要的文件的概况。

表 1.21　为 IP PLL 核生成的最重要的文件列表

pll.vhd	定制 IP 核功能的 VHDL 顶层描述
pll.cmp	IP 核功能变种的 VHDL 组件声明
pll.bsf	IP 核功能变种的 QUARTUS 符号文件
pll_sim/memtor/msim_setup.tcl	用于为 MODELSIM 编译库模型和 IP 组件的测试平台
pll.vho	VHDL IP 功能性仿真模型
pll.qip	QUARTUS 项目信息文件

我们看到，VHDL 文件与其对应的组件文件是一起生成的，既支持组件的图形实例化，又支持 HDL 实例化。VHDL 组件文件 pll.cmp 如下所示：

VHDL 文件：PLL IP 组件

```
1 component pll is
2         port(
3             refclk   : in std_logic := 'X'; -- clk
```

```
4                rst      : in std_logic := 'X'; -- reset
5                outclk_0 : out std_logic;       -- clk
6                locked   : out std_logic        -- export
7          );
8     end component pll;
```

我们决定直接使用这个 IP 核作为顶层设计输入，因此避免了在另一个设计中实例化该模块并连接输入和输出。通过检查顶层 VHDL 文件 pll.vhd 或组件文件，我们注意到，该 ENTITY 具有预期的模块输入 refclk 和输出 outclk_0 信号，但有一些额外的有用的控制信号，即 rst 和 locked，这两个信号的功能无需解释。然后我们启动 QUARTUS 运行全编译，以生成用于时序仿真的 pll.vho 文件，该文件可以在 /simulation/modelsim 中找到，我们用这个生成的文件来替换目录 pll_sim 中的功能文件。

为了对设计进行仿真，我们使用生成的 TCL 脚本来编译设计和模型库。启动 MODELSIM 仿真器并切换到目录 pll/pll_sim/mentor，然后在命令窗口输入 do msim_setup.tcl。启动脚本后，它显示了一个有可能执行的步骤对应的菜单。我们选择编译(compilation)，然后选择详述(elaboration)。几个库和设计文件会被编译，但不会进行仿真。要进行仿真，我们使用以下步骤：

ModelSim：命令行提示输入序列

```
1 type> com
2 type> elab
3 type> add wave *
4 type> force rst 1 0ns, 0 50ns
5 type> force refclk 0 0ns,1 10ns -r 20ns
6 type> run 500ns
```

我们放大到前几个时钟周期，看到 PLL 锁定(大约两个时钟周期后)和高时钟信号，如图 1.16 所示。对于 refclk 输入的两个时钟周期，我们有 5 个输出时钟周期，即实现了期望的 2.5 倍高频。我们可能会注意到 IP 块仿真中存在的一个小问题，这个问题无法在 GUI 设置中得到解决。通常，FPGA 板使用低电平有效来进行复位，因为大多数按钮在按下后会归零。在软核中，我们可以改变设计的 HDL 代码来实现低电平有效复位，但在参数化的核中，我们没有这个选项。然而，可以通过在 PLL 复位的输入端附加一个反相器来解决这个问题。这是使用参数化内核的典型经验：内核可以节省 90%或更多的设计时间，但有时为了满足项目的严格要求，需要做一点额外的设计工作。

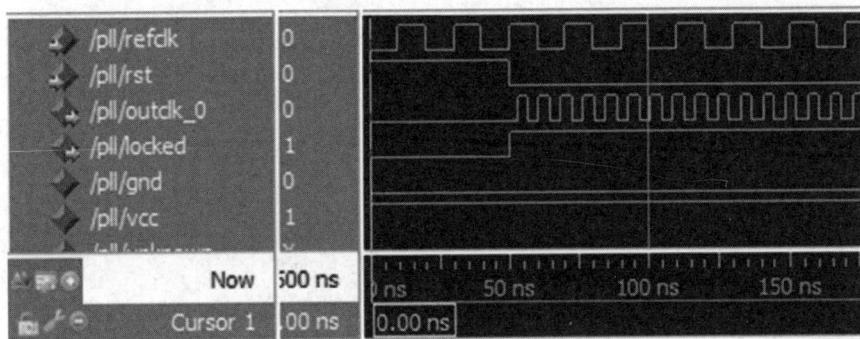

图 1.16　PLL IP 设计的测试台。通过时序仿真进行验证

1.6　复习题和练习

简答题

1.1. 为什么 Plessey FPLD 器件没有取得商业成功？

1.2. 我们应该使用奔腾处理器来设计嵌入式系统吗？

1.3. 在微处理器指令解码过程中会发生什么？

1.4. 列举并解释五种 μP 寻址模式。

1.5. 画出 0~3 地址的 CPU 具有的数据流结构。

1.6. 将十进制数字 123、1000、255、4681 分别转换成二进制、八进制和十六进制。

1.7. 十六进制数 A、123、ABCD、FFF 的十进制表示是什么？

1.8. 对于存储器来说，1 KB(Kilo Byte)、1 MB 或 1 GB 的精确位数是多少？

1.9. 假定每个像素需要 16 比特，存储一幅 640 行、480 列的图像需要多少比特？

1.10. 解释冯诺依曼、哈佛和超级哈佛架构之间的区别。

1.11. 根据以下特性对 0~3 地址的 CPU 进行排序：指令长度、汇编的难易程度、代码字数、硬件大小(最好的排在前面)。

1.12. 你什么时候会选择使用 FPGA，什么时候会选择使用基于单元的 ASIC 进行设计？

1.13. FPLD 基准测试是如何工作的？

1.14. 什么是 FPLD 的粒度？

1.15. 按电路速度对以下技术排序：基于单元的 ASIC、FPGA、完全定制和 PLD(速度最慢的器件排在前)。

1.16. 哪些 FPGA 硬件资源对 μP 设计最重要？(从最重要的开始列举)。

1.17. PLL 是如何工作的？什么时候需要用到 PLL？

填空题

1.18. Cyclone V 器件是_____的产品。

1.19. Zynq 7K 器件是_____的产品。

1.20. 希望的 FPLD 技术特性是_____。

1.21. 不想要的 FPLD 技术特性是_____。

1.22. ASIC 是_____的首字母缩写。

1.23. CPU 是_____的首字母缩写。

1.24. RISC 是_____的首字母缩写。

1.25. KCSPM 是_____的首字母缩写。

1.26. NRE 是_____的首字母缩写。

1.27. PLA 是_____的首字母缩写。

判断题

1.28. _____ EPROM FPLD 提供 "复制保护"，但 E^2PROM FPLD 不提供。

1.29. _____ SRAM FPLD 是可重复编程和易失性的。

1.30. _____ FPGA 的功耗与频率和在此频率下运行的逻辑单元数量的乘积成正比。

1.31. _____ PREP 基准测试 3 和 4 是 FSM 类型的设计。

1.32. _____ 在 PREP 基准中，CPLD 的重复率比 FPGA 高。

1.33. _____ Cyclone V 器件有嵌入式乘法器、BRAM 和一个 PPC 微处理器。

1.34. _____ Zynq 器件包括一个 ARM 微处理器。

1.35. _____ 在过去的十年中，FPGA 市场营收方面的领导者是 Lattice 和 Actel 公司。

1.36. _____ 在过去的十年中，FPGA 的营收每年增长 20%，而 ASIC 每年增长 10%。

1.37. _____ 现代 FPGA 中使用的 BRAM 存储器是异步存储器。

1.38. _____ 现代 FPGA 通常有 PLL。

项目和挑战

1.39. 只用 NAND 门来实现 NOT、AND 和 OR，以证实双输入 NAND 的通用性。

1.40. 只用双输入 NAND 门来实现一个全加器：

$s = a$ XOR b XOR c_{in}; $c_{out} =(a$ AND $b)$ OR$(c_{in}$ AND$(a$ OR $b))$

1.41. 只用 NOR 门来实现 NOT、AND 和 OR，以证实双输入 NOR 门的通用性。

1.42. 只用双输入 NOR 门来实现一个全加器：

$s = a$ XOR b XOR c_{in}; $c_{out} =(a$ AND $b)$ OR$(c_{in}$ AND$(a$ OR $b))$

1.43. 只用双输入复用器来实现 NOT、AND、OR，以证实双输入复用器 $f(x,y,s)= x$ AND$($NOT $s)$OR$(y$ AND $s)$的通用性。

1.44. 只用双输入复用器 f(x,y,s)= x AND(NOT s)OR(y AND s)来实现一个全加器：

$s = a$ XOR b XOR c_{in}; c_{out} =(a AND b) OR(c_{in} AND(a OR b))。

1.45. 将下面的中缀算术表达式转换为后缀表达式，见式(1.2)。

(a) $a + b$–c–$d + e$

(b) $a + b × c$

(c) $(a$–$b) ×(c + d) + e$

(d) $(a$–$b) ×((c$–$d × e) × f)/g) × h$

1.46. 将下列后缀算术表达式转换为中缀表达式，见式(1.2)。

(a) $ab + cd /$

(b) $ab/cd ×$–

(c) $ab + c$ ^(用^幂符号)

1.47. 以下哪一对后缀表达式是等价的(见式(1.2))？

(a) $ab + c$ +和 abc + +

(b) ab –c –和 abc ––

(c) $ab×c$ +和 $cab×$ +

(d) abc +×和 $ab×bc×$+

1.48. 通过编写尽可能最短的程序进行以下计算来比较 0~3 地址编码(Address Coding，AC)机器：

$$h=(a–b) /((c+d) ×(f–g))$$

指令集如下。

(a) 0-AC(栈)：PUSH Op1，POP Op1，ADD，SUB，MUL，DIV

(b) 1-AC(累加器)：LA Op1，STA Op1，ADD Op1，SUB Op1，MUL Op1，DIV Op1

(c) 2-AC：LD Op1, M；ST Op1, M；ADD Op1, Op2；SUB Op1, Op2；MUL Op1, Op2；DIV Op1, Op2

(d) 3-AC：LD Op1, M；ST Op1, M；ADD Op1, Op2, Op3；SUB Op1, Op2, Op3；MUL Op1, Op2, Op3；DIV Op1, Op2, Op3

假设 2-AC 和 3-AC 的所有操作数都已经加载到寄存器中，但最后的结果应该存储在存储器中。另外，对于 2-AC 和 3-AC，寄存器的值不需要保留，也就是说，你可以覆盖寄存器的初始值！

1.49. 对下面的算术表达式重复练习 1.48。

$$f=(a–b) /(c+d×e)$$

如果有必要，你可以重新排列这个表达式。

1.50. 对下面的算术表达式重复练习 1.48。

$$f=(a–b/c) /(b+d×e)$$

如果有必要，你可以重新排列该表达式。

1.51. 对下面的算术表达式重复练习 1.48。

$$f=(a+b\times c)/(d-e)$$

如果有必要，你可以重新排列该表达式。

1.52. 对下面的算术表达式重复练习 1.48。

$$g=(a\times b-c)/(d+e/f)$$

如果有必要，你可以重新排列该表达式

1.53. 对以下算术表达式重复练习 1.48。

$$g=(a-b\times c)/(d/e+f)$$

如果有必要，你可以重新排列这个表达式。

1.54. 访问 FPLD 供应商的网页，找到 Xilinx 和 Altera/Intel FPGA 的最新营收。

1.55. 解释一下软核、硬核和参数化核之间的区别。每种类型的优点和缺点是什么？

1.56. 检查你所用工具库中的 IP 核，用一句话总结其功能。这些核的成本是多少？在你的列表中，哪一个 IP 核可以用在 μP 设计中？

第2章

FPGA 器件、板卡和设计工具

摘要

本章详细介绍了对嵌入式系统设计特别有帮助的 SoC 型 FPGA、原型电路板卡以及设计工具。嵌入式软件设计师在首次阅读本书时也可以先跳过本章。

我们将仔细研究两个特殊的器件，Altera EP5CSEMA5F31C6 和 Xilinx Zynq-Z-7010，它们将用于我们提出的更大的设计示例。我们将研究芯片综合、时序分析、布图(floorplan)和功耗。最后，在一个更大的案例研究中，终极精简指令集计算机(Ultimate Reduced Instruction Set Computer，URISC)是用 HDL 语言设计、综合和编程的。

关键词

现场可编程门阵列(Field Programmable Gate Array，FPGA) • 现场可编程逻辑器件(Field Programmable Logic Device，FPLD) • Quartus • Vivado • Altera FPGA • Xilinx FPGA • TerASIC • 视频图形阵列(Video Graphics Array，VGA) • 高清多媒体接口(High Definition Multimedia Interface，HDMI) • 布图 • URISC • ZyBo • DE1-SoC • TimeQuest • I2C 总线 • 通用异步收发器(Universal Asynchronous Receiver Transmitter，UART) • 7 段显示 • 模数转换器(Analog to Digital Converter，ADC) • 音频编解码 • CAD 设计循环

2.1 引言

VLSI 设计中用到的技术细节涵盖了从全定制 ASIC 的几何布局到使用所谓的机顶盒进行的系统设计。表 2.1 给出了一项调查。而 FPGA 设计工作中并不包含布局和电路级的任务，因为它们的物理结构是可编程的，但是固定的。最优的器件利用通常是在门的层次上使用寄存器传输级设计语言。上市时间要求结合迅速增加的 FPGA 复杂性，正迫使方法论转向使用知识产权(Intellectual Property，IP)宏单元(macrocell)或巨核单元(mega-core cell)。宏单元为设计者提供了一系列预定义功能，如微处理器或 UART。因此，设计师只需要指定选定的特性和属性(例如，精度)，综合器将为目标解决方案生成硬件描述代码或原理图。

表 2.1　VLSI 设计级别

对象	目标	实例
系统	性能规格	计算机、磁盘单元、雷达
芯片	算法	μP、RAM、ROM、UART、并口
寄存器	数据流	寄存器、算术逻辑单元、计数器、多路复用器
门	布尔方程	与门、或门、异或门、触发器
电路	差分方程	三极管、电阻、电感、电容
布局	无	几何形状

因此，FPGA 技术的一个关键点在于它是强大的设计工具，具有以下作用：

- 缩短设计周期。
- 提供良好的器件利用率。
- 提供综合器选项，即在速度与设计尺寸的优化之间进行选择。

应用于嵌入式系统 FPGA 设计流程的 CAD 工具分类如图 2.1 所示。系统需求和层次组织应该在进入 FPGA 设计流程之前就有据可查。

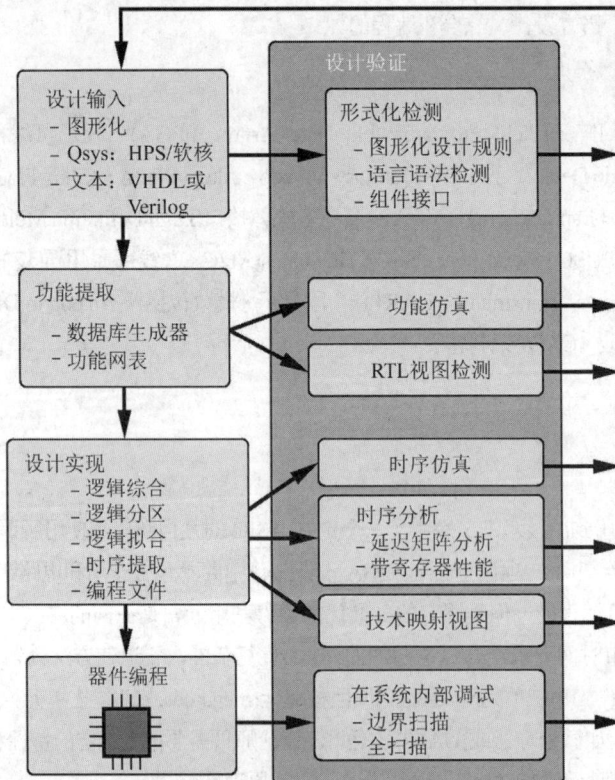

图 2.1　基于嵌入式 μP FPGA 的 CAD 设计流程

设计输入(Design Entry)可以是图形化的、基于文本的，或是基于软核和 HDL 组件构建的高层次系统工具。进行后续步骤之前，应该执行形式化检测以消除语法错误或图形设计规则错误(例如，连线开路)。预定义块的分配，包括通过 QSYS[1](Altera) 实现的嵌入式硬连接处理器系统(Hardwired Processor System，HPS)，也会在设计的第一步完成。多种多样的微处理器测试程序也应该与 μP 设计并行开发(图中未展示)。在功能提取(Function Extraction)中，会从设计中提取基本设计信息，并将其写入功能网表(Functional netlist)中。该网表支持对电路进行第一次功能仿真(Functional Simulation)(又名 RTL 级仿真)，并允许构造一个称为测试台的示例数据集，用于在以后使用时序信息来测试设计。功能网表还支持电路的 RTL 视图，从而可快速总览 HDL 所描述的电路。如果 RTL 视图验证或功能仿真没有通过，我们将再次从设计输入开始进行设计。如果功能测试满足要求，我们将继续进行设计实现(Design Implementation)，这通常需要几个步骤才能完成。如果组件是软核或参数化核而不是硬核，则需要花费比功能提取更多的编译时间。在设计实现的最后，微处理器电路在 FPGA 内完全布线，这提供了精确的资源数据，从而支持使用所有时序信息来进行仿真(又称门级仿真)，并进行性能测量。一些综合工具还提供电路的技术映射视图，用于展示 HDL 元素如何映射到 LUT、存储器和嵌入式乘法器。如果所有这些实现数据都符合预期，我们就可以继续进行实际 FPGA 的编程；如果不符合，我们就得从设计输入重新开始，并在设计中进行适当的更改。使用现代 FPGA 的 JTAG 接口，我们也可以直接监控 FPGA 上的数据处理：我们可以只读出 I/O 单元(称为边界扫描(boundary scan))，或者读回所有内部触发器(称为全扫描(full scan))。现代软件工具(例如，监控程序)也支持单步跟踪程序，同时检查存储器和寄存器值。如果在系统内部调试失败，我们也需要返回到设计输入。

一般来说，若要做出使用固定的、参数化的还是软的微处理器内核的决定，取决于个人品位、先前的经验和系统要求。系统的图形化表示可以强调基于组件来构建层次结构，从而支持模块化设计方法和测试。如果设计不需要使用很多关于算法控制设计的大型组件，并且允许更广泛的设计风格，则通常首选 HDL 文本环境，如后面的案例研究所演示的那样。具体来说，对于基于 HDL 的设计，通过文本设计，似乎可以赋予设计更特殊的属性和更精确的行为。在基于文本的 HDL 设计中，如果文本是 VHDL 或 Verilog，我们可以使用以下三种设计策略中的任何一种来进行设计。

结构化风格(通过组件实例化)非常类似于图形化的网表设计，并且只能用于大型(预定义的或重用的)组件，而不能用于门级，因为这会使代码非常难以阅读、验证和维护。数据流风格(即并发语句)在用到大量的门或多路复用类型电路，而编码中没有任何存储器元素时使用。当与门或多路复用器一起设计时，综合工具通常不识别锁存器或触发器，并且将使用标准 LUT，而不是 FPGA 内提供的物理触发器或锁存器。当需要用到存储器元素时，可使用 PROCESS 模板(VHDL)或 always 块(Verilog)进行顺序化设计。当然，这些策略也可以进行组合使用，只是要注意，在这些块中求值是顺序执行的，而不是像代码的数据流部分那样是并发执行的。关于 HDL 语言的详细信息可以在第 3 章(VHDL)和第 4 章(Verilog)中找到。

---

1 Intel 最近已将 QSYS 更名为 PLATFORM DESIGNER。

所有 HDL 代码都从定义 I/O 端口开始，随后是内部网络。在 VHDL 中，需要在端口声明之前指定所使用的库。VHDL 具有比 Verilog 更大、更复杂的库和数据类型概念。然后才是实际的电路描述。可以采用一种编码风格，也可以采用上面讨论的三种风格。关于如何综合和仿真电路(根据图 2.1 中所示的流程)的详细研究将在 2.4 节中针对 URISC 处理器模型来进行介绍。在 CAD 工具流程的末尾，我们将得到一个编程文件，可以将其下载到硬件板卡(如图 2.2 所示的原型板)。接下来，我们继续对设备进行编程，并可能使用回读方法执行额外的硬件测试。

(a) Cyclone V DE1-SoC Altera/TerASIC 板卡 [Ter14]

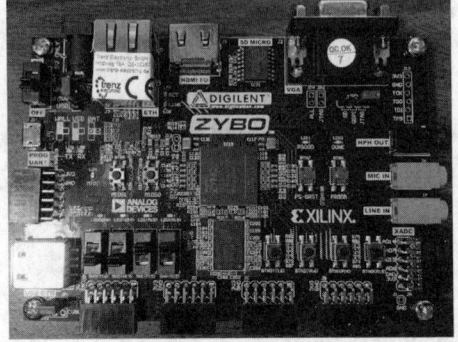

(b) Xilinx Zynq 板卡(ZyBo)[Dig14]，带有板载的 ADC 及 DAC 编解码器

图 2.2　低成本原型板卡

2.2　原型板卡的选择

如果我们想选择一个支持使用软的、参数化的和硬核处理器系统的适当平台，那么可能需要用到的原型板数量就会减少到嵌入了 HPS 的少数几个。我们还需要提供足够的资源(LE、嵌入式乘法器、块 RAM、锁相环和引脚数量)来承载我们计划的最大设计任务。另一方面，我们可能希望选择使用 Altera 或 Xilinx 大学计划提供的(低成本)电路板。

Xilinx 提供的直接板级支持非常有限，举例来说，大学计划中提供的所有电路板都来自第三方。然而，其中一些板的价格如此之低，似乎是非营利的设计。Xilinx 板的主要供应商是 Digilent Inc.，在撰写本书时，它提供 ZedBoard、ZyBo、Nexys 4 DDR 或 Basys 3。即使对非大学的顾客来说，这些板也很便宜。另一个目标可能是使用 VIVADO 网络版软件支持的电路板。目前，VIVADO 网络版支持 Zynq 评估和开发板(ZedBoard)，还支持 Zynq 板(ZyBo)。Nexys 和 Basys 需要用到 ISE 工具。表 2.2 给出了一些流行的 Xilinx 板的概述。Digilent Inc.提供的 Zynq 板(ZyBo)是一款适用于嵌入式系统的低成本板，具有 HPS(带片上 BRAM、乘法器、音频编解码器、VGA、开关、按钮和 LED)，价格仅为 189~299 美元，见图 2.2b。ZyBo 上有一颗 Zynq XC7Z010-1CLG400C FPGA、128Mb 闪存、512MB DDR、5 个 LED、4 个开关和 6 个按钮[Xil18, Dig14]。对于 DSP 和视频实验，我们可以利用片上的 A/D、音频编解码器和 VGA 端口。

表 2.2 流行的 Xilinx 板卡、FPGA 及板上元器件的概览

板卡名称	ZedBoard	ZyBo[1]/ZyBo-Z7-10	ZyBo-Z7-20
FPGA 设备	Zynq-7K SoC XC7Z020-CLG484	Zynq-7K XC7Z010-1CLG400C	Zynq-7K XC7Z020-1CLG400C
I/O/LUT/片上 RAM	200/53 K/612 KB	100/17 K/270 KB	100/53 K/630 KB
微处理器	2x ARM Cortex-A9	2x ARM Cortex-A9	2x ARM Cortex-A9
开关/按钮/LED	8/5/8	4/6/5	4/6/5
片外闪存/DRAM	256 MB/512 MB	–/512 MB	–/1024 MB
显示选项	OLED-VGA-HDMI	VGA-HDMI-0/1RGB LED	HDMI-Pcam
A/D 选项	编解码器和 XADC	编解码器和 6/5Pmod	编解码器和 6Pmod
价格	$495	$189/$199	$299

1 最近，ZyBo 已被 ZyBo Z7 板卡取代。主要的升级在于使用了一个额外的 (单向) HDMI 口代替 VGA，以及第二版带有更大 FPGA 的 ZyBo-Z7-20[Dig19]。

Altera 支持多种开发板，其中包含大量有用的原型组件，包括快速 A/D、D/A、音频编解码器、DIP 开关、单段和七段 LED 以及按钮 (见表 2.3)。这些开发板可直接从 Altera(大学客户)或 TerASIC(标准客户)获得。Altera 提供 Stratix 和 Cyclone 板，价格在 199 美元至 24,995 美元之间，这些板不仅在 FPGA 尺寸上有所不同，而且在额外的特性方面也有所不同，比如 A/D 通道的数量、精度和速度，以及内存块。对于大学来说，低成本的 DE1-SoC Cyclone V 板是一个很好的选择，它虽然比许多数字逻辑实验室中使用的 UP2 或 UP3 板更贵，但具有双通道编解码器、FPGA 之外的大型内存块，以及许多其他有用的端口(USB、VGA、PS/2、以太网、七段 LED、开关、按钮等)，见图 2.2a。

表 2.3 流行的 Altera 板卡、FPGA 及板上元器件

板卡名称	DE2-115	DE10 标准	DE1 SoC
FPGA 设备	Cyclone IV EP4CE115F29C7	Cyclone V SoC 5CSXFC6D6F31C6N	Cyclone V SoC 5CSEMA5F31
I/O/LUT/片上 RAM	529/115 K/497 KB	499/111 K/707 kB	457/85 K/487 KB
微处理器	无 HPS	2x ARM Cortex-A9	2x ARM Cortex-A9
开关/按钮/LED	18/4/27	10/4/10	10/4/10
片外闪存/DRAM	2 MB/128 MB	–/64 MB+1 GB	–/64 MB+1 GB
显示选项	8×7 段/LCD/VGA/TV 解码器	6×7 段/LCD/VGA/TV 解码器	6×7 段/VGA/TV 解码器
A/D 选项	24 比特双通道编解码器	8×12 比特 500KSPS	24 比特双通道编解码器 8×12 比特 500KSPS
价格	$595	$350	$249

现在，我们简要介绍一下目前在电路板上已有并将在以后的项目中使用的常见外围设备。

2.2.1 存储器

FPGA 嵌入式系统原型板通常在 FPGA 之外有几种不同类型的存储器。让我们先从 FPGA 配置存储器说起。由于基于 SRAM 的 FPGA 不稳定，它们需要在开始时一次性将配置文件下载到设备上，其中包含 FPGA 电路编程信息以及初始片上寄存器和块 RAM 值。在开发过程中，我们通过串行接口(如 USB)下载这些文件。通常，这种通信是使用 JTAG 协议完成的，这样就允许对其进行部分重新配置和回读。开发之后，我们可能会想在不用主机的情况下对板卡进行配置，板卡也常常提供某种 E^{2}PROM 闪存来存储 FPGA 的编程信息。这些闪存配置 ROM 仅用于编程，通常不能作为整个微处理器系统设计的一部分来加载或存储数据。

第二种类型的存储器是 SRAM 或 DRAM 存储库(bank)，大小从几 MB 到上 GB，远远大于片上的块 RAM 资源。SRAM 通常具有较短的访问时间，而 DRAM 通常提供较大的内存。如果我们使用 RAM 作为微处理器存储器，则需要注意存储库的组织。除了 FPGA 中的块 RAM，这些外部存储库在配置中是固定的。例如，如果我们准备构建一个 32 位微处理器系统，但有一个 16 位存储器接口，就需要使用两个时钟周期来加载一个字。快速的 16 位宽 SRAM 可能会比"较慢"的 32 位宽 DRAM 慢，因为 DRAM 数据只需一个时钟周期就可用。

嵌入式系统板上的第三种外部 FPGA 存储器通常通过 micro SD 卡插槽提供。虽然访问速度常比 S(D) RAM 慢，但存储容量只受购买的 SD 卡大小的限制(通常不提供)。这将允许你编译和配置标准 PC 的操作系统或复制大量数据(图像、视频等)到 SD 卡上，然后使用 FPGA 访问这些 micro SD 上存储的文件。

2.2.2 基本 I/O 组件

FPGA 板卡上通常有 4 种基本的 I/O 元素：LED、七段显示器、按钮和开关，见图 2.3a。

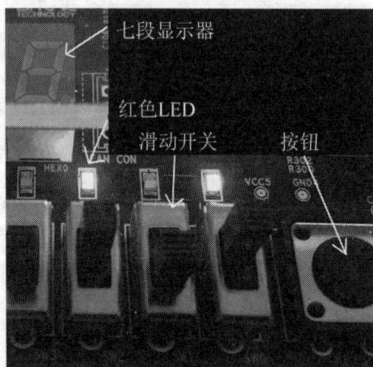

(a) LED、按钮、开关和七段显示器

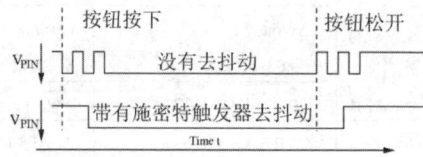

(b) 带有和没有去抖动的开关的时序行为

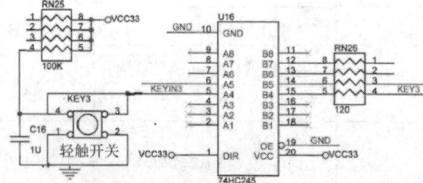

(c) DE1 SoC 去抖动逻辑的电路细节

图 2.3 基本 I/O

所有电路板都会带有几个红色、绿色或双色的单个 LED。当设置为逻辑 1 时，它们会亮起；当设置为逻辑 0 时，它们会关闭。空间和 I/O 引脚资源较富余的 FPGA 板卡可以增加一个或多个七段显示器。不同于单个 LED，七段显示器通常是低电平有效，即当输入设为 0 时亮起，因为 FPGA 或 CMOS 通常可以在 GND 电平处比 Vcc 电平抽取更大电流。由于一块板上的多个七段显示器需要用到大量的 FPGA 引脚，我们有时会看到(例如，Digilent Nexys)多个七段显示器共享数据线，并使用一个选择信号在多路复用模式下亮起。小型 ZyBo 没有七段显示器，而 DE1 SoC 有 6 个非复用的数字显示，其中小数点未使用。

FPGA 的基本输入外设还包括开关和按钮。开关"南"通常用作输入逻辑 0，而"北"输入逻辑 1 到 FPGA。ZyBo 有 4 个滑块开关，而 DE1 SoC 有 10 个。这些按钮使我们能够产生比滑动开关更短的 FPGA 输入使能信号。在使用开关或按钮时，状态切换的 2~3 ms 内倾向于在 0 和 1 之间切换，如图 2.3b 所示的开关抖动。因此，在某些板卡上，这些按钮是"去抖动"(debounced)的，也就是说，当按钮被按下或释放时，产生的是个可靠的上升或下降边缘过渡。可以使用外部组件或内部 FPGA 资源以不同的方式实现去抖动。我们可以使用具有迟滞的线路驱动器，即所谓的施密特触发器，如 IC 74HC245。$0 \rightarrow 1$ 会比 $1 \rightarrow 0$ 转换具有更高的阈值。此外，DE 板卡使用一个电阻(100 KΩ)和一个较大的电容(1 µF)。电容器并联于按钮，以确保具有更慢更稳定的行为。按钮释放后，电容器以 RC 时间常数充电

$$U_C = \left(1 - e^{-t/(RC)}\right) Vcc \tag{2.1}$$

当 $0.5 = (1 - e^{-t/(RC)})$ 时，电容电量将达到 50%，对于我们所用的 $R = 100\text{K}\Omega$ 和 $C = 1\mu\text{F}$，切换按钮之间的最小时间为 $T = RC \ln(2) \approx 70$ ms，这绝对是安全的。$1 \rightarrow 0$ 会得多，因为这只受限于通过按钮进行的电容放电。从图 2.3c 中我们也可以看到，DE1 上的按钮是低电平有效，即按下时将输入逻辑 0，而 ZyBo 上的按钮按下时其逻辑为 1。ZyBo 按钮，或者 ZyBo 或 DE 板上的开关没有去抖动，因此不应在计数单个事件时使用，例如，在单步执行微处理器程序时。如果需要，我们应该添加一个 FPGA 去抖动电路，每 10ms 左右对输入进行"采样"(使用触发器和带有输出使能的计数器)，这样抖动不会导致在后续模块中进行多次检测。

2.2.3　显示选项

FPGA 开发板(见图 2.3a)通常带有一个或多个基本显示选项，如 LCD、LED 和七段显示器。此外，板卡通常支持图形输出，如 VGA 或 HDMI 的图像和视频。例如，Xilinx ZyBo 配备了视频图形阵列(Video Graphics Array，VGA)接口和用于高清多媒体接口(High Definition Multimedia Interface，HDMI)的双角色(源/接收器)端口，可用于视频和音频。Altera DE2 SoC 具有 PAL、SECAM 和 NTSC 电视解码器，并支持 VGA。VGA 接口是经典标准之一，大多数 PC 仍然支持将其作为在 CRT 显示器[1]上显示系统信息的默认启动接口。基本分辨率为 640 列 480 行，刷新率

---

1 译者注：如今，CRT 显示器已经很少见了，但许多显示器仍支持 VGA。

为 60 Hz。我们将使用这个基本的 VGA 模式，因为大多数显示器都支持它，即使是液晶显示器通常也有 VGA 输入。这允许我们直接将 ZyBo 和 DE1 SoC 开发板连接至 CRT 显示器使用，而无须购买任何新的显示器硬件。

在 DE1 SoC 板上使用的基本 VGA 系统设置如图 2.4 所示。FPGA 提供必要的控制和 RGB 数据信号。DE1 上使用的 VGA 芯片是 Analog Devices ADV7123KSTZ140，包括三个高速 10 位 DAC，可以以高达 140 MHz 的像素率运行[AD98]。因此，我们可以使用 VGA(640×480)、SVGA(800×600)、XGA(1024×768)或 SXGA(1280 ×1024)显示模式。注意，DE1 只用了 ADV7123 三 DAC IC 的 10 位数据中的高 8 位，因为处理 10 位数据太麻烦了，而且大多数图像都具有 8 位 RGB 分辨率。另一边的 ZyBo 板没有专用的 VGA 芯片。它使用 R-2R 梯状阵列(ladder array)将 RGB 数字数据直接转换为模拟信号。绿色用 6 位，红色和蓝色各用 5 位，总共有 16 位或 65K 种不同的颜色。HSYNC 和 VSYNC 信号由 FPGA 产生。

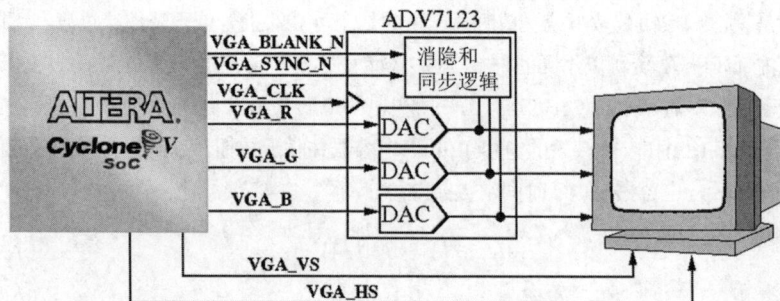

图 2.4 DE1 SoC 板卡上的总体 VGA 配置

表 2.4 展示了显示模式和所需的像素时钟(总行数×列数×帧速率)、像素数(以 M10K 块为单位)和灰度图像内存要求，即行×列×8。彩色图像需要三倍的存储空间。注意，即使是 640 ×480 分辨率的黑白图片，也需要超过 30 个 M10K 大小的嵌入式内存块来将图像存储在芯片上。彩色或较大的图像很可能需要进行额外的片外存储。VGA 信号的总体时序由视频数据和额外的同步时序组成，因为我们需要让 CRT 的电子束返回行开头或第一行。此处假设使用外部同步，而不是使用嵌入在绿色视频通道中的同步。然后，VGA 中的行信号以一个低电平有效的水平同步脉冲开始。让我们简单地看看 VGA 信号在刷新率为 60 Hz 时的时序。同步时长为 3.8 μs，在 25 MHz 的像素时钟下为 96 个时钟周期。接下来是 1.9 μs 或 48 个周期的水平后沿。然后 640 个时钟周期即 25.4 μs 时，视频信号出现，接着是 0.6 μs 即 16 个时钟周期的前沿信号，让 CRT 电子束返回到行的起点。总的来说，一行视频信号需要 96+48+640+16=800 个时钟周期。垂直时序也有类似规格。我们还是观察默认的具有 480 行的 VGA 信号。垂直同步脉冲需要 2 行，然后是 33 行的垂直后沿。总计需要 2+33+480+10=525 行周期来完成图像的显示。

表 2.4　刷新率为 60 Hz 的 VGA 配置信息

模式	分辨率 列 x 行	总列 x 行	像素时钟 /MHz	像素/10K	大小、8 位灰度/Mbit	大小、3x8 彩色/Mbit
VGA	640×480	800×525	25.175	30.72	2.4	7.37
SVGA	800×600	1056×628	40.0	48	3.84	11.52
XGA	1024×768	1344×806	65.0	78.64	6.29	18.87
SXGA	1280×1024	1688×1066	108.0	131.07	10.49	31.46

2.2.4　模拟接口

嵌入式系统通常用于监视、控制或处理模拟数据，例如，视频或音频信号、电压、温度、光强、速度、加速度计等。因此 FPGA 板卡通常会有模数转换器(Analog to Digital Converter，ADC)和数模转换器(Digital to Analog Converter，DAC)。一些第六代和第七代 Xilinx FPGA 甚至有片上快速 ADC。Xilinx Zynq-7K 有两个带有额外温度和电源传感器的片上 ADC(12 比特，1 MSPS)。该 ADC 还有一个 17 通道输入模拟多路复用器，支持同时监控许多模拟信号，见图 1.12b。

在开始讨论 ADC 和 DAC 的技术之前，让我们简要回顾一下处理模拟信号转换时的两个重要设计考虑因素：采样率和要使用的比特数。归功于香农定理，确定适当采样率的工作直截了当。我们知道，当对模拟信号进行采样时，其傅里叶频谱随采样频率 f_s 而有了周期性。因此，我们应该使用比输入信号的最高频率分量高两倍的采样率；否则，频谱会重叠，发生所谓的混叠(aliasing)，见图 2.5a。

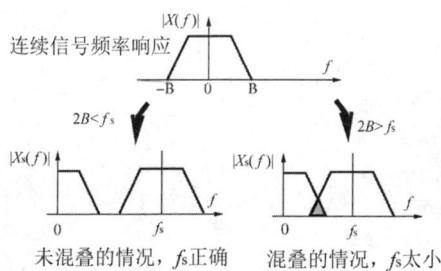

(a) 香农采样理论的图形化解释　　　(b) ADC 原理概览

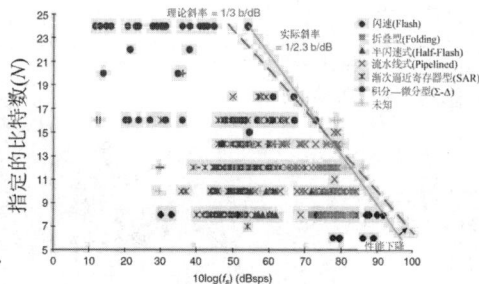

图 2.5　香农采样理论的图形化解释与 ADC 原理概览

因此，如果我们想监测 60 Hz 的电力线信号，按照香农定理，采样频率最低要 120 Hz。我们通常会使用高几个 Hz 的采样频率，因为具有 0~60 Hz 通带和开始于 60+ Hz 的阻带的抗混叠滤波器不能以零过渡带构建。一个可实现的滤波器至少要有几赫兹的过渡带，所以要达到足够的抑制，我们的采样率应该至少是阻带频率的两倍。而所需的抑制可以通过所用的第二个主要ADC 参数，即比特数来确定。遗憾的是，比特数不能像采样率那样直接用数学方法来确定，因为这可能取决于生理机能。例如，我们的耳朵对噪音非常敏感，因此需要较高的信噪比 (Signal-to-Noise，S/N)我们才会感到音频信号可接受。因此，典型的音频信号被处理为 16 比特或更多；至于我们的眼睛，则对量化噪声不太敏感，通常 8 比特就足够了，精打细算的情况下用于颜色的比特位就更少。注意到，每个比特对总体信噪比的质量贡献约为 6 dB(见练习 2.46)。因此，一个好的音频抗混叠滤波器应该有 16×6=96dB 的抑制，而图像处理抗混叠滤波器可能只需要 8×6=48 dB。因此，我们应该使用的采样频率，至少两倍于混叠滤波器达到输入频谱时所需的抑制频率。

现在，我们有了两个系统设计参数：采样率和比特数，接下来我们应该开始寻找合适的 ADC 和 DAC；常用 ADC 架构概览见图 2.5b。由于 DAC 通常更容易理解，因此让我们先来看看其典型设计。这需要用到一些电路方面的知识，这些知识应该是现代高中物理课程的一部分，如果你不熟悉，可以从电子学教科书的介绍中查找有关 R/L/C 网络和运算放大器(Operational Amplifier，OP)的基础知识。

$R2^N$ DAC 设计实现了一个电阻值递增的网络，见图 2.6a。具有零输入电流的 OP 将保证电流恒定在 $I = V_{ref}/R$。因此，开关的关闭或打开将为输出电压 V_{out} 增加一个等效电压值，因为 OP 确保通过 $R2^N$ 网络的电流保持恒定。然而，从 VLSI 的角度来看，对于更大的比特宽度，这不是一种非常有效的设计方案，因为构建电阻网络所需的 VLSI 区域与网络大小成正比，因此电阻 $R2^N$ 将需要 2^N 倍于电阻 R 的面积，这就是为什么图 2.6b 中显示的 R/2R 网络可能看起来更复杂，却通常给出一种更有效的设计方案。与开关位置无关，所有输出(MSB⋯LSB)从 OP 连接到虚地。并联电路中 $2R\|2R=R$，$R+R=2R$，因此每级电流除以 2。输出电压因此与电流的和成正比，而电流反映了输入数据字 $D(N-1...0)$的编码。转换器的速度可以非常高，只取决于开关的速度。ADC 通常需要用到比 OP 和几个寄存器更多的硬件资源，下文详述。

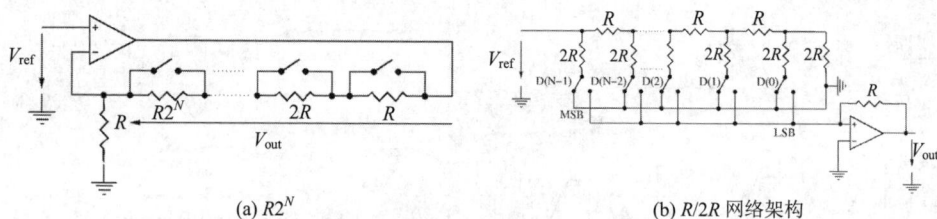

(a) $R2^N$　　　　　　　　　　　　　　　(b) R/2R 网络架构

图 2.6　$R2^N$ 与 R/2R 网络架构

从图 2.5b 中给出的技术概述，我们得出的结论是，如今只有几种不同类型的 ADC 仍被使用。纵轴表示比特数，横轴表示最大采样率。从这些技术概览中可以看出，通常有三种不同类型的 ADC 被使用：渐次逼近寄存器(Successive Approximation Register，SAR)、闪速(Flash)和积分微分型(ΣΔ)ADC。

在速度和分辨率方面处于中间位置的是渐次逼近寄存器型模数转换器。该转换器使用刚刚讨论过的 DAC 来渐次减小输入与输出的差值，输入通常使用采样保持(Sample and Hold，S&H)电路或跟踪保持(Track and Hold，T&H)来采样，而输出是 DAC 的输出。这是个迭代过程，可能需要花费几个时钟周期才能找到采样值和 DAC 输出之间的最佳匹配，但有利的一面是，所需用到的资源很少。这种来自凌力尔特公司的转换器(LTC2308)被用于 DE1 SoC 上，能够提供一个 500 kSPS、8 通道、12 比特的转换器，见图 2.7。

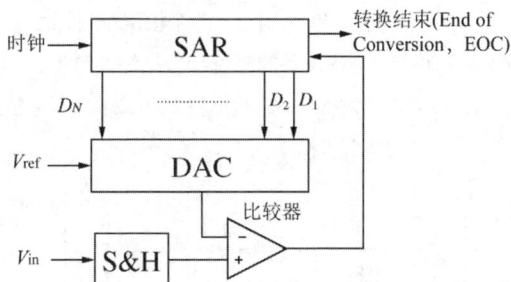

图 2.7　DE1 SoC 中使用的渐次逼近寄存器(SAR)型模数转换器

　　高速、低分辨率并具有 8~10 位精度和超过 1GSPS 的采样率的转换器，只有用闪速转换器或半闪速转换器才能实现，通常用于视频信号处理或高速数字示波器。这些转换器由一系列电阻/运算放大器组成，使用运算放大器在比较器模式下"测量"输入，即具有开放的反馈环路。如果输入电压大于指定的 **R** 阵列分压器值，OP 放大器的输出将切换，同样会导致其下面更低的 OP 参考电压继续此操作。我们将从所有输入中找到具有最高优先级的 OP，它将决定输入电压。对于 8 比特数据，我们需要使用 256 个运算放大器，从而将这种方法限制为低位宽。半闪速架构会使用两个较小的闪速转换器，并通过减去第一次粗量化的结果来进行第二次细量化转换。因此，对于 8 位转换器，我们需要使用 $2 \times 16 = 32$ 而不是 256 个转换器，见图 2.8b。

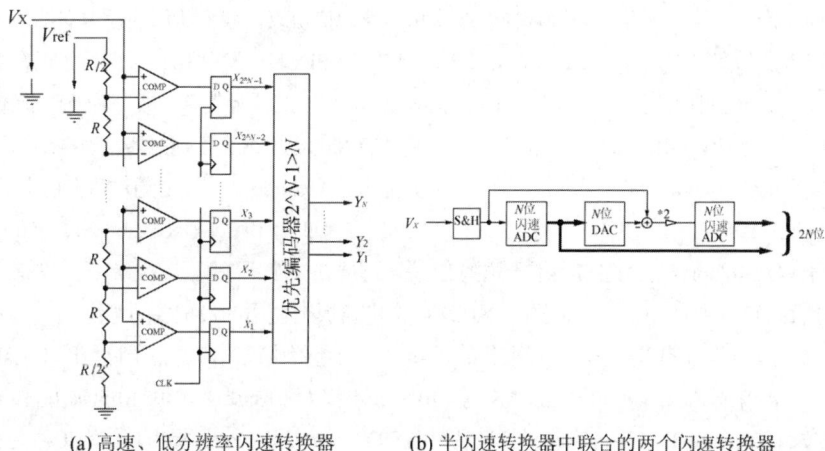

(a) 高速、低分辨率闪速转换器　　　　　　(b) 半闪速转换器中联合的两个闪速转换器

图 2.8　闪速转换器

　　另一个极端是 ΣΔ 型的高分辨率低速转换器。在这里，输入以非常高的速率进行采样，这些采样在反馈回路中累积在积分器中，这样积分器就会跟随输入，而+1 和-1 脉冲的数量表示输入模拟信号的大小。然后用带下采样器的数字滤波器对 1 位高速值序列进行滤波，产生高位宽输

出数据。积分器回路还将"整型"噪声频谱，将量化噪声移到更高的频率，从而实现非常高的分辨率，见图 2.9b。这种转换器是 DE1 SoC 上的 Wolfson WM8731[Wol04]音频编解码器(Coder/Decoder，CODEC) 和 ZyBo 上的 Analog Device SSM2603 的一部分。这些器件是 24 位双(立体声)ADC 和 DAC，可编程采样率为 8~96 kHz。两个板卡都有标准 3.5 mn 立体声音频插孔，能够直接连接音频信号到编解码器。这些设备的配置和数据流通过串行 I²C 通信协议完成，该协议允许设置设备状态寄存器，从而改变采样率、数据格式(16/24/32 位，立体声/单声道)，以及输入增益，如图 2.12 所示。

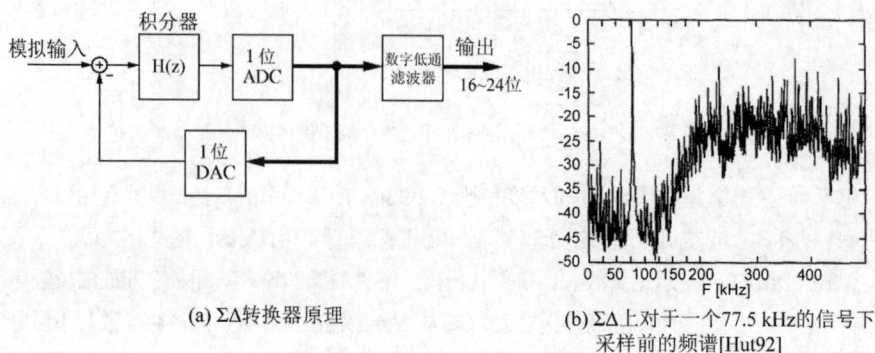

<table>
<tr><td>(a) ΣΔ转换器原理</td><td>(b) ΣΔ上对于一个77.5 kHz的信号下
采样前的频谱[Hut92]</td></tr>
</table>

图 2.9　ΣΔ 转换器原理与一个频谱示例

2.2.5　通信

目前在嵌入式系统中使用各种各样的低速和高速通信协议，我们所用的板卡支持最流行的格式。对于低带宽协议，如 UART、CAN、I²C、PS2、SPI 和 IR 发射器/接收器，由于其数据速率不太高，协议也不太复杂，大部分协议处理可以使用 FPGA 片上资源完成。对于高带宽通信，如 USB 1/2/3 或 10/100/1000 Mbit/s 的以太网，除了特殊的电气或光学连接器，现在还需要对其进行更复杂的(帧)处理，通常由外部物理 IC(PHY)完成。ARM cortex A9 还通过片上自定义 IP 支持多个标准：2×SPI、2×I²C、2×CAN、2×UART、2×USB 和 2×Ethernet。不过，56 引脚多路复用器 I/O(Multiplex I/O，MIO)用于这些 IP 块，这样在一个系统配置中通常一次只有两个 IP 可以连接到 I/O 引脚。下面简要回顾一下在这两个电路板上使用的最重要的协议。

以太网通信是由 IEEE 802.3 标准化的极其快速的通信协议，广泛用于局域网(Local Area Network，LAN)技术。在两块板卡上，它支持 10 Mbit/s(称为 10Base-T)、100 Mbit/s(100 Base-TX)和 1 Gbit/s(1000 Base-T)三种传输速率。它最初由 DEC、Intel 和 Xerox 提出，作为带冲突检测的载波监听多路访问(Carrier Sense Multiple Access Collision Detection，CSMA/CD)协议，现在用于 80%以上的局域网中。在个人电脑中，则通过标准 CAT-5 无屏蔽双绞线进行同步串行传输。双电缆差分线 TRD+和 TRD-由一对 LED 增强，用于指示导线上的链接速度(10/100/1000)和活动/无活动状态。为了避免出现基线漂移，信号采用曼彻斯特编码；每个比特具有半时钟长度的 0 或 1 值，即传输的 0 为时钟中间的下降沿，1 为时钟中间的上升沿，见图 2.10。

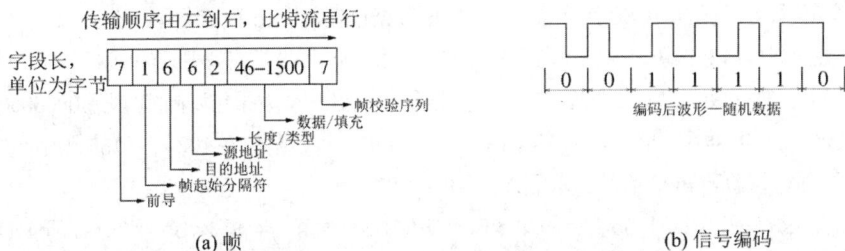

(a) 帧

(b) 信号编码

图 2.10　典型以太网电缆中的以太网帧使用的物理信号

以太网部分，DE1 板卡上使用了一片 Micrel KSZ9021RN PHY 芯片，而在 ZyBo 上由 Realtek RTL8211E-VL PHY 来实现 10/100/1000 以太网选项。典型以太网电缆中的以太网帧使用的物理信号如图 2.10 所示。前导(Preamble，PRE)有 7 个字节，由交替的 1/0 组成，用于同步。帧起始分隔符(Start of Frame Delimiter，SFD)长一个字节，由交替的 0/1 加上结尾的两个 1 组成。目的地址(Destination Address，DA)与源地址(Source Address，SA)长度相同，为 6 字节，即 46 位[应为 48 位]。用于表示数据块长度的字段占用 2 字节，但实际允许的最大数据块为 1500 字节，这些数据块本身紧随在其长度字段之后。当长度字段超过 1536 字节时表示可选的类型帧。帧校验序列(Frame Check Sequence，FCS)是一个 32 位的循环冗余校验字，用于校验 DA、SA、长度和数据。

通用串行总线即 USB 是广泛使用的 PC 标准，数以百万计的闪存驱动器，以及我们提到的 FPGA 编程电缆，都使用 USB。除了提供各种标准，USB 还能供电，有时足以为整个 FPGA 板供电，如 Xilinx Nexys。为了避免损坏 USB 组件，它使用不同的主和从连接器。最初的 USB 1 支持 12 Mbit/s 的全速数据速率，USB 2 标准支持 480 Mbit/s 的数据传输速率，而最新的 USB 3 所支持的数据传输率最高可达 10 Gbits/s。

DE1 SoC 的 USB 使用了 SMSC USB3300 控制器，ZyBo 使用 FTDI FT2232HQ USB 桥接器以及支持 USB 2.0 标准的 Microchip USB3320 收发芯片，因此我们将在下面简要讨论 USB 2.0。USB 2.0 有 4 个引脚：5V 的 VCC、接地、差分信号 Data-和 Data+，差分信号大多数时候呈现相反的电压。信号编码在 USB 中是用非归零抑制(Non Return to Zero Inhibit，NRZI)码，0 为跳变而 1 则表示不跳变，编码示例见图 2.11。只有在包的末端才使用全零信号，称为单端零。

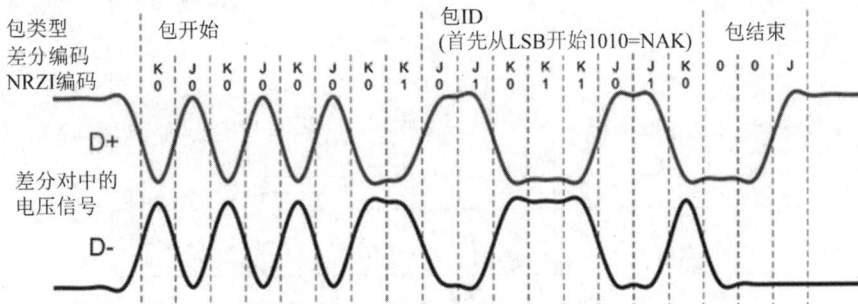

图 2.11　USB 信号示例，即握手包、同步序列；含未被接受的 PID 编码数据序列及包结束标识

单个位被分组成包。USB 用到握手、令牌和数据包类，共 16 种包类型，由 8 位传输标识符标识。在可以发送数据块之前，我们需要使用指定了方向(到设备或到主机)和设备号(7 位和 11 位地址和 5 位 CRC)的地址令牌(IN/OUT)来设置传输方式。数据包以同步字段 00000001_2 或 KJKJKJKK 开始，如图 2.11 所示，后面跟着 8 位 PID。接下来是 0~1024 字节的数据，接着是 16 位的 CRC 校验和 EOP 信号，详见[Axe14]的完整细节。

与音频编解码器(DE1 SoC 上的 Wolfson WM8731 编解码器和 ZyBo 上的 Analog Device SSM2603 编解码器)的通信是通过两块板上的 I^2C 协议完成的。因此，我们应该更详细地研究这个标准。DE1 有三个 I^2C 主器件(HPS1、HPS2 和 FPGA)，除 CODEC 外，还有两个从器件，电视解码器(w/r 地址 0×40 和 0×41)和重力传感器(w/r 地址 0xA6 和 0xA7)都使用 I^2C 进行通信。I^2C 是一种串行协议，主要使用两根线：单向时钟 SCLK 和双向数据信号 SDIN(见图 2.12)。时钟和数据线均采用线与(Wired-OR)或开漏信号，并配有上拉电阻，DE1 SoC 的 R = 2.2 K，ZyBo 的 R = 1.5 K。主控器以 ND 为逻辑零，以高阻 1 为逻辑 1，并通过上拉电阻得到逻辑 1。MODELSIM 中，高阻值用蓝色线显示在零电平和逻辑 1 电平之间的 50%处，见下面的图 2.13。

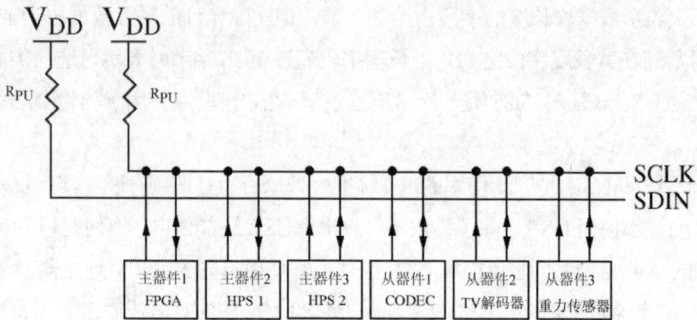

(a) I^2C 总线架构

寄存器	B8	B7	B6	B5	B4	B3	B2	B1	B0	默认值
R0 左线路进	LRIN BOTH	LIN MUTE	0	0		LINVOL[4:0]				0_1001_0111
R1 右线路进	RLIN BOTH	RIN MUTE	0	0		RINVOL[4:0]				0_1001_0111
R2 左耳机出	LRHP BOTH	LZCEN			LHPVOL[6:0]					0_0111_1001
R3 右耳机出	RLHP BOTH	RZCEN			RHPVOL[6:0]					0_0111_1001
R4 模拟音频通路控制	0	SIDEATT			SIDE TONE	DAC SEL	BY PASS	INSEL	MUTE MIC	MIC BOOST	0_0000_1010
R5 数字音频通路控制	0	0	0		HPOR	DAC MU	DEEMPH		ADC HPD	0_0000_1000
R6 断电控制	0	PWR OFF	CLK OUT PD	OSC PD	OUT PD	DAC PD	ADC PD	MIC PD	LINE INPD	0_1001_1111
R7 数字音频接口格式	0	BCLK INV	MS	LR SWAP	LRP	IWL[1:0]		FORMAT[1:0]		0_1001_1111
R8 采样控制	0	CLKO DIV2	CLKI DIV2		SR[3:0]			BOSR	USB/ NORM	0_0000_0000
R9 激活控制	0	0	0	0	0	0	0	0	Active	0_0000_0000
R15 复位				Reset[8:0]						没有复位

(b) DE1 SoC CODEC寄存器赋值

图 2.12 单向时钟 SCLK 和双向数据信号 SDIN

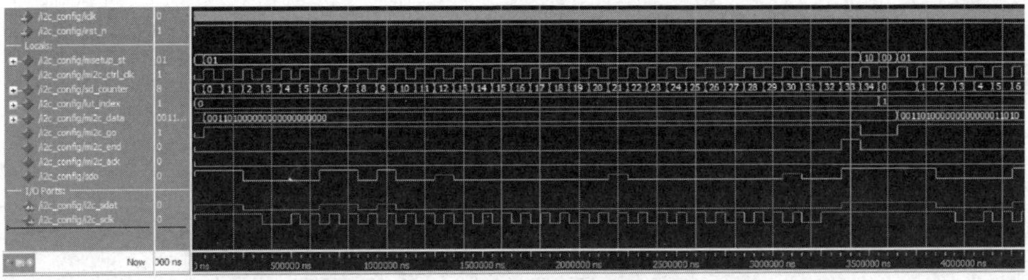

图 2.13　将第一个 CODEC 的寄存器值设置为 0

允许使用多个主器件，其中第一个拉低了数据信号 SDIN 的主器件会拥有总线。而 DE1 有一个额外的多路复用芯片(TI: TS5A23157)，以避免三个主器件出现任何冲突，特别是在时钟线上。I²C 一般只用于编解码器系统的配置，对于用来与 ADC 和 DAC 上的编解码器所包含的整个数据进行通信的时钟、数据和左/右通道，也提供了选择信号。

图 2.13 展示了 DE1 与编解码器进行通信以访问第一个寄存器的示例。通信中包含 9 个时钟周期、7 位数据/地址、一个 R/W̄ 位和从器件的应答位。DE1 编解码器是只写，所以 R/W̄ 总是低电平。在 HDL 语言中，首先我们将传入的 50 MHz 时钟分频为更适合有线 OR 处理的速率，例如，25 kHz。传输开始的时序为主器件首先拉低 SDIN，然后拉低 SCLK。要设置一个寄存器值，我们需要 1 字节地址(0 × 34)，然后是 7 位寄存器号和 9 位寄存器值，如图 2.12b 所示，总共是 24 位。这 24 位会被附加 3 个应答位(所有应答都应该被从机拉低)；参见 sd_counter 时钟 12、21 和 30。停止符号对应的编码时钟 SCLK 为高电平，然后 SDIN 为高电平。接着，三个应答信号的组合决定 FSM 是否可以继续处理下一个寄存器值(lut_index+1)，还是需要再次进行传输。从 sd_counter 可以看出，整个传输过程花费了低频时钟(25 kHz)的 35 个时钟周期。

通用异步收/发器(Universal Asynchronous Receiver/Transmitter，UART)是最古老的 PC 标准之一，也是异步标准之一。由于其使用+/−12 V 信号电平，所以被认为更安全。在旧的 PC 上，此 UART 将通过 RS232 串行 COM 端口进行通信。许多现代 PC 不再有 RS232 连接器或±12V 电源。如今我们开发所用的电缆也通常以 USB 类型连接，为了支持这些遗留的标准，FPGA 嵌入式系统板提供了 UART→USB 桥接器，它使用了 USB mini-B 型连接器。缺点是，当使用 USB 协议而不是 RS232 电压时，我们牺牲了更长的长电缆和更高的信噪比保护。ZyBo 采用了飞特帝亚有限公司(Future Technology Device International Ltd，FTDI)的 FT2232HQ 桥接器，DE1 用了 FTDI FT232R。更复杂的 ZyBo 桥接器(64 和 32 引脚)使用 4 引脚 JTAG 来实现 USB-JTAG 电路。TXD 和 RXD 用了 LED 来显示两条数据线上的活动。

UART 使用两线串行端口，用于发送 TXD 和接收 RXD，ARM Cortex-A9 中的某个 UART 核在 MIO 配置正确时负责管理协议。典型的默认设置是符号速率 f_s = 115,200 波特(得名于法国通信工程师埃米尔·博多(Emile Baudot))、1 停止位、无奇偶校验和 8 位字符长度。因此，比特速率为 $Rate = f_s \times N$ = 1,152,000 bit/s。传输是异步的，因此接收方会等待下降沿到来(起始位)，然后是数据位(首先是 LSB) 和停止位。由于没有使用时钟，接收机通常以 8~16 过采样来监测数据线的下降沿，并在比特周期的中间采样或在比特尾使用"积分转储(integrate-and-dump)"方法采样数据，以最大限度地减少干扰。图 2-14 给出了用于传输 ASCII 字符 S 的 10 位时钟周期序列。

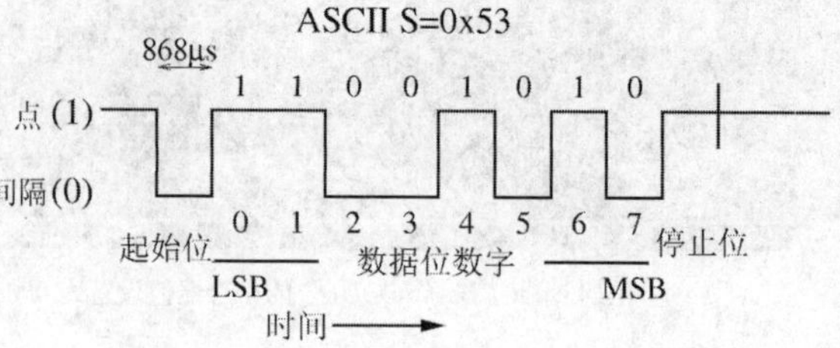

图 2.14　UART 字节传输

2.3　FPGA 结构

到了 21 世纪初，FPGA 器件系列具备了几个有吸引力的功能来实现嵌入式微处理器。这些器件提供快速进位逻辑，可以实现速度超过 300 MHz 的 32 位(非流水线)加法器[Dil00, Xil93, Alt96]、嵌入式 18×18 位乘法器、大内存块、锁相环和低偏移时钟网络。

2.3.1　Xilinx FPGA 架构概述

Xilinx FPGA 是基于早期 XC4000 系列构建的基本逻辑块，其最新的衍生产品被称为 Kintex(低成本)和 Virtex(高性能)以及 Zynq(嵌入式 SoC) (见图 2.15)。Xilinx 设备具有 FPGA 典型的大范围路由层级。

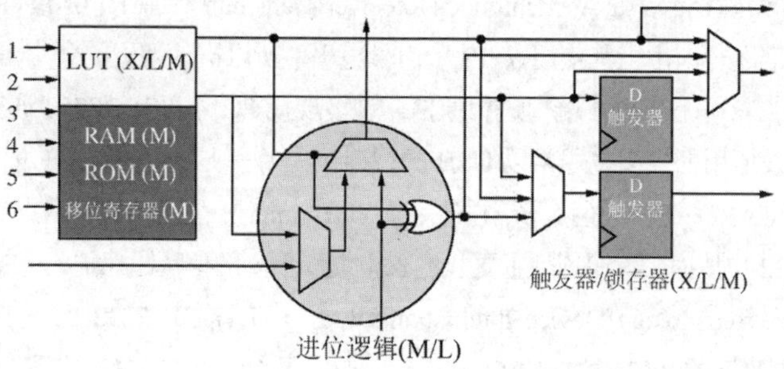

图 2.15　Zynq-7K 的四分之一，即 Artix-7 切片。L 切片有 LUT、两个触发器，以及快速进位逻辑。M 切片有所有的特性

由于 Zynq-7K 设备 XC7Z010-1CLG400C 是 Digilent Inc.提供的一款流行的 ZyBo 嵌入式系统板的一部分(见图 2.2b)，因此我们将仔细研究这个 FPGA 系列。XC7Z010 的器件整体平面图如图 2.16 所示。

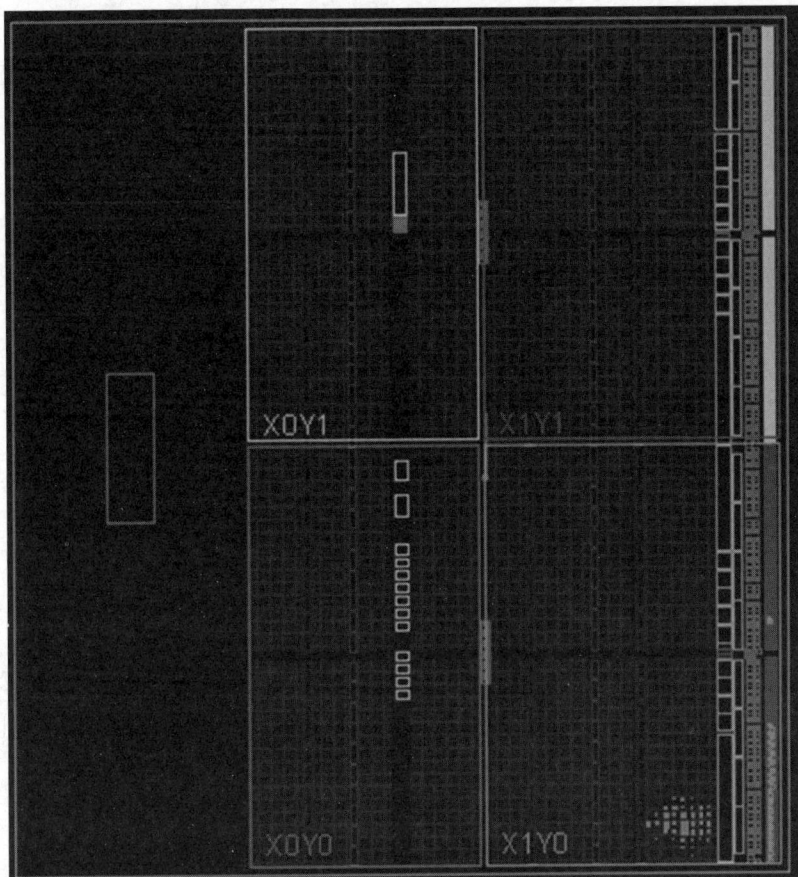

图 2.16　Zynq-7K 器件的总体架构

Xilinx Zynq-7K 的基本逻辑元素(称为切片)基于 Artix-7 FPGA,有两个不同的版本:M 和 L(在 Spartan-6 系列中没有 X),两个切片组合在一个可配置逻辑块(Configurable Logic Block,CLB)中,共有 8 个 6 入 1 出 LUT(或 16 个 5 入 LUT)、16 个触发器、256 位分布式 RAM 或 128 位移位寄存器。在所有切片中,33%是 M 型,具有所有这些功能;66%的切片为 L 型,没有内存移位寄存器功能。除了 Spartan-6,如今所有的切片都有快速进位逻辑。图 2.15 显示了一个切片的四分之一以及两种类型切片具有的特性。M 型片中的每个 LUT 都可以用作 64 ×1 的 RAM 或 ROM。Xilinx 设备有多级布线,跨度从 CLB 到 CLB,再到横跨整个芯片的长线路。

Zynq-7K 设备还包括大内存块(2×18,432 位或 36,864 位的数据),可以配置为两个独立的 18Kb RAM 或一个 36 KbRAM 作为单口或双口 RAM 或 ROM。每个 36 Kb 块 RAM 可以配置为 $2^{15}×1$、$2^{14}×2$、$2^{13}×4$、$2^{12}×9$、$2^{11}×18$、$2^{10}×36$ 或 512×72,也就是说,每个额外的地址位会让数据位宽缩小一半。

另一个值得关注的特性是嵌入式乘法器,当微处理器设计中需要用到乘法器时,可以节省大量的 LUT。这些乘法器是快速的 25×18 位有符号阵列乘法器。如果需要用到无符号乘法,可以使用这个嵌入式乘法器实现 24×17 位乘法器。该器件系列还包括 2 个锁相环和 32 个全局低偏移时钟网络，允许在具有低时钟偏移的同一 FPGA 中实现以不同时钟频率(或相位)运行的多种设计。Zynq-7K 还包括单核或双核 ARM Cortex-A9 处理器[CEE14]，具有以下主要特性：

- 800 MHz 单/双核处理器
- 双发射超标量管道，每 MHz 达 2.5 DMIPS
- 32 KB 指令和 32 KB 数据 L1 四路组关联缓存
- 两个处理器共享 512KB 的八路关联 L2 缓存
- 32 位定时器和看门狗

表 2.5 展示了 Xilinx Zynq-7K 系列的其他几个成员。

表 2.5　Xilinx Zynq 7000 系列

器件	LUT	BRAM 每块 36Kbit	总的 Mbit	锁相环	嵌入式乘法器 18x35 位	HPS
Z-7007S	14,400	50	1.8	2	66	1xARM
Z-7012S	34,400	72	2.1	3	120	1xARM
Z-7014S	40,600	107	2.5	4	170	1xARM
Z-7010	**17,600**	**60**	**3.8**	**2**	**80**	**2xARM**
Z-7015	46,200	95	3.3	3	160	2xARM
Z-7020	53,200	140	4.9	4	220	2xARM
Z-7030	78,600	265	9.3	5	400	2xARM
Z-7035	171,900	500	17.6	8	900	2xARM
Z-7045	218,600	545	19.1	8	900	2xARM
Z-7100	277,400	755	26.5	8	2020	2xARM

ZyBo Xilinx Z-7010 设备

本书通篇均选用安装在大学计划板上的 Xilinx Z-7010。板上的 FPGA 器件的命名法如图 2.17 所示。

```
XC7Z010S-2CLG484C
 |    | | | |    |
 |    | | | |    |-> 温度范围(C:0-85;E:0-100;I:-40-100)
 |    | | | |----> 引脚数
 |    | | |------> 封装类型
 |    | |--------> 速度级别(3,2,1 数字越大表示速度越快)
 |    |----------> 表示单核
 |---------------> 料号: Zynq 7K
```

图 2.17　ZyBo 板上的 Xilinx Zynq 器件命名法

　　具体的设计实例将尽可能使用 Xilinx 提供支持的 Z-7010 软件。基于 Web 的 Vivado 系统完全集成了 VHDL 和 Verilog 编辑器、综合器、时序评估和比特流生成器,可以从 www.xilinx.com 免费下载。Web 版本的唯一限制在于往往不支持每个器件的所有封装类型和速度等级。我们在原型板上找到的器件通常都会被这些免费的基于网络许可的工具支持。因为所有的例子都基于 VHDL 和 Verilog, 所以也可以使用任何较旧的软件版本或仿真器。Xilinx 的 ISE 编译器和 ISIM 仿真器都成功地编译了这些实例。

XC7Z010-1CLG400C 上的逻辑资源

　　XC7Z010-1CLG400C 是 Xilinx Zynq-7K SoC 系列的成员。该设备有 4 个主要的时钟域。每个域有 50 行 22 列切片,共 4,400 个切片。每个切片有 4 个 LUT(共 17,600 个)和 8 个触发器,切片共享一些控制信号,如时钟或复位,见图 2.18a。但嵌入式乘法器、RAM18B、JTAG 解码器和 HPS 占用了大片硅。仅 HPS 就占用了两个时钟域的面积。该器件还包括三整列 36 Kbit 内存块或两列 18 Kbit 内存块(称为 RAM36B 和 RAM18B),它们的高度为 5 个切片,因此 RAM36B 的总数为 $3\times2\times10=60$ 或 120(如果我们使用 RAM18B)。该 RAM18B 可配置为 $2^{15}\times1$、$2^{14}\times2$、$2^{13}\times4$、$2^{12}\times9$、$2^{11}\times18$、$2^{10}\times36$ 或 512×72 的 RAM 或 ROM。XC7Z010-1CLG400C 还有两个整列为 25×18 位的快速阵列乘法器,见图 2.18b。乘法器的物理高度是 5 个切片,因此乘法器的总数为 $4\times20=80$。XC7Z010-1CLG400C 中央下方的切片如图 2.16 所示,它是 URISC 设计器件的切片、内存块和 I/O 资源的布图。

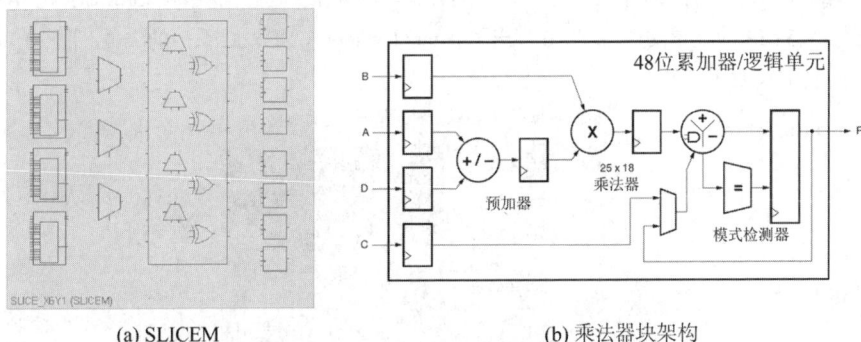

(a) SLICEM　　　　　　　　　　　　(b) 乘法器块架构

图 2.18　Zynq

2.3.2　Altera FPGA 架构概述

　　Altera 器件基于 Flex 10K 逻辑块构建,最新的衍生产品称为 Stratix(高性能和 SoC)和 Cyclone(低成本和 SoC)。Altera 器件采用 Altera CPLD 的宽总线结构。Cyclone 和 Stratix 器件的基本块不再像 CPLD 那样是大的可编程逻辑阵列(Programmable Logic Array, PLA),而是具有中等粒度即小查找表(Lookup Table, LUT),这是 FPGA 的典型做法。其中一些 LUT 在 Altera 中被称为逻辑元素(Logic Element, LE),组合在一个逻辑阵列块(Logic Array Block, LAB)中,并共享一些控制信号，如时钟和复位。LAB 中的 LE 数量取决于器件的系列，通常较新的系列中每个 LAB 有更多的 LE：Flex10K 中每个 LAB 使用 8 个 LE，APEX20K 中是 10 个，而 Cyclone II-IV 中是 16 个。

作为 Altera 器件的一个例子，让我们看看 Altera 的低成本 SoC 原型板 DE1SoC 上所用的 Cyclone V SE SoC EP5CSEMA5F31C6，见图 2.2a 和图 2.19。Altera Cyclone V 器件的基本块使用小型 LUT 实现了中等粒度。Cyclone V 器件类似于成熟的 UP2 和 UP3 板中使用的 Altera 10K 器件，RAM 块内存大小增加到了 10Kbits，不再像在 Flex 10 中那样被称为 EAB 或在 APEX 系列中那样被称为 ESB，而是称为 M10K 内存块，这更好地反映了它们具有的内存大小。Altera FPGA 的基本逻辑元素在大规模应用中被称为自适应逻辑模块(Adaptive Logic Module，ALM)。ALM 由几个更小的逻辑元素(Logic Element，LE)[1]组成，其中包括触发器、2 个四输入 LUT 和 4 个三输入 LUT、32 个多路复用器和 2 个专用全加器，如图 2.20 所示。每个 ALM 可以用于普通模式、扩展 LUT 模式、算术模式或共享算术模式。在 CycloneIV 器件中，16 个 LE 被组合在一个逻辑阵列块(Logic Array Block，LAB)中。在 Cyclone V 中，每个 LAB 有 10 个 ALM，相当于 Cyclone IV 型的 20 个 LE。每个器件包含至少一列嵌入式 27×27 位乘法器和一列 M10K 内存块。一个 27×27 位乘法器也可以用作三个有符号 9×9 位乘法器。M10K 内存可配置为 $2^8×32$、$2^9×16$、1024×8、2048×4、4096×2 或 8192×1 RAM 或 ROM。此外，每字节有一个校验位(如 256×36 配置)，可用于确保数据完整性。这些 M10K 和 LAB 通过宽高速总线连接，如图 2.22 所示。多个锁相环被用于在同一个器件中产生多个具有低时钟偏移的时钟域。编程 EP5CSEMA5F31C6 需要至少 6.5 MB 的配置文件。表 2.6 列出了 Altera Cyclone V SE SoC 系列的成员，图 2.19 展示了硅晶片上最重要的组件位置。

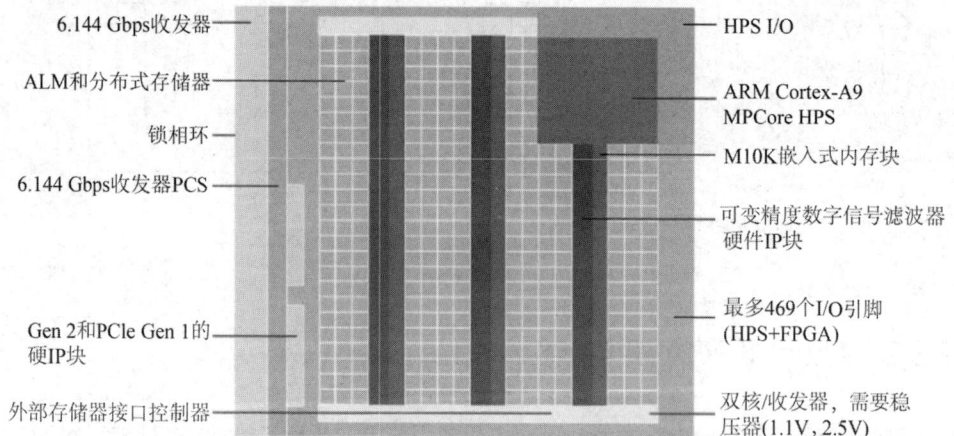

图 2.19　Cyclone V SoC 器件的总体架构[Alt11]

如果我们比较 Altera 和 Xilinx 采用的两种路由策略，会发现这两种方法都有其价值：Xilinx

1　有时在设计报告文件中也称为逻辑单元(Logic Cell，LC)。

方式具有较多的局部路由资源和较少的全局路由资源，与逻辑综合使用具有协同作用，因为在许多逻辑操作中，数据是局部的。Altera 采用宽总线也有其意义，因为通常不仅要在位切片操作中处理单个比特位，而且必须将 16~32 位的宽数据向量移到下一个处理块。

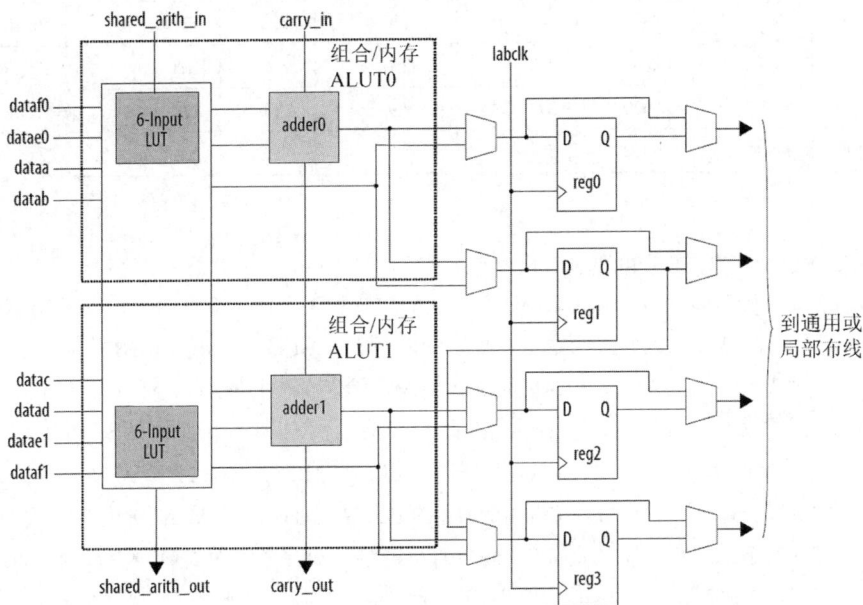

图 2.20　Cyclone V SoC 自适应逻辑模块(Adaptive Logic Module，ALM)的功能概览

Altera EP5CSEMA5F31C6

本书通篇均选用安装在大学计划板上的 Altera EP5CSEMA5F31C6。板上的 FPGA 器件的命名法如图 2.21 所示。

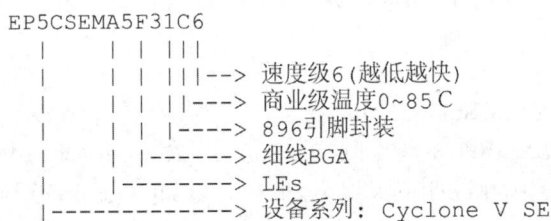

```
EP5CSEMA5F31C6
   |    | | | |||
   |    | | | |||--> 速度级6(越低越快)
   |    | | | ||---> 商业级温度0~85C
   |    | | | |----> 896引脚封装
   |    | | |------> 细线BGA
   |    | |--------> LEs
   |----|----------> 设备系列: Cyclone V SE
```

图 2.21　Altera DE1 SoC 板上的 Cyclone 5 器件设备命名法

具体的设计实例将尽可能使用 Altera 提供的软件来支持 Cyclone V 器件 EP5CSEMA5F31C6。基于 Web 的 QUARTUS 软件完全集成了 VHDL 和 Verilog 编辑器、综合器、时序评估和比特流生成器，可以从 www.altera.com 免费下载。Web 版本的唯一限制通常是不支持每个设备的所有封装类型和速度等级。我们在原型板上找到的设备通常由这些免费的基于网络许可的工具支持。因为所有的例子都基于 VHDL 和 Verilog，所以也可以使用任何较旧的软件版本或仿真器。

表2.6 Cyclone V SE SoC 器件系列

器件	LUT	ALM	BRAM 每个 10 Kbit	总的 Mbit	PLL/时 钟网络	嵌入式乘法器 18x18bit	HPS
EP5CEA2	25 K	9,430	140	1.4	5/16	72	2xARM
EP5CEA4	40 K	15,880	270	2.7	5/16	168	2xARM
EP5CEA5	**85 K**	**32,070**	**397**	**3.9**	**6/16**	**174**	2xARM
EP5CEA6	149 K	41,910	557	5.5	6/16	224	2xARM

EP5CSEMA5F31C6 上的逻辑资源

EP5CSEMA5F31C6 是 Altera Cyclone V 系列的一员。该设备有 80 行 88 列的 LAB，10 个 ALM 总是组合在一起，以构建一个逻辑阵列块(Logic Array Block，LAB)。LAB 共享一些控制信号，如时钟或复位；但并非所有 LAB 都用于 ALM，因为嵌入式乘法器、M10K、JTAG 解码器和 HPS 占用了大量的硅。因此，用于 ALM 的 LAB 总数不仅仅是行×列的乘积。HPS 大约占设备的四分之一面积。从表 2.6 中可以看出，EP5CSEMA5F31C6 设备有 32 K ALM。由于每个 ALM 有两个全加器，因此我们可以实现的全加器的最大数量为 64K。组成 ALM 的 LAB 数量是 32,070/10=3207。在设备的左侧区域放置了两个 JTAG 接口，使用了约为 $2×17×9 = 306$ 个 LAB 的区域。该器件还包括 5 个全列和 4 个半列 10 Kbit 内存块(称为 M10K 内存块)，其高度为一个 LAB，M10K 的总数为 397 个。M10K 可以配置为 $2^8×32$、$2^9×16$、$1024×8$、$2048 ×4$、$4096 ×2$ 或 $8192×1$ RAM 或 ROM，其中每个字节有一个校验位可用。EP5CSEMA5F31C6 还具有两列 $27×27$ 位的全长度和半列快速阵列乘法器，也可以配置为 $18×18$ 位或 $9×9$ 位乘法器。它共有 87 个 $27×27$ 位乘法器、174 个 $18×18$ 位乘法器和 261 个 $9×9$ 位乘法器。图 2.31 所示为 EP5CSEMA5F31C6 中央下方的剖面图，从整体设备器件平面图中展示了 ALM、LAB、M10K 和乘法器的布图。

附加资源和路由 EP5CSEMA5F31C6

虽然 EP5CSEMA5F31C6 中水平和垂直总线的确切数量不再像旧的(例如，Flex 10K)系列 [MB01]那样在数据表中详细说明，但从编译器报告中，我们可以确定设备所用的总体路由资源；参见 Fitter→Resource Section→Logic and Routing Section。局部连接由块连接和直接链接提供。每个 ALM 驱动所有类型的互联——局部、行、列、进位链、共享算术链和直接链互联。每个 LAB 可以通过快速局部和直链互联驱动 30 个 ALM。每个 LAB 有 10 个 ALM，每对相邻的 LAB 也有 10 个 LAB。下一层路由是 C2 和 R3 快速列和行局部连接，它们允许线路分别到达两列或三行 LAB 的距离。最长的逻辑连接是 R14 和 C12 线路，分别允许连接超过 14 行或 12 列 LAB。如果源和目标 LAB 不仅在不同的行中，而且在不同的列中，也可以使用任何行和列连接的组合。表 2.7 概述了 EP5CSEMA5F31C6 中可用的布线资源。

表 2.7 Altera Cyclone IV 器件 EP5CSEMA5F31C6 的布线资源

块	C2	R3	C4	R6	C12	R14
289,320	119,108	130,992	56,300	266,960	13,420	12,676

数据手册提供了可用的内部 LAB 控制信号和全局时钟的更多细节。EP5CSEMA5F31C6 具有 6 个锁相环和 16 个时钟网络，覆盖整个芯片以保证具有低时钟偏移。每个锁相环有 9 个输出计数器，可用于产生不同的频率或相位偏移。例如，锁相环可以根据需要在 DE2-115 电路板中产生具有 0 和-3 ns 偏移的时钟，或者像我们在 1.5 节中所做的那样将时钟速率从振荡器提供的 50 MHz 提高到系统所需的 125 MHz。

LAB 中的所有 10 个 ALM 共享相同的同步清零和加载信号(见图 2.22)。两个异步清零、两个时钟和三个使能信号也在 LAB 的 ALM 中共享。这将限制 LAB 使用控制信号的自由度，但由于微处理器信号通常在宽总线信号中进行处理，这对我们的设计来说应该不是问题。

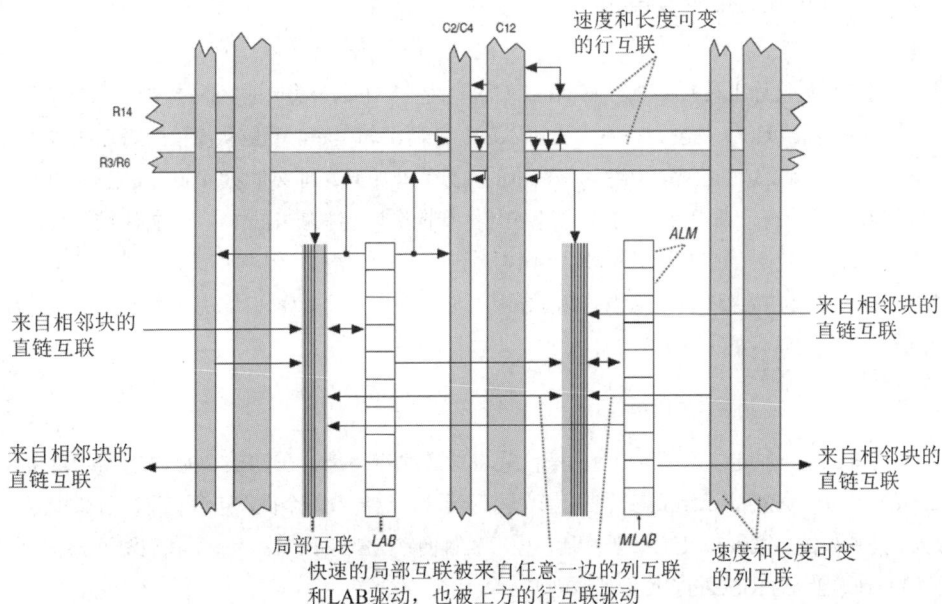

图 2.22 Cyclone V 逻辑阵列块资源[Alt11]

LAB 局部互联由其中的行或列总线信号或 LAB 中的 ALM 驱动。相邻的 LAB、锁相环、BRAM 和从左到右进行计算的嵌入式乘法器也可以驱动局部 LAB。从器件的数据手册中我们可以看到，这些连接的延迟变化很大，综合工具总是试图尽可能将逻辑放在彼此接近的位置，以最小化互联延迟；布图见图 2.31。例如，32 位加法器最好放在两个 LAB 里，一个排在另一个上面。

下面的案例研究应该作为后续章节中的示例和对自学问题的指导。

2.4 案例研究: 名为 URISC 的 PSM

图 1.3 中所示的可编程状态机应视为本案例研究的基础架构。设计的挑战之一是要让 HDL 既能用 Altera 的 FPGA 设计工具软件 QUARTUS 进行综合，也能用 Xilinx VIVADO 软件进行综合，并与推荐的仿真器(Altera 的 MODELSIM 和 Xilinx 的 XSIM)都能很好地兼容，以便用于 RTL 和定时仿真。下面我们将介绍使用 FPGA 设计工具实现设计时通常执行的所有步骤：

- 起始设计规约和开发
- 设计编译
- 设计结果和布图
- 设计仿真
- 性能评估

2.4.1 URISC 处理器模型

在开始讨论设计工具的用法之前，让我们简要地看一下这个简单的 PSM 模型。尽管简单，它仍是个完整的 RISC 处理器，基本上可以运行任何汇编程序，涵盖从简单的寄存器清零或 MOVE 指令，到复杂的程序，如练习中所示的计算斐波那契数列或阶乘。Parhami [MP88]提出的 URISC 机器只有一条指令，它执行以下操作：从操作数 1 中减去操作数 2，并用结果替换操作数 1，如结果为负，则跳转到目标地址(或相对当前指令的偏移)，否则继续执行下一条指令。因此，URISC 将精简指令集原则发挥到了极致：它只使用一种指令。只使用一种指令的利弊我们稍后分析。该指令的形式为：

```
urisc op1, op2, offset
```

其中 offset 指定了下一条指令的偏移量，大多数情况下是 1。在 URISC 提出的时候[MP88]，内存既小又贵，最初的设计试图只使用一个内存器件，这导致每个操作包含有许多条微指令。今天，与原始的多微步 URISC 设计相比，内存大且便宜[MP88, P05]。为此，我们做了一些小的修改以反映当今的 RISC/FPGA 设计原则：

1. 使用 16 个寄存器而不是内存来实现 dst-=src 指令。
2. 复位时将所有寄存器值初始化为−1。
3. 使用 r[0]作为输入端口(in_port)；r[1]保持在−1；r[15]作为 out_port。
4. 程序计数器(pc)和指令寄存器(ir)只共用一个寄存器。
5. 使用单程序存储器($127 = 2^7$ 字×16 位宽)，无数据存储器。
6. 通过模式标志支持相对和绝对的 PC 更新。

这里有一个小测试程序，展示了 PSM 的工作原理。它从 in_port 中读取数据，并将数据输出到 out_port[1]。

ASM 程序 2.1：使用 URISC 的 LED 测试程序

```
1    *===========================================================
2    * 文件: io.asm
3    * 描述: URISC 处理器模型
4    *       小测试程序
5    *       从 in_port 中加载字，输出到 out_port
6    * 使用的寄存器: r[0]= in_port
7    *              r[1]= -1
8    *              r[2]= temp
9    *              r[15]= out_port
10   *===========================================================
11       URISC r[2],  r[2],     +1   * r[2]=0
12       URISC r[2],  r[0],     +1   * r[2]=-iport
13       URISC r[15], r[15],    +1   * oport=r[15]=0
14       URISC r[15], r[2],     +1   * oport=r[15]=-(-iport)=iport
15       URISC r[2],  r[2],     +1   * r[2]=0
16       URISC r[1],  r[2],     @0   * -1-0=-1<0 always branc
```

因为我们有 16 个寄存器，所以需要使用两个 4 位的寄存器索引(用于表示源和目标)。我们使用 7 位作为地址，并使用一个额外的模式位来区分相对地址和绝对地址。由于 URISC 只有一条指令，因此不需要使用任何操作码。16 位指令字如下所示：

URISC r[<目标>], r[<源>], @<值: 无符号十进制值>

目标=xxxx		源=xxxx		模式	值=xxxxxxx				
15		12	11	8	7	6			0

我们现在有足够的信息来计算这个测试程序对应的十六进制代码，我们将其存储在一个 HDL 表(又名程序 ROM)中，以便以后使用。

VHDL 程序 2.2：URISC LED 测试程序翻译为 VHDL

```
1    -- URISC 处理器的测试程序
2    library ieee;
3    use ieee.std_logic_1164.all; use ieee.std_logic_unsigned.all;
4    -- ===========================================================
5    ENTITY rom128x16 IS
6     PORT(clk    : IN STD_LOGIC;
7         address : IN STD_LOGIC_VECTOR(6 DOWNTO 0);
8         data    : OUT STD_LOGIC_VECTOR(15 DOWNTO 0));
9    END;
```

---

1 HDL 编码教程在第 3 章和第 4 章中提供。URISC 对应的 Verilog 代码见附录 A。

```
10  -- ==========================================================
11  ARCHITECTURE fpga OF rom128x16 IS
12
13    TYPE rom_type IS ARRAY(0 TO 127)OF
14                          STD_LOGIC_VECTOR(15 DOWNTO 0);
15    CONSTANT rom : rom_type :=(
16    X"2201", X"2001", X"ff01", X"f201", X"2201", X"1280",
17    OTHERS => X"0000");
18
19  BEGIN
20    data <= rom(conv_integer(address));
21
22  END fpga;
```

十六进制 CONSTANT 值代码展示了 FSM 将执行的步骤。前两个十六进制数字表示了所涉及的两个寄存器，后面是模式位，最后 7 位表示下一个 pc 值的目标地址或相对寻址。现在我们可以开发 FSM 来处理这些数据。HDL 编码如下所示。

VHDL 程序 2.3：URISC 处理器

```
1   LIBRARY ieee;
2   USE ieee.std_logic_1164.ALL;
3   USE ieee.std_logic_arith.ALL;
4   USE ieee.std_logic_unsigned.ALL;
5   -- ==========================================================
6   ENTITY urisc IS                  ------> 接口
7     PORT(clk      : IN STD_LOGIC;   -- 系统时钟
8          reset    : IN STD_LOGIC;    -- 低有效异步复位
9          in_port  : IN STD_LOGIC_VECTOR(7 DOWNTO 0);    -- 输入端口
10         out_port : OUT STD_LOGIC_VECTOR(7 DOWNTO 0));  -- 输出端口
11  END;
12  -- ==========================================================
13  ARCHITECTURE fpga OF urisc IS
14
15     COMPONENT rom128x16 IS
16     PORT(clk     : IN STD_LOGIC;
17         address  : IN STD_LOGIC_VECTOR(6 DOWNTO 0);
18         data     : OUT STD_LOGIC_VECTOR(15 DOWNTO 0));
19     END COMPONENT;
20
21     TYPE STATE_TYPE IS(FE, DC, EX);
22     SIGNAL state :     STATE_TYPE;
23
24  -- 寄存器数组定义
25     TYPE RTYPE IS ARRAY(0 TO 15)OF STD_LOGIC_VECTOR(7 DOWNTO 0);
26     SIGNAL r : RTYPE;
```

```vhdl
27
28  -- 局部信号
29    SIGNAL data, ir : STD_LOGIC_VECTOR(15 DOWNTO 0);
30    SIGNAL mode, jump : STD_LOGIC;
31    SIGNAL rd, rs : INTEGER RANGE 0 TO 15;
32    SIGNAL pc, address : STD_LOGIC_VECTOR(6 DOWNTO 0);
33    SIGNAL dif : STD_LOGIC_VECTOR(7 DOWNTO 0);
34
35  BEGIN
36
37    prog_rom: rom128x16          -- 实例化 LUT
38    PORT MAP(clk => clk,         -- 系统时钟
39            address => pc,       -- 程序存储器地址
40            data => data) ;      -- 程序存储器数据
41
42    FSM: PROCESS(reset, clk) ------> 具有 ROM 行为风格的 FSM
43      VARIABLE result : STD_LOGIC_VECTOR(8 DOWNTO 0);-- 临时寄存器
44    BEGIN
45      IF reset = '0' THEN               -- 异步复位
46        FOR k IN 1 TO 15 LOOP
47          r(k)<= CONV_STD_LOGIC_VECTOR( -1, 8); -- 所有值设为-1
48        END LOOP;
49        pc <=(OTHERS => '0');
50        state <= FE;
51      ELSIF rising_edge(clk)THEN
52      CASE state IS
53        WHEN FE =>              -- 取指令
54          ir <= data;          -- 获取 16 比特指令
55          state <= DC;
56        WHEN DC =>             -- 解码指令；分解 ir 内容
57          rd <=CONV_INTEGER('0' & ir(15 DOWNTO 12)); -- MSB 有目标地址
58          rs <=CONV_INTEGER('0' & ir(11 DOWNTO 8)); -- 第二个是源
59          mode <= ir(7);        -- 地址模式标志
60          address <= ir(6 DOWNTO 0); -- 下个 PC 值
61          state <= EX;
62        WHEN EX =>                    -- 处理 URISC 指令
63          result :=(r(rd) (7)& r(rd) )-(r(rs)(7)& r(rs));
64          IF rd > 0 THEN
65            r(rd) <= result(7 DOWNTO 0); -- 不要写输入端口
66          END IF;
67          IF result(8)= '0' THEN -- 检测 PC++ 为假
68            pc <= pc + 1;
69          ELSIF mode = '1' THEN -- 结果为负
70            pc <= address;       -- 绝对寻址模式
71          ELSE
72            pc <= pc + address; -- 相对寻址模式
73          END IF;
```

```
74          r(0) <= in_port;
75          out_port <= r(15);
76          state <= FE;
77        END CASE;
78          jump <= result(8);
79          dif <= result(7 DOWNTO 0);
80        END IF;
81     END PROCESS;
82
83  END ARCHITECTURE fpga
```

可以看到，由水平(注释)行分隔的 HDL 代码的三个主要部分：LIBRARY 定义、ENTITY 和 ARCHITECTURE 规约。首先可以在编码中看到标准逻辑包，包括无符号算术使用规约(第 1~4 行)。ENTITY(第 6~11 行)目前只包括用于输入和输出的 4 个端口。在功能仿真中，我们也可以监控额外的内部信号，但在时序仿真中，并非所有信号都可用，因为 LUT 中的物理实现有时会使本地信号不可观测。ARCHITECTURE 部分从 PROM 组件定义开始，接下来是通用信号(第 13~34 行)。FSM 有三种状态，分别是取指令(FE)、解码(DC)和执行(EX)。URISC 使用了一个包含有 16 位寄存器的数组，接下来将其定义为数组定义(第 24~26 行)。ARCHITECTURE 主体有两个主要块：PROM(第 37~40 行)实例化(类似于 C/C++中的过程调用)和 FSM 规约(第 42~81 行)，它们嵌入在 PROCESS 中，允许对代码进行顺序分析，类似于任何编程语言中进行的顺序分析。当低有效复位被激活时，所有寄存器值被设置为-1，程序计数器被清除，下一个状态将是取指(FE)；参见第 45~50 行。FSM 由时钟的上升沿控制，也就是说，任何被涉及的寄存器只会在 clk 的上升沿改变值。reset 被禁用后，FSM 将运行以下三种状态：

- 在取指(FE)状态下(第 53~55 行)，指令寄存器 ir 将存储 PROM 的输出，即数据和下一个状态编码为 DC。

- 在解码(DC)状态下(第 56~61 行)，指令字被分解为四个部分：目的寄存器 rd 的索引、第二个源寄存器 rs 的索引、用于区分相对寻址和绝对寻址的模式位和地址码的低 7 位。下一个状态就成了 EX。

- 在执行(EX)状态下(第 62~76 行)，我们进行减法运算 r(rd) -r(rs)，如果索引不为零，则将结果存储在寄存器中。而为了避免出现溢出问题，我们首先创建一个 1 位的符号扩展。基于 MSB，继续执行下一条指令并执行"jump"，即使用 address 计算下一个 pc 值。如果设置了模式标志，则使用绝对地址值；否则，使用 pc-相对模式。在相同的状态下，我们还将 in_port 存储在寄存器 0 中，将 r(15) 存储在寄存器 out_port 中。这样就完成了一条指令的执行，然后继续进入下一个状态以获取 FE。

为了更好地跟踪 PSM 的进展，我们监测了"jump"条件以及用两个附加 SIGNAL jump 和 dif 计算的差值。这就完成了 URISC 的 PROCESS 和 ARCHITECTURE。

2.4.2　Altera QUARTUS 设计编译

要检查和编译文件，请启动 Quartus 软件，如果还没有新建项目文件，请选择 File→Open Project 或启动 File→New Project Wizard。在项目向导中，指定要使用的项目目录、项目名称和顶层设计为 urisc。然后单击 Next 并指定要添加的 HDL 文件，在我们的例子中是 urisc.vhd 或 urisc.v。再次单击 Next，然后从 Cyclone V SE SoC 系列中选择设备 5CSEMA5F31C6。单击 Next，选择 MODELSIM-Altera 作为仿真工具，单击 Finish。如果你使用本书中的项目文件，则文件 urisc.qsf 已经有了正确的文件和器件规约。然后选择 File→Open 加载 HDL 文件。VHDL 之前已经介绍过了(见 VHD 代码 2.1 或附录 A 中的 Verilog 代码)。

前面的代码中含有对象 LIBRARY，它包含预定义的模块和定义。ENTITY 块指定了设备的 I/O 端口和通用变量。接下来的代码是要使用的组件和额外的 SIGNAL 定义。HDL 代码从关键字 BEGIN 之后开始。第一个 PROCESS 包含了处理器 FSM。URISC 具有异步低有效复位。程序 ROM 表被实例化为一个组件，而组件的端口信号连接到本设计的局部信号。请注意看 ROM 表设计文件 rom128x16.vhd。你可以加载该文件，或者可以在 Project Navigator 窗口(左上角)中双击它。一般来说，通过在存储器中加载初始数据来进行可综合 ROM 或 RAM 设计并不是一项轻而易举的任务。一个好的起点是看一看 1076.6-2004 VHDL 子集，找到可综合的 (synthesizable) 代码，或者更容易些，看一看工具供应商提供的语言模板(Altera：Edit→Insert Template→VHDL→Full Designs→RAMs and ROMs→Dual-Port ROM；Xilinx：Edit→Language Template→VHDL→Synthesis Constructs→Coding Examples→ROM→ Example Code)。Altera 建议使用函数调用进行初始化，而 Xilinx 则建议使用 CONSTANT 数组进行初始化定义。事实证明，后一种方法更适合与工具以及功能仿真器和时序仿真器一起使用，也将是本书其余部分的首选方法。VHDL 1076.6-2004 中定义的综合属性目前不被任何供应商支持。在 VERILOG RAM 和 ROM 中，初始化已经在语言参考手册(Language Reference Manual，LRM)中说明，最可靠的方法是结合使用 $readmemh() 函数和 initial 语句。

为了优化设计的速度，进入 Assignment→Settings→Compiler Settings。在 Optimization modeae 菜单下单击 Performance(High effort 或 Aggressive)。Area 优化可以在同一个 Compiler Setting 菜单中选择。如求折中，你也可以尝试使用 Balanced 模式，这也是我们将使用的默认设置。可以使用 Synopsys Design Constraints(SDC)文件来设置时序要求。在 QUARTUS 中，默认速度设置为 1 ns。通常，第一次运行时效果很好。

然后启动编译器工具(它是粗的右箭头快捷符号)，可以在 Processing 菜单下找到它。如图 2.23b 所示，HDL 窗口左侧的一个窗口会显示编译的进度。你可以看到编译中涉及的所有步骤，即 Analysis & Synthesis、Fitter、Assembler、Timing Analysis、Netlist Writer 和 Program Device。或者，你可以通过单击 Processing→Start→Start Analysis & Synthesis 或使用<Ctrl K>来启动 Analysis & Synthesis。编译器检查

基本语法错误并生成一个报告文件，列出设计对应的资源估计。语法检查成功后，可以按大的 Start 快捷键或按<Ctrl L>键启动编译。如果编译器的所有步骤都成功完成，设计就完全实现了。从顶部菜单按钮中单击 Compilation Report 按钮(图案为带有纸张图标的芯片)，流程汇总报告应显示 79 个 ALM 和 384 个内存位已使用。检查存储器文件，VHDL 是 rom128x16.vhd，而 Verilog 初始化文件则是 urisc256x8.hex。图 2.23b 总结了 QUARTUS 编译窗口中显示的所有处理步骤。

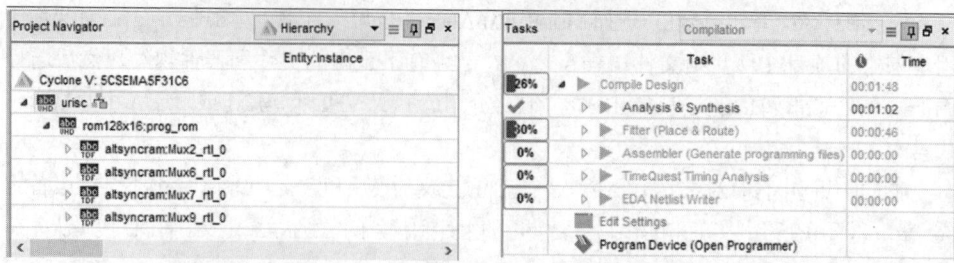

(a) 项目浏览器   (b) QUARTUS 的编译步骤

图 2.23 项目浏览器与 QUARTUS 的编译步骤

为了图形化验证 HDL 设计的确描述了期望的电路，我们可以打开 Altera 公司开发的 QUARTUS 软件中的 RTL 查看器。urisc.vhd 电路的结果如图 2.24 所示。RTL 视图的鸟瞰图揭示了 URSIC 已经有许多组件，使其难以验证，而 RTL 状态机查看器则验证了我们的确构建了一个三状态机。要启动 RTL 查看器，单击 Tools→Netlist Viewer→RTL Viewer。另一个网表查看器称作技术图查看器(Technology Map Viewer)，它给出了电路如何映射到 FPGA 资源的精确图像。然而，为了验证 HDL 代码，即使是函数发生器这样的小设计，技术图也提供了过多细节，这样反而无助于学习，我们不会在自己的设计中用到它。

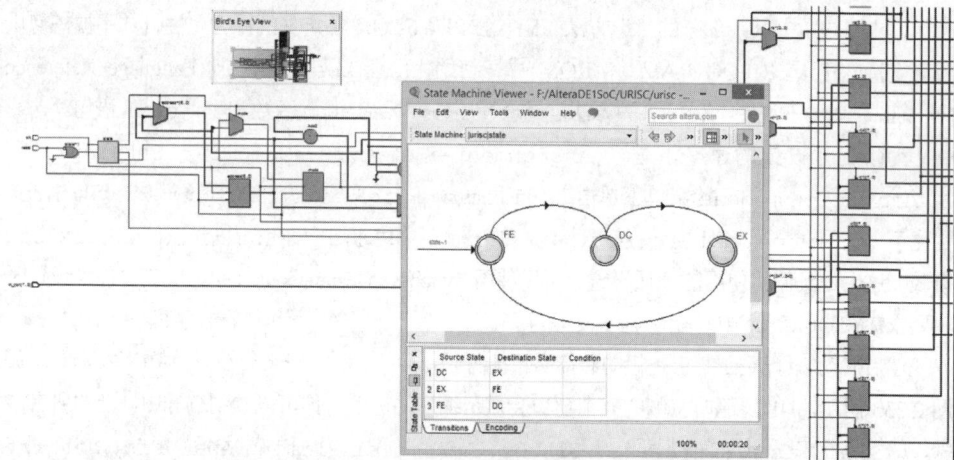

图 2.24 URISC 处理器的 RTL 视图包含了鸟瞰视图和状态机查看器

2.4.3　Xilinx VIVADO 设计编译

VIVADO 软件的 Project Manager 视图对实现步骤和相关设计文件进行了出色的概览。它不仅会以条形图或表格的形式展示所使用的文件和库以及资源，还会在 Project Summary 窗口中显示功耗和时序信息，这是对 ISE 软件的一个重大改进，尽管它也包含所有这些信息，只不过更多地隐藏在报告文件中。

整套的综合数据通常需要用到设备规约和全编译，这可能会占用大型器件的大量 CPU 时间。映射(map)报告将显示期望的资源数值，如触发器、LUT、I/O、全局时钟缓冲器(Bufg)、块 RAM 和使用的嵌入式乘法器的数量。由于器件系列具有不同类型的逻辑单元、LUT 和块 RAM 大小，该数据可能因不同的器件而有所不同。

而为了获得时序数据，VIVADO 不再像 ISE 一样有"速度"或"面积"选项，我们需要对设计加以约束。这个想法来自 Synopsys 的 ASIC 约束文件，你可以在其中指定所需的时钟频率，如果综合达到了时钟目标，那么剩下的编译工作就可以致力于减少设计的面积。至少，我们需要指定一个约束文件(*.xdc)并将时钟设置为：

```
 create_clock -add -name sys_clk_pin -period 8.00 -wave form {0 4}
[get_ports {clk}];
```

其中 clk 假定为 125 MHz 时钟信号的名称。这将设置所需的时钟周期为 8 ns 或 125 MHz。如果该频率对于所选的设备来说太高，就会出现负时钟偏移，因此需要增加周期。故寻找最大速度是一个迭代过程，比 ISE 更加劳动力密集。找到最佳"区域"就简单了；我们只需放宽时序要求，例如，将周期设为-period 1000(即 1 MHz 时钟)，编译器所做的所有努力都将用于最小化面积。

创建 VIVADO 项目的处理步骤与 ISE 类似。我们从 Create New Project 或 Open Project 开始。然后，将添加源文件，并需要指定这些文件是否是 Design Sources(*.vhd 或*.v)、Constraints 文件(*.xdc)或 Simulation Sources(*_tb.vhd 或*_tb.v)，见图 2.25a。然后，我们可以运行 Run Synthesis 以获得资源估计，或运行 Run Implementation 以获得精确的资源数据。你还需要首先在约束文件中指定时钟目标，该文件还可以包括开发板的引脚分配。你可以从主板供应商下载一个标准(gold)模板以避免因意外分配错误引脚而损坏板卡，并基于模板修改来匹配你的设计 I/O 端口名称。例如，下面语句是 ZyBo 板上时钟信号 clk 对应的引脚分配：

```
##Clock signal
set_property -dict {PACKAGE_PIN L16 IOSTANDARD LVCMOS33} [get_ ports
{clk}];
```

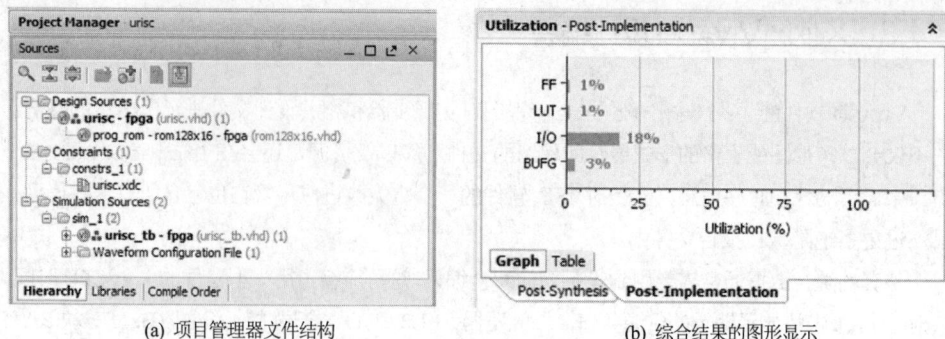

(a) 项目管理器文件结构

(b) 综合结果的图形显示

图 2.25　VIVADO

在完全以 Area 优化为目标进行编译后，我们发现 VIVADO URISC 使用了 17,600 个 LUT 中的 63 个，18 个 I/O 和 93 个触发器。使用报告显示 27 片 SLICEL 和 9 片 SLICEM 在使用中。由于设计规模太小，综合工具没有使用任何乘法器、分布式 RAM 或块 RAM。

2.4.4　用于仿真的设计工具考虑

虽然 Altera 和 Xilinx 工具的设计流程相似，但多年来也存在一些显著的差异。最值得注意的是对设计仿真的处理。近年来，我们看到两家 FPGA 市场领导者采取了相反的发展策略。

Xilinx 从 ISE 12.3 版(2010 年底)开始不再提供免费的 MODELSIM 仿真器，而是提供了一个集成在 ISE 工具中的免费嵌入式 ISIM 仿真器，VIVADO 工具也有一个类似的内部仿真器，称为 XSIM 工具。两个工具最重要的区别是，ISIM 仿真器可以选择通过 TCL 脚本进行仿真，而 XSIM 仿真器有一个模拟(即波形)显示选项。

Altera 的 QUARTUS 软件则有两个免费的仿真器选项。在过去，Altera 青睐内部 VWF 波形仿真器(直到 QUARTUS 9.1 版本)，现在推荐外部 MODELSIM-Altera 或 QSIM。MODELSIM-Altera 允许我们使用 Mentor Graphic 公司的专业工具。第二种选择是 Altera QSIM 工具，它可能比 MODELSIM 功能少一些(例如，没有模拟波形)，但也更容易处理，因为它不需要编写 HDL 测试台或 DO 文件脚本来分配 I/O 信号。然而，在撰写本书时，MODELSIM 似乎是更好的选择，因为它已经存在多年，在工业中使用更频繁，并支持 Cyclone V 器件的功能和时序仿真。因此，我们选择 MODELSIM-Altera 作为默认仿真器。通过使用 MODELSIM-Altera 的 DO 文件而不是 HDL 测试台，可以简化 VHDL 和 Verilog 激励文件以及 Altera 和 Xilinx 之间的迁移。

项目的下一步通常是使用软件和处理器的功能仿真进行验证。对于 HPS 来说，这通常是一个指令集仿真器(Instruction Set Simulator，ISS)或 C/C++程序的 GDB 调试器。第 6 章将讨论 ISS 和调试器。

对于 URISC 这样的软核处理器，我们将首先使用基于 HDL 的功能仿真器。接下来，将首先讨论如何使用 MODELSIM-Altera 工具来仿真 URISC，然后讨论基于 Xilinx VIVADO 进行的仿真。

1. Altera 特定的仿真考虑

使用 MODELSIM 工具仿真设计时，可以直接将输入激励应用到设计中，而不需要用 HDL 编写测试台。我们将在后面介绍 VIVADO 仿真时讨论测试台。通常，我们会将 MODELSIM 指令放在一个脚本中，该脚本遵循典型的 TCL 即 DO 文件脚本规则。此外，如果不使用测试台而直接使用 TCL 激励脚本来仿真电路，那么我们可以使用相同的脚本进行 RTL 和时序仿真。此外，对于 VHDL 的 vcom 和 Verilog 的 vlog 之间进行的互相替换，可以使用几乎相同的激励文件。

在讨论仿真示例之前，我们先看一下使用的文件名，其中*代表项目名称。对于 RTL 仿真，我们使用*.vhd 和*.v 文件。对于时序仿真，使用了 4 个不同的文件名：*.vhd 和*.vo 用于 Altera 工具中的 VHDL 和 Verilog，*_tb.vhd 和*_tb.v 则用于 Xilinx VIVADO。对于 RTL 和时序仿真，我们使用激励文件*.do(Altera) 和*_tb.(v)hd(Xilinx VIVADO)。

要进行仿真，请打开 MODELSIM-ALTERA 工具。你会看到其中已经加载了许多预定义库。使用 File→Change Directory 移动到包含了 HDL 文件和仿真脚本的目录。对于时序仿真，你首先需要在 QUARTUS 或 VIVADO 中编译设计，以便可以在其中用时序信息来仿真 HDL 代码。在运行脚本之前，需要确保 HDL 和*.do 文件在同一个目录中。使用 dir*.do 和 dir *.vhd 以验证文件确实在当前路径中。然后在 MODELSIM-ALTERA 命令行窗口中输入 do urisc.do。下面的脚本会编译文件，打开一个波形并仿真电路。这个例子的 do 脚本如下所示：

MODELSIM TCL/DO 文件脚本 2.4：URISC 处理器

```
1   ########## 编译设计
2   vlib work
3   vcom -93 rom128x16.vhd
4   vcom -93 urisc.vhd
5   vsim work.urisc(fpga)
6
7   ##########在波形窗口添加 I/O 信号
8   add wave clk reset
9   add wave -divider "Locals:"
10  add wave -hex state pc data
11  add wave -dec rd rs address
12  add wave -dec r(0)r(1)r(2)r(15)
13  add wave jump mode dif
14  add wave -divider "I/O Ports:"
15  add wave -dec in_port out_port
16  radix -hex
17
18  ######### 加入激励数据
19  force clk 0 0ns, 1 10ns -r 20ns
20  force reset 0 0ns, 1 105ns
```

```
21  force in_port 5 0ns
22
23  ########## 运行仿真
24  run 750ns
25  wave zoomfull
26  configure wave -gridperiod 40ns
27  configure wave -timelineunits ns
```

这个仿真脚本包含如下 4 个部分:

1. 首先,通过 vlib 创建工作库(即目录)。分别用 vcom(针对 VHDL)和 vlog(针对 Verilog)编译项目中的组件。之后编译顶级项目,并通过指定顶级 ENTITY 和 ARCHITECTURE 名称来调用仿真器。

2. 然后,信号按照它们在波形窗口中应该出现的顺序被添加到波形窗口中。我们从输入控制信号开始,例如,时钟和复位,随后是不属于端口的局部信号,之后是输出。分隔符用于帮助区分或添加额外的信息,如作者姓名。

3. 接下来,(以任意顺序)将激励数据添加到刚刚定义的波形信号中。我们可以使用-r 选项定义周期信号(如 clk),以及非周期信号(如 reset 和 in_port)。值后面紧跟该值应当出现的时间。以逗号分隔的列表用于列出其他的值/时间对。如果想展示值,一定要先指定基数。

4. 最后,我们在特定的时间运行仿真并缩放以显示完整的时间帧。也可以为波形窗口定义网格和时间单位。

从脚本或波形窗中可以看出,我们使用了以下数据:由于选择了周期 20 ns = 1/50 MHz,所以使用时长大于 100 ns 的时长复位,以避免在使用 Xilinx 全局复位功能时功能仿真和时序仿真之间出现不匹配。URISC 处理器的功能仿真(即 RTL 仿真)如图 2.26 所示。

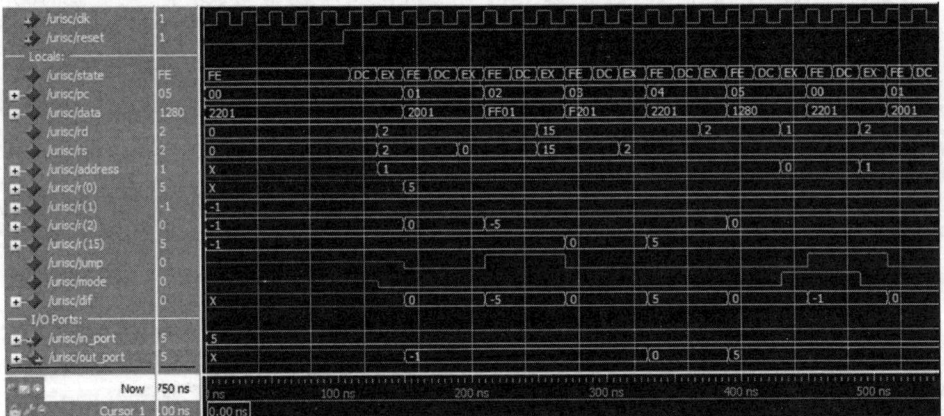

图 2.26　运行 I/O 程序的 URISC 处理器的 MODELSIM RTL 仿真

图 2.26 显示了在初始的低电平有效 reset 之后，处理器通过在三状态机包含的 FE、DE 和 EX 阶段中运行，每三个时钟周期完成一条来自程序 ROM 的指令。我们只显示相关寄存器 0、1、2 和 15，并看到 in_port 的值 5 在 210 ns 后于 r(2) 处经(反向)加载后显示为-5。这个值在 330 ns 后转发给寄存器 r(15)。然后两个指令长的跳转序列开始执行，在完成 6 条指令的循环后，URISC 在 450 ns 后再次在 pc=0 处启动，如 ASM 程序 2.1 所示。

2. Xilinx 特定的仿真考虑

Xilinx 宣布，未来将支持 VIVADO 工具集，而 ISE 工具集将停用。遗憾的是，VIVADO 在第七代之前似乎不支持任何 FPGA 系列，就是说，许多设计师如果使用 Virtex-6 设备，将不得不继续使用 ISE 工具。自 2013 年引入 VIVADO 软件以来，没有看到在 VIVADO 中支持较旧 FPGA 设备的迹象。但好消息是，免费的 VIVADO Web 版本支持所有 Zynq-7K 设备，编译或仿真这些设备不需要许可证。

当使用 ISE 仿真器仿真设计时，我们可以选择使用 TCL 脚本(如 MODELSIM DO 文件)中的激励文件，或者可以用 HDL 编写一个测试台。现在有了 VIVADO，我们需要用到一个测试台来仿真我们的处理器。测试台是一个简短的 HDL 文件，我们在其中实例化要测试的电路，然后生成并加载测试信号，例如，如下语句生成一个时钟周期为 2×5 ns=10 ns 的时钟信号：

```
clk <= NOT clk AFTER 5 ns;
```

然而，XSIM 测试台的一个困难在于，具有时序信息的电路是直接从 Verilog 网表合成的。在 VIVADO 中，通常使用基于 LUT 层级的 Verilog 网表进行精确的时序仿真。由于 Verilog 网表甚至用于 VHDL 设计，只有 STD_LOGIC 或 STD_LOGIC_VECTOR 和 Boolean 类型才可能与 VHDL 源代码匹配。我们不能使用 INTEGER、SINGED 或 FLOAT 数据类型，甚至在实体中也不允许使用 BUFFER 或 GENERIC 参数。但这只适用于 I/O 接口。在设计中确实可以使用 INTEGER，并且具有 GENERIC 参数的设计重用可以在 VHDL 中通过 CONSTANT 定义进行，也可以作为 Verilog 中的 PARAMETER 在设计中进行，而不会干扰对设计所用的 I/O 端口的编码要求。

Xilinx 工具的另一个重要设计考虑因素是仿真器中全局置位/复位(Global Set/Reset，GSR)的处理。GSR 背后蕴含的想法是在复位后，在仿真的前 100 ns 内，将 FPGA 中的所有触发器设置为预定义值。只有在前 100 ns 之后，才会发生任何触发器操作。生成的时序网表将始终确保实现此功能；但是，在默认情况下，行为仿真并不需要遵循这一点。图 2.27 和图 2.28 所示的 URISC 仿真表明了这一点。从行为仿真中可以看出(见图 2.27)，由于时序仿真中使用了 100 ns GSR，处理器操作会比在定时仿真中提前开始，如图 2.28 所示。因此，在行为仿真中，out_port 在 300 ns 后的最终值为 5，而在时序仿真中，其在 380 ns 时的最终值为 5。为了避免出现行为/时序仿真中的这种不匹配，强烈推荐在前 100 ns 通过 ENABLE 或 RESET 信号保持触发器处于活动状态。然后，可以将此时序仿真与初始 100 ns 复位的行为仿真相匹配。

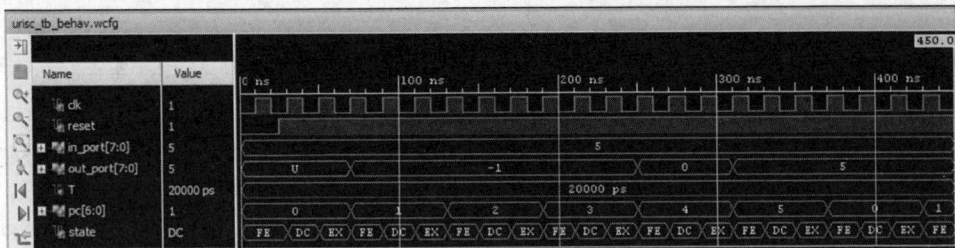

图 2.27　不考虑 GSR 的行为仿真。注意，复位在 25 ns 后处于无效状态；而 URISC 处理则立即开始。
这导致行为/时序仿真不匹配

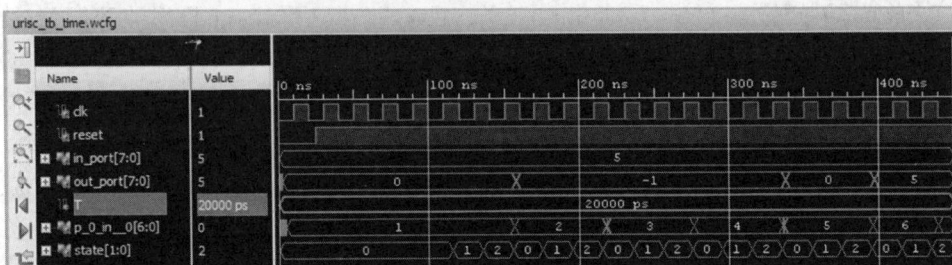

图 2.28　不考虑 GSR 的时序仿真。注意，URSIC 在 100 ns 之后才会开始，而且现在不会同行为仿真匹配

3. 编写测试台

随着当今设计变得日益复杂，电路的验证成为设计的重要内容。正如 1995 年 Pentium 硬件上发生的浮点除法错误所表明的那样，除了召回可能会造成企业形象损害外，测试不足还可能带来巨大的财务影响(对英特尔而言超过 1 亿美元)。

验证可以采取许多不同的形式。对于小设计，我们可以使用 RTL viewer(即 RTL Analysis Schematic)来检查综合电路。对于更复杂的系统，我们可以使用动态生成的输入测试激励，或者使用通过 MatLab 或 C/C++程序生成的测试向量查找表。正确的输出行为可以是基于文本的，即报告实际结果和预期结果出现的"不匹配"，也可以是图形化的如示波器。图 2.29 展示了图形化的验证。

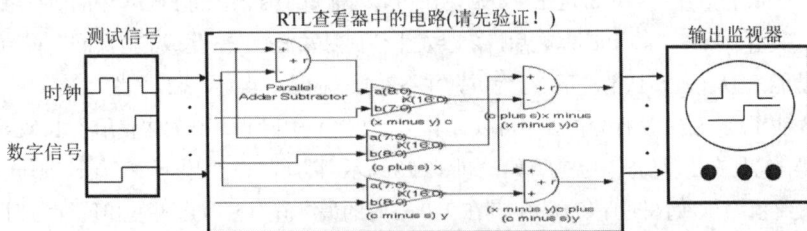

图 2.29　某个复杂乘法器的测试台设计

编写一个基于文本的 HDL 测试台(Test Bench，TB)并不太复杂，但可能需要大量手工劳动。在 ISE 11 发布之前，Xilinx 提供了一个叫作"HDL 测试生成器"(HDL Bencher)的工具。

你必须为输入信号定义波形，并且可以根据行为仿真[VSS00, BE00]指定或生成期望的结果（见图 2.30）。

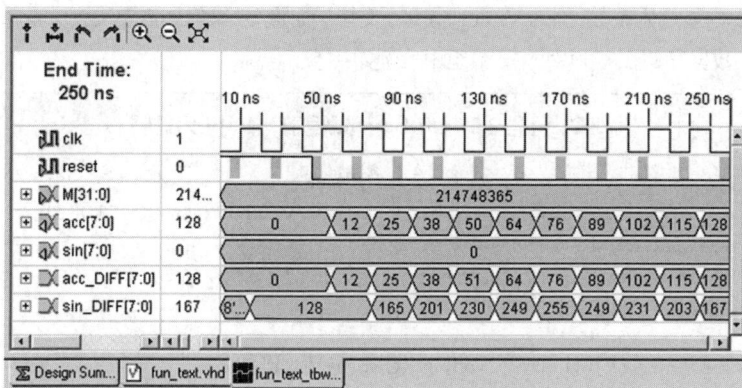

(a) 测试台期望值和仿真结果

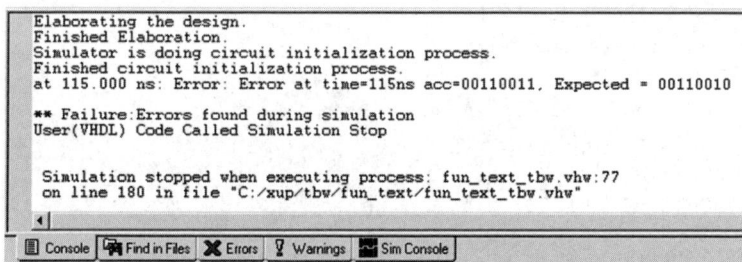

(b) 使用 MODELSIM仿真时在 115 ns处出现不匹配的错误信息。
预期值指定为十进制50，但仿真结果显示为十进制51

图 2.30   ISE 在第 11 版之前提供的 HDL 测试生成器

另一方面，你可能对测试台的外观有特殊要求，通常首选使用模板作为起点[Ham10]。模板通常包含以下元素：

1. 正在使用的库，如 IEEE
2. 没有任何端口的"空" ENTITY
3. 被测单元(Unit Under Test, UUT)组件定义
4. 使用的信号/线路/寄存器
5. UUT 组件实例化
6. 周期信号的定义，如 clk
7. 非周期数据信号的定义，如 reset、data input 等

Verilog 测试台不会有第 1 项和第 3 项。同样重要的是要记住，XSIM 仿真器默认将显示的信号排序为第 4 项下的指定项，并精确按照这样的顺序来显示。也就是说，为了避免在仿真器窗口中重新排列信号，建议在波形窗口中按照预期出现的顺序对信号/寄存器/连线进行排序。仿

真器不关心组件端口的顺序或你在组件实例化中分配端口的顺序。VIVADO Verilog 和 VHDL 仿真大体上看起来非常相似。只是在我们使用带有字面量名称的 VHDL FSM 状态编码的情况下，才会在 Verilog 中显示为整数，因为 Verilog 仿真不支持字面量显示。如果需要用到大量输入数据集，可以将输入数据存储在 CONSTANT 数组中，例如：

VHDL 代码 2.5：URISC 测试程序，使用十六进制

```
1   TYPE rom_type IS ARRAY(0 TO 127)OF
2                       STD_LOGIC_VECTOR(15 DOWNTO 0);
3   CONSTANT rom : rom_type :=(
4   X"2201", X"2001", X"ff01", X"f201", X"2201", X"2180",
5   OTHERS => X"0000");
```

在 Verilog 中，我们可以使用 Verilog ROM 定义，例如：

Verilog 代码 2.6：URISC 测试程序，使用赋值

```
1   reg [15:0]ROM [127:0];
2   assign data = ROM[addr];
3   initial begin
4     ROM[0]=16'h2201;
5     ROM[1]=16'h2001;
6     ROM[2]=16'hff01;
7     ROM[3]=16'hf201; …
```

或者我们可以利用 Verilog 的 readmemh 函数，如下所示：

Verilog 代码 2.7：URISC 测试程序，使用$readmemh

```
1   initial    // 另一种做法，使用 readmemh 来读取数据
2   begin
3    $readmemh("urisc.hex",rom);
4    end
```

当然，我们必须在启动 VIVADO 行为或时序仿真后手动添加分隔符和文本。

2.4.5　QUARTUS 布图规划

可以通过单击第四个快捷按钮(即 Chip Planner 或打开 Tool→Chip Planner)来验证 QUARTUS 中的设计结果，以获得更详细的芯片布线视图。Chip Planner 视图如图 2.31 所示。

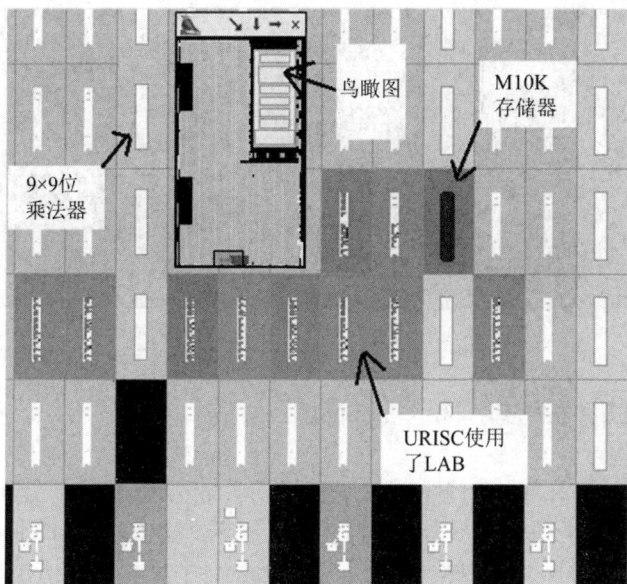

图 2.31　带有 URISC 处理器模型鸟瞰图的 Altera QUARTUS 布图

用 Zoom in 按钮(即±放大镜)生成图 2.31 中所示的屏幕。在 LAB 和 M10K 中将以不同颜色突出显示的区域放大。未使用的 ALM LAB 为浅蓝色，未使用的存储器为浅绿色，DSP 块为洋红色。使用的块则是深色；然后你会看到 URISC 使用的 ALM LAB 以深蓝色显示，M10K 块以深绿色突出显示。如果单击左侧菜单按钮上的 Bird's Eye View 按钮[1]，将弹出一个附加窗口。例如，现在选择 M10K 模块，然后多次按下按钮 Generate Fan-In Connections 或 Generate Fan-Out Connections，将显示越来越多的连接。

2.4.6　Vivado 布图规划

在 Vivado 布图规划中，让我们验证所使用的资源，例如，CLB、块 RAM 或使用的乘法器，以及它们在设计中的特定位置。器件布图通常会在完全编译后自动打开，如果没有打开，我们可以通过选择 Implementation→Implemented Design→Report Utilization 来启动它。大型布图已经在前面展示过，见图 2.16。为了更详细地查看芯片布局，可以使用±放大镜，然后可以获得 URISC 的器件布图规划的详细信息，如图 2.32 所示。

---

1 注意，正如所有的 MS Windows 程序，只是将你的鼠标放在一个按钮上(无需单击)，它的名称/功能就会显示出来。

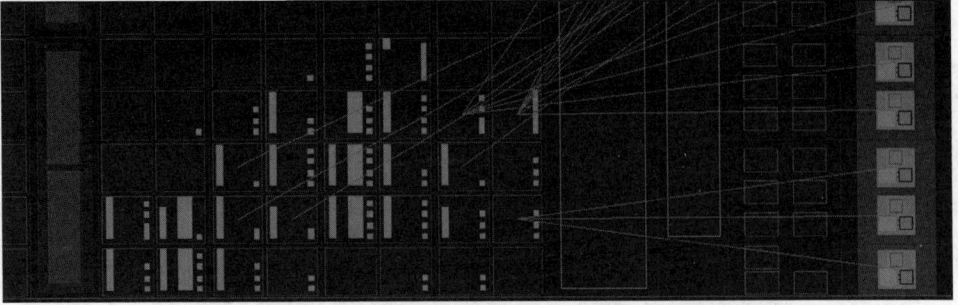

图 2.32　URISC 处理器模型的 Xilinx Vivado 布图

2.4.7　时序估计和性能分析

Altera Quartus 和 Xilinx ISE 软件过去只有两个时序优化目标：面积或速度。然而，随着器件密度的增加和具有多个时钟域、不同 I/O 时钟模式、带多路复用器的时钟和时钟分频器的片上系统设计的出现，这种优化整个器件面积或速度的策略可能不再是一种好方法。Altera Quartus 和 Xilinx Vivado 现在提供更复杂的时序规约，看起来更像是基于单元的 ASIC 设计风格，并且基于 Synopsys Design Constrain(SDC)规约。这里的想法是，对于相同的电路，综合工具可能具有不同的库元素，例如加法器的行波进位、进位保存或快速前瞻风格。为了显示时序数据，必须首先为在 Quartus 和 Vivado 中完成的设计进行完整编译。然后，该工具首先优化设计以满足指定的时序约束，然后在第二步中优化面积。事实上，Vivado 不会生成任何时序信息，除非你至少提供一个约束文件，其中包含一行约束来约束时钟信息，例如：

```
create_clock -add -name sys_clk_pin -period 1.00 [get_ports { clk }];
```

如果你喜欢得到与之前工具类似的综合结果(例如，最小面积或最大速度)，则可以通过对设计进行过约束或欠约束来实现。例如，如果在 SDC 文件中指定了 1 ns(1GHz 频率)的目标时钟延迟，那么这很可能会过约束你的设计和器件。也就是说裕量是负值，如果将负的裕量(例如，7ns)添加到最初的 1ns 时钟周期，那么对于 1ns+7ns=8ns 的时钟，就应该非常接近电路能运行的最快时钟速率。你可能需要进行更多次的迭代(从时钟周期中添加或减去小的 ns 量)以获得精确的最大时钟周期，直到裕量只是一个小的正数，参见下面的图 2.33b。

如果你只想优化区域，那么应该使用非常低的目标时钟速率，因为这样所有的工作都将集中在区域优化上。

为了使用 Altera 工具优化速度，我们使用默认设置，周期为 1 ns，相当于 1 GHz 时钟频率，在 Quartus QSF 文件中显示为 FMAX_REQUIREMENT "1 ns"。由于我们的设计目标通常是对速度进行优化，因此在使用 Altera 工具时，可以利用 Altera 默认设置(即没有 SDC 文件)，该设置过约束设计从而以所需的 1GHz 时钟速率运行。我们应该期望在编译报告中看到一条警告消息，指出时序尚未满足，但这是有意的，无需担心。由于我们的设计很可能运行得更慢，这将确保 Quartus 编译器能够综合出尽可能快的设计。除了对特定信号进行设计约束，Altera

QUARTUS 还提供了针对整个器件的优化模式，从 Balanced、Performance、Power 到 Area。你可以在 Assignment→Settings→Compiler Settings 下选择它。在 Optimization mode 下单击 Performance(High effort 或 Aggressive)。可以在同一个 Compiler Setting 菜单中选择优化 Area。为了折中，还可以尝试使用 Balanced 模式，这也是我们将使用的默认设置。不利的一面是，我们总是会收到未找到 Synopsys Design Constraints File urisc.sdc 字样的编译器警告，以及 Critical Warning: Timing requirements not met 之类的严重警告，但我们可以忽略这些消息。如果我们使用 DE1SoC_SystemBuilder.exe 生成板级支持文件，那么生成的 *.sdc 文件带有用 50 MHz 或 20 ns 时钟周期构建的板载时钟发生器。

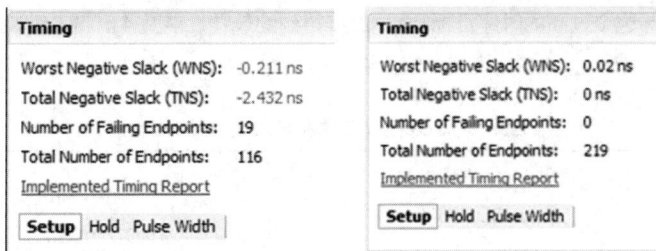

(a) 负裕量显示为红色　　　　　(b) 正裕量显示为黑色

图 2.33　Xilinx VIVADO 时序结果

对于 Altera，我们运行 TimeQuest 分析，这样的 Compilation Report 如图 2.34 所示。它包括慢速 85C/0C 和快速 85C/0C 型号对应的四组时序数据。我们使用最悲观的模型，即慢速 85C 模型。Fmax Summary 频率是我们的电路可以运行的最大频率。有时，由于 250 MHz 的最大 I/O 引脚速度有限，性能会进一步受到限制。如果电路中没有纯组合设计中采用的寄存器到寄存器路径，则此 Fmax 将变为空，并显示消息 No paths to report。

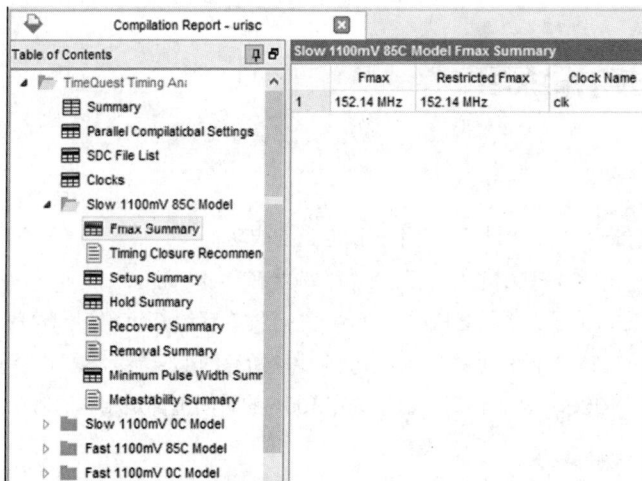

图 2.34　TimeQuest Timing Analyzer 中 URSIC 设计对应的时序注册性能分析

由于最近引入了基于 SDC 规范的流程,因此建议阅读一些相关教程。Altera 大学计划在 "Using TimeQuest Timing Analyzer"教程中提供介绍。"QUARTUS Prime TimeQuest Timing Analyzer Cookbook"中提供了更多详细信息,其中包含许多不同类型的多时钟域示例。

Xilinx VIVADO 软件的性能分析非常相似。我们还需要用到一个 SDC 文件来指定时钟设计目标。为了实现面积优化目标,需要使用放宽的时钟规范运行一次。需要多次迭代才能找到最佳时序。下面显示了 URISC 中进行 VIVADO 时序迭代(误差在 2.5%以内)的一个例子。

周期	2 ns	3.7 ns	3.8 ns	3.9 ns	4 ns
裕量及最差负时序裕量(WNS)	−2.3	−0.507	−0.342	−0.261	0.016

从 500 MHz 这个过高的时序目标开始,最终得到的最佳性能是 4 ns 或 250 MHz 对应的时钟周期。对于我们提出的 URISC 模型,整体综合结果如表 2.8 所示。

表 2.8　URISC 的所有工具和 HDL 的 4 种综合数据

	Altera QUARTUS 15.1 EP5CSEMA5F31C6 平衡优化(20 ns SDC)		Xilinx VIVADO 2016.4 XC7Z010S-2CLG484C	
	VHDL	Verilog	VHDL	Verilog
ALM/LUT	79	146	63	71
BRAM	1(M10K)	1(M10K)	0	0
乘法器	0	0	0	0
Fmax/MHz	152.14	186.25	250	217.39

至此,URISC 处理器模型的案例研究告一段落。

2.5　复习题和练习

简答题

2.1. 为什么 Plessy FPLD 设备没有取得商业上的成功?

2.2. 为什么按钮在 FPGA 输入端有施密特触发器(阈值)电路?

2.3. 为什么七段显示器经常是低电平有效状态,即在赋给 GND 信号时亮起?

2.4. 如果你的 FPGA 没有足够的 I/O 引脚来驱动所有的七段显示器,你会使用什么方法?

2.5. 为什么 URISC 中的输出寄存器不会在 100%的时间里都是相同的值?

填空题

2.6. Cyclone V 器件是_____的产品。

2.7. Zynq-7K 器件是_____的产品。

2.8. DE1 SoC 上的 EP5CSEMA5F31C6 具有 _____个 18×18 位嵌入式乘法器。

2.9. URISC ISA 有 _____ 种不同的指令。

2.10. DE1 SoC 板有 _____ 个开关。

2.11. DE1 SoC 上的 EP5CSEMA5F31C6 具有 _____个 M10K 嵌入式内存块。

2.12. VLSI 是_____的首字母缩写。

2.13. RTL 是_____的缩写。

2.14. VHDL 是_____的首字母缩写。

2.15. SRAM 是_____的首字母缩写。

2.16. VGA 是_____的首字母缩写。

2.17. ADC 是_____的首字母缩写。

2.18. USB 是_____的首字母缩写。

2.19. UART 是_____的首字母缩写。

2.20. LAB 是_____的首字母缩写。

判断题

2.21. _____Altera 的 EP5CSEMA5F31C6 大约有 85K LE。

2.22. _____Altera M10K 可配置为 8K×1、4K×2、2K×4、1K×8、512×16 或 256×32 位存储器 RAM 或 ROM。

2.23. _____ 为实现 8 位加法器，Altera 的 Cyclone 系列使用 16 个 LE。

2.24. _____Altera 的 EP5CSEMA5F31C6 器件有 32070 个 M10K 存储块。

2.25. _____Cyclone V LAB 有 10 个 ALM。

2.26. _____EP5CSEMA5F31C6 器件上的 JTAG 块使用了大约 306 个 LAB 的区域。

2.27. _____Cyclone V DE1-SoC 板可以以 300 美元的价格直接从 Xilinx 买到。

2.28. _____18×18 位乘法器也可以用作 4 个 9×9 位乘法器。

2.29. _____DE1 SoC 有一个 25 MHz 和 50 MHz 的板载振荡器。

2.30. _____DE1 SoC 具有 Cyclone VI 系列的 EP5C6 FPGA。

2.31. _____DE1 SoC 有红色 LED 和 6 个七段显示器。

2.32. _____ZyBo 有 6 个开关和 4 个按钮。

2.33. _____ZyBo 具有 32 位音频编解码器。

2.34. _____ZyBo 通过并行打印机电缆进行编程。

2.35. _____DE2-115 开发板有 LCD 显示屏，但是 DE1 SoC 没有 LCD。

2.36. _____鼠标无法连接到 DE1 SoC 板，因为不存在 PS/2 连接器。

2.37. _____DE1 SoC 有一个 VGA 但没有 HDMI，而 ZyBo 有 VGA 和 HDMI 端口。

2.38. _____用户 USB 可用于将 U 盘连接到 DE1 SoC 板。

2.39. _____ZyBo 用户 LED 的颜色为绿色。

2.40. _____DE1 SoC 板上的按钮具有额外的去抖动逻辑。

2.41. _____ZyBo 板上有一个 50 MHz 振荡器。

2.42. _____DE2-115 和 DE1 SoC 板的唯一区别是 FPGA 的大小。

2.43. _____ZyBo-Z7-20 板可以花 300 美元直接从 Xilinx 买到。

项目和挑战

2.44. 通过使用其他算术运算和条件来考虑其他"单一指令集计算机"。

2.45. 在操作码长度、FPGA 资源(LE、存储器、DSP 块)和速度、程序长度和程序延迟方面比较 URISC 和标准 32 位 RISC。

2.46. 计算均匀 ADC 对应的 S/N。

2.47. 为以下表达式开发 URISC 代码：

```
a. clear(src)
b. dest =(src1)+(src2)
c. exchange(src1)and(src2)
d. goto label
e. if(src1>=src2), goto label
f. if(src1=src2), goto label
```

要求使用 r[2] 和 r[3] 作为辅助寄存器，假定 r[0] 是 in_port，r[15] 是 out_port，并且 r[1]=-1。

2.48. 针对上一个练习中 URISC 的每条指令，开发 PROM 数据并通过 HDL 仿真进行测试。

2.49. 开发一个 URISC 程序以实现：

(a) 平方运算

(b) 乘法

(c) 斐波那契数列

(d) 阶乘

2.50. 对于前面练习中的每个 URISC 程序，开发 PROM 数据并通过 HDL 仿真进行测试。

第3章

用 VHDL 设计微处理器组件

摘要

本章对书中使用的超高速集成电路硬件描述语言(Very High-speed Integrated Circuit Hardware Description Language，VHDL)部分进行了概述。与大多数语言一样，我们从 VHDL 词法基础开始，然后讨论数据类型、操作和语句。最后是编码技巧、附加帮助和结尾的延伸阅读。如果你青睐的 HDL 是 Verilog，则可以跳过本章并继续阅读第 4 章。

关键词

超高速集成电路(Very High-speed Integrated Circuit，VHSIC) • VHSIC 硬件描述语言(VHSIC Hardware Description Language，VHDL) • 设计浪潮 • PAL 汇编器 • RTL 视图 • 关键字 • 保留字 • VHDL 运算符 • VHDL 编码风格 • VHDL 数据类型 • VHDL 数据对象 • 设计建议 • 词法元素 • 属性 • 有限状态机(Finite State Machine，FSM) • 内存初始化 • 时钟 • 顺序语句 • 并发语句 • 语言参考手册(Language Reference Manual，LRM)

3.1　引言

回望 VHDL 出现的时代，当时 PLD 的设计中遇到了这样的情况(见图 3.1a)：设计的数据流部分通常是使用供应商特定的图形库元素以图形界面设计的。对于 FSM 等控制部分，通常使用 PAL 汇编器。由于 PAL 汇编器没有一个适用于每个设备的单一标准，所以使用厂商特定语言例如 Abel、Palasm 或 Cupl。这是非常不灵活的设计流程，最初美国国防部(Department of Defense，DOD)提议将 PAL 汇编器和数据流设计结合到一个单一的非供应商特定的 HDL 中，见图 3.1a。

DOD 的这一初步努力随后由 IEEE 最终确定为标准 1076。这个于 1987 年制订的初始标准在 1993 年进行了较小的修订(例如，添加了 XNOR 和移位操作)。2002 年和 2008 年对标准进行了大量补充，如添加了定点数、浮点数和编程语言接口(Programming Language Interface，PLI)。每次更新的幅度通过 3.1b 所示的语言参考手册(Language Reference Manual，LRM)中的增加页数来展示[I87、I93、I02、I08]。然而，工具提供商在采用 VHDL 1076-2002 和 2008 特性方面进展缓慢，将编码限制为大多数工具支持的 VHDL 1076-1993 标准通常是一种明智的做法，该标准已具备足够多的功能来设计最复杂的微处理器。因此我们会在下面经常参考 VHDL 1087-1993 标准。由 COMIT Systems 和 QUALIS 开发的相关快速参考卡可以通过扫描本书封底的二维码下载。

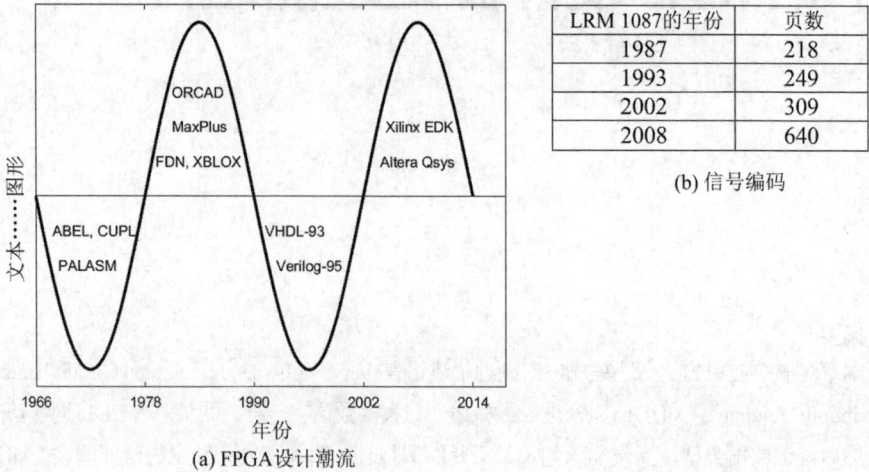

LRM 1087的年份	页数
1987	218
1993	249
2002	309
2008	640

(b) 信号编码

图 3.1　FPGA 的设计潮流与 LRM 页表

3.2　词法元素

如果我们计划学习一种新的编程语言，首先要问的重要问题是该语言是否对行敏感(如 MATLAB)和/或对列敏感(如 PYTHON)。通常可以通过检查是否存在用于终止所有语句的分号 ";" 来回答这个问题。VHDL 中的一行语句

```
a <= b OR C;
```

与下面的语句，将被综合为同一个电路

```
a <=
    b OR
c;
```

由于要求每条语句都以分号结束，因此我们可以得出结论，即额外的空格、制表符或回车的确无关紧要，因此 VHDL 不是行或列敏感的语言(注释除外)。VHDL 中的注释以双减号--开始，一直持续到行尾。VHDL 1993 不支持多行注释(VHDL 2008 支持带/*…*/的多行注释)。

第二个重要的词法问题是语言是否对大小写敏感。VHDL 不区分大小写，因此 INPUT、Input 或 input 都被视为相同的标识符。

VHDL 中唯一支持的括号类型是圆括号()，用于索引数组和对语句中的项进行分组；方括号[]或花括号{}是被禁止使用的。

表达式中使用的运算符长度为一个、两个或三个字符，需要在书写时不留空格，并且会更多使用字母字符而不是特殊符号(例如，OR 而不是||)。3.3 节更详细地讨论了所有运算符。

比特位或标准逻辑向量的常量和初始值分别使用带有 B、O 和 X 的二进制、八进制或十六进制的基码。单个比特常量使用单引号'...'，而向量使用双引号"..."。INTEGER 值不带引号，默认以 10 为基。其他的基可以使用基值后跟随由井号围起来的常量来指定，如 base#const#。表3.1 列出了一些常量示例。

表 3.1　一些常量示例

常量	基	十进制值	最少比特位个数
101	10	101	7
B"101"	2	$101_2=5$	3
5#101#	5	$1*5^2+0*5^1+50=26$	5
X"101"	16	$1*16^2+0*16^1+16^0=257$	12

后面章节中使用的常见数据类型是 BIT、BOOLEAN、STD_LOGIC、STD_LOGIC_VECTOR和 INTEGER，它们在库标准包(默认链接)和 STD_LOGIC 包(需要用到 IEEE 库)中定义。我们经常使用的用户数据类型带有范围的 INTEGER、枚举类型、多维数组和向量。还有更多类型(NATURAL、POSITIVE、STD_ULOGIC、SIGNED、UNSIGNED、REAL、STRING、CHARACTER等)不会在我们的微处理器设计中使用。VHDL 是一种类型非常严格的语言，类型之间的转换总是需要用到转换函数。不存在类似 INTEGER<=BOOLEAN 赋值(在 C/C++中允许)这样的隐式转换，VHDL 编译器将发出一条错误消息。有关数据类型的更多详细信息，请参见 3.4 节。

VHDL 中用于项目名称、标签、用户类型、信号、变量、常量名称、实体、体系结构、包名称等的基本用户标识符必须以字母开头，然后可以有(单个)下画线和字母数字字符，在 BNF中我们会写成这样

```
letter{[_]alphanumeric}*
```

此处不允许使用任何 VHDL 专有关键字，并且由于我们还想提供设计对应的 Verilog 版本，因此通常也建议避免使用 Verilog 专有关键字。图 3.2 列出了使用最新标准的 VHDL 专有、Verilog专有，以及两种语言共有的 215 个关键字。

```
ABS ACCESS AFTER ALIAS ALL always And ARCHITECTURE ARRAY ASSERT assign ASSUME
ASSUME_GUARANTEE ATTRIBUTE automatic Begin BLOCK BODY buf BUFFER bufif0
bufif1 BUS Case casex casez cell cmos config COMPONENT CONFIGURATION CONSTANT
CONTEXT COVER deassign Default defparam design disable DISCONNECT DOWNTO edge
Else ELSIF End endcase endconfig endfunction endgenerate endmodule
endprimitive endspecify endtable endtask ENTITY event EXIT FAIRNESS FILE For
Force forever fork Function Generate GENERIC genvar GROUP GUARDED highz0
highz1 If ifnone IMPURE IN incdir include INERTIAL initial Inout input
instance integer IS join LABEL large liblist Library LINKAGE LITERAL LOOP
localparam macromodule MAP medium MOD module Nand negedge NEW NEXT nmos Nor
noshowcancelled Not notif0 notif1 NULL OF ON OPEN Or OTHERS OUT output
PACKAGE Parameter pmos PORT posedge POSTPONED primitive PROCEDURE PROCESS
PROPERTY  PROTECTED  pull0  pull1  pulldown  pullup  pulsestyle_onevent
pulsestyle_ondetect PURE RANGE rcmos real realtime RECORD reg REGISTER REJECT
Release REM repeat REPORT RESTRICT RESTRICT_GUARANTEE RETURN rnmos ROL ROR
rpmos rtran rtranif0 rtranif1 scalared SELECT SEQUENCE SEVERITY SHARED
showcancelled SIGNAL signed OF SLA SLL small specify specparam SRA SRL STRONG
strong0 strong1 SUBTYPE supply0 supply1 table task THEN time TO tran tranif0
tranif1 TRANSPORT tri tri0 tri1 triand trior trireg TYPE UNAFFECTED UNITS
unsigned UNTIL Use VARIABLE VMODE VPROP VUNIT vectored Wait wand weak0 weak1
WHEN While wire WITH wor Xnor Xor
```

图 3.2 Verilog 1364-2001 和 VHDL 1076-2008 关键字，即保留字。只在 VHDL 中的全用大写字母，只在 Verilog 中的全用小写字母，二者共有的仅首字母大写

以下是有效和无效用户标识符的几个示例：

合法：x x1 x_y Cin clock_enable
不合法：entity (关键字) x__ _y (两个下画线) CA$H (特殊字符) 4you (数字优先)

扩展标识符使用 \ID\ 编码，区分大小写，并允许从另一种语言轻松过渡到 VHDL。我们在本书中不使用扩展标识符。

最后，让我们简单看一下 VHDL 的整体编码组织和编码风格。一个 VHDL 程序最多有 5 个块：库(library)、库正文(library body)、实体(entity)、体系结构(architecture)和组件绑定(component binding)。最少情况下会只有 ENTITY 和 ARCHITECTURE。我们的代码通常以库和关联包开始，包括用户定义的组件。ENTITY 会包含端口定义及其方向(IN、OUT，而如果设计中需要再次用到输出还需要 BUFFER)和数据类型。最后，ARCHITECTURE 包含有关实现的详细信息。编码风格上，主要分为三种：在结构化风格(*structural style*)中，预定义组件通过网表来实例化和连接。这可以被认为是早期 PLD 设计时代使用的图形设计所具有的一对一映射。作为行为(即，门实现不是立即明显的)编码可以使用并发语句(称为*数据流风格*，强调硬件的并行性质)或使用 PROCESS 语句内进行顺序化分析的顺序编码来完成。这是一个简短的三门示例，展示了所有三种设计风格。

VHDL 程序 3.1：三种编码风格

```
1  LIBRARY ieee;      -- 使用预定义的包
2  USE leee.std_logic_1164.ALL;
3  USE work.lib74xx.ALL;
4  -- ---------------------------------------
5  ENTITY example IS
6  PORT(a, b, c, d: IN  STD_LOGIC;
```

```
7        f, g, h   : OUT STD_LOGIC) ;
8  END ENTITY example;
9  -- -------------------------------------
10 ARCHITECTURE fpga OF example IS
11   SIGNAL n1, n2, t1, E2 : STD_LOGIC;
12 BEGIN
13 -- 结构化风格
14   C1: lib7432 PORT MAP(a, b, n1):
15   C2: lib7486 PORT MAP(ni, C, n2);
16   C3: lib7408 PORI MAP(n2, d, €):
17 -- 并发风格
18   t1 <= a OR b;
19   t2 <= C XOR tI;
20   g <= d AND t2;
21 -- 顺序化风格
22   PROCESS(a, b, C, d)
23     VARIABLE E: SIR_LOGICA
24   BEGIN
25     t := a OR b;
26     t := c XOR t;
27     h <= d AND t;
28   END PROCESS;
29 END ARCHITECTURE;
```

所有三个代码段将被综合到同一个电路中，如图 3.3 所示。

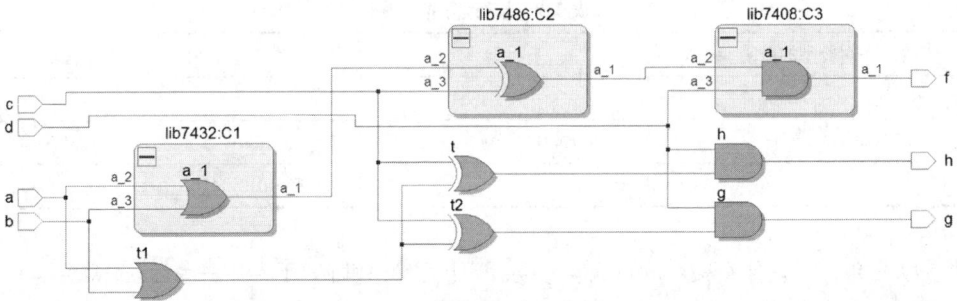

图 3.3　example.vhd 的 RTL 视图，展开了组件

VHDL 1993 在语言定义中没有使用任何直接的编译指令；VHDL 有几个内部标志，如综合 ATTRIBUTE，用于告诉编译器所需的功能[P10]。额外的编译器开关可通过在混淆中使用的 --pragram(on) 和 --pragma(off) 嵌入注释部分[MCB11]。VHDL 2008 通过 `protect 指令来添加标志以用于加密，但所有这些指令都特定于工具/供应商或 2008 版 VHDL，不会在后面的章节[I08]中使用。

3.3 运算符与赋值

表 3.2 列出了优先级递增的 VHDL 运算符。

表 3.2 VHDL 运算符，按优先级排列

逻辑运算符	AND	OR	NAND	NOR	XOR	XNOR
关系运算符	=	/=	<	<=	>	>=
移位运算符	SLL	SRL	SLA	SRA	ROL	ROR
加运算符	+	-	&			
符号运算符	+	-				
乘运算符	*	/	MOD	REM		
其他	**	ABS	NOT			

从表 3.2 中可以得出一些观察结果。VHDL "只有" 7 个优先级。逻辑运算符都具有相同的优先级，因此混合 AND 和 OR 表达式将需要用括号()进行分组。NOT 运算符不需要使用括号，因为它具有最高优先级。从好的方面来说，我们不必记住特殊符号，例如，|| 表示 OR，因为 VHDL 使用纯文本来表示逻辑运算。另一个简化是逻辑运算和按位运算使用相同的运算符。下面的表 3.3 中所示是个逻辑运算的小例子，假定 a='1'；b=c='0'，v="0011"，u="1010"：

表 3.3 逻辑运算的小例子

各种类型的数值	标量	向量
布尔表达式	a*b'+c	v'+u
VHDL 代码	(a AND NOT b) OR c	NOT v OR u
值	1*0'+0=1	(0011)'+1010=1110

VHDL 中的两种关系操作与 C/C++不同：等于(单个=)和不等于(/=)。关系运算最常用作 IF 的条件，因为参数必须是 BOOLEAN 类型，所以如果 reset 是 BIT 或 STD_LOGIC 类型，那么语句 IF reset THEN...是不正确的，我们需要将其写为 IF reset='1' THEN...，以使参数成为 BOOLEAN 类型。

与 VHDL 1987 相比，已添加到 VHDL 1993 标准的移位操作可在两个方向(左/右)作为逻辑(零扩展)或算术(符号扩展)移位使用。此外，还定义了旋转操作。移位量可以是正数或负数，为负数时移动方向会与操作的方向(左/右)相反。移位运算通常也比乘法运算 "便宜"，因此我们可以考虑将表达式 x*4 替换为 x SLL 2。除法和右移同样适用；而如果出现了有符号数，我们应该使用算术移位，例如，y/8 可以替换为 y SRA 3。表达式 y SRL 3 应该用于无符号数。遗憾的是，VHDL 1993[193]中的 STD_LOGIC_VECTOR 不支持移位操作，而对于 VHDL 2008 标准[I08,

R11]，必须使用自定义函数[MB14]。

求值是左结合的，例如，对于 a=2；b=3；c=4，我们有：

```
left      <=(a-b) - c;        -- 强制左结合，结果为-5
right     <= a -(b-c) ;       -- 强制右结合，结果为3
standard <= a - b - c;        -- VHDL 默认是从左结合,结果为 -5
```

除了通常的算术加法运算，我们还经常使用连接符 "&"，用于将两个短向量组合成一个更长的向量。由于 VHDL 是一种严格类型化的语言，因此经常需要精确匹配左右操作数的大小。例如，"&" 在这里可以帮助我们进行零扩展：x_zxt<="0000"&x;用于将 x 扩展 4 位。类似地，可以通过使用向量中的索引或范围将向量切成更小的部分，例如：

```
op5    <= ir(17 DOWNTO 13);  -- ALU 操作的操作码
kflag  <= ir(12);            -- 立即数标志
imm12  <= ir(11 DOWNTO 0);   -- 12 位立即数操作数
```

其他算术运算具有通常的数学意义，其中**是幂或乘方运算，例如，2**4=16.MOD 和 REM 是求模和求余运算并且颇耗硬件资源，我们通常应尽量避免使用这些运算。如果两个操作数的符号相同，则二者会产生相同的结果。通常，对于 r= x REM y，余数 r 将与 x 具有相同的符号。对于 r = x MOD y，余数 r 将具有与 y 相同的符号。

VHDL 使用三种类型的赋值：对于 SIGNAL，赋值符号是<=；对于 VARIABLE，赋值符号是:=；而赋值箭头=>则用于 CONSTANT 或 PORT MAP。这三个符号在语句中的优先级最低，以确保在进行赋值之前首先计算所有表达式的值。这三者具有相同的优先级，所以如果在一条语句中混合使用<=和=>这二者，将需要使用括号。例如，我们可以定义：

```
uPbus <=(OTHERS => 'Z');              -- 总线信号高阻抗信号
x_sxt(15 DOWNTO 8)<=(OTHERS=>x(7));   -- 符号扩展
```

3.4　数据类型、数据对象和属性

3.4.1　VHDL 数据类型

现代编程语言通常具有 BOOLEAN、INTEGER、浮点和枚举类型等数据类型。但是，如果我们查看图 3.2 中的关键字，就会发现其并未列出 VHDL 的这些数据类型。原因是在 VHDL 中，数据类型(和相关操作)是在单独的库文件中定义的。STANDARD 包默认会被链接，并且我们经常使用类型 BOOLEAN、BIT 和 INTEGER，而不会使用 CHARACTER、REAL、TIME、STRING 或 BIT_VECTOR。我们的参考卡片列出了这些类型的简要定义，LRM1993[I93]中的 14.2 节列出了为这些类型定义的所有操作。下面让我们简单看一下在后面的章节中将要使用的数据类型。枚举类型 BOOLEAN 的值可以是 TRUE 或 FALSE。下面是两个 BOOLEAN 类型的例子:go_eat

和 jc:

```
go_eat <= hungry AND NOT bankrupt;
jc <=(op6=jumpz AND z='1')OR(op6=jumpnz AND z='0')OR(op6=jump);
```

逻辑运算和比较运算是 BOOLEAN 类型的预定义运算。

BIT 类型的值可以为'0'或'1', 用于表示单比特位数据。包括 NOT 和比较运算在内的逻辑运算都支持该类型，但是没有为 BIT 定义算术运算，例如:

```
two <= sw(0) AND NOT sw(1); -- BIT sw 可以支持
sum <= sw(0)+ sw(1);          -- 不可以
```

INTEGER 类型包括−2147483647~2147483647 或−(2^{31}−1)~2^{31}−1 范围内的所有值，并且假设有符号数采用补码算法。对于 INTEGER，我们可以使用算术运算符，包括幂**和比较运算符。但是，我们不能选择单个比特位或用 INTEGER 类型进行逻辑运算。

我们(以及所有 ASIC 行业)经常使用的由另一种库定义的数据类型是 STD_LOGIC 和 STD_LOGIC_VECTOR 数据类型。只有两个值的 BIT 类型被扩展为 9 个值，增加了高阻'Z'、不关心'-'、未知'X'、未初始化'U'，以及不经常使用的值弱零'L'、弱一'H'、弱未知'W'。与 STD_ULOGIC 不同，STD_LOGIC 是一种"决断"(resolved)类型，这意味着用于驱动同一总线的两个 STD_LOGIC 信号的结果已被定义[A08]。描述微处理器总线行为就容易多了。STD_LOGIC_VECTOR 是由 STD_LOGIC 比特位构成的数组，通过附加算术和(无)符号包，支持所有 INTEGER 算术、逻辑和关系运算。VHDL 2008 现在还包括不属于 VHDL 1993 或包的移位操作。STD_LOGIC 非常重要，IEEE 为其定义了一个特殊标准 1164。以下是一些 STD_LOGIC 和 STD_LOGIC_VECTOR 示例运算:

```
opand <= x AND y;        --按位或者逻辑运算
sum   <= x + y;          --两个向量的和
prod  <= x * y;          --双倍长度的乘积
shift <= x &"00";        --左移两位，即乘以 4
gt    <= x >= y;         --两个向量或比特的比较
```

作为用户自定义类型，我们经常使用数组类型和枚举类型。数组类型是标量类型的集合，我们使用一维(例如，寄存器)或二维(内存)。定义新类型的语法如下:

```
-- 存储器定义
TYPE MTYPE IS ARRAY(0 TO 255)OF STD_LOGIC_VECTOR(7 DOWNTO 0);
```

我们现在可以使用新类型:

```
SIGNAL pram, dram : MTYPE;
```

枚举类型是项列表的抽象定义，在 FSM 设计中特别有用。例如:

```
TYPE STATE_TYPE IS(FE, DC, EX);
```

```
SIGNAL state : STATE_TYPE;
```

于是可以使用比整数更直观的状态名称来完成 FSM 状态的转换。

由于 INTEGER 默认长度为 32 位，这通常会导致电路比实际需要的更大。如果我们想继续使用为 INTGER 类型定义的算术、比较和转换函数，可以通过 RANGE 构建派生类型并保留其属性。以下是一个示例：

```
SIGNAL rs : INTEGER RANGE 0 TO 15;
```

这样，综合工具只需要使用 4 位就能实现这个缩小范围的 INTEGER，不需要使用新的库。

3.4.2　转换函数

我们的 VHDL 库包含了用于在预定义数据类型之间进行所有合理转换的标准转换函数。后面章节中经常用到的转换是 STD_LOGIC_VECTOR 和 INTEGER 类型之间的转换。假设 i 是 INTEGER 而 s 是 STD_LOGIC_VECTOR，则有：

```
i <= CONV_INTEGER(s);              -- 转换为 INTEGER
s <= CONV_STD_LOGIC_VECTOR(i, 8);  -- 使用 8 个 LSB 来转换
```

到 STD_LOGIC_VECTOR 的转换还有第二个参数，用于指示要转换的位数。如果我们最初指定使用 STD_LOGIC_SIGNED 包并希望强制进行无符号转换，则可以对输入进行零扩展，例如：

```
rs <= CONV_INTEGER('0' & ir(11 DOWNTO 8));
```

3.4.3　属性

LRM 的 14.1 节和 Qualis 参考卡第 6 项列出了大量与值类型、范围函数或信号相关的属性(*attribute*)。FPGA 工具厂商提供了额外的综合属性(我们并不使用这些属性，以保持工具/供应商方面的独立性)，如 enum_encoding、chip_pin、keep、preserve 或 noprune[P10]。让我们简单看一下将要在后面的章节中使用的流行属性。

S'EVENT 属性支持我们设计出时钟边沿敏感电路，例如：

```
IF clk='1' AND clk'EVENT THEN
    Q <= d;
END IF;
```

在 PROCESS 中会产生一个上升沿触发的触发器，clk='1' AND clk'EVENT 相当于 STD_LOGIC 函数 RISING_EDGE(clk)。

T'RANGE 属性可支持比显式编码边界(如 FOR k=start TO end LOOP...)更加通用的

编码方式，如下例所示：

```
FOR k=x'RANGE LOOP
    IF x(k)= '0' THEN sign_bits <= k;
        EXIT;
    END IF;
END FOR;
```

这段代码检测向量 x 中 0(即保护位)的数量。

属性 T'LEFT(而不是 T'HIGH)应该用于符号位,因为如果使用向量中包含的 TO 或 DOWNTO 索引, T'LEFT 都会给出正确的值。

3.4.4　数据对象

VHDL 1993 中所用的 4 个数据对象类是 CONSTANT、SIGNAL、VARIABLE 和 FILE。CONSTANT 在开头定义,不能被覆盖。CONSTANT 的典型用途是作为微处理器的操作码。SIGNAL 在代码的 ARCHITECTURE 和 BEGIN 之间定义,被认为是"全局"可访问的。它们代表一个独特的线网(net),并在仿真周期结束时更新。I/O 端口也被视为 SIGNAL。SIGNAL 在并发编码中会是首选,或者会在设计中多次用到。VARIABLE 在 PROCESS 内部局部定义,是立即更新的迭代值持有者,在 PROCESS 外不可访问,并且可能代表多个线网。更多关于 SIGNAL 与 VARIABLE 的信息见 3.5 节。FILE 对象不会在后面的章节中使用。

3.5　VHDL 语句和设计编码建议

VHDL 有两种类型的语句：顺序(*sequential*)(见 LRM 第 8 节或 QUALIS 参考卡第 4 项)和并发(*concurrent*)语句(见 LRM 第 9 节或参考卡第 5 项)。二者都有需要遵守的特殊规则。如果我们尝试将语句类型与示例 3.1 中描述的编码风格联系起来,会发现 PROCESS 中的行为编码使用顺序语句,而数据流和结构化风格基于并发语句。这是我们第一次看到其与典型编程语言的主要区别,这就是为什么一些作者坚持认为 VHDL 编码(*coding*)是和语句的并行求值相关联的,而不是和顺序程序求值相关联的编程(*programming*)[P10]。无论如何,并发编码的两个最重要的规则是：

- SIGNAL 表示独特的线网
- 语句序列的顺序无关紧要

将这些规则应用于示例 3.1,我们可以看到为什么要使用两个不同的辅助信号 t1 和 t2(第 18-20 行)。我们不能使用典型的顺序编码风格。并发代码

```
t <= a OR b;
t <= c XOR t;
g <= d AND t;
```

不会编译。但是,根据第二条规则,我们可以将该语句重新排列为

```
t1 <= a OR b;
g  <= d AND t2;
t2 <= c XOR t1;
```

重新排列后的语句可以很好地编译并生成与图 3.3 中所示电路完全一致的电路。方程式(或组件列表)的求值是并发/并行完成的,语句的顺序无关紧要。这与通常使用的(顺序)编程语言形成鲜明对比:你不能在第三条语句中计算结果 t2 之前就在第二条语句中使用它。

PROCESS 内的求值更类似于典型的顺序程序求值。顺序编码的两个最重要的规则是:

- VARIABLE 不表示唯一的线网
- PROCESS 中语句的顺序很重要

我们给出的示例 3.1 确认了第一条规则。VARIABLE t 表示第一个 OR 门的输出和 XOR 门的输出。在仿真期间,这些由 t 表示的线网不必像 SIGNAL 那样始终保持一致。

可以通过在 PROCESS 环境中切换最后两条语句来验证顺序语句的第二条规则,如图 3.4 所示。

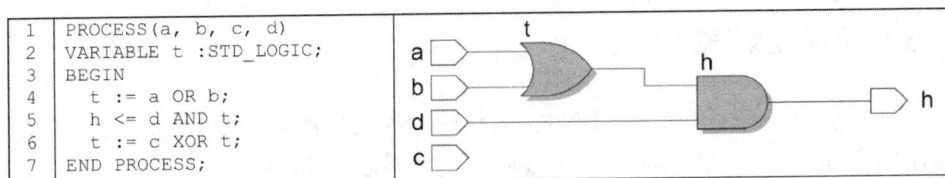

图 3.4 在 PROCESS 环境中切换最后两条语句来验证顺序语句的第二条规则

VHDL 编译器会将这些语句综合为图 3.4 右侧所示的 OR/AND 电路,并省略第 6 行代码的 XOR 门。编译器可能会发出未使用输入 c 的警告。因此,语句的顺序在 PROCESS 环境中确实很重要。

在 PROCESS 中使用 SIGNAL 作为局部线网是可能的,但通常不推荐,并且可能会导致出现意外的综合/仿真行为。要是我们已使用 SIGNAL t 在 PROCESS 中编码(见图 3.5)。

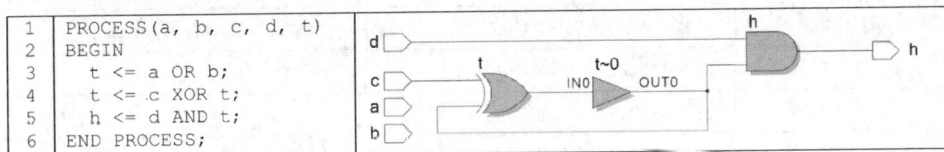

图 3.5 使用 SIGNAL t 在 PROCESS 中编码

那 PROCESS 中的顺序评估要求与 SIGNAL 代表唯一线网的要求之间就会产生某种矛盾。VHDL 通过"使用 SIGNAL 的最后一个赋值"来解决这个问题,因此,第 3 行代码的第一个赋值被忽略。右上方显示的 RTL 视图电路只有 XOR/AND 电路,没有使用 OR 门。编译器可能会通过警告"输入 a 和 b 未使用"来通知我们。

具有相似内容的多语句通常使用编程语言中的循环进行编码。并发 VHDL 编码中的循环也

可用于 GENERATE 组件的多个副本，例如：

```
U1: FOR i IN 0 TO REP-1 GENERATE
U2: BM1 -- Instantiate bm1 REP times
PORT MAP(clk => clk, rst => rst, s0 => s0, s1 => s1,
        sl => sl, id => id, ipd => x(i), q => y(i));
END GENERATE;
```

注意，从语法的角度来看，这是 VHDL 中仅有的两种需要使用标签的情况：组件实例化和 GENERATE。

对于顺序编码，我们可以使用 WHILE 循环或 FOR 循环：

```
PROCESS(r)
BEGIN
    FOR k IN r'RANGE LOOP
        r(k)<= CONV_STD_LOGIC_VECTOR( -1, 8); -- 所有的值都设为-1
    END LOOP;
END PROCESS;
```

3.5.1 组合逻辑编码建议

在初步讨论了顺序编码与并发编码之后，你可能想知道典型微处理器组件的一般编码建议是什么。代码的一个重要目标应该是尽可能简短紧凑，并且行为编码应该易于理解。表 3.4 显示了与该目标匹配的一般建议。

表 3.4 VHDL 电路设计建议

电路	VHDL 编码建议
组合	对于大量逻辑，要使用布尔方程(如全加方程)
多路复用器	对于有两路输入的多路复用器，使用并发 WHEN 或者完整的 IF；对于多于两路输入的多路复用器，使用 PROCESS 内部的 CASE
查找表	对于基于查找表的设计(例如，七段解码器)，使用 PROCESS 内部的 CASE
锁存	使用 PROCESS 内部的不完整的 IF
寄存器/触发器	使用 PROCESS 内部的 RISING_EDGE
计数器或累加器	使用 PROCESS 内部的类似 accu <= accu +1 这样的编码
有限状态机	对于状态使用枚举类型，对于下一个状态赋值，使用 CASE 语句。使用两个 PROCESS 来分离下一个状态和输出解码器
组件	尽量使用(大的)预定义的组件；不要实例化门级电路

go_eat 或 jc 代码(参见 3.4 节)等小型组合电路使用并发代码会更加紧凑。对于 2:1 多路复用器，我们可以通过使用 WHEN 语句来跳过 PROCESS 语法：

```
      Y <= imm8 WHEN kflag='1'
           ELSE s(rs);
```

PROCESS 中 IF 语句的行为可能更容易理解，但需要使用具有敏感列表的 PROCESS，而这种开销是可以避免的。始终在 PROCESS 中使用 IF 的另一个风险是可能会意外地推断出锁存器，见图 3.6。VHDL IF 语句的语法与 C/C++ 风格略有不同：需要使用 END IF，而位于 IF ⋯ THEN 之间的条件不需要使用括号`()`，而许多作者[BV99、P03、P10、S96]和 Altera VHDL 语言模板对此另有建议。

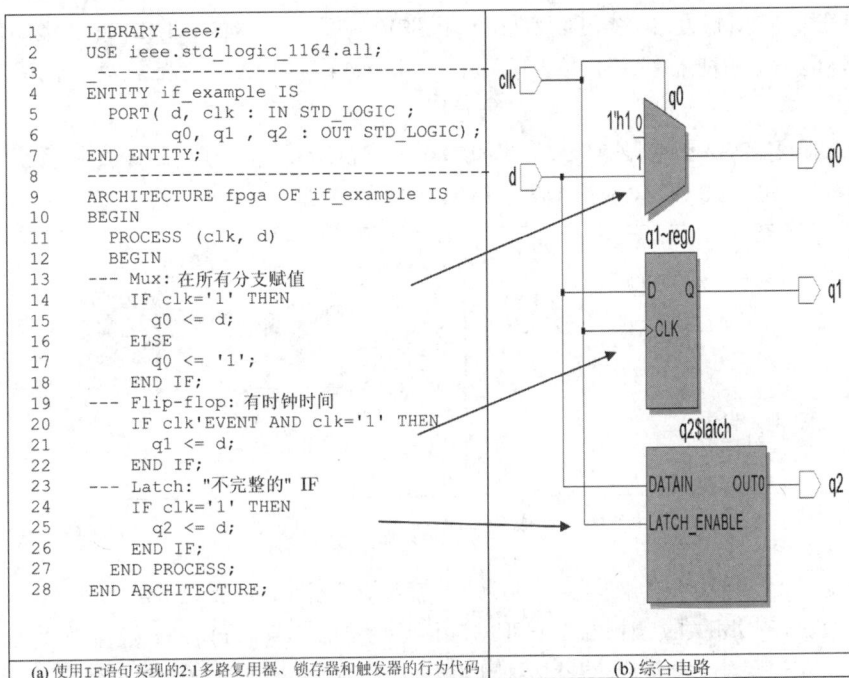

```
1      LIBRARY ieee;
2      USE ieee.std_logic_1164.all;
3      ------------------------------------
4      ENTITY if_example IS
5        PORT( d, clk : IN STD_LOGIC ;
6              q0, q1 , q2 : OUT STD_LOGIC);
7      END ENTITY;
8      ------------------------------------
9      ARCHITECTURE fpga OF if_example IS
10     BEGIN
11       PROCESS (clk, d)
12       BEGIN
13     --- Mux: 在所有分支赋值
14         IF clk='1' THEN
15           q0 <= d;
16         ELSE
17           q0 <= '1';
18         END IF;
19     --- Flip-flop: 有时钟时间
20         IF clk'EVENT AND clk='1' THEN
21           q1 <= d;
22         END IF;
23     --- Latch: "不完整的" IF
24         IF clk='1' THEN
25           q2 <= d;
26         END IF;
27       END PROCESS;
28     END ARCHITECTURE;
```

(a) 使用 IF 语句实现的 2:1 多路复用器、锁存器和触发器的行为代码　　　(b) 综合电路

图 3.6　锁存器和触发器的推荐行为编码风格

应使用 CASE 语句来设计 ALU 或 BCD 到七段显示转换器中需要用到的具有两个以上输入或查找表(Lookup Table，LUT)的多路复用器。下面是一个 ALU 示例：

```
ALU: PROCESS(reset, clk, x0, y0, c, op5, op6, in_port)
   CASE op5 IS
       WHEN add     => res <= x0 + y0;
       WHEN addcy   => res <= x0 + y0 + c;
       WHEN sub     => res <= x0 - y0;
       WHEN subcy   => res <= x0 - y0 - c;
       WHEN opxor   => res <= x0 XOR y0;
       WHEN load    => res <= y0;
       WHEN opinput => res <= '0' & in_port;
```

```
        WHEN OTHERS   => res <= x0; -- 保留旧值
     END CASE;
  END PROCESS ALU;
```

3.5.2　基本时序电路编码：触发器和锁存器

图 3.4 显示了推荐的锁存器和触发器具有的行为编码风格。μP 组件中，我们很少需要用到锁存器；然而，我们应该知道"不完整"的 IF，即在 false 分支中没有赋值的 IF，会推断出一个锁存器。要设计触发器，我们需要使用一个 S'EVENT 属性或 RISING_EDGE() 函数。门级锁存器和触发器的设计通常不能被工具识别，也不会映射到嵌入式锁存器/触发器资源，见习题 3.53。

触发器可能需要使用额外的功能，例如，(a)同步置位或复位、数据加载或使能。我们可以对图 3.6 中 VHDL IF 语句对应的代码进行修改，如图 3-7 所示。

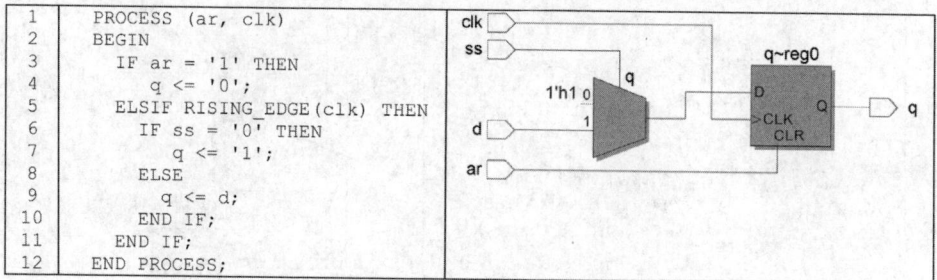

```
 1   PROCESS (ar, clk)
 2   BEGIN
 3     IF ar = '1' THEN
 4       q <= '0';
 5     ELSIF RISING_EDGE(clk) THEN
 6       IF ss = '0' THEN
 7         q <= '1';
 8       ELSE
 9         q <= d;
10       END IF;
11     END IF;
12   END PROCESS;
```

图 3-7　修改 VHDL IF 语句对应的代码

这是一个上升沿触发的触发器，具有高电平有效异步复位(ar)和低电平有效同步置位(ss)。

与触发器密切相关的是计数器，它可以使用异步的 T 触发器(T-FF)来进行设计。但我们更喜欢使用同步计数器，它使用基于单个时钟网络触发器阵列(寄存器)值的递增来进行设计。与触发器一样，可能需要用到计数器的附加功能，例如，使能、置位、复位、数据加载、求模或上/下切换。μP 中的程序计数器(pc)通常被构建为具有异步复位和立即数加载输入(用于跳转操作)的同步计数器：

```
PROCESS(clk, reset)
BEGIN
   IF reset = '0' THEN
     pc <=(OTHERS => '0'); -- 复位 pc
   ELSIF FALLING_EDGE(clk)THEN
     IF jc THEN
         pc <= imm12; -- 加载 12 位立即数
     ELSE
         pc <= pc + X"001"; -- 计数器递增
     END IF;
```

```
        END IF;
    END PROCESS;
```

3.5.3 存储器

μP 典型的存储器既有用于数据的 RAM，也有用于程序存储的 ROM。我们需要仔细阅读器件工具供应商对 HDL 编码的建议，确保使用了 FPGA 嵌入式存储器块，并且代码未映射到包含了单个触发器的 LE。对于 4~10 Kbit 的存储空间来说，用嵌入式存储器块的话只要一块即可满足要求，但 LE 却需要数千个。现代 FPGA 中的存储器块通常是同步存储器(不同于"旧的" Altera Flex 10K 器件)，因此我们应该只尝试构建带有数据和/或地址寄存器的同步存储器。我们可能会考虑使用特定供应商的 IP 代码块，如 lpm_rom，但这会使向其他设备或工具的转换变得困难。我们还应该尝试启用 MODELSIM 进行验证。表 3.5 显示了可能的选项，本书写作时最灵活的方法似乎是使用:=初始化来写出该 ROM。一个包含 16 比特的 128 字的 ROM 可以编码如下：

```
TYPE rom_type IS ARRAY(0 TO 127)OF STD_LOGIC_VECTOR(15 DOWNTO 0);
CONSTANT rom : rom_type :=(
X"2201", X"2001", X"ff01", X"f201", X"2201", X"2180",
OTHERS => X"0000");
```

表 3.5　具有数据初始化的存储器设计

VHDL 编码风格	Altera Quartus	Xilinx Vivado/ISE	ModelSim
MIF 文件+lpm_rom	X		
COE 文件+core gen		X	
函数 init_ram(Altera HDL 模板)	X		X
ATTRIBUTE ram_INIT_FILE(厂商属性)	X		
初始阵列值	X	X	X

VHDL 编码目标：对于三种工具都适用，并且综合为存储器块而不是 LE/CLB。

3.5.4 有限状态机

有限状态机(Finite State Machine，FSM)是每个微处理器的核心，它有两种类型：Moore 和 Mealy，如图 3.7 所示。当我们想避免输出端(如键盘)出现毛刺(glitch)时，通常首选 Moore 机，而 Mealy 机输出端口处反应更快(例如，汽车中的刹车)。在 HDL 中，我们必须编写三个块：下一个状态逻辑、机器状态(即状态寄存器)和输出逻辑。我们可以使用一个、两个或三个 PROCESS 块。我们还应该添加一个 reset 以在定义好的初始状态下启动 FSM。图 3.8 展示的是仅显示了状态转换(没有关联的 URISC 操作)的三态机。

仅用于Mealy FSM的异步输入

图 3.7 Moore 和 Mealy FSM

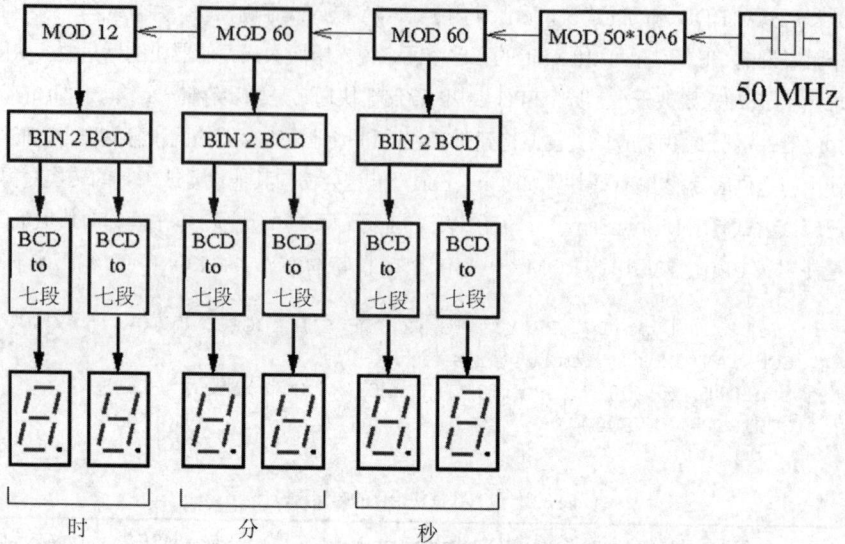

时　　　　分　　　　秒

图 3.8　带有时、分和秒显示的时钟顶层概览

reset 激活后，FSM 运行三个状态：FE、DC 和 EX，然后再次从 FE 开始运行。

```
TYPE STATE_TYPE IS(FE, DC, EX);
SIGNAL state      : STATE_TYPE;
…
PROCESS(clk, reset)
BEGIN
   IF reset = '0' THEN    -- 异步复位
      state <= FE;        -- 总是从 FE 状态开始
   ELSIF RISING_EDGE(clk) THEN
      CASE state IS
         WHEN FE =>          --取指令
                state <= DC;
         WHEN DC =>          -- 解码指令；分解 ir 内容
                state <= EX;
         WHEN EX =>          -- 处理 URISC 指令
                state <= FE;

      END CASE;
```

```
        END IF;
    END PROCESS;
```

3.5.5　设计层次结构和组件

模块化设计用于将大型设计拆分为更小的部分，这些部分可以由单个设计师或整个设计团队更高效地构建、复用、测试和组合。组件是 VHDL 中构建模块化设计的首选方法。通常，不建议像我们在示例 3.1 中所做的那样使用基本门组件来构建设计。因为这会使代码难以阅读，甚至比我们试图用 VHDL 替代的图形设计更糟糕。例如，考虑一个带有时分秒显示的时钟设计。我们需要用到两位数字和一个二进制转 BCD 转换器和模 50×10^6、模 12 和模 60 计数器，见图 3.8。

可以看到，我们需要用到 4 个类似的模计数器、3 个二进制转 BCD 转换器和 6 个七段显示解码器。在模块化设计中，我们将在没有组件的单个大型设计中仅设计 3 个而不是 13 个组件。在 VHDL 中有不同的方法来使用组件。我们可以开发一个单独的库并实例化这个库，如示例 3.1 所示。在后面的章节中，会以更直接的做法来使用组件。

- 将组件的 VHDL 文件与顶层设计放在同一目录中。
- 在顶层代码的 SIGNAL 部分定义组件声明。
- 使用位置信号或(更推荐的)命名信号连接到本地线网。

对于一个七段显示器，部分编码如下所示：

```
ARCHITECTURE fpga OF DE2_lab1 IS
    COMPONENT seg7_lut IS
    PORT(idig : IN STD_LOGIC_VECTOR(3 DOWNTO 0);
         oseg : OUT STD_LOGIC_VECTOR(6 DOWNTO 0));
    END COMPONENT;
    .....
BEGIN
C4: seg7_lut PORT MAP(idig => accu(31 DOWNTO 28), oseg => hex1);
```

3.5.6　VHDL 编码风格、资源和常见错误

根据公司或项目规则，你可能需要遵循大量编码准则。如果想开发一套自己的规则，你可考虑从 EDA 领导者 Synopsys Inc.和 Mentor Graphics Inc.给出的 OpenMORE 设计建议开始(超过 250 条带有分数值的规则，请参见本书在线下载资源中的 openmore.xls)或查看 FPGA 设计工具附带的编码建议。以下是一小部分建议(我们在后面的设计示例中会使用)，你可以考虑将其作为最低要求。

- 在每个文件的头部，要有标题、项目名、作者、工具、日期和带有资源和时间数据/估计的简短描述。

- 使用 IN/OUT 以避免出现 BUFFER 模式。
- 每行使用一个 I/O 标识符并简要说明 I/O 端口的功能。
- 关键字使用大写字母,用户标识符使用小写字母,或者反过来。
- 使用 2~4 个空格进行缩进,例如,对齐 IF、ELSE 和 END IF。
- 使用带下画线或驼峰命名法的全长标识符将单词组合在一个标识符中。
- 使用空格(不要使用制表符)时风格要一致,例如,在;,"()之前没有空格。
- 使用组件来设计层次结构,避免出现 FUNCTION 或 PROCEDURE。
- 位宽使用 GENERIC,触发器使用 RISING_EDGE。
- 使用带有 "DOWNTO" 索引的 INTEGER(带 RANGE)或 STD_LOGIC 数据类型。

当你开始 VHDL 编码时,可能希望通过记住以下规则来缩短设计时间,也就是在 VHDL 编码中经常会遇到的错误。

- ENTITY 和 ARCHITECTURE 中使用的名称必须相同。
- 每个 VHDL 语句必须以(单个)分号(;)结尾。
- 引号:单引号'…'代表位;双引号"…"表示向量,整数没有引号。

示例:10→整数十,但"10"→$10_2=2_{10}$。

- 标签:GENERATE 和组件必须有标签;开始标签和结束标签必须匹配。
- PROCESS 敏感列表:WAIT→无列表,右侧和 IF/CASE 条件下的所有 SIGNAL 都进入列表。
- 仅使用()括号(用于向量元素或分组项)→ []{ } $或%是非法字符。
- 逻辑 AND|OR|XOR|NAND|NOR|XNOR(都具有相同的优先级)。
- 关系=|/=|<|<=|>|>=(不同于 C/C++程序)CASE 语句:将相同的模式与符号|组合。
- IF 条件:类型为布尔值! 示例:x:bit 要求 IF x='1' THEN …。
- IF 语句有以下三种应用。

(1) 锁存器:使用不完整的 IF 语句进行设计(即,在错误分支中没有赋值)

(2) 触发器:RISING_EDGE(clk) 或 clk'EVENT AND clk='1'

(3) MUX:所有分支中的 IF 赋值

3.6 延伸阅读

刚开始接触任何新的编程语言时,有很多信息需要消化。以下是一些提示,你可以在其中找到更多有用的信息,从而帮助你开始使用 VHDL 进行编码。

- 帮助:
  - 来自 IEEE explore(PDF)或印刷版的语言参考手册(Language Reference Manual,LRM)。IEEE 售价 50 美元

- Comit 系统或 Qualis 的 VHDL 和 STD_LOGIC 参考卡(可通过扫描本书封底的二维码下载)
- Help 菜单下的 Altera 和 Xilinx 的 VHDL 帮助
- 模板菜单下的 Altera 和 Xilinx 的 VHDL 模板
- 提示：尽可能多地收集 VHDL 示例。
  - VHDL 书籍，例如：
    (1) V. Pedroni [P03]详细介绍了所有重要的 VHDL 语句，便宜
    (2) V. Pedroni [P10]介绍了所有重要的 VHDL 语句，包括 VHDL 2008
    (3) J. Bhasker [B98]提供了许多将 VHDL 语句映射到门的例子
    (4) R. Jasinski [J16]提供了关于优秀编码风格的许多技巧，包括对 2008 版语言进行改进，并不是关于 VHDL 的介绍
    (5) M.Smith[Ch.10,S96]提供了详尽的介绍；EDACafé 上有免费的书籍
    (6) 免费的在线教程，例如，P. Ashenden 的 "The VHDL Cookbook"
  - 用便利贴标记出你最喜欢的教科书中的重要示例
  - 分析这些示例并确保在编写代码时将它们放在手边
  - Altera/Xilinx 在线教程、示例和视频，请参阅大学计划资源
  - 在 vhdl 目录下，查看包含 FPGA 示例的 DSP 资料[MB14]

3.7　复习题和练习

简答题

3.1. DOD 为何开发 VHDL？

3.2. 图形化的 CAD 工具与基于文本的 CAD 工具各自的优缺点是什么？

3.3. 为什么 VHDL 关键字不包括数据类型？

3.4. VHDL STANDARD 库中包含哪些数据类型？

3.5. 为什么逻辑表达式 x AND y OR z 中需要使用括号？

3.6. 顺序编码和并发编码之间有什么区别？二者的语言要求是什么？

3.7. 我们可以修改循环体内的循环变量吗？如果不可以，请解释原因。

3.8. 确定以下 VHDL SIGNAL 中的位数：

(a) 长度为 8、索引为 7…0、名为 vec 的 STD_LOGIC_VECTOR

(b) 16 个 8 位无符号整数字的数组，名为 regs

(c) 256 个 16 位 STD_LOGIC_VECTOR 元素的存储器阵列，索引为 1…16，名为 dmem

(d) 320×240 的 16 位无符号 INTEGER 类型的数组，名为 image

3.9. 为以下内容编写 SIGNAL 声明：

(a) 长度为 8、索引为 7…0、名为 vec 的 STD_LOGIC_VECTOR

(b) 16 个字的 8 位无符号整型数组，名为 regs

(c) 具有 256 个 16 位 STD_LOGIC_VECTOR 元素的存储器阵列，索引为 1…16，名为 dmem

(d) 320×240 的 16 位无符号整型数组，名为 image

3.10. 基于以下声明：

```
CONSTANT u : BIT := '1';
CONSTANT v : BIT_VECTOR(5 DOWNTO 0):= "111000";
CONSTANT w : BIT_VECTOR(5 DOWNTO 0):= "000011";
```

其中 $1 \leqslant k \leqslant 9$，确定 x_k 的长度和以下 VHDL 语句的二进制值：

(a) x1 <= u & w;

(b) x2 <= w & v;

(c) x3 <= w SRL -1;

(d) x4 <= u NAND v(1);

(e) x5 <= NOT v;

(f) x6 <= v SRA 1;

(g) x7 <= w SLA 3;

(h) x8 <= v XOR w;

(i) x9 <= u AND NOT v(2) AND NOT w(2);

3.11. 开发 VHDL 代码以实现表 3.6 中给出的电路。对于 $(0 \leqslant k \leqslant 3)$ PROCESS Pk 使用输入 d(k) 和输出 q(k) 以及 STD_LOGIC 数据类型。综合出的电路类型有锁存器、D 触发器或 T 触发器，a、b、c 的功能可以是时钟、异步置位(as)或复位(ar)，或同步置位(ss)或复位(sr)。所有的触发器都是上升沿触发的，所有的控制信号都是高电平有效。

表 3.6　电路

Process	电路类型	clk	as	ar	ss	sr
P0	锁存器	a				
P1	锁存器	a	b		c	
P2	T 触发器	b		a		c
P3	D 触发器	b	a		c	

3.12. 针对图 3.9 左侧的三段过程语句，确定其综合电路并标记 I/O 端口。简述包括控制信号在内的三个电路。

```
LIBRARY ieee;
USE ieee.std_logic_1164.ALL;
ENTITY final7 IS
  PORT(a, b, c, d : IN std_logic;
       x, y, z : BUFFER std_logic :='1');
END;
ARCHITECTURE a OF final7 IS
BEGIN
  P1: PROCESS (a,b,d)
    BEGIN
      IF b='1' THEN    x <= '1';
      ELSIF d='1' THEN x <= a;
      END IF;
  END PROCESS;

  P2: PROCESS(a,b,d)
    BEGIN
      IF b='1' THEN  y <= '0';
      ELSIF d'EVENT and d ='1' THEN
                     y <= a;
      END IF;
  END PROCESS;

  P3: PROCESS (a, c, d)
    BEGIN
      IF d = '0'   THEN z <= c;
      ELSE              z <= a;
      END IF;
  END PROCESS;
END;
```

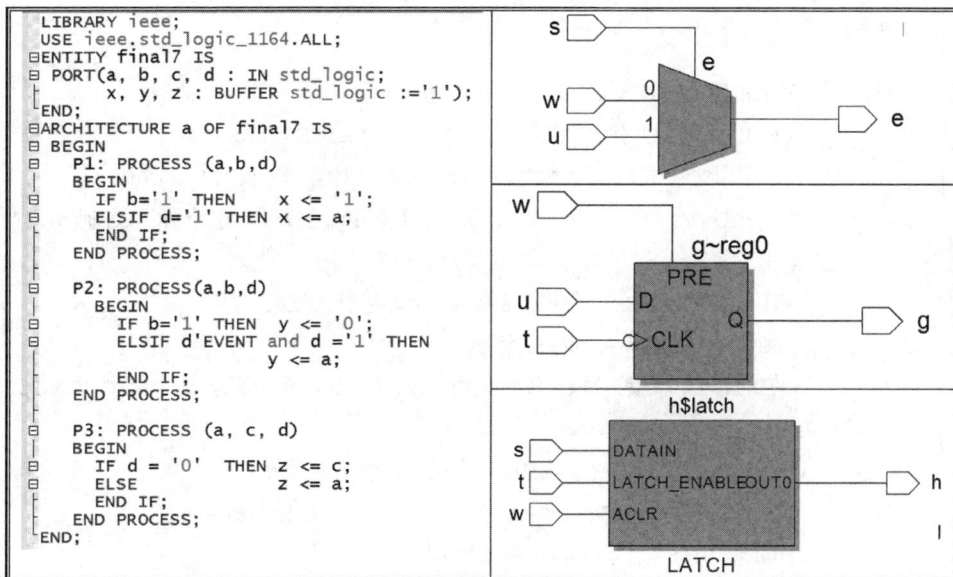

图 3.9　根据语句确定其综合电路

3.13. 对于图 3.9 右侧的三个电路：

   (a) 简要描述包括控制信号在内的电路。

   (b) 使用 STD_LOGIC 数据类型编写 VHDL 代码。

   (c) 完成图 3.10 中关于 e、g 和 h 的仿真。

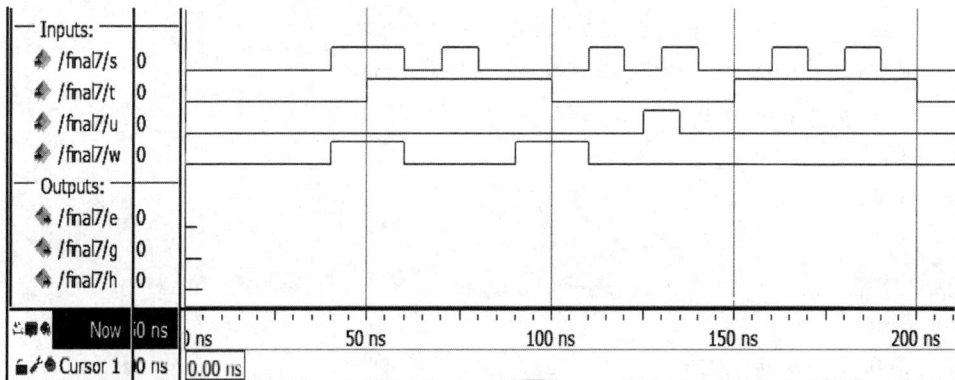

图 3.10　仿真图 1

填空题

3.14. INTEGER RANGE 10 TO 20 类型需要 _____ 位。

3.15. INTEGER RANGE -2**6 TO 2**4-1 类型需要 _____ 位。

3.16. INTEGER RANGE -10 TO -5 类型需要 _____ 位。

3.17. INTEGER RANGE -7 TO 8 类型需要 _____ 位。

判断题

3.18. _____ VHDL 区分大小写。

3.19. _____ VHDL 代码至少有两个块：ENTITY 和 ARCHITECTURE。

3.20. _____ 要使用 STD_LOGIC_VECTOR 数据类型，我们需要包含 STANDARD 库。

3.21. _____ STD_LOGIC 和 BIT_VECTOR 的值可以使用的基数有二进制(B)、八进制(O)或十六进制(H)。

3.22. _____ VHDL 中 INTEGER 的带符号算术运算是以补码完成的。

3.23. _____ INTEGER 的默认大小为 32 位。

3.24. _____ VHDL 1993 中的移位操作仅定义为 BIT_VECTOR 而不是 STD_LOGIC_VECTOR 数据类型。

3.25. _____ 用于设计触发器和锁存器的属性中最流行的是 S'EVENT。

3.26. _____ 要将 STD_LOGIC_VECTOR 转换为 INTEGER，应使用函数 TO_INT()。

确定以下 VHDL 标识符是有效(true)还是无效(false)：

3.27. _____ Ports

3.28. _____ _Y_E_S_

3.29. _____ One-Way

3.30. _____ BEGIN_IF

3.31. _____ 4you

3.32. _____ P!NK

3.33. _____ THIS_IS_a_VeryLOOOONG_IDENTIFIER

确定以下 VHDL 字符串文字是有效(true)还是无效(false)：

3.34. _____ B"0_0_0_0"

3.35. _____ O"678"

3.36. _____ X"678"

3.37. _____ 10#987654321#

3.38. _____ 2#210#

3.39. _____ 5#_4321_#

3.40. _____ 20#ABCD#

3.41. 确定表 3.7 中 VHDL 1993 代码内的错误行(Y/N)并解释错误所在。

表 3.7　VHDL 代码及其错误和错误原因

VHDL 代码	错误(Y/N)	错误原因
LIBRARY ieee; // Using predefined packages		
ENTITY error is		
PORTS (x: in BIT; c: in BIT;		
Z1: out INTEGER; z2 : out BIT);		
END error		
ARCHITECTURE error OF has IS		
SIGNAL s ; w : BIT;		
BEGIN		
w := c;		
Z1 <= x;		
P1: PROCESS (x)		
BEGIN		
IF c='1' THEN		
x <= z2;		
END;		
END PROCESS P0;		
END OF has;		

3.42. 确定表 3.8 中 VHDL 1993 代码内的错误行(Y/N)并解释错误所在。

表 3.8　VHDL 代码及其错误和错误原因

VHDL 代码	错误(Y/N)	错误原因
LIBRARY ieee; // Using predefined packages		
USE altera.std_logic_1164.ALL;		
ENTITY shiftregs IS		
GENERIC (WIDTH : POSITIVE = 4);		
PORT(clk, din : IN STD_LOGIC;		
dout : OUT STD_LOGIC);		
END;		
ARCHITECTURE a OF shiftreg IS		
COMPONENT d_ff		
PORT (clock, d : IN std_logic;		

(续表)

VHDL 代码	错误(Y/N)	错误原因
q : OUT std_logic);		
END d_ff;		
SIGNAL b : logic_vector(0 TO width-1);		
BEGIN		
d1: d_ff PORT MAP (clk, b(0), din);		
g1: FOR j IN 1 TO witdh-1 GENERATE		
d2: d-ff		
PORT MAP(clk => clock,		
din => b(j-1),		
q => b(j));		
END GENERATE d2;		
dout <= b(width);		
END a;		

项目和挑战

3.43. 仅用以下门实现 NOT、AND 和 OR，通过仿真验证这些门是否是通用的。

   (a) 只使用两个输入的 NAND 门

   (b) 只使用两个输入的 NOR 门

   (c) 使用 2:1 多路复用器

3.44. 用 VHDL 设计如下全加器：

```
s=a XOR b XOR cin ;
cout =(a AND b) OR(cin AND(a OR b) )
```

并仅使用以下元素通过仿真进行验证：

   (a) AND、OR 和 NOT 门

   (b) 只使用两个输入的 NAND 门

   (c) 只使用两个输入的 NOR 门

   (d) 使用 2:1 多路复用器

3.45. 设计一个(a)二进制计数器、(b)格雷码计数器、(c)约翰逊计数器、(d)具有异步复位功能的独热八状态计数器。使用 Balanced 综合选项确定计数器的大小和速度。

3.46. 实现 LS163 计数器，匹配如图 3.11 所示的仿真。

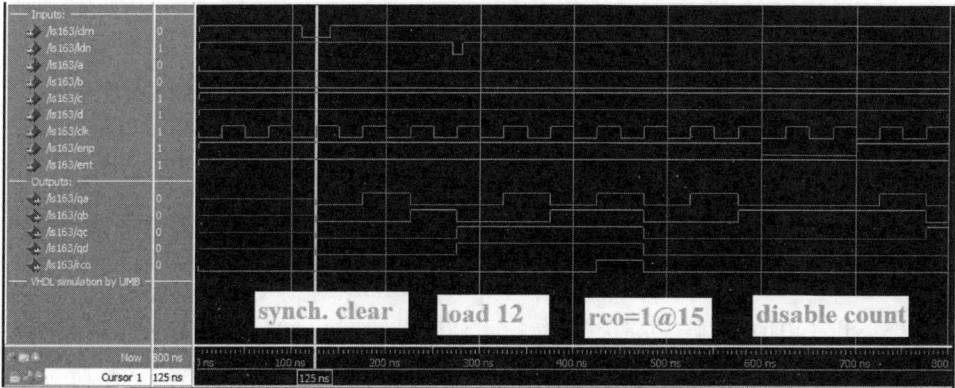

图 3.11 仿真图 2

3.47. 使用以下 8 种运算实现 8 位 ALU：加、减、求反(即 2 的补码)、布尔与、布尔或、布尔非、乘法输出 MSB 和乘法输出 LSB。通过如图 3.12 所示的仿真进行验证。

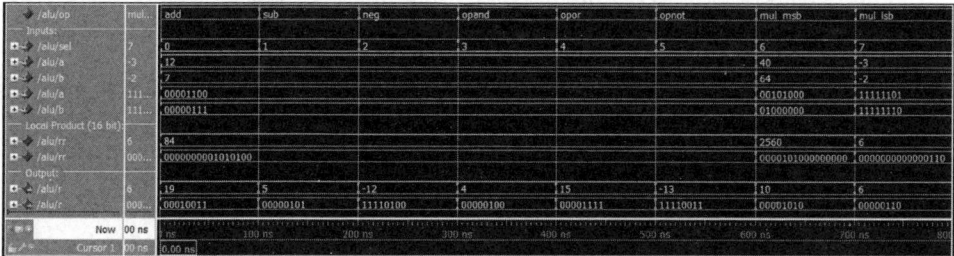

图 3.12 仿真图 3

3.48. 实现一个具有以下操作的 8 位数据移位 ALU：SL0、SL1、SR0、SR1、ROR 和 ROL。通过仿真进行验证。

3.49. 实现 LS181 ALU(仅限逻辑运算)并匹配图 3.13 所示的仿真。

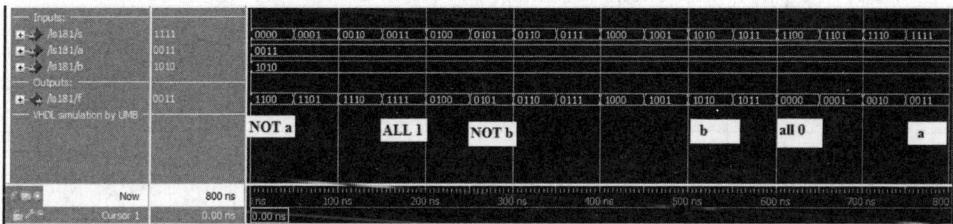

图 3.13 仿真图 4

3.50. 简述 FPGA 编译步骤：综合、适配、布局布线、汇编、编程。

3.51. 通过下一个状态表为表 3.9 中描述的单输入单输出 FSM 来开发 VHDL 代码。使用独热状态编码。FSM 具有低电平有效异步 reset，reset 状态为 A。开发下一个状态图和一个 100% 覆盖所有分支的测试台。

表 3.9　状态转移表

当前状态	下一个状态		输出 z
	x=0	x=1	
A	B	C	0
B	B	A	1
C	B	C	1

3.52. 开发 VHDL 代码，实现类似于福特野马汽车的转向灯：00X、0XX 和 XXX 用于左转，其中 0 是灭，X 是亮。用 X00、XX0 和 XXX 表示右转向灯。对于紧急双闪灯，两个开关都要打开。转向灯序列应该每秒重复一次。

3.53. 确定以下门级和行为级设计的资源：

(a) 使用 AND/OR/NOT 门或一个 2:1 多路复用器来设计门控 D 锁存器，使用并发编码

(b) 在 PROCESS 中使用不完整的 IF 语句设计门控 D 锁存器

(c) 使用两个多路复用器的主/从锁配置设计触发器，使用并发编码

(d) 使用 PROCESS 中的 S'EVENT 设计触发器

3.54. 确定以下门级和行为级设计的资源：

(a) 使用 GENERATE 8 个全加器方程来实现的 8 位加法器。

(b) 使用矢量运算符 +的 8 位加法器。

(c) 一个仅使用全加器的 4×4 位乘法器。

(d) 使用矢量运算符*的 4×4 位乘法器。

3.55. (a) 用 VHDL 设计如图 3.14a 所示的 PREP 基准 3。该设计是一个具有 8 个状态的小型 FSM、8 位数据输入 i、clk、rst 和一个 8 位数据输出信号 o。下一状态和输出逻辑由上升沿触发的 clk 和异步复位 rst 控制；功能测试见图 3.14c 中的仿真。表 3.10 显示了下一个状态和输出的赋值。

表 3.10　下一个状态和输出的赋值

当前状态	下一个状态	i (十六进制)	o (十六进制)
start	start	(3c)'	00
start	sa	3c	82
sa	sc	2a	40
sa	sb	1f	20
sa	sa	(2a)'(1f)'	04
sb	se	aa	11
sb	sf	(aa)'	30
sc	sd	–	08

(续表)

当前状态	下一个状态	i(十六进制)	o(十六进制)
sd	sg	–	80
se	start	–	40
sf	sg	–	02
sg	start	–	01

(b) 为基准 3 设计多个实例化,如图 3.14b 所示。使用三个实例验证正确的连接并制作快照。确定设计的带寄存器性能 Fmax 和使用的资源(LE、乘法器和块 RAM),其中 PREP 基准测试 3 的最大实例化个数在 10% 的误差范围内。使用你开发板上的器件,综合选项选平衡。

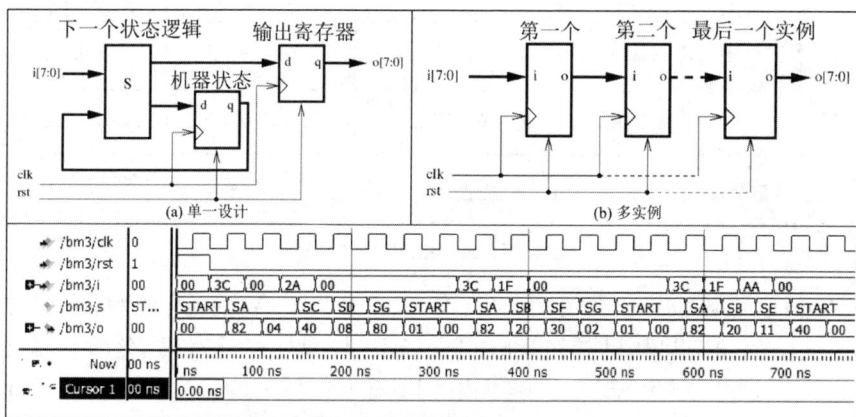

(c) 用来检查功能的测试台

图 3.14　PREP 基准 3

3.56. (a) 使用 VHDL 设计 PREP 基准测试 7(相当于基准测试 8),如图 3.15a 所示。该设计是一个 16 位二进制上升计数器。它具有异步复位信号 rst、高有效时钟使能信号 ce、高有效的加载信号 ld,以及 16 位数据输入 d[15...0]。寄存器通过 clk 的上升沿触发。图 3.15c 中的仿真首先显示计数操作 5,接着进行 ld(加载)测试。在 490 ns 时进行异步复位 rst 的测试。最后,在 700 ns 到 800 ns 之间,通过 ce 禁用计数器。表 3.11 总结了各项功能。

表 3.11　各项功能总结

clk	rst	ld	ce	q[15...0]
X	0	X	X	0000
↑	1	1	X	D[15...0]
↑	1	0	0	不变
↑	1	0	1	递增

(b) 设计基准测试 7 的多个实例化，如图 3.15b 所示。使用三个实例化验证正确地连接并制作快照。确定设计的带寄存器性能 Fmax 和使用的资源(LE、乘法器和块 RAM)，其中 PREP 基准测试 7 的最大实例化个数在 10%的误差范围内。使用你开发板上的器件，综合选项选平衡。

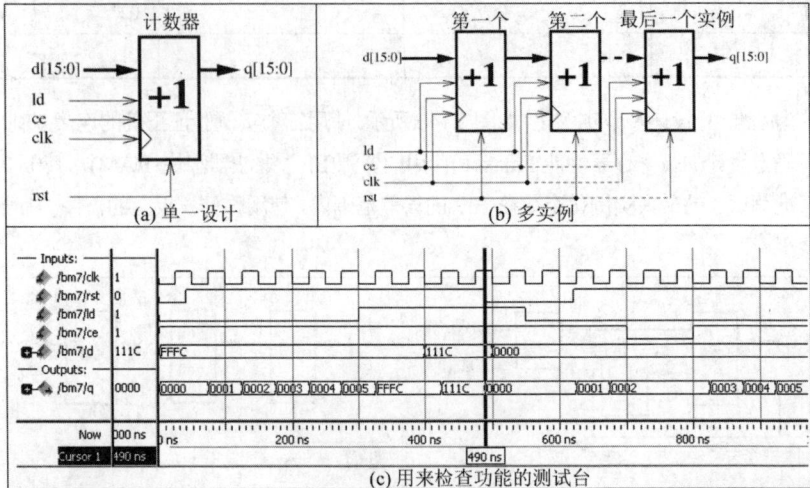

图 3.15　PREP 基准 7

3.57. (a) 使用 VHDL 设计如图 3.16a 所示的 PREP 基准 9。该设计是微处理器系统中常见的存储器解码器。只有当地址选通 as 激活时，地址才会被解码。落在解码器之外的地址激活总线错误信号 be。该设计具有一个 16 位输入 a[15...0]、一个异步低电平有效复位 rst，并且所有触发器都是通过 clk 的上升沿触发的。表 3.12 总结了行为(X 表示不关心)。

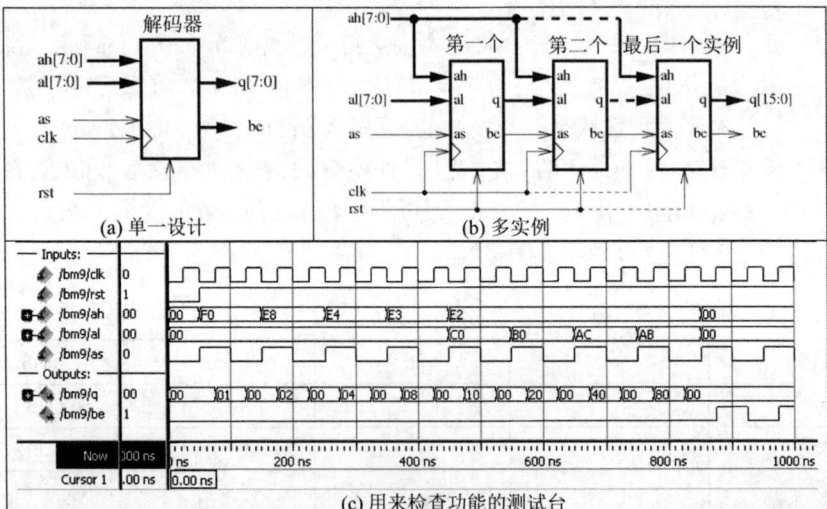

图 3.16　PREP 基准 9

表 3.12　行为总结

rst	as	clk	a[15…0] (十六进制)	q[7…0] (二进制)	be
0	X	X	X	00000000	0
1	0	↑	X	00000000	0
1	1	0	X	q[7…0]	be
1	1	↑	FFFF 到 F000	00000001	0
1	1	↑	EFFF 到 E800	00000010	0
1	1	↑	E7FF 到 E400	00000100	0
1	1	↑	E3FF 到 E300	00001000	0
1	1	↑	E2FF 到 E2C0	00010000	0
1	1	↑	E2BF 到 E2B0	00100000	0
1	1	↑	E2AF 到 E2AC	01000000	0
1	1	↑	E2AB	10000000	0
1	1	↑	E2AA 到 0000	00000000	1

(b) 设计如图 3.16b 所示的基准 9 的多个实例化，并匹配图 3.16c 所示的仿真。使用三个实例验证正确的连接并制作快照。确定设计的带寄存器性能 Fmax 和使用的资源(LE、乘法器和块 RAM)，其中 PREP 基准测试 9 的最大实例化个数在 10%的误差范围内。使用你开发板上的器件，综合选项选平衡。

第 4 章

用 Verilog 设计微处理器组件

摘要

本章对书中后续章节使用的 Verilog 硬件描述语言进行了概述。与大多数语言一样，我们从 Verilog 词法基础开始，然后讨论数据类型、操作和语句。最后是编码技巧、附加帮助和结尾的延伸阅读。如果你青睐的 HDL 是 VHDL，则可以在首次阅读时跳过本章。

关键词

Verilog • 运算符 • 编译指令 • 赋值 • 编码风格 • Verilog 数据类型 • 值集 • 词法元素 • 属性 • 有限状态机(Finite State Machine，FSM) • 设计建议 • 编码错误 • 始终 • 设计层级 • 组件 • 存储器初始化 • 过程语句 • 连续语句 • 语言参考手册(Language Reference Manual，LRM) • PREP 基准

4.1 引言

Verilog 的发展动机与 VHDL 略有不同。在 VHDL 中，美国国防部试图定义一门统一的硬件描述语言(Hardware Description Language，HDL)，使设计可以在不同的工具平台和厂商之间自由切换。而加州的 ASIC 和 FPLD 开发人员并不那么依赖大型国防项目，因此 Verilog 的目标与 VHDL 有所不同。Verilog HDL 发展历史中的两个关键点是：首先，要有一种语法接近工程领域最流行的计算机编程语言(当时和现在仍然是 C/C++语言)的语言(见图 4.1 中的比较)；其次，语言的标准化似乎并不太重要。因此，最初是 Gateway Design Automation(后来被 Cadence Design Systems 收购)开发了 Verilog 语言。Cadence 至今仍是 Verilog 商标的注册所有者。Open Verilog International(OVI)成立的目的是控制公共领域的 Verilog [S00]。直到 10 年后，Verilog 语言参考手册才最终被纳入 IEEE 1364-1995 标准，参见[I95]。1995 年发布的 Verilog 标准附带了一个全面的语言手册，包括 PLI 接口，共 644 页，比最初的 VHDL LRM(218 页)多得多；见图 3.1。2001 年发布的 IEEE Verilog 更新[I01]增加了几个有用的语言元素，如有符号数据类型、ANSI C 风格的 I/O、算术移位和幂运算。IEEE 1364-2001 是当今大多数综合工具支持的标准，其 LRM 有 856 页[A04, S03, Xil04]。

```count:=0;```
```FOR k IN 0 TO size-1 LOOP```
``` IF Data(k) = '1' THEN count := count +1;```
``` END IF;```
```END LOOP;```
	(a) VHDL

```count=0;```
```for (k=0; k<size; k=k+1) begin```
``` if (Data[k] == 1) count = count +1;```
```end```
	(b) Verilog

```count=0;```
```for (k=0; k<size; k=k+1) {```
``` if (Data[k] == 1) count = count +1;```
```}```
	(c) C/C++

图 4.1   单计数器程序片段的比较

因此，在接下来的内容中，我们经常会参考 Verilog 1364-2001 标准。由 COMIT Systems 和 QUALIS 开发的 Verilog 快速参考卡使用的是 1364-1995 标准，可以在本书的在线资源中找到。

4.2   词法元素

当我们计划学习一门新的编程语言时，首先要问的重要问题是这门语言是否对行敏感(如 MATLAB)和/或对列敏感(如 PYTHON)。通常可以通过检查是否使用分号";"以终止所有语句来回答这个问题。在 Verilog 中，单行语句

```
assign A = B | C;
```

将被综合为与以下形式相同的电路：

```
assign A =
          B |
   C;
```

由于每条语句都需要用分号结束，因此可以得出结论：额外的空格、制表符或换行符实际上并不重要，因此 Verilog 不是一种行敏感或列敏感的语言(单行注释除外)。Verilog 中的单行注释以双斜杠//开始，一直持续到行尾。多行注释支持/* ... */内的注释；然而，Verilog 不支持嵌套的多行注释。

第二个重要的词法问题是语言是否区分大小写。Verilog 是区分大小写的，因此 REG、Reg 或 reg 都被视为不同的标识符。

Verilog 中使用了三种类型的括号：圆括号()用于分组项、函数和组件参数，方括号[]用于索引数组，花括号{}用于连接。

表达式中使用的运算符长度为 1、2 或 3 个字符，需要连续写出而不带空格，并且比字母字符更常用特殊符号(例如，||而不是 OR)。4.3 节更详细地讨论了所有运算符。

向量的常量和初始值使用二进制、八进制、十进制或十六进制基数代码，分别用 B、O、D

和 H 表示(基数字母可以是小写或大写)。常量可以以位数(即大小)开始,然后是一个单引号',接着是(可选的)有符号数标志和基数,最后是值,即:

```
[size]['[s]base]value
```

如果没有使用初始大小的数字,我们就有了所谓的不定长常量,长度为 32 位,与 32 位的 integer 长度相同。布尔值为真是 integer 值为 1,为假是 integer 值为 0。表 4.1 列出了一些常量编码示例。

表 4.1　Verilog 常量例子

常量	基数	位数	十进制值
3'B101	二进制	3	$101_2=5$
9'O101	八进制	9	$1*8^2+0*8^1+8^0=65$
101	十进制	32	101
12'H101	十六进制	12	$1*16^2+0*16^1+16^0=257$
-8'SH01	十六进制	8	-1 与 8'SHFF 相同

Verilog 中的 4 个逻辑值是 0、1、x 和 z,其中 0/1 也是假/真条件。x 或 X 表示未知,z 或 Z 表示高阻。同样,我们可以使用小写或大写字母 x/X 或 z/Z。后面章节中使用的 Verilog 数据类型是 net 和 reg,不需要用到库。最常见的 net 类型是泛型类型 wire,用作结构体元素之间的连接。reg 用于存储,包括需要在循环中求值(即在 always 语句内)所存储的信号,因此不一定是存储器元素。有关数据类型的更多详细信息可以在 4.4 节中找到。

Verilog 中用作项目名称、标签、信号、常量名称、模块、组件名称等的基本用户标识符必须以字母或下画线开头,然后是$、字母数字或下画线字符;用 BNF 表示为:

```
letter|_{alphanumeric|$|_}*
```

这里不允许使用任何 Verilog 关键字,并且由于我们也喜欢提供设计对应的 VHDL 版本,因此通常建议也避免使用 VHDL 关键字。第 3 章的图 3.2 列出了使用了最新标准的所有 215 个 Verilog、VHDL 和两种语言具有的共同关键字。以下是 Verilog 中有效和无效基本用户标识符的一些示例:

合法:x x1 _y_ CA$H clock_enable
不合法:module(关键字) P!NK(特殊字符) 4you(首字符为数字)

转义标识符以反斜杠开头,即使用**ID**编码,区分大小写,并允许从其他语言轻松过渡到 Verilog。我们在本书中不使用转义标识符。

最后,让我们简要看一下 Verilog 中的整体编码组织和编码风格。Verilog 程序嵌入在 module 和 endmodule 之间。我们的代码通常以 ANSI C 风格(2001 标准中的新特性)的端口定义开始,包括它们的方向(input、output 或用于双向端口的 inout)和数据类型,最后是实现细节。在编码风格上，主要分为三种：在结构化风格中，预定义的组件(用户定义或使用 Verilog 原语)被实例化并通过网表连接。这可以被认为是早期 PLD 设计时代使用的图形设计所具有的一对一映射。作为行为(即门级实现可能不会立即显现)，可以使用连续语句(即强调硬件并行性具有的并发风格)或在 always 块内使用过程语句进行编码，后者使用顺序分析。这里有一个简短的三门示例，演示了所有三种设计风格。

Verilog 程序 4.1：三种编码风格

```
1   /***********************************************************
2    * IEEE STD 1364-2001 Verilog 文件: example.v
3    * 作者邮箱: Uwe.Meyer-Baese@ieee.org
4    **********************************************************/
5   module example   //----> 接口
6    (input A, B, C ,D, // 单比特输入
7     output F, G,
8     output reg H);    // 单比特输出
9   // ----------------------------------------------------------
10   wire N1, N2, T1, T2;
11  // reg t;
12
13  // 使用用户定义组件的结构化风格
14   lib7432 C1(.A_3(A) , .A_2(B) , .A_1(N1));
15   lib7486 C2(.A_3(N1), .A_2(C) , .A_1(N2));
16   lib7408 C3(.A_3(N2), .A_2(D) , .A_1(F));
17
18  // 使用26个原语的相同实现
19  //    or(N1, A, B) ;
20  //    xor(N2, N1, C) ;
21  //    and(F, N2, D) ;
22
23  //--并发风格
24   assign T1 = A | B;
25   assign T2 = C ^ T1;
26   assign G = D & T2;
27
28  //--顺序风格
29   always @(*)
30   begin : P1
31     reg T;
32     T = A | B;
33     T = C ^ T;
34     H <= D & T;
35   end
36
37  endmodule
```

这三段代码都将被综合为相同的电路，如图 4.2 所示。

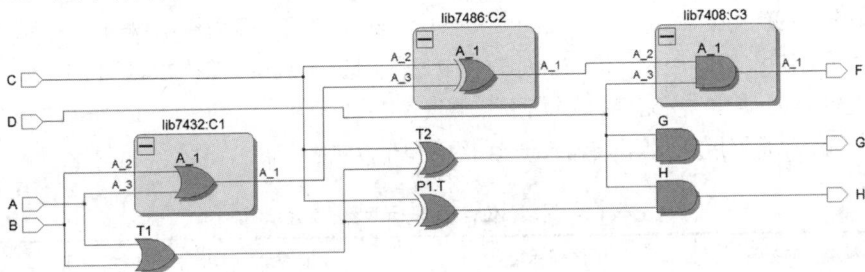

图 4.2　example.v 的 RTL 视图，展开了组件

Verilog 2001 有一些编译器指令，如 `define、`include、`ifdef、`ifndef 和 `endif。这些指令可用于综合过程的全局控制，一些作者大量使用它，例如，Pablo Bleyer Kocik 的 PACOBLAZE 设计使用一个主源文件通过编译器指令来综合多种不同的架构特性。额外的编译器开关可通过在混淆中使用的 //program(on) 和 //pragma(off) 嵌入注释部分[MCB11]。这不是我们的主要目标，因此在我们的 Verilog 代码中很少使用编译器指令。

4.3　运算符与赋值

Verilog 运算符按优先级递增的顺序列在表 4.2 中。

表 4.2　Verilog 运算符，按优先级升序排列

条件运算符	?:			
逻辑 OR	||			
逻辑 AND	&&			
按位 OR/NOR	|	~|		
按位 XOR/XNOR	^	^~	~^	
按位 AND/NAND	&	~&		
相等　排除/包括 z/x	==	!=	===	!==
关系	<	<=	>	>=
移位逻辑和算术	<<	>>	<<<	>>>
加、减	+	−		
乘、除、模	*	/	%	
幂	**			
一元	+	−	!	~

从表 4.2 中可以得出几个观察结果。Verilog 有 13 个优先级，几乎是 VHDL 的两倍。逻辑 AND 运算符的优先级高于 OR，所以混合 AND 和 OR 表达式时不需要用括号()来分组。NOT 运算符也不需要使用括号，因为它具有最高优先级。逻辑标量和位向量运算符的编码不同。表 4.3 显示了逻辑、位运算和一元运算的简短示例，假设 A=1；B=C=0，V=4'B0011，U=4'B1010。

一元运算根据指定的操作将输入向量归约为单个位向量。

表 4.3　逻辑、位运算和一元运算的简短示例

各种类型的数值	逻辑标量	位向量	一元
布尔表达式	A×B′+C	V′+U	∏U(k)
Verilog 代码	(A && !B) ‖ C	~V | U	& U
值	1 × 0′ + 0 = 1	(0011)′+1010=1110	1×0×1×0=0

C/C++中的 6 种关系运算在 Verilog 中都有相同的编码。此外，我们还有三字符运算符===和!==，它们也考虑使用 z 和 x 值；否则，如果一个操作数包含 x 或 z，那么比较运算总是会得到 x。关系运算最常用于 if 条件中。由于 Verilog 中没有布尔类型，所有单个位向量都可以用作逻辑或位编码，例如，if(reset)...和 if(reset==1)...都是正确的 Verilog 语法。

Verilog 1995 只包含逻辑移位。Verilog 2001 标准增加了两个方向的算术移位运算：左移<<<作为 2 的幂的乘法的替代，右移>>>作为 2 的幂的除法的替代，用于对负数正确传播符号。例如，对于 START = 4'B1000，我们有：

```
assign RESULT =(START >> 2);   // 得到 0010
assign RESULT =(START >>> 2);  // 得到 1110
```

Verilog 中没有定义旋转(循环移位)运算符。移位量应为正数，因为在 MODELSIM Verilog 中负移位不会反转移位操作的方向(左/右)。移位运算通常比乘法运算"更便宜"，所以我们可能会考虑用 T << 2 替换表达式 T * 4。

其他算术运算具有通常的数学含义，其中**是 Verilog 2001 中的新运算，用于幂或乘方运算，例如，2**4=16。模运算%在硬件上很复杂，我们通常尽量避免使用。对于 R = X % Y，余数 R 的符号将与 X 相同。

算术运算的求值是左结合的，例如，对于 a=2；b=3；c=4，我们得到：

```
assign left =(a-b) - c;    // 强制左结合得到 -5
assign right = a -(b-c) ;  // 强制右结合得到 3
assign default = a-b-c;    // 隐式左结合得到 -5
```

除了常用的算术运算，我们经常使用连接{,}将两个短向量组合成一个长向量。连接可以帮助进行零扩展，例如，T_ZXT = {4'B0000,T}用于将 T 扩展 4 位。同样，我们可以使用向量内的索引或范围将向量切片成更小的部分，例如：

```
assign op5 = ir[17:13];     // ALU 操作的操作码
assign kflag = ir[12];      // 立即数标志
assign imm12 = ir[11:0];    // 12 位立即数操作数
```

Verilog 使用两种类型的赋值：非阻塞赋值符号是<=，阻塞赋值符号是=。数据流风格需要使用非阻塞赋值，而在过程语句中两种赋值都允许使用，但可能会综合成不同的电路。更多相关内容见 4.5 节。

组件的端口赋值使用具名(*named*)风格，通过 .component_port_name(net_name)，... 语法完成。在 Verilog 的位置端口赋值中，本地线网按照组件定义中的确切顺序列出。

4.4　数据类型和值集

4.4.1　Verilog 值集

Verilog 值集由 4 个基本值组成：

- 0 表示逻辑值 0，或布尔假
- 1 表示逻辑值 1，或布尔真
- x 或 X 表示未知逻辑值
- z 或 Z 表示高阻态

4.4.2　Verilog 数据类型

Verilog 只有两组数据类型：variable 数据类型和 net 数据类型。net 数据类型用于两个电路元件(如门)之间的物理连接。net 不能是存储元件，如触发器。我们最常用的通用 net 类型是 wire 类型。还有一些更精确的 net 类型，如 supply0、tri、wand 等，它们更精确地描述了 net 具有的物理特性，但我们不使用这些类型。Variable 是数据存储元素的抽象，包括需要存储在循环求值中的组合输出。Verilog 变量包括我们经常使用的 reg 和 integer 类型，以及三种我们不使用的类型(real、realtime 和 time)。

Verilog 不像 VHDL 那样是强类型化语言。例如，赋值中左右两侧的长度不需要匹配；integer 和 reg 类型可以不需转换函数就互换使用，布尔型或单个位向量是等价的。

让我们简要看看这些数据类型在后面的章节中是如何使用的。在许多编程语言中，布尔类型通常有 true 或 false 值，但在 Verilog 中使用标准逻辑值 0 和 1。因此，编码单位(即标量)时，使用布尔运算符或位运算符得到的结果是相同的：

```
assign go_eat = hungry && !bankrupt;   // 布尔运算: !,&&,||
assign go_eat = hungry & ~bankrupt;    // 位运算: ~,&,|,…
```

对于单比特位，位运算或布尔运算将产生相同的综合结果。对于向量，我们需要更加小心。

布尔逻辑运算将产生单比特位的 `true/false`(即 1/0)结果，而不是像位运算那样进行逐位向量评估。如果左侧是向量，这个 1 位结果会被进行零扩展。现在对于向量逻辑 AND，如果只有 1 位匹配，我们就得到 true：假设我们有 A=4'B1111，B=4'B0000 和 C=4'B0100，那么对于 4 位输出向量，将得到以下结果(假设左侧都是 4 位向量)：

```
assign logicAB = A && B;      // 单位结果=0；零扩展结果=0000
assign bitwiseAB = A & B;     // 逐位结果=0000
assign logicAC = A && C;      // 单位结果=1；零扩展结果=0001
assign bitwiseAC = A & C;     // 逐位结果=0100
```

前两个结果没有什么意外，布尔求值给出 0 且两个向量没有匹配的位。但在第二部分，我们有 1 位匹配，即结果为 true = 1，并在左侧扩展三个零，因此 logicAC=0001。位运算反映出，从左数第二位匹配，即 bitwiseAC=0100。

根据 Verilog LRM[I01]，integer 类型是工具相关的，但必须包括至少 32 位范围，即 $-2^{31}...2^{31}-1$，对有符号数假定使用二进制补码算术运算。原则上，我们可以使用 integer 来构建 1D 寄存器、2D 内存等，它们和 reg 类型一样有效。然而，自 Verilog 2001 发布以来，integer 不允许范围缩减，总是至少使用 32 位进行实现，可能比我们需要的位数更耗费硬件资源，因为我们的数据路径通常需要少于 32 位。

作为用户定义类型，我们经常使用数组类型和枚举类型。数组类型是标量类型的集合，我们使用 1D(例如，寄存器)或 2D(内存)。在 Verilog 中，可以使用 parameter 关键字来定义常量。这些 parameter 可以用来设置全局值，如内存大小或位宽。以下是定义一个新的内存(包含 4096 个 18 位字)对应的语法：

```
parameter DATA_WIDTH=18, parameter ADDR_WIDTH=12;
...
// 声明 ROM 变量
reg [DATA_WIDTH-1:0]rom[2**ADDR_WIDTH-1:0];
```

parameter 可以在 ANSI C 风格的端口列表中定义，这也允许当实例化模块为组件时覆盖 parameter 值；参见 LRM [I01]中的 12.2 节。

枚举类型是项目列表的抽象定义，在 FSM 设计中非常有用。Verilog 没有专门的枚举类型，但使用 parameter 列表是定义 FSM 状态的推荐替代方法，使代码更易读。例如：

```
parameter FE=0, DC=1, EX=2;
reg [1:0]STATE;
```

现在 FSM 状态的转换可以用更直观的状态名而不是仅仅用整数来编码。FSM 转换现在可以编码为 STATE <= DC；虽然仿真仍会显示整数值，但至少 Verilog 代码更容易理解。

另一个有趣的特性是，Verilog 根据右操作数和左操作数的最大长度来计算 LHS 长度。所以如果左右操作数都有 8 位，就有输入数据 A=255 和 B=1，8 位加法求和给出 A+B=0；所以我们最好使用额外的保护位，或者使用大括号进行左连接：

```
assign Sum8 = A + B; // 全 8 位；无进位位：Sum8=0
assign Sum9 = A + B; // 左 9 位；有进位位：Sum9=256
assign {Cout, Sum} = A + B; // 左连接：Sum=0; Cout=1
```

其中 Sum8 和 Sum 是 8 位字，Sum9 是 9 位字。

如果现在将所有操作数定义为 signed 类型，那么即使在 Sum9 中，我们也会得到输入操作数对应的正确的符号扩展，并且使用所有三种方法都会得到结果，例如，将 100−1 = 99 作为仿真结果。

4.5　Verilog 语句和设计编码建议

Verilog 有两种类型的语句：过程式(又称顺序式)给变量赋值的语句(参见 LRM 第 6 章[I01] 或 QUALIS 参考卡第 5 项)和连续式(又称并发式)给线网赋值的语句(QUALIS 参考卡第 3 项)。二者都有我们需要遵守的特殊规则。如果我们尝试将行为语句类型与示例 4.1 中描述的编码风格联系起来，会发现过程式语句嵌入在顺序风格的 always 块中。并发风格则基于连续语句。这是我们第一次看到其与典型编程语言的主要区别，这也是为什么一些作者坚持认为 Verilog 编码 (coding) 是和语句的并行求值相关联的编程，而不是和顺序程序求值相关联的编程 (programming)。无论如何，连续 Verilog 编码的两个最重要的规则是：

- net 表示独特的线路；不允许使用 reg 类型。
- 语句序列的顺序无关紧要。
- 每个语句都以 assign 关键字开头，必须使用阻塞赋值(=)。

将这些规则应用于示例 4.1，我们可以明白为什么使用了两个不同的辅助信号 T1 和 T2。我们不能使用典型的顺序编程风格。以下连续代码：

```
assign T = A | B;
assign T = C ^ T;
assign G = D & T;
```

由于线网"T"由多个常量驱动，因此无法进行编译。然而，根据第二条规则，我们可以重新排列语句为：

```
assign T1 = A | B;
assign G = D & T2;
assign T2 = C ^ T1;
```

这样就可以顺利编译，并产生与图 4.2 所示完全相同的电路。方程(或组件列表)的求值是并行进行的，语句的顺序并不重要。这与通常使用的(顺序)编程语言形成鲜明对比：在第三条语句计算 T2 之前，你不能在第二条语句中使用结果 T2。

`always` 块内的语句评估更符合典型的顺序程序的求值。过程式编码的三个最重要规则如下:

- `variable` 不表示唯一的线路。
- 如果使用阻塞(=)赋值,则 `always` 块内语句的顺序很重要。
- 在循环求值期间需要保存的 `variable` 要求是 `reg` 类型(即使是组合电路元素)。

第一条规则由示例 4.1 证实。变量 T 既表示第一个 OR 门的输出(第 32 行),也表示 XOR 门的输出(第 33 行)。这些由 T 表示的线网在模拟过程中不需要具有相同的值,而 `wire` 则需要相同。

通过切换 `always` 块内的最后两条语句,可以验证顺序语句的第二条规则,如图 4.3 所示。

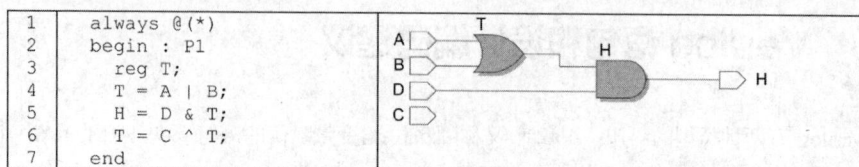

图 4.3 验证顺序语句的第二条规则

Verilog 编译器会将这些语句综合为右侧所示的 OR/AND 电路,省略了第 6 行的 XOR 门。编译器可能会发出警告,指出未使用输入 c。因此,语句的顺序确实在 `always` 环境中很重要。还要注意,如果我们在 `always` 块内声明变量,则需要使用标签(第 2 行: P1)。

在 `always` 块中使用变量 `reg` 作为并行(又称非阻塞)赋值的局部网络是可能的,但通常不推荐,因为它可能会导致出现意外的综合/仿真行为。如果我们在 `always` 块中使用非阻塞赋值对 T 进行编码,如图 4.4 所示,那么在 `always` 内顺序求值的要求和非阻塞语句中左侧表示的是唯一网络的要求之间就会产生某种矛盾。Verilog 通过"使用非阻塞变量的最后一次赋值"来解决这个问题,因此第 4 行对 T 的第一次赋值被忽略。右侧的 RTL 视图电路只有 XOR/AND 电路。编译器可能会通过警告通知我们"输入 a 和 b 不驱动逻辑"。

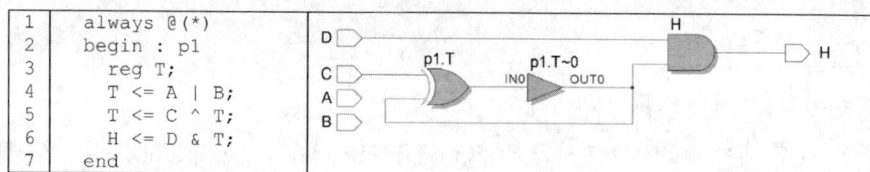

图 4.4 对 T 进行编码

在编程语言中,通常使用循环来编码具有类似内容的多条语句。对于顺序编码,可以使用 `while`、`repeat`、`forever` 或 `for` 循环。我们经常使用 `for` 循环,如下所示:

```
always @(negedge RESET)
begin
    if(!RESET)begin //总是以-1作为寄存器的值
      for(k=1; k<=15; k=k+1)R[k]= -1;
    end
end
```

连续 Verilog 代码中的循环也可以用来生成 GENERATE 组件的多个副本，例如：

```
genvar i;
generate // 实例化 bm1 REP 次
  for(i=0; i<REP; i=i+1)begin : U1
    bm1 U2(.clk(clk), .rst(rst), .s0(s0), .s1(s1),
           .sl(sl), .id(id) , .ipd(x[i]), .q(y[i]));
end
endgenerate
```

注意，从语法的角度看，Verilog 中还有两种情况需要用到标签：组件实例化和带 for 循环的 GENERATE；参见 LRM [I01] 中的 12.1 节。

4.5.1　组合逻辑编码建议

在初步讨论了连续赋值与过程赋值之后，你可能会想知道典型微处理器组件的一般编码建议是什么样的。你编写代码的一个重要目标应该是简短/紧凑，并且行为编码应该易于理解。表 4.4 显示了相应的一般建议。

表 4.4　Verilog 电路设计建议

电路	Verilog 编码建议
组合逻辑	使用布尔方程表示大量逻辑(例如，全加器方程)
多路复用器	对于具有两个输入的多路复用器，使用连续赋值?:或完整的 if；对于具有两个以上输入的多路复用器，在 always 块内使用 case
LUT	对于基于 LUT 的设计(例如，七段解码器)，在 always 块内使用 case 语句
锁存器	在 always 块中使用不完整(即没有 else)的 if
寄存器/触发器	在 always 块的敏感列表中使用 posedge 或 negedge
计数器或累加器	在 always 块内使用诸如 accu = accu + 1;的编码
有限状态机	使用 parameter 定义状态，使用 case 语句进行下一状态赋值。使用两个 always 块分离下一状态和输出解码器
组件	尽可能使用(大型)预定义组件；不要实例化门原语电路

像 go_eat 代码(参见 4.4 节)这样的小型组合电路使用连续代码会更加紧凑。对于 2:1 多路复用器，我们可以使用 ?: 语句来跳过 always 语法：

```
assign y =(kflag)? imm8 : s[rs]; // MPX 第二个 ALU 源
```

always 块内 if 语句的行为可能更容易理解，但需要使用带有敏感列表的 always，并且这种开销是可以避免的。在 always 块内使用 if 的另一个风险是可能意外地推断出锁存器，请参见图 4.5。Verilog if 语句的语法与 C/C++ 风格相匹配，但对于多条语句，需要使用

begin...end 而不是 {...}，请参见图 4.1。

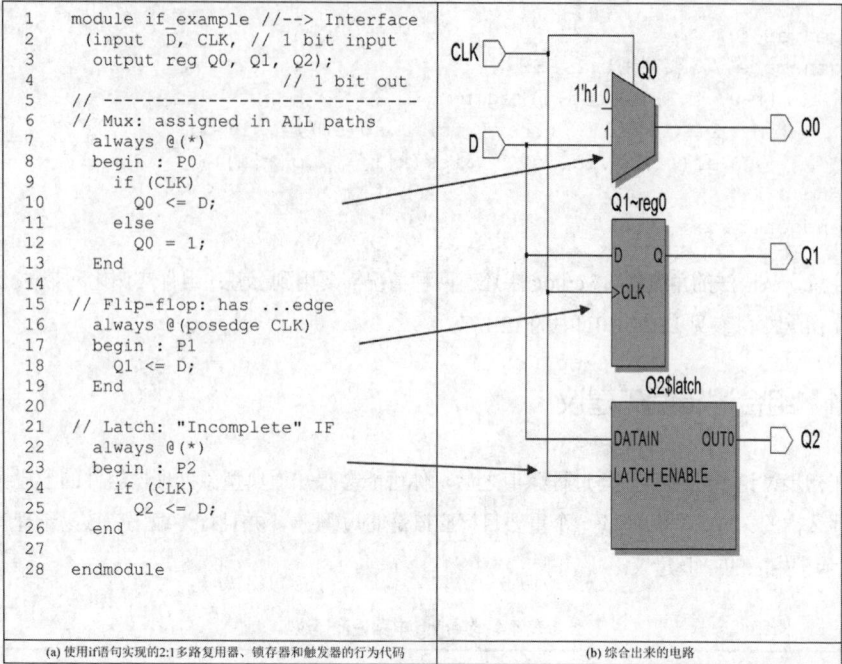

```
1    module if_example //--> Interface
2     (input  D, CLK, // 1 bit input
3      output reg Q0, Q1, Q2);
4                       // 1 bit out
5    // -----------------------------
6    // Mux: assigned in ALL paths
7      always @(*)
8      begin : P0
9       if (CLK)
10        Q0 <= D;
11      else
12        Q0 = 1;
13     End
14
15   // Flip-flop: has ...edge
16     always @(posedge CLK)
17     begin : P1
18       Q1 <= D;
19     End
20
21   // Latch: "Incomplete" IF
22     always @(*)
23     begin : P2
24       if (CLK)
25         Q2 <= D;
26     end
27
28   endmodule
```

(a) 使用 if 语句实现的 2:1 多路复用器、锁存器和触发器的行为代码 (b) 综合出来的电路

图 4.5 行为代码和综合电路

具有两个以上输入的多路复用器以及 ALU 或 BCD 到七段转换器所需用到的查找表(Lookup Table，LUT)应使用 case 语句进行设计。以下是一个 ALU 示例：

```
always @(*)
begin : P3
  case(op5)
    add       : res = x0 + y0;
    addcy     : res = x0 + y0 + c;
    sub       : res = x0 - y0;
    subcy     : res = x0 - y0 - c;
    opand     : res = x0 & y0;
    opor      : res = x0 | y0;
    opxor     : res = x0 ^ y0;
    load      : res = y0;
    opinput   : res = {1'b0 , in_port};
    fetch     : res = {1'b0 , dmd};
    default   : res = x0;
  endcase
end
```

4.5.2 基本顺序电路编码：触发器和锁存器

图 4.3 显示了锁存器和触发器推荐的行为编码风格。在 µP 组件中我们很少需要用到锁存器；然而，我们应该意识到，"不完整"的 if，即在假(即 else)路径中没有赋值的 if，会推断出锁存器。要设计触发器，我们需要在 always 敏感列表中使用 posedge 或 negedge。锁存器和触发器的门级设计通常不被工具识别，也不会映射到嵌入式锁存器/触发器资源；参见练习 4.55。

触发器可能需要用到额外的功能，如同步置位或复位、数据加载或使能。我们可以修改图 4.5 中 Verilog if 语句对应的代码，如图 4.6 所示。

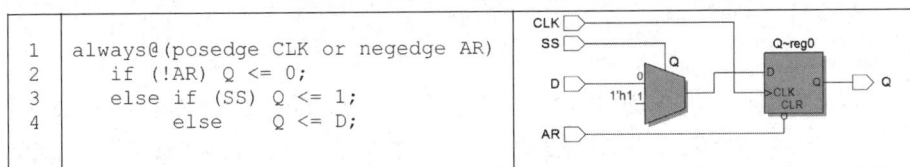

```
1  always@(posedge CLK or negedge AR)
2    if (!AR) Q <= 0;
3    else if (SS) Q <= 1;
4         else   Q <= D;
```

图 4.6 修改后的对应代码

这是一个具有低电平有效异步复位(AR)和高电平有效同步置位(SS)的使用上升沿触发触发器的示例。请注意，异步控制信号在 always 敏感列表中同 edge 控制信号一起列出，而同步信号则不列出。

触发器的近亲是计数器，它可以设计为使用了翻转触发器(T-FF)的异步计数器，我们在后面的章节中不使用它。我们更喜欢使用触发器阵列(又称寄存器)值递增的同步计数器。与触发器一样，计数器可能需要用到额外的功能，如使能、置位、复位、数据加载、求模或上/下切换。µP 中的程序计数器(pc)通常构建为具有异步复位和立即数据加载输入(用于跳转操作)的同步计数器：

```
always @(negedge clk or negedge reset)// 使用下降沿
 if(~reset)begin
  pc <= 0;          // 复位程序计数器
 end else begin
   if(jc)
     pc <= imm12;   // 跳转的新地址
   else
     pc <= pc + 1;  // 增加程序计数器
 end
```

4.5.3 存储器

µP 的存储器通常同时具有用于存储数据的 RAM 和用于存储程序的 ROM。我们需要仔细阅读器件/工具供应商的 HDL 编码建议，以确保确实使用了嵌入式内存块，而不是将我们的代码映射到包含了单个触发器的 LE，4~10 Kbit 大小就需要用到数千个 LE，相比之下，嵌入式内存块却只需要一块。现代 FPGA 中的内存块通常是同步内存(与"旧的"Altera Flex10K 器件不同)，因此我们应该只尝试构建具有数据和/或地址寄存器的同步内存。我们可以考虑使用供应商特定的 IP 代码块，如 lpm_rom，但这会使转换到其他设备或工具变得困难。我们还应该尝试启用 MODELSIM 进行验证。因此，可以使用初始化风格：

```
reg [15:0]ROM [639:0];
assign data = ROM[addr];
initial begin
  ROM[0]=16'h0000;
  ROM[1]=16'h04a9;
…
```

这种直接值编码方法在修改 μP 程序时需要生成完整的 Verilog 文件。因此，利用 readmemh() 函数更为方便，它在所有三种工具中都能很好地发挥作用。对于 VIVADO Xilinx 工具，建议使用 *.mif 文件扩展名来存储 ROM 数据，因此典型的同步 ROM 块(用于存储 4096 个 18 位数据的字)可以编码如下：

```
module rom4096x18
#(parameter DATA_WIDTH=18, parameter ADDR_WIDTH=12)
(input clk,                       // 系统时钟
 input reset,                     // 异步复位
 input [(ADDR_WIDTH-1):0]address, // 地址输入
 output reg [(DATA_WIDTH-1):0]q); // 数据输出
// ----------------------------------------------------------
// 声明 ROM 变量
 reg [DATA_WIDTH-1:0]rom[2**ADDR_WIDTH-1:0];
 initial
 begin
   $readmemh("testdnest.mif", rom);
 end

 always @(posedge clk or negedge reset)
   if(~reset)
     q <= 0;
   else
     q <= rom[address];
endmodule
```

*.mif 文件是一个纯 ASCII 文件，每行只有一个字。

4.5.4　有限状态机

有限状态机(Finite State Machine, FSM)是每个微处理器的核心,有两种类型: Moore 和 Mealy,如图 4.7 所示。当我们希望避免输出出现毛刺时(例如键盘),通常首选 Moore 机;而 Mealy 机允许在输出端口立即反应(例如,汽车中的刹车)。在 HDL 中,我们必须编码三个块: 下一状态的逻辑、机器状态(又称状态寄存器)和输出逻辑,我们可以使用 1、2 或 3 个 always 块。我们还应该添加一个 reset 位,以便在有定义的初始状态下启动 FSM。以下是一个仅显示了状态转换的三状态机(不包括相关的 URISC 操作):

```
parameter FE=0, DC=1, EX=2;
reg [1:0]state;
...
always @(posedge clk or negedge reset)//FSM行为风格
begin : States        // 行为风格的 URISC
  if(~reset)begin    // 总是从 FE 状态开始
    state <= FE;
  end else begin      // 使用上升沿
    case(state)
    FE: begin         // 取指令
      state <= DC;
    end
  DC: begin           // 解码指令;分解 ir 内容
    state <= EX;
    end
  EX: begin           // 处理 URISC 指令
    state <= FE;
    end
    default : state <= FE;
  endcase
  end
end
```

reset 激活后,FSM 依次运行三个状态: FE、DC 和 EX,然后再次从 FE 开始运行。

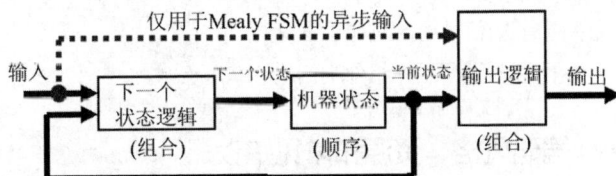

图 4.7　Moore 和 Mealy FSM

4.5.5　设计层次和组件

模块化设计用于将大型设计分解为更小的部分，这些部分可以更有效地由单个设计师或整个设计师团队构建、复用、测试和稍后组合。在 Verilog 中，组件(Component)是构建模块化设计的首选方法。如示例 4.1 中所示，通常不推荐使用门原语来构建设计。这会使代码难以阅读，甚至比我们试图用 Verilog 来替代的图形设计更糟糕。

举个例子，考虑一个带有时、分和秒显示的时钟设计。每个时钟都需要使用两位数字、二进制到 BCD 转换器、BCD 到七段解码器，以及模为 50×10^6、12 和 60 的计数器来进行显示，参见图 4.8。

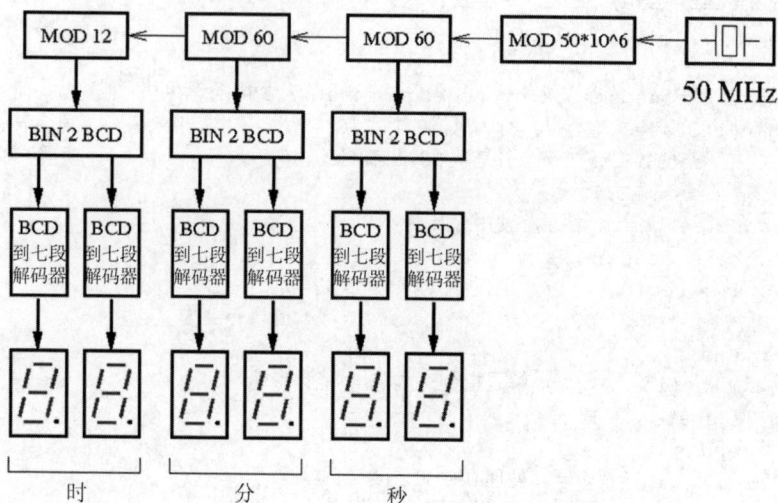

图 4.8　带有时、分和秒显示的时钟顶层概览

可以看到，我们需要用到 4 个类似的计数器、3 个二进制到 BCD 转换器和 6 个七段显示解码器。在模块化设计中，我们将只需设计 3 个时钟，而这样的单个大型设计如果不用模块的话则要设计 13 个时钟。为了使用组件，我们应该

- 将组件的 HDL 文件放在与顶层设计相同的目录中
- 使用位置或命名(首选)信号连接到本地线网

示例 4.1(第 14~16 行)中展示了用户组件实例化的编码示例。

4.5.6　Verilog 编码风格、资源和常见错误

根据你所在公司的要求或项目规则，你可能需要遵循大量的编码指南。如果你想制定自己的规则集合，则可以从 EDA 领导者 Synopsys Inc.和 Mentor Graphics Inc.提供的 OpenMORE 设计建议开始入手(超过 250 条规则，带有分数值，参见本书附带 `openmore.xls`)，或查看 FPGA 设计工具附带的编码建议。以下是推荐你至少应该遵守的一小部分建议(我们在后面的设计示例

中使用):

- 在每个文件的头部,要有标题、项目名、作者、工具、日期和带有资源和时间数据/估计的简短描述。
- 使用 Verilog 2001 的 ANSI C 风格 I/O 端口定义,避免使用 Verilog 1995 的 K&R 风格以防造成双重规范。
- 每行使用一个 I/O 标识符,并简要说明 I/O 端口的功能。
- 对短标识符和参数(即常量)标识符使用大写字母。
- 使用 2~4 个缩进,例如,对齐 module/endmodule、if/else、begin/end 等。
- 使用全长标识符,用下画线或驼峰命名法将单词组合在一个标识符中。
- 使用空格风格要一致(不要使用 Tab)。例如,在;,"()[]{}之前不要有空格。
- 将(嵌套)组件用于设计层级;避免使用 function 或 task。
- 尽可能使用 parameter 表示位宽,使用泛型的 always 敏感列表@{*},对触发器使用 posedge。
- 如果进行算术运算,使用(signed) integer 和 downto 数据索引。

当开始 Verilog 编码时,你可能想通过记住以下规则来缩短设计时间,这些规则也涉及 Verilog 编码中经常遇到的错误[BV99]。

- 每条 Verilog 语句必须以(单个)分号";"结尾。
- 在 end 环境关键字(如 endmodule、end、endtask、endfunction、endgenerate、endcase 等)后不放置分号。
- 引号:在常量的 size 和 base 分隔中使用单引号';字符串使用"...";整数不使用引号。例如,10→整数十,而 2'B10→$10_2 = 2_{10}$。
- 在以下情况下需要使用标签:带有变量定义的 always 块、带有 for 循环的 generate,还有组件(LRM 第 12 章称标签为模块实例名[I01]);defparam 使用组件标签而不是组件名。generate 块内的 for 循环也需要使用标签。语法:generate for(...)begin:label...end。
- always 敏感列表:右侧和 if/case 条件中的所有 variable 都要进入列表;在 Verilog 2001 中,@(*)或@*可用于纯组合设计,以包含所有变量。
- 线网在连续编码中使用,同时使用起始 assign 关键字和(=)赋值运算符。
- 在 always 块中,可以使用顺序编码非阻塞(<=)和阻塞(=)赋值,但阻塞只会使用顺序分析。在循环求值中,即使是组合变量也需要使用 reg 类型。组合和边缘触发输出不能在一个 always 块中进行组合。
- 使用所有三种类型的括号:{}用于连接,[]用于向量元素,()用于项分组、函数调用、组件端口等。
- generate 的循环变量需要通过 genvar 定义。使用 for 循环时也需要用到标签。

- 对于 AND(&) 和 OR(|)，逻辑运算符使用长度为 2 的运算符，位运算使用单长度运算符。AND 的优先级高于 OR。逻辑 NOT(!) 和位 NOT(~) 也是不同的。
- 关系：Y=1 给 Y 赋值 1；Y==1 检查 Y 是否为 1；Y===1 还检查 Z 和 X 的值。
- if 条件必须包含在()中，后面可以跟单条语句；对于多条语句，需要用到 begin...end 环境。在 if 或 case 语句中，当不是对所有输出路径都进行赋值时，可能会意外推断出锁存器。
- always 块内有三种 if 语句的应用。
  - 锁存器：使用不完整的 if 语句设计(即在错误路径中没有赋值)
  - 触发器：使用 posedge(clk) 表示上升沿，negedge(clk) 表示下降沿
  - 多路复用器：在所有分支中进行 if 赋值

4.6 延伸阅读

刚开始接触任何新的编程语言时，有很多信息需要消化。以下是一些提示，你可以在其中找到更多有用的信息，从而帮助你开始使用 Verilog 进行编码。

- 帮助：
  - 语言参考手册(Language Reference Manual，LRM)可从 IEEE explore 免费获取(PDF)或从 IEEE 购买印刷版，约 50 美元[I01]
  - COMIT Systems 或 QUALIS 的 Verilog 参考卡
  - Altera 和 Xilinx 中帮助菜单下的 Verilog 帮助
  - Altera 和 Xilinx 中模板菜单下的 Verilog 模板
- 提示：收集尽可能多的 Verilog 示例。
  - Verilog 书籍，例如：
    (1) J. Bhasker [B98]。包含许多将 Verilog 语句映射到门的示例
    (2) M. Ciletti [C04]。包含许多提示和 2001 版语言改进
    (3) M. Smith [第 11 章，S96]。提供了详尽的介绍：EDACafé 上有免费的书籍
    (4) 免费在线教程，如 D. Hyde 的"Verilog HDL 手册"[H97]
  - 在你最喜欢的教科书中为重要示例贴上便利贴
  - 分析这些示例，并确保在编码时随手可得
  - 对于 Altera/Xilinx 有关的在线教程、示例和视频，请参阅大学计划资源
  - 在/verilog 目录下，查看包含 FPGA 示例的 DSP 资料[MB14]

4.7　复习题和练习

简答题

4.1. Verilog 开发时遵循的两个关键原则是什么?

4.2. 图形化和基于文本的 CAD 工具各有什么优缺点?

4.3. 为什么 Verilog 中的 reg 数据类型并不意味着存储器元素?

4.4. Verilog 语言中使用的 4 个值是什么?

4.5. 为什么逻辑表达式 A && B || C 中不需要使用括号?

4.6. 阻塞赋值和非阻塞赋值有什么区别? 二者在语言上有什么要求?

4.7. 我们能在循环体内修改循环变量吗? 如果不能, 请解释原因。

4.8. 确定以下 Verilog variable 定义中包含的位数:

    (a) 长度为 8, 索引为 7...0 的向量, 名为 vec

    (b) 16 个 8 位有符号数据的数组, 名为 regs

    (c) 存储器数组, 包含 256 个元素, 每个元素 16 位, 索引为 1...16, 名为 dmem

    (d) 320 × 240 的 16 位无符号数据数组, 名为 image

4.9. 编写以下 Verilog 声明:

    (a) 长度为 8, 索引为 7...0 的 wire 类型向量, 名为 vec

    (b) 16 个 8 位有符号数据的 reg 类型数组, 名为 regs

    (c) 256 个元素, 每个元素 16 位, 索引为 1...16 的 reg 类型存储器数组, 名为 dmem

    (d) 320 × 240 的 16 位无符号数据 reg 类型数组, 名为 image

4.10. 给定以下声明:

```
wire U = 1'b1;
wire signed [5:0]V = 6'b111000;
wire signed [5:0]W = 6'b000011;
```

当 $1 \leqslant k \leqslant 9$ 时, 确定以下 Verilog 语句中右侧结果 X_k 的长度和二进制值:

(a) assign X1 = {U, W};

(b) assign X2 = {W, V};

(c) assign X3 = W / 2;

(d) assign X4 = ~(U & V[1]);

(e) assign X5 = ~V ;

(f) assign X6 = V >>> 1;

(g) assign X7 = | W;

(h) assign X8 = V + W;

(i) assign X9 = U & ~V[2]& ~W[2];

4.11. 开发 Verilog 代码以实现表 4.5 中给出的电路。对于($0 \leqslant k \leqslant 3$) always 语句，Pk 使用输入 D[k] 和输出 Q[k] 以及 reg 数据类型。综合出的电路类型是锁存器、D 触发器或 T 触发器。A、B 和 C 的功能可以是时钟、异步置位(AS)或复位(AR)、同步置位(SS)或复位(SR)。所有触发器都是上升沿触发，所有控制信号都是高电平有效。

表 4.5　要实现的电路

always	电路类型	CLK	AS	AR	SS	SR
P0	Latch	A				
P1	Latch	A	B	C		
P2	T-FF	B		A		C
P3	D-FF	B	A		C	

4.12. 确定以下三条 always 语句(图 4.9 左)对应的电路综合结果，同时标记 I/O 端口。简要描述这三个电路，包括控制信号。

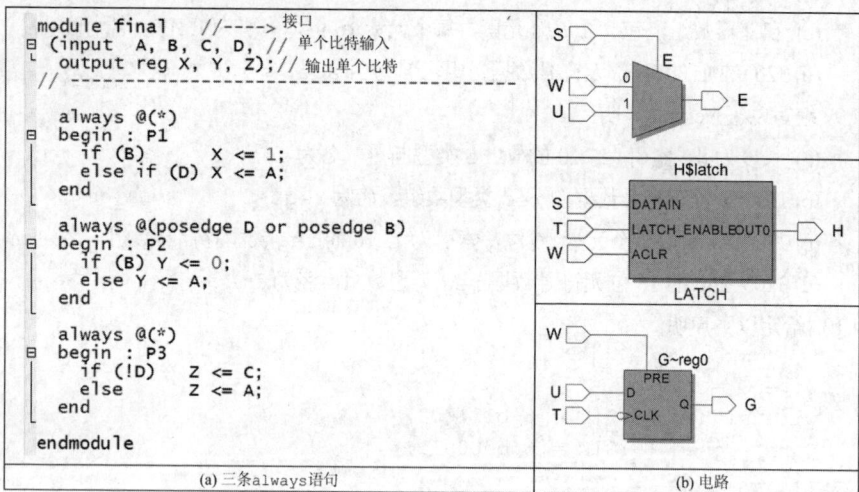

图 4.9　代码及对应的 RTL 视图

4.13. 对于上面右侧的三个电路(图 4.9 右)：

(a) 简要描述电路，包括控制信号。

(b) 使用 reg 数据类型编写 Verilog 代码 final7.v。

(c) 完成图 4.10 所示的 E、G 和 H 的仿真。

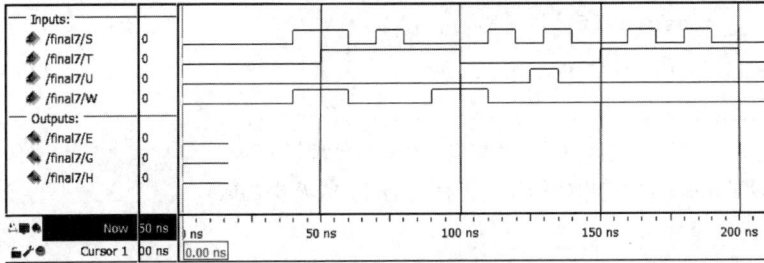

图 4.10 仿真图

填空题

完成表 4.6 中的数据。

表 4.6 常量及其相关信息对照

	常量	数基	比特数	十进制值
4.14.	8'B00001111			
4.15.	12'o1234			
4.16.	1234			
4.17.	16'H1234			

判断题

4.18. _____ Verilog 不区分大小写。

4.19. _____ Verilog 代码被包含在 module 和 endmodule 之间。

4.20. _____ Verilog 使用九值系统：0,1,Z,X,U,L,H,-,W。

4.21. _____ Verilog 没有枚举类型、布尔类型或浮点数据类型。

4.22. _____ Verilog 常量的 4 个进制是二进制(B)、八进制(O)、十进制(D)和十六进制(H)。

4.23. _____ Verilog 中整数的有符号算术运算采用补码。

4.24. _____ 所有 integer 的大小都是 32 位。

4.25. _____ 在 Verilog 2001 中，右移操作可以是使用>>的逻辑移位或使用>>>的算术移位。

4.26. _____ end 和 endmodule 后面没有分号。

4.27. _____ 在 Verilog 中，逻辑值 True 用 1 编码，False 用 0 编码。

确定以下 Verilog 用户标识符是否有效(True)或无效(False)。

4.28. _____ inputs

4.29. _____ _NOT_VALID_

4.30. _____ 38Special

4.31. _____ one-way

4.32. _____ begin_if

4.33. _____ 3DoorsDown

4.34. _____ F!NAL

4.35. _____ THIS_IS_a_VeryLOOOONG_IDENTIFIER

确定以下 Verilog 字符串字面量是否有效(True) 或无效(False)。

4.36. _____ 4'B0_0_0_0

4.37. _____ 9'o678

4.38. _____ 12'H678

4.39. _____ 'D987654321

4.40. _____ 3'B210

4.41. _____ 12'O_4321_

4.42. _____ 16'XABCD

4.43. 确定表 4.7 中 Verilog 2001 代码内的错误行(Y/N),并解释错误原因。

表 4.7 Verilog 代码及其错误和错误原因

Verilog 代码	错误(Y/N)	错误原因
module error ##----> Interface		
(input X, C;		
output Z1,		
output reg Z2);		
wire S, W,		
assign W <= C;		
assign Z1 = X;		
always @{C}		
begin : S		
if (CLK==1) begin		
X <= Z2;		
end if;		
end		
end_module		

4.44. 确定表 4.8 中 Verilog 2001 代码内的错误行(Y/N),并解释错误原因。

表 4.8 Verilog 代码及其错误和错误原因

Verilog 代码	错误(Y/N)	给出原因
module shiftregs begin		
(input CLK, DIN,		
output DOUT);		
parameter WIDTH <= 4;		
wire [0:WIDTH-1] B;		
d_ff D1 (CLK, DIN, B(0));		
genvariable j;		
generate		
for (j=1;j<WITDH;j=j+1)		
begin		
d-ff D3 (.D(B[j-1]),		
.CLOCK(CLOCK),		
.Q(B[j]));		
End		
endgenerate		
assign DOUT = B[WIDTH];		
endmodule		

项目和挑战

4.45. 使用 Verilog，仅用以下门实现 NOT、AND 和 OR，并通过仿真验证这些门是否是通用的。

    (a) 只使用两个输入的 NAND 门

    (b) 只使用两个输入的 NOR 门

    (c) 使用 2:1 多路复用器

4.46. 在 Verilog 中设计一个全加器

```
    s=a XOR b XOR cin ;
 cout =(a AND b) OR(cin AND(a OR b) )
```

并仅使用以下元素通过仿真进行验证：

    (a) AND、OR 和 NOT 门

    (b) 只使用两个输入的 NAND 门

    (c) 只使用两个输入的 NOR 门

    (d) 使用 2:1 多路复用器

4.47. 设计一个包含了(a)二进制计数器、(b)格雷码计数器、(c)约翰逊计数器和(d)具有异步复位功能的独热八状态计数器。使用 Balanced 综合选项确定计数器的大小和速度。

4.48. 实现 LS163 计数器并匹配图 4.11 所示的仿真。

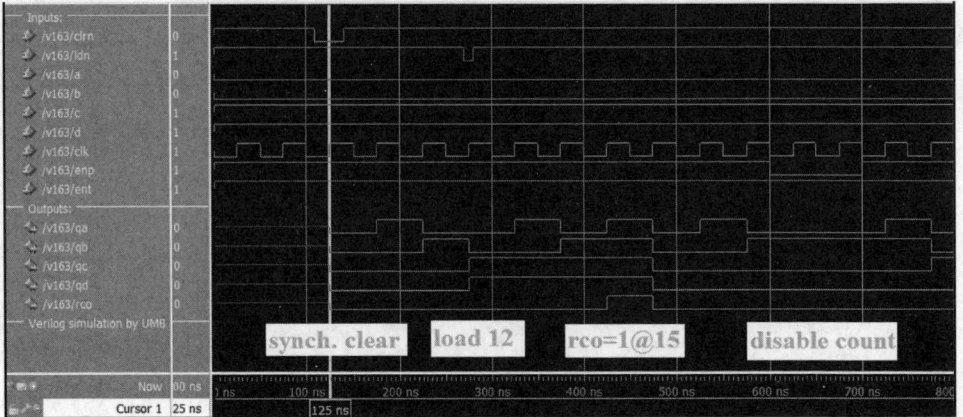

图 4.11 仿真图 2

4.49. 使用以下 8 种运算实现 8 位 ALU：加、减、求反(即 2 的补码)、布尔与、布尔或、布尔非、乘法输出 MSB 和乘法输出 LSB。通过如图 4.12 所示的仿真进行验证。

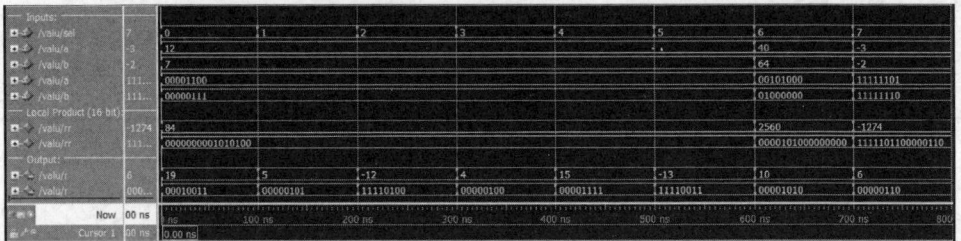

图 4.12 仿真图 3

4.50. 实现一个具有以下操作的 8 位数据移位 ALU：SL0、SL1、SR0、SR1、ROR 和 ROL。通过仿真进行验证。

4.51. 实现 LS181 ALU(仅限于逻辑运算)，并匹配图 4.13 所示的仿真。

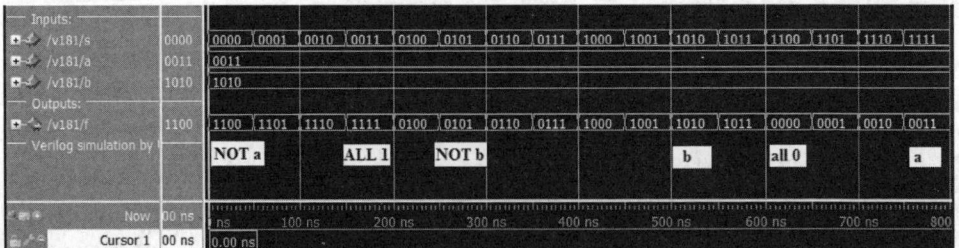

图 4.13 仿真图 4

4.52. 简述 FPGA 编译步骤: 综合、适配、布局布线、汇编和编程。

4.53. 通过下一个状态表为表 4.9 中描述的单输入单输出 FSM 开发 Verilog 代码。使用独热状态编码。FSM 具有低电平有效异步 reset, reset 状态为 A。开发下一个状态图和一个 100% 覆盖所有分支的测试台。

表4.9　下一个状态和输出的赋值

当前状态	下一个状态		输出 z
	x=0	x=1	
A	B	C	0
B	B	A	1
C	B	C	1

4.54. 开发 Verilog 代码实现类似于福特野马汽车的转向灯: 00X、0XX 和 XXX 用于左转, 其中 0 是灭, X 是亮。用 X00、XX0 和 XXX 表示右转向灯。对于紧急双闪灯, 两个开关都要打开。转向灯序列应该每秒重复一次。

4.55. 确定以下门级和行为级设计所需的资源:

(a) 使用 AND/OR/NOT 门或一个 2:1 多路复用器设计门控 D 锁存器, 连续编码

(b) 在 always 语句中使用不完整 if 语句设计门控 D 锁存器

(c) 使用两个多路复用器的主/从锁存器配置触发器, 连续编码

(d) 使用 posedge 和 always 设计触发器

4.56. 确定以下门级和行为级设计所需的资源:

(a) 使用 generate 的 8 个全加器方程来实现的 8 位加法器

(b) 使用矢量运算符+的 8 位加法器

(c) 一个仅使用全加器的 4×4 位乘法器

(d) 使用矢量运算符*的 4×4 位乘法器

4.57. (a) 用 Verilog 设计图 4.14a 所示的 PREP 基准 3。该设计是一个小型 FSM, 有 8 个状态, 8 位数据输入 i、clk、rst 和一个 8 位数据输出信号 o。下一状态和输出逻辑由上升沿触发的 clk 和异步复位 rst 控制; 功能测试见图 4.14c 中的仿真。表 4.10 显示了下一个状态和输出的赋值。

(b) 设计如图 4.14b 所示的基准 3 的多个实例化。使用三个实例验证正确的连接, 并制作快照。确定设计的带寄存器性能 Fmax 和使用的资源(LE、乘法器和块 RAM), 其中 PREP 基准测试 3 的最大实例化个数在 10%的误差范围内。使用你开发板上的器件, 综合选项选平衡。

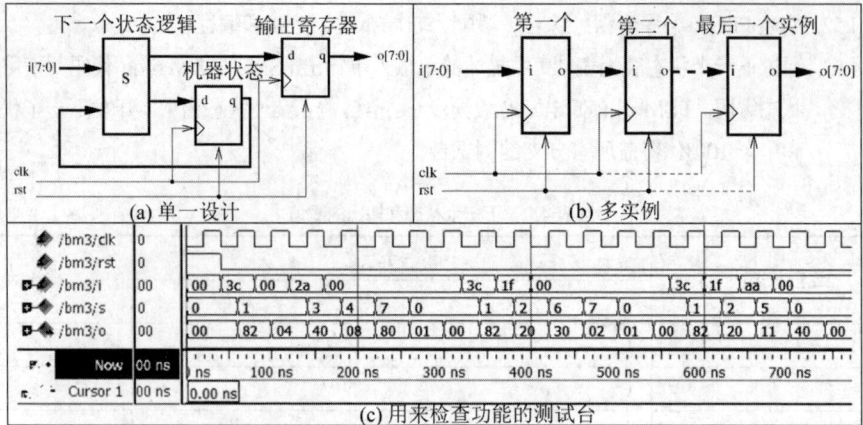

图 4.14　PREP 基准 3

表 4.10　下一个状态和输出的赋值

当前状态	下一个状态	i(十六进制)	o(十六进制)
start	start	(3c)'	00
start	sa	3c	82
sa	sc	2a	40
sa	sb	1f	20
sa	sa	(2a)'(1f)'	04
sb	se	aa	11
sb	sf	(aa)'	30
sc	sd	–	08
sd	sg	–	80
se	start	–	40
sf	sg	–	02
sg	start	–	01

4.58. (a) 使用 Verilog 设计 PREP 基准测试 7(相当于基准测试 8)，如图 4.15a 所示。该设计是一个 16 位二进制上升计数器。它具有异步复位信号 rst、高电平有效时钟使能信号 ce、高电平有效的加载信号 ld，以及 16 位数据输入 d[15...0]。寄存器通过 clk 的上升沿触发。图 3.15c 中的仿真首先显示计数操作 5，接着进行 ld(加载)测试。在 490 ns 时进行异步复位 rst 的测试。最后，在 700 ns 到 800 ns 之间，通过 ce 禁用计数器。表 4.11 总结了各项功能。

(b) 设计如图 4.15b 所示的基准 7 的多重实例化。使用三个实例验证正确的连接，并制作快照。确定设计的带寄存器性能 Fmax 和使用的资源(LE、乘法器和块 RAM)，其中 PREP 基准测试 3 的最大实例化个数在 10%的误差范围内。使用你开发板上的器件，综合选项选平衡。

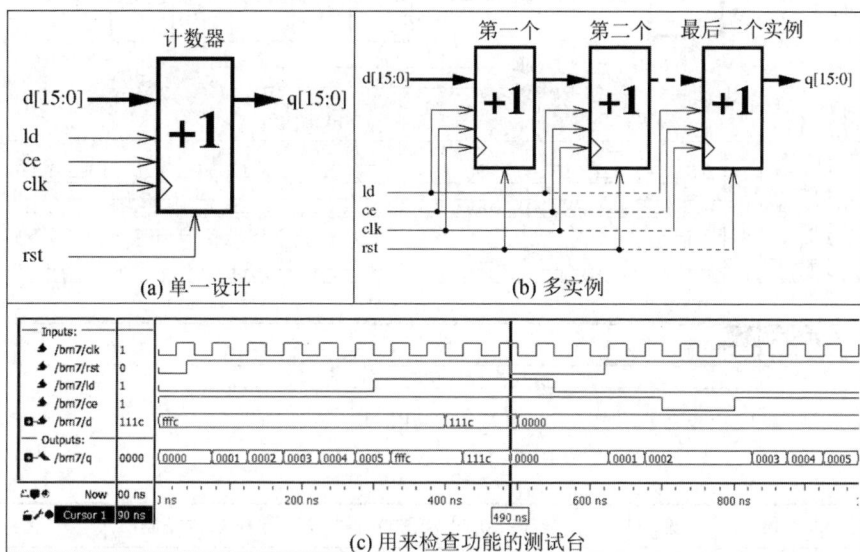

图 4.15　PREP 基准 7

表 4.11　各项功能的总结

clk	rst	ld	ce	q[15…0]
X	0	X	X	0000
↑	1	1	X	D[15…0]
↑	1	0	0	不变
↑	1	0	1	递增

4.59. (a) 使用 Verilog 设计图 4.16a 所示的 PREP 基准 9。该设计是微处理器系统中常见的存储器解码器。只有当地址选通 as 有效时，才会解码地址。落在解码器范围之外的地址会激活总线错误 be 信号。该设计有 16 位输入 a[15..0]和异步低电平有效复位 rst，所有触发器都通过 clk 上升沿触发。表 4.12 总结了行为(X 表示不关心)。

(b) 设计如图 4.16b 所示的基准 9 的多个实例化，并匹配图 4.16c 所示的仿真。使用三个实例验证正确的连接，并制作快照。确定设计的带寄存器性能 Fmax 和使用的资源(LE、乘法器和块 RAM)，其中 PREP 基准测试 9 的最大实例化个数在 10%的误差范围内。使用你开发板的上器件，综合选项选平衡。

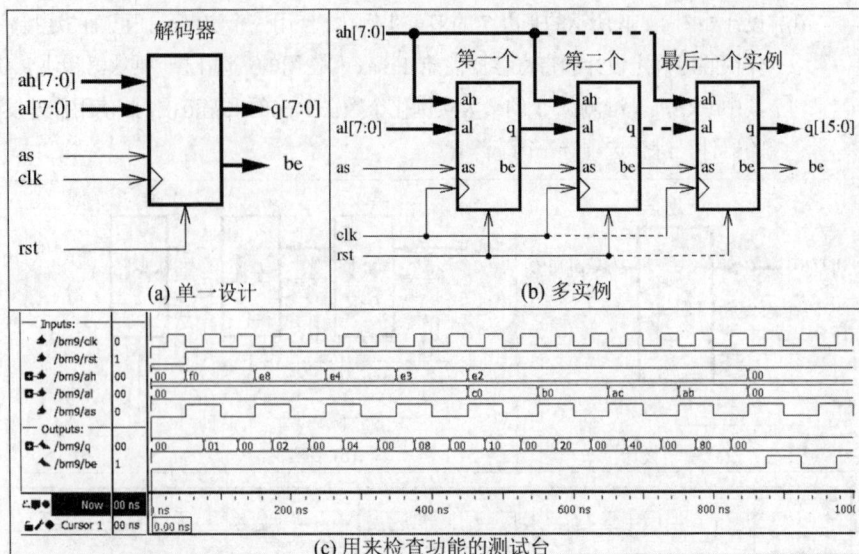

(a) 单一设计　　　(b) 多实例

(c) 用来检查功能的测试台

图 4.16　PREP 基准 9

表 4.12　行为总结

rst	as	clk	a[15…0] (十六进制)	q[7…0] (二进制)	be
0	X	X	X	00000000	0
1	0	↑	X	00000000	0
1	1	0	X	q[7…0]	be
1	1	↑	FFFF 到 F000	00000001	0
1	1	↑	EFFF 到 E800	00000010	0
1	1	↑	E7FF 到 E400	00000100	0
1	1	↑	E3FF 到 E300	00001000	0
1	1	↑	E2FF 到 E2C0	00010000	0
1	1	↑	E2BF 到 E2B0	00100000	0
1	1	↑	E2AF 到 E2AC	01000000	0
1	1	↑	E2AB	10000000	0
1	1	↑	E2AA 到 0000	00000000	1

第 5 章

用 C/C++进行微处理器编程

摘要

本章概述了后面几章嵌入式微处理器实例中以及本章将要开发的实用程序中所用到的语言要素。就像学习大多数编程语言一样，我们先从词法基础开始，然后讨论 C/C++语言具有的数据类型、操作和控制流语句。在结尾，我们将 ANSI C 和 C++进行比较，提出调试建议，并给出进一步的阅读材料。

关键词

ANSIC・DEC PDP-7・词法元素・C 与 C++・ASCII 表・LED 计数器・监控程序・C 数据类型・存储类・头文件・C 运算符・C 赋值・代码层次・函数・流控・调试器・SPEC・Dhrystone・DMIPS・VAX MIPS

5.1 引言

C 语言是早期的高级编程语言之一，最初由 Dennis Ritchie 开发，当时是作为一种高级汇编语言为 PDP-7 [KR78]这一 DEC UNIX 系统而开发的。它是由 Ken Thompson 的 B 语言衍生而来，而 B 是一种无类型的语言。C 语言则提供了多种数据类型：字符、整型以及几种不同大小的浮点数在 C 语言中都有使用。用指针、数组、结构体和联合体可以构建派生数据类型层级。表达式由运算符和操作数组成；任何表达式，包括赋值或函数调用，都可以是一条语句。指针提供了与机器无关的地址算术运算。C 语言还提供了构建结构良好的程序所需用到的基本控制流结构：语句分组、决策(if-else)、从多种可能出现的情况中选择一种(switch)、用于在顶部(while，for)或底部(do)进行终止测试的循环，以及早期循环退出(break)[KR78]。

你可能听说过一些人尽皆知的现代编程语言，如 C++、C#、Python 或 Java，你可能想知道今天嵌入式微处理器上最受欢迎的编程语言是什么。事实证明，新语言所带来的大部分令人兴奋之处还不足以取代 C 语言程序的优势，如由于使用了低级语言元素和完整的语言定义而构建的高效和简短的程序。事实上，大约 10 年前，当新的嵌入式微处理器项目启动时，C++曾经获得了相当大的市场份额——今天可以看到，C++提供的各种新功能使代码变得不那么紧凑，于是我们发现 C 程序又夺回了大部分市场份额，见图 5.1。

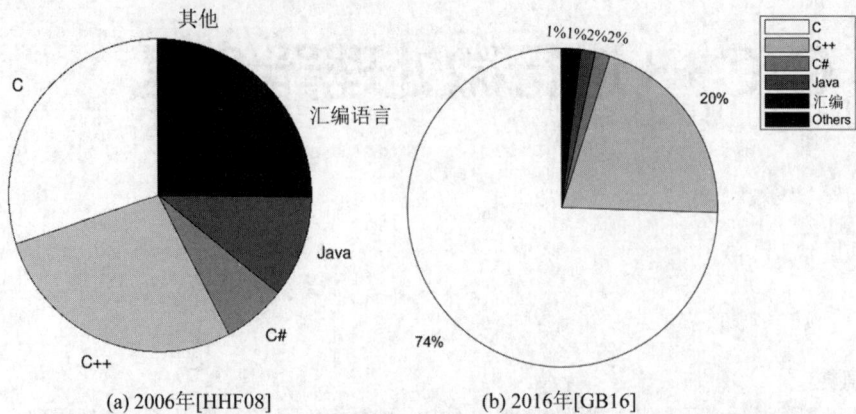

（a）2006年[HHF08]　　　　　（b）2016年[GB16]

图 5.1　用于嵌入式 μP 设计中的编程语言所占的市场份额

因此，对于软件语言层面，我们将聚焦于 C 语言，并在 5.7 节中讨论与 C++有所区别的几个关键事实。C 语言于 1989 年进行了最初定义，有时被称为标准 C、C89、ISO C 或 ANSI C。后来出现的语言更新，如 C90、C95、C99、C11 等，你手头的编译器可能也支持；不过，使用 ANSI C 更保险，它具有的语言特性对我们使用的嵌入式系统来说足够了。

5.2　词法元素

如果我们计划学习一门新的编程语言，首先要问的重要问题是该语言是行敏感的(如 MATLAB)和/或列敏感的(如 PYTHON)。这通常可以通过检查是否用分号"；"以终止所有的语句来回答。在 ANSI C 中，单行语句

```
a = b + c;
```

和以下写法将会被编译成同一个程序：

```
a=
    b +
c;
```

由于要求每条语句都要用分号结束，我们可以得出结论，额外的空格、制表符或回车符其实都无关紧要，所以 ANSI C 不是一种行或列敏感的语言(C++风格的单行注释和编译器指令除外)。C 语言中的注释用/* ... */包围，并且可以占据多行。C++风格的单行注释以双斜线//开始，并持续到行尾，大多数 C 语言编译器也支持这种注释(即 C99 标准的一部分)。

第二个重要的词法问题是，一种语言是否大小写敏感。C/C++是大小写敏感的，比如 MAIN、Main 或 main 都被认为是不同的标识符。所有的关键字都小写。我们仍然强烈建议每个变量名称只使用一次(小写、驼峰或大写)。

在 ANSI C 中，作为变量名、标签、常量名、函数名等使用的基本用户标识符必须以字母或下画线开始，然后可以是字母数字或下画线字符；在 BNF 中，我们会写成

```
letter|_{alphanumeric|_}*
```

下面的表 5.1 列出了所有的 ANSI C 关键字。下面是几个 ANSI C 中有效和无效的基本用户标识符的例子：

合法：x x1 _y_ Clock clock_enable
非法：main(关键字) P!NK(特殊字符) 4you(以数字开始)

表 5.1　ANSI C 关键字又称保留字，按功能组排序

数据类型	char, double, enum, float, int, void
数据属性	long, short, signed, struct, typedef, union, unsigned
控制流	break, case, continue, default, do, else, for, goto, if, return, switch, while
存储类	auto, const, extern, register, static, volatile

在 C/C++中，使用了三种括号类型：圆括号()用于表示函数参数、项目分组，也用于转型，[]用于索引数组，而花括号{}用于将语句分组。

表达式中使用的运算符(包括复合赋值)有 1、2 或 3 个字符，需要在书写时不留空格，并且更多地使用特殊符号(例如||而不是 OR)而不是字母字符。5.4 节更详细地讨论了所有的运算符。

变量的常数初始值使用基于十进制或十六进制的编码，例如，十进制 16 在十六进制中被编码为 0x10。C 不支持二进制或是八进制。字符和字符串使用 8 位 ASCII 代码，其中数字的范围是十进制代码 48-57，而大写字母的十进制代码范围是 65-90，小写字母的十进制代码是 97-122。在本章的最后，作为练习，我们将制定一个完整的可打印字符的 ASCII 表(见图 5.2b)。

通过查看所支持的关键字，可以了解许多编译器具有的功能。这确实也是评估所支持的数据类型、属性和控制流指令的良好起点。在 ANSI C 中，有 32 个保留字，通常不妨按照四大类来排序：数据类型、数据属性、控制流和存储类。

(a) 控制码0-31

十进制	十六进制	字符
0	0	空
1	1	标题开始
2	2	正文开始
3	3	正文结束
4	4	传输结束
5	5	请求
6	6	告知收到
7	7	响铃
8	8	退格
9	9	水平制表符
10	A	换行
11	B	垂直制表符
12	C	换页
13	D	回车
14	E	不用切换
15	F	启用切换
16	10	数据链路转义
17	11	设备控制1
18	12	设备控制2
19	13	设备控制3
20	14	设备控制4
21	15	拒绝接收
22	16	同步空闲
23	17	结束传输块
24	18	取消
25	19	媒介结束
26	1A	代替
27	1B	换码
28	1C	文件分隔符
29	1D	分组符
30	1E	记录分隔符
31	1F	单元分隔符

(b) 可打印字符32-127(Nios II终端打印)

十进制	十六进制	字符	十进制	十六进制	字符	十进制	十六进制	字符
32	20	Space	64	40	@	96	60	`
33	21	!	65	41	A	97	61	a
34	22	"	66	42	B	98	62	b
35	23	#	67	43	C	99	63	c
36	24	$	68	44	D	100	64	d
37	25	%	69	45	E	101	65	e
38	26	&	70	46	F	102	66	f
39	27	'	71	47	G	103	67	g
40	28	(	72	48	H	104	68	h
41	29	)	73	49	I	105	69	i
42	2a	*	74	4a	J	106	6a	j
43	2b	+	75	4b	K	107	6b	k
44	2c	,	76	4c	L	108	6c	l
45	2d	-	77	4d	M	109	6d	m
46	2e	.	78	4e	N	110	6e	n
47	2f	/	79	4f	O	111	6f	o
48	30	0	80	50	P	112	70	p
49	31	1	81	51	Q	113	71	q
50	32	2	82	52	R	114	72	r
51	33	3	83	53	S	115	73	s
52	34	4	84	54	T	116	74	t
53	35	5	85	55	U	117	75	u
54	36	6	86	56	V	118	76	v
55	37	7	87	57	W	119	77	w
56	38	8	88	58	X	120	78	x
57	39	9	89	59	Y	121	79	y
58	3a	:	90	5a	Z	122	7a	z
59	3b	;	91	5b	[	123	7b	{
60	3c	<	92	5c	\	124	7c	|
61	3d	=	93	5d	]	125	7d	}
62	3e	>	94	5e	^	126	7e	~
63	3f	?	95	5f	_	127	7f	DEL

图 5.2　ASCII 表

在后面的章节中使用的四种基本数据类型是 char、int、float 和 double，并且可以用 unsigned、short、long 或 long long(仅 C99)等属性进一步描述，或者对于编译器的存储类，我们可以指定 auto、const、extern、register 或 static。我们经常使用的其他数据类型是数组和指针以及函数；较少使用结构体和联合体。关于数据类型的更多细节参见 5.3 节。控制流操作将在 5.5 节讨论。

最后让我们简单看看整个 C 程序的组织结构。下面是一个短小的 LED 例子，它包含了我们在所有程序中会看到的大部分程序段。

C 示例程序 5.1：带软件监控的 LED 跑马灯

```
1    #include <stdio.h> /* 使用 printf */
2    #include "address_map_nios2.h"
3
4    /* 函数原型 */
```

```
5    void wait(int s);
6
7    /* 本程序展示了使用 Altera Monitor
8     * 程序在 DE1-SoC 板上进行通信
9     *
10    * 它执行以下任务
11    * 1. 使用红色 LED 显示计数值
12    * 2. 计数器的速度由 SW 开关决定
13    * 3. SW 值的任何变化都会显示在 Altera
14    *    Monitor Terminal 窗口
15    */
16   int main(void) {
17       /* 为 I/O 寄存器声明 volatile 指针。
18          volatile 意味着编译器不能优化这
19          个变量，需要按代码字面意思来使用 */
20       /* 右边的常量值来自 address_map_nios2.h */
21       volatile int *red_LED_ptr =(int *)LEDR_BASE; /* 红色 LED 地址 */
22       volatile int *SW_switch_ptr =(int *)SW_BASE; /* 滑动开关 SW */
23
24       int SW_value, SW_old;   // 保存当前和上一次开关值
25       int k;                  // 跑马灯变量
26       printf("This simple LED counter program\n");
27       printf("running on the Nios II.\n\n");
28       printf("Watch the LEDs ....\n");
29       printf("Use SW to change the speed\n");
30       k = 1;
31       while(1){                    /* 一直跑下去 */
32          SW_value = *SW_switch_ptr;  /* 读开关的值 */
33          *red_LED_ptr = k;          /* 一次操作一个 LED */
34          wait(SW_value) ;           /* 调用睡眠函数 */
35          if(k < 1024)
36             k *= 2;
37          else
38             k = 1;
39          if(SW_old != SW_value) { /* 检查新的 SW 值 */
40             printf("New SW value = %d\n", SW_value) ;
41             k = 1;
42             SW_old = SW_value;
43          }
44          SW_old = SW_value;
45       }
46       return 0;
47   }
48
49   /**********************************************************
50    * 如果无法使用 usleep()，则使用定制 wait
51    **********************************************************/
```

```
52  void wait(int s)
53  {  /* volatile 从而让 C 编译器不会优化掉循环 */
54      volatile int u, v, sum = 0;
55      for(u = 1; u < 100000; u++)
56          for(v = 1; v < s; v++)sum += v;
57  }
```

一个典型的程序包含五部分：库、编译器指令、函数原型、主程序和函数定义。库函数提供了一些必须使用的函数，如 I/O、文件操作或常量定义(第 1 行)。本地库文件使用双引号"..."，而全局库文件使用<...>。

编译器指令，如#define、#ifdef、#ifndef、#else 或#endif 语句，可用于定义全局常量或设置开关，如 DEGUG 显示开/关。我们还可以指定宏操作，这些操作将作为频繁执行的(小)任务的内联替换，如打印头文件信息或 SWAP 两个变量。在嵌入式系统编程中，通常的做法是把这种定义放在一个外部文件中。对于 Nios II TerASIC 板，使用了文件 address_map_nios2.h(第 2 行)。表 5.2 给出了经常使用的库文件的概况。

表 5.2　ANSI C 的常用头文件[Jon91]

头文件	内容	例子
limits.h	整数范围	CHAR_BIT, INT_MAX, INT_MIN
float.h	浮点数范围	FLT_MANT_DIG, DBL_MANT_DIG
stdio.h	I/O 功能	printf(),sprint(),fopen(),fprintf()
stdlib.h	工具函数	abs(), atoi(), atof(), malloc() free(), rand(), srand(), qsrot()
unistd.h	低级时间函数	usleep()
time.h	高级时间函数	time(), difftime(,)
math.h	数学函数	sin(x), sqrt(), pow(,), floor(), log()
string.h	字符串操作	strlen(), strcpy(,), strcat(,), strcmp(), strcat(,)

如果我们使用用户函数，则应该在后面定义这些函数(第 4~5 行)，这里只需指定 I/O 端口，后面加一个分号。这样就可以在主程序或其他函数中使用这些函数，而无需关心编译顺序。接下来是主程序(第 16~47 行)。我们可以添加一个参数列表 main(int argc, char *argv[])，这样当启动程序时，输入的文件名或参数值就可以传给所用的主函数。最后定义将在程序中使用的函数(第 49~57 行)。

上述程序将在开发板的 LED 上产生一个"跑马"灯。运行的速度由开发板上的滑动开关决定。开关值的任何变化都会显示在开发系统对应的监控程序中；见图 5.3 左下角名为 Terminal 的面板。跑马灯的视频可扫描本书封底的二维码下载，名称是 led_countQT.MOV 和 led_counterWMT.MOV，分别用于 QuickTime 和 Windows 媒体播放器。

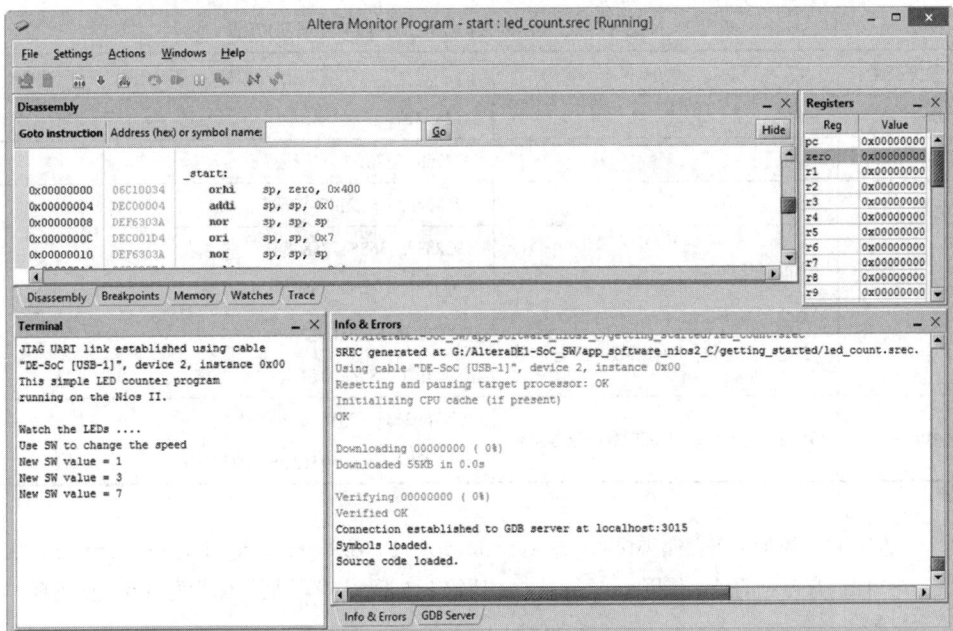

图 5.3　LED 计数程序在 DE 板卡上运行

5.3　数据类型、数据属性和储存类

基本 C 数据类型

ANSI C 有 4 种基本类型。

- char 代表单个字符
- int 代表整数
- float 代表单精度的浮点数
- double 代表双精度的浮点数

整数类型 int 在 C99 中可以被进一步限定为 short、long 和 long long。

数字的范围主要由使用的比特位数决定。我们可以通过查看编译器头文件(limit.h 和 float.h)来了解，或者可以利用预定义的 C 函数 sizeof()。这个函数会告诉我们某种类型的数据在内存中占据的字节数(×8 得到位数 B)。那么对于无符号数，我们可以使用 $0...2^B-1$ 的范围；对于有符号数，可以使用 $-2^{B-1}...2^{B-1}-1$。默认情况下，我们使用有符号数据；为了定义 unsigned 数据，需要在类型前面加上数据属性 unsigned。表 5.3 给出了基本数据类型的大小及范围。

表5.3　Nios II GCC 使用的数据类型大小和(有符号数)范围

数据类型	大小	范围
char	8 位	−128...127
Short int	16 位	−32768...32767
int	32 位	−2147483648...2147483647
long long	64 位	−9223372036854775808 ...9223372036854775807
float	32 位；符号位；8 位指数；23 位尾数	3.402823466e+38(最大) $\varepsilon = 1.192092896e{-}07$
double	64 位；符号位；11 位指数；52 位尾数	1.7976931348623158e+308(最大) $\varepsilon = 2.2204460492503131e{-}016$(最小)

我们还可以添加一个存储类说明，如 auto、const、extern、register、static 或 volatile。最常见的是，使用 volatile 说明符来告诉编译器不要优化我们对变量的处理方式，例如

```
volatile int delay_count;
...
for(delay_count=100000; delay_count!=0; --delay_count);
```

这个延迟循环(用于降低我们的 LED 切换速度)几乎肯定会被每个常见的 C 语言编译器优化掉，因为它并没有真正做任何计算，只是把延迟计数器的值降到 0。volatile 关键字告诉编译器仍然要将计数器的值递减。

ANSI C 允许我们建立派生或复合数据类型。数组和指针在嵌入式处理中的使用量很大，因为我们经常通过 I/O 端口地址与周边组件进行通信；例如，请看示例程序 5.1 中的 SW_switch_ptr。指针操作*p 用来解除引用，&i 用来取 i 的地址。指针将被分配相同大小的内存空间，与数据类型(典型的是 int)无关，因为它需要存储微处理存储器的完整地址，而地址长度不取决于数据类型。数组指针应该与数组类型相匹配，这样递增++或递减--就会指向正确的下一个数组元素。让我们在下面的短代码序列中演示指针的使用。

```
int i, k;               /* 定义两个整型变量 */
int *i_ptr, *k_ptr;     /* 定义两个指向整型的指针 */
i_ptr = &i;             /* i_ptr 现在指向 i */
*i_ptr = 5;             /* i 现在的值是 5 */
k_ptr = i_ptr           /* k_ptr 现在也指向 i */
k = *k_ptr;             /* k 现在的值也是 5 */
```

指针和数组是近亲。一维或二维数组等可以通过在变量定义中使用 var_name[num] 来定义。数组的索引总是从 0 开始，以 num−1 结束。我们也可以用{}来包含数组的初始值，这样也

就隐含地指定了长度。字符串的结尾通常用\0 表示。这里有几个例子(逐字复制自 Nios 的例程):

```
char text_top_row[40]= "Altera DE1-SoC\0"; /* VGA 信息 */
short buffer[512][256]; /* 像素缓冲 */
unsigned char       seven_seg_decode_table[]= {
0x3F, 0x06, 0x5B, 0x4F, 0x66, 0x6D, 0x7C, 0x07,
0x7F, 0x67, 0x77, 0x7C, 0x39, 0x5E, 0x79, 0x71 };
```

我们总是有两种选择来访问数组:可以使用数组索引表示法或指针风格;以下等式两边的表示是等价的:

```
array_name[i]== *(array_name + i);
&array_name[i]== array_name + i;
```

我们不太经常使用 struct 或 union,只在一些通用性程序中使用它们。这种场合下你可以进行定义并建立链表,比如说

```
struct symbol {
    char *symbol_name;
    int symbol_value;
    struct symbol *next;
};
```

这样就可以赋予每个名字唯一的值。然后,我们可以使用一个循环来查看构建的列表,如果找到的话,使用下面的代码返回为其所赋的值:

```
int lookup_symbol(char *symbol){
    int found = -1;
    struct symbol *wp = symbol_list;
    for(; wp; wp = wp->next){
        if(strcmp(wp->symbol_name, symbol)== 0){
            return wp->symbol_value; } /* 找到符号 */
    }
    return -1; /* 没有找到符号 */
}
```

该函数将遍历列表并返回符号值,如果没有找到符号,则返回 - 1。

5.4　C 运算符和赋值

表 5.4 中列出了按优先级递减排列的 ANSI C 运算符。

表 5.4　ANSI C 支持的运算符和优先级

优先级	结合性	运算符	描述
15	左	( ) [ ] -> .	函数调用、作用域、数组/成员访问
14	右	! ~ -* & sizeof (转型) ++x -x x++ x--	(大多数)一元运算符、取大小、强制转型
13	左	* / %	乘、除、模
12	左	+ -	加和减
11	左	<< >>	按位左移和右移
10	左	< <= > >=	比较: 小于, …
9	左	== !=	比较: 相等和不等
8	左	&	按位 AND
7	左	^	按位异或(XOR)
6	左	|	按位兼或(正常)OR
5	左	&&	逻辑 AND
4	左	||	逻辑 OR
3	右	?:	条件表达式
2	右	= += -= *= /= %= &= |= ^= <<= >>=	赋值运算符
1	左	,	逗号运算符

从表 5.4 中可以得出一些结论。ANSI C 使用了 15 个优先级，是 VHDL 的两倍多。用于 AND 的位运算符和逻辑运算符比 OR 的优先级高，所以混合 AND 和 OR 表达式时不需要用圆括号 ( ) 来将其分组。NOT 运算符不需要使用圆括号，因为它的优先级是 14。还有个 XOR 可用于位运算，但不能用于逻辑运算。整数的一般逻辑运算和按位逻辑运算可能产生不同的结果。如果两个操作数都是非零，则逻辑 AND 产生 1；而只有当两个操作数都是零时，逻辑 OR 才是零。我们需要注意空格，因为 AND 符号 & 也用于地址算术运算，见练习 5.7。表 5.5 列出了几个按位逻辑运算的例子，假设 A=1 而 B=2：

表 5.5　按位逻辑运算的例子

逻辑运算表达式	逻辑运算结果	位运算表达式	位运算结果
A && B	1	A & B	0
A || B	1	A | B	3
! A	0	~A	0xFF…E

我们刚刚见证了一元(即一个操作数)NOT 运算如何进行。其他的一元运算包括加、减号、后自增/后自减、前自增/前自减等，这些运算可以使变量增加/减少 1。假设 B=2，并使用以下语句之一，可得

```
R = B++; // 得 R=2
R = ++B; // 得 R=3
R = B--; // 得 R=2
R = --B; // 得 R=1
```

ANSI C 具有大多数编程语言中典型的所有 6 种关系运算。然而，相等和不等运算的优先级低于其他 4 种关系运算。

ANSI C 支持左移和右移。取决于硬件和编译器，左移可能比乘以 2 的幂的乘法运算更有效，而右移则比除以 2 的幂的除法运算更有效。你可能需要验证一下你所用的编译器是否以 2 的补码来处理负数，即对负数进行正确的符号传播。例如，如果使用 char START = -4(二进制的 -100_2；十六进制的 0xFC)，则有

```
RESULT =(START << 1); // 得-8
RESULT =(START >> 1); // 得-2(十进制)=0xFE 符号正确
RESULT =(START >> 1); // 得 0x7E=126(十进制) 符号不正确
```

在 ANSI C 中没有定义旋转或循环移位运算，移位量应该是正的。

其他算术运算取其通常的数学意义。模运算%很耗时，我们通常尽量避免使用。对于 R = X % Y，余数 R 的符号与 X 相同。

算术中求值是左结合的，例如，对于 a=2；b=3；c=4，我们可以得到

```
left =(a-b) - c;        // 强制左结合得-5
right = a -(b-c) ;       // 强制右结合得 3
default = a-b-c;        // ANSI C 隐含左结合得-5
```

可以用一个小的测试序列来验证每种运算，例如：

C 示例程序 5.2：用测试 opc.c 验证运算

```
1    #include <stdio.h>
2    #include <math.h>
3    #include <errno.h>
4    #include <stdlib.h>
5    #include <ctype.h>
6    // 检查支持的运算
7    char i, x, y; // 8 位的字符/整型
8    char a[11];     // 数字数组
9    void main(){
10   x=5;y=14;
11   // 测试算术运算
12     a[0]= x + y - 19;
13     a[1]= y - x - 8;
14     a[2]= x * y - 68;
15     a[3]= y / x + 1;
```

```
16    a[4]= y % x;
17    // 测试位运算
18    a[5]=(x & y)+ 1;
19    a[6]=(x | y)- 9;
20    a[7]=(x ^ y)- 4;
21    a[8]=(~x)+ 14;
22    // 移位测试
23    a[9]=(x << 2)- 11;
24    a[10]=(y >> 1)+ 3 ;

25    for(i=0; i<=10; i++)    // 顺序打印值
26       printf("%d) res= %d\n",i, a[i]);
27 }
```

在编译和运行 C 代码后，我们会按递增顺序打印数组值。还有两个运算符，即逗号运算符和条件运算符，将在下一节中与控制流结构一起讨论。

我们通常在口袋计算器中用到的算术函数并没有多少被包含在了标准语言的运算中。然而，大多数编译器都带有大量的库函数。一些额外的数学函数，如随机数生成器 `rand()` 和种子 `srand()`，或 `qsort()` 可通过 `stdlib.h` 库获得。`math.h` 库包含许多有用的数学运算，如幂、平方根、对数和三角函数。其中许多运算是为参数类型 `double` 而定义的，因此可能需要花费大量的时间和程序空间。对于许多应用来说，使用 `float` 浮点数据类型的精度是绰绰有余的，而双精度并不是真的需要。在 C99 中，对于所有这些数学函数，都增加了 `float` 浮点数据类型的版本。这对大多数嵌入式处理器来说是一个值得赞赏的补充。虽然在 PC 或笔记本电脑上，我们可能看不到任何实质性的运行时间变化，因为这些 CPU 有双精度的浮点单元，但对于嵌入式处理器来说，因为它们通常只支持 `float` 浮点类型(又称 32 位浮点)，因此可以观察到性能得到了大幅提高。"降"精度的函数名是原来的双精度函数名称再加个"f"，如 `sqrtf()`、`logf()`、`sinf()`、`cosf()` 等。

ANSI C 使用两种赋值。对于三个操作数的赋值，使用符号=。同样的赋值运算符被用来指定初始值。对于双操作数处理类型，以下两种赋值是相同的：

```
var = var op expr; // 左右两边的 var
var op= expr;      // 可以这样来简化
```

这适用于所有 5 种算术操作(+、-、*、/、%)和位操作(&、|、^、<<、>>)。

5.5 控制流构件

编程语言中具有的典型控制流构件是单条和多条选择语句以及循环。让我们首先讨论选择语句，然后是循环。在 ANSI C 中，对于简单的选择，使用 `if` 语句，它根据指定的条件来执行语句。下面的示例代码展示了如何确定两个输入的最大值：

```
if(A > B)
  MAX = A; // A 大
else
  MAX = B; // B 大
```

如果 if 语句的每个分支包含有一条以上的语句，则可以用大括号{...}来分组。对于多个条件，我们可以考虑使用 switch 语句，例如

```
KEY_value = *(KEY_ptr);    // 读取按键
…
switch(KEY_value)
{  case 2 : k=k/2; break; // 将亮条往右移动
   case 4 : k=32;  break;  // 将亮条移动到中间位置
   case 8 : k=k*2; break; // 将亮条往左移动
   default : break;        // 没有缺省动作
}
…
*(red_LED_ptr)= k;         // 点亮红色 LED
```

所有的 case 动作都应该用 break 语句来结束，以避免出现直落(fall through)。可以用 default 动作来涵盖最常见的情况。

大多数编译器支持所有的三种循环类型，如 ANSI C：while、for 和 do 循环，但这三种循环基本上都可以做同样的操作。更有趣的问题是，在循环中访问数组的最有效方式是什么。下面求数组中 5 个元素之和的小例子显示了三种循环对应的基本语法和编码选项。

C 示例程序 5.3：循环代码和数组访问 loops.c

```
1    // 检查支持的循环和数组访问
2
3    int sum;// 数组的和
4    int i;  //  8 位的字符/整型
5    int a[5]; // 数字数组
6    int *ptr, *ptrlast; // 地址值
7
8    void main(){
9
10     // 设置测试值
11     a[0]= 5; a[1]= 10; a[2]= 15; a[3]= 20; a[4]= 25;
12     sum = 0;  // 重置和；最后应该是 3*75=225
13
14     i = 0;
15     while(i < 5){
16        sum += a[i];
17        i++;
18     } // 使用标准数组访问
19
```

```
20    ptr =(int *)&a; ptrlast = ptr + 5;
21    do {  // 使用数组指针偏移量
22        sum += *ptr++;
23    } while(ptr < ptrlast);
24
25    ptr =(int *)&a;  // 数组指针递增
26    for(i = 0; i < 5; i++)sum += *(ptr + i);
27  }
```

第一个循环显示了 while 循环与标准数组访问的结合使用(C 代码第 14~18 行)。在进入循环之前，首先检查了 while 条件。接下来是一个 do/while 序列，使用后置地址自增访问(C 代码第 20~23 行)数组。与 while 循环不同的是，do/while 至少运行一次，并在最后检查下一次运行的条件。最后是带有地址指针偏移访问的 for 循环(C 代码第 25~26 行)。在 for 循环中，我们使用了三个循环控制元素：初始语句、终止条件和循环更新语句，全部由分号分隔。这三个控制部分中的每一个都可以有多条语句，并用逗号隔开。可以使用编译器指令每次使能一种循环类型，这样我们就可以衡量不同的程序长度。事实证明，对于大多数编译器来说，带有地址自增的 for 循环类型给出了最快和最短的程序代码，即

```
for(i=0; i<5; i++)sum += *ptr++;
```

我们也可以使用"循环展开"，即完全不使用循环，而是写五条语句：

```
//循环展开
ptr =(char *)&a;
sum += *ptr++;
sum += *ptr++;
sum += *ptr++;
sum += *ptr++;
sum += *ptr;
```

展开的循环通常会产生较长的代码，但是由于减少了计算开销，展开后的循环通常运行得更快。这条规则的唯一例外是，如果 for 循环适于放入缓存，但展开的循环不能这样做，如带有一个小缓存的 TMS320 PDSP。

5.6 代码层级和 I/O

在所开发的 C/C++项目中使用函数，不仅可以在代码中建立一套层次结构，还可以使你的代码更容易维护和复用。在嵌入式系统中，由于程序的 ROM 大小有限，整体代码大小的缩减往往是非常重要的特性。如果我们允许进行递归函数调用，μP 就需要有相当大的 pc 级的栈，这样多级子程序调用就不会产生溢出。我们可以用下面的小例子尝试一下递归函数的调用。

C 示例程序 5.4：用 **fact.c** 验证递归函数调用

```
1  #include <stdio.h> /*使用 printf */
2  /* 使用标准循环和递归调用求阶乘
3   * 作者: Uwe Meyer-Baese
4   */
5  /* 函数原型 */
6  int fact(int n);
7
8  int N, f, r, i;
9
10 void main()
11 {
12    N= 5; f=1;
13    for(i=1; i<=N; i++)f = f * i; //  标准循环
14    r= fact(N); // 递归调用函数
15
16    printf("fact(%d) STD = %d recursive = %d\n",N,f,r);
17 }
18 int fact(int n)
19 {
20    if(n==0)
21       return 1;
22    else
23       return(n * fact(n-1));
24 }
```

我们看到第 13 行以常规方式使用 `for` 循环来计算阶乘。对于 N=5，我们会期望结果 $f = 1 \times 2 \times 3 \times 4 \times 5 = 120$。而在第二种方法中，我们使用了一个递归函数，即代码中的第 18~24 行。请注意，在第 23 行中，该函数再次调用自身 `fact(n-1)`。现在运行一下代码来验证我们的程序；预期的结果是这样的

```
fact(5)STD = 120 recursive = 120
```

到目前为止，我们已经讨论过的函数存在的局限性是，该函数只提供一个返回值。如果有一个以上的值要返回，就用"按引用调用"来代替我们到目前为止所使用的"按值调用"。下面是个小例子，它被用于在嵌套的函数调用中对数组进行排序。

C 示例程序 5.5：多返回值函数调用 **swap.c**

```
1  #include <stdio.h> // 使用 printf
2  /*  交换/排序示例，展示多返回值
3   * Author: Uwe Meyer-Baese
4   */
5  /* 函数调用 */
6  void swap(int *, int *);
```

```
7    int sort(int *, int);
8
9    int a, b, c, L=5;
10   int v[]= { 8, 1, 13, 5, 7 }; // 5 个元素的向量
11
12   int main(int argc, char *argv[])
13   {
14    a = 5; b = 7;
15    printf("Before swap: a = %d b = %d\n",a,b) ;
16    swap( &a, &b) ;
17    printf("After swap: a = %d b = %d\n",a,b) ;
18    printf("Before sort:(%d,%d,%d,%d,%d)\n",v[0],v[1],v[2],v[3],
         v[4]);
19    c = sort(v, L); // 对数据排序
20    printf("After sort:(%d,%d,%d,%d,%d) \n",v[0],v[1],v[2],v[3],
         v[4]);
21    printf("FYI: Used %d swap in sort\n", c) ;
22    // 程序的结束信息
23    printf("Done with %s.exe -- Good bye\n", argv[0]);
24   }
25   /********** 交换两个元素 ********/
26   void swap(int *x, int *y)
27   { int t; // 使用临时变量
28    t = *x;
29    *x = *y;
30    *y = t;
31   }
32   /********** 对数组排序 ********/
33   int sort(int *x, int len)
34   { int k, done, count=0;
35    do { done = 1;
36      for(k = 1; k < len; k++)
37        if(x[k - 1]> x[k])
38        { swap( &x[k - 1], &x[k]); done = 0; count++; }
39    } while(!done) ;
40    return(count);
41   }
```

为了实现按引用调用，我们在关联标量时使用指针和取址运算符(第 16 行)。对于数组，不使用指定的地址来进行引用调用(第 19 行)，因为数组名称也是指针。因为我们首先指定了函数头文件，所以可以调用 sort()，它会多次调用 swap()，也就是进行嵌套函数调用。我们首先测试交换函数(第 14~17 行)，然后继续进行排序(第 18~21 行)，数组 v[]事先初始化为随机整数值(第 10 行)。程序运行的输出结果将如下所示：

```
Before swap: a = 5 b = 7
After  swap: a = 7 b = 5
```

```
Before sort:(8,1,13,5,7)
After  sort:(1,5,7,8,13)
FYI: Used 5 swap in sort
Done with swap.exe -- Good bye
```

最后，讨论如何向程序输入数据并产生输出。让我们讨论一下为程序提供输入的三种最常用的方法。我们可以"暂停"程序的处理，通过使用 scanf()"要求"用户向我们的程序输入数据。第二种方法，也可以在命令行启动时直接输入数据并附加参数，如

```
io.exe 65 hallo 1989.0
```

第三种方法是将我们的数据放在一个普通的文本文件中(如 data.txt)，可以用 notepad 或其他程序来编写该文件，然后在命令行中启动程序时指定该文件作为参数，即

```
io.exe data.txt
```

如果带着参数来使用 main(int argc, char *argv[]) 例程，那么我们的命令行输入将被存储在 argv[] 数组的 1、2、3 等位置处，而 0 用于存放程序名称，同时 argc 包含参数计数器。这里有一个小程序，演示了输入选项以及输出到标准输出(即屏幕)和文件。

C 示例程序 5.6：输入和输出的演示 io.c

```
1  #include <stdio.h>  // 使用 printf, fopen, fprintf
2  #include <stdlib.h> // 使用 atoi, atof
3  #include <string.h> // 使用 strlen, strcpy
4
5  // 检查 I/O 函数
6  int k, i, ic; // 局部变量
7  char s[20];
8  char fname[]="example.txt"; // 文件名
9  float f;
10 FILE *fin, *fout; // 文件指针
11
12 int main(int argc, char *argv[])
13 { // 输入: 65 hallo 1989.0
14   // 打印输入行
15   for(i = 0; i < argc; i++)printf("%d: %s\n", i, argv[i]);
16   switch(argc) { // 基于输入行进行分支跳转
17     case 1: printf("Please enter INT STRING FLOAT\n");
18          ic = scanf("%d %s %4f\n", &i, s, &f);// 没有输入
19          break;
20     case 2: fin = fopen(argv[1], "r"); // 提供的文件名
21          if(fin != NULL)/* 从文件读取 */
22            fscanf(fin, "%d %s %4f\n", &i, s, &f);
23          fclose(fin);
```

```
24          printf("Done reading 3 inputs from FILE\n");
25          break;
26    case 4: printf("Done reading 3 inputs from STDIN\n");
27          i = atoi(argv[1]); // 提供了三个输入
28          f =(float)atof(argv[3]); strcpy(s, argv[2]);
29          break;
30    default: printf("Wrong parameter number\n"); exit(1);
31    }
32   printf("Reading done -- Start Processing\n");
33   // 以不同的格式打印整数
34   printf("dec=%d octal=%o hex=%04x char=%c\n", i,i,i,i);
35   // 打印首尾字符和整个字符串
36   k = strlen(s);
37   printf("first=%c last=%c whole=%s ...\n",s[0],s[--k],s);
38   // 以三种格式打印浮点数
39   printf("exp=%e std=%f short=%g\n",f,f,f);
40
41   // 打印到文件 example.txt
42   fout = fopen(fname, "w");
43   if(fout != NULL){
44     printf("Writing the file: %s\n", fname) ;
45     fprintf(fout,"dec=%d octal=%o hex=%04x char=%c\n",i,i,i,i);
46     k = strlen(s);
47     fprintf(fout,"first=%c last=%c whole=%s ...\n",s[0],s[--k],s);
48     fprintf(fout, "exp=%e std=%f short=%g\n", f, f, f);
49     fclose(fout);
50   }
51   else { printf("Unable to write the file: %s\n", fname) ; }
52   // 程序终止信息
53     printf("Done with %s.exe -- Good bye\n", argv[0]);
54 }
```

第 12 行中 main 的变量 argc 存放着输入参数的数量，二维数组*argv[]存放着字符串形式的参数，argv[0]存放程序名称。for 循环(第 15 行)将打印命令行参数。switch 语句(第 16~31 行)将处理三种不同类型的输入模式。我们的程序将要求输入一个 integer、一个 string 和一个 float 数字。如果没有提供输入，程序将要求输入这三个数据。如果存在一个输入，我们会假定它是文件名，并尝试用 fopen()打开该文件，其中"r"参数表示读取，然后读取数据(第 20~25 行)。如果该文件不存在，函数 fopen()将返回一个 NULL 指针。对于 argc 等于 4 的情况,表示所有三个输入都被提供了,我们会将字符串转换为适当的变量类型，然后用 atoi() 将其转换为整型，而用 atof()将其转换为 float 类型。然后以不同的格式打印出(在屏幕上显示)这三个输入。

　　所有的格式说明都以百分号%开始，然后是可选的长度说明，后面是基字符。对于整型变量，我们可以使用的基有十进制%d，八进制%o，小写十六进制%x，大写六进制%X，或者字符显示%c。如果我们输入 65 这样一个整数，那么 ASCII 表中的相关字符(见图 5.2)就是第一个大写字母 A。我们还可以强制输出到一个特定的长度，如果还想看到前导零(在汇编编码中经常需要用到)，则可以使用诸如%04x 这样的格式，从而总是显示四个数字，包括前导零。那么对于十六进制值 41，显示的将是 0041。字符串使用%s 格式说明符，从索引 0 开始显示字符串，直到遇到一个\0(即字符串终止符号)。对于 s[20]而不是完全指定的长度为 20 的字符串，只会显示 5 个字符。对于长度为 1 的字符串，我们也可以使用单字符格式%c。对于浮点数，典型的格式选择是%e，它显示归一化的指数表示。%f 格式用于显示标准的浮点数格式，它包含 6 个小数位。还有%g 格式，在小数位全部为 0 的情况下，试图将显示位数降到最低。当从包含了数据 65 hallo 1989.0 的文件 data.txt 中读取数据后，程序运行会产生以下输出：

```
0: io
1: data.txt
Done reading 3 inputs from FILE
Reading done -- Start Processing
dec=65   octal=101  hex=0041   char=A
first=h  last=o whole=hallo ...
exp=2.018000e+03  std=2018.000000 short=2018
Writing the file: example.txt
Done with io.exe -- Good bye
```

　　接下来在代码中(第 42 行)使用说明符"w"打开一个输出文件 example.txt 进行写入。写文件与写标准输出基本相同，只需要用 fprintf(FID,...)代替 printf(...)，即加上首字母 f 和文件标识符。最后，在程序成功完成运行的情况下，我们将生成程序终止信息。

5.7　额外的考虑和推荐

　　最后让我们讨论一下开发 ANSI C 代码时涉及的三个更重要的话题。我们应该使用调试器还是调试打印，以及是否应该从 C 迁移到 C++或反之。最后，我们想讨论一下用于衡量微处理器性能的程序，也就是基准测试。

调试器与调试打印
　　在理想情况下，程序员写的代码 100%正确。这非常不现实，因为每个程序员都会犯错。事实上，如果你考虑到今天复杂的编程任务，可能会发现自己花在验证代码和捕捉 bug 的时间比花在项目的概念和实施阶段的时间要多。嵌入式软件开发中的典型错误包括：

- 录入错误，如语法错误或者是常量值、变量名、地址值的打字错误等
- 与 I/O 设备通信的错误，特别是漏掉了中断使能或清除标志
- 子程序链接不正确，包括版本控制
- 存储器的寻址、位置和等待状态中的错误
- 程序写得差劲，没有实现正确的代数或数据流

问题是我们怎样才能尽快发现这些错误。有两个主要的概念，叫做调试器和调试打印(对于身处讨论之外的人来说，这看起来几乎是一场永远分不出胜负的哲学之争)，二者都有其优缺点。

现在让我们从第一种方式开始了解，即调试打印。通常，你需要监控所用的数据，检查数值范围、数组溢出、除以零等。显而易见的方法是在终端/屏幕上使用 printf() 以显示这些关键变量，或者使用 fprintf() 将数据输入文件，这不需要使用任何额外的工具或事先学会什么技能。我们可以使用如下代码

```
printf("Debug printing(y/n)?\n"); scanf("%c",&ask);
...
if(ask=='y')printf("New SW value = %d\n", SW_value) ;
```

然而，这种编码方式存在的问题是，得到的最终程序会包含所有的调试代码，这可能会占用 CPU 的时间，但更重要的是使程序的大小有显著的增加。表 5.6 给出了 led_count 程序的大小(见 Altera Nios II 示例程序 5.1)，分别对应包括和不包括调试代码的情况。

表 5.6　包括和不包括调试代码的 led_count 程序的大小

风格	无 printf() 或 scanf()	使用 printf()	使用 printf() 和 scanf()
大小	3 KB	55 KB	91 KB

可以看出，如果你在代码中使用了 printf() 和 scanf() 函数，估计每个函数需要消耗大约 40~50 KB 的代码空间! 这在嵌入系统中是相当可观的，也许会比可用的空间还要大。FPGA 供应商提供了一些尺寸较小的 printf() 函数，例如定制的 xil_printf() 或 alt_printf()，由于这些函数不支持浮点数字格式的打印，所以尺寸要小得多，但仍然需要占用大量的额外空间。因此，更好的方法是使用编译器指令，在开关关闭的情况下，在编译的预处理阶段删除调试代码。我们可以用下面的编码方式:

```
#define DEBUG 0
…
if(DEBUG)printf("New SW value = %d\n", SW_value) ;
```

这种编码方式看起来和上面的类似；主要的区别是 DEBUG 现在是一个编译器常量，编译器可能利用了这一点。这种编码方式在大多数 C/C++编译器中都能正常使用，这些编译器会注意到在 DEBUG 标志被设置为零的情况下 printf()是死代码。如果编译器没有那么聪明，我们可以使用第二种方案，但是需要多写点代码：

```
//#define DEBUG
#ifdef DEBUG
     printf("New SW value = %d\n", SW_value);
#endif /* DEBUG */
```

如果没有定义 DEBUG，编译器指令将保证 printf()不会产生代码，因为预处理器将在预处理阶段删除#ifdef 和#endif 之间的代码。编译器甚至不需要评估该代码是否是死代码。所以，综上所述，对于调试打印，你应该使用编译器指令模式，并在调试打印中使用#ifdef 和#endif。

现在让我们来谈谈另一种能让代码没有错误的重要概念：调试。今天，大多数专业的 C/C++编译器也都有一个复杂的调试工具。例如，GNU C/C++就使用了一种叫做 GDB 的工具。调试器可以有以下一种或多种功能：

- 设置断点
- 单步运行、跳过和/或深入子程序
- 根据寄存器或存储器中的值设置条件断点
- 允许修改存储器和寄存器
- 允许你定位程序崩溃的位置

GDB 会生成一个核心转储文件，可以用来定位程序崩溃的位置。如果错误不那么严重，那么我们可以在代码的关键部分设置断点、验证变量、寄存器值或内存争用，甚至修改这些地方出现的错误。除了 GDB，我们还可以使用 Altera Monitor Program，它在 GUI 环境下能完成大部分的任务，这样我们就不需要学习另一种(通常是冗长的)调试器语言。

为了理解调试器的基本概念，让我们运行一个简短的 flash.c 程序，它读入滑动开关的值并在一段时间后翻转红色 LED 的状态。使用图 5.5a 所示的滑动开关位置(即 SW0 和 SW2=ON)，程序应读出数值 5。如果我们运行 Altera 的调试器，将总是在 main 处使用一个断点。在 AMP 中单击指令旁边左边的灰色区域，你可以打开和关闭断点，见图 5.4。接着，我们将尝试确定下一个有用的断点位置。我们在无限循环中使用了 D4，这样就可以手动修改程序从输入的滑动开关中读取的内容。假设我们想把这个传感器的值修改为 15 或十六进制的 F，那么需要确定用于存储变量 data 的寄存器。从 stwio 对应的反汇编代码中，我们推断出它是寄存器 r16，然后双击该值并将其改为 F。如果现在再运行一次迭代，直到再次到达该断点，那么电路板上的 LED 显示将根据我们修改的新值而改变，即 LED0-4 被打开，见图 5.5b。下面是 flash.c 的源代码。

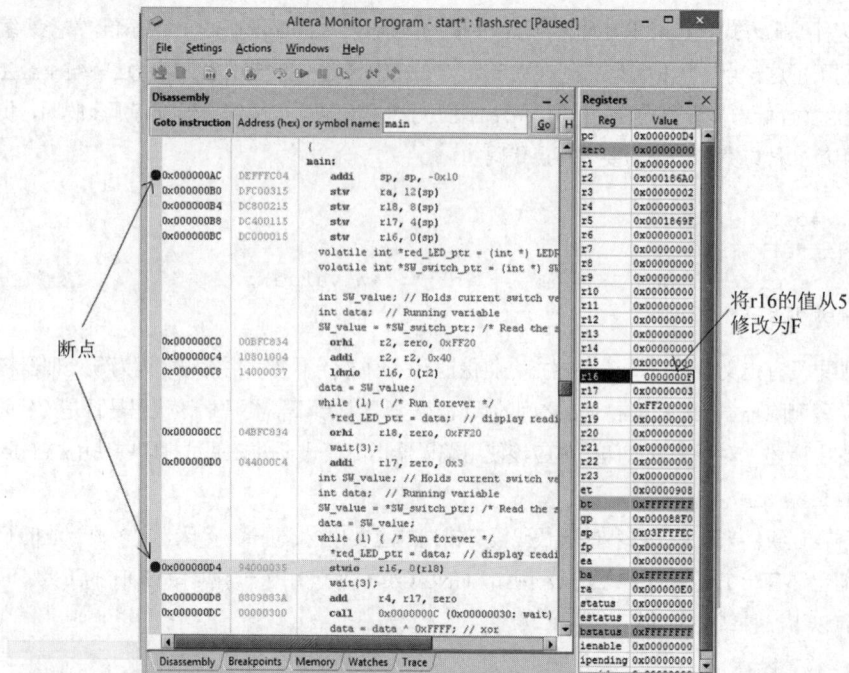

图 5.4　Altera Monitor 调试器在 Nios II 上运行 flash.c

(a) 原来显示二进制 5　　　　　　　　　　(b) 修改显示设置 r16=F

图 5.5　LED

以下是 flash.c 程序的源代码。

C 示例程序 5.7：使用调试器调试小测试程序 **flash.c**

```
1  #include <stdio.h> /* 使用 printf */
2  #include "address_map_nios2.h"
3
4  /* 函数原型 */
5  void wait(int s );
6
7  /* 程序演示了使用 Altera Monitor
8   * Program 在 DE1-SoC 板上进行调试
9   *
10  * 它执行以下任务
11  * 1. 读取滑动开关值并以红色 LED 显示
```

```
12  * 2.在 1 秒后翻转 LED
13  */
14  int main(void)
15  {
16   /* 右边的常量值来自于 address_map_nios2.h*/
17   volatile int *red_LED_ptr=(int *)LEDR_BASE;   /* 红色 LED 地址 */
18   volatile int *SW_switch_ptr =(int *)SW_BASE; /* 拨动开关 */
19
20   int SW_value; // 保存当前开关值
21   int data; // 跑马灯变量
22   SW_value = *SW_switch_ptr; /* 读取开关值 */
23   data = SW_value;
24   while(1){ /* 永远运行 */
25     *red_LED_ptr = data; // 显示读取的值
26     wait(3); // 等待一段时间
27     data = data ^ 0xFFFF; // 异或，即翻转
28   }
29
30  }
31  /**********************************************************
32   * 如果 usleep()不可用，定制等待函数
33   **********************************************************/
34  void wait( int s )
35  { /* volatile 于是 C 编译器不会移除循环 */
36   volatile int u, v, sum=0;
37   for(u=1;u<100000;u++)
38     for(v=1;v<s;v++) sum+=v;
39  }
```

下面简单地总结一下这两种调试方案的利弊：

- 调试打印方法不需要学习新的工具或语言。
- 调试打印程序运行得更快，因为寄存器和内存不是一直被监控的。
- 如果转移到另一个平台(编译器或 μP)，一个标志就能支持我们监测许多中间结果，以更快地找到程序在哪一点上运行不同步。
- 调试器调试方法的优点是不需要编写一行额外的 C/C++代码。
- 调试器调试后的代码已经 100%是最终产品，也就是说，没有任何“死代码”的更干净的代码。
- 调试器调试方法允许进行更高级的测试和监控，如修改中断请求(寄存器)、存储器争用和外设。

正如你所见，其实并没有一个真正的赢家。这往往是个人选择和经验的问题。关于调试器调试与调试打印的讨论到此结束。关于 Altera 调试方法的更多细节，可以在 Altera/Intel 大学项目网页上找到[Int17, Alt15]。

C 与 C++

我通常不喜欢扫大家的兴，但抱歉，C++这个名字有点误导。它暗示 C++是带有一些附加特性的 ANSI C 语言，正如++所表示的那样。然而，这并不完全正确。是的，C++基本上可以做 ANSI C 所能做的所有事情(甚至更多)，但是有一些写法在 C++和 C 中的确是不同的，你无法总在 C++中使用自己编写的 C 代码。有时必须重写。下面我们先总结一下二者的类似之处，然后看看其不同之处。表 5.7 展示了 C 和 C++的主要相似之处。

表 5.7　C++和 ANSI C 的主要相似之处

项目	ANSI C	C++
ID 语法	L_{L|D_}	
大小写	敏感	
数据类型	char、int、float、double 等	
流控制	for、while、if、switch、function、?:	

变量名、标签、常量名、函数名等标识符的定义方式都一样。都区分大小写，例如，main、Main 和 MAIN 都是不同的标识符。4 种基本数据类型是相同的，流程控制使用相同的元素来构建循环或条件。

但是我们也发现大量的编码要求在 C++和 ANSI C 中是不同的，表 5.8 给出了最重要问题的概述。

表 5.8　C++和 ANSI 的不同之处

项目	ANSI C	C++
源文件扩展名	*.c	*.cpp
库	#include <stdio.h>	#include <iostream>
输出	printf,fprintf	cout <<
输入	scanf	cin >>
打印到字符串	sprintf	N/A
定制类型	使用 struct	使用 class[译注：struct 也可以定义类]
运算符重载	N/A	OK

通常，我们可以使用相同的工具来编译 C 和 C++。由于文件的扩展名不同，因此编译器可以容易地区分二者。库文件在 ANSI C 中使用扩展名*.h 来进行引用，C++中不是。许多头文件被重新命名，例如，ANSI C 中使用的 printf 或 scanf，我们可以在头文件 stdio.h 中找到。而要在 C++中使用 cout <<，我们需要用到 iostream 头文件，也许还需要用到 iomanip 来设置输出精度。类似地，limit.h 成为 climits，float.h 成为 cfloat，stdio.h 成为 cstdio，stdlib.h 成为 cstdlib，time.h 成为 ctime，math.h 成为 cmath，string.h

成为 cstring。C++ 工具箱中的重要增加是类和为类定义的运算。例如，我们可以定义一个复杂的类型，并将乘法和加法等操作与之关联，从而对新的类使用标准运算符；见练习 5.37-5.39。在 ANSI C 中，类似机制的变通方式是使用一个 struct 并通过函数调用来定义各种运算，见练习 5.34-5.36。

微处理器的性能评估

通用计算机系统的性能评估通常是通过标准程序集来完成的，如系统性能评估合作组织 (System Performance Evaluation Cooperation，SPEC) 为整数和浮点基准测试所定义的程序集。它是由惠普、DEC、MIPS 和 SUN 微系统公司创立的，测试集针对 GO、GCC、COMPRESS、LI、PERL 等流行程序的运行时间进行测量，并以平均分来确定系统性能。这对需要运行文本处理、编译器乃至游戏等各种应用的通用计算机系统来说是有意义的。在嵌入式微处理器系统中，只有极少数的微处理器系统需要运行许多不同的应用程序，并需要快速地运行它们，例如你手机中所用的处理器。此外，大多数嵌入式系统对功耗、实时性或内存限制都有要求，甚至可能无法运行这些“大型” SPEC 基准程序。此外，浮点 SPEC 需要使用一个 FORTRAN 编译器，但不是所有的嵌入式处理器中都会有此编译器。对于运行 MPEG 解码器或 SSD 纠错等单一应用的嵌入式系统来说，就算处理器可以快速编译 GCC 程序或快速运行中国围棋游戏也没什么用。因此对于嵌入式系统来说，更多时候所谓的合成基准，如 Whetstone 或 Dhrystone 是更实用更有用的。这种单个的 C 语言程序试图在所使用的运算、控制流、子程序调用和所使用的数据类型方面重现一个典型程序包含的统计数据。这些简短的程序被运行数百万次，以产生微处理器系统的 DMIPS 和 WMIPS 评分。让我们仔细看看 DMIPS 基准，因为它经常出现在微处理器数据表中。数据手册通常会给出处理器具有的 DMIPS/MHz 值，因此根据实际的处理器速度，你可以通过将 DMIPS/MHz 值乘以最大处理器速度 F_{max} 来计算预期的 DMIPS 值。这个值的范围从没有使用任何缓存的 Nios II 的 0.02 DMIPS/MHz 到 ARM Cortex-A9 的 2.1。高 DMIPS/MHz 评分说明了架构和/或系统设计的卓越。DMIPS 等级不仅取决于 CPU 架构，还取决于整个系统设计，如使用的编译器(可用选项)、是否有数据和/或指令缓存以及程序使用的是片上还是 SDRAM 存储器。表 5.9 显示了不同系统配置对应的一些测量数据。对编译器选项的修改可以使性能差异达到 3.87 倍。缓存架构和程序位置的修改带来的性能差异能达到 13.2 倍。如果设置 111 MHz 的最大时钟速度，我们在 DE1 SoC 板上测量到 Nios II/f 的最大 DMIPS 性能为 102 DMIPS。进一步增加缓存大小(I/D=16 K)对 DMIPS/MHz=0.99 只有很小的影响，但 F_{max} 下降了 10%，为 100.05 MHz。所以总体 DMIPS 并没有得到改善。

表 5.9　为 Nios II/f 进行 DMIPS/MHz 测量

ALM	1625	1456	1920	1683	
存储器	<1%	52%	2%	53%	
Fmax/MHz	106.53	108.87	108.97	111.5	
片上程序		X		X	

(续表)

					最大/最小
SDRAM 程序	X		X		
D-缓存	0	0	4K	4K	
I-缓存	0	0	2K	2K	
优化					最大/最小
-O1	0.02	0.08	0.19	0.23	**9.9**
-O2	0.04	0.13	0.25	0.50	**12.4**
-O3	0.06	0.21	0.31	0.81	**12.6**
-O4	0.07	0.22	0.64	0.92	**13.2**
最大/最小	**2.9**	**2.87**	**3.27**	**3.87**	

　　DMIPS 的源代码可以从网上获取，它支持许多不同类型的编译器，包括 R. Weicker 编写的原始 Ada 程序或我们更偏好的 C 代码[Wei84]。由于这是 ANSI-C 标准发布之前所用的代码，因此该基准测试可能需要进行一些编辑，如增加满足 ANSI-C 要求的函数原型和函数返回类型。还需要为被测系统准备一个可用的定时器。Dhrystone DMIPS 源代码可在 Xilinx SDK 新项目模板中找到，过去也可在 Altera Nios 2 EDS 中找到(Quartus 15.1 版本中不再包含)。对于 ARM，你可以使用内部的 XScuTimer；而对于 MicroBlaze，你需要添加一个 AXI 定时器；对于 Altera则需要使用一个 Qsys 组件定时器。Dhrystone 使用标量，也使用整型、char、枚举、布尔、指针和字符串类型的数组，但不使用浮点类型数组。DMIPS 基准测试代码包含了一个典型程序的所有元素，如算术运算符(+、−、*、/)，比较运算符(=、!=、<、>、<=、>=)和逻辑运算符(and、or、not)，控制构件(if、for、while 等)和函数调用，见图5.6。

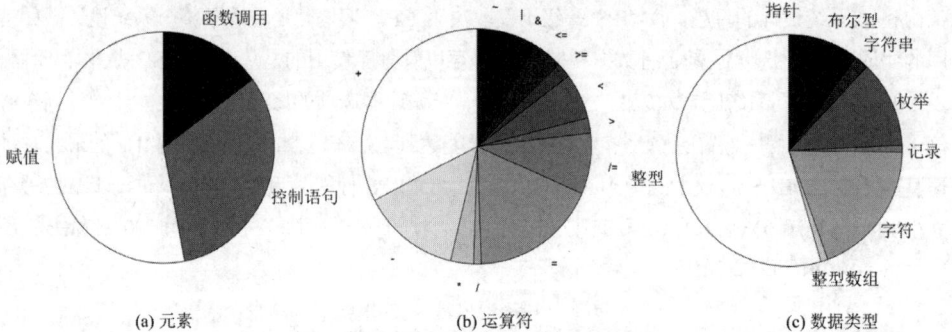

(a) 元素　　　　　　　　(b) 运算符　　　　　　　　(c) 数据类型

图 5.6　Dhrystone C 语言分布

Dhrystone 中运算符出现的频率反映了典型程序中的统计情况，例如，加法运算的使用频率是除法运算的 13 倍。Dhrystone 基准使用重复调用的八个"步骤"和三个函数。根据 VAX MIPS 的评分，Dhrystone 每秒的运行次数按照 VAX MIPS 处理器的评分被归一化为 1757.0，VAX MIPS 处理器是在定义该基准时流行的处理器。

回顾我们到目前为止讨论的大多数例子，你可能会认为嵌入式微处理器只用于处理琐碎的事情，如灯光控制、键盘或转动汽车后视镜。然而，今天它还有许多更复杂的应用，如 JPEG、MPEG 编码器和解码器、机械电子系统、通信协议或生物医学信号处理等，都是嵌入式微处理器系统的应用。例如，假设我们已经测量了一个孕妇的多通道心电图信号(例如用 DE1 SoC 板上的八通道 ADC)，并希望提取出振幅比母亲心电图小十倍的胎儿心电图[MMS16]。可以完成这类任务的一种有效程序是主成分分析(Principle Component Analysis，PCA)。其中我们计算各通道之间的互相关矩阵 R_{xx}，接着计算这个 R_{xx} 矩阵对应的特征向量，然后可以合成 FECG。特征值和特征向量的计算是通过一系列的矩阵运算完成的，这些递归的矩阵乘法通常是以浮点方式进行的，以避免算术运算结果溢出。整个 FECG 算法将需要完成可观数量的浮点运算，并需要进行实时计算。由于 DMIPS 没有提供任何浮点测量，我们可以使用 Whetstone 基准测试，但是在 MWIPS 评分中，八个循环中只有三个会测量浮点的性能。因此，让我们自己进行浮点测量，包括计算雅可比和 QR 特征值算法所需的 sqrt() 函数花费的时间。为了减少循环的开销，我们总是使用相同的操作 10 次，每个循环运行 10K 次，每项操作总共 100K 次。

我们测量时间 T，可以计算出单个运算的延迟 $\tau=T/100K$。取倒数再缩小 10^6 将得到浮点百万指令/秒(Floating-point Million Instructions Per Second，FMIPS)的分数，如图 5.7 所示。我们将对所有的基本操作(+、−、*、/)以及有关整数的转换进行这些测量。最后，我们可能对一些更高级的运算/函数感兴趣，如三角函数(sin, cos, atan)或 exp 和 sqrt。由于 sqrt() 在前面讨论的特征值算法中使用，所以我们也要测量它。对于高级运算，我们需要小心，因为从 math.h 的定义中可以看到，所有的定义都是针对 64 位双精度类型的数据。因此，如果我们要使用 32 位单精度类型的数据(又称 float)，那么应该使用 C99 函数来代替。在 C99 中，"f"被添加到函数名称中，这样 sqrt() 在 C99 中就变成了 sqrtf()。图 5.7 中，从 sqrt() 和 sqrtf() 的比较结果可以看出其在性能上的巨大差异。图 5.7 显示了三个 CPU 的 FMIPS 实测性能：ARM、MicroBlaze 和 Nios II/e。这个浮点性能的基准反映在胎心率 FHR 监视器的实际测量中。由于我们以 250Hz 采样，实时系统需要提供至少每秒 250 帧(Frames Per Second，FPS)。ARM 支持 3570 FPS 的实时性能，而 MICROBLAZE 的 10 FPS 和 Nios II/e 的 2 FPS 支持不了实时 FHR 监测。

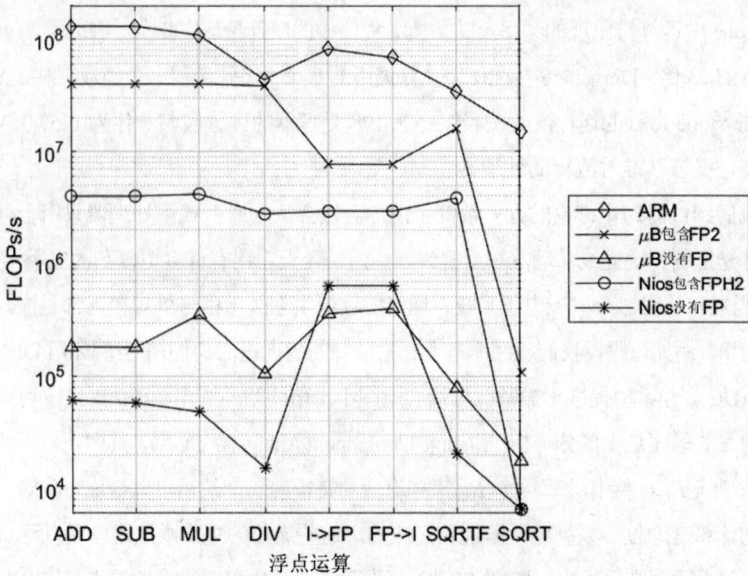

图 5.7　基本运算的浮点性能

5.8　延伸阅读

　　学习掌握任何一门新的编程语言都一样，刚开始需要消化大量的信息。ANSI C 是一个相当成熟的话题，我们可以在图书馆里找到优秀的旧参考书，也有不太多的新书，例如，[Sha05]。如今，C++通常是计算机工程学课程的一部分，许多具有现代学习特性的现代书籍对其都进行了介绍[Bro05, Eck00, Str11, Ski92]。这里有几本经典的和现代的书籍和一些提示，帮你开始进行 C/C++编码。

- 帮助
  - C/C++常问问题：http://c-faq.com/。
  - 在线的 BNF 形式语言定义：http://www.lysator.liu.se/c/index.html。
  - YACC 语法：http://www.lysator.liu.se/c/ANSI-C-grammar-y.html。
  - 多数大学都开设有 C/C++课程，如 FSU 的 COP3014，有讲义和项目构想。如 http://www.cs.fsu.edu/~vastola/cop3014/。
  - 查阅 http://www.cplusplus.com/reference/clibrary/，其中包含良好的具有单个 C/C++语言元素的工作实例。
  - 尝试下载、订购或打印一张 C/C++参考卡，如 quickstudy.com 提供的参考卡，cse.msstate.edu/~crumpton/reference，http://web.pa.msu.edu/people/duxbury/courses/phy480/Cpp_refcard.pdf 或 Gaddis 书中的附录。

● 提示：尽可能多地收集你能找到的 C/C++例子。

 • 在你最喜欢的教科书中把重要的例子用便利贴标记。

 • 分析这些例子，确保你在编码时有这些例子在手。

 • ANSI C 书籍：

 (1) K&R [KR78]经典而紧凑的参考书，也有复杂的项目创意，作者是 ANSI C 的创造者。

 (2) Z. Shaw [Sha05]详细讨论了用 C 语言编码时会遇到的重要现代问题。

 (3) 如果你懂另一种高级语言，可以尝试找到一本过渡性的书，如[Bro88]。

 • 流行的 C++书籍：

 (1) T. Gaddis [Gad17]是 FSU、FAMU 和许多大学使用的流行的 C++书籍。

 (2) B. Stroustrup [Str04]是由 C++创造者编写的书。

 (3) S. Meyers [Mey14]是流行而简短紧凑的 C++书籍，有 334 页。

 (4) YouTube 或 WWW 上的免费在线教程，如 `http://www.cplusplus.com/doc/tutorial` 或 `https://www.cprogramming.com/tutorial/c++-tutorial.html`

5.9 复习题和练习

简答题

5.1. 在 ANSI C 中有哪 4 组关键字？

5.2. 解释使用了 "..." 和<...>的头文件语法。哪个库有 I/O 函数，哪个库有三角函数，哪个库有随机数函数？

5.3. 比较函数 swap 和宏定义 SWAP 的用法，二者的优点和缺点是什么？

5.4. 为什么我们在一般情况下应避免使用 goto 语句？什么时候你会使用 goto 语句？

5.5. 为什么要避免使用类似 a[i]= i++;的语句？

5.6. 什么时候应该通过 malloc()动态地创建数组，而不是使用定义来创建数组？

5.7. 简要解释一下下面的表达式。合法吗？是逻辑或按位 AND、取址运算，还是二者都是？

 I. Y & Y

 II. Y && Y

 III. Y &Y

 IV. Y & &Y

5.8. 简要解释以下声明的内容。是指针、函数，还是变量？

 I. int name;

 II. int *name;

 III. int name[];

IV. int name();

V. int *name[];

VI. int(*name) [];

VII. int *name();

VIII. int(*name) ();

5.9. 说出 C 语言和 C++语言代码写法中三个相同的属性和三个不同的属性。

5.10. 简要解释一下调试器调试与调试打印的方法。说出这两种方法的各两个优点。

填空题

5.11. 函数原型

```
int alt_up_char_buffer_string(alt_up_char_buffer_dev *char_buffer,
const char *ptr, unsigned int x, unsigned int y)
```

在 VGA 字符缓冲区的 80×60 阵列中显示一条文本信息。

填写以下 Nios II 代码的显示结果。

```
alt_up_char_buffer_string(char_buffer_dev, "Altera/0", 0,30)
alt_up_char_buffer_string(char_buffer_dev, "DE2-115/0", 75,0)
alt_up_char_buffer_string(char_buffer_dev, "VGA/0", 75,59)
alt_up_char_buffer_string(char_buffer_dev, "NIOS II/0", 0,59)
```

回顾一下(0,0)是在上/左，y↓作为光束从左上到右下编写。

VGA 80×60 字符显示器：

5.12. 重复前面的练习 5.11，调用以下函数。

```
alt_up_char_buffer_string(char_buffer_dev, "Test/0", 40, 30)。
alt_up_char_buffer_string(char_buffer_dev, "EuPSD/0", 0, 0);
alt_up_char_buffer_string(char_buffer_dev, "three\0",75,59);
alt_up_char_buffer_string(char_buffer_dev, "FOR\0",75, 30);
```

5.13. 函数原型

```
void alt_up_pixel_buffer_dma_draw_box(alt_up_pixel_buffer_)
```

```
dma_dev *pixel_buffer,
int x0, int y0, int x1, int y1, int color, int backbuffer)
```

会在放大的 VGA 320×240 阵列中画一个填色的长方形，颜色代码为

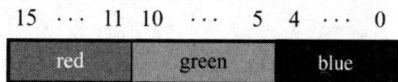

对于下面的 Nios II 代码

```
alt_up_pixel_buffer_dma_draw_box(pixel_buffer_dev, 80, 60,120, 90,
0xF800, 0);
```

请填写：

长方形的颜色：_____

长方形左下角：x = _____ y = _____

长方形右上角：x = _____ y = _____

长方形的 X 宽度：_____像素

长方形的 Y 高度：_____像素

5.14. 对以下函数调用重复前面的练习：

```
    alt_up_pixel_buffer_dma_draw_box(pixel_buffer_dev, 100, 110,
220, 160, 0x07E0, 0);
```

5.15. C/C++中 BNF 的 id 语法是_____。

5.16. C 函数 printf 和 scanf 在 C++中的写法为_____和_____。

判断题

5.17. _____ 一款微处理器中所有指针的大小是相同的。

5.18. _____在 Nios GCC 中，char、int、float 和 double 的大小是 8、32、32 和 64 位。

5.19. 以下哪些不是 ANSI C 语言中的关键字？(圈出全部)

I. goto

II. int

III. loop

IV. while

V. begin

VI. register

5.20. 以下哪项是 ANSI C 语言 if 语句的正确语法？

I. if [expression]

II. if expression then

III. if(expression)

     IV. `if {expression}`

5.21. 以下哪些是 C 语言中的循环？(圈出全部)

     I. `while`

     II. `for`

     II. `generate`

     IV. `repeat until`

     V. `do while`

5.22. 下面哪一个给出了存储在指针 q 所指向的地址中对应的值？

     I. `val(q)`

     II. `&q`

     III. `*q`

     IV. `(val)q`

     V. `q->`

     VI. `#q`

5.23. 下面哪一项能正确地访问存储在数组 A(有 10 个元素)中的第 5 个元素？

     I. `A[5]`

     II. `A[4]`

     III. `A(4)`

     IV. `A{4}`

     V. `A(5)`

     VI. `A*5`

5.24. 以下哪些是正确的 ANSI C 变量类型？(圈出所有的)。

     I. `float`

     II. `real`

     III. `int`

     IV. `bit`

     V. `natural`

     VI. `char`

     VII. `boolean`

项目和挑战

5.25. 试着为下面的声明提供一个完整的描述。

     I. `int *(*name())[];`

     II. `int (*name[4][6])();`

     III. `int *(*name[])();`

5.26. 编写一个 ANSI C 程序，使用 malloc() 分配最大数量的内存。在测得的内存中可以存储多少幅 VGA 尺寸为 640×480×24 位的图像？

5.27. 写一个程序来打印范围为 32~127(十进制)的 ASCII 表。打印一个像图 5.2b 那样的表，其中有十进制、十六进制和 ASCII 条目。

5.28. 写一个程序来打印从 1 到 10 的阶乘数。

5.29. 写一个程序来打印斐波那契数列中的前 20 个元素。

5.30. 写一个程序，用公式将华氏温度转换为摄氏温度。

```
C=(F-32)*5.0/9.0
```

打印一个 F=0，10，20，…，100 对应的数值表。

5.31. 编写一个程序，用暹罗法又称 De la Loubère 法打印大小为 3、5、7、9 的奇数幻方。

5.32. 开发一个可以作为手表使用的 ANSI C 程序。使用 time.h 库函数来计算 1 秒的时钟刻度。你的时钟命令行输入应该是 clock hour minutes seconds，如 clock 11 45 30。请每秒打印一次新时间。

5.33. 使用 time.h 函数实现一个反应计时器。显示 1~9 中的一个数字，并测量用户按下该键的时间。使用 10 次试验的平均值来计算总的反应时间。

5.34. 开发一个用于复数的 ANSI C 函数库。使用自定义类型作为类型。

```
typedef struct fcomplex {float r, i;} fcomplex;
```

该库应该包含表 5.10 所示的函数。

表 5.10　函数

函数原型	函数细节
fcomplex RCmul(float x, fcomplex a) ;	用常数缩放
fcomplex Cadd(fcomplex a, fcomplex b) ;	复数加法
fcomplex Csub(fcomplex a,fcomplex b) ;	复数减法
fcomplex Cmul(fcomplex a,fcomplex b) ;	复数乘法
fcomplex Complex(float re, float im);	构建一个复数变量
fcomplex Conjg(fcomplex a) ;	计算共轭复数
fcomplex Cdiv(fcomplex a, fcomplex b) ;	复数除法
float Cabs(fcomplex z);	绝对值|C|
void pC(fcomplex z);	打印一个复数

开发 ANSI C 代码并分别测试每个函数。

5.35. 使用前面练习 5.34 中设计的库来开发任意长度的 DFT 和 IDFT，如表 5.11 所示。

表 5.11　DFT 和 IDFT

函数原型	函数细节
`void dftC(fcomplex *a, int n);`	前向 DFT： $$X[k] = \sum_{n=0}^{N-1} x[n] e^{-j2\pi kn/N}$$
`void idftC(fcomplex *a, int n);`	逆： $$x[n] = \frac{1}{N} \sum_{n=0}^{N-1} X[k] e^{j2\pi kn/N}$$

用长度为 8 的数据测试你的程序；DFT 有(a)纯实数数据 $x=1,2,...,8$；(b)纯虚数数据 $x=j_1$, $j_2, ..., j_8$,和(c)二者的组合 $x=1+j1, 2+j2, ..., 8+j_8$。确保 IDFT 产生的是原始数据。

5.36. 使用练习 5.34 中设计的库建立一个 ANSI C 的复数口袋计算器，用于加、乘、除、减运算。计算器应该要求输入第一个复数、运算符和第二个复数，然后计算结果。

5.37. 开发一个用于复数的 C++ 类库。使用类作为类型

```
complex::complex(float a, float b)
```

库的主体应该包含如表 5.12 所示的函数。

表 5.12　库的主体所包含的函数

函数原型	函数细节
`float real();`	返回实部
`float imag();`	返回虚部
`friend complex operator +(complex a, complex b) ;`	复数加法
`friend complex operator -(complex a, complex b) ;`	复数减法
`friend complex operator *(complex a, complex b) ;`	复数乘法
`friend complex operator /(complex a, complex b) ;`	复数除法
`friend int operator ==(complex a, complex b) ;`	比较是否相等
`friend istream& operator >>(istream& is, complex& c) ;`	读取复数
`friend ostream& operator <<(ostream& os, complex& c) ;`	打印复数

只用 ANSI C 代码来开发并分别测试每个函数。不要使用预先定义的 C++ <complex> 类。

5.38. 开发一个 C++ 程序实现 DFT

$$X[k] = \sum_{n=0}^{N-1} x[n] e^{-j2\pi kn/N}$$

要求使用练习 5.37 中设计的库。你的程序需要请求输入 DFT 的长度 N，然后生成测试集：$x = 1 - j1, 2 - j2, 3 - j3, ..., (N - 1) - j(N - 1)$。

5.39. 使用练习 5.37 中设计的 C++类库，构建一个支持加、乘、除、减运算的复数口袋计算器。计算器需要请求用户输入第一个数字，然后是运算符，最后是第二个复数，然后计算结果。

5.40. 使用本书在线资源中提供的 DMIPS 源代码，测量你的 PC 和/或嵌入式系统的性能。

5.41. 比较使用了函数 swap 或编译器宏 SWAP 的程序的运行时间。作为测试用例，测试两个大型(即大于 100 万个元素)随机数组的排序。

5.42. 开发一个程序，使用 sizeof 运算符报告数据类型的大小(或者说位数)：char、short、int、long、float 和 double。

5.43. 开发一个程序，报告 float 和 double 类型的大小，也就是尾数包含的位数。提示(例如，见[PTV92])：对于大小 b=1, 2, …，计算 x=1<<b；y=x+1；如果 x==y，你就找到了 b。

第6章

嵌入式微处理器系统中的软件工具

摘要

本章概述嵌入式微处理器系统设计中使用的软件工具。首先介绍设计动机，然后是汇编器、C/C++编译器和 ISS 的基本概念。当文中出现不同主题时，会给出进一步阅读的建议。

关键词

编程工具•编译器•解释器•汇编器•GNU Bison•GNU Flex•用来生成编译器的编译器(Yet Another Compiler-Compiler，YACC)•GDB•HEX 代码•psm2hex•三地址码•扫描器•解析器•Gimple•LISA•URISC•指令集模拟器(Instruction Set Simulator，ISS)•软件调试器•巴科斯-诺尔范式•表达式

6.1 引言

根据 Altera 的在线研讨会[Alt04]提供的信息，Altera 的 Nios 开发系统大获成功(推出的前四年卖出 1 万套)的一个主要原因是基于这样的事实：当 IP 块参数化完成时，除了具有一个全功能的微处理器，必须用到的软件工具(包括一个基于 GCC 的 C 编译器)也同时生成好了。你可以在 GitHub.com 或 sourceforge.net 等通用代码共享网站，或者更专业的网站上找到许多免费的 μp 内核；例如

- http://www.opencores.org/open core(开放内核)
- http://www.fpgacpu.org/ (FPGA 和 CPU)

处理器综述页面(如 https://en.wikipedia.org/wiki/Soft_microprocessor)展示了许多处理器和它们具有的功能。但是由于这些处理器中的大多数缺乏一套完整的开发工具，所以就不怎么有用。一套开发工具(最好)应当包含：

- 汇编器、连接器，以及加载器/基本的终端程序
- C/C++编译器
- 调试器或者指令集仿真器

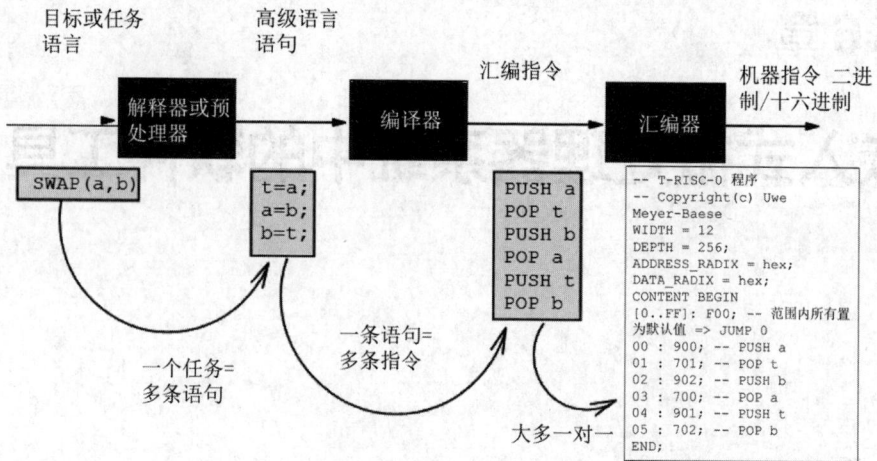

图 6.1　编程模型与工具

图 6.1 解释了开发工具中具有不同的抽象层次，涵盖从 C/C++编译器到汇编器程序。下面，我们会简要描述开发这些工具所用的主要程序。你也许也考虑使用电子系统级工具，例如，最初在亚琛工业大学 ISS 开发的指令集架构语言(Language For Instruction Set Architecture，LISA) [HML02]，现在是新思科技的一款商业产品。它可以自动生成汇编器和指令集仿真器，并且以半自动的方式生成带有一些附加规格的 C/C++编译器。编写编译器可能会是个耗时的工程。例如，完成一个优秀的 C/C++编译器，需要花费 50 人年的工作量[LM01, ASU88, Leu02]。开发一个优秀的汇编器相对而言就没那么费力，因为要做的工作主要是把文本式的程序逐行翻译成 HEX 代码格式的处理器指令。如今，我们可以借助于 GNU 项目中开发的众多程序和实用工具来加速编译器开发：

- GNU 工具 FLEX[Pax95]是一个扫描器或文本分析器，它能识别文本中的模式，类似于 UNIX 工具 grep 或者行编辑器 sed 对于单个模式所能进行的操作。
- GNU 工具 BISON[DS02]是一个兼容 YACC 的解析器生成器[Joh75]，支持我们以巴科斯-诺尔范式(Bakus Naur Form，BNF)来描述语法，从而可以在发现文本中所包含的表达式时启动行为。
- 而对于 GNU C/C++编译器 gcc，我们可以利用 R.Stallman 写的教程[Sta90]，针对当前所有或者计划建造的 μP，调整 C/C++编译器。

三个工具全都可以用 GNU 公共许可证免费获取，而且我们在本书下载资源的 SW 文件夹下包含了相关文档以及许多实用的例子。

6.2　汇编器开发和词法分析

能够从文本之中识别词法模式的程序称为扫描器(*scanner*)。FLEX 是一种可以生成这种扫描

器的工具，它同最初的 AT&T Lex[LS75]是兼容的。FLEX 使用一个输入文件(通常扩展名是*.1)
并生成可以在与本机相同或不同的系统上进行编译的 C 源程序。一个典型的场景是，你会在
UNIX 或者 LINUX 下使用 GNU 工具来生成解析器，而由于大多数 Altera 工具都运行在 PC 上，
因此我们在 MS-DOS 下编译出扫描器，于是可以将它与 QUARTUS 软件一起使用。FLEX 生成的
默认 UNIX 文件的文件名是 lex.yy.c。我们可以使用选项-oNAME.C 把生成的文件改为
NAME.C。注意,-o 和新的 UNIX 文件之间没有空格。假定我们有个 FLEX 输入文件 vsacnner.1，
那么将使用以下两步：

```
flex -ovscanner.c        vscanner.l
gcc      -o vscanner.exe      vscanner.c
```

从而在 UNIX 环境中生成名为 vscanner.exe 的扫描器。在 MS-DOS 下，我们会使用*.com
扩展名，其优先级比*.exe 高。即使是一个非常短小的输入文件也会生成大约 1800 行，大小为
46KB 的 C 代码。从这些数据中我们已经能够体会，这个工具可以多有用。我们也可以 FTP 或
者拷贝 C 代码 scanner.c 到一台 MS-DOS PC，然后使用我们选择的 C/C++编译器来编译它。
现在的问题是如何为扫描器指定 FLEX 中包含的模式，即典型的 FLEX 输入文件是什么样子？让
我们先看看 FLEX 输入文件的形式编排。文件包含三部分：

```
%{
C header and defines come here
%}
definitions ...
%%
rules ...
%%
user C code ...
```

这三个部分由两个%%符号分隔。下面是一个输入文件的简短示例，该文件对 Verilog 文件进
行词法分析，并报告找到的项目类型和数量。Flex 文件 vscanner.l 展示在例程 6.1。

FLEX 输入文件 6.1：`vscanner.l`

```
1    /* Verilog(关键)字、行和字符数目的扫描器 */
2    /* 作者 EMAIL: Uwe.Meyer-Baese@ieee.org */
3    %{
4      int nchars, nwords, nlines, kwords = 0;
5    %}
6    DELIMITER        [.;,)(:\"+-/*@]
7    KW module|input|output|reg|begin|end|posedge|always|endmodule
8    WORDS           [a-zA-Z][a-zA-Z0-9$_]*
9    %%
10   \n              { nlines++; nchars++; }
11   {DELIMITER}     { nchars++; }
12   {KW}            { kwords++, nchars += yyleng; }
```

```
13  {WORDS}             { nwords++, nchars += yyleng; }
14  [ \t]+              /* 吃掉空格 */
15  .            { nchars++; }
16  %%
17  int yywrap(void) { return 1; }
18
19  int main(void) {
20      yylex();
21       printf("*** Results from Verilog scanner:\n");
22      printf("Verilog keywords=%d lines=%d words=%d chars=%d\n",
23  kwords, nlines, nwords+kwords, nchars);
24      return 0;
```

最重要的部分是规则部分。这里我们指定了模式和动作。模式 "." 表示除换行外的任何字符，\n 表示换行。竖线 | 代表 "或" 组合。可以看出，大多数编码都带有浓重的 C 代码色彩。我们用 kwords 变量来统计关键字，用 nwords 统计其他单词，用 nchars 统计字符数，用 nlines 统计行数。因此，扫描器的工作方式类似于在 **MS word** 文件中通过 Properties→Details 来获得统计数据。请注意，FLEX 对列敏感。只有规则部分中包含的模式可以从第一列开始分析；而即使是注释也不允许从第一列开始分析。在模式和动作之间，或在括号中的多个动作之间，需加空格。

我们已经讨论过 FLEX 使用的两个特殊符号：用于描述任意字符的点 "." 和换行符\n。表 6.1 列出了最常用的符号。请注意，这些符号与工具 grep 或行编辑器 sed 用于规约正则表达式的符号相同。表 6.2 中给出了如何指定模式的一些示例。

表 6.1　FLEX 使用的特殊符号

.	除换行外的单个字符
\n	换行
*	前面表达式的零份或更多份的拷贝
+	前面表达式的一份或更多份的拷贝
?	零个或一个前面的表达式
^	行首或者否定字符类
$	行结束符
|	可选的，也就是 "或" 表达式
()	表达式组
"+"	在引号中按字面使用表达式
[]	字符组
{}	表达式使用的次数
\	转义序列，将特殊符号只按字符来使用
.	除换行外的任意单个字符

表 6.2　模式示例

模式	匹配
a	字符 a
a{1,3}	1~3 个 a，即 a|aa|aaa
a|b|c	a、b 或 c 中的任何一个字符
[a-c]	a、b 或 c 中的任何一个字符，即 a|b|c
ab*	a 后面跟零个或多个 b，即 a|ab|abb|abbb...
ab+	a 后面跟一个或多个 b，即 ab|abb|abbb...
a\+b	字符串 a+b
[\t\n]+	一个或多个空格、制表符或者换行符
^L	行首字符必须是 L
[^a-c]	除 a、b、c 外的任何字符

假定我们有如下一小段 Verilog 程序。

Verilog 代码 6.2：扫描器例程 `d_ff.v`

```
1    module D_FF(CLK, D, Q); // 示例触发器
2    input CLK;
3    input D;
4    output Q;
5    reg Q;
6       always @ (posedge CLK) //-->提供上升沿触发器
7        Q = D;
8    endmodule
```

然后用 `vscanner.exe<d_ff.v` 调用扫描器就会得到以下输出：

```
*** Results from Verilog scanner:
Verilog keywords=8 lines=8 words=26 chars=129
```

在这个介绍性的例子之后，我们来看一个更有挑战性的任务。我们会构建一个 `psm2hex` 转换器，它读入汇编代码，输出 HEX 文件，可以加载到块存储器供 FPGA 软件来使用。为了简便，让我们使用第 7 章和第 8 章讨论过的 8 比特处理器 PICOBLAZE 也就是 KCPSM6 的汇编代码，从以下 13 种操作开始(按操作码排序)：

```
LOAD, XOR, INPUT FETCH, ADD, ADDCY, STAR, SUB, SUBCY, CALL, JUMP,
RETURN, OUTPUT, STORE
```

因为我们也会同时在汇编代码中支持转发引用的标签，因此需要进行两遍(pass)分析。第一

遍，我们会生成一个包含所有标签和对应代码行的清单。第二遍中我们逐行把汇编代码翻译成 HEX 代码。我们使用默认名字 psm.hex 来存储纯文本文件。每一行表示单个操作并将包含 5 个数字：2 个数字表示操作码，3 个数字表示 0~2 个操作符，其中包括 12 比特立即数值。我们会在文件末尾进行扩充，使填满的 FPGA 块 RAM 达到 4K 字。在分析过程中，检测到的令牌对应的协议会显示在标准输出屏幕中。下面就是两遍扫描器所用的 FLEX 输入文件：

FLEX 描述 6.3：扫描器例程 **psm2hex.1**

```
1   /* 用于 PicoBlaze psm 汇编到 HEX 文件转换器的扫描器 */
2   %{
3   #include <stdio.h>
4   #include <string.h>
5   #include <math.h>
6   #include <errno.h>
7   #include <stdlib.h>
8   #include <time.h>
9   #include <ctype.h>
10  #define DEBUG 0
11  int state=0;        /* 行末打印 IW */
12  int icount=0;       /* 指令数目 */
13  int lcount=0;       /* 标签数目 */
14  int pp=1;           /** 预处理器标志 **/
15  int vimm, imm=0;    /* 第 2 个操作数是 kk 标志 */
16  int offset=0;       /* offset 跳转代码的操作码 */
17  char opis[6],lblis[4],immis[4];
18  FILE *fid;
19  struct inst {int adr; int opc;int x; int y; int kk; char *txt;} iw;
20  struct init {char *name; int code;} op_table[20]= {
21  "LOAD" , 0x00, "STAR"  , 0x16, "FETCH" , 0x0A, "STORE" , 0x2E,
22  "INPUT" , 0x08, "OUTPUT" , 0x2C, "XOR"   , 0x06, "ADD"   , 0x10,
23  "ADDCY" , 0x12, "SUB"    , 0x18, "SUBCY" , 0x1A, "JUMP"  , 0x22,
24  "CALL"  , 0x20, "RETURN" , 0x25, 0,0};
25  FILE *fid;
26  int add_symbol(int value, char *symbol);
27  int lookup_symbol(char *symbol);
28  void list_symbols();
29  int h2i(char c) ;
30  int lookup_opc(char *opc) ;
31  %}
32  HEX         [a-fA-F0-9]{1,2}
33  REG         [s|S][a-fA-F0-9]
34  NZ          [n|N][z|Z]
35  DELIMITER    [,]
36  COMMENT      ";"[^\n]*
37  LABEL       [a-zA-Z][a-zA-Z0-9]*[:]
```

```
38  GOTO            [a-zA-Z][a-zA-Z0-9]*
39  %%
40  \r              /* 避免 FTP 文件出现问题 */
41  \n              {if (pp) printf( "end of line \n");
42                  else { if ((state==3) && (pp==0))
43                   /* 行末打印出一条指令 */
44                  {
45                    printf("%02X",iw.opc+imm+offset);
46                            /* 前两个数字有操作码 */
47                    fprintf(fid, "%02X",iw.opc+imm+offset);
48                            /* 前两个数字有操作码 */
49                    if(iw.opc==0x25){
50                        printf("%03X",0); /* 接着是 000 */
51                        fprintf(fid, "%03X\n",0); /* 接着是 000 */
52                      } else {
53                    if((iw.opc==0x22)||(iw.opc==0x20)){
54                      printf("%03X",iw.kk); /* 接着是 aaa */
55                      fprintf(fid,"%03X\n",iw.kk); /* 接着是 aaa*/
56
57                    } else {
58                    printf("%1X",iw.x); /* 接着是目标寄存器 */
59
60                    fprintf(fid, "%1X",iw.x); /* 接着是目标寄存器 */
61
62                    if(imm){
63                      printf("%02X",iw.kk); /* 最后两个数字有 kk 或 y0 */
64
65              fprintf(fid,"%02X\n",iw.kk);/* 最后两个数字有 kk 或 y0 */
66                    } else {
67              printf("%02X",iw.y); /* 最后两个数字有 kk 或 y0 */
68              fprintf(fid, "%02X\n",iw.y); /* 最后两个数字有 kk 或 y0*/
69                    }
70                    } } }}
71                    printf("\n"); /*5 个数字 = 行结束*/
72                    /*fprintf(fid, "\n"); 5 个数字 = 行结束*/
73                    state=0; imm=0; offset=0;
74                    }
75  {HEX}           { strcpy(immis, yytext);
76                    vimm=h2i(immis[1])+16*h2i(immis[0]);
77                    if(pp)printf( "An hex: %s(%d) \n", yytext, vimm);
78                    else { iw.kk=vimm; state=3; imm=1; }}
79  XOR|LOAD|STAR|INPUT|OUTPUT|ADD|ADDCY|SUB|SUBCY {
80                    if(pp)
81                    printf( %d) 2 op ALU Instruction: %s opc=%2X\n",
82                          icount++, yytext, lookup_opc(yytext));
83                    else { state=1; iw.adr=icount++;
84                                iw.opc=lookup_opc(yytext); }
```

```
85                     }
86   CALL|JUMP {
87                     if(pp)printf( "%d) 1 op Flow Instruction: %s\n",
88                             icount++, yytext );
89                   else { state=2; iw.adr=icount++;
90                             iw.opc=lookup_opc(yytext); }
91                   }
92   RETURN { if (pp) printf( "%d) 0 op Instruction: %s\n",
93                       icount++, yytext );
94               else { state=3; iw.adr=icount++;
95                 iw.opc=lookup_opc(yytext);}
96                 }
97   {REG}        { if (pp) {printf( "An register: %s\n", yytext ); }
98               else { state+=1; if(state==2)iw.x =
99               h2i(yytext[1]);if(state==3)iw.y=h2i(yytext[1]);}
100                }
101  {NZ}         { if (pp) printf( "JUMP condition: %s\n", yytext );
102               offset=0x14;}
103  {LABEL}      { if (pp) {printf( "A label: %s length=%d
104                     icount=%d\n", yytext , yyleng, icount);
105                     add_symbol(icount, yytext);}
106                }
107  {GOTO}       { if (pp) printf( "A goto label: %s\n", yytext );
108                 else {state=3;
109               sprintf(lblis,"%s:",yytext);iw.kk=lookup_symbol
     (lblis);}
110                }
111  {COMMENT}     {if(pp)printf( "A comment: %s\n", yytext );}
112  {DELIMITER}    {if(pp)printf( "A delimiter: %s\n", yytext );}
113  [ \t]+        /* 吃掉空格 */
114  .             printf( "Unrecognized character: %s\n", yytext );
115
116  %%
117
118  int yywrap(void) { return 1; }
119
120  int main(int argc, char *argv[])
121  { int k;
122
123    yyin = fopen( argv[1], "r" );
124    if(yyin == NULL ){ printf("Attempt to open file %s failed\n",
125                     argv[1]); exit(1); }
126    printf("Open file %s now...\n", argv[1]);
127    printf("--- First path though file ---\n");
128    yylex();
129    fclose(yyin);
130    pp=0;
```

```
131   printf("-- This is the psm2hex program with %d lines and %d
132        labels\n",icount,lcount);
133   icount=0;
134   printf("-- Copyright(c) Uwe Meyer-Baese\n");
135   list_symbols();
136   if(DEBUG)printf("--- Second path through file ---\n");
137   yyin = fopen( argv[1], "r" );
138   fid = fopen("psm.hex","w");
139   yylex();
140   for(k=icount;k<4096;k++)
141     fprintf(fid, "00000\n");
142   fclose(fid) ;
143 }
144
145 /* 定义符号的链表 */
146   struct symbol {
147        char *symbol_name; int symbol_value; struct symbol *next;
148   };
149
150   struct symbol *symbol_list; /* 符号列表中的第一个元素 */
151
152   extern void *malloc();
153
154   int add_symbol(int value, char *symbol)
155   {
156        struct symbol *wp;
157        if(lookup_symbol(symbol)>= 0 ){
158        printf("--- Warning: symbol %s already defined \n", symbol);
159        return 0;
160        }
161        wp =(struct symbol *)malloc(sizeof(struct symbol));
162        wp->next = symbol_list;
163        wp->symbol_name =(char *)malloc(strlen(symbol)+1);
164        strcpy(wp->symbol_name, symbol); lcount++;
165        wp->symbol_value = value;
166        symbol_list = wp;
167        return 1; /* 正常运行 */
168   }
169
170   int lookup_symbol(char *symbol)
171   { int found = -1;
172     struct symbol *wp = symbol_list;
173     for(; wp; wp = wp->next){
174     if(strcmp(wp->symbol_name, symbol)== 0)
175       {if(DEBUG)printf("-- Found symbol %s value is:
   %d\n",symbol,
176                         wp->symbol_value) ;
```

```
177              return wp->symbol_value;}
178      }
179      if(DEBUG)printf("-- Symbol %s not found!!\n",symbol);
180      return -1; /* 没发现 */
181  }
182
183  int lookup_opc(char *opc)
184  { int k;
185    strcpy(opis, opc) ;
186    for(k=0; op_table[k].name !=0; k++)
187      if(strcmp(opc,op_table[k].name) ==0)return(op_table
[k].code) ;
188    printf("******* Ups, no opcode : %s --> exit \n",opc) ;exit(1);
189  }
190
191  void list_symbols()
192  {
193    struct symbol *wp = symbol_list;
194    printf("--- Print the Symbol list: ---\n");
195    for(; wp; wp = wp->next)
196      printf("-- Label: %s line = %d\n",wp->symbol_name,
197            wp->symbol_value) ;
198    printf("--- Print the Symbol done ---\n");
199  }
200
201  /************* 将十六进制转换为整型值 **********/
202  int h2i(char c) {
203    switch(c) {
204      case '1': return 1; break;
205      case '2': return 2; break;
206      case '3': return 3; break;
207      case '4': return 4; break;
208      case '5': return 5; break;
209      case '6': return 6; break;
210      case '7': return 7; break;
211      case '8': return 8; break;
212      case '9': return 9; break;
213      case 'A': case 'a': return 10; break;
214      case 'B': case 'b': return 11; break;
215      case 'C': case 'c': return 12; break;
216      case 'D': case 'd': return 13; break;
217      case 'E': case 'e': return 14; break;
218      case 'F': case 'f': return 15; break;
219      default : return 0; break;
220    }
221  }
```

变量 pp 用于决定目前是处于预处理阶段，还是处于第二阶段，即代码生成阶段。通过函数 add_symbol 和 lookup_symbol，我们把标签和变量保存在一张符号表中。操作码的值在第 20~24 行定义，之后是函数原型。第 32~38 行指定了使用的各种模式：HEX、REG、NZ、DELIMITER、COMMENT、LABEL 以及 GOTO。之后，第 39~116 行是规则部分。取决于操作码，我们使用了 0、1 或者两个额外的参数。偶的操作码用于双寄存器操作，随后的奇数操作码用于 8 比特立即数。120~143 行的 main 函数展示了两遍操作。首先识别标签，然后第二遍往输出文件中添加 00000 以填满要写入的 4K 块存储器。最后，展示用于添加符号到列表中的工具函数(add_symbol：第 154~168 行)，然后，在列表中找出一个符号(lookup_symbol：第 170~181 行)，接着在列表中找出某条指令(lookup_opc：第 183~189 行)，打印所有符号的列表(list_symbols：第 191~199 行)，最后是大小写不敏感的 ASCII 十六进制单个数字到整型值的转换(h2i：第 202~221 行)。

下面是用于编译和运行代码的 UNIX 指令：

```
flex -opsm2hex.c psm2hex.l
gcc -o psm2hex.exe psm2hex.c
psm2hex.exe flash.psm
```

用于 PICOBLAZE 微处理器的 flash.psm 测试程序如下。

PicoBlaze 测试文件 6.4：**flash.psm**

```
 0   start:   INPUT s3, 00    ; 读取开关
 1   flash:   LOAD s0, 20     ; 开始循环对值进行操作
 2            LOAD s1, BC     ; 计数器的值 3x8=
 3            LOAD s2, BE     ; 24 位
 4            OUTPUT s3, 00   ; 写通用的 LED
 5   loop:    SUB s0, 01      ; s0 -= 1
 6            SUBCY s1, 00    ; 借位减法
 7            SUBCY s2, 00    ; 借位减法
 8            JUMP NZ, loop   ; 计数器到零
 9            XOR s3, FF      ; 翻转 LED
10            JUMP flash      ; 从头开始
```

psm2hex 的输出如下。

十六进制输出文件 6.5：**psm.hex**

```
0   09300
1   01020
2   011BC
3   012BE
4   2D300
5   19001
6   1B100
```

```
 7   1B200
 8   36005
 9   073FF
10   22001
11   00000
12   00000
     ...
```

对于标签，我们会存储其所在的指令行。三种标签的符号表输出结果将如下所示：

```
...
--- Print the Symbol list: ---
-- Label: loop: line = 5
-- Label: flash: line = 1
-- Label: start: line = 0
--- Print the Symbol done ---
...
```

可以看到标签 flash(定义在第 1 行)用在程序的第 10 行中，而标签 loop(定义在第 5 行)在 psm 程序的第 8 行被调用。这样 psm.hex 文件可以直接在 Verilog 中同$readmemh 一起使用；见 4.5 节。而在 VHDL 中我们可以使用第 7 章讨论过的 hex2prom 工具将其转换为一个可用于 VHDL 的块 RAM 初始化文件。

6.3 解析器开发

YACC，即 Yet Another Compiler-Compiler，也就是用来生成编译器的编译器[Joh75]，这个名称反映了它诞生之时的情况。那时，为新的 μP 写个解析器是一项常规任务。有了流行的 GNU UNIX 对应软件 BISON，我们就有了一个可以定义语法的工具。也许你会问，为什么不用 FLEX 来完成这项工作呢？在允许使用递归表达式的语法中，如 a+b、a+b+c、a+b+c+d 等，如果使用 FLEX，那么每个代数表达式都需要定义模式和动作，即便操作和操作数不多，而需要定义的模式和操作数量也会很多。

YACC 和 BISON 都使用巴科斯-诺尔范式(Bakus Naur Form，BNF)，该格式是为规约 Algol 60 语言而开发的。BISON 的语法规则使用终结符和非终结符。终结符用%token 来指示，而非终结符则通过其定义声明。YACC 为每个标记分配一个数字代码，它期望这些代码由词法分析器(如 FLEX)提供。语法规则使用前瞻左向右(Look Ahead Left-to-Right，LALR)技术。典型的规则写法如下：

```
Expression : NUMBER '+' NUMBER { $$ = $1 + $3; }
```

我们看到，一个表达式包括一个数字，后面跟着加号和第二个数字。相关的动作写在花括号中。假设我们将操作数栈中的元素 1 和 3 相加(元素 2 是加法操作)，并将结果压回值栈。 解

析器内部使用 FSM 来分析代码。解析器在读取标记时，每读取一个它能识别的标记，就会将该标记压入内部栈，然后切换到下一个状态。这就是所谓的移进。当它找到一条规则包含的所有符号后，就可以通过将动作应用到值栈来归约栈，从而归约解析栈。这就是这类解析器有时被称为移进-归约解析器的原因。

现在，让我们围绕这个简单的加法规则建立一套完整的 BISON 规约。为此，首先需要了解 BISON 输入文件的形式结构，该文件的扩展名通常为*.y。BISON 文件有三个主要部分：

```
%{
    C 头文件和声明在这里
%}
Bison 定义 ...
%%
语法规则 ...
%%
用户方 C 代码 ...
```

它与 FLEX 在格式上十分相似，这并非偶然。LEX 和 YACC 这两款软件的原始程序都是由 AT&T 的同事开发的[LS75, Joh75]，二者也可以很好地协同工作，后面我们将展示这一点。现在，我们准备规约第一个 BISON 示例 add2.y。

YACC 简单计算器描述 6.6：add2.y

```
1      /* 两数字相加计算器的中缀写法 */
2      %{
3      #define YYSTYPE double
4      #include <stdio.h>
5      #include <math.h>
6      void yyerror(char *);
7      %}
8
9      /* BISON 声明 */
10     %token NUMBER
11     %left '+'
12
13     %% /* 随后是语法规则和动作 */
14     program :   /* 空 */
15             | program exp '\n' { printf(" %lf\n",$2); }
16             ;
17
18     exp         : NUMBER { $$ = $1;}
19             | NUMBER '+' NUMBER { $$ = $1 + $3; }
20             ;
21
22     %% /* 以下是额外的 C 代码 */
23
```

```
24    #include <ctype.h> int yylex(void)
25    { int c;
26    /* 跳过空格和制表符 */
27    while((c = getchar())== ' ' || c == '\t');
28    /* 处理数字 */
29    if(c == '.' || isdigit(c) ){ ungetc(c,stdin);
30                    scanf("%lf", &yylval); return NUMBER;
31    }
32    /* 返回文件结束符号 */ if(c==EOF)return(0);
33    /* 返回字符 */ return(c) ;
34    }
35
36    /* 出现错误时会被 yyparse 调用 */
37    void yyerror(char *s){ printf("%s\n", s); }
38    int main(void) { return yyparse(); }
```

我们在规则中添加了标记 NUMBER，以便将单个数字作为有效表达式。另一个新增内容是程序规则，这样解析器就可以接受语句列表，而不仅仅是一条语句。在 C 代码部分，我们添加了一点词法分析，以便一次读入一个字符，从而跳过空白。BISON 每次需要用到一个标记时都会调用 yylex。BISON 还需要用到一个错误处理函数 yyerror，会在出现解析错误时进行调用。BISON 的主程序可以短小；只需返回 yyparse() 即可。现在让我们编译并运行第一个 BISON 例程。

```
bison -o -v add2.c add2.y
gcc -o add2.exe add2.c -lm
```

现在启动程序，它每次可以进行两个浮点数的相加然后返回和：

```
user: add2.exe
user: 2+3
add2: 5.000000
user: 3.4+5.7
add2: 9.100000
```

现在我们仔细观察 BISON 如何进行解析。因为我们打开了-v 编译选项，所以同时就会得到包含了所有规则列表、FSM 信息、任何移进-归约中遇到的问题或者是歧义的一份输出文件。以下是输出文件 add2.output：

```
Grammar
    0 $accept: program $end
    1 program: /* 空 */
    2 | program exp '\n'
    3 exp: NUMBER
    4 | NUMBER '+' NUMBER
Terminals, with rules where they appear
$end(0)0
'\n'(10)2
```

```
'+'(43)4
error(256)
NUMBER(258)3 4
Nonterminals, with rules where they appear
$accept(6)
    on left: 0
program(7)
    on left: 1 2, on right: 0 2
exp(8)
    on left: 3 4, on right: 2
state 0
    0 $accept: . program $end
    $default reduce using rule 1(program)
    program go to state 1
state 1
    0 $accept: program . $end
    2 program: program . exp '\n'
    $end    shift, and go to state 2
    NUMBER shift, and go to state 3
    exp go to state 4
state 2
    0 $accept: program $end .
    $default accept
state 3
    3 exp: NUMBER .
    4 | NUMBER . '+' NUMBER
    '+' shift, and go to state 5
    $default reduce using rule 3(exp)
state 4
    2 program: program exp . '\n'
    '\n' shift, and go to state 6
state 5
    4 exp: NUMBER '+' . NUMBER
    NUMBER shift, and go to state 7
state 6
    2 program: program exp '\n' .
    $default reduce using rule 2(program)
state 7
    4 exp: NUMBER '+' NUMBER .
    $default reduce using rule 4(exp)
```

在输出文件的开头，我们可以看到规则以单独的规则值列出。然后是终结符列表。例如，将终结符 NUMBER 对应的标记值赋为 258。如果要调试输入文件，这几行代码非常有用。例如，如果语法规则有歧义，就可以在这里检查出了什么问题。有关歧义的内容稍后再谈。我们可以看到，在 FSM 的正常运行中，移进是在状态 1、3 和 5 完成的，分别对应于第一个数字、加法运算和第二个数字。归约在状态 7 完成，FSM 也共有 7 种状态。

这个小运算器存在许多局限，例如，它不能进行减法运算。如果试图这样做，会得到以下信息：

```
user: add2.exe
user: 7-2
add2: syntax error
```

不但该运算器的功能只限于加法，操作数的个数也只限于两个。如果尝试使用语法不支持的三个操作数，即：

```
user: 2+3+4
add2: syntax error
```

可以看到，基本计算器只能进行两个数的加法运算，三个数不行。要想获得更有用的版本，我们需要添加递归语法规则、运算符 *、/、-、^ 以及一个允许指定变量的符号表。这将留作本章结尾的练习。

现在，你应该掌握了用于编写更具挑战性任务所需具备的知识。比如，可以编写一个程序 3ac.exe，从简单的类 C 语言生成三地址汇编代码。在[Nie04]中，给出了为栈机生成类 C 语言对应的汇编代码所需的所有步骤。[FH03、SF85、ASU88、Sta90]描述了更先进的 C 编译器设计。在[Par92]中，我们找到了三地址机器所用的此类代码。由于许多现代 RISC 处理器(如 ARM Cortex-A9、MICROBLAZE 或后面章节讨论的 Nios II)都使用这种类型的处理器模型，所以让我们来看看 BISON 对三地址机的描述。对于三地址机器，我们支持输入典型的算术表达式，就像下面的例子一样：

```
-- input file: one.c:
r=(a+b*c) /(d*e-f);
```

我们首先需要对输入文件进行词法分析，可以使用以下 FLEX 文件完成。

FLEX 描述 6.7：3ac.l

```
1    /* 支持三地址码的 FLEX 词法分析器 3ac.l */
2    /* 作者 EMAIL: Uwe.Meyer-Baese@ieee.org */
3    %{
4    #include <stdio.h>
5    #include "y3ac.h"
6    int yylval;
7    int symcount =0;
8    int nlines=0;
9    char sym_tbl[32][20];
10   %}
11
12   letter [A-Za-z]
```

```
13  digit [0-9]
14  ident {letter}({letter}|{digit})*
15  number {digit}*
16  op "+"|"-"|"*"|"/"|"("|")"|";"
17  ws [ \t\n]+
18
19  %% /* 标记和动作 */
20  \n        { nlines++;}
21  {ws}      ;
22  {ident} { yylval = install(yytext); return ID; }
23  {number} { yylval = install(yytext); return NUM; }
24  {op}      return yytext[0];
25  =         return ASSIGN;
26  .         {printf( "Unrecognized character: %s\n", yytext );}
27
28  %% /* 用户程序部分 */
29
30  int yywrap(void) { return 1; } /** FLEX 需要的***/
31
32  int install(char *ident)
33    { int i;i=0;
34      while(i <= symcount && strcmp(ident, sym_tbl[i]))
35        i++;
36      if(i<= symcount)return(i);
37      else {
38      symcount++;
39      strcpy(sym_tbl[symcount], ident);
40      return symcount;
41      }
42  }
```

可见，现在我们也可以使用以字母开头的变量，随后使用多个字母或数字。所有变量都存储在一个符号表中。符号表对应的 C 代码已在 FLEX 代码 6.3 psm2hex.l 中讨论过，也可以在文献中找到例子；例如，参见[DS02]、[Nie04]或 [LMB95]。yytext 和 yylval 分别是与每个标记相关的文本和值。表 6.3 列出了 FLEX↔BISON 通信中使用的变量。更高级的 C 风格语法 3ac.y 采用的语法如下。

BISON 描述 6.8：3ac.y

```
1   /* 三地址代码(3AC) 的规约 3ac.y */
2   /* 作者 EMAIL: Uwe.Meyer-Baese@ieee.org */
3   %{
4   #include <stdio.h>
5   #include <stdlib.h>
6   #include <string.h>
7   int yylval;
```

```
8    int symcount;
9    char sym_tbl[32][20];
10   #ifndef YYSTYPE
11   #define YYSTYPE int
12   #endif
13   int taccount =0, tcount =1595, Tmax;
14   #define MAXTACS 32
15   struct { char op; int a1, a2, a3;} tac[MAXTACS];
16   YYSTYPE make_tac(char op, YYSTYPE op1, YYSTYPE op2);
17   void yyerror(char *s);
18   %}
19
20   %left '+' '-'
21   %left '*' '/'
22
23   %token ID NUM
24   %token ASSIGN
25
26   %% /* 语法规则和相应的动作 */
27   input:
28       | input stmt
29       ;
30   stmt : '\n'
31       |ID ASSIGN exp ';' { $$ = make_tac('=',$1,$3); Tmax=tcount; }
32       ;
33   exp   : exp '+' exp { $$ = make_tac('+',$1,$3); }
34       | exp '-'  exp { $$ = make_tac('-',$1,$3); }
35       | exp '*'  exp { $$ = make_tac('*',$1,$3); }
36       | exp '/'  exp { $$ = make_tac('/',$1,$3); }
37       | '(' exp ')'  { $$ = $2;}
38       | ID           { $$ = yylval;}
39       | NUM          { $$ = yylval;}
40       ;
41
42   %% /* 以下是额外的 C 代码 */
43
44   YYSTYPE gettemp(void) ;
45   void list_tacs(void) ;
46   void list_table(void) ;
47
48   YYSTYPE gettemp(void)
49   { char str1[10]; int i,found;
50     tcount++;
51     sprintf(str1,"D.%d",tcount);
52     found=-1;
53     for(i=0;i<symcount;i++)
54       if(strcmp(str1,sym_tbl[i])== 0)
```

```
55        found=i;
56   if(found!=-1){
57     return(found) ;
58   } else {
59     symcount++;
60     strcpy(sym_tbl[symcount],str1);
61     return(symcount);
62   }
63 }
64
65 YYSTYPE make_tac(char op, YYSTYPE op1, YYSTYPE op2)
66 { YYSTYPE new_a ;
67   if(op == '='){ new_a=op1;op1=0;
68   } else new_a = gettemp();
69   tac[taccount].op = op;
70   tac[taccount].a1 = op1;
71   tac[taccount].a2 = op2;
72   tac[taccount].a3 = new_a;
73   taccount++;
74   return(new_a) ;
75 }
76
77 void list_tacs(void)
78 { int i;
79   printf("\n Intermediate code:\n");
80   printf(" Quadruples  3AC\n");
81   printf(" Op Dst Op1 Op2\n");
82        /*(+, 3, 4, 5)T1 <= x + b*/
83   for(i=0; i < taccount; i++){
84     if(tac[i].op == '='){
85       printf("(%c, %2d, %2d, --)
86 ",tac[i].op,tac[i].a3,tac[i].a2);
87       printf("%s = %s\n", sym_tbl[tac[i].a3],sym_tbl[tac[i].a2]);
88     } else {
89       printf("(%c, %2d, %2d, %2d)
90 ",tac[i].op,tac[i].a3,tac[i].a1,tac[i].a2);
91       printf("%s = %s %c
92 %s\n",sym_tbl[tac[i].a3],sym_tbl[tac[i].a1],
93 tac[i].op,sym_tbl[tac[i].a2]);
94     }
95   }
96 }
97
98   void list_table(void)
99   { int i;
100    printf("\n Symbol table:\n");
101    for(i=1; i <= symcount; i++)
```

```
102      printf("%2d : %s\n", i, sym_tbl[i]);
103    printf("\n");
104  }
105
106  void yyerror(char *s)
107  { printf("%s\n", s); }
108
109  /** 主程序 **/
110  main(){
111    do {
112      yyparse();
113    } while(!feof(stdin));
114    list_table();
115    list_tacs();
116    return 0;
117  }
118
```

表 6.3　FLEX↔BISON 通信中使用的特殊函数，完整列表见附录 A[DS02]

char *yytext	标记的文本
file *yyin	FLEX 输入文件
file *yyout	ECHO 的 FLEX 文件目标
int yylength	标记长度
int yylex(void)	解析器调用此函数以获取标记
int yylval	标记值
int yywrap(void)	文件结束时 FLEX 调用此函数
void yyparse()	解析器主函数
void yyerror(char *s)	出现错误时由 yyparse 调用

在这套语法规约中，有几处新内容我们需要讨论。使用%left 和%right 规约终结符(第 20、21 行)确保了运算具有正确的结合方式。我们希望将 2－3－5 计算为(2－3)－5＝－6(即左结合)，而不是 2－(3－5)=4(即右结合)。对于指数运算^，我们使用右结合，因为 2^2^2 应分组为 2^(2^2)。在标记列表中位于后面的操作数具有更高的优先级。由于*排在+后面，所以乘法的优先级就比加法高，例如，2+3*5 的计算结果是 2+(3*5)而不是(2+3)*5。如果我们不指定优先级，语法就会报告许多归约-移入冲突，因为它不知道在发现类似 2+3*5 这样的表达式时应该对其归约还是移进。

在我们所用的编译器中，语法规则(第 27~40 行)现在是以递归方式编写的。也就是说，表达式可以由 expression operation expression 这样的多项组合而成。

在下一个主要部分，将列出附加的 C 代码函数和主程序。gettemp(第 48~63 行)将生成一个新的临时变量，其类型为 D.kkkk，其中 kkkk 是一个四位十进制数。这不是一个标准的 C 风格变量名，但符合我们即将讨论的 GIMPLE 风格。函数 make_tac(第 65~75 行)将为算术运算生成一个新的三地址码条目，除非操作为=，否则不需要使用新的临时变量。主程序中使用函数 list_tacs(第 77~96 行)和 list_table(第 98~104 行)分别打印出三地址码的清单和符号(即变量)清单。最后，main()函数(第 110~117 行)将对所有输入行进行解析，完成后打印变量表和三地址码。

现在让我们简单了解一下编译步骤和 FLEX↔BISON 通信。由于首先需要知道 BISON 希望从 FLEX 中得到哪种标记，因此我们先运行该程序，即

```
bison -y -d -oy3ac.c 3ac.y
```

它会生成文件 y3ac.c、y3ac.output 和 y3ac.h。头文件 ytab.h 包含以下标记值：

```
#/* 标记 */
#define ID 258
#define NUM 259
#define ASSIGN 260
```

现在我们可以运行 FLEX 来生成词法分析器。使用

```
flex -ol3a.c 3ac.l
```

会得到文件 l3ac.c。最后我们编译两个 C 源文件并将它们链接到 3ac.exe。

```
gcc yl3ac.c y3ac.c -o 3ac.exe
```

现在，可以这样运行我们编写的三地址码程序：

```
3ac.exe < one.c
```

得到的输出如下所示。

符号表：

```
 1 : r
 2 : a
 3 : c
 4 : b
 5 : D.1596
 6 : D.1597
 7 : d
 8 : e
 9 : D.1598
10 : f
11 : D.1599
12 : D.1600
```

中间代码：

```
四元组                3AC
Op Dst Op1 Op2
(*, 5, 3, 4)          D.1596 = c * b
(+, 6, 2, 5)          D.1597 = a + D.1596
(*, 9, 7, 8)          D.1598 = d * e
(-, 11, 9, 10)        D.1599 = D.1598 - f
(/, 12, 6, 11)        D.1600 = D.1597 / D.1599
(=, 1, 12, --)        r = D.1600
```

我们已经有了一个可用的 C 风格代码生成器，但功能有限。为了使它成为一个更有用的编译器，我们需要添加控制流操作，如 if 和 while，以使其支持 n 维数组和函数调用。开发一个高性能编译器通常需要花费 20~50 人年，这对于大多数项目来说都是难以承受的。这就是 GCC 可变目标编译器经常被使用的原因。如果使用像 GNU GCC 或 LCC 这样的可变目标编译器，可以大大缩短开发时间，但代价是这样的 C 编译器是优化程度比较低的[FH03, Sta90]。如果我们只需要使用一个具有三地址码的前端编译器，则可以抄个近道。由于当今大多数处理器都使用三地址码，因此尤其在代码树生成方面它是一个很好的研究课题，并已成为 GNU C/C++编译器的首选内部格式。它是 SIMPLE 工具[HDE92]的改进版本，与 GENERIC GNU 工具一起被称为 GIMPLE 三地址码表示[GNU18,Mer03]。我们可以生成 test.c 程序对应的中间代码，如下所示。

```
gcc -fdump-tree-gimple test.c
```

我们用下面的小例程来展示如何使用 GIMPLE 中间格式开发程序。

GIMPLE 测试程序 6.9：`test.c`

```
1 int main(){
2 int a,b,c,d,e,f,r;
3 r=(a+c*b) /(d*e-f);
4 }
```

GIMPLE 中间代码的输出如下所示：

GIMPLE 格式输出程序 6.10：`test.c.004t.gimple`

```
1  main()
2  {
3    int D.1596;
4    int D.1597;
5    int D.1598;
6    int D.1599;
7    int a;
8    int b;
```

```
9    int c;
10   int d;
11   int e;
12   int f;
13   int r;
14
15   D.1596 = c * b;
16   D.1597 = D.1596 + a;
17   D.1598 = d * e;
18   D.1599 = D.1598 - f;
19   r = D.1597 / D.1599;
20   }
```

可以看到，Gimple IR 代码与我们使用 3ac.com 和 Bison 生成的 3AC 四元组代码十分相似，而且经过大幅简化，可以使用这些中间代码为我们选择的目标处理器生成汇编代码。Gimple IR 代码除了支持全部算术运算，还支持控制结构、函数调用和数组/指针。验证工作留作本章后面的练习，参见练习 6.27。

6.4　软件调试器和指令集仿真器

在将我们设计的微处理器系统下载到 FPGA 之前，你可能需要在软件中验证用汇编或 C/C++ 编写的程序。有几种不同的选择，它们在额外工作量、仿真速度和结果精度方面各不相同。你还可能希望在程序执行过程中监控寄存器和内存内容，和/或修改这些值、设置断点等。接下来简要审视一下我们选择的选项：

- HDL 仿真器(如 ModelSim)使用处理器模型 HDL 规约并运行应用程序，可以让我们精确地监控寄存器和内存内容。但是，这种 HDL 可能会变得过于复杂，例如 ARM Cortex-A9，而且不一定总是可用。这种验证也是最慢的，每秒只有几千个仿真步。
- 对于某些处理器，可以使用所谓的指令集模拟器(Instruction Set Simulator，ISS)。这些软件包规模较大，基于 μP 架构和指令集，尽可能用软件模型来模拟处理器的行为。通常情况下，这些模拟器只有指令集级精度。要实现周期级精确，必须在软件中重建处理器的精确流水线模型，包括存储器和缓存时序，而这并非易事。图 6.2 显示了 LISA 处理器设计器为第 1 章讨论的 URSIC 生成 ISS 的过程。这些 ISS 的仿真速度大大高于 ModelSim 中的 HDL 仿真。
- 软件调试器也是验证程序的一种常用方法，无需运行处理器硬件，即可以是交叉编译器设计。GNU 软件工具自带的 GDB 就是一个很好的例子。我们在关于 C/C++ 程序开发的第 5 章中简要讨论过调试问题。它允许你分步执行程序，或运行到一个特殊的断点，然后监控寄存器或变量/内存的内容。

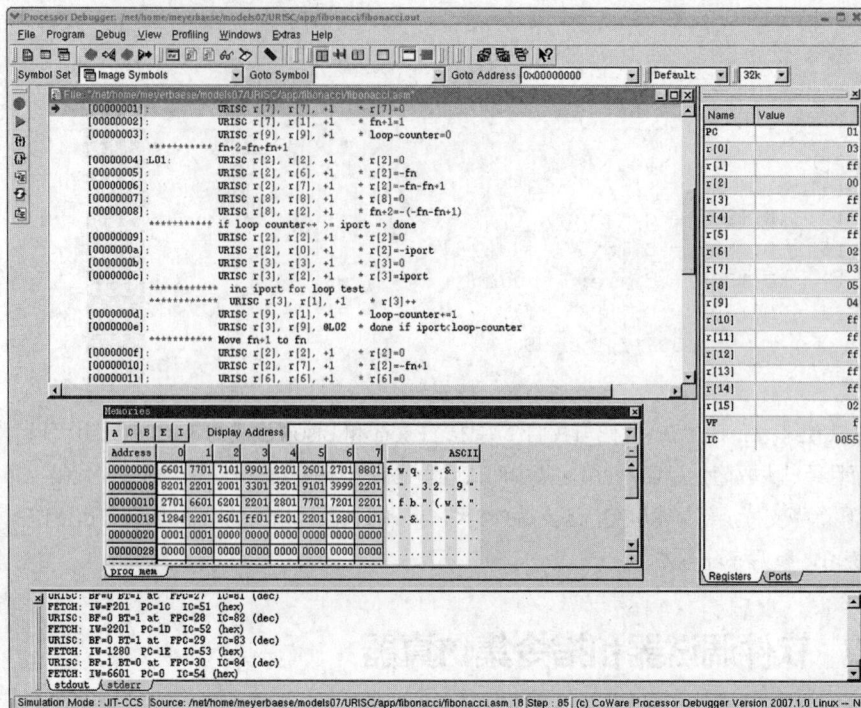

图 6.2　用 LISA 处理器设计器设计 URISC ISS

- 大多数开发工具还允许在线调试。其中你可以使用一个特殊的"监视器"程序，将程序下载到处理器，分步运行或运行到断点。该选项对硬件的要求最高。在运行这种程序调试之前，你的系统必须已经设计完成并开始运行。如果你还在忙于处理器指令集和/或架构有关的设计工作，这可能不是一种好的选择。

6.5　复习题和练习

简答题

6.1. 描述两遍汇编器的工作原理。

6.2. 解释可重定向代码与绝对代码之间的区别。

6.3. 简要解释 FLEX↔BISON 通信中所用的以下特殊函数/变量：yytext、yylength、yyparse() 和 yylex()。

6.4. FLEX 和 BISON 有什么区别？

6.5. 本地编译器和交叉编译器有什么区别？

6.6. 我们只能用 FLEX 来构建通用计算器吗？

6.7. 为什么在微处理器设计阶段不使用 ISS？

6.8. 使用在线调试器测试程序有哪些要求？

6.9. 按每秒模拟步数从高到低排列调试工具：HDL、在线调试器、ISS。

填空题

6.10. add2 计算器支持以下算术运算＿＿＿＿＿＿＿＿＿＿＿＿。

6.11. psm2hex 输出文件名为＿＿＿＿＿＿＿＿＿＿＿＿＿＿。

6.12. GIMPLE 临时变量的格式为＿＿＿＿＿＿＿＿＿＿＿＿＿＿。

6.13. ＿＿＿＿＿＿＿＿＿＿是 BISON 程序的前身。

判断题

6.14. ＿＿＿＿＿＿add2 计算器是用 FLEX 和 BISON 构建的。

6.15. ＿＿＿＿＿＿BISON 和 FLEX 有三个主要部分：定义、规则和用户代码。

6.16. ＿＿＿＿＿＿3ac 生成的代码与 GNU GIMPLE 代码非常相似。

6.17. ＿＿＿＿＿＿GIMPLE 代码用于生成栈机代码。

6.18. ＿＿＿＿＿＿时钟级精确的 ISS 比指令级精确的 ISS 需要用到更多的系统信息。

6.19. 给定表 6.3 中所示的 FLEX 表达式。确定与表达式匹配的模式(YES)。如果模式与表达式不匹配，则写 NO。

表 6.3　确认表达式是否与模式匹配

表达式	模式匹配吗？									
	a	A	ab	aa	AA	abc	aaaa	abcc	aabb	abccc
abc*										
abc+										
ab(C)?										
[a-zA-Z]										
((aa)|(bb))*										
a{1,3}										

6.20. 给定语法如下：(R1)E→E+E(R2)E→E−E(R3)E→E/E(R4)E→(E)(R5)E→id。判断下列表达式能否用上述语法生成：

I. a/(b+c)

II. −a+b

III. a−b−c−d

IV. (a+b)×c

V. a(b/c)

VI. a−(b+c)

6.21. 写出(a–b)/c 的最左侧推导并提供练习 6.20 中的(R1)–(R5)规则。

6.22. 写出 p/(q+r)的最右侧推导，并提供练习 6.20 中的(R1)–(R5)规则。

项目和挑战

6.23. 扩展 Verilog 扫描器，以支持在 urisc.v 中出现的所有语言元素。

6.24. 修改 vscanner 以统计 VHDL 源文件 urisc.vhd 中的项目。

6.25. 修改 vscanner 以计算 C/C++源代码 add2.c 中的项目。

6.26. 使用递归语法、*、–、^和变量符号表来扩展 add2 计算器。

6.27. 为 GIMPLE 支持的所有 14 种 IR 代码编写测试程序：

    I. x = a OP b

    II. *a = b OP c

    III. x = OP c

    IV. *a = x

    V. *a = f(args)

    VI. *a = *c

    VII. *a =(cast)b

    VIII. *a = &x

    IX. x = y

    X. x = &y

    XI. x = *c

    XII. x = f(args)

    XIII. x =(cast)b

    XIV. f(args)

6.28. 为 URISC 处理器创建一个指令级精确的 ISS，并用一个小循环示例对其进行测试。监控 PC、寄存器和 I/O。使用单步仿真。

6.29. 使用 Niemann[Nie04]教程(源文件在本书光盘中)编译和测试(;表示返回)。

    I. 编译 calc1 并测试：1+3+5;1–3–5;4/2

    II. 编译 calc2 并测试：1–3–5;8/2;x =8;y =2;x/y;8/0

    III. 编译 calc3a 并测试：x =3+4*5–8/2；print x

    IV. 编译 calc3b 并测试：x=3+4*5–8/2；print x

    V. 编译 calc3g 并测试图形输出：x=3+4*5–8/2

6.30. 在[Nie04]中为 calc3 所用的 BISON 和 FLEX 添加布尔运算 AND(使用&)、OR(使用|)、NOT(使用~)。

    用 print7 & 12; print 7| 12; x= ~7 + 1; print x 测试改进后的 calc3a 并且用 x = a | b & ~c;测试改进后的 calc3b 和 calc3g。

6.31. 解释Niemann calc3[Nie04]具有的语言局限性，以ANSI-C为参照。

6.32. 为Bison c3ac.y和Flex 3ac.l增加布尔操作AND(使用&)、OR(使用|)、NOT(使用~)。

使用 a=7 & 12; b = 7| 12; c = ~7 + 1;和 x = a | b & ~ c;测试改进后的 3ac.exe。

第7章

PICOBLAZE 软核微处理器的设计

摘要

本章概述了流行的 8 位微处理器，特别是 PICOBLAZE。PICOBLAZE 由 Ken Chapman 设计，是 Xilinx 中使用的最流行的 8 位软核微处理器。在分析 PICOBLAZE 指令集及其 HDL 实现的过程中，我们将迭代地开发 PICOBLAZE 架构，使其增加越来越多的特性。

关键词

PicoBlaze·软核·硬件·微控制器·双地址机·Xilinx·8 位机·KenChapman 可编程状态机 (Ken Chapman Programmable State Machine，KCPSM)·TRISC2·KCPSM6·指令格式·便笺存储器·LED 翻转·子程序嵌套·Vivado·ModelSim·Quartus·TerASIC·DE1 SoC·TimeQuest

7.1 引言

8 位机已成为嵌入式系统设计中最受欢迎的控制器。汽车和家用电器领域是微控制器市场最重要的推动力之一。以汽车为例，只有少数高性能微控制器需要用于音频或发动机控制，其他 50 多个微控制器则用于电动后视镜、安全气囊、速度表和门锁等功能。8 位机的年销售量约为 30 亿片，而 4 位或 16/32 位控制器的年销售量为 10 亿片。4 位处理器通常不具备所需的性能，而 16 位或 32 位控制器又往往过于昂贵。Xilinx PICOBLAZE 正好适合这些流行的 8 位应用，并提供了一个优秀的免费开发平台。本章将讨论 PICOBLAZE 的硬件部分，第 8 章将讨论其所提供的软件工具。

有几种 8 位 FPGA 软核可用于多种指令集，如 Intel 的 8080 或 8051、Zilog 的 Z80、Microchip 的 PIC 系列、MOS Technology 的 6502(在早期的 Apple 和 Atari 计算机中很流行)、Motorola/ Freescales 的 68HC11 或 Atmel AVR 微处理器。www.edn.com/microprocessor 提供了当前控制器的完整列表。

尽管 Altera 没有推广自己的 8 位处理器，但 Altera Megafunction 合作伙伴计划的(Altera Megafunction Partners Program，AMPP)合作伙伴们支持多种指令集，如 8081、Z80、68HC11、

PIC 和 8051。对于 Xilinx 器件，除了 PicoBlaze，它还支持 8051、68HC11 和 PIC ISA(见表 7.1)。

表 7.1　FPGA 8 位机 ISA 支持

μP 名称	使用的设备	LE/slice	BRAM/M9K	速度(MHz)	商家
C8081	EP1S10-5	2061	3	108	CI
CZ80CPU	EPIC6-6	3897	-	82	CI
DF6811CPU	Stratix-7	2220	4	73	DCD
DFPIC1655X	Cyclone-II-6	663	N/A	91	DCD
DR8051	Cyclone-II-6	2250	N/A	93	DCD
Flip8051	Xc2VP4-7	1034	N/A	62	DI
DP8051	Spartan-III-5	1100	N/A	73	DCD
DF6811CPU	Spartan-III-5	1312	N/A	73	DCD
DFPIC1655X	Spartan-III-5	386	3	52	DCD
PicoBlaze	Spartan-III	96	1	88	Xilinx

商家: DI=Dolphin Integration(法国); CI=CAST Inc.(美国新泽西州); DCD=Digital core design(波兰); N/A=无相关信息

值得注意的是，PicoBlaze 的底层硬件优化到只有 177 个四输入 LUT，这使其成为 Xilinx 器件中最小最快的 8 位处理器。因此，我们希望在下文中对这款流行的微处理器进行更深入的了解。

PicoBlaze 是多年来我们在 FPGA 领域见证的众多惊喜故事之一。它基于 Xilinx 应用工程师 Ken Chapman 的可编程状态机(Programmable State Machine，PSM)设计，基本上是一个由程序存储器增强的 FSM(见第 1 章，图 1.4)。PicoBlaze 微处理器是一种流行的 8 位微处理器，自 1990 年出现以来它运行了数以千计的不同应用程序。它不是一种全功能的 CISC 处理器，不像英特尔公司的 Itanium 处理器那样拥有 5.92 亿个晶体管，但在嵌入式系统中仍然非常有用。因为在嵌入式系统中，键盘或 LCD 控制器等外围设备往往更需要执行小型微控制器任务，而并不需要具有顶级微处理器性能。该内核的汇编器/链接/加载器和 VHDL 代码可免版税获得。PicoBlaze 针对 Xilinx 器件进行了优化：寄存器文件、便笺 RAM 和调用/返回栈等许多功能的低级 LUT 实现都使用了 Xilinx 器件的内存功能(又称分布式 RAM)，因此很难使用 Altera 器件，因为 Altera FPGA 并不具备基于 LE 的 RAM 功能。该内核比其他 8 位软核小得多。在撰写本文时，我们使用的是名为 KCPSM6 的第五代 PicoBlaze。在 PicoBlaze 过去 25 年的发展中，有几项功能一直保持不变，例如：

- PicoBlaze 是一种双地址机器，即逻辑和算术运算类型为 sX <= sX □ sY。
- PicoBlaze 有 7 类指令：算术、中断、I/O、逻辑、程序控制、移位和存储。
- 所有程序都从零地址开始编址。
- PicoBlaze 大约有 30 条指令。

多年来，随着技术的发展变化，KCPSM 经过了渐进修改(见表 7.2)：为 COOLRUNNER 器件设计的第一代 PICOBLAZE 没有分布式或块 RAM，为了保持较小的空间占用，它只有 256×16 位程序字和 8×8 位寄存器。第二代 Virtex-E 器件现在有 16 个寄存器和 15 级栈深度。随后的第三代产品将分布式 RAM 用于寄存器文件和调用/返回栈。这是 KCPSM 中唯一拥有 32 字寄存器文件的产品。改进后的块大小支持 1024×18 位程序存储器。第四代 KCPSM 引入了额外的片上数据存储器，称为便笺 RAM，容量为 64 字节；寄存器文件扩展为两个大小为 16 字节的组块(见图 7.1)。最后，当前架构的 KCPSM6 指令集增加了 9 条新指令：START、COMPARECY、TESTCY、HWBUILD、JUMP@、call@、LOAD&RETURN、OUTPUTK 和 REGBANK。现在我们总共有 39 条指令，其中大多数指令的第二个操作数有两种，即 8 位立即数或另一个寄存器，这基本上使所需的 ISA 代码增加了一倍，因此现在几乎所有 6 位 OP 代码模式都得到了使用(见图 7.2)。KCPSM3 最显著的变化是所有寄存器/寄存器指令都是偶数指令，而所有常量代码都使用奇数操作码。表 7.2 列出了有关 KCPSM 历史的全部细节。

表 7.2　五代 PICOBLAZE 的特性和性能比较

特性					
代	1.	2.	3.	4.	5.
目标设备	CoolRunner	Virtex-E	Virtex-II	Spartan-3	Zynq, Vir-6
汇编器	ASM	KCPSM	KCPSM2	KCPSM3	KCPSM6
程序(最大)	256×16	256×16	1K×18	1K×18	4K×18
8 位寄存器	8	16	32	16	2×16
调用栈	4	15	31	31	30
指令数	26	26	26	30	39
便笺 DRAM	N/A	N/A	N/A	64 字节	64-256 字节
MIPS(典型)	21	37	40-70	44-102	52-199
参考	[X387]	[X213]	[X627]	KCPSM3 UG[Cha03]	KCPSM6 UG[Cha14]

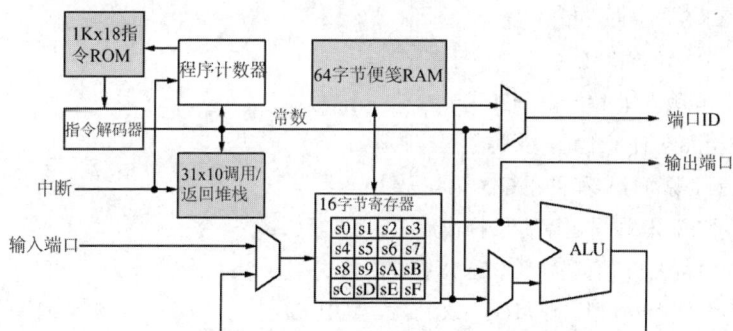

图 7.1　Xilinx 的 PICOBLAZE，即 KCPSM3 内核

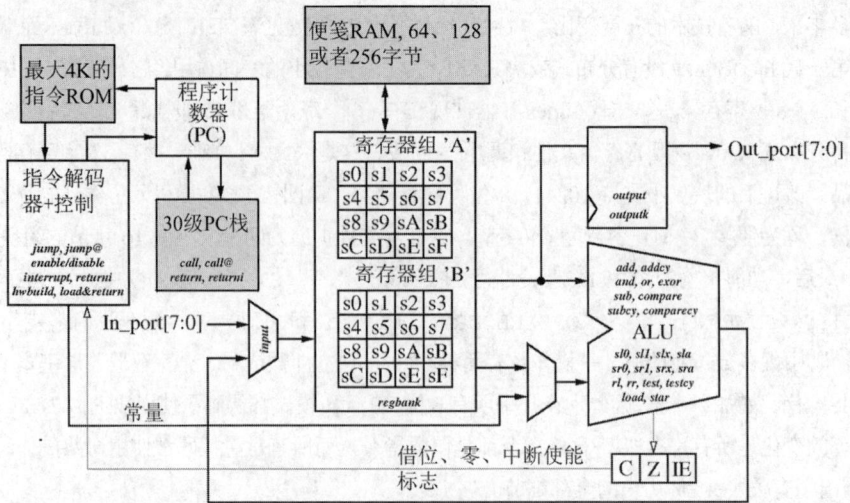

图 7.2　Xilinx 的 PICOBLAZE，即 KCPSM6 内核。指令(斜体)主要与关键的硬件单元相关。
灰色部分为大内存块(不包括寄存器)

7.2　KCPSM6 指令集概况

如果我们想要使用可以在任何 FPGA 或 ASIC 上运行的类似 PICOBLAZE 的微处理器，可以考虑利用 Pablo Bleyer Kocik 设计的可综合 Verilog 代码 PACOBLAZE[Koc06]。然而，这并不是最新的架构，因为 PACOBLAZE 使用的 KCPSM3 ISA 与第五代 PICOBLAZE KCPSM6(即最新版本)所用的二进制不兼容。因此，让我们在下文中为 PICOBLAZE 指令集的一个小子集开发可综合的 HDL 代码。我们称这种微处理器为 TRISC2，因为它是一种双地址机器，只实现了 KCPSM6 的一个(很小的)RISC 子集。在开始开发 HDL 代码前，我们先大致了解一下 PICOBLAZE 汇编指令的语法。在 PICOBLAZE 汇编程序编码中，通常使用以下编码缩写：

- aaa 表示 12 位地址
- kk 表示 8 位立即常量
- pp 表示 8 位端口 ID
- p 表示短版本即 4 位端口 ID
- ss 表示 8 位便笺地址，又称数据存储器
- X 表示 1.源寄存器和目标寄存器编码
- Y 表示 2.算术/逻辑运算的源/操作数

KCPSM ISA(表 7.3)有三种基本的 18 位指令格式：

- 寄存器/寄存器类型，形如 OP sX, sY，其中 sX = sX □ sY，或汇编编码使用的间接指令 OP@(sX, sY)(如果寄存器用作间接源)。

- 立即数类型：OP sX，kk 或 pp，或 OP kk，p(如果二者都是常量)，对于前一种形式往往有 sX = kk。
- 跳转类型：OP aaa，或无参数，仅仅是 OP。

表 7.3　KCPSM61 的 18 位指令比特编码格式

格式	6 位	4 位	4 位	4 位
R-TYPE	操作码	sX 1.源/目标	sY 2.源	0 或者(移位)代码
I-TYPE	操作码	sX 1.源/目标	8 位立即数或者间接寻址	
J-TYPE	操作码	12 位的目标地址：aaa 或 NaN		

想要设计或只是要了解现代 RISC 处理器的完整指令集包括汇编器编码、标志、控制和数据结构，一开始可能会让人不知所措。因此，我们将采取循序渐进的方法，向 PSM 架构中添加指令，从简单的 CPU 逐步过渡到更复杂的 CPU。PICOBLAZE 包含的完整指令集将在第 8 章中讨论。第一个示例是读取滑动开关的值，并将这些数据输出到两个电路板上的 LED。因此，我们只需要使用三条指令：

1. 09xpp INPUT sX，pp 指令，用于从端口读取数值并将其存储到 16 个寄存器中的一个。
2. 2Dxpp OUTPUT sX，pp 指令，从寄存器 X 中获取数据并将其存储到输出端口。
3. 22aaa JUMP aaaa 跳转指令，这样我们就可以一直重复执行上面的指令。

现在，为了完成汇编程序，我们需要决定要使用的寄存器和端口号。由于 PICOBLAZE 只需要用到单个 I/O 端口，因此在初始设计中，我们可以使用 0 或忽略端口选择。由于指令格式包含许多零，因此可以选择使用一个非零寄存器，但这取决于你的选择。如果使用寄存器 3，那么整个程序的 18 位 VHDL 2008 风格对应的 HEX 代码如下：

```
-- VHDL2008 程序 ROM 定义和值
TYPE MEMP IS ARRAY(0 TO 2)OF STD_LOGIC_VECTOR(17 DOWNTO 0);
CONSTANT prom : MEMP := 18X"09300", 18X"2D300" , 18X"22000"
```

在 VHDL-1993 中，十六进制字的长度必须是 4 的倍数，因此我们无法建立一个 18 位的十六进制常数。但我们可以使用 6 个八进制数字(3×6 = 18)或二进制编码：

```
MEMP :=("001001001100000000","101101001100000000","100010000000000000")
```

作为可综合的 KCPSM6 设计的起点，我们可以使用 Verilog PACOBLAZE 或 TRISC0([MB14]中介绍的一种紧凑型 8 位栈机微处理器)。TRISC0 是一种非常紧凑的 HDL 表示，似乎是设计进行演化的好起点。我们甚至可以复用解码器、PC 控制、SRAM(又称便笺 RAM)和部分 ALU。

在开始编码最初的 HDL 设计之前，让我们为机器增加一些 ALU 运算，使其成为比 I/O 寄存器控制器更有用的微处理器。假设我们的第二项任务是从输入端口中读取数据，并以 1 秒左右的时间间隔翻转这些数据。也就是说，下一秒，原本熄灭的 LED 应该点亮，而点亮的应该熄灭。我们需要解决两个问题：(1)由于 INVERT 不属于 KCPSM6 指令集的一部分，我们该如何切换寄存器的值; (2)我们如何实现1秒长的延迟循环。对于第一项任务,可以用 XOR 来实现 INVERT 操作,因为布尔规则是: x XOR 1 = x'。因此,如果我们将以下指令

4. 07xkk XOR sX, kk 指令,用于将寄存器 sX 的值与常数 k|k 进行 EXOR 运算,即

   sX = sX XOR kk

加入 ALU 支持的操作中就能翻转整个寄存器。

第二项任务更具挑战性。通常,要通过循环来实现延迟,我们会将寄存器的值设置为初始值,然后进行倒计时(即减1),直到计数器的值为零。然而,单个8位计数器周期只需要花费256个时钟周期,这个周期非常短,它以长度基于 50MHz 的处理器时钟频率来进行计算,因此我们的计数器需要约 $\log_2(50 \times 10^6) \approx 24$ 位长以达到间隔时间为 1 秒。因而我们需要使用三个寄存器来实现计数器,而对于减法运算,我们需要使用 KCPSM6 指令集中的 SUB 和带借位的 SUBCY,即

5. 19xkk SUB sX, kk 指令,用于在 SUB 运算的基础上加上 C 标志和 Z 标志。

6. 1Bxkk SUBCY sX, kk 指令,带 C 标志和 Z=Zold AND Znew。

我们的循环需要持续到24位计数器的值为零,因此如果其值不为零,我们需要使用一条条件跳转指令,即:

7. 36aaa JUMP NZ, aaa 指令,如果零标志为零,则跳转到地址 aaa。

于是完整的汇编程序如下(注释以分号开始,一直持续到行尾):

PSM 程序 7.1:使用 24 位计数器翻转 LED

```
1    start:    INPUT s3, 00      ; 读取开关
2    flash:    LOAD s0, 20       ; 设置循环计数器值
3              LOAD s1, BC       ; 计数器有 3x8=
4              LOAD s2, BE       ; 24 比特
5              OUTPUT s3, 00     ; 写通用 LED
6    loop:     SUB s0, 01        ; s0 -= 1
7              SUBCY s1, 00      ; 借位减法
8              SUBCY s2, 00      ; 借位减法
9              JUMP NZ, loop     ; 计数到 0
10             XOR s3, FF        ; 翻转 LED
11             JUMP flash        ; 从头开始
```

可以看出,寄存器 0、1 和 2 串联起来构成一个 24 位计数器,寄存器 3 用于输入/输出。现在,单个循环运行需要花费 4 个时钟周期。因此,当 Trisc2 的时钟频率为 50MHz 时,计数器被设置为 $50{,}000{,}000/4 = 12{,}500{,}000_{10} = \text{BEBC20}_{16}$(第 2~4 行)。计数器的值归零后(第 10 行),我们使用 XOR 操作来翻转寄存器 s3 的值(第 11 行),然后跳转到带有标签 flash 的第 2 行指令,并重新启动计数器。

7.3　初始 PicoBlaze 可综合架构

现在，让我们看看缩减版本 ISA 对应的 PicoBlaze，即 Trisc2 的初始 HDL 代码。

VHDL 代码 7.2：TRISC2(初始设计)

```
1    -- 标题: T-RISC 2 address machine
2    -- 描述: 这是 T-RISC 的顶层控制路径/有穷状态机
3    -- 具有单一的三相时钟周期设计
4    -- 它有一个两地址类型的 ALU 指令类型
5    -- 实现了 KCPSM6 架构的一个子集
6    -- ==========================================================
7    LIBRARY ieee; USE ieee.std_logic_1164.ALL;
8
9    PACKAGE n_bit_int IS -- 用户定义类型
10     SUBTYPE U8   IS INTEGER RANGE 0 TO 255;
11    SUBTYPE  SLVA IS STD_LOGIC_VECTOR(11 DOWNTO 0);-- 程序存储器地址
12    SUBTYPE  SLVD IS STD_LOGIC_VECTOR(7 DOWNTO 0); -- 数据宽度
13    SUBTYPE  SLVD1IS STD_LOGIC_VECTOR(8 DOWNTO 0); -- 数据宽度 +1 比特
14    SUBTYPE  SLVP IS STD_LOGIC_VECTOR(17 DOWNTO 0);-- 指令宽度
15    SUBTYPE  SLV6 IS STD_LOGIC_VECTOR(5 DOWNTO 0); -- 完整的操作码大小
16    SUBTYPE  SLV5 IS STD_LOGIC_VECTOR(4 DOWNTO 0); -- 缩减操作码
17    SUBTYPE  SLV4 IS STD_LOGIC_VECTOR(3 DOWNTO 0); -- 寄存器数组
18    END n_bit_int;
19
20    LIBRARY work;
21    USE work.n_bit_int.ALL;
22
23    LIBRARY ieee;
24    USE ieee.STD_LOGIC_1164.ALL;
25    USE ieee.STD_LOGIC_arith.ALL;
26    USE ieee.STD_LOGIC_unsigned.ALL;
27    -- ==========================================================
28    ENTITY trisc2 IS
29    PORT(clk : IN STD_LOGIC;   -- 系统时钟(clk=>CLOCK_50)
30      reset : IN STD_LOGIC; -- 低有效异步 reset(KEY(0))
31      in_port : IN STD_LOGIC_VECTOR(7 DOWNTO 0);   -- 输入端口(SW)
32      out_port : OUT STD_LOGIC_VECTOR(7 DOWNTO 0));-- 输出端口(LEDR)
33    END;
34    -- ==========================================================
35    ARCHITECTURE fpga OF trisc2 IS
36    - 为_tb 将 GENERIC 定义为 CONSTANT
37      CONSTANT WA : INTEGER := 11;  -- 地址位宽 -1
38      CONSTANT WR : INTEGER := 3;   -- 寄存器数组大小宽度 -1
```

```
39      CONSTANT WD : INTEGER := 7;    -- 数组位宽 -1
40
41      COMPONENT rom4096x18 IS
42      PORT(clk : IN STD_LOGIC;       -- 系统时钟
43          reset : IN STD_LOGIC;    -- 异步 reset
44          pma : IN STD_LOGIC_VECTOR(11 DOWNTO 0); -- 程序存储器地址
45          pmd : OUT STD_LOGIC_VECTOR(17 DOWNTO 0)); -- 程序存储器数据
46      END COMPONENT;
47
48      SIGNAL op6 : SLV6;
49      SIGNAL op5 : SLV5;
50      SIGNAL x, y, imm8 : SLVD;
51      SIGNAL x0, y0 : SLVD1;
52      SIGNAL rd, rs : INTEGER RANGE 0 TO 2**(WR+1)-1;
53      SIGNAL pc, pc1, imm12 : SLVA; -- 程序计数器, 12 位 aaa
54      SIGNAL pmd, ir : SLVP;
55      SIGNAL eq, ne, not_clk : STD_LOGIC;
56      SIGNAL jc        : boolean;
57      SIGNAL z, c, kflag : STD_LOGIC; -- 零, 借位, 以及立即数标志
58
59  -- 指令的操作码:
60  -- ALU 和 I/O 操作的 5 位 MSB(LSB 是 imm 标志)
61      CONSTANT add     : SLV5 := "01000"; -- X10/1
62      CONSTANT addcy   : SLV5 := "01001"; -- X12/3
63      CONSTANT sub     : SLV5 := "01100"; -- X18/9
64      CONSTANT subcy   : SLV5 := "01101"; -- X1A/B
65      CONSTANT opand   : SLV5 := "00001"; -- X02/3
66      CONSTANT opxor   : SLV5 := "00011"; -- X06/7
67      CONSTANT load    : SLV5 := "00000"; -- X00/1
68      CONSTANT opinput : SLV5 := "00100"; -- X08/9
69      CONSTANT opoutput : SLV5 := "10110"; -- X2C/D
70  -- 6 位用于所有其他操作
71      CONSTANT jump    : SLV6 := "100010"; -- X22
72      CONSTANT jumpz   : SLV6 := "110010"; -- X32
73      CONSTANT jumpnz  : SLV6 := "110110"; -- X36
74
75  -- 寄存器数组定义
76      TYPE RTYPE IS ARRAY(0 TO 15)OF SLVD;
77      SIGNAL s : RTYPE;
78
79  BEGIN
80
81      P1: PROCESS(reset, clk)-- 处理器的 FSM
82      BEGIN
83          IF reset = '0' THEN
```

```
84              pc <=(OTHERS => '0');
85         ELSIF falling_edge(clk)THEN
86           IF jc THEN
87             pc <= imm12; -- 任何使用了 12 位立即数 aaa 的跳转
88           ELSE
89             pc <= pc1; -- 通常的递增
90           END IF;
91         END IF;
92       END PROCESS p1;
93       pc1 <= pc + X"001";
94       jc <=(op6=jumpz AND z='1')OR(op6=jumpnz AND z='0')OR(op6=
     jump);
95
96       -- 指令映射，即指令解码
97       op6 <= ir(17 DOWNTO 12);  -- 完整的操作码
98       op5 <= ir(17 DOWNTO 13);  -- ALU 操作的缩减版操作码
99       kflag  <= ir(12);         -- 立即数标志 0=使用寄存器 1=使用 kk;
100      imm8   <= ir(7 DOWNTO 0);  -- 8 位立即操作数
101      imm12  <= ir(11 DOWNTO 0); -- 12 位立即操作数
102      rd <= CONV_INTEGER('0' & ir(11 DOWNTO 8));--目标/第一个源寄存
     器的索引
103      rs <= CONV_INTEGER('0' & ir(7 DOWNTO 4)); -- 第二个源寄存器的
     索引
104    x <= s(rd) ; -- ALU 的第一个源
105    x0 <= '0' & x; -- 第一个源的 0 扩展
106    y <= imm8 when kflag='1'
107        else s(rs); -- ALU 第二个源
108    y0 <= '0' & y; -- 第二个源的 0 扩展
109
110    prog_rom: rom4096x18     -- 实例化一个块 RAM
111    PORT MAP(clk => clk,     -- 系统时钟
112             reset => reset, -- 异步 reset
113             pma => pc,       -- 程序存储器地址
114             pmd => pmd) ;    -- 程序存储器数据
115    ir <= pmd;
116
117    ALU: PROCESS(reset, clk, x0, y0, c, op5, op6, in_port)
118    VARIABLE res: STD_LOGIC_VECTOR(8 DOWNTO 0);
119    VARIABLE z_new, c_new : STD_LOGIC;
120    BEGIN
121      CASE op5 IS
122        WHEN add    => res := x0 + y0;
123        WHEN addcy  => res := x0 + y0 + c;
124        WHEN sub    => res := x0 - y0;
125        WHEN subcy  => res := x0 - y0 - c;
```

```
126        WHEN opxor   => res := x0 XOR y0;
127        WHEN load    => res := y0;
128        WHEN opinput => res := '0' & in_port;
129        WHEN OTHERS  => res := x0; -- 继续用旧值
130      END CASE;
131      IF res = 0 THEN z_new := '1'; ELSE z_new := '0'; END IF;
132      c_new := res(8);
133      IF reset = '0' THEN -- 异步清零
134        z <= '0'; c <= '0';
135        out_port <=(OTHERS => '0');
136      ELSIF rising_edge(clk)THEN
137        CASE op5 IS                -- 计算新的标志位值
138          WHEN addcy | subcy => z <= z AND z_new; c <= c_new;
139                             -- 从前一个操作借位或进位
140          WHEN add | sub => z <= z_new; c <= c_new; -- 使用新值
141          WHEN OTHERS => z <= '0'; c <= '0'; -- 复位所有其他值
142        END CASE;
143        s(rd) <= res(7 DOWNTO 0); -- 存储 alu 结果;
144        IF op5 = opoutput THEN out_port <= x; END IF;
145      END IF;
146    END PROCESS ALU;
147
148  END fpga;
```

在编码中，我们首先看到的是带有子类型定义的包(第 9~18 行)。为了简化时序验证，我们没有使用泛型定义和常量，关于这一点稍后你会更清楚。此时的 ENTITY(第 28~33 行)只包含 4 个输入输出端口。我们还可以在功能仿真中监控其他内部信号。架构部分从通用信号开始，然后以常量值的形式列出已实现的指令中所用的操作码(第 59~73 行)。通过常量定义，可以非常直观地对操作进行编码。ARCHITECTURE 主体 FSM 中的第一个 PROCESS 承载了用于控制微处理器的有限状态机(第 81~94 行)。然后将指令字解码为单独的组件，如选择第二个操作数为常量或寄存器输入(第 96~108 行)。程序存储器通过外部 ROM 块实例化，可使用 Xilinx 工具 kcpsm6.exe (可从 www.Xilinx.com/picoblaze 下载)或 psm2hex 工具(见 6.2 节 FLEX 文件 6.1)和本书下载资源中的 hex2prom.exe 程序(第 110~114 行)生成，该程序可生成 Verilog $readmemh() 的 *.hex 文件和完整的 VHDL 文件。包括 LOAD 在内的所有需要更新寄存器阵列的操作都包含在 ALU PROCESS(第 117~146 行)中。额外的测试引脚仅通过仿真脚本分配。该设计使用 84 个 ALM，没有用到 M9K(VHDL 编码)，或是使用两个 M9K(Verilog 编码)，没有用到嵌入式乘法器。在使用 Altera QUARTUS 时，我们使用 TimeQuest slow 85C 模型测得的带寄存器性能为 Fmax = 139.12 MHz。

于是我们可以对 TRISC2 机器进行仿真，初始仿真步骤如图 7.3 所示。图 7.3 显示了 VHDL MODELSIM 仿真结果，Verilog 编码和 VIVADO 仿真见附录 A。

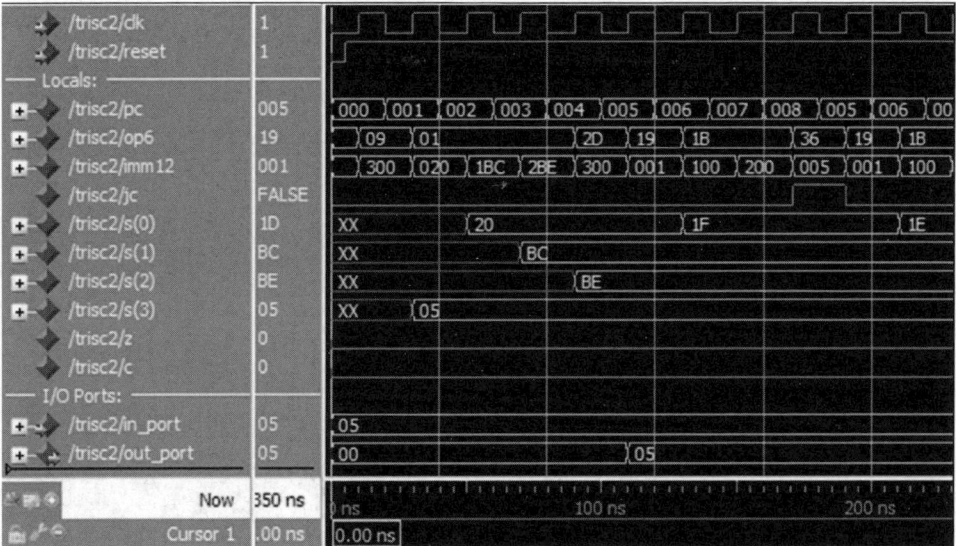

图 7.3　翻转程序的初始仿真步骤展示了 24 位计数器的加载以及计数的一个迭代循环

仿真显示了时钟和复位的输入信号，然后是本地非 I/O 信号，最后是开关(即 in_port)和 LED(即 out_port)的 I/O 信号。复位(低电平有效)释放后，我们可以看到程序计数器(pc)是如何持续增加直至循环结束的。pc 随下降沿变化，指令字随上升沿更新(在 ROM 内)。从输入端口 in_port 中读取数值 5，并将其放入寄存器 s3。然后，加载计数器启动值 BE BC 20。将寄存器 s3 的值加载到寄存器 out_port 中。计数器的值递减，由于 24 位的值不为零，因此重复循环。这一过程会持续多个时钟周期，直到达到 1s 的仿真时间。

图 7.4 显示了"大规模"仿真图，可以看出 1s(即 1,000,000,000 ns)后，计数器的值归零，比特位从 05_{HEX} =>00000101_2 翻转为 FA_{HEX} => $1111\ 1010_2$。

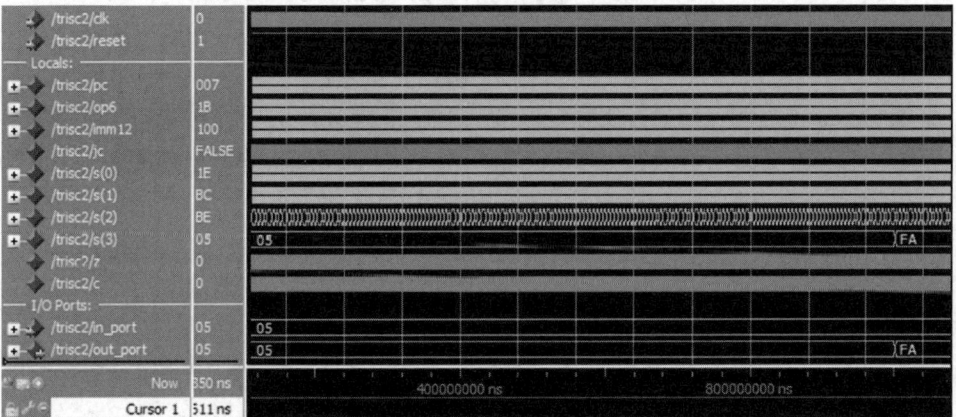

图 7.4　大规模的仿真，展示了从 0x05 到 0xFA 的翻转

在完全编译并将编程文件下载到 FPGA 板后，也可以观察到这种情况：滑动开关值以 1s 的

间隔进行切换。请记住，HDL I/O 端口需要映射到正确的引脚。当我们使用 Altera 软件对 DE 板卡进行设计时，通常从 SystemBuilder.exe 工具开始，然后根据 I/O 端口名称修改*.qsf 文件，即 CLOCK_50 变为 clk，SW 变为 in_port，KEY(0) 成为 reset，LEDR 成为 out_port。你需要同时更改逻辑电平类型和端口名称。请记住，即使 VHDL 不区分大小写，引脚名称也是区分大小写的。在 Xilinx Digilent Inc.的 ZyBo 板中，我们通常从 _master.xdc 文件开始，将 clk、reset、in_port 和 out_ port 替换为正确的引脚(即 clk、btn[0]、sw、led)。

图 7.5 显示了完全编译和下载后在 TerASIC DE FPGA 板卡上观察到的结果：SW 值以 1s 的间隔进行翻转。视频(横向的 toggleMWT.MOV 用于 Windows Media Player；纵向的 toggleQT.MOV 用于 Quick Time Player)可在本书下载资源的第一个可以运行的设计中找到。

(a) 二进制 5   (b) NOT 5 = 0xFA

图 7.5   LED 以 1s 的间隔翻转

7.4   带有便签存储器的 PICOBLAZE 可综合设计

经过初步设计之后，现在让我们为现代微处理器添加两个更重要的功能：数据存储器和子程序控制。与大多数现代 RISC 处理器一样，PICOBLAZE 采用所谓的加载/存储结构，这意味着微处理器与数据存储器(在 KCPSM 架构中称为便签存储器)之间的通信只能通过寄存器完成，即 ALU 运算不能直接访问数据存储器。这就简化了 ISA，我们只需要支持 STORE 和 FETCH 操作，而不需要使用数据存储器中包含的特殊 ALU 操作。我们添加了以下两条指令：

8. 2Fxss STORE sX, ss 使用便签存储器中的 8 位地址 ss。

9. 0Bxss FETCH sX, ss 使用便签存储器中的 8 位地址 ss。

由于我们喜欢使用分布式或块 RAM，因此此处也使用同步数据 RAM 来实现稳定的设计行为。由于指令即 PROM 是随着上升沿变化的，因此 DRAM 应使用下降沿。如果我们希望简化数组处理过程，则还应增加 STORE 和 FETCH 的间接寻址选项，即：

10. 2Exss STORE sX,(sY) 使用 Y 寄存器中的 8 位地址，将 X 寄存器的值存储到便签存储器中。

11. 0Axss FETCH sX,(sY) 使用 Y 寄存器中的 8 位地址，将便签存储器中的值加载到 X 寄存器中。

然而，综合工具通常要求使用上升沿，因此我们在 HDL 定义中采用了一个反相门 not_clk <= NOT clk 作为时钟信号；这样，综合工具将使用预定义的块/分布式 RAM。除此之外，HDL

代码与[MB14]中的 Trisc0 数据存储器类似，于是可以得到：

VHDL 代码 7.3：DRAM 数据定义和 VHDL 行为代码

```
1    ......
2    -- 便签存储器定义
3     TYPE MEMD IS ARRAY(0 TO 255)OF SLVD;
4     SIGNAL dram : MEMD;
5    BEGIN
6    mem_ena <= '1' WHEN op6 = store ELSE '0';
7                                       -- 仅对存储有效
8    not_clk <= NOT clk;
9    scratch_pad_ram: PROCESS(reset, not_clk, y0)
10   VARIABLE idma : U8;
11   BEGIN
12       idma := CONV_INTEGER(y0); -- 转型为无符号数
13       IF reset = '1' THEN -- 异步清零
14         dmd <=(OTHERS => '0');
15       ELSIF rising_edge(not_clk)THEN
16         IF mem_ena = '1' THEN
17           dram(idma) <= x; -- 时钟下降沿时写入 RAM
18       END IF;
19       dmd <= dram(idma) ; -- 时钟下降沿时从 RAM 读出
20     END IF;
21   END PROCESS;
```

　　我们这样来测试数据存储器：向 DRAM 位置 1、2、3 写入三个值(5、6、7)，然后从内存读回这些值到寄存器 2 中。下面的代码展示了 PSM 测试程序。

PSM Program 7.4：DRAM 先读后写 `testdmem.psm`

```
1 start:LOAD  s1, 05    ; 数据 5 加载到寄存器 1
2       STORE s1, 01    ; 将数据存储到存储器地址 1
3       LOAD  s1, 06    ; 数据 6 加载到寄存器 1
4       LOAD  s2, 02    ; 加载地址到寄存器 2
5       STORE s1,(s2)   ; 使用间接地址存储数据
6       FETCH s3, 01    ; 检查数据存储器地址 1
7       FETCH s3,(s2)   ; 使用间接地址检查数据
8       JUMP start      ; 从头开始
```

　　PSM 文件可以用 Xilinx `kcpsm6.exe`(从 www.xilinx.com/picoblaze 下载)或第 6 章中介绍的 psm2hex 工具编译，然后用 `hex2prom.exe` 将其转换为 HDL。图 7.6 展示了 ModelSim 的仿真结果；Verilog 代码和 Vivado 仿真见附录 A。

　　从仿真中我们可以看出，复位后，寄存器 s(1) 的值 05 在约 50 ns 后写入了存储器位置 dram(1)。然后使用寄存器 s(2) 中指定的地址将值 6 写入存储器位置 dram(2)。约 100 ns 后，

数值 06 就会出现在内存位置 dram(2)。从 dram(1) 和 dram(2) 中直接和间接读取数据在 130~170 ns 的时间间隔内分别完成。这些值储存在寄存器 s(3) 中。然后进行无条件跳转，于是程序从零指令开始执行。

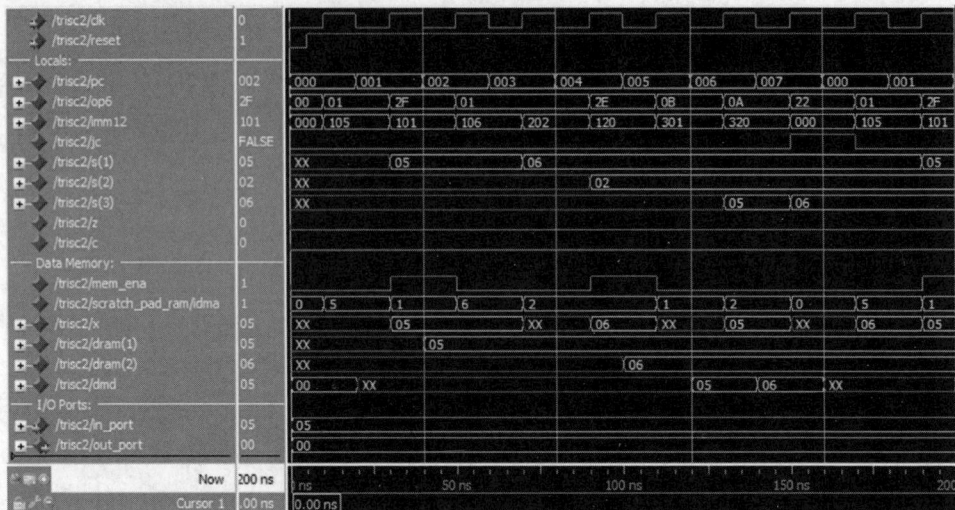

图 7.6　Trisc2 数据存储器测试函数。立即数和间接存储器写入值之后从同一个地址将其读取到寄存器 s3

7.5　带有链接控制的 PicoBlaze 可综合架构

对于像 PicoBlaze 这样的小型片上软核处理器来说，程序大小通常是一个严重的问题。如果微处理器为子程序提供架构支持，程序长度通常可以大大缩短。图 7.7 举例说明了这一点。在一个没有子程序的程序中，我们可能会发现程序代码会被多次执行，例如"等待 xx 毫秒"任务。现在，如果我们把这些指令放在子程序中，让微处理器记住这个地址，然后调用这个函数，并在子程序运行完成后返回到这个程序位置；就可以大大减少程序代码的长度。在汇编语言中，我们还需要用到两条指令：一条是 CALL 指令，允许 pc 跳转到子程序，并将当前 pc 值存储到所谓的链接寄存器(lreg)中；另一条是 RETURN 指令，在子程序结束时，我们可以从 lreg 寄存器中存储的 pc 位置继续执行程序。因此，我们需要付出的代价是使用一些额外的寄存器和控制硬件。在软件中，每次函数调用都要执行两条额外的指令，但这样可以大大减少程序的大小，如图 7.7b 中的自由存储部分所示。

我们甚至可以允许子程序调用另一个子程序；这被称为嵌套循环，它需要对存储在小栈中的 pc 值进行更多的管理。嵌套循环如图 7.7c 所示。KCPSM6 使用的栈有 30 个位置，也就是说，我们可以编写高度嵌套的代码，而不必担心栈会溢出。与典型的 PDSP(如 Analog Device ADSP21xx PDSP 中通常只支持 4 级嵌套循环)相比，这的确是大栈了。从实现的角度来看，我们需要添加另一个寄存器文件(类似于用于执行 ALU 操作的寄存器文件)来存储 pc 地址和能够指向当前返回地址的递增/递减计数器(lcount)。为了测试新添加的硬件，我们使用了子程序嵌套，并将以前的 DRAM 内存访问作为子程序中的任务，即向 DRAM 位置 1、2、3 写入三个值(5、6、7)，然后从内存中读取同一个值到寄存器 2 中。不过，现在的写入操作是在嵌套子程序中完成的。这不是子程序的典型用法，只是作为一个测试用例，用于演示必要的 pc 修改。子程序测试对应的程序清单如下所示。

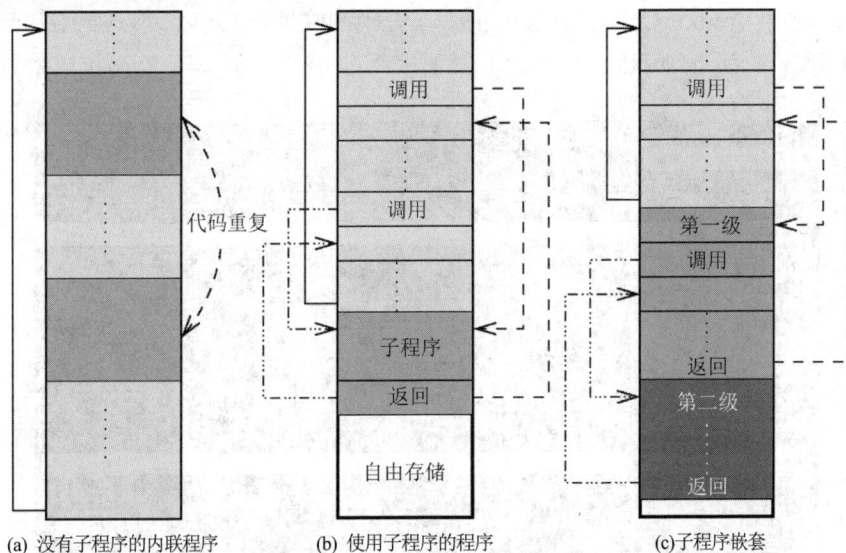

(a) 没有子程序的内联程序　　　(b) 使用子程序的程序　　　(c) 子程序嵌套

图 7.7　支持和不支持子程序的程序组织

PSM Program 7.5：子程序嵌套测试程序

```
1    start:   INPUT s1, 00      ; 读开关
2             CALL level1       ; 调用子程序 1
3             FETCH s2, 01      ; 检查数据存储器地址 1
4             FETCH s2, 02      ; 检查数据存储器地址 2
5             FETCH s2, 03      ; 检查数据存储器地址 3
6             OUTPUT s2, 00     ; 写通用的 LED
7             JUMP start        ; 从头开始
8    level3:  STORE s1, 03      ; 存储到数据存储器位置 3
9             RETURN
10   level2:  STORE s1, 02      ; 存储到数据存储器位置 2
11            ADD s1, 01        ; 加载测试数据 7 到寄存器 1
12            CALL level3       ; 调用子程序 3
13            RETURN
14   level1:  STORE s1, 01      ; 存储到数据存储器位置 1
15            ADD s1, 01        ; 加载测试数据 6 到寄存器 1
16            CALL level2       ; 调用子程序 2
17            RETURN
```

为了简化使用测试台进行的仿真，我们还可以考虑在 ENTITY 中添加额外的端口，这些端口将自动显示在仿真中，用于进行功能仿真和时序仿真。请记住，并非所有信号在综合后都可用，我们只能保证在 I/O 端口列表中看到所有信号。另一方面，在使用开发板实现仿真时，我们不希望为本地信号分配额外的引脚，因此应在 I/O 端口前添加注释符号(VHDL 中为--而 Verilog 中为//)，以免混淆开发板逻辑。TRISC2 嵌套子程序对应的 VIVADO 行为 VHDL 仿真如图 7.8 所示。使用 VIVADO 只是为了证明我们的编码与器件和/或供应商无关，可以同时使用两种工具集进行综合。为了证明我们的设计适用于多种综合工具，所示仿真基于 Zynq 测试台设计。

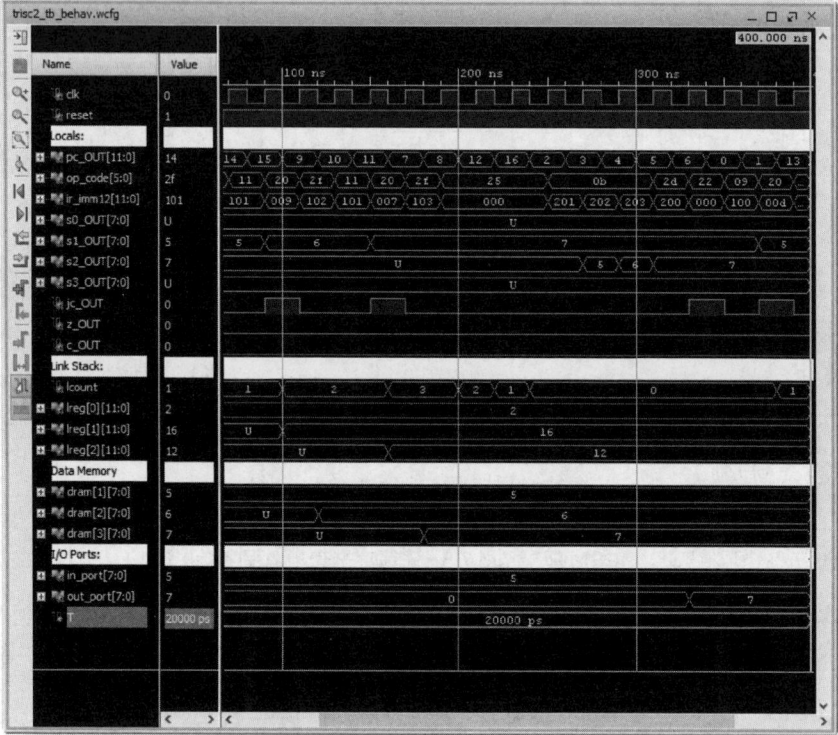

图 7.8　TRISC2 嵌套子程序的 VIVADO VHDL 仿真

此外，新增了用于链接栈和数据存储器的七个本地信号。所有其他信号都是 TRISC2 组件中 I/O 端口的一部分，将在功能和时序仿真中默认显示。我们将三个值(5、6、7)写入 DRAM 位置 1、2、3，然后从内存中将相同的值读入寄存器 2(参见 s2_OUT[7:0]仿真过程中的 270 ns~320 ns)。

寄存器 lcount 显示了嵌套级别，而来自链接栈的前三个寄存器 lreg[0...2]显示了 pc 的返回地址值。

有了这些额外的测试端口，我们的最终设计就显示在最终的 TRISC2 HDL 程序中。最终实现的架构概览见图 7.9。

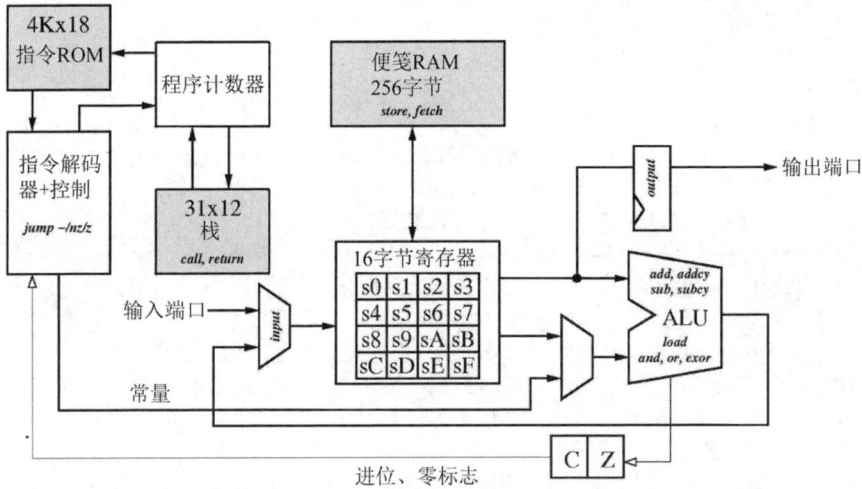

图 7.9　PicoBlaze/KCPSM6 即 Trisc2 内核的最终实现。指令(斜体)主要同关键硬件单元相关联。
灰色部分为大内存块(除寄存器外)

VHDL 代码 7.6 Trisc2(最终设计)

```
1    -- 名称：T-RISC 双地址机
2    -- 描述：这是 T-RISC 的顶层控制路径/FSM
3    -- 采用单个三相时钟周期设计
4    -- 支持双地址类型指令字
5    -- 实现了 KCPSM6 即 PicoBlaze v6 架构的一个子集
6    -- ================================================================
7    -- Xilinx 修改：
8    -- 在 I/O 中只用 STD_LOGIC 或 SLV, 不使用泛型
9    -- 修改 jc_out(布尔值) 代码
10   -- 无需使用 CONV_INTEGER(id) 或 CONV_STD_LOGIC_VECTOR(id, width)
11   -- 与整型进行相互转换
12   -- ================================================================
13   LIBRARY ieee; USE ieee.std_logic_1164.ALL;
14
15   PACKAGE n_bit_type IS -- 用户定义类型
16     SUBTYPE U8 IS INTEGER RANGE 0 TO 255;
17     SUBTYPE SLVA IS STD_LOGIC_VECTOR(11 DOWNTO 0); -- 程序存储器地址
18     SUBTYPE SLVD IS STD_LOGIC_VECTOR(7 DOWNTO 0); -- 数据位宽
19     SUBTYPE SLVD1 IS STD_LOGIC_VECTOR(8 DOWNTO 0); -- 数据位宽+ 1 位
20     SUBTYPE SLVP IS STD_LOGIC_VECTOR(17 DOWNTO 0); -- 指令位宽
21     SUBTYPE SLV6 IS STD_LOGIC_VECTOR(5 DOWNTO 0); -- 完整操作码大小
22     SUBTYPE SLV5 IS STD_LOGIC_VECTOR(4 DOWNTO 0); -- 缩减版操作码大小
23   END n_bit_type;
24
```

```
25   LIBRARY work;
26   USE work.n_bit_type.ALL;
27
28   LIBRARY ieee;
29   USE ieee.STD_LOGIC_1164.ALL;
30   USE ieee.STD_LOGIC_arith.ALL;
31   USE ieee.STD_LOGIC_unsigned.ALL;
32   -- =========================================================
33   ENTITY trisc2 IS
34    PORT(clk      : IN STD_LOGIC; -- 系统时钟
35       reset     : IN STD_LOGIC; -- 低电平有效异步复位
36       in_port   : IN STD_LOGIC_VECTOR(7 DOWNTO 0);  -- 输入端口
37       out_port  : OUT STD_LOGIC_VECTOR(7 DOWNTO 0)  -- 输出端口
38   -- 以下测试端口只用于仿真
39   -- 应该注释掉以免引起板卡引脚冲突
40   -- s0_OUT    : OUT STD_LOGIC_VECTOR(7 DOWNTO 0); -- 寄存器 0
41   -- s1_OUT    : OUT STD_LOGIC_VECTOR(7 DOWNTO 0); -- 寄存器 1
42   -- s2_OUT    : OUT STD_LOGIC_VECTOR(7 DOWNTO 0); -- 寄存器 2
43   -- s3_OUT    : OUT STD_LOGIC_VECTOR(7 DOWNTO 0); -- 寄存器 3
44   -- jc_OUT    : OUT STD_LOGIC;   -- 跳转条件标志
45   -- me_ena    : OUT STD_LOGIC;   -- 存储器使能
46   -- z_OUT     : OUT STD_LOGIC;   -- 零标志
47   -- c_OUT     : OUT STD_LOGIC;   -- 进位标志
48   -- pc_OUT    : OUT STD_LOGIC_VECTOR(11 DOWNTO 0); -- 程序存储器
49   -- ir_imm12  : OUT STD_LOGIC_VECTOR(11 DOWNTO 0); -- 立即数值
50   -- op_code   : OUT STD_LOGIC_VECTOR(5 DOWNTO 0)); -- 操作码
51   END;
52   -- =========================================================
53   ARCHITECTURE fpga OF trisc2 IS
54   -- GENERIC to CONSTANT for _tb
55     CONSTANT WA : INTEGER := 11; -- 地址位宽-1
56     CONSTANT WR : INTEGER := 3;  -- 寄存器数组大小位宽-1
57     CONSTANT WD : INTEGER := 7;  -- 数据位宽-1
58
59     COMPONENT rom4096x18 IS
60     PORT(clk  : IN STD_LOGIC; -- 系统时钟
61        reset: IN STD_LOGIC; -- 异步复位
62        pma  : IN STD_LOGIC_VECTOR(11 DOWNTO 0);  -- 程序存储器地址
63        pmd  : OUT STD_LOGIC_VECTOR(17 DOWNTO 0));-- 程序存储器数据
64     END COMPONENT;
65
66     SIGNAL op6 : SLV6;
67     SIGNAL op5 : SLV5;
68     SIGNAL x, y, imm8, dmd : SLVD;
69     SIGNAL x0, y0  : SLVD1;
```

```
70    SIGNAL rd, rs  : INTEGER RANGE 0 TO 2**(WR+1)-1;
71    SIGNAL pc, pc1, imm12 : SLVA; -- 程序计数器, 12 位 aaa
72    SIGNAL pmd, ir  : SLVP;
73    SIGNAL eq, ne, mem_ena, not_clk : STD_LOGIC;
74    SIGNAL jc : boolean;
75    SIGNAL z, c, kflag : STD_LOGIC; -- 零、进位和立即数标志
76
77    -- 指令的操作码:
78    -- ALU 操作的 5 位 MSB(LSB 是立即数标志)
79    CONSTANT add    : SLV5 := "01000"; -- X10/1
80    CONSTANT addcy  : SLV5 := "01001"; -- X12/3
81    CONSTANT sub    : SLV5 := "01100"; -- X18/9
82    CONSTANT subcy  : SLV5 := "01101"; -- X1A/B
83    CONSTANT opand  : SLV5 := "00001"; -- X02/3
84    CONSTANT opor   : SLV5 := "00010"; -- X04/5
85    CONSTANT opxor  : SLV5 := "00011"; -- X06/7
86    CONSTANT load   : SLV5 := "00000"; -- X00/1
87    -- 5 位用于 I/O 和便笺 RAM 操作
88    CONSTANT store    : SLV5 := "10111"; -- X2E/F
89    CONSTANT fetch    : SLV5 := "00101"; -- X0A/B
90    CONSTANT opinput  : SLV5 := "00100"; -- X08/9
91    CONSTANT opoutput : SLV5 := "10110"; -- X2C/D
92    -- 6 位用于所有其他操作
93    CONSTANT jump    : SLV6 := "100010"; -- X22
94    CONSTANT jumpz   : SLV6 := "110010"; -- X32
95    CONSTANT jumpnz  : SLV6 := "110110"; -- X36
96    CONSTANT call    : SLV6 := "100000"; -- X20
97    CONSTANT opreturn : SLV6 := "100101"; -- X25
98
99    -- 便笺存储器定义
100   TYPE MTYPE IS ARRAY(0 TO 255)OF SLVD;
101   SIGNAL dram : MTYPE;
102
103   -- 寄存器数组定义
104   TYPE RTYPE IS ARRAY(0 TO 15)OF SLVD;
105   SIGNAL s : RTYPE;
106
107   -- 链接寄存器栈
108   TYPE LTYPE IS ARRAY(0 TO 30)OF SLVA;
109   SIGNAL lreg : LTYPE;
110   SIGNAL lcount : INTEGER RANGE 0 TO 30;
111
112   BEGIN
113
114   P1: PROCESS(op6, reset, clk)-- 处理器的 FSM
```

```
115    BEGIN -- 存储到寄存器中？
116      IF reset = '0' THEN
117        pc <=(OTHERS => '0');
118        lcount <= 0;
119      ELSIF falling_edge(clk) THEN
120        IF op6 = call THEN
121          lreg(lcount)<= pc1;    -- 保存链接寄存器
122          lcount <= lcount +1;
123        END IF;
124        IF op6 = opreturn THEN
125          pc <= lreg(lcount-1); --在调用/返回后使用下一地址
126          lcount <= lcount -1;
127        ELSIF jc THEN
128          pc <= imm12; -- 任何使用 12 位立即数 aaa 的跳转
129        ELSE
130          pc <= pc1; -- 通常的递增
131        END IF;
132      END IF;
133    END PROCESS p1;
134    pc1 <= pc + "000000000001";
135    jc <=(op6=jumpz AND z='1')OR(op6=jumpnz AND z='0')
136                              OR(op6=jump)OR(op6=call);
137
138    -- 指令的映射，即解码指令
139    op6 <= ir(17 DOWNTO 12);   -- 完整的操作码
140    op5 <= ir(17 DOWNTO 13);   -- 缩减版 ALU 操作码
141    kflag <= ir(12);           -- 立即数标志为 0 则使用寄存器，为 1 则用 kk
142    imm8 <= ir(7 DOWNTO 0);    -- 8 位立即操作数
143    imm12 <= ir(11 DOWNTO 0); -- 12 位立即操作数
144    rd <= CONV_INTEGER('0' & ir(11 DOWNTO 8));
145                                  --目标或者第一个源寄存器的索引
146    rs <= CONV_INTEGER('0' & ir(7 DOWNTO 4)); -- 第二个源寄存器索引
147    x <= s(rd) ;     -- ALU 的第一个源寄存器
148    x0 <= '0' & x;   -- 第一个源寄存器的 0 扩展
149    y <= imm8 when kflag='1'
150        else s(rs);  -- ALU 的第二个源寄存器
151    y0 <= '0' & y;   -- 第二个源寄存器的 0 扩展
152
153    prog_rom: rom4096x18      -- 实例化块 RAM
154    PORT MAP(clk => clk,      -- 系统时钟
155             reset => reset,  -- 异步复位
156             pma => pc,       -- 程序存储器地址
157             pmd => pmd) ;    -- 程序存储器数据
158    ir <= pmd;
159
```

```vhdl
160    mem_ena <= '1' WHEN op5 = store ELSE '0'; -- 只对存储有效
161    not_clk <= NOT clk;
162    scratch_pad_ram: PROCESS(reset, not_clk, y0)
163    VARIABLE idma : U8;
164    BEGIN
165      idma := CONV_INTEGER(y0); -- 强制为无符号
166      IF reset = '0' THEN          -- 异步清零
167        dmd <=(OTHERS => '0');
168      ELSIF rising_edge(not_clk)THEN
169        IF mem_ena = '1' THEN
170          dram(idma) <= x;    --在时钟下降沿写 RAM
171        END IF;
172        dmd <= dram(idma) ;  --在时钟下降沿读 RAM
173      END IF;
174    END PROCESS;
175
176    ALU: PROCESS(op5, op6, x0, y0, c, in_port, dmd, reset, clk)
177    VARIABLE res: STD_LOGIC_VECTOR(8 DOWNTO 0);
178    VARIABLE z_new, c_new : STD_LOGIC;
179    BEGIN
180      CASE op5 IS
181        WHEN add    => res   := x0 + y0;
182        WHEN addcy  => res   := x0 + y0 + c;
183        WHEN sub    => res   := x0 - y0;
184        WHEN subcy  => res   := x0 - y0 - c;
185        WHEN opand  => res   := x0 AND y0;
186        WHEN opor   => res   := x0 OR y0;
187        WHEN opxor  => res   := x0 XOR y0;
188        WHEN load   => res   := y0;
189        WHEN fetch  => res   := '0' & dmd;
190        WHEN opinput => res  := '0' & in_port;
191        WHEN OTHERS => res   := x0; -- 保持旧值
192      END CASE;
193      IF res = 0 THEN z_new := '1'; ELSE z_new := '0'; END IF;
194      c_new := res(8);
195      IF reset = '0' THEN              -- 异步清零
196        z <= '0'; c <= '0';
197        out_port <=(OTHERS => '0');
198      ELSIF rising_edge(clk) THEN
199        CASE op5 IS              -- 计算新的标志值
200          WHEN addcy | subcy => z <= z AND z_new;
201                                c <= c_new;
202                                -- 从前一个操作进位
203          WHEN add | sub => z <= z_new; c <= c_new;
204                                -- 无进位
```

```
205        WHEN opor | opand | opxor => z <= z_new; c <= '0';
206                      -- 无进位；c=0
207        WHEN OTHERS => z <= z; c <= c; -- 保持旧值
208      END CASE;
209      s(rd) <= res(7 DOWNTO 0); -- 存储 alu 结果;
210      IF op5 = opoutput THEN out_port <= x; END IF;
211    END IF;
212  END PROCESS ALU;
213
214  -- 额外的测试引脚
215 -- pc_OUT <= pc; ir_imm12 <= imm12; op_code <= op6; -- 程序
216 -- --jc_OUT <= jc; -- 控制信号
217 -- jc_OUT <= '1' WHEN jc ELSE '0'; -- Xilinx 修改之后的控制信号
218 -- me_ena <= mem_ena; -- 控制信号
219 -- z_OUT <= z; c_OUT <= c; -- ALU 标志
220 -- s0_OUT <= s(0); s1_OUT <= s(1); -- 前两个寄存器元素
221 -- s2_OUT <= s(2); s3_OUT <= s(3); -- 之后的两个寄存器元素
222
223 END fpga;
```

与最初的 PICOBLAZE 设计相比，我们看到架构和指令集增加了一些内容，还进行了一些修改，以便在 QUARTUS 和 VIVADO 下运行代码。这些 Xilinx 修改显示在头文件中(代码第 7~11 行)。在编码中，我们首先看到的是带有子类型定义的包(第 15~23 行)。在最终综合时，ENTITY(第 33~52 行)应只包含电路板使用的输入和输出端口。额外的端口可以用于验证，但不能用于最终设计，以免损坏电路板。TRISC2 ISA 中增加了一些额外的操作，并以常量值的形式列出(第 77~97 行)。ARCHITECTURE 主体 FSM 中 P1 的第一个 PROCESS 现在也包含链接栈控制(第 114~135 行)。然后将指令字解码为单独的组件(第 138~151 行)。程序存储器通过外部 ROM 块实例化，外部 ROM 块由 Xilinx kcpsm6.exe(可从 www.Xilinx.com/picoblaze 下载)或我们所用的 psm2hex.exe 和程序 hex2prom.exe 生成(第 153~158 行)。第 160~174 行显示的便笺存储器是新的。所有需要更新寄存器阵列的操作，包括 LOAD、INPUT 和 OUPUT，都包含在 ALU PROCESS(第 176~212 行)中。额外的测试引脚用于测试新指令，但不应用于下载到电路板上的最终综合中。

TRISC2 的综合结果如表 7.4 所示。第二列和第三列分别是 Xilinx VIVADO 的 VHDL 和 Verilog 综合结果。第四列和第五列分别是 Altera QUARTUS 对 VHDL 和 Verilog 的综合结果。在 Xilinx VIVADO 中，便笺 RAM 可以用 1/2 RAMB36 实现，即 Verilog 综合中使用的一个 RAMB18 块。栈和寄存器文件可分别使用八个 LUT(分布式 RAM)构建，与 VHDL 综合中使用的方法相同。由于 ROM 的尺寸较小，因此通常也使用 LUT 来实现。随着程序越来越长，我们应该会看到 BRAM 用作 PROM。如果可以使用分布式 RAM，则看到资源出现了大幅缩减，这一点可以从对 VHDL 和 Verilog 综合结果的比较中看出。从 Altera VHDL 综合报告中，我们注意到，由于程序 ROM 较小，寄存器阵列只使用了一个 RAM 块，但 DRAM、PROM 或链接栈都没有使用块

RAM。Verilog 综合结果中的 ALM 数量较少：其中两个 16×8 寄存器阵列和便笺 RAM 采用 M10K 块构建，从而减少了 ALM 数量。同时 PROM 由于体积小，也是基于 ALM 构建的。

表 7.4　TRISC2 在 Altera 和 Xilinx 工具和设备上的综合结果

	VIVADO 2015.1		Quartus 15.1	
目标设备	Zynq 7K xc7z010t-1clg400		Cyclone V 5CSEMA5F31C6	
使用的 HDL	VHDL	Verilog	VHDL	Verilog
LUT/ALM	192	299	323	278
用作分布式 RAM	48	0	16	0
块 RAM RAMB18	0	0.5		
或者 M10K			1	3
DSP 块	0	0	0	0
HPS	0	0	0	0
Fmax/MHz	113.64	85.47	95.37	98.35
编译时间	3:35	3:40	4:45	4:58

我们终于有了一个可以工作的微处理器，它实现了 KCPSM6 的大部分功能，如寄存器加载、逻辑运算、算术运算、输入和输出、便笺存储器、跳转和调用。完整的指令集中缺少的是我们在完成任务时不需要用到的指令组，如测试和比较、移位和循环移位、寄存器组选择、中断处理和版本控制。这些内容将在本章最后作为练习留给读者。

7.6　复习题和练习

简答题

7.1. 说出 Altera 和 Xilinx 各提供的两种软核 8 位微处理器的名称。

7.2. 最新 KCPSM6 中包含的最大数据和程序存储器容量是多少？

7.3. 链接控制栈的目的是什么？

7.4. 什么是嵌套循环？

7.5. 为什么综合工具有时使用块 RAM，而有时使用 LUT/ALM 来实现程序存储器？

填空题

7.6. PICOBLAZE 处理器由来自 Xilinx 名叫 _____ 的应用工程师开发。

7.7. PICOBLAZE 操作码的前 _____ 位用于对指令进行编码。

7.8. Altera/TerASIC 使用 _____ 工具为项目引脚生成 I/O 文件。

7.9. 扩展名为*._____的约束文件用于为 Xilinx Vivado 进行引脚分配。

7.10. Xilinx PicoBlaze 中的便笺存储器容量为_____ 字节。

判断题

7.11. _____ PicoBlaze 是对 LE/Slice 要求最低的供应商软核。

7.12. _____ PicoBlaze KCPSM6 是第六代 PicoBlaze。

7.13. _____ Altera 的 8 位微处理器称为 Nios。

7.14. _____ 本章开发的 Trisc2 实现了 PicoBlaze 的完整 ISA。

项目和挑战

7.15. 将 PicoBlaze 的程序 PROM 增加一倍；这将如何影响指令编码、程序长度、硬件资源(LE/内存/DSP)和 μP 速度？

7.16. 将 PROM 增加一倍并修改 Trisc2 的 HDL。将 JUMP 从绝对值修改为相对值，用 testdnest 测试程序来检查程序。

7.17. 如果我们将 PicoBlaze 从 8 位数据处理器修改为 32 位数据处理器，这会对指令编码、程序长度、硬件资源(LE/内存/DSP)和 μP 速度产生什么影响？

7.18. 将 Trisc2 修改为 32 位数据处理器，并用闪存程序验证。

7.19. 使用 hex2prom 识别 Trisc2 不支持的指令，以运行阶乘程序。

7.20. 开发 Trisc2 程序，通过重复加法实现两个 8 位数的乘法运算。通过读取 SW 值并计算 $q = x * x$ 来测试程序。

7.21. 添加 ISA 中缺少的指令，以便在硬件上运行阶乘程序。测试单条新指令，然后运行阶乘程序。

7.22. 开发一个 PSM 汇编程序来实现类似于福特野马的左、右汽车转向灯和紧急双闪灯：00X、0XX 和 XXX 用于左转，其中 0 是关闭，X 是 LED 开启。用 X00、XX0 和 XXX 表示右转向灯。使用滑动开关进行左/右选择。对于紧急双闪灯，两个开关都要打开。转向灯序列应该每秒重复一次。见 mustangQT.MOV 或 mustangWMP.MOV 的演示。

7.23. 使用 ADD 和 XOR 指令开发一个具有随机数生成器的 PSM 程序。在 LED 上显示随机数。你的随机序列的运行周期是多少？

7.24. 开发一个七段显示器，使用翻转 PSM 以秒为单位向上计数。这就需要修改引脚分配，使 PicoBlaze 输出端口不仅能驱动 LED，还能驱动七段显示。

7.25. 构建一个秒表，它以秒为单位进行计数。使用三个按钮：开始计时、停止或暂停计时，以及重置计时。使用 LED 或者前一个练习中的七段式显示器来显示。参见 stop_watch_ledQT.MOV 或 stop_watch_ledWMP.MOV 的演示。

7.26. 使用按钮实现反应速度计时器。打开 4 个 LED 灯中的一个，测量按下相关按钮所需花费的时间。使用按钮来实现一个反应速度计时器。点亮 4 个 LED 中的一个，并测量出从 LED 灯亮起到相关按钮被按下所需花费的时间。在 LED 或七段显示器上显示 10 次尝试后的测量结果。

7.27. 为 TRISC2 架构或指令添加额外的 PICOBLAZE 功能，如测试和比较、移位和循环移位、寄存器组选择、中断处理和版本控制。添加 HDL 代码并使用 PSM 测试程序进行测试。报告综合结果(面积和速度)与原始设计之间的差异。

第 8 章

PICOBLAZE 软核微处理器中的软件工具

摘要

本章仅从程序员的角度概述了流行的 PICOBLAZE 内部架构。特别讨论了基于 KCPSM6 架构实现的完整指令集，以及利用 C 语言、汇编语言或 ISS 视图来开发程序所需用到的所有步骤。本章不像前一章那样，需要了解详细的 HDL 知识。

关键词

PicoBlaze • 软件 • 汇编器 • 高级语言 • 双地址机 • ISA 编码 • KenChapman 可编程状态机(Ken Chapman Programmable State Machine，KCPSM) • KCPSM6 • 指令集仿真器(Instruction Set Simulator，ISS) • FIDEx • C-编译器 • Pccomp • 递归函数 • 循环函数 • psm2hex • 操作支持 • 数据类型 • 汇编器语法规则 • 小型 C 编译器 • 便笺内存

8.1 引言

作为一个嵌入式软件设计者，你可能对 PICOBLAZE 的初始架构 100%满意(不想做任何补充修改，也不需要具备 HDL 技能)，你可能只需要了解编程资源和汇编语言的细节。这就是本章的目的：获取足够的知识来充分利用完整的 PICOBLAZE 指令集和开发工具，而不必太在意 HDL 实现的细节。我们将从程序员模型开始，然后讨论汇编语言的细节，最后看看程序开发的总体过程。

KCPSM6 架构中可用的编程资源可以总结如下：

- 一个 $2^{12} \times 18$ 位的程序存储器(4K 字)
- 带有两组各 16 个寄存器的双地址机

- 一个 64、128 或 256 字节的数据存储器
- 进位(C)、零(Z)、中断(IE)和寄存器组(A/B)标志
- 包含 30 个条目的 pc 调用/返回栈

在上一章开发的可综合的 TRISC2 架构中，可用的编程资源可总结如下：

- 一个 $2^{12} \times 18$ 位的程序存储器(4K 字)
- 带有一组 16 个寄存器的双地址机
- 一个 256 字节的数据存储器
- 进位(C)、零(Z)标志
- 包含 31 个条目的 pc 调用/返回栈

有三种主要的专业开发工具可用于开发 KCPSM6 和 TRISC2 程序。

- 由 Ken Chapman 提供的 KCPSM6.exe 汇编器(www.xilinx.com/picoblaze)。
- FIDEx 指令集仿真器。
- 用于 PICOBLAZE 的 C 语言编译器，名为 PCCOMP。

我们在第 5 章和第 6 章开发了一些实验性的软件开发工具，但这些工具只支持 KCPSM6 的精简版而非完整的 ISA。此外，以下工具可能有用。

- hex2prom.exe 将 HEX 程序文件转换为可综合的 VHDL 文件。
- psm2hex.exe 程序是用 FLEX 编写的针对 TRISC2 的初级转换器，用于将 psm 文件翻译成 hex 程序文件，类似于针对精简指令集构建的 KCPSM6.exe 汇编器。

下面我们将仔细研究这些工具，包括(未)实现的特性、可用的文档，以及使用这些工具过程中进行的一些观察。图 8.1 概述了不同的工具和实用程序如何协同工作。

8.2 KCPSM6 汇编器

KCPSM6.exe 可以从赛灵思的网页上免费下载(www.xilinx.com/picoblaze)。它是一个全功能的汇编器，以 PSM 文件和 ROM_form.v(hd) 为输入，从而生成在硬件中运行 PICOBLAZE 的必要文件。KCPSM6 有一本 124 页的用户指南，其中包括每条指令的所有细节、设计流程建议、硬件参考信息以及对 KCPSM3 所做的更新的相关信息[Cha03, Cha14]。它带有一些完整的设计实例，如 UART、I2C、SPI 和 XADC。对于汇编程序的语法，我们可以参考另外一个包含了 1000 多行代码的参考语法指南，叫做 all_kcpsm6_syntax.psm。如果对汇编程序的语法和特性有疑问，可以参考它。最后，还提供了一个 JTAG 加载器，它允许你用一个新的程序替换当前的 ROM，而不需要对整个系统进行重新编译，而全部重编译需要花费大量的时间。

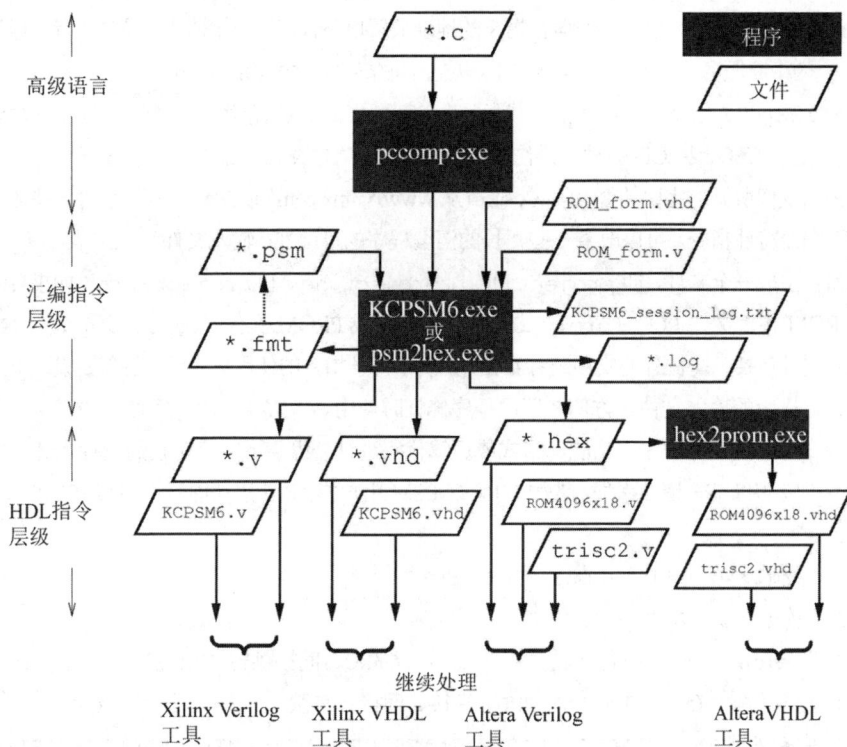

图 8.1　Xilinx PICOBLAZE 和 TRISC2 中的软件开发流程

在编写 PSM 程序时，我们需要记住以下语法规则和汇编器指令：

- COMMENTS 即注释以分号开始，一直持续到行末。
- INSTRUCTION 和寄存器名称 s0-sF 不区分大小写，例如 sa=Sa=sA=SA。
- NAME 如标签、常量、字符串、表格或寄存器名称是区分大小写的，可以使用字符 a-zA-Z0-9 和下画线，例如，标签 start≠Start。还有一个限制，名称不能只由十六进制值或默认的寄存器名称 s0-sF 组成。
- 汇编器对行敏感，但对空格不敏感；你不能像 HDL 或 C/C++ 那样在多行上写一条 PSM 指令。需要使用分隔符如逗号或分号以避免出现错误信息。
- 数据和地址值的长度必须符合要求，十六进制常数 kk 值为 5，需要有 8 位，则必须定义为 05，0 不能省略；12 位的常数则必须精确使用 3 位十六进制数字。
- 可以定义 8 位 CONSTANT 值占位符，如 CONSTANT LED, 40。
- 常量值可以用十六进制、十进制(使用'd)或二进制(使用 'b)、字符(使用"")或补码(使用~)进行编码，如 2B、43'd、00101011'b、"P"、~LED。
- 默认的寄存器名称可以用 NAMEREG 指令重新定义。如 NAMEREG s5, counter。
- DEFAULT_JUMP 指令将取代默认的 00000 => LOAD s0,s0 编码，而空 PROM 用 JUMP aaa 代替，这样，如果程序到达空的 PROM 地址，还可以恢复。

- ADDRESS 指令指示汇编器在指定的地址放置以下代码。这通常用于需要在特定地址起始的中断服务程序，比如需要位于程序空间的末端，如 ADDRESS FF0。
- INCLUDE 指令允许汇编器加载另一个 PSM 程序。这通常用于实现一些通用性功能。如七段 LED 或 LCD 驱动、乘法、或全局设置，如 INCLUDE "util.psm"。

正如我们所见，完整的 KCPSM6.exe(从 www.Xilinx.com/picoblaze 下载)包含一些额外的有用的汇编器特性指令，可以改善一些冗长的汇编程序的可读性。输入文件为 project.psm 时，汇编器会生成三个文件，即 project.log、project.hex 和 project.fmt。如果目录中还存在 ROM 模板文件 ROM_form.vhd，那么还会生成 PROM 文件 project.vhd。*.log 文件在结尾处包括一些额外的实用统计数据，说明了每条指令的使用频率；它还会生成一个 *.fmt 即格式化排版的输入文件，方便在下次程序修订时使用。

指令可以按字母顺序、功能、格式或运算代码进行分组。下文会对它们进行点评。关于每条指令的完整细节，请参考发行版中的《KCPSM 用户指南》。按功能我们可以建立以下 12 个分组。

1. 算术(2×4)：ADD、ADDCY、SUB、SUBCY
2. 逻辑(2×3)：AND、OR、XOR
3. 跳转(6)：JUMP、条件跳转 JUMP Z/NZ/C/NC、间接跳转 JUMP@
4. 输入和输出(5)：INPUT/OUTPUT 直接、间接、常量
5. 中断处理(4)：DISABLE/ENABLE INTERRUPT、RETURNI DISABLE/ENABLE
6. 寄存器组选择(2)：REGBANK A/B
7. 寄存器加载(4)：LOAD 和 STAR 直接或常量
8. 便笺存储器(4)：直接/间接的 STORE 和 FETCH
9. 移位和循环移位(10)：使用 0/1/算术/进位进行左/右移位或循环移位
10. 子程序(12)：CALL/RETURN(无)条件性直接/间接、LOAD&RETURN
11. 测试和比较(8)：TEST 或 COMPARE 寄存器/寄存器、寄存器/常量、有/无进位
12. 版本控制(1)：HWBUILD

我们总计有 70 个不同的操作代码。有些代码共享 6 位 MSB 代码，如所有的移位/循环移位指令(-9)和中断(-2)，ALU 操作为 R 型和 I 型指令，因此从语法角度看，有 39 条不同的指令，如下所示。

```
ADD, ADDCY, AND, CALL, CALL@, COMPARE, COMPARECY, DISABLE, ENABLE, FETCH,
HWBUILD, INPUT, JUMP, JUMP@, LOAD, LOAD&RETURN, OR, OUTPUT, OUTPUTK, REGBANK,
RETURN, RETURNI, RL, RR, SL0, SL1, SLA, SLX, SR0, SR1, SRA, SRX, STAR, STORE,
SUB, SUBCY, TEST, TESTCY, XOR
```

现在让我们来看看 KCPSM6 所有 70 条指令的操作码 PSM 编码、格式、运算类型和执行的功能，并按操作码进行排序(表 8.1)。编码缩写 aaa、kk、ppp、p、ss、X 和 Y 已在 7.1 节中介绍。

从表中可以看出，以下七个 6 位操作码没有被使用：15、23、27、2A、33、3B 和 3F。我们看到，大多数 6 位操作码都被使用，特别注意到不太容易再增加一对乘法 R/I 指令。即使我们只是增加 R 型指令(并为 I 型指令使用额外的 LOAD)，这也需要重新开发 KCPSM6.exe(从 www.Xilinx.com/picoblaze 下载)以支持新指令，因为汇编器并不是开源程序。

表 8.1　KCPSM6 指令集架构编码

操作码	汇编代码	格式	操作类型	操作描述
00XY0	LOAD sX,sY	R	寄存器加载	把寄存器 sY 加载到 sX
01Xkk	LOAD sX,kk	I	寄存器加载	把 8 位常量加载到 sX
02XY0	AND sX,sY	R	逻辑	sX = sX AND sY
03Xkk	AND sX,kk	I	逻辑	sX = sX AND kk
04XY0	OR sX,sY	R	逻辑	sX = sX OR sY
05Xkk	OR sX,kk	I	逻辑	sX = sX OR kk
06XY0	XOR sX,sY	R	逻辑	sX = sX XOR sY
07Xkk	XOR sX,kk	I	逻辑	sX = sX XOR kk
08XY0	INPUT sX,(sY)	R	输入与输出	从端口 (sY) 间接读取并存入 sX
09Xpp	INPUT sX,pp	I	输入与输出	读取端口 pp 并存入 sX
0AXY0	FETCH sX,(sY)	R	便笺存储器	间接读取 DRAM(sY) 并存入 sX
0BXss	FETCH sX, ss	I	便笺存储区	DRAM 读取 sX = DRAM(ss)
0CXY0	TEST sX,sY	R	测试和比较	t=sX AND sY;更新 Z,若结果有奇数个 1, 则 C 为 1
0DXkk	TEST sX,kk	I	测试和比较	t=sX AND kk;更新 Z, 若结果有奇数个 1, 则 C 为 1
0EXY0	TESTCY sX,sY	R	测试和比较	""; $Z=Z_{new}$ AND Z_{old}, , 若结果中 1 的个数再加上 C_{old} 为奇数,则 C 为 1
0FXkk	TESTCY sX,kk	I	测试和比较	""; $Z=Z_{new}$ AND Z_{old}, 若结果中 1 的个数再加上 C_{old} 为奇数, 则 C 为 1
10XY0	ADD sX,sY	R	算术	sX = sX + sY
11Xkk	ADD sX,kk	I	算术	sX = sX + kk
12XY0	ADDCY sX,sY	R	算术	sX = sX + sY + c
13Xkk	ADDCY sX,kk	I	算术	sX = sX + kk + c
14X00	SLA sX	R	移位和循环移位	带进位标志左移 sX = {sX<<1, C}
14X02	RL sX	R	移位和循环移位	循环左移 sX = {sX<<1, MSB}
14X04	SLX sX	R	移位和循环移位	左移并复制 LSB: sX = {sX<<1, LSB}
14X06	SL0 sX	R	移位和循环移位	带 0 左移: sX = {sX<<1, 0}
14X07	SL1 sX	R	移位和循环移位	带 1 左移: sX = {sX<<1, 1}
14X08	SRA sX	R	移位和循环移位	带进位标志右移 sX = {C,sX>>1}

(续表)

操作码	汇编代码	格式	操作类型	操作描述
14X0A	SRX sX	R	移位和循环移位	复制 MSB 并右移 sX = {MSB, sX>>1}
14X0C	RR sX	R	移位和循环移位	循环右移 sX = {LSB, sX>>1}
14X0E	SR0 sX	R	移位和循环移位	带 0 右移：sX = {0, sX>>1}
14X0F	SR1 sX	R	移位和循环移位	带 1 右移：sX = {1, sX>>1}
14X80	HWBUILD sX	R	版本控制	按通用属性设置 sX=hw
15				
16XY0	STAR sX,sY	R	寄存器加载	复制 sX 到未使用的 sY 寄存器组
17Xkk	STAR sX,kk	I	寄存器加载	储存 kk 到未使用的 sX 寄存器
18XY0	SUB sX,sY	R	算术	sX = sX - sY
19Xkk	SUB sX,kk	I	算术	sX = sX - kk
1AXY0	SUBCY sX,sY	R	算术	sX = sX - sY - c
1BXkk	SUBCY sX,kk	I	算术	sX = sX - kk - c
1CXY0	COMPARE sX,sY	R	测试和比较	测试 sX-sY：如果 sX<sY, zc=-1；如果 sX=sY, zc=1-；如果 sX>sY, zc= 00
1DXkk	COMPARE sX,kk	I	测试和比较	测试 sX-kk：如果 sX<kk, zc=-1；如果 sX=kk, zc=1-；如果 sX>kk, zc = 00
1EXY0	COMPARECY sX,sY	R	测试和比较	测试 sX-sY-C：C=Cnew；Z=Znew AND Zold
1FXkk	COMPARECY sX,kk	I	测试和比较	测试 sX-kk-C：C=Cnew；Z=Znew AND Zold
20aaa	CALL aaa		子程序	调用子程序 PC=aaa
21Xkk	LOAD&RETURN sX,kk	I	子程序	从子程序返回 PC=栈指针 并加载 sX=kk
22aaa	JUMP aaa	J	跳转	设置程序计数器 PC = aaa
23				
24XY0	CALL@ (sX,sY)	R	子程序	调用子程序 PC={sX,sY}
25000	RETURN	J	子程序	从子程序返回 PC=stack(ptr)
26XY0	JUMP@ (sX,sY)	R	跳转	设置程序计数器 PC={sX,sY}
27				
28000	DISABLE INTERRUPR	R	IRQ 处理	设置标志位 IE = 0
28001	ENABLE INTERRUPTR	R	IRQ 处理	设置标志位 IE = 1
29000	RETURNI DISABLE	R	IRQ 处理	IRQ 程序完成返回 PC=stack(ptr) 并设置 IE=0

(续表)

操作码	汇编代码	格式	操作类型	操作描述
29001	RETURNI ENABLE	R	IRQ 处理	IRQ 程序完成返回 PC=stack(ptr) 并设置 IE=1
2A				
2Bkkp	OUTPUTK kk,p	I	输入与输出	写常量 kk 到端口 0p
2CXY0	OUTPUT sX,(sY)	I	输入与输出	写 sX 到 sY 指定的端口
2DXpp	OUTPUT sX,pp	I	输入与输出	写 sX 到 pp 指定的端口
2EXY0	STORE sX,(sY)	R	便笺内存	存储 DRAM(sY)=sX
2FXss	STORE sX, ss	I	便笺内存	存储 DRAM(ss)=sX
30aaa	CALL Z, aaa	J	子程序	如果标志 Z=1，调用 PC=aaa 处的子程序
31000	RETURN Z	J	子程序	如果标志 Z=1，从子程序返回
32aaa	JUMP Z, aaa	J	跳转	如果标志 Z=1，设置 PC=aaa
33				
34aaa	CALL NZ, aaa	J	子程序	如果标志 Z=0，则调用 PC=aaa 处的子程序
35000	RETURN NZ	J	子程序	如果标志 Z=0，就从子程序返回
36aaa	JUMP NZ, aaa	J	跳转	如果标志 Z=0，就设置 PC=aaa
37000	REGBANK A	R	寄存器组选择	使用寄存器组 A
37001	REGBANK B	R	寄存器组选择	使用寄存器组 B
38aaa	CALL C, aaa	J	子程序	如果标志 C=1，则调用 PC=aaa 处的子程序
39000	RETURN C	J	子程序	如果标志 C=1，则从子程序返回
3Aaaa	JUMP C, aaa	J	跳转	如果标志 C=1，则设置 PC=aaa
3B				
3Caaa	CALL NC, aaa	J	子程序	如果标志 C=0，则调用 PC=aaa 处的子程序
3D000	RETURN NC	J	子程序	如果标志 C=0，则从子程序返回
3Eaaa	JUMP NC, aaa	J	跳转	如果标志 C=0，则设置 PC=aaa
3F				

8.3　PICOBLAZE 指令集仿真器

第 5 章和第 6 章对软件调试和指令仿真器进行了介绍。在线调试或 GDB 目前还不能用于 PICOBLAZE，但指令集仿真器早已被开发出来并在早期 PICOBLAZE 版本中得到了应用。现在，我们来看看 PICOBLAZE 处理器中可用的指令集仿真器的详细用例。Xilinx 并没有为这个处理器提供指令仿真器，我们需要看看第三方的产品。多年来，pBLAZEIDE 是 Xilinx 推荐的指令集仿真器，但现在已经停止对它提供支持了，最新的 PicoBlaze v6 也不再被 pBlazeIDE 指令仿真器支持。但是，位于德国罗伊特林根的 Fautronix GmbH 公司开发的另一款指令仿真器已经上市，且支持最新的 v6 版本的 PicoBlaze。指令集仿真器有灵活的许可方式，从对一个处理器 E98(大约$110 美元)进行 150 行代码限制的免费许可，到对 E798(≈$877 美元)提供的完全许可。PPT 幻灯片、教程、ISA 帮助页面和示例文件可从 https://www.fautronix.com/en/fidex 免费下载。图 8.2 给出了指令集仿真器运行 flash.psm 例子的概况，该例子在第 7 章中讨论过，它以 1s 的间隔翻转 FPGA 板的 LED。在使用 FIDEx 时，我们可以观察到：

- 仿真器安装起来容易，项目设置也简单，几分钟内就能运行完第一个例子(不需要使用 FPGA 软件或 FPGA 板卡)。
- 指令集仿真器每个时钟周期都会更新寄存器(如左面板所示)，高亮显示当前代码(如中间面板所示)，让你设置输入端口的值(见右面板)，并显示时钟周期和执行时间(未显示)。你可以设置断点、单步运行或运行直到断点。
- 由于 FIDEx 具有仿真多种 ISA 的能力，因此它使用了一种内部统一的汇编语言。其中一些指令的编码与 PicoBlaze v6 的语法相匹配，如 ADD、XOR、LOAD、JUMP 或 SUB，而其他指令的编码则不同，如 FIDEx 与 Xilinx PSM 代码中的 addC 与 ADDCY、subC 与 SUBCY、rdPrt 与 INPUT、wrPrt 与 OUPUT。当把 Xilinx 的*.psm 文件加载到指令集仿真器时，FIDEx 将自动进行这种转换。当添加文件到项目中时，一定要使用 File->Import files...，并使用 Xilinx 作为 import filter；在没有进行这些转换的情况下直接编译你的代码，可能会出现许多错误。
- 仿真速度不是非常高。在一台 i7 电脑上(2.4 GHz;12 GB RAM; Win 8.1Pro)，仿真 100,000 个时钟周期需要花费 2 分 31 秒，所以如果我们想看到 flash.psm 程序在 1s 后的输出翻转，需要等待 $50 \times 10^6/10^5 \times 2.5\,m = 500 \times 2.5\,m \approx 20$ 小时!

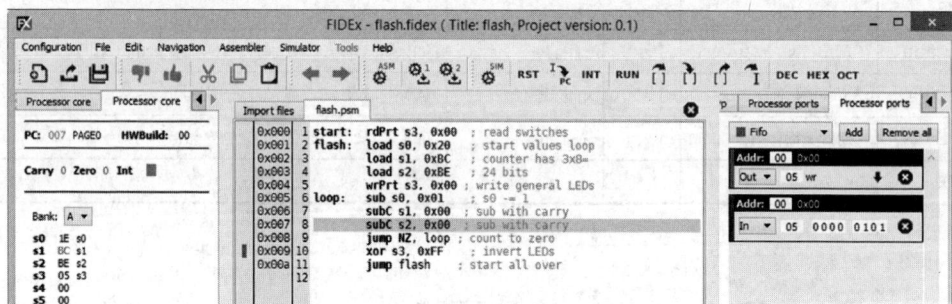

图 8.2　FIDEx 指令集仿真器仿真运行 Xilinx PicoBlaze 的 flash.psm 程序

8.4　支持 PicoBlaze 的 C 编译器

Xilinx 没有为这种处理器提供 C/C++编译器，我们需要寻找第三方的产品。多年来，Xilinx 通过其网页支持下载由 Francesco Poderico 编写的 PicoBlaze C 编译器 Pccomp。Pccomp 带有

18 页的用户手册和几个可以运行的设计实例，并且是免费的。这款 C 编译器不是从头开始写的，也不是用 BISON 写的。这款非常成功的"Small C 编译器"，最初由 Ron Cain[Cai80]于 1980 年作为编写编译器的教程在期刊发表，后来由 James Hendrix[Hen90]以更专业的方式出版。这似乎是一个好办法，基于以下几条理由：

- Small C 编译器是在 Intel 8080/8086 μP 上开发的，与 PICOBLAZE 一样，它也是一种双地址机器；GNU C/C++编译器通常是为三地址机器开发和优化的。
- Small C 编译器使用的 C 语言子集很适合 PICOBLAZE 硬件：只支持 char(8 位)和 int(16 位)数据类型；不支持 32 位 float 或 64 位 double。
- Small C 编译器已经成功地移植到其他 μP 上，如 Zilog Z80、VAX 或摩托罗拉的 6809 微控制器；见 http://www.cpm.z80.de/small_c.html。

正如"Small C 编译器"这个名字所暗示的那样，我们所讨论的编译器并不是一个支持所有可能出现的编码风格的全功能 ANSI C 编译器；尽管如此，它已经支持了相当多的特性，对软件开发还是相当有用的。让我们在下一节中回顾一下最重要的功能：数据类型、运算支持、控制流和函数。

PCCOMP 中的数据类型

通过观察编译器所支持的关键字，可以对编译器的功能有很多了解。事实上，这也是评估其所支持的数据类型的良好起点。在 ANSI C 中，有 32 个保留字，通常不妨按照四种主要类别来排序：数据类型、数据属性、控制流和存储类。让我们再次列举第 5 章讨论过的这些关键字，并"划掉"Small C 中不支持的关键字：

1. 数据类型：char、~~double~~、~~enum~~、~~float~~、int、void
2. 数据属性：~~long~~、~~short~~、~~signed~~、~~struct~~、~~typedef~~、~~union~~、unsigned
3. 控制流：break、case、continue、default、do、else、for、goto、if、return、switch、while
4. 存储类：~~auto~~、~~const~~、extern、~~register~~、~~static~~、~~volatile~~

正如我们从数据类型中看到的，应该尽可能使用 char，因为我们所用的处理器是 8 位的；int 一定要用 16 位双字处理。void 类型可以用于函数返回类型。它只支持单一的数据属性 unsigned。表 8.2 是 PCCOMP 中支持的数据类型列表。

表 8.2　数据类型列表

类型	unsigned char	char	unsigned int	int
范围	0…255	−128…127	0….65535	−32768…32767

当使用寄存器或内存时，PCCOMP 有严格限制，不能像其他 C/C++编译程序那样使用属性来强制使用寄存器作为计数器变量。标识符允许使用下画线，如 char x, x_, _x, _x_;可以正常编译，但像 money$或 P!NK(特殊字符)或 4you(数字开头)这样的标识符不能通过编译。标识符长度被限制为 38 个字符，即 int name45678901234567890123456789012345 67;是有效

的标识符，但 int name456789012345678901234567890123456789012345678;不能通过编译。编译器也不允许构建复杂的共用体或者结构体数据类型，以保持数据处理过程具有简单性。这也就禁止了使用->和"."运算符，我们在下一节中会观察到这一点。

Pccomp 运算支持

正如按优先级排列的运算符表 8.3 所示，Pccomp 支持相当多的运算。如果我们将其与第 5 章中的表 5.4 相比较，则可以看到，除了->和用于 struct 数据类型的"."，所有的运算符都是受支持的。

表 8.3　Pccomp 支持的运算符

优先级	结合性	运算符	描述
15	左	()[]	函数调用、作用域、数组/成员访问
14	右	! ~ -* & sizeof (类型转换) ++x --x	(大多数)一元运算符、取大小、强制转型
13	左	* / %	乘、除、模
12	左	+ -	加和减
11	左	<< >>	按位左移和右移
10	左	<<= >>=	比较：小于，…
9	左	== !=	比较：相等和不等
8	左	&	按位 AND
7	左	^	按位异或(XOR)
6	左	|	按位兼或(正常)OR
5	左	&&	逻辑 AND
4	左	||	逻辑 OR
3	右	?:	条件表达式
2	右	= += -= *= /= %= &= |= ^= <<= >>=	赋值运算符
1	左	,	逗号运算符

对每种运算的验证可以通过一个小的测试序列来完成，比如：

C 示例程序 8.1：通过测试来验证运算 opc.c

```
1   // 检查支持的运算
2   char i, x, y; // 8 位的字符/整型数
3   char a[11];    // 数字数组
4   void main(){
5     x=5; y=14;
```

```
6   // 首先是算术测试
7    a[0]= x + y;
8    a[1]= y - x;
9   // 然后是布尔测试
10   a[5]=(x & y);
11   a[6]=(x | y);
12  // 移位测试
13   a[9]= x << 2;
14  }
```

编译完 C 代码后，我们可以在指令集仿真器中导入 *.PSM 文件，并验证存储器中的内容(见图 8.3)。第一个数组 a[0]从 0×32 处开始，于是有：

- a[0]= 5 + 14 = 19(存储器位置 0×32)
- a[1]= 14-5 = 9(存储器位置 0×33)
- a[5]= 0101_2 AND 1110_2 = 0100_2 = 4(存储器位置 0×37)
- a[6]= 0101_2 OR 1110_2 = 1110_2 = 15(存储器位置 0×38)
- a[9]= 5 << 2 = 5 * 4 = 20(存储器位置 0×3B)

一个扩展的运算测试留作本章末尾的练习 8.32。

如果你使用免费的 FIDEx 指令集仿真器，则需要确保程序不产生超过 150 行的 PSM 代码。

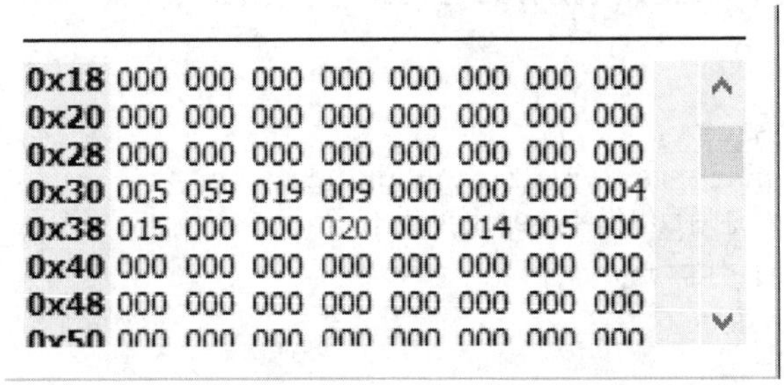

```
0x18 000 000 000 000 000 000 000 000
0x20 000 000 000 000 000 000 000 000
0x28 000 000 000 000 000 000 000 000
0x30 005 059 019 009 000 000 000 004
0x38 015 000 000 020 000 014 005 000
0x40 000 000 000 000 000 000 000 000
0x48 000 000 000 000 000 000 000 000
0x50 000 000 000 000 000 000 000 000
```

图 8.3　在指令集仿真器上使用 opc.psm 运行程序 8.1 opc.c 之后的存储器内容。地址显示为十六进制，而内存数据显示为十进制的值

Pccomp 中的控制流选项

Small C 编译器的优势之一是支持所有控制指令。你可能会质疑为什么我们要使用 while、for 和 do 循环，因为这三种循环基本上都可以完成同样的操作。但是 Small C 语言支持所有这三种类型。与实现循环密切相关的问题还包括如何在循环中高效访问数组。下面这个小例子会求出五个数组元素之和，并展示基本的方法。

C 示例程序 8.2：使用测试验证循环函数和数组访问 loops.c

```
1   // 检查支持的循环和数组访问
2
3   char sum;// 数组的和
```

```
4  char i; // 8 位的字符/整型数
5  char a[5]; // 数字数组
6  char *ptr, *ptrlast; // 地址值
7
8  // 仅使用单循环来计算程序长度
9  //#define USEWHILE
10 //#define USEDO
11 #define USEFOR
12
13 void main(){
14
15  // 设置测试值
16   a[0]= 5; a[1]= 10; a[2]= 15; a[3]=20; a[4]=25;
17   sum=0; // 重置 sum; 最终应为 75
18
19 #ifdef USEWHILE
20   ptr =(char *)&a; i=0;
21   while(i<5){
22     sum += a[i];
23     i++;
24   } // 使用标准的数组访问:98 行 PSM 代码
25 #endif;
26
27 #ifdef USEDO
28   ptr =(char *)&a; ptrlast = ptr+5;
29   do { // 递增数组指针: 92 行 PSM 代码
30     sum += *ptr++;
31   } while(ptr < ptrlast);
32 #endif;
33
34 #ifdef USEFOR
35   ptr =(char *)&a; // 递增数组指针: 89 行 PSM 代码
36   for(i=0; i<5; i++) sum += *ptr++;
37 #endif;
38 }
```

第一个循环显示了 while 循环和标准的数组访问(C 代码第 20~24 行;PSM 代码长度为 98 行)。接下来是一个使用后置地址来递增访问数组的 do/while 序列(C 代码第 28~31 行)。最后是对数组进行后置地址递增访问的 for 循环(C 代码第 35~36 行)。此处使用了编译器指令,这样每次只有一种循环类型是有效的,我们就可以测量不同的程序长度。虽然整个 PSM 代码的长度相似,但事实证明,最后一个采用地址递增方式的 for 循环类型给出了最短的 PSM 代码。该代码在 FIDEx 指令及仿真器中需要花费 418 个时钟周期来完成。最短的程序代码不一定是求和速度最快的。如果我们使用"循环展开",即不使用循环,而写五条指令:

```
//循环展开 -->需要 115 行/228 个时钟周期
ptr =(char *)&a;
sum += *ptr++;
sum += *ptr++;
sum += *ptr++;
sum += *ptr++;
sum += *ptr;
```

这将在 228 个时钟周期内完成仿真。然而展开的循环会有更长的包含了 115 个代码字的 PSM 代码。同样，Small C 编译器展示出对循环以及数组访问方式的丰富支持。

PCCOMP 中的函数调用

在 C/C++编译器中使用函数不仅可以在你的代码中建立层次结构，使代码更容易维护和复用，而且对于 PCCOMP 来说，使用函数可以减少代码的大小，这是一个更重要的特性。KCPSM6 有 31 级 PC 的栈深度，所以在汇编中可以进行多级子程序调用。然而，在现代编译器中，与函数的数据通信通常是通过数据栈完成的。而在早期的 PICOBLAZE 版本中，由于其没有片上存储器，因此没有数据栈，所以使用函数基本上是不可能的。对于没有使用便笺内存的 PICOBLAZE，PCCOMP 曾要求通过 I/O 端口提供内存数据。如果采用这种方式，将大大增加硬件的工作量。而在引入便笺存储器后，函数调用已经成为一种流畅而容易的运行方式。你可能会感到惊讶，我们的 Small C 编译器甚至可以轻松地处理递归函数调用。让我们用一个小例子来试试看。

C 示例程序 8.3：验证递归函数调用 `fact.c`

```
1   /* 使用标准循环和递归调用求阶乘
2    *  作者: Uwe Meyer-Baese
3    */
4   unsigned char fact(unsigned char n);
5   unsigned char N, f, r, i;
6
7   void main()
8   {
9     N= 5; f=1;
10    for(i=1; i<=N; i++)f = f * i;
11    r= fact(N);
12
13  }
14  unsigned char fact(unsigned char n)
15  {
16    if(n==0)
17      return 1;
18    else
19      return(n * fact(n-1));
20  }
```

我们使用 unsigned 数据类型(第 4 行和第 5 行),从而可以使用更快更短的无符号乘法函数,因为这里只有无符号数据。注意到在第 10 行使用了 for 循环进行常规方式的阶乘计算。对于 *N*=5,期望的结果 *f*=1×2×3×4×5=120。然后,在第二种方法中,我们递归调用了第 14~20 行代码中所用的递归函数。注意在第 19 行中,该函数是如何用 fact(n-1) 再次调用自己的。现在我们验证一下 Small C 编译器是否确实能够处理这样一项复杂的任务。该变量的内存分配如下:

```
.....
#equ    _N    ,    0x3f
#equ    _f    ,    0x3e
#equ    _r    ,    0x3d
#equ    _i    ,    0x3c
        ......
```

因此,在递归调用函数时,3c 以下的存储器空间可以用作数据栈。下面的内存快照(见图 8.4)显示了循环最深处(见图 8.4a)和程序结束时对应的内存数据和 pc 栈;见图 8.4b。显然,在程序结束时,阶乘值 120(内存位置 0x3e 和 0x3d)和 pc 栈都应该是空的;见图 8.4b。随着递归调用的执行,pc 栈也在增长,数据栈被扩展到更小的内存位置(图 8.4b)。

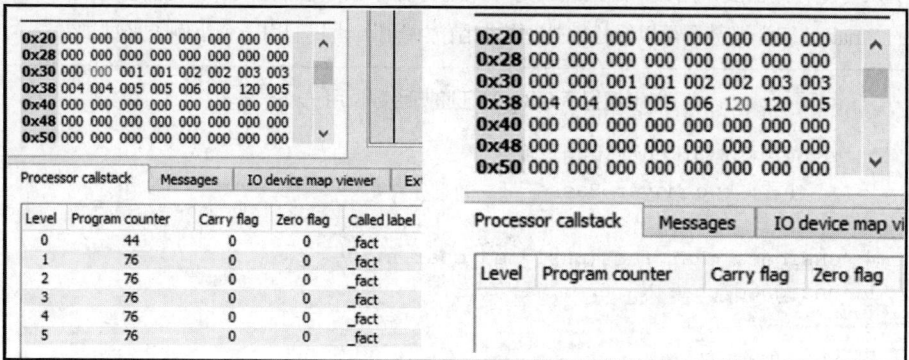

(a) 第 5 级调用栈	(b) 递归调用完成后的结果

图 8.4　Pccomp 中的递归阶乘计算

Pccomp 中的额外特性和推荐

如上面的 loops.c 例子中所示,可以在 Pccomp 中使用预处理器指令#ifdef、#ifndef、#else 或#endif 作为全局开关。我们还可以使用#include 指令包含额外的文件,如经常使用的系统函数。如果想在 ANSI C 代码中集成一些低级汇编程序代码,则可以用#asm 和#endasm 预处理器指令来实现。下面是我们用 C 语言编写的闪灯例子(即以秒为间隔来翻转 LED),展示了#include 和#asm 指令的使用情况。

C 示例程序 8.4：预处理器指令的例程 cflash.c

```
1   // 使用 PCC 的 I/O 程序小例子
2   #include "lib\io.c"
3   char data, j;
4   unsigned int i, s;
5   void main(){
6     data = inchar(0); // 从输入读取数据
7   #asm
8   loop:
9   #endasm
10    s=0;
11    outchar(0,data) ; // 显示读取的数据
12    for(j=100;j>0;j--)
13    for(i=10000;i>0;i--)s += i; // 浪费时间
14    data = data ^ 0xFF; // 异或
15  #asm
16    jump loop
17  #endasm
18  }
```

用户手册(见 Pccomp_manual.pdf)包括一些使用 Pccomp 时的有用建议，如：

● 优先将变量定义为全局变量而不是局部变量，以减少代码大小。

● 仅支持一维数组。

● 函数参数必须是标量，也就是说，不能是向量。

● Pccomp 的便笺存储器有 64 字节。

● 数据和函数栈共享这 64 字节的内存。

● 对于 KCPSM6 代码，总是用选项-s 进行编译。

图 8.5 展示了启动 pccomp.exe 时出现的编译选项。

图 8.5　Pccomp 编译器命令行选项

建议使用 dos 命令窗口，打开开关-s 以使用便笺内存。

对 Pccomp 的概述到此为止。

8.5 复习题和练习

简答题

8.1. KCPSM6 汇编程序中的 12 个指令组是什么？

8.2. 说出 PICOBLAZE 使用的 5 种寻址模式。

8.3. 如果将地址位增加 1 位；或将地址位减少 1 位；或将数据位增加 1 位；或将数据位减少 1 位，PROM 的大小(总位数)将分别如何变化？

8.4. PICOBLAZE 没有使用特别的"清寄存器"指令。什么指令可以用来将寄存器的值设置为 0？

8.5. 如果你想把程序的大小增加一倍，这对指令集架构和汇编程序的编码会有什么影响？

8.6. PBLAZEIDE 和 FIDEx 指令集仿真器支持什么 PICOBLAZE 架构？

8.7. 为什么 PBLAZEIDE 和 FIDEx 使用一套统一的汇编代码？

8.8. 为什么 Cain/Hendrix 开发的 Small C 编译器可以作为 PICOBLAZE C 编译器中的一个好的起点来使用？

8.9. 为什么 PCCOMP 不支持所有的 ANSI C 关键字？

填空题

8.10. 以下操作代码在 KCPSM6 中没有使用：_____。

8.11. PICOBLAZE 操作 SUBCY sF,s9 的十六进制编码为_____。

8.12. PICOBLAZE 操作 LOAD sA,BB 的十六进制编码为：_____。

8.13. PICOBLAZE 操作 FETCH s2,03 的十六进制编码为：_____。

8.14. PICOBLAZE 操作 ADD s1,01 的十六进制编码为：_____。

8.15. PICOBLAZE 操作_____的十六进制编码为 22222。

8.16. PICOBLAZE 操作_____的十六进制编码为 2D500。

8.17. PICOBLAZE 操作_____的十六进制编码为 0AAB0。

8.18. PICOBLAZE 操作_____的十六进制编码为 09912。

8.19. 在 FIDEx 上模拟 100,000 个指令集仿真周期通常需要花费大约_____分钟。

判断题

8.20. _____ KCPSM6 汇编器的基本代码行格式为：label: instruction rd, rs; comment。

8.21. _____ Xilinx KCPSM6 HDL 代码在 QUARTUS 工具中也能正常编译。

8.22. _____ FIDEx 对 SUBCY、INPUT 和 OUTPUT 使用了其他的汇编编码。

8.23. _____ FIDEx 是一款用于 PICOBLAZE 的 C/C++仿真器。

8.24. _____FIDEx 是一款免费的 PicoBlaze 仿真器,支持多达 150 行代码。

8.25. _____Pccomp 支持 char、int 和 float 数据类型,但不支持 double 数据类型。

8.26. _____Pccomp 支持标识符定义 x, _x_, _x 和 x_。

8.27. _____ Pccomp 中 char 的取值范围是 0~255 和 unsighed char 的取值范围是 −128~127。

8.28. _____在 Pccomp 中,short int 使用 16 位,int 类型使用 32 位。

8.29. _____Pccomp 不支持.和->运算符,因为不支持 struct。

8.30. _____ 阶乘程序可以在 Trisc2 微处理器上运行,不需要进行任何硬件修改。

项目和挑战

8.31. 修改 C 程序 8.1 opc.c,使每个表达式的输出等于数组索引,例如,a[5]=(x&y)+1;。

8.32. 测试(扩展 opc.c)以下操作是否被 Pccomp 支持,并通过指令集模拟器验证。

```
I. a[2]= x * y - 68。
II. a[3]= y / x + 1;
III. a[4]= y % x;
IV. a[7]=(x ^ y)-4;
V. a[8]=(~x)+14;
VI. a[10]=(y >> 1)+ 3;
```

8.33. 开发一个 KCPSM6 汇编程序,实现类似于福特野马汽车的左、右汽车转向灯和紧急双闪灯:00X、0XX 和 XXX 用于左转,其中 0 为关闭,X 为 LED 开启。用 X00、XX0 和 XXX 表示右转向灯。使用滑动开关进行左/右选择。对于紧急双闪,两个开关都要打开。转向信号序列应该每秒重复一次。见 mustangQT.MOV 或 mustangWMP.MOV 的演示。

8.34. 开发一个 KCPSM6 汇编程序,该程序有一个随机数发生器,使用 add 和 xor 函数。在 LED 上显示随机数。

8.35. 开发一个 KCPSM6 汇编程序,作为秒表使用,以秒为单位进行计数。使用三个按钮:开始时钟、停止或暂停时钟、重置时钟。使用 LED 或七段式显示器进行显示。见 stop_watch_ledQT.MOV 或 stop_watch_ledWMP.MOV 的演示。

8.36. 开发一个 KCPSM6 汇编程序,作为反应速度计时器。请使用按钮来实现。点亮 4 个 LED 中的一个,并测量直到按下相关按钮所需花费的时间。在 LED 或七段显示器上显示 10 次尝试后的测量结果。

8.37. 开发一个 Pccomp 程序来实现类似于福特野马汽车的左、右汽车转向灯和紧急双闪灯:00X、0XX 和 XXX 用于左转,其中 0 为关闭,X 为 LED 开启。用 X00、XX0 和 XXX 表示右转向灯。使用滑动开关进行左/右选择。对于紧急双闪,两个开关都要打开。转向信号序列应该每秒重复一次。见 mustangQT.MOV 或 mustangWMP.MOV 的演示。

8.38. 开发一个 Pccomp 程序，该程序有一个随机数发生器，使用 add 和 xor 函数。在 LED 上显示随机数。

8.39. 开发一个 Pccomp 程序，作为秒表使用，以秒为单位进行计数。使用三个按钮：开始时钟、停止或暂停时钟、重置时钟。使用 LED 或七段式显示器进行显示。见 stop_watch_ledQT.MOV 或 stop_watch_ledWMP.MOV 的演示。

8.40. 开发一个 Pccomp 程序，作为反应速度计时器。请使用按钮来实现。点亮 4 个 LED 中的一个，并测量直到按下相关按钮所需花费的时间。在 LED 或七段显示器上显示 10 次尝试后的测量结果。

第9章

Altera Nios 嵌入式微处理器

摘要

本章概述 Altera Nios 微处理器的系统设计、架构及指令集。首先简要介绍 Nios 的历史，然后是指令集架构和值得关注的设计特点，如自定义指令。

关键词

Nios • DMIPS • Nios II • TRISC3N • JTAG 调试器 • 视频图形阵列(Video Graphics Array，VGA) • 世界时钟 • Qsys • Dhrystone • 平台设计师 • 自顶向下设计 • 自底向上设计 • 基本计算机 • 浮点 • 自定义 IP • 平方根 • Nios 指令集架构 • 子程序嵌套 • DE1-SoC • 编译器优化

9.1 引言

Altera 非常成功的 Nios 嵌入式微处理器自 2000 年秋季推出以来，已成为软核嵌入式处理器的标杆。它是一款可配置的、通用的 RISC 处理器，易于同用户逻辑集成并编程到任何具有足够逻辑资源的 Altera FPGA 中。最初，Nios 处理器是一个双地址(即 RA←RB□RB，见图 1.7a)带流水线的 RISC 架构机器，具有 16 位指令，用户可选择使用 16 位或 32 位数据路径；见图 9.1a。它拥有最多 512 个寄存器，从程序员角度来看，它支持同时多达 32 个可见寄存器的滑动窗口。该处理器配备了一个 SOPC 库，其中有许多标准的软外设，可被配置用于广泛的应用程序中。Altcra 的 Nios 开发系统取得巨大成功的主要原因之一是，除了有一颗功能齐全的微处理器，所有必要的软件工具，包括基于 GCC 的 C/C++编译器，都是在 GUI 中进行 IP 块参数化的同时生成的。Nios 系统推出的头三年里就非常成功地向 3000 多个不同的客户销售了 10,000 多套。我们推断一下，这种巨大的成功甚至也是 Altera 意料之外的，因为最初 SOPC Builder 会生成 Nios 处理器及其外围设备的(非加密的)VHDL 或 Verilog 源代码，这在今天的 IP 块中是非常不寻常的 [A04]。

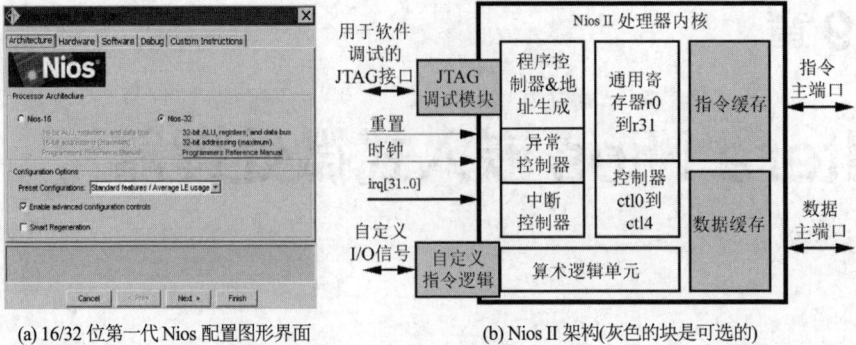

(a) 16/32 位第一代 Nios 配置图形界面   (b) Nios II 架构(灰色的块是可选的)

图 9.1   嵌入式微处理器概要。

2004 年推出的第二代处理器即 Nios II 与其他标准的 32 位处理器更加一致。寄存器的数量固定为 32 条指令，数据长度为 32 位，它变成了三地址机器(即 rC ← rA □ rB；见图 1.7b)，而且所有文件都变成了加密的。图 9.1b 给出了该架构的概况。Nios II 有三个版本：经济型(/e)、标准型(/s)和快速型(/f)。所有的 Nios II 都包括：

- 32×32 寄存器文件
- 算术逻辑单元(Arithmetic Logic Unit，ALU)
- 与定制指令逻辑的接口
- 异常控制器
- 内部中断控制器
- 内存管理单元(Memory Management Unit，MMU)
- 紧耦合的指令和数据对应的存储器接口

以及以下可选的功能单元：

- JTAG 调试模块
- 0.5~64 KB 的指令缓存存储器(/s 和/f)
- 分支预测单元(/s 和/f)
- 硬件乘法器(/s 和/f)
- 硬件除法器(/s 和/f)
- 0.5~64 KB 的数据缓存存储器(/f)
- 桶形移位器(/f)
- 动态分支预测(/f)

/s 和/f 版本支持额外的功能，如数据/指令缓存与硬件乘法器和除法器，但其代价是增加了额外的资源。所有三种类型的 Nios II 都可以通过增加一个定制的指令 IP 来提供对浮点运算的支持，9.4 节中将对此进行讨论。在撰写本书时，只有/e 版本是免授权的；/s 和/f 则需要购买许可证。Nios II 处理器中的流水线对性能有很大影响。表 9.1 给出了最新的 Nios II 第二代中两个版本所具有的流行指令类别的概述。

表 9.1　Nios II 第二代的指令延迟[AI16]

指令类型	Nios II 第二代 /e	Nios II 第二代 /f
ALU 指令(如 add, cmplt)	6	1
组合定制 IP	6	1
选取分支	6	2
分支预测错误	6	4
call, jmpi	6	2
jmp, ret	6	3
加载字	6 + Avalon 传输	1+
32 × 32 乘法	11	1
除法	>100	35
移位 / 循环移位	7~38	1~32
所有其他指令	6	1

　　嵌入式微处理器经常通过 DMIPS 程序进行基准测试,该程序最初由 R. Weicker 用 Ada 编程语言编写(见第 5 章)。DMIPS 的源代码在过去是 "老" Nios II IDE 中的示例软件项目之一, 但已不再是目前 Eclipse 工具的一部分。DMIPS 依赖系统(缓存)架构、外部存储器接口和处理器速度, 所以通常以最佳情况下的 DMIPS/MHz 提供, 见表 5.9。Nios 参考文献[AI17a]包括这些数据以及不同 FPGA 系列具有的典型资源和性能数据。

　　从表 9.2 可以看出,Nios II /f 版本的 DMIPS 性能是软核处理器中最好的。

表 9.2　流行嵌入式处理器的 DMIPS 性能

µP 名	使用的设备	速度(MHz)	测得的 DMIPS	硬/软核
Nios II/e	Stratix	330	50	软
MICROBLAZE	Spartan-3(-4)	85	68	软
MICROBLAZE	Virtex-II PRO-7	150	125	软
V1 ColdFire	Stratix	145	135	软
ARM Cortex-M1	Stratix	200	160	软
Nios II/s	Stratix	270	170	软
ARM922T	Excalibur	200	210	硬
MIPS32	Stratix	290	300	软
Nios II/f	Stratix	290	340	软
PPC405	Virtex-4 FX	450	700	硬
ARM Cortex-A9	Arria/Cyclone/Zynq	800	4000	硬

最近，Nios II 有了以下更新：SOPC 系统被 Qsys[1]取代，它能更好地控制多处理器设计中使用的总线结构。"经典" Nios II 有三个版本，取而代之的 Nios II 第二代只有/e 和/f 两个版本，并有一些小的改进，如完整的 32 位地址空间、用户定义的缓存旁路以及改进的 Qsys 接口。/e 是一个对尺寸进行优化的免费 IP(约 0.15 DMIPS/MHz，一级流水线)，而/f 是对性能进行优化的 RISC(约 1.16 DMIPS/MHz；六级流水线)，需付费许可[AI17b]。

可以通过将 Nios II 与所需的组件相结合来设计 Nios II 系统，我们称之为自底向上的设计方法。另外，我们也可以使用 FPGA 或板卡供应商提供的某个起点系统，并根据需要修改这种设计。我们将这种方法称为自顶向下的方法，由于这种方法通常比较简单些，因此我们将从这种自顶向下的设计方法开始介绍。

9.2 自顶向下的 Nios II 系统设计

大多数的 FPGA 板卡都带有一个用于快速评估的起点设计。由于供应商希望展示板卡的所有优秀功能，因此这种起点设计通常不是最小化系统，而是往往会在起始设计中访问大多数甚至所有的外围元件，以使系统更加吸引人，并展示板子具有的大量功能。由于这些系统会配置成让所有的外围元件正常运行，所以在自顶向下的设计方法中，外围驱动的配置错误就不太容易发生。我们只需删除所有在系统目标应用中不需要使用的设计组件和/或根据需要修改现有组件即可。

对于大多数 TerASIC/Altera 的 DE 板(DE-Nano、DE2、DE2-115 等)，AUP 提供了两个起点设计：一个是"基本计算机"系统，用到一些基本的 I/O、一片较大的内存和一个 JTAG 接口。另一个是全功能的"媒体计算机"，它扩展了基本版本，包括了更复杂的 I/O，如 VGA、USB、音频、LCD、IrDA 等(如果有的话)。对于 DE1-Nano-SoC 和 DE1 SoC 板，只提供了一个全功能的起点设计，包括 ARM 和两个 Nios II 处理器以及大部分的 I/O(SDRAM、LED、七段式显示、开关、按钮、PS2、4 个 JTAG、IrDA、4 个定时器、ADC、音频、VGA、视频)。使用了三个相当复杂的桥接器(64 位 FPGA→HP，128 位 HPS→FPGA，以及 32 位轻量级 HPS→FPGA 接口)，这样 ARM 和 Nios II 都可以访问大部分的 I/O 组件。只缺少 I^2C FPGA 外设和千兆以太网、MicroSD 以及 HPS/ARM 部分的双端口 USB。总之，该系统规模庞大，且可能的应用范围也很广；包括的 IP 见图 9.2。

---

1 Qsys 最近被英特尔改名为 PLATFORM DESIGNER。

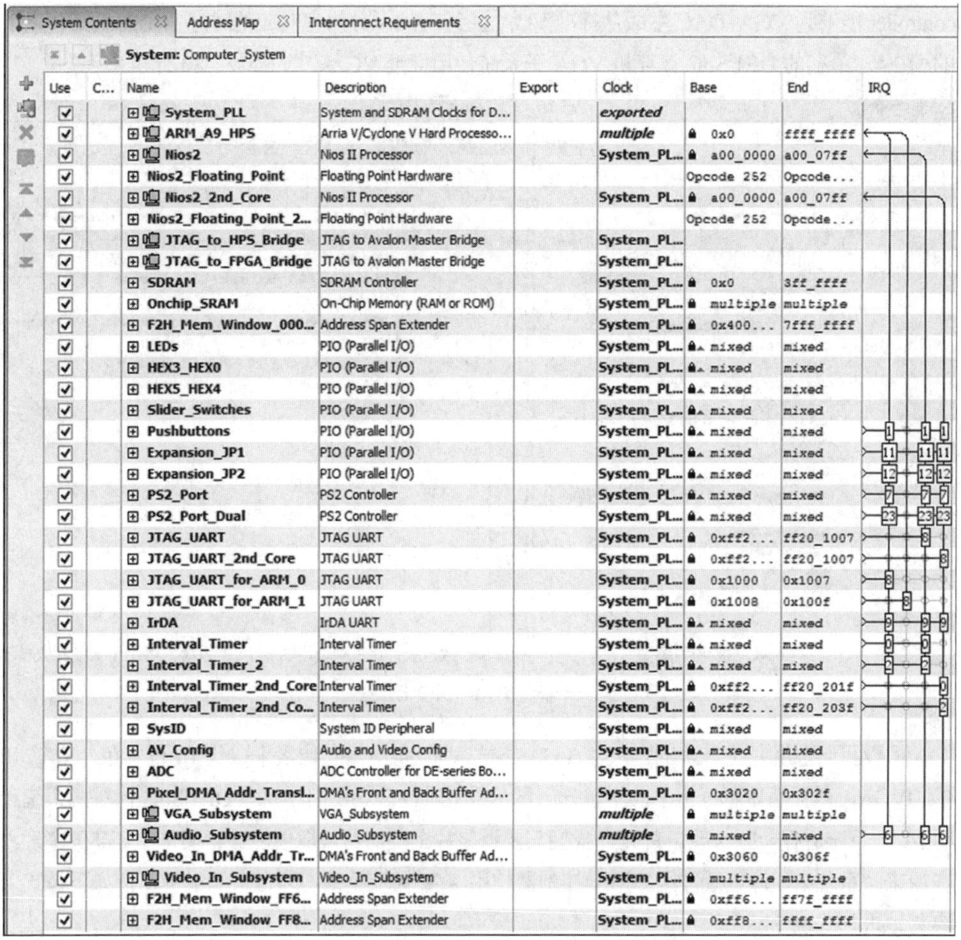

图 9.2　DE1 SoC 计算机起点设计

　　为了演示该系统的使用，让我们假设已实现的 VGA 子系统分辨率为 320×240×16 位 RGB，这并不完全符合我们预期的项目要求，我们希望使用 640×480×8 位灰阶分辨率。如图 9.3a 所示，AUP 提供了大量的 IP 块可用于进行 VGA 处理。对 VGA 数据进行原始处理的方式如下：*VGA Pixel DMA* 单元在不影响 Nios II 的情况下往内存存入或自内存取出数据。它指定寻址模式、帧分辨率和像素格式。它也控制 Dual-Clock-FIFO。*Dual-Clock FIFO* 支持两个时钟域之间数据流的传输。然后，数据通过 *VGA resampler*，将 16 位颜色代码(5 位红、6 位绿、5 位蓝)转换为 3×10 位 RGB DAC ADV7123KSTZ140 所需用到的 30 位数据；见第 2 章中的图 2.4。片上存储器的容量不足以存储全尺寸的彩色 VGA 640×480，所以使用 VGA Pixel Scaler 在行和列方向上复制每个像素，这样，原来的 320×240 像素就显示为 640×480。VGA 还有一个 *Character Buffer*(大小为 80×60)，允许 ASCII 字符在 VGA 显示器上以"白色"显示。遗憾的是，颜色和字体类型不能改变，因此应避免使用白色背景。在 Alpha Blender 中，字符和像素值混合在一起，其中字符具有较高的优先级。输出端的 Dual Clock FIFO 是由 VGA-PLL 和系统时钟进行同步的。VGA controller 能够为 VGA DAC 生成从标准 VGA 直到 SXGA 分辨率对应的时序信号；见第 2 章中的表 2.4。最初的 DE1 SoC 计算机 VGA 子系统使用标准 VGA，即 640×480 分辨率。

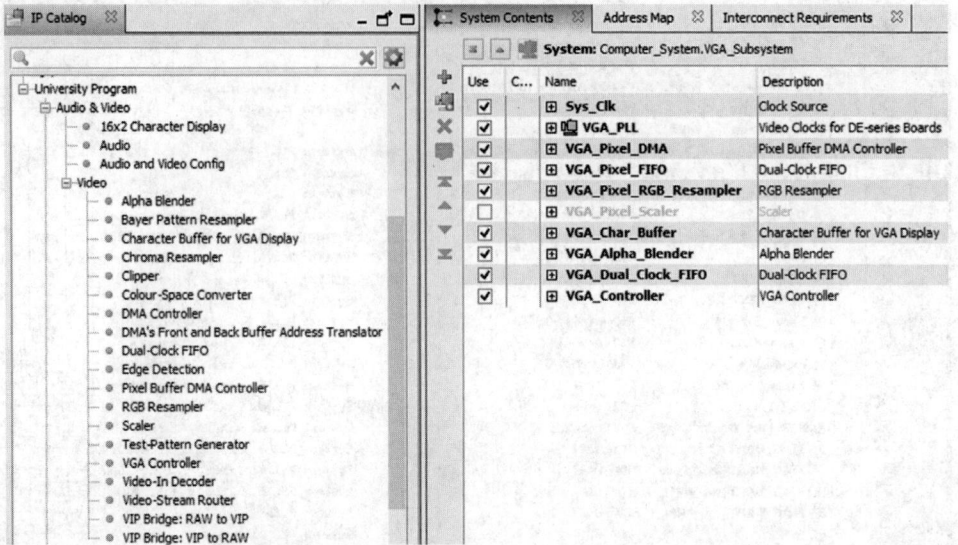

(a) AUP 视频库模块　　　　(b) DE1 SoC 改进版计算机中使用的 VGA 子系统，可用于灰度图像显示

图 9.3　VGA 子系统概要

假设我们想用 8 位灰阶的全尺寸 VGA 格式，即 640×480 像素来取代 16 位彩色 320×240 的 QVGA，以提高显示分辨率，用于分形显示或双时钟等。我们需要对 DE1 SoC 计算机系统和 VGA 子系统进行一些修改。首先，我们需要调整片上存储器，以便能够存储 640×480 像素。在原来的系统中，像素缓冲区 DMA 控制器使用 X/Y 寻址模式，即每个像素可以按如下公式来容易地进行寻址

```
pixel_ptr = FPGA_ONCHIP_BASE +(row << 10)+(col << 1);
```

这能让 Nios II 的处理保持简单。现在，每一条线即行有 16 位×320 像素，需要一个 M10K 嵌入式内存块，而整个 QVGA 图像需要 240 个内存块。用于 DE1 SoC 的 Cyclone V SoC 5CSEMA5F31C6 总共有 397 个内存块，整个起点计算机系统已经需要用到 350 个内存块。QVGA 使用 256 个 M10K 块或 262,144 字节。如果我们继续使用 X/Y 模式，就需要用到额外的 480-256=224 个 M10K，但只有 47 个没有被使用。而如果我们现在放弃使用 X/Y 寻址模式而使用

```
pixel_ptr = FPGA_ONCHIP_BASE +(row * 640)+ col;
```

那么就会有更紧凑的图像存储，而代价是在像素地址计算中用乘法而不是移位操作。这对我们的内存需求是有利的，因为我们现在需要 307,200 字节，即 300 个 M10K，来存储 640×480 分辨率的 8 位灰阶全尺寸 VGA 图像。我们将需要相应地调整 onchip_SRAM 组件。Pixel Buffer

DMA Controller 需要改成 8 位灰度、连续寻址和 640×480 分辨率。*Pixel FIFO* 现在使用 8 位灰度和单色平面。接下来，我们将删除或取消 VGA 子系统设计中用到的 VGA pixel scaler，并相应地调整内部总线连接。也就是说，resampler 的输出现在被连接到 alphablender 的输入。系统时钟、视频时钟、VGA char buffer、alpha blender、输出 FIFO 和 VGA controller 保持不变；见图 9.3b。最后，我们删除音频和视频子系统，因为它们在我们的应用程序中没有使用，而且可以释放一些资源并减少编译时间。修改后的系统可以在本书提供的在线资源中的/NiosII/DE1_SoC_TopDown 目录下找到。表 9.3 显示了所需的 Qsys 变化。表 9.4 比较并总结了原始计算机系统和我们修改后的系统的综合结果和一些关键特征。

表 9.3　DE1 SoC 上 VGA 640×480×8 位灰阶系统的 Qsys 参数变化。所有其他的块参数都没有变化

块	参数	原始系统	修改后系统
On-chip SRAM	总存储大小	262,144 字节	307,200 字节
VGA Pixel DMA	寻址模式	X-Y	顺序
	宽	320	640
	高	240	480
	色空间	16 位 RGB	8 位灰阶
VGA Pixel FIFO	色位深	16	8
RGB Resampler	输入格式	16 位 RGB	8 位灰阶
VGA Pixel Scaler	使用	启用	关闭
Audio Subsystem	使用	启用	关闭
Video In Subsystem	使用	启用	关闭

表 9.4　DE1SOC 原始系统和修改后系统的概要

块	原始计算机系统	自顶向下修改后的系统
ALM	23,178	18,617
DSP 块	15	2
PLL	3	2
M10K 块	350	366
编译时间(分：秒)	58:23	40:32
功能	有音频和视频子系统	没有音频和视频子系统
	VGA 320×240×16 位 RGB	VGA 640×480×8 位灰阶

作为设计实例(见 app_C/CLOCK/alalog_clock2x2.c)，我们实现了一个有两个时区的世界时钟；见图 9.4。4 种分形显示则作为项目练习 9.53 留给读者。

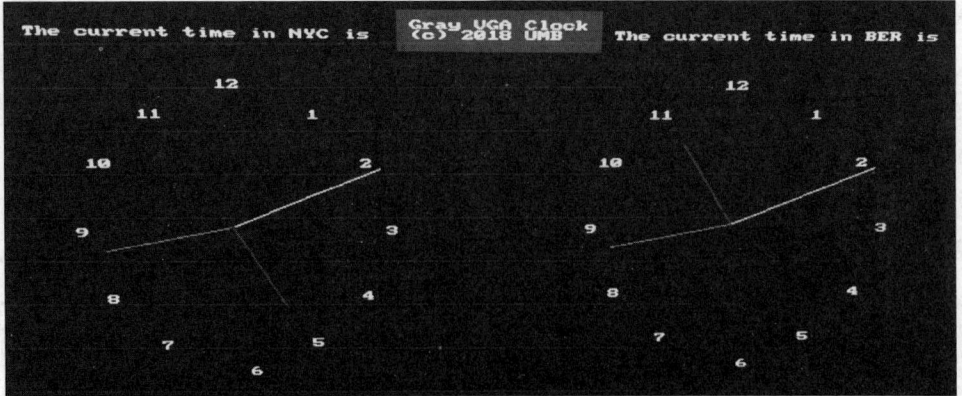

图 9.4　使用 VGA 640×480×8 位灰阶分辨率的世界时钟例子

自顶向下系统的全套示例项目包括 CLOCK、FLASH、FRACTAL_COLOR、FRACTAL、GREY、MOVIE_COLOR 和 MOVIE_GREY，它们位于 NiosII/DE1_SoC_TopDown/app_C 文件夹中。

9.3　自底向上的 Nios II 系统设计

在过去，大多数 DE 板(DE2、DE2-70、DE2-115、DE0-Nano)都会提供两个起点设计：一个是集成了几乎所有可用元件/功能的完整系统(称为媒体计算机)，另一个是仅有简单 I/O(开关、按钮、LED)的小尺寸起点设计，称为基本计算机。最近，Altera 已经停止提供基本计算机系统，因为这些系统通常是通过自底向上的方式建立的，如"Altera Qsys 系统集成工具介绍"和"在 VHDL/Verilog 设计中使用 Altera DE1 SoC 板上的 SDRAM"。让我们简单了解一下建一个基本计算机系统所需的主要步骤。

首先需要决定我们要在系统中包括哪些功能和组件。它应该有带 JTAG 接口的 Nios II/e，以便通过主机进行调试，因为这并不需要付费许可。作为基本组件，我们会包括所有能在板子上找到的 LED、开关和按钮，以及一个定时器。有了这个定时器，我们就可以测量 DMIPS、FMIPS 或 MWIPS 分数。由于片上存储器很小，我们将立即开始整合 SDRAM。由于在 DE 板上，SDRAM 领先 Nios 时钟 3 ns，因此还需要用到一个 PLL 或大学计划 DE 系列时钟 IP。七段显示器、系统 ID 和片上存储器也是典型的基本计算机的一部分，这些都留给读者作为练习，见项目练习 9.57。

现在让我们开始进行初始设计。我们将首先添加所有需要的部件，然后为其分配地址空间、中断、出口名称和布线。如果没有另外提到，我们将使用带有默认设置的组件。我们假设 Nios II 的(免费)大学 IP 包已经安装。以下就是按照我们设想的顺序来组织系统的步骤。

使用 New Project Wizard...来定义一个项目,名称是 DE1_SoC_Basic_ Computer[1],并选择 5CSEMA5F31C6 作为器件。如果你使用其他板子,请使用正确的设备,指令可能需要调整几个值,特别是 SDRAM 的时序。现在启动 Tools→Qsys,然后在左边的面板上,即 IP Catalog,右击组件或使用 [+ Add...] 按钮添加以下组件:

- University Program→Clock→System and SDRAM Clocks for DE-Series Boards。Reference Clock 应该是 50 MHz。将 Desired Clock 设置为 100 MHz,将 Board 设置为 DE1 SoC。将组件重命名为 `clocks`。
- Processor and Peripherals→Embedded Processors→Nios II Processor。选择 Nios II/e。稍后我们还将把 CPU 的复位和异常向量设置为 `sdram`,分别从 0 和 0x20 开始。
- Memory Interfaces and Controllers→SDRAM→SDRAM Controller。由于 DE 上 SDRAM 的配置和大小不同,因此必须仔细细地定制特定板卡所用的控制器参数。你可能需要查看所提供的教程和(媒体)计算机来进行精确的设置。图 9.5 展示了 DE1 SoC 计算机具有的内存和时序数据。这些数据与 SDRAM 教程中的参数有一些不同。
- Interface Protocols→Serial→JTAG UART,保持默认设置。
- Processor and Peripherals→Peripherals→PIO(Parallel I/O),然后将 Basic Setting 改为 10 位并将 Direction 改为输入。将该组件重新命名为 `switches`。
- Processor and Peripherals→Peripherals→PIO(Parallel I/O),然后将 Basic Setting 改为 10 位并将 Direction 改为输出。将该组件重新命名为 `leds`。
- Processor and Peripherals→Peripherals→PIO(Parallel I/O),然后将 Basic Setting 改为 4 位并将 Direction 改为输入,其他设置参照图 9.6a。将该组件重新命名为 `pushbuttons`。
- Processor and Peripherals→Peripherals→Interval Timer,其他设置参照图 9.6b。将该组件重新命名为 `timer`。

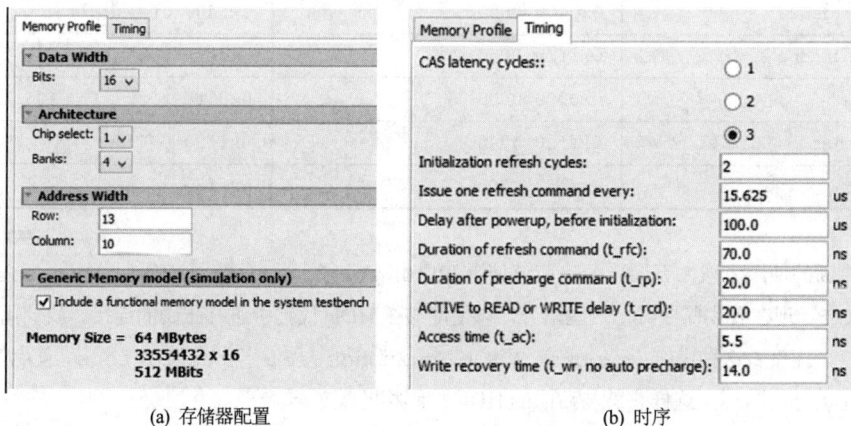

(a) 存储器配置　　　　　　　　　　　　　　　(b) 时序

图 9.5　DE1 SoC 计算机的 SDRAM 配置

---

1 作为一般建议,应尽量避免在路径和文件名中使用空格和特殊字符。如果你使用特殊字符或空格,例如,包括 "My Documents" 的路径,许多 TCL/TK 脚本将无法正常工作。

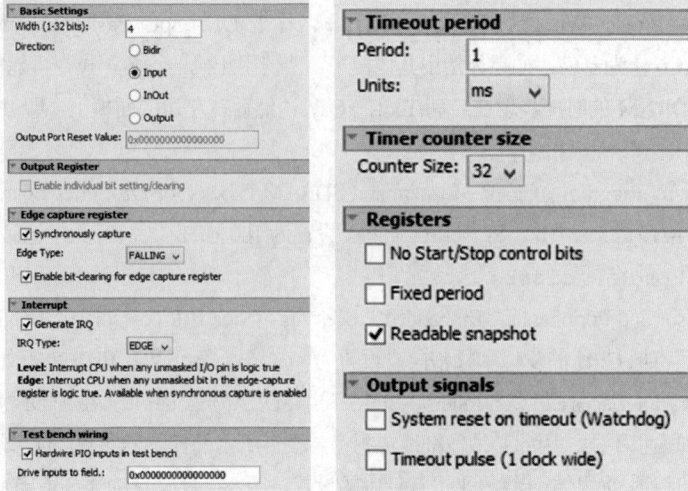

(a) 按钮   (b) 定时器

图 9.6　DE1 SoC 基本计算机配置

现在添加完成了所有的组件，我们开始分配地址空间、中断、端口名称和布线。导出以下内容。双击 Base，输入地址，使 I/O 组件与 DE1 SoC Nios Computer 系统中使用的地址相匹配，如表 9.5 所示。

表 9.5　DE1 SoC 基本计算机地址映射

组件	基地址	结束地址
jtag_uart	0xff20_1000	0xff20_1007
leds	0xff20_0000	0xff20_000f
nios2_gen2	0x0400_0800	0x0400_0fff
pushbuttons	0xff20_0050	0xff20_005f
sdram	0x0000_0000	0x03ff_ffff
switches	0xff20_0040	0xff20_004f
timer	0xff20_2000	0xff20_201f

中断的使用方法如下：timer 应该使用 IRQ 0，pushbutton 使用 IRQ 1，jtag_uart 使用 IRQ 5。现在我们需要导出一些信号，以便能够在 HDL 代码中进行正确的连接。我们需要为总共 7 个连接做这种操作：clocks、SDRAM、switches、LED 和 pushbuttons。使用表 9.6 中所示的端口名称，这样它就与后面的 HDL 代码相匹配了。

表 9.6 DE1 SoC 基本计算机端口信号

组件	名称	端口
clocks	ref_clk	clk
clocks	ref_reset	reset
clocks	sdram_clk	sdram_clk
sdram	wire	sdram_wire
switches	external_connection	switches
leds	external_connection	leds
pushbuttons	external_connection	pushbuttons

最后，我们单击左边的连接点实现组件之间的连接，如图 9.7 所示。对于大多数组件来说，有 2~3 个连接是不需要的(如 sdram_clk 和 instruction_master)。你应该把整个 Qsys 系统保存在 nios_system 的名下。然后从菜单 Generate→Generate HDL...中选择，或者单击 Qsys 右下角的 Generate HDL...。Generating Menu 将弹出。选择你要使用的综合语言，并确保输出目录也符合项目的要求。保存系统完成后(单击 OK)按钮，系统生成开始。这对基本计算机项目来说可能需要花费几秒钟；而 DE1 SoC 计算机可能需要花费更长的时间。生成完成后关闭窗口。

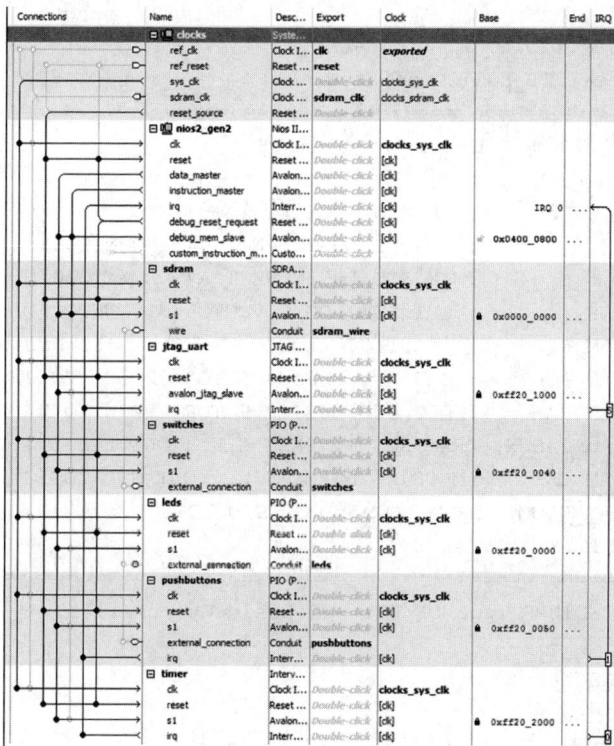

图 9.7 DE1 SoC 基本计算机起点设计

在编译系统之前(以便我们可以将比特流下载到 FPGA 上)，我们需要添加 HDL 封装层和 FPGA 引脚列表，以及驱动强度。如果我们使用和 DE1 SoC 计算机相同的名称(例如，LEDR 代表红色 LED；SW 代表开关；KEY 代表按钮等)，程序可以大为简化。这样的 *.qsf 文件可以用 DE1SoC_SystemBuilder.exe 程序生成。在退出 Qsys 编辑器之前，你可能需要再看一下 Nios II 系统的实例化模板。可以在菜单 GenerateArial Unicode MSShown Instantiation Template.... 下找到这些模板。它有组件定义(VHDL)和实例(VHDL 和 Verilog)。你还需要为 *.qsf 文件中定义的名称添加基本的模块/实体定义。在 QUARTUS 面板中，用 File→New...→Design Files 打开一个新文件，然后选择 Verilog HDL File 或 VHDL File。关闭 Qsys 编辑器可以用 File→Exit 来完成，在此之前，你可能需要在 Project→Add/Remove Files in Project... 下检查 Nios 系统的确加入到了项目中。

VHDL 代码 9.1：DE1 SoC 基本计算机顶层

```vhdl
1  -- =============================================================
2  -- 为DE1-SoC 板卡实现一个简单的Nios II 系统
3  -- 输入：SW9-0 是Nios II 系统的并行输入端口
4  -- CLOCK_50 是系统时钟
5  -- KEY 是系统按键
6  -- 输出：LEDR9-0 是并行输出端口
7  LIBRARY ieee;
8  USE ieee.STD_LOGIC_1164.ALL;
9  USE ieee.STD_LOGIC_unsigned.ALL;
10 -- =============================================================
11 ENTITY DE1_SoC_Basic_Computer IS
12   PORT(
13     CLOCK_50   : IN STD_LOGIC;
14     KEY        : IN STD_LOGIC_VECTOR(3 DOWNTO 0);
15     SW         : IN STD_LOGIC_VECTOR(9 DOWNTO 0);
16     LEDR       : OUT STD_LOGIC_VECTOR(9 DOWNTO 0);
17     DRAM_DQ    : INOUT STD_LOGIC_VECTOR(15 DOWNTO 0);
18     DRAM_ADDR  : OUT STD_LOGIC_VECTOR(12 DOWNTO 0);
19     DRAM_BA    : OUT STD_LOGIC_VECTOR(1 DOWNTO 0);
20     DRAM_CAS_N, DRAM_RAS_N, DRAM_CLK : OUT STD_LOGIC;
21     DRAM_CKE, DRAM_CS_N, DRAM_WE_N : OUT STD_LOGIC;
22     DRAM_UDQM,  DRAM_LDQM : OUT STD_LOGIC) ;
23 END ENTITY;
24 -- =============================================================
25 ARCHITECTURE fpga OF DE1_SoC_Basic_Computer IS
26
27 COMPONENT nios_system IS
28 port(
29   clk_clk    : IN STD_LOGIC := 'X';                    -- clk
30   leds_export : OUT STD_LOGIC_VECTOR(9 DOWNTO 0);      -- export
31   pushbuttons_export : IN STD_LOGIC_VECTOR(3 DOWNTO 0)
```

```
32                                    :=(others => 'X'); -- export
33    reset_reset         : IN STD_LOGIC := 'X';                -- reset
34    sdram_clk_clk        : OUT STD_LOGIC;                      -- clk
35    sdram_wire_addr      : OUT STD_LOGIC_VECTOR(12 DOWNTO 0) -- addr
36    sdram_wire_ba        : OUT STD_LOGIC_VECTOR(1 DOWNTO 0); -- ba
37    sdram_wire_cas_n     : OUT STD_LOGIC;                      -- cas_n
38    sdram_wire_cke       : OUT STD_LOGIC;                      -- cke
39    sdram_wire_cs_n      : OUT STD_LOGIC;                      -- cs_n
40    sdram_wire_dq        : INOUT STD_LOGIC_VECTOR(15 DOWNTO 0)
41                                    :=(others => 'X');         -- dq
42    sdram_wire_dqm       : OUT STD_LOGIC_VECTOR(1 DOWNTO 0) -- dqm
43    sdram_wire_ras_n     : OUT STD_LOGIC;                      -- ras_n
44    sdram_wire_we_n      : OUT STD_LOGIC;                      -- we_n
45    switches_export      : IN STD_LOGIC_VECTOR(9 DOWNTO 0)
46                                    :=(others => 'X'));        -- export
47    END COMPONENT nios_system;
48
49  BEGIN
50
51  u0 : COMPONENT nios_system
52    port map
53  (clk_clk              => CLOCK_50,           -- clk.clk
54    leds_export          => LEDR(9 DOWNTO 0),   -- leds.export
55    pushbuttons_export => NOT KEY(3 DOWNTO 0, -- pushbuttons.export
56    reset_reset          => '0',                -- reset.reset
57    sdram_clk_clk        => DRAM_CLK,           -- sdram_clk.clk
58    sdram_wire_addr      => DRAM_ADDR,          -- sdram_wire.addr
59    sdram_wire_ba        => DRAM_BA,            -- .ba
60    sdram_wire_cas_n     => DRAM_CAS_N,         -- .cas_n
61    sdram_wire_cke       => DRAM_CKE,           -- .cke
62    sdram_wire_cs_n      => DRAM_CS_N,          -- .cs_n
63    sdram_wire_dq        => DRAM_DQ,            -- .dq
64    sdram_wire_dqm(1)    => DRAM_UDQM,          -- .dqm(1)
65    sdram_wire_dqm(0)    => DRAM_LDQM,          -- .dqm(2)
66    sdram_wire_ras_n     => DRAM_RAS_N,         -- .ras_n
67    sdram_wire_we_n      => DRAM_WE_N,          -- .we_n
68    switches_export      => SW(9 DOWNTO 0));    -- switches.export
69
70  END ARCHITECTURE;
```

代码清单 9.1 展示了 Nios 系统的实例化。我们从用于解释 I/O 端口的头部开始。第 27~47 行代码包含组件的定义，然后第 51~68 行代码对组件进行实例化。我们使用 NOT KEY 赋值，因为按钮是低电平有效，而复位是高电平有效，因此其值一直保持为零。

在 HDL 封装层编译通过之后(语法无误)，我们就可以对系统进行全面编译。不要忘记先添加引脚分配文件 `*.qsf`。运行成功后，我们可以通过本书下载资源中的测试程序如 `nios_flash.c` 来测试系统。接下来展示程序清单。

C 程序 9.2：Nios II 基本计算机的闪存程序

```
1  //===============================================================
2  // 本程序演示了 DE1-SoC 板卡上基本端口的使用
3  //
4  // 程序完成以下功能：
5  // 1.在红色 LEDR 上显示 SW 开关的值
6  // 2. 每秒翻转 LEDR
7  // 3. 如果 KEY[3..0]被按下，使用 SW 开关作为图案
8  // ===============================================================
9  #define LEDR_BASE      0xFF200000
10 #define SW_BASE        0xFF200040
11 #define KEY_BASE       0xFF200050
12 #define TIMER_BASE     0xFF202000
13 #define Fcpu           100000000
14
15 int main(void)
16 {
17   /* 声明指向 I/O 寄存器的 volatile 指针
18    *(volatile 的意思是将使用 I/O 加载和
19    * 存储指令来访问这些指针的地址，而不是
20    * 使用普通的内存加载和存储
21    */
22   volatile int *red_LED_ptr =(int *)LEDR_BASE; // 红色 LED 地址
23   volatile int *SW_switch_ptr =(int *)SW_BASE; // 滑动开关
24   volatile int *KEY_ptr =(int *)KEY_BASE;       // 按钮 KEY
25   volatile int * interval_timer_ptr =(int *)TIMER_BASE; // 定时器
26
27   int high_half, counter, User_Time=0;
28   int SW_value, KEY_value;
29
30   SW_value = *(SW_switch_ptr); // 读取 SW 开关的初始值
31   while(1){
32     /* 将定时器间隔设置为 32 位的最大值 */
33     *(interval_timer_ptr + 1)= 0x8;
34                     // 设置 STOP=1, START = 0,CONT = 0, ITO = 0
35     *(interval_timer_ptr + 0x2)= 0xFFFF;
36     *(interval_timer_ptr + 0x3)= 0x7FFF;
37     *(interval_timer_ptr + 1)= 0x4;
38                     // 设置 STOP=0, START = 1, CONT = 0, ITO = 0
```

```
39
40    *(red_LED_ptr)= SW_value;        // 点亮红色 LED
41    KEY_value = *(KEY_ptr);          // 读取按钮 KEY
42    if(KEY_value != 0)               // 检查是否有任何 KEY 被按下
43    { SW_value = *(SW_switch_ptr);   // 读取 SW 滑动开关
44      while(*KEY_ptr);}              // 等待按钮 KEY 释放
45
46    // 使用定时器决定 500 ms 是否结束
47    User_Time=0;
48    while(User_Time < 500){
49      // 往 snap1 写入一个伪值来制作一个计数器快照
50      *(interval_timer_ptr + 0x4)= 0;
51      // 从 16 位的定时器寄存器中读取 32 位的计数器快照
52      high_half = *(interval_timer_ptr + 0x5)& 0xFFFF;
53      counter=(*(interval_timer_ptr + 0x4)& 0xFFFF)|(high_half <<
16);
54      // 算出以 ms 计的用户时间
55      User_Time =(0x7FFFFFFF - counter)/(Fcpu/1000);
56                      // 时钟周期除以 CPU 频率
57    }
58    SW_value = SW_value ^ 0xFFFF; // 算补码
59  }
60 }
```

注意由于我们使用了与 DE1 SoC 计算机中相同的地址映射(第 9~12 行代码)，因此可以在任何时候同样用预编译的 Nios II 系统来测试我们的程序。程序加载 SW 值并在红色 LED 上显示这些值(第 30 行代码)。LED 显示以 1 Hz 的速度在开和关之间切换。如果我们改变 SW 值，将不会看到 LED 图案的立即更新。只有当我们按下任何一个键(第 41~42 行代码)，即按下按钮后，才会看到新的 SW 图案。

还请注意，我们只使用了 ANSI C 语句，即没有提供 BSP 包的功能。这样，我们的程序编译速度就快多了。付出的代价是需要对定时器所用的寄存器有一些更详细的了解。定时器所用的寄存器如图 9.8 所示。该计数器有六个控制位。RUN 位用于指示计数器是否正在运行(即倒计时)。如果它达到零，TO 位被置位。START/STOP 用于继续/暂停计数操作。CONT 是回头标志。当 CONT 设置为 1 时，如它达到 0，则继续计数。ITO 用于产生中断。当 STOP=0、START=1、CONT=0 和 ITO=0 时，我们启动计数器；当 STOP=1、START=0、CONT=0 和 ITO=0 时，我们停止计数器。每个定时器寄存器有 16 位，所以向计数器加载一个 32 位的值需要花费两个时钟周期。由于计数器以 CPU 时钟运行来计算时间，所以需要将计数器的值除以处理器时钟。由于我们希望使用毫秒级的计数器，所以要乘以 1000。关于 DE1 SoC 基本计算机的讨论到此结束。在下一节中，我们将向基本计算机添加一个自定义的 IP。

地址	31 … 17 16	15 …	3	2	1	0	
0xFF202000		未使用			RUN	TO	状态寄存器
0xFF202004		未使用	STOP	START	CONT	ITO	控制寄存器
0xFF202008	不存在(间隔定时器只用16位寄存器)	计数器起始值(低)					
0xFF20200C		计数器起始值(高)					
0xFF202010		计数器快照(低)					
0xFF202014		计数器快照(高)					

图 9.8　间隔定时器寄存器

9.4　定制指令的 Nios II 系统设计

现代的软核处理器支持通过 Avalon 或 AIX 等外围总线在微处理器内紧密集成一些定制逻辑，通常称为定制知识产权(Custom Intellectual Property，CIP)。如果内核在 CPU 内紧密耦合，那么这样的内核就被称为定制指令(Custom Instruction，CI)，它没有引入由外部总线操作带来的长时间延迟。典型例子如承担了连续显示操作的图像协处理器(10.4 节讨论的 MicroBlaze 设计)或自定义位操作(见第 11 章 ARM 位反转的例子)。浮点操作的支持也经常以 CIP 的形式来实现，下面即将讨论的 Nios II 系统就是如此。还有一些与处理器和算法相关的因素也应该被考虑到：

- 对于 Xilinx PicoBlaze 或 Nios II/e 这样的“慢”处理器来说，CI 可以带来的改进是最多的。对于 ARM Cortex-A9 或 Nios II/f，改进可能不太明显。一个高度流水线化的处理器用上 CI 实际上可能会运行得更慢。
- 只有在硬件实现快速而紧凑的情况下，才能对算法有较大的改进。位操作，如 DCT 或 FFT 中需要使用的位反转或加密算法中使用的开关盒，都是很好的例子，用 CI 应该能带来很大程度的改进。然而，当使用蝶形处理器时，256 点 FFT 只提高了 45%~77%[S04, MSC06, M07]。当从定制算术电路中获得的改进如此之小的时候，在 CI 中进行大量的设计工作也许就不合算了。

在开始讨论 CIP 设计的细节之前，让我们简要回顾浮点数的格式和可用的 HDL 源代码以及一个典型的实例。

浮点数格式和运算

开发浮点系统，是为了在大动态范围之内提供高分辨率。当动态范围有限的定点系统失效时，浮点系统往往能解决问题。但是，浮点系统在速度和复杂度方面是需要付出代价的。大多数微处理器采用的浮点系统符合已发布的单精度或双精度 IEEE 浮点标准[I85, I08]，而基于 FPGA 的系统也可以采用自定义格式[SAA95]。因此，我们将在下文中讨论标准的 32 位和 64 位浮点格式，在 ANSI C 中称为 `float` 和 `double`；见表 9.7 中的位分配、偏置和范围。

表 9.7　IEEE 浮点数 754-2008 标准交换格式

	整型	单精度	双精度	长双精度
字长	16	32	64	128
尾数	10	23	52	112
指数	5	8	11	15
偏置	15	127	1023	16,383
范围	$2^{16} \approx 6.4 \times 10^4$	$2^{128} \approx 3.8 \times 10^{38}$	$2^{1024} \approx 1.8 \times 10^{308}$	$2^{16384} \approx 10^{4932}$

　　一些"知识产权"和 FPGA 供应商通过 Altera 的 LPM 模块提供了浮点运算模块，最近还被纳入了 VHDL-2008 标准。

　　一个标准的归一化浮点字由符号位 s、指数 e 和无符号(小数)归一化尾数 m 组成，排列方式如下：

符号位 s	指数 e	无符号尾数 m

　　从代数的角度来看，一个(归一化的)浮点字的表示方法是

$$X = (-1)^s \times 1.m \times 2^{e\text{-bias}} \tag{9.1}$$

　　请注意，这是一种有符号的幅度格式。尾数中"隐藏"的 1 不出现在归一化浮点数的二进制编码中。如果指数用 E 位表示，那么偏置被选择为

$$\text{bias} = 2^{E\text{-}1} - 1 \tag{9.2}$$

　　进一步说明，让我们来确定十进制值 9.25 对应的 32 位浮点二进制表示。偏置是 127，在归一化为 $1.m$ 格式后，即 $f = 9.25_{10} = 1001.01_2 = 1.00101 \times 2^{130\text{-}127}$，会得到以下二进制编码：

二进制		
s	**E**	**M**
0	100 0001 0	001 0100 000 000 0000 0000

　　32 位十六进制数字变成了 $f = 4114\ 0000_{\text{HEX}}$。HEX 编码也可以用 ANSI-C 中的 %X printf() 格式来显示。在 MATLAB 中，我们可以分别用 %tX 和 %bX 格式来显示 Hex 中的单精度浮点数和双精度浮点数。

　　二进制浮点运算的 IEEE 标准 754-2008[I08] 还定义了一些额外的使用特殊数字来处理溢出和下溢等特例。指数 $e = E_{\max} = 1...1_2$ 与零尾数 $m = 0$ 的组合保留给 ∞。零则是用零指数 $e = E_{\min} = 0$ 和零尾数 $m = 0$ 来编码。注意，由于有符号数使用幅度表示，因此正负零的编码是不同的。754 IEEE 标准中还定义了两个特殊的数字，但是这些额外的表示方法在 FPGA 浮点运算中往往不被支持。这些额外的数字是非归一化数(Denormal)和 NaN(非数)。对于非归一化数，我们可以通过允许尾数表示没有隐含的 1 的数字来表示小于 2^{Emin} 的数字。也就是说，尾数可以表示小于 1.0

的数字。非归一化数中的指数是用 $e=E_{\min}=0$ 编码的，但允许其尾数与 0 不同。事实证明，NaN 在软件系统中非常有用，可以减少在执行无效操作时调用的"异常"的数量。会产生这种"静默"NaN 的例子包括：

- 两个无限的加减法，如 $\infty-\infty$
- 零和无限的乘法，如 $0\times\infty$
- 零或无限的除法，如 $0/0$ 或 ∞/∞
- 负操作数的平方根

在 IEEE 754 标准中，二进制浮点算术运算中的 NaN 是用指数 $e=E_{\max}=1...1_2$ 和非零尾数 $m\neq 0$ 来编码的。表 9.8 展示了 5 种主要的浮点编码，包括特殊数字。

表 9.8　754-1985 中的 5 种主要编码类型和更新后的 754-2008 IEEE 二进制浮点数标准

符号位 s	指数 e	无符号尾数 m	意义
0/1	全零	全零	± 0
0/1	全零	非零	非归一化 $(-1)^s\times 0.m\times 2^{e-\mathrm{bias}}$
0/1	$1<e<E_{\max}$	M	归一化 $(-1)^s\times 1.m\times 2^{e-\mathrm{bias}}$
0/1	全一	全零	$\pm\infty$
—	全一	非零	NaN

浮点类型有 4 种支持的舍入模式，即舍入到最近偶数(即默认)、舍入到零(截断)、舍入到 ∞(向上舍入)和舍入到负 ∞(向下舍入)。在 MATLAB 中，对应的舍入函数分别是 `round()`、`fix()`、`ceil()` 和 `floor()`。MATLAB 和 IEEE 754 模式之间唯一的小区别是，对于小数部分为 $0.5_{10}=0.1_2$ 的数字，如何舍入到最近偶数。只有当整数 LSB 为 1 时，我们才向上舍入，否则，我们向下舍入；在舍入到最近偶数的方案之中，32.5 向下舍入，但 33.5 向上舍入。表 9.9 展示了浮点格式中可能出现的舍入的例子。

值得注意的是，默认舍入到最近偶数的操作是实现上最复杂的方案，而舍入到零不仅成本最低，而且可以用来减少处理过程中不希望出现的增益，因为我们总是舍入到零。也就是说，幅度不会因为舍入而增长。

表 9.9　4 种浮点类型的舍入例子

模式	32.5	33.25	33.5	33.75	−32.5	−32.25
舍入到最近偶数	32	34	34	34	−32	−32
舍入到零	32	33	33	33	−32	−32
舍入到 ∞	33	34	34	34	−32	−32
舍入到最近奇数	33	33	33	33	−33	−33

尽管 IEEE 754-1985 二进制浮点运算标准[I85]的全部细节并不容易实现,比如四种不同的舍入模式、非归一化值或 NaN,不过该标准早在 1985 年就启用了,这有助于它成为微处理器中最常用的实现方法。从表 9.7 中可以看到 IEEE 单精度和双精度对应的参数。由于单精度 754 标准的算术设计就已经需要使用大量的器件资源,我们会发现,有时 FPGA 设计者不采用 IEEE754 标准,而是定义一种特殊格式。例如,Shirazi 等人[SAA95]开发了一种修改过的格式,在他们称为 SPLASH-2 的定制计算机上实现各种算法,该计算机是一块基于 Xilinx XC4010 器件实现的多 FPGA 板卡。他们使用了 18 位的数据格式,这样可以在多 FPGA 板卡的 36 位宽的系统总线上传输两个操作数。18 位格式有一个 10 位尾数、7 位指数和一个符号位,可以表示 3.7×10^{19} 的范围。

浮点运算的 HDL 综合

如果我们试图建立自己的完整的库,使其包括所有必要的操作和转换函数,那么在 HDL 中实现浮点运算会是一项劳动密集型的任务。幸运的是,至少对于 VHDL 来说,我们已经有了一个非常复杂的实用运算和函数库。这个库是 VHDL-2008 标准的一部分,由 David Bishop 提供,包含超过 7 千行的 VHDL 代码,与 VHDL-1993 兼容,并可以从 `https://github.com/FPHDL/fphdl` 下载。由于大多数供应商只支持标准 VHDL 语言的一个子集,因此在该网页上有一些经过了小修改过后的版本,这些版本已经在 Altera、Xilinx、Synopsys、Cadence 和 MENTORGRAPHICS(MODELSIM)工具上测试过。VHDL-2008 LRM 的附录 G(原书第 537~549 页)记录了新的浮点标准,目前有几本教科书也涵盖了这种新的浮点数据类型和运算[A08, P10, R11]。至少需要达到 VHDL-1993 标准才能使用这个库,我们可以写成

```
LIBRARY ieee_proposed;
USE ieee_proposed.fixed_float_types.ALL;
USE ieee_proposed.float_pkg.ALL;
```

该库允许我们使用标准运算符,就像我们用在 `INTEGER` 和 `STD_LOGIC_VECTOR` 数据类型上的那些运算符一样:

```
算术    +, -, *, /, ABS, REM, MOD
逻辑    NOT, AND, NAND, OR, NOR, XOR, XNOR
比较    =, /=, >, <, >=, <=
转换    TO_SLV, TO_SFIXED, TO_FLOAT
其他    RESIZE, SCALB, LOGB, MAX1MUM, MINIMU
```

还有一些预定义的常量值。这 6 个值是零=zerofp, NaN=nanfp, 静默 NaN=qnanfp, ∞=pos_inffp, -∞=neg_inffp 和-0=neg_zerofp。在 IEEE 标准 854 和 754 中预定义的长度为 32、64 和 128 位的数据类型[I85, I08]分别被称为 FLOAT32、FLOAT64 和 FLOAT128。

假设现在我们想实现一个具有一个符号位、6 位指数和 5 位小数位的浮点数，需要定义

```
SIGNAL a, b : FLOAT(6 DOWNTO -5);
SIGNAL s, p : FLOAT(6 DOWNTO -5);
```
而运算就可以简单地指定为：

```
s <= a + b;
p <= a * b;
```

由于左右两边使用相同的数据类型，所以代码很短。不需要进行缩放或调整大小。然而，底层算术使用默认的配置设置，可以从 `fixed_float_types` 库文件中看到。舍入的方式是将 `round_nearest`，`denormalize` 和 `error_check` 设为 true，并且使用三个保护位。如果我们将舍入设为 `round_zero`(即截断)，`denormalize` 和 `error_check` 设为 false，并将保护位设置为 0，即基本上与默认设置相反，那么另一端的硬件工作量将达到最小。VHDL-2008 中浮点类型的大多数运算也可以用函数的形式。例如，对于算术函数，我们可以用 `ADD`、`SUBTRACT`、`MULTIPLY`、`DIVIDE`、`REMAINDER`、`MODULO`、`RECIPROCAL`、`MAC` 和 `SQRT`。然后，修改舍入方式和保护位就容易多了：

```
r <= SQRT(arg=>y, -- 应该是最"廉价"的设计
          round_style => round_zero,
          guard => 0,
          check_error => FALSE,
          denormalize => FALSE) ;
```

首先指定左和右操作数，然后应该为最小数量的 ALM 提供 4 个综合参数。注意，IEEE VHDL-2008-1076(原书第 540 页)说的是"guard_bits"，而不是 David Bishop 编写的库中使用的"guard"。

比较操作也可以通过 `EQ`、`NE`、`GT`、`LT`、`GE` 和 `LE` 作为一个函数调用(与 FORTRAN 中所用的名称相似)。对于缩放函数，`SCALB(y,n)` 实现了 $y \times 2^n$ 的运算，比起普通的乘法或除法，它的硬件工作量较小。`MAXIMUM`、`MINIMUM`、平方根 `SQRT` 和乘加 `MAC` 是另外一些可能有用的函数。

现在让我们讨论一下这些函数如何在一个小型 ALU 中工作，见练习 9.65。由于大多数仿真器到目前为止还不完全支持新的数据类型，如在数组中使用的负索引，所以用标准的 `STD_LOGIC_VECTOR` 作为 I/O 类型似乎是个好办法。该库提供了所谓的保位转换函数，只是重新定义了 `STD_LOGIC` 向量中所包含位的意义，使其成为相同长度的 sfixed 或浮点类型。这样的转换是由 VHDL 预处理器完成的，不应该消耗任何硬件资源。另一方面，如果我们在 sfixed 和浮点类型之间进行转换，也需要用到一个保值的操作。这种转换会保留数据的值，但这确实需要耗费大量的硬件资源。

VHDL-2008 库允许我们为任何指定的浮点数编写高效紧凑的代码。唯一的缺点是这种设计的整体速度不会很高，因为使用了大量的算术运算，没有实现流水线。FPGA 供应商通常提供 32 位和 64 位的预定义浮点块，这些浮点块是高度流水线化的。Xilinx 提供了 LOGICORE 浮点 IP，Altera 也有全套的 LPM 函数。LPM 块可以作为图形化的块来使用，也可以从组件库(即 quartus →libraries→vhdl→altera_mf→altera_mf_components.vhd)中实例化。

让我们简单看看要实现高吞吐量对流水线有什么要求。表 9.10 列出了 Altera 的 LPM 中流水线具有的最小级数，见 `altera_mf_components.vhd`。图 9.9 展示了使用 VHDL-2008 库和 LPM 块时可以实现的吞吐量的比较。LPM 块中使用流水线的好处是清晰可见的。为了测量 VHDL-2008 库的带寄存器性能 Fmax，在输入和输出端口添加了寄存器，但没有在块内使用流水线。

表 9.10　Altera LPM 块库中对 32 位和 64 位浮点数据的最小流水线要求

	32 位	64 位
整型到浮点型	6	6
浮点型到整型	6	6
加/减	7	7
乘	7	7
除	6	10
平方根	16	30

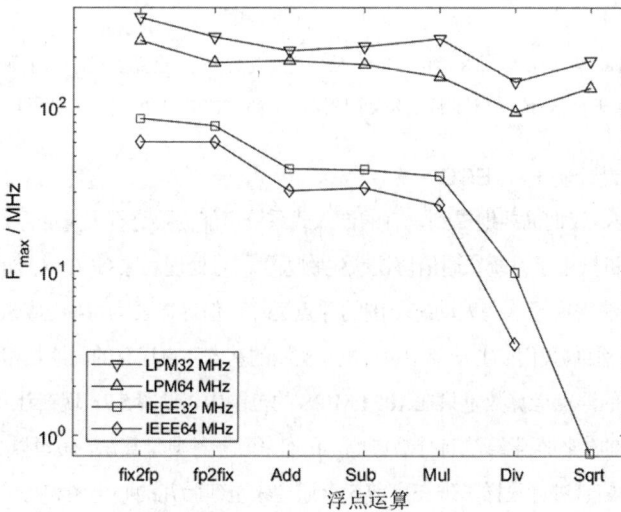

图 9.9　来自 Altera 的 VHDL-2008 运算和 LPM 块的速度数据。由于 QUARTUS 中不支持这样大的除法器，因此 IEEE 64 位 sqrt() 无法综合

图 9.10 展示了 32 位和 64 位宽度的所有 7 个基本构件块的综合结果。实线表示 VHDL-2008 默认设置下所需的 ALM 数量，而虚线表示综合选项设置为最小硬件工作量时的结果，即将舍入设置为 `round_zero`(即截断)，`denormalize` 和 `error_check` 为 `false`，保护位为 0。`fixed` 和 `FLOAT32` 之间的转换需要用到大约 100 个 ALM。我们看到，基本的数学运算+、-、*在标准设置下需要用到大约 300 个 ALM，而除法运算则需要使用两倍的 ALM。使用 LPM 块时，64 位的 `SQRT` 函数是所有块中最大的，需要使用超过 1000 个 ALM。由于 QUARTUS 不支持 64 位位宽的除法，因此无法综合 IEEE 64 位 `sqrt()`。

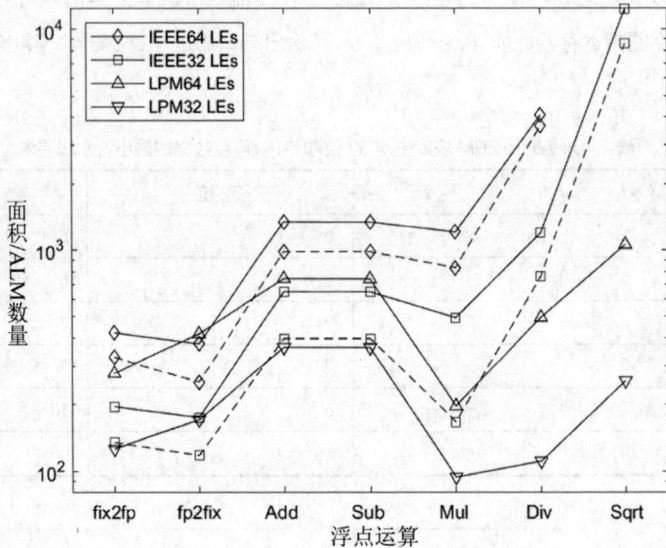

图 9.10 来自 Altera 的 VHDL-2008 运算和 LPM 块的速度数据，默认设置(实线)和最小硬件工作量(虚线)。由于 QUARTUS 中不支持这么大的除法器，因此 IEEE 64 位 `sqrt()` 无法综合

浮点数算法设计例子：FECG

在第 5 章中，我们简要地提到，有的嵌入式系统可能需要进行大量的浮点运算。例如高质量的图像处理、机械电子系统、通信协议或生物医学信号处理。像 GCC 这样的现代编译器确实可以通过软件算法来模拟这些大动态范围的浮点运算，但这需要为每种运算提供大量的指令周期。对于 Nios II/e 系统(我们在上一节中设计的)，实测的基本浮点运算的周期数相当大，而 100 MHz 的处理器所支持的浮点运算数量只在 105 FMIPS 的范围内，见图 5.7。现在让我们看看这种浮点性能对一个典型的生物医学算法有什么影响。我们来看一种典型算法，假设以 250Hz/s 的速度对多通道的 FECG 信号进行采样，现在用前 5 个通道来重建胎儿的心电图和每分钟心跳(Beats Per Minute，BPM)。图 9.11 显示了一些典型的 FECG 信号。

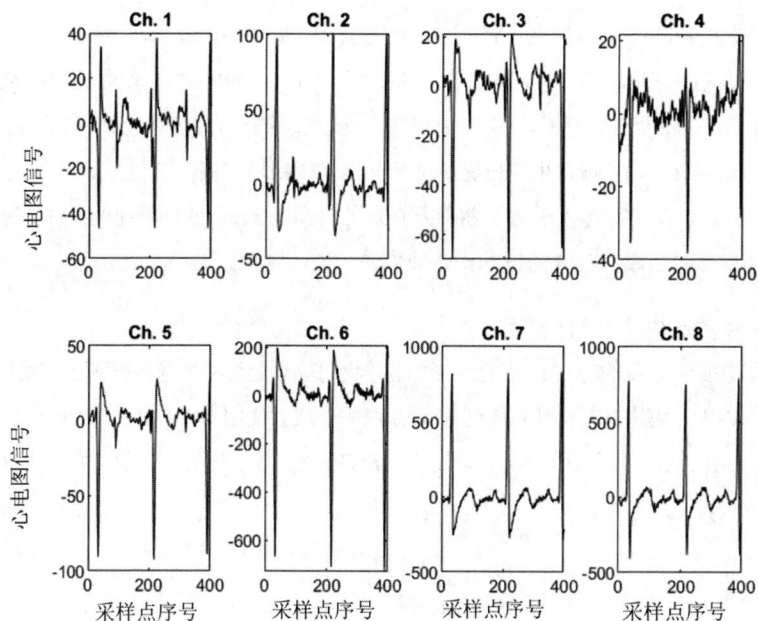

(a) 八通道DaISy信号的前400点或前1.6s

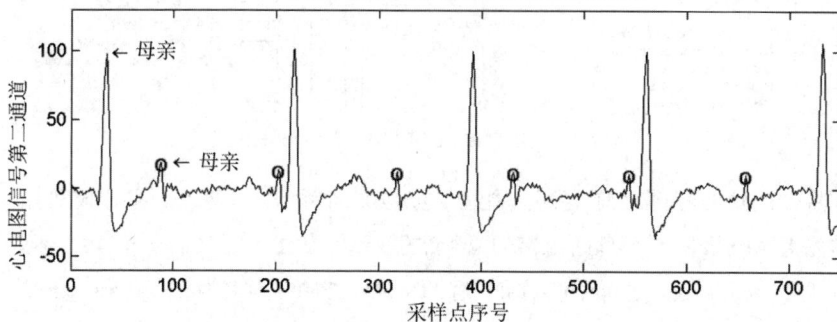

(b) 由DaISy得出的两个无创胎儿心电图数据库，检测到FQRS(红圈)。两个3s信号的
叠加：大尖峰(母亲心电图)和小尖峰(胎儿心电图)

图 9.11　一些典型的 FECG 信号

为了计算胎儿的 **BPM**，我们使用以下六步算法(MATLAB 代码片段)：

```
x = ascii2fp(i);          %%%% 1)int->float 转换
s = sum(x);               %%%% 2)计算输入直流分量
x = x-sum(x)/length(x);   %%%% 2)去除直流分量
Cxx = cov(x', 1);         %%%% 3)计算协方差矩阵
[E, D]= eig(Cxx);         %%%% 4)特征向量和特征值
V=D^-.5 * E';             %%%% 5)计算重建矩阵并
z=V*x;                    %%%%   实施重建
bpm(z)                    %%%% 6)计算 BPM 和信噪比
```

其中涉及大量的加/乘/减浮点运算，还有一些除法和平方根运算。前一章中 Nios II/e 进行的所有计算需要花费 161,803,090 个时钟周期，或者对于 100 MHz 的 CPU 来说，总共需要花费 1.6s 来完成运行 FECG 的算法。然而，作为实时系统，它为每个传入的值都计算一个新的 BPM 值，计算过程必须在 4 ms 内完成，也就是说要快 400 倍。如果我们放宽实时性约束，要达到为每次心跳提供一个新的 BPM 估计值，那么将需要 0.5s 的时间或 3.2 倍的计算速度。下面讨论如何通过在 Nios II 处理器上添加自定义 IP 来改进我们的 FECG 监护。

Nios II 中的定制浮点硬件选项

对于通过 Nios 系统的定制 IP 进行浮点加速，我们基本上有两种选择：可以使用之前讨论过的任何一个 VHDL 模块，并将其集成到 Nios 系统中；或者使用 Qsys IP Catalog 中由 Altera 提供的定制浮点 IP。由于后者简单得多，让我们从 IP Catalog 开始介绍，稍后再讨论如何添加 HDL 组件(见图 9.12)。

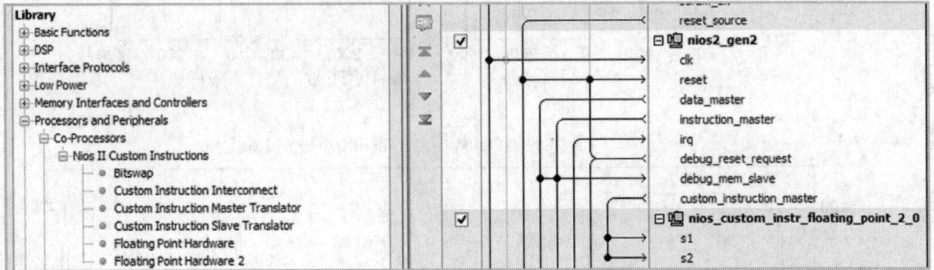

图 9.12 使用 FPH2 的 DE1 SoC 基本计算机配置

在将 CIP 添加到系统之前，我们可能需要创建第二个系统，以便之后可以比较性能。为此，我们首先将 Altera 基本计算机重命名为一个新的项目名 DE1_SoC_Custom_IP。你需要修改 `*.qsf`、`*.vhd` 和 `*.qpf` 文件的名称和内容。你可能还需要复制名为 `nios_system` 的组件目录到你的项目中。HDL 和其他组件文件一起被 Qsys 放在 `nios_system` 综合子模块下，并且可以修改。如果你启动 Qsys，然后单击 New...并选择 Template 菜单，那么所有这些 CI 可以很容易地从 Qsys 模板中推断出来。

新的项目文件组装好以后，我们启动 Qsys，在 IP 目录中找到 Processor and Peripherals→Co-Processors→Nios II Custom Instructions。其中你会看到两个提供了浮点支持的 CIP：传统的 Floating Point Hardware(FPH1)，用于支持 4 种基本操作+、*、-、/；新的 Floating Point Hardware2(FPH2)，在硬件层面，除支持 4 种基本操作外，还支持转换、平方根、取最小值、取最大值、六种比较、取负和绝对值。所有这些硬件操作只支持 32 位浮点数。没有提供对 64 位双精度的硬件支持。FPH2 版本提高了性能，减少了面积，但其代价是受限的非规格化浮点数支持和简化的舍入。表 9.11 展示了由 FPH1 和 FPH2 扩展的基本计算机的速度和大小比较。FPH2 的缺点是需要使用 BSP 来完全支持所有的功能，而 FPH1 则可以使用标准的 ANSI C 程序设置来进行编译，并使用编译器选项-mcustom-fpu-cfg=60-2(其中 60-2 在启用浮点除法器时使用，60-1 在不使用自定义浮点除法器时使用)。使用浮点运算时，总是需要用到链接器选项-lm。你会注意到，尤其在生成 newlib C 库时，对于 FPH2 来说，需要花费的编译时间比使用 ANSI C 程序要多很多。

表 9.11　FPH 协处理器的速度和大小比较

	基本计算机	带 FPH1 的 Nios II	带 FPH2 的 Nios II
ALM	1071	3636	2059
内存	11K	12K	27K
M10K 块	6	21	9
DSP 27×27	0	1	4
Fmax/MHz	124.25	134.12	119.03
QUARTUS 编译时间	6:03	10:45	7:35

现在，我们用这三个系统做一些基本的算术运算。我们想要测试 FECG 算法中需要进行的运算，即浮点整型转换、+、*、-、/和 sqrt()函数。由于 math.h 库中的 sqrt()在原始定义中是一个 64 位双精度运算函数，我们也包括了 C99 标准中引入的 32 位 sqrtf()运算，其精度对许多应用来说很可能已经足够了。如果你仔细阅读了 FPH2 的文档，那么会注意到 GCC 4.7.3 在将自定义 IP 映射到内部函数时存在一些问题。这可以通过强制 GCC 使用 CIP 来解决，即：

```
#define my_sqrtf(A) __builtin_custom_fnf(ALT_FPCI2_FSQRTS_N,(A) )
```

ALT 常量则定义在一个额外的头文件中，你需要将它包含到你的代码中，如下所示：

```
#include "altera_nios_custom_instr_floating_point_2.h"
```

用了 FPH2，sqrtf()的性能大幅提高，而 sqrt()仍有相同的性能。图 9.13 展示了对这三个系统的比较。我们清楚地看到两个 CIP 的 4 种基本操作都有改进。对于 FPH2，我们看到转换和 sqrtf()函数的额外改进。最后，我们测量了三个系统所用的 FECG 算法的性能。使用-O1 时，一帧 BPM 计算的总计算时间为 515 ms，使用-O3 的最大编译器优化则可以达到 497 ms，因此可以达到所需的 2 Hz 的性能。如果使用 Altera Monitor Program，那么在使用 BSP 时，采用-O3 得到的性能会略有点麻烦。在 ANSI C 中，我们可以简单地修改编译器选项，但这在使用 BSP 时是不可能的。下面是用 Altera Monitor Program 获得-O3 快速选项所需的步骤。

(1) 设置 C 源程序以使用 BSP 风格，并将 Nios 系统下载到板卡。

(2) 选择 Actions→Generate Device Drivers(BSP)。

(3) 修改 BSP 目录下的 Makefile，用-O3 替换-O1。

(4) 运行 Actions→Compile，生成顶层的 Makefile(这可能需要花费一定的时间)。

(5) 从安装的 QUARTUS 程序中，启动名为 "Nios II 15.1 Command Shell" 的工具，并使用 cd 将其移动到包含了顶级 Makefile 的源代码文件夹中。

(6) 编辑顶层的 Makefile，用 -O3 替换 -O1，删除 -g 选项。

(7) 删除生成的 *.elf 和 *.srec 文件。

(8) 在 Nios II 15.1 命令 Shell 中键入 make，以运行顶层的 Makefile 文件。

(9) 使用 nios2-elf-objcopy -O srec fmips.elf fmips.srec 来生成 *.srec 文件。

(10) 使用 Actions→Load，在 Nios II 上运行 *.srec 程序。

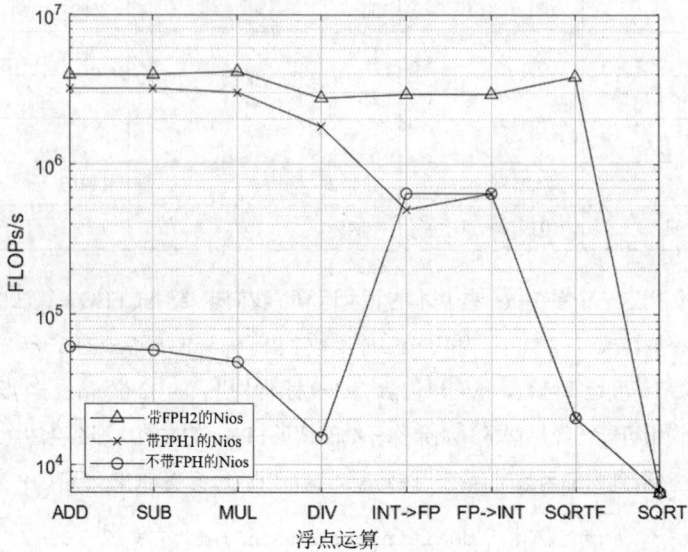

图 9.13　Nios 基本运算的浮点性能

现在我们有了一个可以工作的 Nios II 系统，其硬件支持基本的 32 位浮点运算。下面让我们看看如何使用预先设计的 HDL 块来增加对其他运算的硬件支持，例如，双精度操作。

定制逻辑模块(Custom Logic Block，CLB)的创建和整合

在 Nios II QSYS 环境中，有不同类型的 CI。基本端口(输入 A、B，输出 RESULT)如图 9.14a 所示。Nios II 支持 5 种类型的 CI。

- 纯组合电路功能，有三个端口，没有时钟。
- 固定多周期，它增加了一个时钟输入，并要求在指定的周期数后完成运算。
- 可变多周期，使用一个额外的 done 端口来指示操作的完成情况。
- 扩展的 CI，有一个 8 位的端口 n，允许用户复用不同的输出端口。
- 内部寄存器文件类型 CI，三个 I/O 端口中的每一个都有 32 个字。

端口的概要和命名惯例如图 9.14b 所示。

到FIFO、存储器或者其他逻辑

到外部存储器、FIFO、或者其他
逻辑的多重接口(Conduit interface)

dataa[31..0]

datab[31..0]

clk

clk_en

reset

start

prefix[10..0]

组合逻辑

多周期

参数化的

result[31..0]

(a) 为Nios ALU 添加定制逻辑

dataa[31..0]

datab[31..0]

clk

clk_en

reset

start

n[7..0]

a[4..0]

readra

b[4..0]

readrb

c[4..0]

readrc

组合逻辑

多周期

扩展的

内部寄存
器文件

result[31..0]

done

(b) 定制逻辑块的物理端口

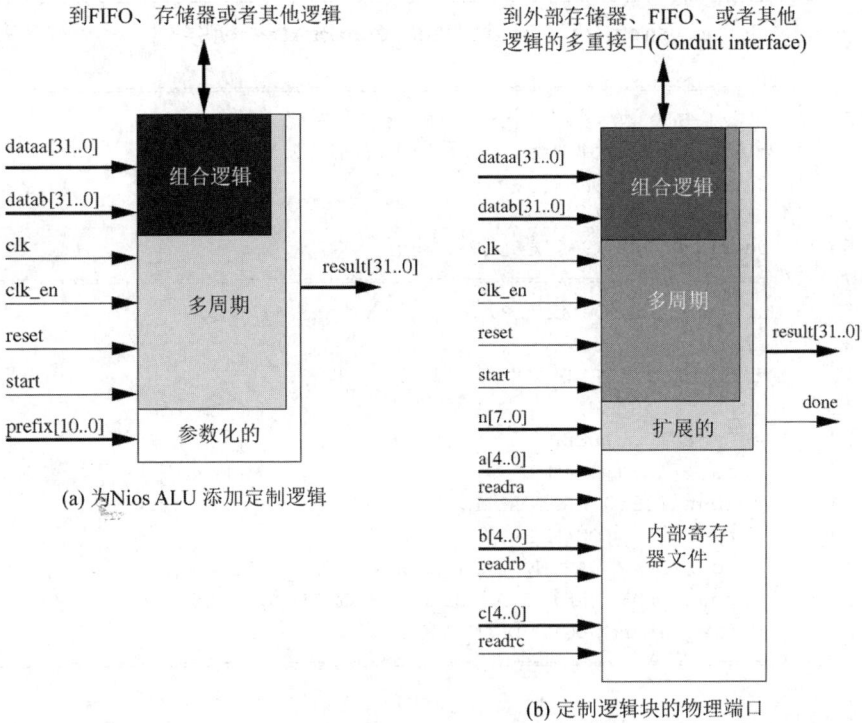

图 9.14　Nios II CIP

让我们在下文中尝试为 sqrt() 运算添加 64 位双精度支持。我们可以使用 IEEE 1076-2008 运算或 LPM 块。由于 IEEE 块没有流水线，因此 Nios II 的整体速度非常低，其值<1 MHz，而且通过减少指令数获得的收益却使 Nios II 的所有其他指令运行过程花费更多时间。

另一边的 LPM 块将会有一个来自流水线的大的延迟(对 64 位双精度来说是 30 或 57 个时钟周期)，但由于它是高度流水线化的，因此 Nios II 的整体速度将不会降低很多。事实上，从图 9.9 中我们看到，双精度 sqrt() 操作可以以超过 128 MHz 的速度运行，这样我们的 Nios II 处理器仍然可以像以前一样以 100 MHz 的速度运行。让我们快速回顾一遍在 Qsys IP 库中设置一个新组件所需的步骤。由于对内核的写入要比读取流水线化的延迟输出快得多，所以需要设计一个可变的多周期 CIP。定制指令的 Altera UG 中有一个类似的 CRC 例子，所以你可能需要参看 UG 中的 CRC 教程[AI17b]作为额外的信息来源。我们再次从基本计算机开始，修改*.qsf、*.vhd 和*.qpf 文件的名称和内容。还会将名为 nios_system 的组件目录复制到项目中。为了理解 Verilog 的例子，这次我们将使用一个 Verilog 设计输入。我们将*.vhd 基本计算机修改为 Verilog 文件，并进行适当的替换，如 ENTITY→module，IN→input，OUT→output，N DOWNTO K 端口→[N:K] 以及 P=>Q→.P(Q) 这样的组件之间的映射等。下面是生成的新的顶层 Verilog 文件 DE1_SoC_CustomIPv.v。

Verilog 代码 9.3: **DE1_SoC_CustomIPv.v** 顶层

```verilog
1   //===============================================================
2   // 为 DE1-SoC 板卡实现一个简单的 Nios II 系统
3   // 输入: SW9-0 是到 Nios II 系统的并行端口输入
4   // CLOCK_50 是系统时钟
5   // KEY0 是系统复位
6   // Outputs: LEDR9-0 是并行端口输出
7   // ===============================================================
8   module DE1_SoC_CustomIPv(
9       input CLOCK_50,
10      input [3:0]KEY,
11      input [9:0]SW,
12      output [9:0]LEDR,
13      inout [15:0]DRAM_DQ,
14      output [12:0]DRAM_ADDR,
15      output [1:0]DRAM_BA,
16      output DRAM_CAS_N, DRAM_RAS_N, DRAM_CLK,
17      output DRAM_CKE, DRAM_CS_N, DRAM_WE_N,
18      output DRAM_UDQM, DRAM_LDQM);
19  // ===============================================================
20
21   nios_system UUT
22       (.clk_clk(CLOCK_50), // clk.clk
23       .leds_export(LEDR[9:0]),// leds.export
24       .pushbuttons_export(~ KEY[3:0]), // pushbuttons.export
25       .reset_reset( 1'b0), // 高有效复位
26       .sdram_clk_clk(DRAM_CLK), // sdram_clk.clk
27       .sdram_wire_addr(DRAM_ADDR), // sdram_wire.addr
28       .sdram_wire_ba(DRAM_BA) , // .ba
29       .sdram_wire_cas_n(DRAM_CAS_N), // .cas_n
30       .sdram_wire_cke(DRAM_CKE) , // .cke
31       .sdram_wire_cs_n(DRAM_CS_N), // .cs_n
32       .sdram_wire_dq(DRAM_DQ), // .dq
33       .sdram_wire_dqm({DRAM_UDQM, DRAM_LDQM}),
34       .sdram_wire_ras_n(DRAM_RAS_N), // .ras_n
35       .sdram_wire_we_n(DRAM_WE_N), // .we_n
36       .switches_export(SW[9:0])); // switches.export
37
38   endmodule
```

在向 Qsys 添加 CIP 之前，你需要为 CIP 开发符合 Qsys 要求的 HDL 包装。这种包装的模板可以在传统定制指令 UG 的附录中找到[AI08, AI15]。还有种备选方案，就是可以使用 crc_hw 文件夹中的 CRC 教程文件 CRC_Custom_Instruction.v 作为起点。对于有一个操作数的可变多周期 CIP，我们需要用到输入端口：clk、reset、dataa、n、clock_en 和 start 以

及两个输出端口 done 和 result。输入端口 n 可能有 8 位，而 dataa 和 result 端口是 32 位。所有其他端口都是 1 位。而对于 64 位平方根，我们首先使用 IP 目录来生成 LPM 块。选择 Tools→IP Catalog →Library→Basic Functions→Arithmetic→ALTFP_SQRT，单击 Add...，使用你的项目主目录，将它命名为 fsqrt64，并选择 Verilog 作为文件类型，然后单击 OK 按钮。MegaWizard Plug-In Manager 将为 ALTFP_SQRT 打开，在 General 面板中，选择 Double 精度(64 位)和延迟 30，然后单击 Next 按钮。不要添加任何额外的端口，然后单击 Next 按钮两次。在 Summary 面板中，选择 Instantiation template 文件 fsqrt64_inst.v，这样你就可以很容易地使用这个新的组件，然后单击 Finish。接下来完成 CIP 的模板。复制你的新组件，并将其连接到本地网络；见下面第 44~47 行代码。你将需要添加一个寄存器来存储 n=0 时的 LSB 输入，n=1 时的 MSB(见下面第 70~78 行代码)。当 n=2(LSB)和 n=3(MSB)时，各有一个寄存器用于输出，见下面第 80~88 行代码。写入到 CIP 并不是时间关键型的操作，然后我们立即发出一个 done 脉冲。Nios 利用 done 脉冲的上升沿继续进行其他操作。由于 fsqrt64 LPM 块需要花费 30 个时钟周期才能完成，因此使用一个小的计数器(下面第 53~68 行代码)，每当一个输入值发生变化时，在 30 个时钟周期后发出 done 即输出数据有效信号。我们在第 32 个时钟周期将组件的输出结果存储在我们的输出寄存器中，在计数器时钟周期为 33 时发出一个 done 脉冲，并在计数器达到 34 后停止计数。如果计数器达到 34 而且我们收到一个读请求，就将计数器的值设置回 30，从而在输出寄存器中存储正确的 LSB/MSB 部分，并发出另一个 done 脉冲。总之，我们实现的 CIP 的包装现在看起来如下。

Verilog 代码 9.4：SQRT64 CIP 的 HDL 包装

```verilog
1    //==============================================================
2    // Verilog 内部寄存器的指令模板
3    // 满足多周期或者扩展多周期要求
4    `define DEBUG_PRINT
5    module fp_sqrt64(
6      clk, // CPU 系统时钟
7      reset, // CPU 异步主复位信号,高有效
8      clk_en, // 时钟限定符
9      start, // 高有效信号，用于指定输入有效
10     done, // 高有效信号，用于通知 CPU 结果有效
11     n, // N 字段选择器(扩展版本需要)
12     dataa, // 操作数 A(总是需要)
13     datab, // 操作数 B(可选)
14     //======== 加入一些测试端口:
15    `ifdef DEBUG_PRINT
16     done_delay_out, sqrt_out, cnt_out,
17    `endif
18     result); // 结果(总是需要)
19     input clk;)
20     input reset;
```

```
21   input clk_en;
22   input start;
23   output done;
24   input[7:0]n;
25   input[31:0]dataa;
26   input[31:0]datab;
27   //======= 加入一些测试端口:
28  `ifdef DEBUG_PRINT
29   output done_delay_out;
30   output [63:0]sqrt_out;
31   output [4:0]cnt_out;
32  `endif
33   output [31:0]result;
34
35  // ==========================================================
36   reg [63:0]data;
37   wire [63:0]sqrt;
38   reg [31:0]r;
39   reg [6:0]cnt = 0;
40
41  // 使用 n[7..0]端口作为复用器上的一个选择信号
42  // 来选择馈入 result[31..0]的值
43
44  // altfp_sqrt 流水线范围: 单16-28;双 30-57
45   fsqrt64 fsqrt64_inst(
46   .clock(clk), .data(data) , .result(sqrt)
47   );
48
49   wire done_delay =(cnt==7'd33)? 1 : 0;
50   wire ready =(n>8'h01)? done_delay : start;
51   assign done = ready;
52
53   always @(posedge clk or posedge reset)// 流水线计数器
54   if(reset)begin
55     cnt = 0;
56   end else begin
57       if((start)&&((n==8'h02)||(n==8'h03))&&
58             (clk_en)&&(cnt==7'd34))begin // 计数器的值减小
59         cnt = 7'd29;
60       end
61       if((start)&&((n==8'h00)||(n==8'h01))
62                 &&(clk_en))begin // 为新的值重置计数器
63         cnt = 7'd0;
64       end
65       if(cnt < 7'd34)begin // 直到计数达到 34
66         cnt = cnt + 7'd1;
67       end
68   end
```

```
69
70    always @(posedge clk or posedge reset)// 得到输入数据
71      if(reset)begin
72        data = 32'h0;
73      end else begin
74        if((n==8'h00)&&(clk_en))
75          data[31:0]= dataa;
76        else if((n==8'h01)&&(clk_en))
77          data[63:32]= dataa;
78      end
79
80    always @(posedge clk or posedge reset)// 写结果
81      if(reset)begin
82        r = 32'h0;
83      end else begin
84        if((n==8'h02)&&(clk_en)&&(cnt==7'd31))
85          r = sqrt[31:0];
86        else if((n==8'h03)&&(clk_en)&&(cnt==7'd31))
87          r = sqrt[63:32];
88      end
89
90    assign result = r; // 连接到输出
91
92    //=== 分配测试端口
93    `ifdef DEBUG_PRINT
94    assign done_delay_out = done_delay;
95    assign sqrt_out = sqrt;
96    assign cnt_out = cnt;
97    `endif
98  endmodule
```

为了调试内核，我们增加了一些额外的端口，以便在最终设计中通过删除`define DEBUG_PRINT 将其禁用。由于涉及 LPM 模块，我们将使用时序仿真，而不是对 QUATUS 的 Verilog 输出文件*.vo 进行功能仿真。这样的仿真需要在 QUARTUS 中进行完整编译，但总体上简化了 MODELSIM 的仿真。图 9.15 显示了 CIP 的仿真情况。

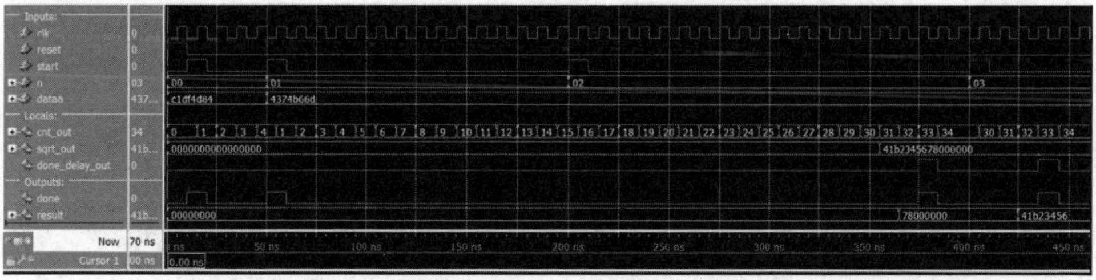

图 9.15　64 位 sqrt LPM 函数 CIP 的 Verilog 仿真，端口名称符合 QSYS CIP 的要求

我们看到，首先，输入的 LSB 和 MSB 存储在寄存器中。可供读取的输出结果 LSB 在 350 ns 后可用，而 MSB 在 425 ns 后可用。测试数据可以用 MATLAB 的 sprintf() 来验证，使用 64 位浮点数的 %bX 格式。现在我们已经准备好在 QSYS 中添加新的定制 IP。使用以下步骤来实现 Nios II 定制指令硬件：

(1) 要打开组件编辑器，首先启动 Tools→QSYS 并加载 nios_system。这正是我们为基本计算机而开发的同一套系统，即带有 SDRAM、UART、switches、leds、pushbuttons 和 timer 的 Nios。随后在左边的 IP Catalog 面板上，单击 New...，Component Editor 就会弹出。

(2) 在 Component Type 面板上，指定 Name 和 Display name 为 fp_sqrt64；你还可以添加 Description 和 Created by 条目。

(3) 移到 File 面板，在 Synthesis File 下添加包装器文件 fp_sqrt64.v 和 LPM 组件 fsqrt64.v，确保 fp_sqrt64.v 的 Attribute 为 Top-level File。现在单击 Analyze Synthesis Files 按钮。完成后，单击 Close 按钮。

(4) 并不需要为 CIP 配置自定义指令参数类型，因为没有参数。

(5) 选择 View→Interfaces，设置自定义指令接口。注意这个面板在默认的 GUI 中没有显示出来。设置 Type 为 Custom Instruction Slave，Operands 为 1。

(6) 选择 View→Signals，配置自定义指令的信号类型。此面板也不是初始 GUI 的一部分。对于所有 9 个信号，第二列中的接口类型必须是 nios_custom_instruction_slave。第三列中的 Signal Type 条目必须与第一列中的 Name 条目匹配。确保所有的数据都得到了正确配置，回到 Interface 面板，单击 Remove Interfaces With No Signals。时钟和复位条目应该会从 Interface 面板上消失。现在在你应该看到 Access Waveform。在 Parameters 下，Clock cycles 为 0，Clock cycle type 已经改为 Variable，这对我们的 CIP 来说是正确的设置。最后，Interfaces 和 Signals 两个面板应该如图 9.16 所示。

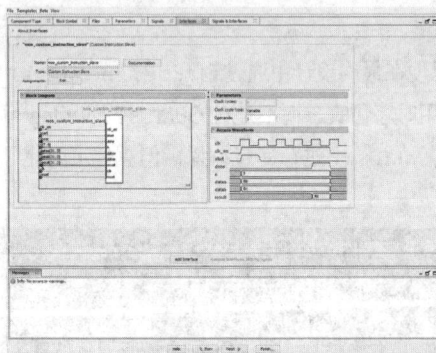

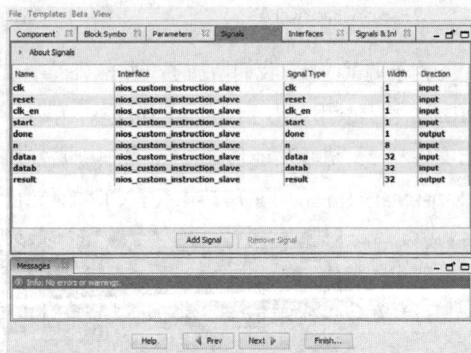

(a) 接口   (b) 信号

图 9.16　两个新组件的编辑器面板并未包含在原本的 GUI 中。Nios II CIP 板卡测试

(7) 单击 Signal & Interfaces 面板中的 nios_custom_instruction_slave，检查所有数据是否正确。保存新的 CIP 并将新的自定义指令添加到 Nios 系统中，见图 9.17。将 Nios II gen2

处理器同新组件连接起来。组件的操作数可以为 0。

(8) 现在生成新的 Nios 系统的 Verilog 源代码，并在 Intel QUARTUS Prime 软件中进行一次完整的编译。

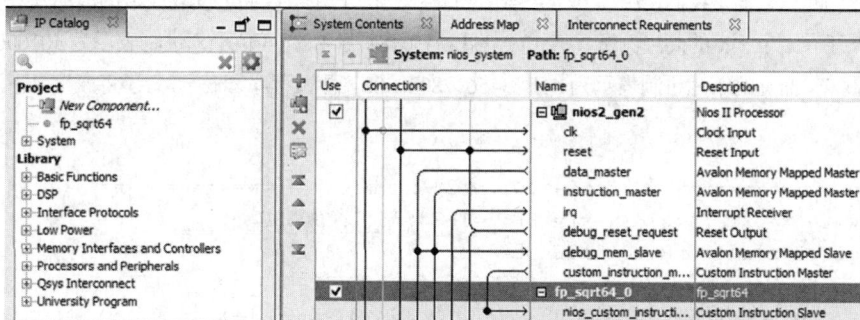

图 9.17　IP Catalog 中就有了新的 CIP

你可能会发现，在完成编译后，带 SQRT64 的基本计算机所用的 ALM 数量将从最初的约 1071 个增加到约 2146 个。通过检查 TIMEQUEST 的结果，请确保 Nios II 仍然能够以要求的 100 MHz 的速度运行。然后启动 Altera Monitor Program，用新的 DE1_SoC_CustomIPv Nios 系统配置一个新的 BSP 类项目。下面我们先用两个简短的例子来测试新的 CIP，然后再继续测量我们定制的 64 位 SQRT CIP 所达到的速度。

新的 CIP 的函数原型以及所需的常量定义都作为生成的 BSP 的一部分放在 system.h 文件中，可以通过#include 或复制到 ANSI C 源文件中使用它。由于默认的函数名称相当长，因此我们将函数调用重新定义为较短的版本，并将新的定义放在源文件的开头：

```
#define ALT_CI_FP_SQRT64_0_N 0x0
#define ALT_CI_FP_SQRT64_0_N_MASK((1<<8)-1)
#define my_sqrt64(n, A) \

_ _builtin_custom_ini(ALT_CI_FP_SQRT64_0_N+(n&ALT_CI_FP_
SQRT64_0_N_MASK),(A) )
```

请注意我们的 4 条 CIP 指令是通过相对操作码基值的偏移量来识别的。进行标准双精度平方根调用：

```
d[1]= sqrt(d[0]);
```

于是就可以用以下 4 条指令(即函数调用)来代替它了。

```
k = my_sqrt64(0, i[0]);   // 写入 CIP LSB
k = my_sqrt64(1, i[1]);   // 写入 CIP MSB
i[2]= my_sqrt64(2, 0);    // 读出 SQRT64 LSB
i[3]= my_sqrt64(3, 0);    // 读出 SQRT64 MSB
```

而整数的表示也支持通过以下方式在 ANSI C 中显示二进制/十六进制的值：

```
printf("LSBs: %08d_10=%08X_hex\n", i[0],(unsigned int)i[0]);
printf("MSBs: %08d_10=%08X_hex\n", i[1],(unsigned int)i[1]);
```

作为测试数据，我们使用了一个 4*4=16 的小例子，它也可以通过读取板卡的滑动开关值来实现。还有一个 $x*x$ 的高级例子，其中 x=0×12345678。k=4 的 64 位十六进制表示为 40100000_00000000，而 x 的十六进制表示为 41B23456_78000000。测试程序 sqrt64.c 将产生以下测试结果：

```
================== repeat with 2. number ==================
with x=0x12345678(hex)=>FP: 41B23456_78000000
gives x*x=4374B66D_C1DF4D84 hex
write to  CIP: LSBs : -1042330236_10=C1DF4D84_hex
write to  CIP: MSBs : 1131722349_10=4374B66D_hex
read from CIP: LSBs : 2013265920_10=78000000_hex
read from CIP: MSBs : 1102197846_10=41B23456_hex
```

假设我们的数据存储在一个 double 数组中，那么需要将 double 类型的浮点数分成 32 位 MSB 和 32 位 LSB(无符号)的整数。我们不能使用转型操作来进行分割，但在第 5 章中我们讨论了使用指针算术运算来完成这类任务的方便方法。double 和 int 数组的指针是对齐的，这样我们就可以访问这个 64 位 double 或两个 32 位 int 数据。数组和指针应该定义成：

```
double d[4];  double *d_ptr;
int i[8];     int *i_ptr;
```

表 9.12 所示就是这个例子的内存对齐情况和内存中的最终测试数据。

表 9.12　内存对齐情况和最终测试数据

输出: 0x12345678		输入: $0x12345678^2$		输出: 4.0		输入: 16.0	
41B2345616	78000000016	C1DF4D8416	4374B66D16	4030000016	0000000016	4010000016	0000000016
MSBs	LSB	MSBs	LSB	MSBs	LSB	MSBs	LSB
d[3]		d[2]		d[1]		d[0]	
i[7]	i[6]	i[5]	i[4]	i[3]	i[2]	i[1]	i[0]

下面是 ANSI C 代码，包括将输出数据恢复为 64 位 double 数字并使用测试程序结尾处的数据来读写 I/O，它们会在一个无限循环中运行：

```
SW_value = *(SW_switch_ptr);         // 读取滑动开关 SW
d[0]=(double) SW_value;              // 双精度初始值: 25 或 100
d_ptr = & d[0];                      // 取起始地址
i_ptr =(int *)d_ptr;                 // 指向相同地址
i[0]=(unsigned int)*i_ptr;           // 起始的 32 位
i[1]=(unsigned int)*(i_ptr+1);       // 随后的 32 位
```

```
k = my_sqrt64(0, i[0]);              // 写入 CIP 的 LSB
k = my_sqrt64(1, i[1]);              // 写入 CIP 的 MSB
i[2]= my_sqrt64(2, 0);               // 读取 SQRT64 的 LSB
i[3]= my_sqrt64(3, 0);               // 读取 SQRT64 的 MSB
d_ptr = & d[1];                      // 取起始地址
i_ptr =(int *)d_ptr;                 // 指向相同地址
*(i_ptr)= i[2];                      // 将 LSB 放入双精度 d[1]
*(i_ptr+1)= i[3];                    // 双精度 d[1] 的 MSB
*(red_LED_ptr)=(int)d[1];            // 在 LED 上显示
```

首先,我们读取 SW 值并转换为双精度值。然后使用对齐的指针将 double 字分成两个 int。之后是 4 个 CIP 函数调用。最后，我们将这两个整数放在内存中的相应位置，这样就得到了一个 64 位的 double 精度数字。最后，我们将结果显示在 LED 上。图 9.18 展示了输入为 5^2=25 和 10^2=100 时的例子。开关值显示了提供给 CIP 的输入，而 LED 显示了求平方根后的输出结果。

(a) 25 SW=25_{10}=11001_2 的结果为 LED=5_{10}=101_2 (b) 100SW=100_{10}=1100100_2 的结果为 LED=10_{10}=1010_2

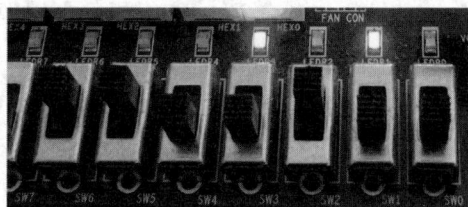

图 9.18 Nios II CIP 板卡测试

对于测试程序的每一段代码，我们测量所使用的时钟周期的数量。这些数据与初始设计(即基本计算机)和 CIP 设计所用的综合数据一起展示在表 9.13 中。取决于数据是 64 位并需要进行加法指针算术运算，或者是以整数数组的形式存在，我们得到的加速系数分别为 41 和 69。

表9.13 有/没有 SORT64 CIP 的 Nios 系统的速度和大小的比较

	基本计算机	带 SQRT64 的 Nios II
ALM	1071	2146
内存	11 K	11 K
M10K 块	6	6
DSP 27x27	0	0
Fmax/MHz	124.25	110.3
Quartus 编译时间	6:03	6:49
单精度 sqrtf() 时钟周期	4879	
双精度 sqrt() 时钟周期	13,640	195
带有指针算术的双精度 sqrt()	–	331
速度提升(系数)	41–69	

9.5 深入了解：Nios II 指令集架构

在大多数项目中，我们不需要对所用机器(又称 CPU)的内部工作机制有精确的了解。但在一些情况下，如为新的组件(如 JTAG 控制器)编写驱动程序，这种知识是有益的，有时甚至需要了解 CPU 架构的细枝末节，如流水线、寄存器或 ANSI C 编译器的期望行为。

逐一研究每条指令、寻址模式、寄存器等通常是挺乏味的，所以为了让这项研究更有趣一点，让我们通过设计自己的小型 RISC Nios II(TRISC3N)，以实现 Nios II 指令集架构(Instruction Set Architecture，ISA)的简化版本。我们不会试图实现所有的指令，而是实现一个有用的指令子集，使我们能够编写简单的任务，如闪灯程序、内存访问或(嵌套)函数调用，这样我们就可以研究 Nios II 和 GCC 之间的软硬件接口。

那么，让我们开始了解 Nios II 中的寄存器是如何组织的。有些寄存器对 GCC 编译器有特殊的意义，这些寄存器也有特殊的名字。Nios II 有 32 个 32 位的寄存器。第一个寄存器 r0 始终为 zero，并且有相同的名字。第二个寄存器(at)被用作汇编器的临时寄存器。寄存器 r2 和 r3 可以作为函数返回值，r4-r7 作为函数参数。寄存器 r8-r23 是通用的寄存器。寄存器 r24-r31 是服务于编译器的特殊寄存器，不应该被用于一般用途。编译器经常使用 r24=et 作为异常临时寄存器，r26=gp 作为全局指针寄存器，r27=sp 作为栈指针，r31=ra 作为函数调用的返回地址。较少使用的是 r25=bt 临时寄存器，r29=ea 异常返回地址以及 r30=ba 中断返回地址。

Nios II 使用三种指令类型，又称类别。它们是立即类型(I 型)、寄存器类型(R 型)和跳跃类型(J 型)。这些类型的指令允许我们手工对每条指令进行编码和解码，见练习 9.15-9.22。所有指令都是 32 位长，三种格式见表 9.14。

表 9.14 Nios II 使用的三种 32 位指令编码格式

位	31…27	26…22	21…17	16…11	10…6	5…0
格式	5 位	5 位	5 位	6 位	5 位	6 位
R 型	A	B	C	OPX	IMM5	OP
I 型	A	B	IMM16			OP
J 型	IMM26					OP

三种类型都在 5…0 位对应的 6 个 LSB 中指定了操作(OP)。J 型包括一个 26 位长的 IMM26 常数，用于像 jmpi 或 call 这样需要使用大常数值的指令。大多数 I 型指令的类型是 r(B)=r(A) □ IMM16。B 指定 32 个目标寄存器中的一个，A 指定第一个源寄存器的索引。对于 r(B) 经常使用的是缩写 rB。由于所有的数据都是 32 位大小，因此 IMM16 的值会进行零扩展或符号扩展。

一些操作如 orhi 在 16 个 MSB 中使用 IMM16。所有的 R 型指令都用 OP=0x3A 进行编码。个别操作在第 16...11 位对应的 eXtended 代码 OPX 中用额外的 6 位进行编码。大多数 R 型指令使用 r(C) =r(A) □ r(B) 风格，是典型的三地址机器指令。少数指令使用 IMM5 来定义一个小常数，用于即时移位操作 slli rC = rA << IMM5 中。在可能使用的 2^6=64 种代码中，Nios II 使用了 46 个操作代码和 42 个 eXtended OPX 代码。除了 PICOBLAZE 之外，Nios II ISA 使用相同的 OP 代码已经超过 15 年了[A03]，只增加了 jmpi 和 4 条新的控制指令。让我们简单地看一下可用的指令类别。按功能我们可以建立以下 8 个组。

- 数据传输，即加载和存储，有单字节、2 字节(半字)和 4 字节(单字)大小。以 io 结尾的指令将绕过缓存，对于无符号操作数，则会包含一个 "u" (16 种): ldb、ldbio、ldbu、ldbuio、stb、stbio、ldh、ldhio、ldhu、ldhuio、sth、sthio、ldw、ldwio、stw 和 stwio。

- 10 条逻辑指令中有 4 条为 R 型: and、or、xor 和 nor，以及 6 条 IMM16 型: andi、ori、xori、andhi、orhi 和 xorhi，其中加 "h" 表示使用 IMM16 作为 MSB。

- 10 种算术运算，两种 I 型的 addi 和 muli 和 8 种 R 型的 add、sub、mul、div、divu、mulxss、mulxuu 和 mulxsu，其中 u/s 表示(无)符号操作数。

- Nios II 有 12 种比较运算; 6 种(cmpeq(= =)、cmpne(!=)、cmpge(>=)、cmpgeu(无符号的>=)、cmplt(<)、cmpltu(无符号的<))是 R 型，另外 6 种使用 IMM16: cmpeqi、cmpnei、cmpgei、cmpgeui、cmplti 和 cmpltu。"u" 表示无符号操作数。

- 9 种移位和循环移位运算。R 型运算的名称和含义与 VHDL 中一样: rol、ror、sll、sra 和 srl。还有 4 种 I 型运算: roli、slli、srai 和 srli。

- Nios II 有 6 种程序控制运算。两种使用 J 型的 IMM26(call 和 jmpi); 三种使用一个寄存器(callr, jmp 和 ret); br 使用 IMM16。

- 总计有 6 种条件分支指令。命名类似于 FORTRAN 的比较操作 bge、bgeu、blt、bltu、beq 和 bne。用 "u" 表示无符号。

- Nios II 还有 19 条控制指令，经常用于处理流水线(flash)控制、编写 R 型或自定义指令: trap、eret、break、bret、rdctl、wrctl、flushd、slushi、initd、initi、flushp、sync、initda、flushda、rdprs、wrprs、nextpc、R-Lype 和 custom。

汇编器还有 19 条伪指令，你可能会在汇编程序的例子中看到。如 5 种不同的 move 指令、nop 或 subi，它们没有直接的硬件实现，但简化了代码的阅读，并由对 CPU 来说有相同效果的等效操作来代替。

所有指令的完整描述可以在处理器参考手册中找到。请确保你下载的手册是与你所安装的软件相匹配的正确版本[AI16]。现在让我们仔细看看希望在 HDL 中实现的指令。在表中我们用 σ(IMM16)作为符号扩展的快捷方式。按照操作码升序排列，表 9.15 显示了操作码、汇编码、格式、操作分组和简短的操作描述。

表 9.15 Nios II ISA 示例代码。使用 OP = 3A(Hex)进行 OP 和 OPX 编码

OP	ASM 编码	格式	操作分组	操作描述
00	call label	J	程序控制	ra = PC+4; PC = {PC$_{31:28}$,IMM26<<2}
01	jmpi label	J	程序控制	PC={PC$_{31:28}$, IMM26<<2}
04	addi rB, rA, IMM16	I	算术	rC=rA+σ(IMM16)
06	br label	I	程序控制	PC=PC+4+σ(IMM16)
0C	andi rB, rA, IMM16	I	逻辑	rB = rA AND {0x0000,IMM16}
14	ori rB, rA, IMM16	I	逻辑	rB = rA OR {0x0000,IMM16}
15	stw rB, offset(rA)	I	数据传输	MEM[rA+ σ(IMM16)]= rB
17	ldw rB, offset(rA)	I	数据传输	rB = MEM[rA+ σ(IMM16)]
1C	xori rB, rA, IMM16	I	逻辑	rB = rA OR {0x0000,IMM16}
1E	bne	I	条件分支	If(rA = rB) THEN PC = PC + 4+ σ(IMM16) ELSE PC = PC + 4
26	beq	I	条件分支	If(rA! = rB) THEN PC = PC + 4+ σ(IMM16) ELSE PC = PC + 4
34	orhi rB, rA, IMM16	I	逻辑	rB = rA OR {IMM16,0x0000}
35	stwio rB, offset(rA)	I	数据传输	MEM[rA+ σ(IMM16)]= rB
37	ldwio rB, offset(rA)	I	数据传输	rB = MEM[rA+ σ(IMM16)]
3A		R	其他	R 型使用下面的 OPX 代码
OPX	ASM 编码	格式	操作类型	操作描述
05	ret	R	程序控制	PC = ra
0D	jmp rA	R	程序控制	PC = rA
0E	and rC, rA, rB	R	逻辑	rC = rA AND rB
16	or rC, rA, rB	R	逻辑	rC = rA OR rB
1E	xor rC, rA, rB	R	逻辑	rC = rA XOR rB
31	add rC, rA, rB	R	算术	rC = rA + rB
39	sub rC, rA, rB	R	算术	rC = rA − rB

　　我们尽量使用相似的 CONSTANT/PARAMETER 的编码。只是在逻辑操作中加入了 op…，因为 AND、OR 和 XOR 是 VHDL 的关键字。现在，让我们用 Nios II 汇编语言重新编码之前的 PICOBLAZE LED 闪灯例子。下面是程序清单。

ASM 程序 9.5：使用 Nios II 汇编代码进行 LED 翻转

```
 1     .text                    /* 以下是可执行代码 */
 2     .global    _start
 3  _start:                      /* 初始化并行口的基地址 */
 4     orhi   r1, r0, 0xFF20     /* SW 滑动开关和 LED 基地址的 MSB */
 5     ldwio  r2, 0x40(r1)       /* 加载滑动开关 */
 6  flash: stwio r2, 0(r1)       /* 写入红色 LED */
 7  /* movia r3, 25000000           延时计数器 */
 8     orhi   r3, r0, 0x2FB      /* HEX: 17D0000+7840=17D77840 */
 9     addi   r3, r3, 0x7840     /* DEC: 24969216+30784=2500000 */
10     addi   r4, r0, 0x1        /* 将 1 放入寄存器 4 */
11  loop: sub r3, r3, r4         /* 计数器 r3 的值递减 */
12     bne    r3, r0, loop       /* 检查计数器的值是否为 0 */
13     xori   r2, r2, 0x3FF      /* 对所有位求补码 */
14     jmpi   flash              /* 开始另一个循环 */
```

　　Nios II 汇编程序的起始标签总是 _start 标签。I/O 地址在 address_map_nios2.h 中列出，我们看到位于 0xFF200040 的滑动开关和位于地址 0xFF200000 的红色 LED 共享相同的 16 位 MSB。我们首先加载滑动开关的值(第 4~5 行代码)，并将其写入红色 LED 的输出。对于 I/O 组件，我们使用数据传输指令的 ...io 风格来跳过数据缓存。Altera Monitor 通过高位 or 运算和随后立即执行的 add 指令将用于生成延迟计数器值 25,000,000 的 32 位伪加载指令 movia 翻译到寄存器 r3 中(第 8~9 行代码)。我们也可以按照 Nios 教程[A15]的建议，使用高(orhi)和低(or)指令。第 11~12 行的指令实现了延迟循环：r3 倒数到 0。然后寄存器 2 中的所有位被反转。这也可以用一条 nor 指令来实现。在第 14 行，我们使用 jmpi 回到了第 6 行(标签 flash)，然后开始另一个循环。我们看到 I 型指令的使用非常频繁。我们只使用了一条 R 型(sub)和一条 J 型(jmpi)指令。这些指令在 HEX 代码中的编码和解码在本章末尾留作练习，见练习 9.15-9.22。

　　现在，我们看一下图 9.19 中的 VHDL 仿真。仿真显示了时钟和复位的输入信号，接着是本地非 I/O 信号，最后是开关和 LED 的 I/O 信号。在复位(低电平有效)释放后，我们看到程序计数器(pc)的值如何持续增加，直到循环结束。pc 随下降沿变化，指令字随上升沿更新(在 ROM 内)。从输入端口 in_port 中读取数值 5，并放入寄存器 r2。寄存器 r2 的值被加载到 out_port 寄存器中。接下来递减值 1 被加载到寄存器 r4 中，计数器的起始值 0x017D7840 被分两步加载到寄存器 r3 中：首先是 MSB，然后是 LSB。在两个时钟周期内，计数器的值被递减 1，由于 32 位的值不是 0，因此循环重复。这个过程持续了很多个时钟周期，在仿真时间达到 1s 后，输出就会翻转。

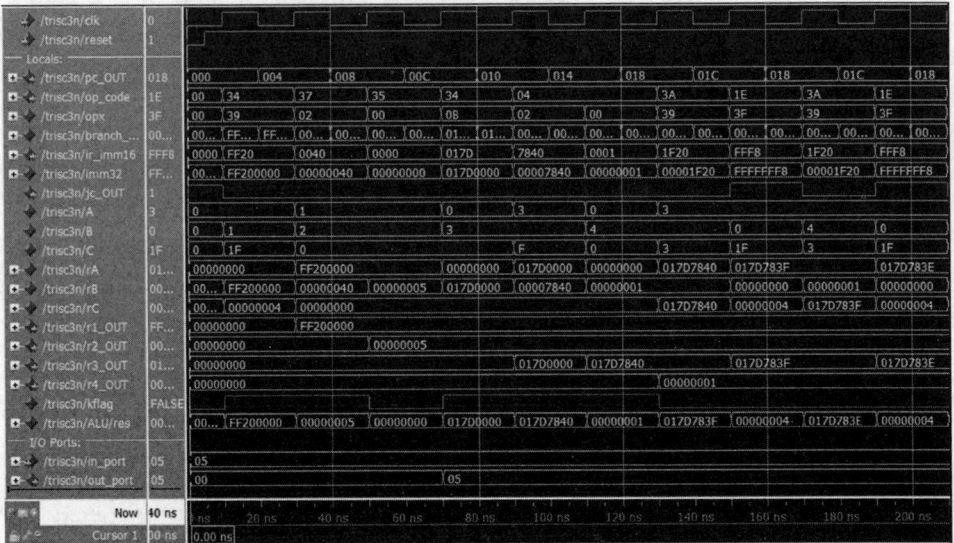

图 9.19　翻转程序的前 200 ns 模拟，显示 r3 中的 32 位计数器加载并倒数...40, ...3F, ...3E, ...

了解了 Nios II 的基本 I/O 之后，让我们来看看 GCC 是如何为 Nios II 处理器组织数据的。为了进行类似的 GCC 内存寻址和得到我们的 HDL 所需要的汇编代码，首先对基本计算机做个小修改：由于我们所用的 HDL 只有 4K 的地址，因此首先修改我们的 DE1 SoC 基本计算机，用一个如图 9.20 所示的 4K×32 的片上存储器取代 DRAM，然后重新编译系统。

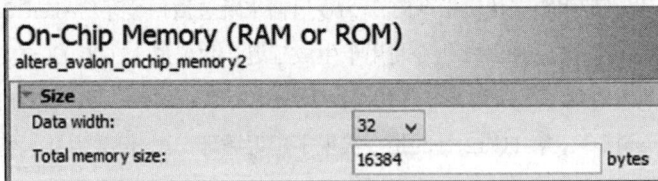

图 9.20　片上存储器

现在的内存要小得多，将不再能够承载像 printf() 这样的函数；对于我们的短测试程序来说，4K 字的大小应该是足够了。

在 ANSI C 代码中，我们可以将变量/数据定义放在代码的初始部分，使数据在 main 部分和我们可能使用的任何函数中保持"全局"可用。另一种选择是，我们可以将变量定义放在主代码中，即放在 main() 之后。让我们来看看 GCC 是如何处理这两种情况的。下面是一个小小的 ANSI C 测试程序。

DRAM 程序 9.6：DRAM 先读后写

```
1   volatile int g;// Volatile 让我们可以看到完整的汇编代码
2   volatile int garray[15];
3   int main(void) {
4     volatile int s; // 声明为 volatile,让编译器
5     volatile int sarray[14]; // 不要试图优化
6     s = 1; // 内存地址 sp+0
7     g = 2; // 内存地址 gp+0
8     sarray[0]= s; // array[0]内存地址为 sp+4
9     garray[0]= g;  // array[0]内存地址为 gp+4
10    sarray[s]= 0x1357;  // 使用变量；需要 *4 得到字节地址
11    garray[g]= 0x2468;  // 使用变量；需要 *4 得到字节地址
12  }
```

Altera 监视器中值得关注的汇编器输出代码如图 9.21 所示。我们注意到，全局标量和全局数组是由 GCC 使用全局指针(即寄存器 gp=r26)来索引的。在 main() 部分定义的本地数据是通过栈指针 sp=r27 来索引的。所有的数据(和程序)访问都是以字节为单位进行的，这就是为什么我们所用的第一个整型变量的地址是 0(sp)，第二个是 4(sp)，第三个是 8(sp)，等等。Nios II 总线架构从内部设计为具有独立的数据和程序总线，也就是哈佛结构，可以连接到(一个或多个)紧密耦合的数据存储器。然而，由于我们所用的 Nios II GCC 只支持一个.text 段，因此采用的内存组织是 von Neumann 式的，即程序和数据共享同一个存储器。数据内存只能使用程序段之后的地址空间。gp 的起始地址是在代码段之后的某个地方，而 sp 使用的起始地址是物理内存结尾地址减去承载数据所需的字节数。这些值是由 GCC 在程序开始时设置的，见图 9.21a。

我们运行 testdem.c 程序，直到它到达 ret 指令，然后监测内存内容。在物理内存的末端，我们看到(图 9.21c)由 sp 索引的局部值。我们看到 sarray[1]=0x1357 可以在地址 0x3FC8 找到，即接近末端的 0x4000，而 garray[2]=0x2468 位于程序代码之后的某个地址 0x8B8。这也应该是我们在 HDL 仿真中应该监控的内存位置。

<table>
<tr><td rowspan="12">(a)</td><td colspan="4">_start:</td></tr>
<tr><td>0x00000000</td><td>06C00034</td><td>orhi</td><td>sp, zero, 0x0</td></tr>
<tr><td>0x00000004</td><td>DED00004</td><td>addi</td><td>sp, sp, 0x4000</td></tr>
<tr><td>0x00000008</td><td>DEF6303A</td><td>nor</td><td>sp, sp, sp</td></tr>
<tr><td>0x0000000C</td><td>DEC001D4</td><td>ori</td><td>sp, sp, 0x7</td></tr>
<tr><td>0x00000010</td><td>DEF6303A</td><td>nor</td><td>sp, sp, sp</td></tr>
<tr><td>0x00000014</td><td>06800074</td><td>orhi</td><td>gp, zero, 0x1</td></tr>
<tr><td>0x00000018</td><td>D6A22804</td><td>addi</td><td>gp, gp, -0x7760</td></tr>
<tr><td>0x0000001C</td><td>06000034</td><td>orhi</td><td>et, zero, 0x0</td></tr>
<tr><td>0x00000020</td><td>C6023B04</td><td>addi</td><td>et, et, 0x8EC</td></tr>
<tr><td>0x00000024</td><td>00800034</td><td>orhi</td><td>r2, zero, 0x0</td></tr>
<tr><td>0x00000028</td><td>10804604</td><td>addi</td><td>r2, r2, 0x118</td></tr>
</table>

(a) 续：) 0x0000002C 1000683A jmp r2

Main table (b):

		main:	
0x00000030	DEFFF104	addi	sp, sp, -0x3C
		volatile int s; // 声明为volatile 告诉编译器	
		volatile int sarray[14]; // 不要尝试优化	
		s = 1; // 内存位置 sp+0	
0x00000034	00800044	addi	r2, zero, 0x1
0x00000038	D8800035	stwio	r2, 0(sp)
		g = 2; // 内存位置 sp+0	
0x0000003C	00800084	addi	r2, zero, 0x2
0x00000040	D0A00335	stwio	r2, -32756(gp)
		sarray[0] = s; // 内存位置 array[0]是sp+4	
0x00000044	D8800037	ldwio	r2, 0(sp)
0x00000048	D8800135	stwio	r2, 4(sp)
		garray[0] = g; // 内存位置 array[0]是sp+4	
0x0000004C	D0A00337	ldwio	r2, -32756(gp)
0x00000050	00C00034	orhi	r3, zero, 0x0
0x00000054	18C22C04	addi	r3, r3, 0x8B0
0x00000058	18800035	stwio	r2, 0(r3)
		sarray[s] = 0x1357; // 使用变量；需要 *4 得到字节地址	
0x0000005C	D8800037	ldwio	r2, 0(sp)
0x00000060	1085883A	add	r2, r2, r2
0x00000064	1085883A	add	r2, r2, r2
0x00000068	D885883A	add	r2, sp, r2
0x0000006C	10800104	addi	r2, r2, 0x4
0x00000070	0104D5C4	addi	r4, zero, 0x1357
0x00000074	11000035	stwio	r4, 0(r2)
		garray[g] = 0x2468; // 使用变量；需要 *4 得到字节地址	
0x00000078	D0A00337	ldwio	r2, -32756(gp)
0x0000007C	1085883A	add	r2, r2, r2
0x00000080	1085883A	add	r2, r2, r2
0x00000084	1885883A	add	r2, r3, r2
0x00000088	00C91A04	addi	r3, zero, 0x2468
0x0000008C	10C00035	stwio	r3, 0(r2)
		}	
0x00000090	DEC00F04	addi	sp, sp, 0x3C
●0x00000094	F800283A	ret	

(c)

	+0x0	+0x4	+0x8	+0xc
0x00003FB0	00000000	00000000	00000000	00000001
0x00003FC0	00000001	00000001	00001357	00000000

(d)

	+0x0	+0x4	+0x8	+0xc
0x000008A0	00000000	00000480	00000480	00000002
0x000008B0	00000002	00000000	00002468	00000000

图 9.21 Trisc3n 数据存储器 ASM 测试程序。局部和全局存储器写完后，再读取相同的位置。(a) 启动指令序列。(b) main() 程序。(c) sp 的内存。(d) gp 的内存

在第三个例子中，我们检查一下(嵌套)函数调用需要用到哪些指令。同样，我们从一个简短的 ANSI C 例子开始，然后看看 GCC 需要用到什么指令。下面是对应的 C 语言代码。

三级嵌套程序 9.7：嵌套函数测试代码

```
1  void level3(int *array, int s1){
2    s1 += 1;
3    array[3]= s1;
4    return;
5  }
```

```
6  void level2(int *array, int s1){
7    s1 += s1;
8    array[2]= s1;
9    level3(array, s1); // 调用层级 3
10   return;
11 }
12 void level1(int *array, int s1){
13   s1 += 1;
14   array[1]= s1;
15   level2(array, s1); // 调用层级 2
16   return;
17 }
18 int main(void) {
19   volatile int s1, s2, s3;
20   int array[11];
21   s1 = 0x1233; // 内存位置 sp+0
22   while(1){
23     level1(array, s1);
24     s1 = array[1];
25     s2 = array[2];
26     s3 = array[3];
27   }
28 }
```

与在 PICOBLAZE 的研究中一样, 我们也使用了三层循环, 并且只使用了局部变量, 即 sp 索引的变量。起始指令序列设置 sp、gp 和 er 并通过 r2 跳转到 main(), 这与前面的例子类似, 所以我们跳过这一部分。在函数调用中, 我们用到了一个数组和一个标量。在调用过程中, 我们对标量进行递增, 并将新值分配给所用的数组。我们使用的初始值是 0×1233, 以便在内存中识别。图 9.22a 显示了这三个函数对应的汇编代码, 而图 9.22b 显示了 main() 代码的汇编代码。

除了 PICOBLAZE, Nios II 没有 pc 栈来承载循环的返回地址。我们只有一个寄存器 r31=ra 来存储返回地址。如果我们只是调用一个函数, 那这就足够了(见图 9.22a 中的第 3 层)。但是如果我们在调用第一个函数时调用了另一个函数, 则需要将 ra 值存储到内存中(见第 5C~60 行代码)并在函数结束时恢复 ra(第 70~74 行代码)。为了索引循环地址对应的内存位置, 要使用栈寄存器 sp。因为 sp 也要用来索引我们所用的局部变量, 因此 sp 的一个副本会被放到 r4(第 0x90)行, 用来在函数调用时索引我们所用的变量。最终在内存区域中我们会有用 sp(以递增索引)寻址的变量值以及低于 sp 地址的函数调用所用的返回地址。我们运行主程序循环一次, 然后检查 sp=0x3FC0 附近的内存内容。在一个循环迭代后, 我们会观察到:

```
                    void level3(int *array, int s1) {              int main(void) {
                      s1 += 1;                                    main:
                    level3:                          0x0000007C  DEFFF104    addi  sp, sp, -0x3C
0x00000030  29400044    addi  r5, r5, 0x1           0x00000080  DFC00E15    stw   ra, 56(sp)
                      array[3] = s1;                              volatile int s1, s2, s3;
0x00000034  21400315    stw   r5, 12(r4)                         int array[11];
0x00000038  F800283A    ret                                      s1 = 0x1233;  // 内存位置 sp+0
                                                    0x00000084  00848CC4    addi  r2, zero, 0x1233
                      return;                        0x00000088  D8800035    stwio r2, 0(sp)
                    }                                             while(1)  {
                    void level2(int *array, int s1) {               level1(array, s1);
                    level2:                          0x0000008C  D9400037    ldwio r5, 0(sp)
0x0000003C  DEFFFF04    addi  sp, sp, -0x4           0x00000090  D9000304    addi  r4, sp, 0xC
0x00000040  DFC00015    stw   ra, 0(sp)             0x00000094  000005C0    call  0x00000017 (0x0000005C: level1)
                      s1 += s1;                                     s1 = array[1];
0x00000044  294B883A    add   r5, r5, r5            0x00000098  D8800417    ldw   r2, 16(sp)
                      array[2] = s1;                 0x0000009C  D8800035    stwio r2, 0(sp)
0x00000048  21400215    stw   r5, 8(r4)                           s2 = array[2];
                      level3(array, s1); // 调用层级 3  0x000000A0  D8800517    ldw   r2, 20(sp)
0x0000004C  00000300    call  0x0000000C (0x00000030: level3)  0x000000A4  D8800135    stwio r2, 4(sp)
                      return;                                     s3 = array[3];
0x00000050  DFC00017    ldw   ra, 0(sp)             0x000000A8  D8800617    ldw   r2, 24(sp)
0x00000054  DEC00104    addi  sp, sp, 0x4           0x000000AC  D8800235    stwio r2, 8(sp)
0x00000058  F800283A    ret                                      }
                                                    0x000000B0  003FF606    br    -0x28 (0x0000008C)
                    void level1(int *array, int s1) {
                    level1:
0x0000005C  DEFFFF04    addi  sp, sp, -0x4
0x00000060  DFC00015    stw   ra, 0(sp)
                      s1 += 1;
0x00000064  29400044    addi  r5, r5, 0x1
                      array[1] = s1;
0x00000068  21400115    stw   r5, 4(r4)
                      level2(array, s1); // 调用层级 2
0x0000006C  000003C0    call  0x0000000F (0x0000003C: level2)
                      return;
                    }
0x00000070  DFC00017    ldw   ra, 0(sp)
0x00000074  DEC00104    addi  sp, sp, 0x4
0x00000078  F800283A    ret
```

(a) 三级函数   (b) main() 程序

图 9.22 TRISC3N 嵌套循环 ASM 测试程序。局部和全局存储器写完后，再读取相同的位置

在位置 0x3FC0 处，我们会发现 s1=0x1234，而在 0x3FD0 处则有 array[1]。在地址 0x3FBC 处，我们看到调用第一个 level1 函数后的返回地址为 0x98，而在 level1 函数内调用 level2 后的返回地址则为 0x70。

这三个简短的程序将是我们接下来进行 HDL 模拟所用的测试基准数据。

HDL 实现和测试

PICOBLAZE 设计 trisc2.vhd 或 trisc2.v 应该是我们称之为 trisc3n 的 Nios II 设计的起点，因为 Nios II 是个三地址机器。以下是 HDL 代码。

VHDL 代码 9.8：TRISC3N(最终设计)

```
1   -- 标题：T-RISC 3 地址机
2   -- ==========================================================
3   -- 标题：T-RISC 3 地址机
4   -- 说明：这是 T-RISC 的顶层控制路径/有限状态机
5   -- 有一个单一的三相时钟周期设计
6   -- 它有个 3 地址类型的指令字
7   -- 实现了 Nios II 架构的一个子集
8   -- ==========================================================
9   LIBRARY ieee; USE ieee.std_logic_1164.ALL;
10
```

```
11  PACKAGE n_bit_type IS -- 用户定义类型
12    SUBTYPE U8 IS INTEGER RANGE 0 TO 255;
13    SUBTYPE U12 IS INTEGER RANGE 0 TO 4095;
14    SUBTYPE SLVA IS STD_LOGIC_VECTOR(11 DOWNTO 0); -- 程序内存地址
15    SUBTYPE SLVD IS STD_LOGIC_VECTOR(31 DOWNTO 0); -- 数据宽度
16    SUBTYPE SLVP IS STD_LOGIC_VECTOR(31 DOWNTO 0); -- 指令宽度
17    SUBTYPE SLV6 IS STD_LOGIC_VECTOR(5 DOWNTO 0);  -- 完整操作码大小
18  END n_bit_type;
19
20  LIBRARY work;
21  USE work.n_bit_type.ALL;
22
23  LIBRARY ieee;
24  USE ieee.STD_LOGIC_1164.ALL;
25  USE ieee.STD_LOGIC_arith.ALL;
26  USE ieee.STD_LOGIC_unsigned.ALL;
27  -- ============================================================
28  ENTITY trisc3n IS
29   PORT(clk      : IN   STD_LOGIC; -- 系统时钟
30        reset    : IN   STD_LOGIC; -- 低电平有效的异步复位
31        in_port  : IN   STD_LOGIC_VECTOR(7 DOWNTO 0); -- 输入端口
32        out_port : OUT  STD_LOGIC_VECTOR(7 DOWNTO 0); -- 输出端口
33  -- 以下测试端口只用于仿真
34  --在综合时应当注释掉，以避免板卡引脚数目超额
35        r1_OUT    : OUT SLVD;  -- 寄存器 1
36        r2_OUT    : OUT SLVD;  -- 寄存器 2
37        r3_OUT    : OUT SLVD;  -- 寄存器 3
38        r4_OUT    : OUT SLVD;  -- 寄存器 4
39        sp_OUT    : OUT SLVD;  -- 寄存器 27 即栈指针
40        ra_OUT    : OUT SLVD;  -- 寄存器 31 即返回地址
41        jc_OUT    : OUT STD_LOGIC;   -- 跳转条件标志
42        me_ena    : OUT STD_LOGIC;   -- 存储器使能
43        k_OUT     : OUT STD_LOGIC;   -- 常量标志
44        pc_OUT    : OUT STD_LOGIC_VECTOR(11 DOWNTO 0);  -- 程序计数器
45        ir_imm16  : OUT STD_LOGIC_VECTOR(15 DOWNTO 0);  -- 立即数
46        imm32_out : OUT SLVD;                           -- 符号扩展立即数
47        op_code   : OUT STD_LOGIC_VECTOR(5 DOWNTO 0)    -- 操作码
48        );
49  END;
50  -- ============================================================
51  ARCHITECTURE fpga OF trisc3n IS
52  -- 为 _tb 将 GENERIC 定义为 CONSTANT
53    CONSTANT WA      : INTEGER := 11;     -- 地址位宽-1
54    CONSTANT NR      : INTEGER := 31;     -- 寄存器数目-1
55    CONSTANT WD      : INTEGER := 31;     -- 数据位宽-1
56    CONSTANT DRAMAX  : INTEGER := 4095;   -- DRAM 字数目-1
57    CONSTANT DRAMAX4 : INTEGER := 16383;  -- DRAM 字节数-1
```

```
58
59    COMPONENT rom4096x32 IS
60    PORT(clk   : IN STD_LOGIC;        -- 系统时钟
61        reset : IN STD_LOGIC;        -- 异步复位
62        pma   : IN STD_LOGIC_VECTOR(11 DOWNTO 0);   --程序内存地址
63        pmd   : OUT STD_LOGIC_VECTOR(31 DOWNTO 0));--程序内存数据
64    END COMPONENT;
65
66    SIGNAL op, opx : SLV6;
67    SIGNAL dmd, pmd, dma : SLVD;
68    SIGNAL imm5 : STD_LOGIC_VECTOR(4 DOWNTO 0);
69    SIGNAL sxti, imm16 : STD_LOGIC_VECTOR(15 DOWNTO 0);
70    SIGNAL imm26 : STD_LOGIC_VECTOR(25 DOWNTO 0);
71    SIGNAL imm32 : SLVD;
72    SIGNAL A, B, C : INTEGER RANGE 0 TO NR;
73    SIGNAL rA, rB, rC : SLVD :=(OTHERS => '0');
74    SIGNAL ir, pc, pc4, pc8, branch_target, pcimm26 : SLVP;-- PC
75    SIGNAL eq, ne, mem_ena, not_clk : STD_LOGIC;
76    SIGNAL jc, kflag : boolean; -- 跳转和立即标志
77    SIGNAL load, store, read, write : boolean; -- I/O 标志
78
79    -- 指令的操作码:
80    -- 所有已实现操作的 6 位 LSB 指令字, 按照操作码来排序
81    CONSTANT call   : SLV6 := "000000"; -- X00
82    CONSTANT jmpi   : SLV6 := "000001"; -- X01
83    CONSTANT addi   : SLV6 := "000100"; -- X04
84    CONSTANT br     : SLV6 := "000110"; -- X06
85    CONSTANT andi   : SLV6 := "001100"; -- X0C
86    CONSTANT ori    : SLV6 := "010100"; -- X14
87    CONSTANT stw    : SLV6 := "010101"; -- X15
88    CONSTANT ldw    : SLV6 := "010111"; -- X17
89    CONSTANT xori   : SLV6 := "011100"; -- X1C
90    CONSTANT bne    : SLV6 := "011110"; -- X1E
91    CONSTANT beq    : SLV6 := "100110"; -- X26
92    CONSTANT orhi   : SLV6 := "110100"; -- X34
93    CONSTANT stwio  : SLV6 := "110101"; -- X35
94    CONSTANT ldwio  : SLV6 := "110111"; -- X37
95    CONSTANT R_type : SLV6 := "111010"; -- X3A
96
97    -- OP 指令扩展 6 位 OP=3A=111010
98    CONSTANT ret    : SLV6 := "000101"; -- X05
99    CONSTANT jmp    : SLV6 := "001101"; -- X0D
100   CONSTANT opand  : SLV6 := "001110"; -- X0E
101   CONSTANT opor   : SLV6 := "010110"; -- X16
102   CONSTANT opxor  : SLV6 := "011110"; -- X1E
103   CONSTANT add    : SLV6 := "110001"; -- X31
104   CONSTANT sub    : SLV6 := "111001"; -- X39
```

```
105
106   -- 数据 RAM 存储定义使用了一个 BRAM： DRAMAXx32
107   TYPE MTYPE IS ARRAY(0 TO DRAMAX)OF SLVD;
108   SIGNAL dram : MTYPE;
109
110   -- 寄存器数组定义 32x32
111   TYPE REG_ARRAY IS ARRAY(0 TO NR)OF SLVD;
112   SIGNAL r : REG_ARRAY
113
114   BEGIN
115
116     P1: PROCESS(op, reset, clk)-- 处理器的有限状态机
117     BEGIN --更新 PC
118       IF reset = '0' THEN
119         pc <=(OTHERS => '0'); pc8 <=(OTHERS => '0');
120       ELSIF falling_edge(clk)THEN
121         IF jc THEN
122           pc <= branch_target ; -- 任何使用立即数的跳转
123         ELSE
124           pc <= pc4; -- 通常以 4 字节递增
125           pc8 <= pc + X"00000008";
126         END IF;
127       END IF;
128     END PROCESS p1;
129     pc4 <= pc + X"00000004"; -- 默认 PC 以 4 字节递增
130     pcimm26 <= pc(31 DOWNTO 28)& imm26 &"00";
131     jc <=(op=beq AND rA=rB) OR(op=R_type AND(opx=ret OR opx=jmp))
132       OR(op=bne AND rA/=rB) OR(op=jmpi)OR(op=br)OR(op=call);
133
134     branch_target <= pcimm26 WHEN(op=jmpi OR op=call)
135                 ELSE r(31)WHEN(op=R_type AND opx=ret)
136                 ELSE rA WHEN(op=R_type AND opx=jmp)
137                 ELSE imm32+pc4; -- WHEN(op=beq OR op=bne OR op=br)
138
139     -- 指令映射，即解码指令
140     op <= ir(5 DOWNTO 0);        -- 操作码
141     opx <= ir(16 DOWNTO 11);     -- ALU 操作的 OPX 代码
142     imm5 <= ir(10 DOWNTO 6);     -- OPX 常量
143     imm16 <= ir(21 DOWNTO 6);    -- ALU 的立即操作数
144     imm26 <= ir(31 DOWNTO 6);    -- 跳转地址
145     A <= CONV_INTEGER('0' & ir(31 DOWNTO 27)); -- 索引 1.源寄存器
146     B <= CONV_INTEGER('0' & ir(26 DOWNTO 22));
147                                         -- 索引 2.源/目标寄存器
148     C <= CONV_INTEGER('0' & ir(21 DOWNTO 17));-- 索引目标寄存器
149     rA <= r(A) ; -- ALU 的第一个源
150     rB <= imm32 WHEN kflag ELSE r(B) ; -- ALU 的第二个源
151     rC <= r(C) ; --目标寄存器原来的值
```

```
152    -- 立即数标志位 0=使用寄存器 1=使用 HI/LO 扩展的 imm16;
153      kflag <=(op=addi) OR (op=andi) OR (op=ori)OR(op=xori)
154                        OR (op=orhi) OR (op=ldw) OR (op=ldwio);
155    sxti <=(OTHERS => imm16(15)); -- 对常量进行符号扩展
156    imm32 <= imm16 & X"0000" WHEN op=orhi
157            ELSE sxti & imm16; -- 将..hi 的 imm16 放入 MSb
158
159      prog_rom: rom4096x32              -- 实例化 Block RAM
160    PORT MAP(clk => clk,               -- 系统时钟
161              reset => reset,           -- 异步复位
162              pma => pc(13 DOWNTO 2), -- 12 位程序存储器地址
163              pmd => pmd) ;             -- 程序存储器数据
164      ir <= pmd;
165
166      dma <= rA + imm32;
167    store <=((op=stw) OR (op=stwio)) AND (dma <= DRAMAX4);-- DRAM
       存储
168    load <=((op=ldw) OR (op=ldwio)) AND (dma <= DRAMAX4); -- DRAM
       加载
169    write <=((op=stw)OR(op=stwio))AND(dma > DRAMAX4); -- I/O 写
170    read <=((op=ldw) OR (op=ldwio))AND(dma > DRAMAX4); -- I/O 读
171    mem_ena <= '1' WHEN store ELSE '0'; -- 只为存储启用
172    not_clk <= NOT clk;
173    ram: PROCESS(reset, dma, not_clk)-- 使用一片 BRAM: 4096x32
174    VARIABLE idma : U12 := 0;
175    BEGIN
176      idma := CONV_INTEGER('0' & dma(13 DOWNTO 2));-- 不设置/跳过 2
       位 LSB
177      IF reset = '0' THEN -- 异步清零
178        dmd <=(OTHERS => '0');
179      ELSIF rising_edge(not_clk) THEN
180        IF mem_ena = '1' THEN
181          dram(idma) <= rB;    -- 时钟下降沿写入 RAM
182        END IF;
183        dmd <= dram(idma) ;  -- 时钟下降沿从 RAM 读取
184      END IF;
185    END PROCESS;
186
187      ALU: PROCESS(op,opx,rA,rB,rC,in_port,dmd,reset,clk,load,
       read)
188    VARIABLE res: SLVD;
189    BEGIN
190     res := rC; -- 保持旧的/默认值
191     IF(op=R_type AND opx=add) OR (op=addi) THEN res:=rA+rB; END IF;
192     IF op=R_type AND opx=sub THEN res := rA - rB; END IF;
193     IF(op=R_type AND opx=opand) OR(op=andi) THEN res := rA AND rB;
194                                                       END IF;
```

```
195    IF(op=R_type AND opx=opor) OR (op=ori) OR (op=orhi)THEN
196                                    res := rA OR rB; END IF;
197    IF(op=R_type AND opx=opxor) OR (op=xori) THEN res := rA XOR rB;
198                                                            END IF;
199      IF load THEN res := dmd; END IF;
200      IF read THEN res := X"000000"& in_port; END IF;
201      IF reset = '0' THEN -- 异步清零
202        out_port <=(OTHERS => '0');
203        FOR k IN 0 TO NR LOOP -- 至少需要将 r(0)清零
204          r(k)<= X"00000000";
205        END LOOP;
206      ELSIF rising_edge(clk) THEN -- Nios 没有零或者进位标志!
207        IF op=call THEN -- 为操作调用存储 ra
208          r(31)<= pc8; -- 返回后将原来的pc 进行pc+1 操作
209        ELSIF kflag AND B>0 THEN -- 所有 I-类型
210          r(B)  <= res;
211        ELSIF C > 0 THEN
212          r(C) <= res; -- 存储 ALU 结果(默认)
213        END IF;
214        IF write THEN out_port <= rB(7 DOWNTO 0); END IF;
215      END IF;
216    END PROCESS ALU;
217
218    -- 额外的测试引脚:
219    pc_OUT <= pc(11 DOWNTO 0);
220    ir_imm16 <= imm16;
221    imm32_out <= imm32;
222    op_code <= op; -- 程序
223    --jc_OUT <= jc; -- 控制信号
224    jc_OUT <= '1' WHEN jc ELSE '0';   -- Xilinx 改动
225    k_OUT <= '1' WHEN kflag ELSE '0'; -- Xilinx 改动
226    me_ena <= mem_ena; -- 控制信号
227    r1_OUT <= r(1); r2_OUT <= r(2);     -- 前两个用户寄存器
228    r3_OUT <= r(3); r4_OUT <= r(4);     -- 随后两个用户寄存器
229    sp_OUT <= r(27); ra_OUT <= r(31);   -- 编译器寄存器
230
231  END fpga;
```

我们可以使用类似于 PICOBLAZE 的 I/O 接口，但不会监测寄存器 0，因为它的值总是 0(第 28~49 行代码)。对于内存，我们将监测 sp 值周围的位置。一些额外的标志，如 IMM16 标志，称为 kflag，也将被监测。操作码都是 6 位，pc、数据和地址宽度需要调整为 32 位。由于 VHDL-1993 不支持使用编码为 6 位的十六进制值，因此我们使用 OP 和 OPX 的二进制编码，但也展示了十六进制编码，以便与汇编程序代码进行比较(第 79~104 行代码)。没有了链接寄存器栈，FSM 处理器控制器的实现代码就会短一些(第 116~128 行代码)。pc 增量计数是按字节计算的，所以每条标准指令都会使程序计数器的值增加 4(第 129 行代码)。对于分支目标，我们现在有了更多的选择：对于 jmpi 或 call 等指令，它可以直接来自 IMM26，或是相对于 pc(br、bne 或 beq)，或是来自 ret 指令所用的 r31=ra 寄存器，或者对于 jmp 指令则来自任何寄存器(第 134~137 行代码)。

解码指令很直接，因为其对应的三种指令在格式上并无例外。A、B 和 C 共有 3×5=15 个 MSB，而 OP 使用 6 位 LSB(第 140~148 行代码)。我们有三个大小为 5、16 和 26 的常数需要标识。第一个 ALU 源将总是 rA=r(A)；第二个 ALU 源可能是一个寄存器或(符号扩展或添零的)IMM16 值。kflag 标识了所有使用 IMM16 或将 rB 作为目标的指令，例如 ldwio(第 145~151 行代码)。接下来是程序存储器(第 159~164 行代码)，它实例化了一个 4 K 字的程序 ROM，每个字都有 32 位。接下来是带有控制信号和 IO 组件的数据 RAM。由于我们不打算使用缓存，因此标准的字和 io 类型的指令被以同样的方式处理。DRAM(第 173~185 行代码)是一个负边缘同步存储器。字的数量取决于全局常数 DRAMAX。对于一个小规模的程序，我们会使用类似 DRAMMAX=255 的语句；如果要轻松过渡到 ANSI C 程序，你可以使用与程序 ROM 相同的大小，即 4095。

接下来是 ALU 的编码(第 187~216 行代码)。将 R 型和 I 型 ALU 指令结合起来以支持资源共享，因为只有第二个操作数是不同的，但其操作是相同的。所有的逻辑、算术运算和数据传输的编码都写到一个寄存器中。R 型指令写到 r(C) 中，而 I 型指令写到寄存器 r(B) 中，而写 ra=r(31) 用于 call 操作。寄存器的写入是由上升沿时钟控制的。寄存器 0 不写入。当复位有效时，所有的寄存器值都被设置为零。最后，对一些额外的测试端口(第 218~229 行代码)进行了输出赋值；这些赋值应该只用于仿真，在器件综合之前需要将其禁用，以避免 FPGA 的 I/O 引脚过载。

程序清单 9.6 中讨论的内存访问实例的仿真结果如图 9.23 所示。仿真中显示的内存值与图 9.21 中的监测程序包含的内存内容一致。编译器使用 gp 和 sp 指针将这些变量映射到 DRAM 地址，如表 9.16 所示。

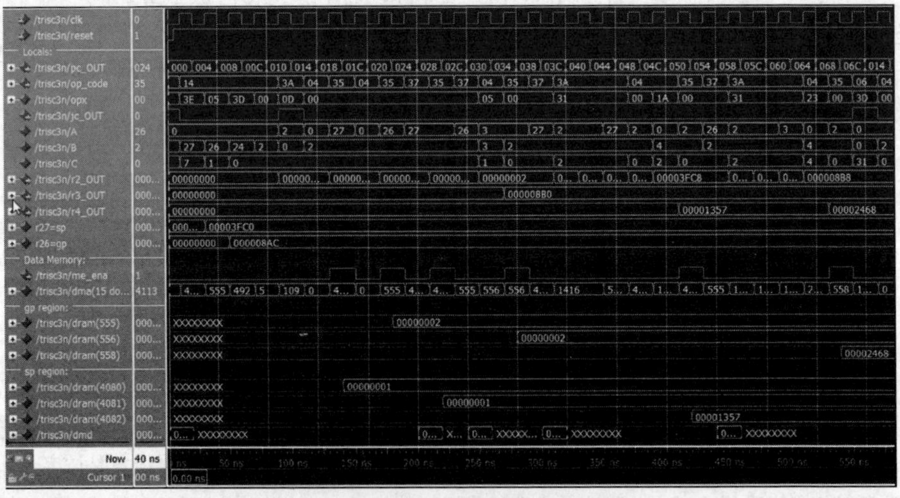

图 9.23　仿真展示了 Trisc3n 的存储器访问

表 9.16　将变量映射到 DRAM 地址

变量	s	g	sarray[0]	garray[0]
DRAM 地址(十进制)	4080	555	4080	556

DRAM 测试仿真的主要事件有：140 ns 时 s=1；180 ns 时 g=2；220 ns 时 sarray[0]=s；280 ns 时 garray[0]=g；420 ns 时 sarray[1]=0x1357；540 ns 时 garray[2]=0x2468。

程序 9.7 中嵌套循环代码的 HDL 仿真如图 9.24 所示。sp 范围内的地址值与表 9.17 中的汇编器调试显示相符。应特别注意循环所用的返回地址寄存器 r(31)=ra。

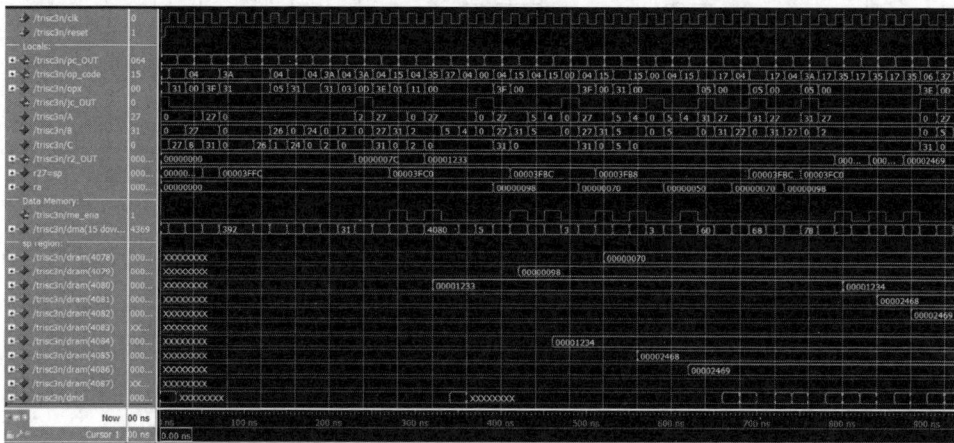

图 9.24　仿真展示了 Trisc3n 的嵌套循环行为

表 9.17　**nesting.c** 程序运行中的存储器内容

	+0×0	+0×4	+0×8	+0×C
0×00003FB0	0000000	00000000	00000070	00000098
0×00003FC0	00001234	00002468	00002469	00000000
0×00003FD0	00001234	00002468	00002469	00000000

循环行为模拟的主要事件可以总结如下：320 ns 时 s1=0x1233；390 ns 时 ra=0x98；420 ns 时 ra=0x98 存储在 DRAM(4079)；490 ns 时 ra=0x70；520 ns 时 ra=0x70 存储在 DRAM(4078)；590 ns 时 ra=0x50；640 ns 时将 ra=0x50 加载到 pc；700 ns 时将 ra=0x70 加载到 pc；760ns 时将 ra=0x98 加载到 pc。子程序的入口如下：380 ns 时在 level1，480 ns 时在 level2，580 ns 时在 level3。DRAM 中 s1、s2 和 s3 最终的值分别位于 DRAM(4080)、DRAM(4081) 以及 DRAM(4082) 中。

最后，图 9.25 显示了 Trisc3n 的整体架构和已实现的指令。其他指令的实现留给读者在本章末尾进行练习，见项目 9.58-9.60。

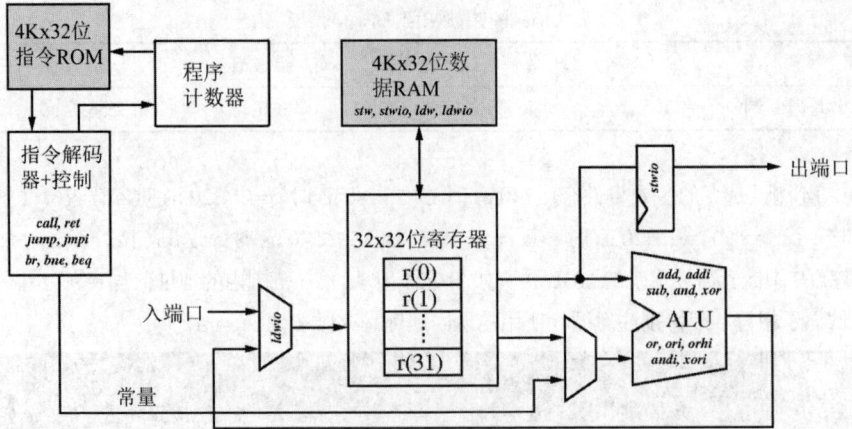

图 9.25 最终实现的小小 Nios II，即 TRISC3N 内核。指令(斜体)主要与关键的硬件单元相关。大块存储器(除寄存器外)以灰色表示

TRISC3N 的综合结果

TRISC3N 的综合结果如表 9.18 所示。第二列和第三列分别展示了 Xilinx VIVADO 中得到的 VHDL 和 Verilog 综合结果。第四栏和第五栏分别是 Altera QUARTUS 中 VHDL 和 Verilog 的综合结果。这 4 种综合结果的主要区别来自实现程序 ROM 所采用的方法。由于我们的程序很小，因此综合工具在 4 个案例其中的三个案例中把 ROM 映射到逻辑单元而不是 BRAM。只有 Verilog QUARTUS 版本将块 RAM 用于 RAM 和 ROM，并且 ROM 需要用到两倍的块 RAM 大小。在这种情况下，这似乎不是一种好选择。由于嵌入式存储器块的尺寸较小，Altera 需要用到 4 倍的块 RAM 大小。编译时间是合理的，速度超过 50 MHz。ZyBo 上的 VIVADO 可能需要用到一个除以 2 的时钟分频器，但即使在 125 MHz 的系统时钟下，该设计也能正常工作。

表 9.18 TRISC3N 在 Altera 和 Xilinx 工具和设备中的综合结果

	VIVADO 2016.4		Quartus 15.1	
目标设备	Zynq 7K xc7z010t-1clg400		Cyclone V 5CSEMA5F31C6	
所用 HDL	VHDL	Verilog	VHDL	Verilog
LUT/ALM	778	791	515	1420
基于 BRAM 的 ROM	0	0	0	0
块 RAM RAMB36	4	4	—	—
或 M10K	—	—	16	32
DSP 块	0	0	0	0
HPS	0	0	0	0
Fmax/MHz	62.5	66.6	59.22	42.53
编译时长	3:02	3:02	5:26	5:18

我们终于有了一个可以工作的微处理器，Nios Ⅱ所有 88 种操作中的 21 种已经实现。主要的单元，如寄存器阵列、逻辑、算术操作、输入和输出、数据存储器、跳转和调用都包括在内。完整的指令集中缺少的是那些我们到目前为止不需要使用的指令组，如比较、条件性分支、移位和循环移位、乘法和除法、中断处理和版本控制。条件分支是 ANSI C 控制语言元素所需要的，如 if 或 switch。由于 Nios Ⅱ的 ALU 没有进位或溢出标志，因此实现涉及 64 位数(如 long long int)的操作可能也会是有趣的工作。这一点留给读者在本章末尾作为练习(项目 9.58)。

9.6　复习题和练习

简答题

9.1. Nios 和 Nios Ⅱ的主要区别是什么？

9.2. 说出 Nios Ⅱ/f 版本中不属于 Nios Ⅱ/e 的三个功能。

9.3. 你何时会使用 Nios Ⅱ/e？

9.4. 在 Nios Ⅱ汇编程序中，有哪 8 个指令组？

9.5. 说出 Nios Ⅱ使用的 5 种寻址模式。对于每一种模式，请举出一个指令例子。

9.6. GCC 是如何针对 Nios Ⅱ实现嵌套循环的？

9.7. 说出 Trisc3n HDL 设计方法与 Nios Ⅱ Qsys 设计相比具有的 5 个优点。

9.8 Nios Ⅱ没有 subi、nop 或清除寄存器指令。使用 Trisc3n 中的指令来定义"伪指令"，完成这些任务。

9.9 举例说明 Nios Ⅱ架构如何体现 RISC 设计原则：(a)简单性青睐规则性；(b)越小越快；(c)好设计需要好折中。

填空题

9.10. Nios Ⅱ指令操作码的最后＿＿＿＿＿＿位，用于对指令进行编码。

9.11. Nios Ⅱ是＿＿＿＿地址机。

9.12. Trisc3n 使用 Nios Ⅱ ISA 的＿＿＿＿指令。

9.13. Nios 开发系统在问世后的前 3 年里，销售了＿＿＿＿次。

9.14. Nios Ⅱ指令中的三个立即数常量的长度为＿＿＿＿＿＿。

9.15. Nios Ⅱ的指令 beq r4, r0, 0x18 将以十六进制编码为＿＿＿＿＿＿。

9.16. Nios Ⅱ的指令 andi r3, r4, 0x1 将以十六进制编码为＿＿＿＿＿＿。

9.17. Nios Ⅱ的指令 sub r17,r16,r21 将以十六进制编码为＿＿＿＿＿＿。

9.18. Nios Ⅱ的指令 jmpi 0x00000009C 将以十六进制编码为＿＿＿＿＿＿。

9.19. Nios Ⅱ的指令＿＿＿＿＿＿＿＿＿，将以十六进制编码为 0xD8800B17。

9.20. Nios Ⅱ的指令＿＿＿＿＿＿＿＿＿，将以十六进制编码为 0xF800283A。

9.21. Nios II 的指令＿＿＿＿＿＿＿＿＿＿＿，将以十六进制编码为 `0x000008C0`。

9.22. Nios II 的指令＿＿＿＿＿＿＿＿＿＿＿，将以十六进制编码为 `0x00BFFFF4`。

判断题

9.23. ＿＿＿＿第一代 Nios 有一个 16 位和一个 32 位的数据路径选项。

9.24. ＿＿＿＿在自底向上的设计方法中，我们逐个组装需要的组件。

9.25. ＿＿＿＿自顶向下的设计方法比自底向上的方法更复杂。

9.26. ＿＿＿＿Altera QSYS 系统只允许进行 Nios II/e 和 II/s 设计；对于 Nios II/f，必须使用 SOPC builder。

9.27. ＿＿＿＿Altera 监测程序编译器的信息显示在信息与错误窗口。

9.28. ＿＿＿＿Nios II/e 内核需要的逻辑资源比 Nios II/f 内核少。

9.29. ＿＿＿＿Altera 监测程序默认启动显示 5 个窗口：汇编、内存、寄存器、终端和信息与错误。

9.30. ＿＿＿＿Altera 浮点 FPH1 实现了*、+、-、/和 `sqrt()` 的硬件。

9.31. ＿＿＿＿Altera FPH2 CIP 有更多的浮点功能，但需要的逻辑资源比 FPH1 少。

9.32. ＿＿＿＿Altera 监控程序的 `bsp.h` 文件包含组件的 I/O 地址。

9.33. ＿＿＿＿Nios II 微处理器可以用汇编和 C/C++进行编程。

9.34. ＿＿＿＿要将 Nios 系统下载到 DE2 板上，我们需要使用 QUARTUS；Altera 监测程序不能用于此。

9.35. ＿＿＿＿使用 `float` 数据类型的 ANSI C 代码必须同时使用自定义 FPH IP。

9.36. 在表 9.19 中指出 Nios II/e/s/f 内核的标准特性(T 表示真/F 表示假)。

表 9.19　习题 9.36 的表

功能	Nios II/e	Nios II/s	Nios/f
RISC 架构			
8 K 字节 I-Cache			
2 K 字节 D-Cache			
动态分支预测			
两个 M10K +缓存			
一级 JTAG			
桶形移位器			

项目和挑战

9.37. 运行 University_program→Computer_Systems 中的 app_software_nios2_asm 文件夹中的一个示例，并撰写一篇短文(1/2 页)，介绍示例的内容以及使用了哪些 I/O 组件。

9.38. 运行 University_program→Computer_Systems 中的 app_software_nios2_C 文件夹中的一个示例，并撰写一篇短文(1/2 页)，介绍示例的内容以及使用了哪些 I/O 组件。

9.39. 开发一个汇编程序或 ANSI C 程序来实现类似于福特野马的左、右汽车转向灯和紧急双闪灯：00X, 0XX 和 XXX 用于左转，其中 0 是关闭，X 是 LED 开启。用 X00、XX0 和 XXX 表示右转向灯。使用滑动开关进行左/右选择。对于紧急双闪灯，两个开关都要打开。转向灯序列应该每秒重复一次。见 mustangQT.MOV 或 mustangWMP.MOV 的演示。

9.40. 编写跑马灯 ANSI C 程序。跑马灯的速度应该由 SW 值决定，任何变化都应该显示在 Altera Monitor Terminal 中。见 led_coutQT.MOV 或 led_countWMP.MOV 的演示。

9.41. 开发一个 ANSI C 程序，只点亮一个 LED，并通过按下按钮 4 或 3 分别向左或向右移动。

9.42. 重复前面的练习，控制点亮移动的是 VGA 显示器上的一个三色条。

9.43. 使用 ADD 和 XOR 指令，开发一个具有随机数发生器的汇编或 ANSI C 程序。在 LED 上显示该随机数。你的随机序列对应的周期是多少？

9.44. 构建一个秒表，它以秒为单位进行计数。使用三个按钮：开始计时、停止或暂停计时，以及计时清零。使用 LED 或者前一个练习中的七段式显示器来显示。参见 stop_watch_ledQT.MOV 或 stop_watch_ledWMP.MOV 的演示。

9.45. 使用按钮来实现一个反应速度计时器。点亮四个 LED 中的一个，并测量按下相关按钮所需花费的时间。在 LED 或七段显示器上显示十次尝试后的测量结果。

9.46. 编写 ANSI C 程序，在七段显示器上显示所有字符 A~Z。请特别注意如 X、M 以及 W。你可以用一个横杠来表示双倍长度，例如：$m=\bar{n}$；$w=\bar{v}$。制作一个简短的视频，使其展示七段显示器上的所有字符。参见 ascii4sevensegment.MOV 的演示。

9.47. 使用上次练习中所用的字符集在七段显示器上生成一个跑动的文本，使用当前的年月日和/或作者的名字，如果你的名字太长，则使用你名字的首字母。见光盘中的演示程序 idQT.MOV 和 idWMP.MOV。

9.48. 编写 ANSI C 语言程序，将图 5.2 中 ASCII 表的所有可打印字符(十进制 32...127)显示在 VGA 显示器和 Altera 终端窗口上，见图 5.2b。

9.49. 为 DE1 SoC 计算机编写一个 ANSI C 程序，使用 Bresenham 圆周算法在 VGA 显示器上画一个圆：从 $y=0$; $x=R$ 开始,每次迭代在 y 方向上移动一个像素。如果误差 $|x^2+y^2-R^2|$ 对于 $x'=x-1$ 变小了，则减少 x 的值；否则，保持 x 不变。利用对称性完成圆的所有四段。

9.50. 使用练习 9.49 中的 Bresenham 算法，以指定的颜色画一个实心圆。

9.51. 为 DE1 SoC 计算机编写一个 ANSI C 程序，用标准的浮点运算在 VGA 显示器上画一个椭圆：$x=a*\cos([0:0.1:\pi/2])$; $y=b*\sin([0:0.1:\pi/2])$。利用对称性，用水平线填充椭圆。椭圆是否完全被填充？这种类型的算法有什么麻烦或弊端？

9.52. 为 DE1 SoC 计算机编写一个 ANSI C 程序,用 Bresenham 算法在 VGA 显示器上画一个椭圆:从 $y=0$; $x=R$ 开始,每次迭代在 y 方向上移动一个像素。如果误差$|x^2/a^2+y^2/b^2-R^2|$对于 $x'=x-1$ 变小了,则减少 x;否则,保持 x 不变。利用对称性,用水平线填充椭圆。椭圆是否被完全填充?将此算法与前面练习中的版本进行比较,并说出其优缺点。

9.53. 为 DE1 SoC 彩色显示计算机或是自顶向下设计的基于 DE1 SoC 的灰阶显示计算机编写一个 ANSI C 程序,实现 4 个分形的显示(使用值域 x, y=-1.5...1.5)。复数的迭代方程如下:

(a) Mandelbrot: $c = x + i*y$; $z = 0$

(b) Douady 兔: $z = x + iy$; $c = -0.123 + j0.745$

(c) Siegel 圆盘: $z = x + i*y$; $c = -0.391 - j0.587$

(d) San Marco: $z = x + i*y$; $c = -0.75$

找到迭代次数(并以独特的颜色编码)$z = z.*z + c$,使$|z|^2 > 5$,见图 9.26。分形的名称应该显示在 VGA 屏幕的中央。见 4fractals.MOV 的演示。

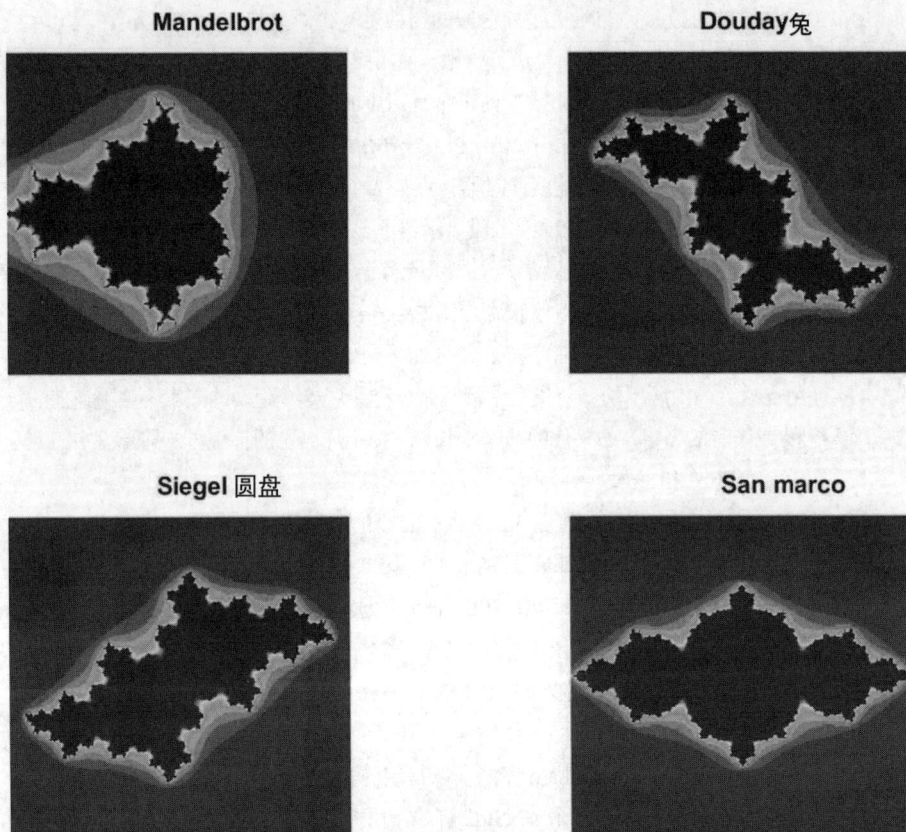

Mandelbrot

Douday兔

Siegel 圆盘

San marco

图 9.26 项目 9.53 中的 4 个分形例子

9.54. 为 DE1 SoC 计算机编写一个 ANSI C 程序,实现对 Mandelbrot 分形的缩放。在 25 个

不同的缩放级别上计算分形，然后将这 25 幅图像按顺序显示。帧号应显示在 VGA 屏幕的中央。这些图像占用的数据内存比例是多少？请查看 `MandelbrotZoomColor.MOV` 和 `MandelbrotZoomGrey.MOV` 的演示。

9.55. 为 DE1 SoC 计算机编写一个 ANSI C 程序，实现一个游戏，如：

(a) 井字棋(作者：Christopher Ritchie、Rohit Sonavane、Shiva Indranti、Xuanchen Xiang、Qinggele Yu、Huanyu Zang，2016 年游戏 3/6/8；2017 年游戏 9/10/11)：支持两名玩家。用滑动开关和按钮来选择球员 1(按钮 3)和球员 2(按钮 0)。默认游戏轮流进行，还要在 LED 或七段上显示是哪个球员对应的回合。对于 DE115 来说，你可以用滑动开关 0~8 来表示玩家 1，滑动开关 9~17 表示玩家 2。

(b) 反应时间(作者：Mike Pelletier，2016 年游戏 4)：点亮屏幕上三个方块中的一个，然后测量时间，直到按下正确的按钮。

(c) 扫雷(作者：Sharath Satya，2016 年游戏 7)：在一个 3x3 的场地上，隐藏着三颗炸弹。你需要找到不含炸弹的 6 个箱子。如果你找到所有 6 个，就赢了；否则就输了。

(d) 乓(作者：Samuel Reich 和 Chris Raices，2017 年游戏 4/5)：一个玩家。用一个方向键移动球，用按钮移动另一个轴上的球拍。设置一个计时器，计算游戏运行了多长时间，直到玩家错过球。球可以是一个小方块。

(e) 西蒙说(作者：Melanie Gonzalez 和 Kiernan Farmer，2016 年游戏 1/2)：用 1、2、3 号按钮重复 VGA 方块的三色顺序。

(f) 追箱子(作者：Ryan Stepp，2017 game 7)：一个大箱子在显示屏上随机移动，你需要用按钮控制你的小箱子向左或向右移动，以避免被大箱子击中。

(g) 太空入侵(作者：Zlatko Sokolikj 2017，游戏 6)：有个飞行的物体，需要用你的射击枪在 y 方向上击中它。而枪在 x 轴上移动，所以共用到三个按钮。分数取决于在一定时间范围内击中目标的总次数。

(h) Flappy Bird(作者：Javier Matos，2017 年游戏 3)：按下一个按钮，你的小鸟会在 y 方向上移动，同时小鸟会不断下降。障碍物如带洞的墙等则从右到左移动。当小鸟撞到墙或地面时游戏结束。

(i) 弹跳(作者：KevinPowell，2016 年游戏 5)：由两个按钮控制一个三色条向左或向右移动。一个球沿 y 方向弹起，每当球到达顶部时就会改变颜色。当球落地时，球的颜色必须与条的颜色一致；否则，游戏结束。

对于有些游戏，更详细的描述见 11.2 节。所有的游戏都是在 2016 和 2017 年的一个学期项目竞赛里由学生们设计的。为你的实现撰写一个简要描述，包括计算机系统、用到的 I/O 组件以及游戏规则。请提交一个用于演示游戏的短视频。

9.56. 为 DE1 SoC 计算机编写一个 ANSI C 程序，实现一个游戏。如：

(a) 四子棋：用滑动开关选择行，然后用一个按钮提交你的选择，例子见图 9.27a。

(b) 俄罗斯方块：让不同的元素在 y 方向缓慢移动，见图 9.27b 的例子。

(c) 数独：在棋盘上排列成难度等级为简单、正常或困难的起始配置。然后支持用三个条目即行、列和数字(1~9)来进行提交，例子见图 9.27c。

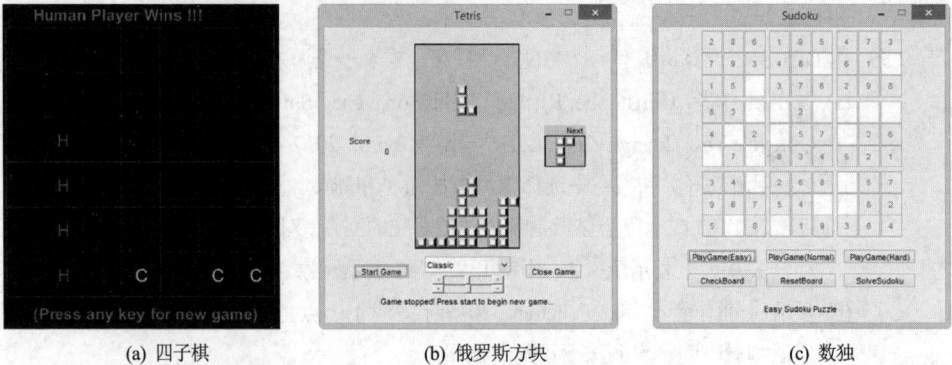

(a) 四子棋　　　　　　　　(b) 俄罗斯方块　　　　　　　　(c) 数独

图 9.27　额外的游戏示例游戏

9.57. 将 9.3 节中的自底向上的设计扩展到包含七段显示器、系统 ID 和片上存储器，这些组件也是典型的基本计算机的一部分。用简短的 ANSI C 程序测试新的组件。

9.58. 运行简短的 ANSI C 代码序列，以确定 TRISC3N 中缺少的指令：

(a) 处理 `long long int`，即 64 位的加、减、乘、除。

(b) 增加缺失的指令，用一个简短的汇编程序测试 HDL。

9.59. 运行简短的 ANSI C 代码序列，以确定 TRISC3N 中缺少的指令：

(a) `if` 和 `switch` 语句

(b) 带有 `for` 循环的阶乘例子

(c) 带有递归函数调用的阶乘例子

9.60. 在 TRISC3N 架构中增加额外的 Nios II 功能，即指令。如：

(a) 12 种比较

(b) 9 种移位和循环移位

(c) 4 种缺失的条件分支

添加 HDL 代码，用一个简短的汇编测试程序进行测试。同原始设计比较在综合时面积和速度方面存在的差异。

9.61. 考虑一种带有一个符号比特位的浮点表示法，指数位宽 $E=7$，尾数位宽 $M=10$(不计隐藏的 1 位)。

(a) 用(9.2)计算偏置。

(b) 确定可以表示的(绝对值)最大的数字。

(c) 确定可以表示的(以绝对值衡量)最小的数字(不包括非规格化数)。

9.62. 利用上一练习的结果：

(a) 确定 $f_1=9.25_{10}$ 在(1,7,10)浮点格式中的表示。

(b) 确定 $f_2=10.5_{10}$ 在(1,7,10)浮点格式中的表示。

(c) 用浮点算术计算 $f_1 + f_2$。

(d) 用浮点算术计算 $f_1 * f_2$。

(e) 用浮点算术计算 f_1 / f_2。

9.63. 确定以下浮点数的 32 位 IEEE 单精度格式表示：

(a) $f_1 = -0$

(b) $f_2 = \infty$

(c) $f_3 = -0.6875_{10}$

(d) $f_4 = 10.5_{10}$

(e) $f_5 = 0.1_{10}$

(f) $f_6 = \pi = 3.141593_{10}$

(g) $f_7 = \sqrt{3}/2 = 0.8660254_{10}$

9.64. 将下面的 32 位浮点数转换成十进制数：

(a) $f_1 = 0x44FC6000$

(b) $f_2 = 0x49580000$

(c) $f_3 = 0x40C40000$

(d) $f_4 = 0xC1AA0000$

(e) $f_5 = 0x3FB504F3$

(f) $f_6 = 0x3EAAAAAB$

9.65. 设计一个 32 位浮点 ALU，用选择信号 `sel` 来选择下列操作之一：(0)fix2fp、(1)fp2fix、(2)add、(3)sub、(4)mul、(5)div、(6)reciprocal 和(7)power-of-2 scale。使用图 9.28 所示的仿真测试你的设计。

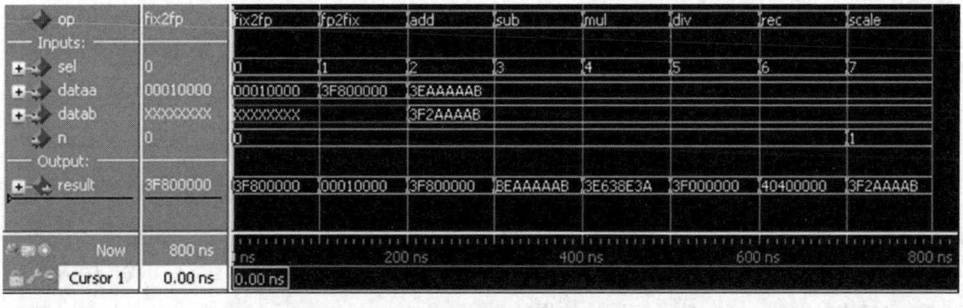

图 9.28　在 MODELSIM 中对浮点运算单元 fpu 的 8 个功能进行 RTL 仿真。usfixed 中的 0001.0000 成为 FLOAT32 的十六进制编码 0x3F800000。算术测试数据是 1/3 = 0x3EAAAAAB 和 2/3 = 0x3F2AAAAA

9.66. 使用代码清单 9.5 的闪灯程序开发一个七段式显示器，以秒为单位进行计数。这将需要修改引脚分配，使 LED 和七段显示器都由 TRISC3N 输出端口驱动。

9.67. 为 DE1 SoC 计算机编写 ANSI C 程序，测试某个组件：

(a) AUDIO-IN：使用振幅跟踪来确定功率信号的涨落。

(b) AUDIO-OUT：实现一个随 SW 设置而变化的"回声"。

    (c) USB：检查设备的读写错误并测量最大传输率。

    (d) IrDA：支持用光学设备传输数据。

    (e) PS2：从键盘输入数据并在 VGA 或 LED 上显示。

    (f) VGA：让 "EuPSD" 在 VGA 显示器上飞过。

    (g) SD 卡：检查存储器读写，测量最大传输速率。

    (h) 自定义指令：实现 DES 算法中使用的 S 盒。

    (i) 以太网：尝试通过以太网电缆与另一个设备进行通信。

    (j) JTAG-UART：测量与 Nios II 的上下行文件传输率。

    (k) G-sensor：建造一个震动传感器。

    (l) 视频：边缘检测或重采样器。

9.68. 修改第 10 章中的 HDMI CIP，将其作为独立的文本终端用于 VGA 端口。如果你有 DE1 SoC，则使用可用的 VGA 端口。你还需要一条 VGA 线。VGA 使用与 HDMI 相同的时序进行行和列控制，但它使用模拟输出信号；见第 2 章。你还需要将内部 H/V 同步信号转发到输出。VGA 端口包含三个用于此目的的 DAC。研究一下主*.QSF 文件以了解所需用到的端口和名称。要求使用 8 个 MSB 来表示红、绿、蓝。使用以下端口分配：reset=KEY[0]; WE=KEY[3]; DATA=SW[7:0]; Pixel→VGA_B= VGA_G=VGA_R; LEDR[9:0]={V[4:0],H[4:0]}; (keep SW[1:0]=font; CLOCK_125= clock 50MHz)。保持 QSF 的输出名称不变。额外任务：使用下一个练习的文本进行显示。在横幅中加入你的名字。

9.69. 编写一个简短的 MATLAB 或 C/C++ 程序，为 VGA 编码器生成一个新的内存初始化文件。检查文件 eupsd_hex.mif 的格式要求。使用新的文本：

    (a) 你最喜欢的相声

    (b) 你最喜欢的诗句

    (c) 你最喜欢的笑话

    (d) 你最喜欢的歌词

9.70. 开发一个 srec2prom 工具，用于读取 Altera 监测程序中 GCC 生成的摩托罗拉 *.srec 文件(SREC 文件格式参见[A01])。生成一个完整的 VHDL 文件，其中包括作为常量值的代码，或者为 Verilog 生成一个 *.mif 表，可以用 $readmemh() 加载。用 Nios II 中的 flash.c 例子测试你的程序。

9.71. 从 TRISC3N 指令集中找出用于运行前面练习中的 srec2prom 所需要但缺失的指令。在 HDL 中实现缺失的指令并运行 srec2prom 生成的程序。

9.72. 开发一个 TRISC3N 程序，通过重复加法实现两个 32 位数的乘法。通过读取 SW 值和计算 $q=x*x$ 来测试你的程序。

9.73. 开发一个 TRISC3N 程序，并添加 HDL，通过数组乘法实现两个 32 位数的乘法运算 mul。通过读取 SW 值和计算 $q = x * x$ 来测试你的程序。

第 10 章

Xilinx MICROBLAZE 嵌入式微处理器

摘要

本章概述了 Xilinx MICROBLAZE 微处理器系统设计、架构和指令集。首先简要介绍指令集架构，然后介绍 ZyBo 上值得关注的系统设计选项和自定义指令。

关键词

MICROBLAZE • ZyBo • Xilinx • Vivado • TRISC3MB • 高 清 多 媒 体 接 口 (High Definition Multimedia Interface，HDMI) • SDK • 基础计算机 • 自定义知识产权(Custom Intellectual Property，CIP) • TMDS • DMIPS • Pmod • 自顶向下设计 • 自底向上设计 • 浮点性能 • 指令集架构 • 子程序嵌套 • 文本字体设计 • ModelSim • MatLab

10.1 引言

Xilinx 32 位软核处理器 MICROBLAZE 多年来一直是一个采用了哈佛架构的 32 位 RISC 处理器，具有三级或五级流水线阶段以及独立的数据和指令总线，自 2002 年 10 月首次发布 EDK 以来一直可用[X05, X08]。MICROBLAZE 核心的标准关键特性可概括如下：

- 面积优化的 MICROBLAZE 是一个三级流水线核心，每 MHz 可达 1.03 DMIPS。
- 性能优化的 MICROBLAZE 是一个五级流水线核心，具有分支优化，每 MHz 可达 1.38 DMIPS。
- ALU、移位器和 32×32 寄存器文件是标准配置。

可在配置时包含的可选项(见图 10.1)有：

- 桶形移位器、阵列乘法器和除法器
- 单精度浮点单元，用于加法、减法、乘法、除法和比较运算
- 2 至 64 KB 的数据缓存
- 2 至 64 KB 的指令缓存

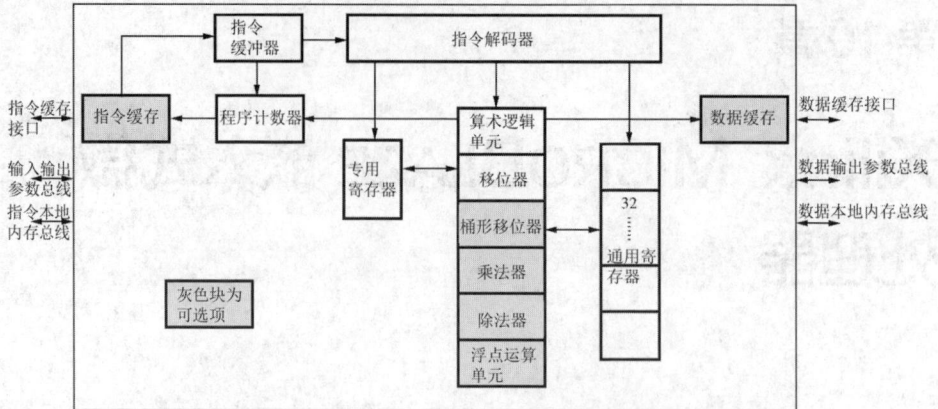

图 10.1　Xilinx MICROBLAZE 嵌入式微处理器的架构(灰色块为可选项)

五级流水线按以下步骤执行：(1)取指令，(2)解码，(3)执行，(4)内存访问，(5)写回。数据和指令缓存采用直接映射缓存架构。缓存可以四字或八字块的形式访问。一个或多个块 RAM 用于存储数据，而额外的一个块 RAM 用于存储标签数据。有关 MICROBLAZE 典型内存和缓存配置的研究可以在文献中找到 [M14, F05]。

虽然架构和外设多年来不断更新和改进，但最近我们看到了两个重大的补充：

- 2016 年增加了 8 级流水线版本。
- 2018 年增加了 64 位 MICROBLAZE 实现。

MICROBLAZE 系统可以通过将处理器与所需组件相结合来设计，我们称之为自底向上的设计方法。另外，我们也可以使用 FPGA 或板卡供应商提供的起点系统之一，并根据需要修改此设计。我们称这种方法为自顶向下方法，由于这种方法通常稍微容易一些，因此我们将从这种自顶向下的设计方法开始讨论。

10.2　自顶向下的 MICROBLAZE 系统设计

在 ZyBo 板上，大量的 I/O 直接连接到 ARM(即 PS)，无法立即用于可编程逻辑(Programmable Logic，PL)，即 MICROBLAZE。通过查看 FPGA 如何连接到外围组件，这一点最容易看出，见图 10.2。ZyBo FPGA 是 ZC7Z010-1CLG400C，即它使用球栅阵列封装(引脚看起来像半个足球)，排列成 20×20 阵列。从设备封装文件中，我们可以识别出这 400 个引脚 [D14]，具体是：

- PS ARM MIO 组 500，有 18 个引脚直接连接到 LED4、SPI Flash 和 Pmod JF。
- PS ARM MIO 组 501，有 40 个引脚直接连接到 ENET、USB、SD 卡、UART 1、BTN 4 +5。
- PS 双倍数据速率(Double Data Rate，DDR)DRAM 组，有 75 个引脚。
- 用户 PL I/O 组 34，有 50 个高电压范围引脚。
- 用户 PL 多功能 I/O 组 35，有 50 个引脚。
- 未连接的有 25 个引脚和 17 个特殊专用引脚。

● 剩余的引脚是电源引脚。

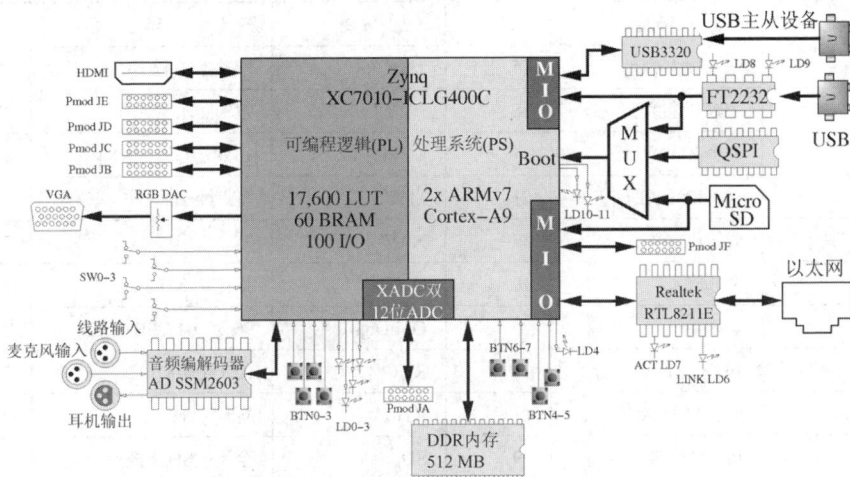

图 10.2　ZyBo 外围设备连接到 PS(ARMv7 Cortex A9)和可编程逻辑(Programmable Logic，PL)，即 MICROBLAZE

还有 VGA/HDMI 端口、音频 CODEC、4 个 LED、4 个开关、4 个按钮、XADC 和几个 12 引脚 Pmod 提供给 PS 即 MICROBLAZE 利用。图 10.2 概述了外围设备如何连接到 PS 和可编程逻辑。我们特别注意到，MICROBLAZE 无法访问大容量的片外存储器(如 DDR)，而且也缺少 UART 通信。我们仍然可以运行一些实验，如 DMIPS 评级，并通过通用输入/输出(General Purpose Input Output，GPIO)LED 来测量时间，但使用一个 UART 在 PC 终端上打印结果会很有帮助。我们可以尝试重新配置 ARMv7 MIO，使 MICROBLAZE 可以通过 UART 发送数据(你可能在 YouTube 上找到相关教程)，但这似乎很麻烦，而且不是一个容易转移到其他系统或板子上的解决方案。更现实的做法是为你的系统添加 USBUART Pmod 模块(可从 Digilent Inc.以约 10 欧元/美元的价格购买)用于通信。

虽然与 DE1 SoC 板相比，可用的外围设备数量可能看起来很少，但当我们考虑投资一些美元/欧元用于购买部分额外的 Pmod 模块时，这种情况会发生戏剧性的变化。请记住，ZyBo 板比 DE1 SoC 便宜得多，所以在添加几个 Pmod 模块后，整个系统的总成本应该仍然合理。Digilent Inc.(在德国由 Trenz GmbH 销售)的 Pmod 模块价格非常低。大多数模块的价格在 10 美元/欧元左右；只有一些显示器，如多点触控显示器(74 美元/欧元)更贵。有几个这样的模块可以通过简单的 Vivado GPIO IP 进行连接，如开关(SWT；5 欧元/美元)、按钮(BTN；8 欧元/美元)、8 个 LED(8LD；10 欧元/美元)、2xSSD(7 欧元/美元)或 16x2 LCD(31 欧元/美元)和 VGA(9 欧元/美元，使用两个 Pmod)。正如你从美元/欧元的价格估计中看到的，这些 Pmod 并不是很贵，但可能需要进行一些高级项目规划。对于大多数更复杂的外围设备，你应该确保有可用的工作 IP，即驱动程序。表 10.1 概述了 Digilent 提供的 Pmod 组件、简要功能描述和本书撰写时的大致成本。这些模块的驱动程序可以从 GitHub 或 Digilent 免费下载，并轻松添加到你的 VIVADO IP 库中。

表 10.1　带有可用驱动程序的 Pmod 模块及其预估价格(美元/欧元)

模块	描述	价格	模块	描述	价格
ACL	三轴加速度计	15	JSTK	双轴摇杆(较小)	21
ACL2	三轴加速度计	18	JSTK2	双轴摇杆	17
AD1	两个 12 位 ADC	31	KYPD	16 键键盘	10
AD2	4 个 12 位 ADC	21	MTDS	多点触控显示屏	74
ALS	光线传感器	17	NAV	9 轴气压计	30
AMP2	音频放大器	10	OLED	128 × 32 OLED	16
BT2	蓝牙接口	27	OLEDrgb	96 × 64 RGB OLED	21
CLS	16 × 2 LCD 串行	31	R2R	R2R 电阻 DAC	5
DA1	4 个 8 位 DAC	21	RTCC	实时时钟	9
DPG1	压力传感器	29	SD	全尺寸 SD 卡插槽	10
ENC	旋转编码器	7	SF3	32 MB 闪存	11
GPS	接收器模块	42	TC1	热电偶线	20
GYRO	三轴陀螺仪	21	TMP3	温度传感器	7
HYGRO	湿度和温度传感器	15	WIFI	802.11b Wi-Fi	20

　　有这么多 Pmod 模块可用,从物理结构上来说,不可能构建一个包含所有 Pmod 的自顶向下的 MICROBLAZE 系统。事实上,由于 ZyBo 已经包含了 ARMv7 微处理器,因此使用了 MICROBLAZE 处理器的 ZyBo 示例设计数量相当有限。我们可以尝试重复利用另一块板子的设计,添加我们的 ZyBo 板文件和主引脚文件。但由于可用的外围设备数量很少,我们可以直接使用 VIVADO MICROBLAZE 模板,并自己添加外围设备。我们称之为自底向上的方法,这在下一节中会有解释。

10.3　自底向上的 MICROBLAZE 系统设计

　　组建 MICROBLAZE FPGA 系统是一个多步骤的过程,但由于大多数设计步骤都得到了 Block 和 Connection Automation 的支持,因此并不太困难。让我们来看看组建 MICROBLAZE 基本计算机系统的主要步骤。我们从常规的 RTL 项目开始:启动 VIVADO,然后单击 Create New Project。选择项目位置,然后单击 Next。选择 RTL Project type,然后多次单击 Next,直到可以选择器件和开发板。选择 ZyBo 开发板以获得正确的 I/O 组件和位置。由于我们还计划使用一些 Pmod 端口,因此也将 ZyBo_Master.xdc 作为约束文件添加到你的项目中。XDC 文件和名为 master.zip 的开发板文件可以从 GitHub 或 www.digilentinc.com 下载。你应该将开发板文件安装在 VIVADO 路径下的···data/boards/board_files 目录中。

　　现在启动 IP Integrator→Create Block Design,然后单击按钮 ▣,以便在模块设计中放置

MICROBLAZE 的新库组件。提示：搜索 Micro，然后用鼠标左键单击组件一次，接着在键盘上按
Enter 键。在 Diagram 顶部，会看到 Designer Assistance，然后单击蓝色的 Run Block Automation
链接。系统会要求你指定主要参数，如本地内存大小、缓存和中断控制器。由于我们的 PL 资源
有限，所以仅使用(最大可能的)本地内存，以便可以在没有缓存内存的情况下运行一些特定程序
(见图 10.3a)。当模块自动化完成后，VIVADO 会添加以下组件：Clocking Wizard、MDM、Processor
System Reset 和 128 KB local_memory，如图 10.3 所示。时钟向导产生 100 MHz 的输出频率，
由 MICROBLAZE 和 AXI 组件使用。如果你有预设计的系统，可以使用 IP Integrator→Open Block
Design 来打开预设计的系统，然后双击 MICROBLAZE 系统后，就能够修改处理器参数、添加浮
点协处理器等，但之后就无法轻易修改本地内存大小了。

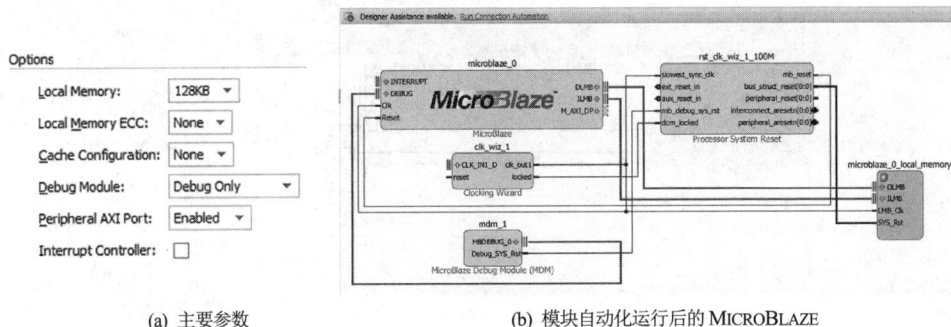

(a) 主要参数   (b) 模块自动化运行后的 MICROBLAZE

图 10.3   MICROBLAZE 实例化

成功配置 MICROBLAZE 后，你可能想为基本计算机添加一些简单的 I/O，如开关、LED、UART
和定时器。右击 Block Diagram，选择 或右键单击并选择 Add IP…，查到 AXI GPIO 并按回车
键。再重复操作一次，这样就有了两个 AXI GPIO。双击 AXI GPIO 并将 Board Interface 设置为
I/O，我们选择使用 leds_4bits 和 sws_4bits。然后单击 OK 关闭 AXI GPIO 窗口。保留定时器的默
认设置。我们将使用按钮 btn[0] 作为 MICROBLAZE 的复位。如果你之前按建议添加了 Pmod
USBUART，再使用两次 ，并使用 Add IP… 来查找 AXI Timer 和 Uartlite (见图 10.6a)。双击
AXI Uartlite 并将波特率设置为 115200，因为这是软件开发工具包(Software Developer's Kit, SDK)
终端的默认速率。初始的 Uartlite 速率 9600 也可以工作，但每次使用 SDK 时都需要更改波特率。
你应该在 Diagram 顶部看到 Designer Assistance。单击高亮并有下画线的 Run Connection
Automation。处理器系统复位、AXI 开关和 I/O 端口将被添加，所有连接都将被布线。同时，AXI
GPIO 内部的 IP Configuration 也会更新。你可能需要添加一个常量值 1 模块，并将此常量连接到
Processor System Reset 模块的 ext_reset_n。你需要更新 ZyBo_Master.xdc 以反映 VIVADO
为你选择的端口名称。你也可以通过将 I/O 从板窗口拖动到模块设计窗口 IP 来强制重命名。典
型的名称是 sys_clock(用于 125 MHz 输入时钟)和 reset_rtl(用于 Clocking Wizard IP 的复
位)。对于 USBUART，你应该注意输入和输出的功能发生了变化。对于 Uartlite IP 来说是输出的
话，对于 USBUART Pmod 来说就是输入，反之亦然。我们使用了 Pmod JE(见图 10.6a)，但任何
其他 Pmod(除了 MIO 或 XADC) 也可以工作。XDC 中的设置应如表 10.2 所示。

表 10.2　XDC 中的设置

Uartlit	Pmode	Pmod JE 的引脚
uart_rtl_txd	RXD	JE1
uart_rtl_rxd	TXD	JE2

UASBUART Pmod 的 RTS(引脚 0)和 CTS(引脚 3)端口以及 Uartlite 的 `interrupt` 引脚未使用。我们不需要使用两个复位,所以将外部处理器复位设为常量。你可能想重命名 AXI GPIO 以反映使用的端口,最后使用 Validate Design ☑ 检查连接错误,使用 ☯ 按钮或右击并选择 Regenerate Layout 来获得良好的 Diagram 设计。图 10.4 显示了 Diagram 的最终布局。

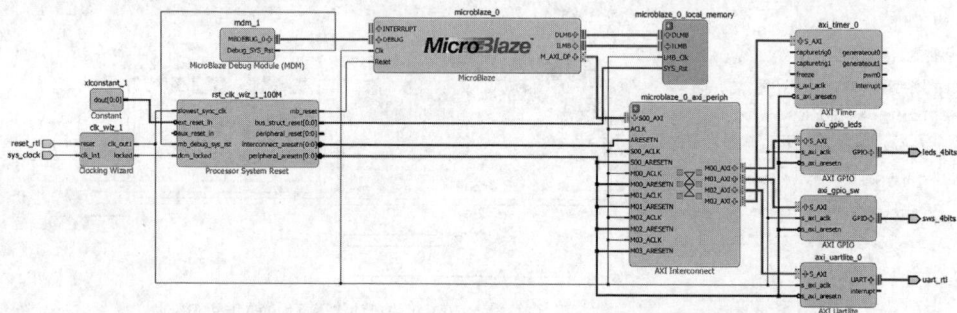

图 10.4　带有添加的定时器、UART 和两个 GPIO 的 MICROBLAZE 基本计算机设计

下面就能够将我们的设计转换为可以下载到 FPGA 的比特流。为了编译图形设计,我们首先需要构建 HDL 包装器。在 Block Design 面板中,右击 `design_1.bd` 并选择 Create HDL Wrapper…,然后选择 VIVADO auto update 选项。接着在 Program and Debug 面板下,选择 Generate Bitstream。这可能需要花费一些时间才能完成。

下面开始程序开发。SDK 基本上是一个独立的工具,在 VIVADO 中我们从使用 File → Export → Export Hardware…开始。导出前不要忘记选择 Include bitstream 选项,然后单击 OK。接下来选择 File → Launch SDK 并单击 OK。以后你可以直接双击桌面上的 ▓ 图标将 SDK 作为独立软件包启动。SDK 将以欢迎消息启动,同时列出设备、设计工具和所有 IP 模块(见图 10.5a)。既然有了新的组件,不妨利用 SDK 功能为我们生成一个外设测试程序,用于测试所有组件。选择 File → New → Application Project,接着选择一个 Project name,如 `test_IO`,单击 NEXT>,然后在 Templates 中选择 Peripheral Tests,最后单击 Finish。你将获得 LED 和开关的测试例程,但不包括 USBUART,因为 SDK 足够智能,可以将此 IP 用作 `STDOUT`。如果你没有使用 VIVADO 将系统比特流下载到 FPGA,也可以在 SDK 中完成这项操作。只需按下 ▓ 按钮或使用 Xilinx Tools → Program FPGA。要添加终端窗口,请单击中间 SDK 终端面板中的 ➕ 图标;你的 USBUART(很可能)在列表中有最后一个 COM 端口。使用默认参数(即波特率 115200)并指定 COM 端口和 Timeout 为 5(秒)(见图 10.5b)。如果你没有修改 Uartlite 的默认波特率,则需要将其设置为 9600。两种方式都可以正常工作,只要确保 SDK 终端和 IP 使用相同的设置。你可以运行测试,在终端窗口中看到成功消息，并在 ZyBo 板的 4 个绿色 LED 上看到一个非常短的流水灯。你会得到一个项目文件夹和一个带有…_bsp 扩展名的第二个文件夹，其中包含系统文件和 ANSI C 服务例程。查看主例程 test_IO→src→testperiph.c 和同一文件夹中的相关测试程序。这些程序包含了许多在程序开发中可能需要用到的有用函数。例如，对于每个 XGpio 组件，SDK 提供了一个 Initialize 函数和一个 DataDirection 函数。对于 led，我们可以使用：

```
XGpio_Initialize(&leds, XPAR_AXI_GPIO_LEDS_DEVICE_ID);
XGpio_SetDataDirection(&leds, 1, 0x0);
```

Design Information

Target FPGA Device:　7z010
Part:　xc7z010clg400-1
Created With:　Vivado 2016.4
Created On:　Thu Jul 25 06:11:52 2019

Address Map for processor microblaze_0

Cell	Base Addr	High Addr	Slave I/f
axi_gpio_sw	0x40010000	0x4001ffff	S_AXI
axi_gpio_leds	0x40000000	0x4000ffff	S_AXI
axi_uartlite_0	0x40600000	0x4060ffff	S_AXI
microblaze_0_local_memory_dlm...	0x00000000	0x0001ffff	SLMB
axi_timer_0	0x41c00000	0x41c0ffff	S_AXI

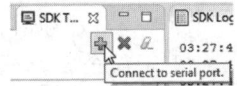

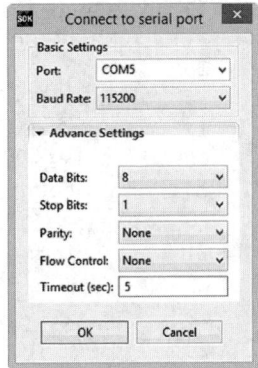

(a) 欢迎窗口　　　　　　　　　　　　(b) 为 USBUART 设置终端

图 10.5　SDK 初始步骤

DEVICE_ID 和设备名称可以在 bsp 包含文件下的 xparameters.h 中查找。在右侧面板中，只需双击 xparameters.h，文件就会打开。然后我们可以使用以下方法在 LED 上显示整数 count 值：

```
XGpio_DiscreteWrite(&leds, 1, count);
```

对于新的 AXI Timer，我们最初会使用：XTmrCtr_Initialize()、XTmrCtr_SelfTest()、XTmrCtr_SetOptions()、XTmrCtr_SetResetValue()、XTmrCtr_Reset 和 XTmrCtr_Start()。对于测量，我们会在代码段之前和之后调用 XTmrCtr_GetValue()。使用 AXI Timer 的优势在于，我们可以为 ARM 或 MICROBLAZE 的测量使用 99% 相同的代码，从而消除了使用内部 ARM 与 AXI Timer 时可能出现的任何差错。

接下来进行一个典型的简短的 SW 和 LED 测试，将继续在 ZyBo 上显示计数数字并在终端中显示消息，如下面的代码清单 10.1 所示。SW 值可用于增加 LED 计数器的速度。我们修改生成的 testperiph.c 程序，并将第一部分代码放在 main() 函数周围，而第二部分代码应放在 print("---Exiting main---\n\r") 行之前。以下是应添加的代码段。

ANSI C 代码 10.1：USBUART 的 LED 测试程序

```
1   ...
2   #define LOOP_ITERATIONS 2000000
3
4   int main()
5   {
6       XGpio sw, leds; // 来自 xgpio.h 结构体
7       int inc, count = 0;
8       volatile unsigned int i = 0;
9       …
10      // 初始化开关/LED，并设置数据方向为输入/输出
11      XGpio_Initialize(&leds, XPAR_AXI_GPIO_LEDS_DEVICE_ID);
12      XGpio_SetDataDirection(&leds, 1, 0x00000000);
13      XGpio_Initialize(&sw, XPAR_AXI_GPIO_SW_DEVICE_ID);
14      XGpio_SetDataDirection(&sw, 1, 0xFFFFFFFF);
15
16      while(1){
17          //在 LED 上输出计数值
18          XGpio_DiscreteWrite(&leds, 1, count);
19          count += 1;
20          // 等待一段时间；使用 SW 进行递增
21          inc = XGpio_DiscreteRead(&sw, 1);
22          for(i = 0; i < LOOP_ITERATIONS; i += inc + 1){}
23          xil_printf("New LED value = %d\n", count);
24      }
25      print("---Exiting main---\n\r");
```

ZyBo 计数器灯和 SDK 的简短视频可以在本书在线资源的 Videos 文件夹下的 PmodUART_ZyBo.MOV 和 PmodUART_SDK.MOV 中找到。你会注意到 ZyBo 的绿色 LED 持续变化，以及每次 MicroBlaze 打印出消息即发送一行数据到终端时 USBUART Pmod 的红色 LED 闪烁。视频快照可以在图 10.6 中看到。

(a) 带 USBUART 的 ZyBo

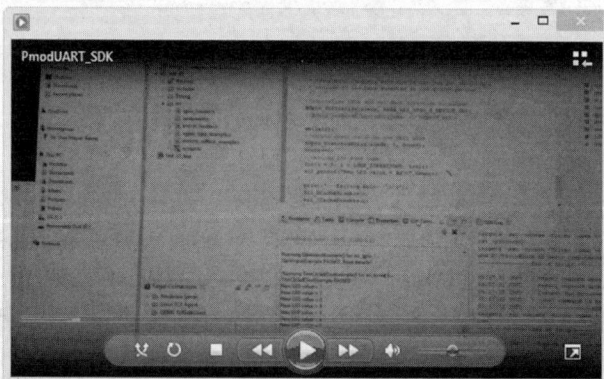

(b) SDK 终端显示

图 10.6　SDK 外设测试

在初始设置完成后，我们可以承担更复杂的任务。例如，测量我们在第 5 章 5.7 节简要讨论和第 9 章 9.4 节中更细致讨论过的 MICROBLAZE 基本计算机的浮点运算性能。

图 10.7 显示了有和没有浮点硬件支持的系统比较。我们清楚地看到，对于 4 种基本操作，FPH 扩展有了显著改进(超过 200 倍)，代价是 LUT 数量增加了约两倍。编译器选项-O3 比-O0(默认)提高了 3 倍。转换时间也有实质性改进。从测量结果可以看到，Nios II 和 MICROBLAZE 都改进了 32 位平方根 sqrtf()，但如果可能的话，应避免使用 64 位 sqrt()。

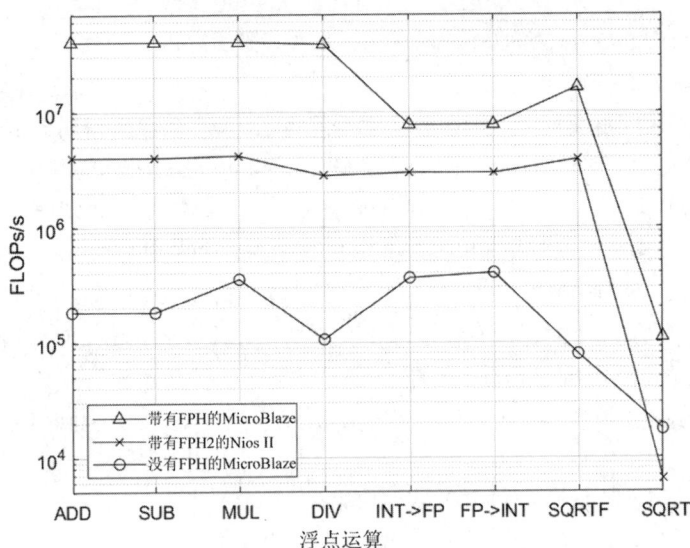

图 10.7　MICROBLAZE 和 Nios II 基本操作的浮点性能

表 10.3 展示了我们的基本计算机和扩展浮点硬件(Floating Point Hardware，FPH)要求的速度和大小比较。内存需求、速度和编译时间保持相似，只有带有浮点硬件支持的版本的 LUT 数量增加了 54%。

表 10.3　FPH 协处理器的速度和大小比较

	MICROBLAZE 基本计算机	带 FPH 的 MICROBLAZE 基本计算机
LUT	1759	2722
LUTRAM	139	146
36 K 块	32	32
DSP	0	2
Fmax/MHz	125.7	121.21
VIVADO 子模块的编译时间	44:44	48:45
VIVADO 综合+实现的编译时间	10:36	2:58

我们刚刚看到，通过 USBUART Pmod 显示测量数据比用秒表测量一个例程在 LED 开启和

关闭过程中的运行时间要方便(和精确)得多。如果我们想使用 VGA 或 HDMI 端口显示文本信息，那么需要为这些端口开发自定义知识产权(Custom Intellectual Property，CIP)。这将在下一节中讨论。

10.4   定制指令的 MICROBLAZE 系统设计

现代复杂的软核嵌入式处理器(如 MICROBLAZE 处理器)具有强大的整数和浮点处理能力，可以覆盖广泛的应用。然而，即使是最强大的嵌入式处理器也难以处理某些任务。例如，考虑 VGA 或 HDMI 等视频显示所需的大量数据，这些数据需要持续提供。在最低分辨率 640×480×8 位下，HDMI 控制器需要交付 250 Mb/s 的数据，这是 MICROBLAZE 运行速度的两倍！即使是最快的微处理器也不堪其负，当微处理器必须从内存中获取这些数据并将其转发到 HDMI 端口或 VGA DAC 时，预期的性能会大幅下降。为了解决该问题，可以使用所谓的自定义知识产权。它们是与微处理器紧密耦合的基于 FPGA 的自定义逻辑块。第 9 章详细讨论了这样一个 CIP 系统，用于提高 Nios II 的浮点性能。接下来让我们仔细看看 MICROBLAZE 的 HDMI CIP 设计，因为到目前为止我们设计的 ZyBo 还没有真正的显示器。

在开始介绍 CIP 设计的细节之前，让我们简要回顾一下 DVI 和 HDMI 标准。

10.4.1   DVI 和 HDMI 显示选项实现

多年来，(阴极射线管)CRT 显示器一直是主导技术[1]。CRT 显示器使用 X/Y 板来引导电子束，并配有相关的模拟 VGA 控制信号。VGA 在第 2 章中已经讨论过(见图 2.4)。近几年来，数字 LCD 显示器由于其技术优势，如更高的分辨率、更低的功耗、平板显示架构等，已经开始取代 CRT 显示器。虽然物理结构上是数字显示，但大多数数字 LCD 显示器通常仍然有 VGA 输入，需要对模拟 RGB 信号进行采样以在数字 LCD 上显示。由于大多数图像/视频都由处理器存储在 DRAM 内存中，所以基本上首先需要通过 DAC 将存储的图像转换为模拟 VGA 信号，然后 LCD 使用 ADC 将其转换回数字信号以在 LCD 屏幕上显示。因此，一个更好的解决方案似乎是直接从我们的 CPU 向 LCD 显示器传输数字信号。为了简化从模拟到数字视频技术的过渡，数字显示工作组(Digital Display Working Group，DDWG)开发了数字视觉接口(Digital Visual Interface，DVI)标准。DDWG 的初始成员包括英特尔、Silicon Image、康柏、富士通、惠普、IBM 和 NEC。

DVI 标准继续支持 VGA 信号，但也包括即插即用端口和 TMDS，后者将 8 位 RGB 转换为高速差分信号，使其首先通过转换最小化和 DC 平衡进行处理。

VGA、DVI 和后面我们将看到的 HDMI 基本上使用为 CRT 显示器开发的相同行/列时序，即除了行/列显示周期外，还有水平和垂直暂停部分，允许电子束返回原始位置并实现"后沿"同步脉冲。HDMI 使用这个后沿时间间隔来编码音频信号和多媒体功能。最低分辨率为 640×480

---

1 译者注：21 世纪的前十年，已经完成了 CRT 到 LCD 的换代。

像素的图像实际上需要总共 800×525 像素时钟周期才能完成，留下 45 行和 160 个水平像素时钟周期来编码音频和同步。标准帧率是 60 Hz，但 100 Hz、120 Hz 和 30 Hz 也是允许的。

接下来让我们简要看一下 TMDS 信号，因为它在 HDMI 编码中被原样复用，同时 HDMI 是当今占主导地位的视频标准。例如，最新的 ZyBo 板不再支持 VGA，只有 HDMI 端口。

10.4.2　TMDS 编码和解码

为了减少无线电干扰，TMDS 首先尝试减少转换次数。算法确定了通过 XOR 或 XNOR 门进行的转换是否有利。添加了第 9 位来指示使用了哪种转换。以下是两个例子：

$$01010101 \to 00110011 \text{ 通过 XOR: } Q(n) = Q(n - 1) \oplus D(n); \ D(0) = D(0)$$
$$10101010 \to 11001100 \text{ 通过 XNOR: } Q(n) = Q(n - 1) \odot D(n); \ Q(0) = D(0)$$

MSB 在左侧。第 9 位编码表示是使用 XOR(1)还是 XNOR(0)。如果输入字中的 1 的数量大于等于 4 且 $d(0) = 0$，则使用 XNOR，否则使用 XOR。对于全 0 或全 1 字符串，转换不会改变数据：

$$00000000 \to 00000000 \text{ 使用 XOR bit(9)} = 1:$$
$$11111111 \to 11111111 \text{ 使用 XNOR bit(9)} = 0:$$

第二步进行 DC 平衡，以避免出现非常长的零或一序列。如果字符串被翻转，则在第 10 位编码为 1，否则为 0。

TMDS 解码器的实现比编码器简单得多，因为编码器需要首先进行统计分析才能确定第 9 位和第 10 位的编码。解码器只需检查第 10 位，看是否需要对所有位进行补码，然后根据第 9 位应用 XOR 或 XNOR。图 10.8b 显示了解码器逻辑。

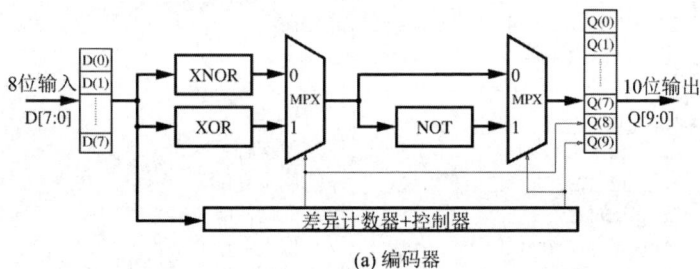

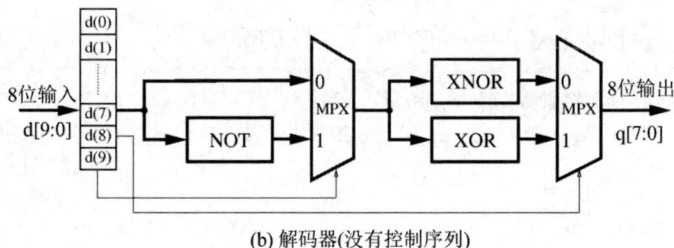

(a) 编码器

(b) 解码器(没有控制序列)

图 10.8　TMDS 信号

编码器比解码器稍微复杂一些。根据输入数据 D 中 1 的数量,我们应用 XOR 或 XNOR 操作。如果 1 的数量大于零的数量,或者二者相同且 $D(0)= 0$,则使用 XNOR,否则使用 XOR 来计算 q_m。如果没有有效的视频数据,则使用两个控制位 C0 = hsync 和 C1 = vsync 来编码控制序列(图 10.8 中未显示),这些序列稍后仅在蓝色通道中用于构建水平和垂直同步信号。根据 q_m 中 1 的计数 N 和前一像素的累积差异来决定是否计算翻转字符串,并更新差异计数器。如果和前像素的差异为零或计数为零且 $q_m(8)= 0$,或二者具有相同的符号,则实现翻转。差异计数器的更新稍微复杂一些,总结在表 10.4 中。

表 10.4 更新 TMDS 编码器的差异计数器

DISP=0 OR cnt(t-1)=0	$q_m(8)$	sign(cnt(T-1))=sign(DISP)	更新计数器
T	1	-	cnt(t)=cnt(t-1)+DISP
T	0	-	cnt(t)=cnt(t-1)-DISP
F	-	T	cnt(t)=cnt(t-1)-DISP+2
F	-	F	cnt(t)=cnt(t-1)+DISP-2

这里我们确定了 DISP = N1Q-N0Q = 8-2N1Q 中 1 的数量(N1Q)和零的数量(N0Q)之间的差异,因为对于 8 位字符串,我们有 N1Q = 8-N0Q。

现在我们准备开始 HDL 编码。解码器很简单,作为项目设计留给读者(见练习 10.64)。对于编码器,我们可以从教科书[P10]和应用笔记[X460,X495]以及在线资源[H19]中找到一些来源。以下是一个可能的 Verilog 解决方案,紧密遵循表 10.4 中所示的方案:

Verilog 代码 10.2:TMDS 编码器

```verilog
1  // ===============================================================
2  // IEEE STD 1364-2001 Verilog tmds_encoder.v
3  // 将 8 位输入编码为 10 位转换最小化代码
4  // ===============================================================
5  module tmds_encoder(
6     input CLK,                  // 像素时钟
7     input RESET,                // 同步复位
8     input DE,                   // 数据使能
9     input [7:0]PD,              // 像素数据
10    input [1:0]CTL,             // 控制数据
11    output reg [9:0]Q_OUT);     // 输出数据
12    // ===============================================================
13    // 计算像素数据中 1 的数量
14    wire [3:0]N1D = PD[0]+ PD[1]+ PD[2]+ PD[3]+ PD[4]+ PD[5]
15                                          + PD[6]+ PD[7];
16    // 计算内部向量 Q_M
17    wire USE_XNOR =(N1D > 4'd4)||(N1D == 4'd4 && PD[0]== 1'b0);
18    wire [8:0]Q_M = USE_XNOR ?
19          {1'b0, ~(Q_M[6:0]^ PD[7:1]), PD[0]} : // 使用 XNOR
```

```
20              {1'b1, Q_M[6:0]^ PD[7:1], PD[0]};      // 使用 XOR
21
22     // 计算 Q_M 数据中 1 的数量
23     wire [3:0]N1Q = Q_M[0]+ Q_M[1]+ Q_M[2]+ Q_M[3]+ Q_M[4]+ Q_M[5]
24                                             + Q_M[6]+ Q_M[7];
25     wire [6:0]N1N0 = 2*N1Q - 8; // 即 N1Q - N0Q;
26     reg INV_Q;
27     reg [6:0]CNT, CNT_NEW;
28     reg [9:0]Q_CTL, Q_DATA;
29
30     // 确定控制标记
31     always @*
32        case(CTL)
33            2'b00    : Q_CTL <= 10'h354;
34            2'b01    : Q_CTL <= 10'h0AB;
35            2'b10    : Q_CTL <= 10'h154;
36            default  : Q_CTL <= 10'h2AB;
37        endcase
38
39     // 计算输出和新的差异计数器值
40     always @(*)begin
41        INV_Q <= 1'B0; CNT_NEW <= 0;
42        // 更新差异计数器
43        if(CNT == 0 || N1N0 == 0)
44            if(Q_M[8]== 1'B0) begin
45                CNT_NEW <= CNT - N1N0; INV_Q <= 1'B1;
46            end else
47                CNT_NEW <= CNT + N1N0;
48        else
49            if(CNT[6]== N1N0[6])// 同号?
50            begin
51                INV_Q <= 1'B1;
52                if(Q_M[8]== 1'b0)
53                    CNT_NEW <= CNT - N1N0;
54                else
55                    CNT_NEW <= CNT - N1N0 + 2;
56            end else
57                if(Q_M[8]== 1'b0)
58                    CNT_NEW <= CNT + N1N0 - 2;
59                else
60                    CNT_NEW <= CNT + N1N0;
61     end
62     // 计算 q_data 向量
63     always @*
64        Q_DATA <= INV_Q ? {1'B1, Q_M[8], ~Q_M[7:0]} :
65                          {1'B0, Q_M[8], Q_M[7:0]} ;
66
```

```
67        // 将计数器和 q_out 存储在寄存器中
68        always @(posedge CLK)begin
69          if(RESET == 1'b1)begin
70            CNT <= 1'b0; Q_OUT <= 10'h000;
71          end else // 像素数据(DE=1)或控制数据(DE=0)?
72            if(DE == 1'b1)begin
73              CNT <= CNT_NEW;
74              Q_OUT <= Q_DATA;
75            end else begin
76              CNT <= 0;
77              Q_OUT <= Q_CTL;
78            end
79        end
80
81  endmodule
```

编码器的输入端口有三个控制信号：时钟(CLK)、复位(RESET)和数据使能(DE)，以及两个向量：8 位像素数据(PD)与用于水平和垂直同步的两位控制向量(CTL)。数据输出(Q_OUT)为 10位长。编码器逻辑紧密遵循 DDWG 文档的图 3.5[D99]。我们首先计算输入数据中 1 的数量(N1D)(第 14~15 行代码)。根据 1 的数量，我们决定是使用 XNOR 还是 XOR 门进行转换最小化(第 17~18行代码)并计算 Q_M。然后我们计算 Q_M 中 1 和 0 的数量，其中利用了 1 的数量加上 0 的数量等于字符串中的位数这一事实。基于控制位，然后计算 4 种不同的控制标记 Q_CTL(第 30~37 行代码)。在下一个 always 块中，根据表 10.3 计算反转标志和差异计数器更新(第 39~61 行代码)。基于反转标志，我们计算原始或补码形式的 Q_DATA，并在 MSB 位置添加决策位，这样就有了一个 10 位向量。在最后的 always 块(第 67~79 行代码)中，我们将(更新的)计数器值和结果存储在寄存器中。如果没有需要处理的数据(DE = 0)，我们将 4 个控制标记之一转发到输出 Q_OUT。

现在我们用生成的文件进行一些模拟。首先，运行短模拟来验证控制标记和计数器的正确更新以及 DC 平衡，使用 ff 作为输入。以 00 作为输入，输出变为 100。对于 ff，输出为 0ff。5516 = 010101012 转换为 13316 = 1001100112。DC 平衡通过长 ff 输入序列进行演示。注意输出如何在 0ff 和 200 之间切换，即避免出现长 ff 序列(见图 10.9)。

在第二次模拟中(见图 10.10)，我们验证编码器和解码器对所有 256 个输入数据都有效。由于计数器使用反馈，因此结果并没有涵盖所有可能出现的状态，但至少覆盖了 50%。如果我们进行精确计数，会发现不是 2×256 = 512 种模式，而是恰好有 460 种可能的模式。还有一些额外的控制标记，如 hsync 和 vsync。HDMI 与 DVI 的不同之处在于它使用视频保护带和数据岛保护带的前导控制令牌[X460]。由于很难监控这么多数字，我们可以在 MODELSIM 中选择"模拟"显示，并且编码器输入的三角波形应该与解码器输出数据的三角波形匹配(见图 10.10)。输入值从 00 线性增加到 ff 并进入编码器，解码器输出显示相同的三角形输出值。

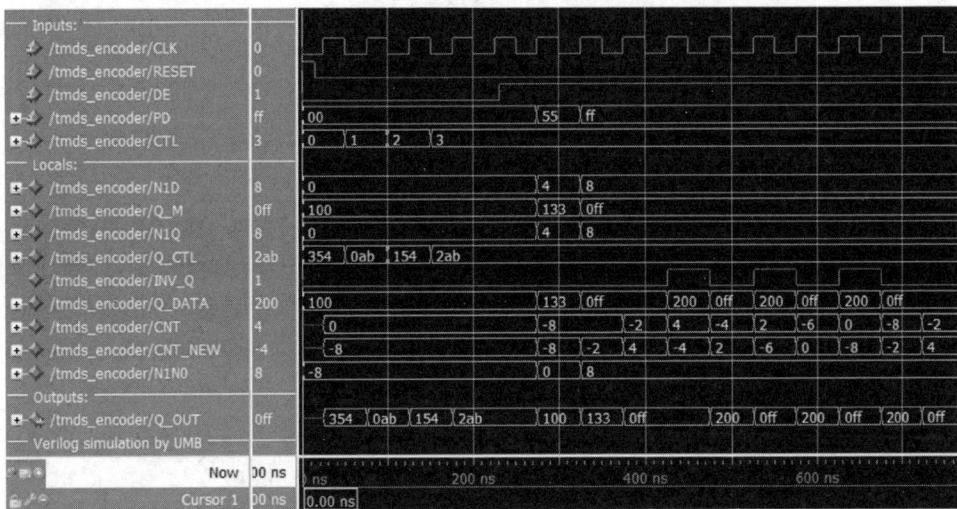

图 10.9　TMDS 编码器详细视图

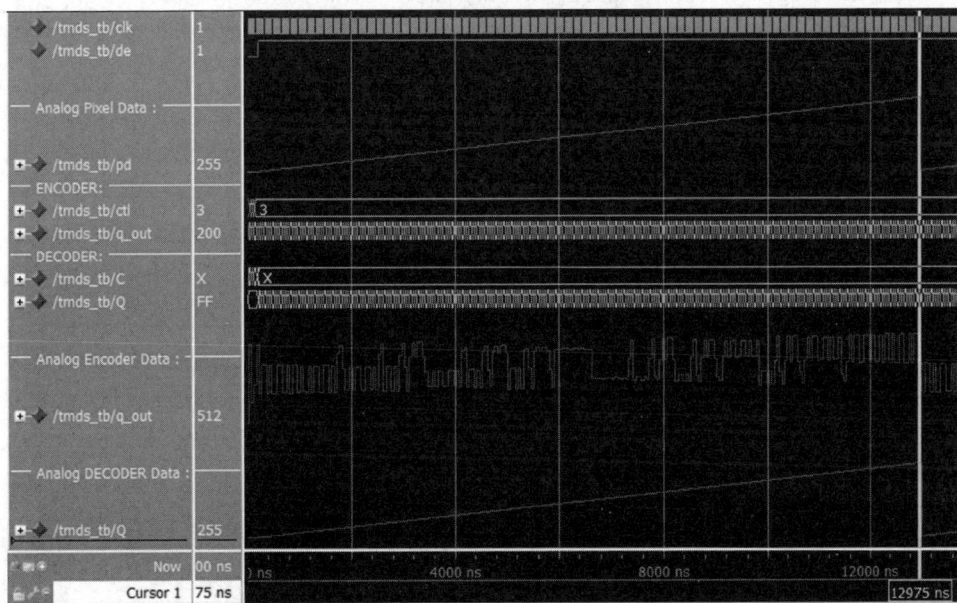

图 10.10　TMDS 编码器和解码器对 0…255 数据的整体行为

我们还没有讨论的最后一项是 TMDS 名称的第二部分。由于 HDMI 是高速串行传输，它对 DC 漂移和峰值/脉冲噪声敏感。为此，对 R、G、B 和时钟使用差分编码。这需要用到特殊的 I/O 硬件，因为只允许¼位抖动[TI07]。即使在最低分辨率下，TMDS 速率为 $25 \times 10 = 250$ MHz，将其转化为最大允许抖动为 $\frac{1}{4} \, 1/(250 \times 10^6) = 1$ ns，这低于大多数 FPGA LUT 延迟。ZyBo 有一个特殊的 OBUFDS 硬宏来访问这些高速差分 I/O(见图 10.14 中的输出)。

接下来，我们使用 TMDS 编码器构建一个完整的 HDMI 编码器，然后可以将其打包为 CIP

以便复用设计。作为 HDMI 编码器的起点，文献中找到的任何 VGA 编码器的 HDL 描述都会有帮助[P10, M14]。

10.4.3 HDMI 编码器

HDMI 编码器还包括音频数据编码，所以它比 VGA 的编码稍微密集一些。HDMI 支持使用压缩或非压缩音频数据，采样率从 32 kHz、44.1 KHz、48 kHz、88.2 KHz 到 192 kHz，同时使用 2 通道 L-PCM 压缩和 IEC60958 数据包结构。640×480 帧的完整行(包括音频数据)对应的时序如图 10.11 所示。它按以下顺序处理数据：

- 视频保护带(2 像素)。
- 有效视频数据(640 像素)：每个 8 位像素通过 TMDS 编码器转换为 460 个唯一的 10 位符号，用于所有三个通道：红、绿和蓝。
- 数据岛前导：预先指示音频数据将跟随。
- 数据岛保护带前导(2 像素)：允许发送器和接收器之间的音频数据同步。
- 有效音频数据：音频数据编码为 10 位 TERC4 符号。TREC4 使用 16 个唯一的 10 位字符。传输仅在绿色和红色通道上进行，因为蓝色用于视频同步。
- 数据岛保护带尾部(2 像素)。
- 视频前导：指示视频数据将跟随。

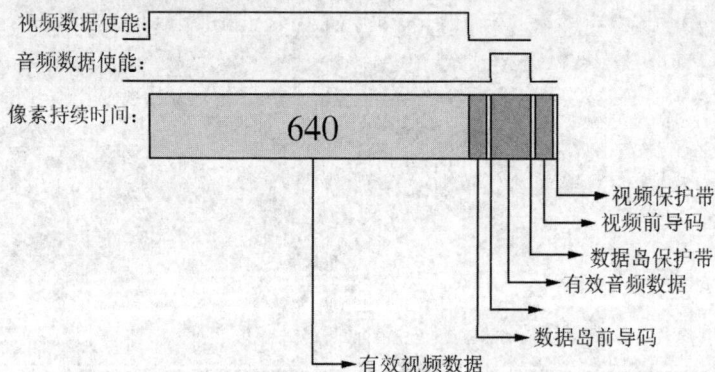

图 10.11　有音视频数据的 HDMI 线路编码[X460]

音频数据仅在绿色和红色通道上传输，因为在蓝色通道中编码了 hsync 和 vsync 信号。在初始 640 像素数据之后，我们在每行的"电子束返回"阶段有 16 个时钟周期的前沿、96 像素长的同步和 48 个时钟周期的后沿。对于垂直信号，我们首先有 480 行数据，然后 10 行前沿、2 行同步和 33 行后沿。如果从 0 开始计数，则水平同步信号在列 656 和 752 之间有效，垂直同步信号在行 490 和 491 之间有效。HDMI 用两位控制向量编码，组合自 C1＝vsync 和 C0＝hsync。4 个 10 位代码可以在代码清单 10.2 的第 30-37 行中看到，它们仅在水平和垂直同步期间有效。

除了标准 RGB 信号，HDMI 还支持 4:4:4 和 4:2:2 编码的 YC_BC_R。对于 4:2:2 编码，Y 可以

有 10 位或 12 位，C_B 和 C_R 降采样 2 倍。

数据显示通道(Data Display Channel，DDC)是 HDMI 的可选输出，但在大多数情况下 HDMI 都需要用到它。比如，DDC 传输要用于防拷贝的加密密钥。DDC 以 28 字节提供有关支持和默认的视频格式、RGB 色度、宽高比、缩放和重复因子等信息。音频信息帧也有 28 字节，包括音频、通道计数、采样频率。DDC 的信令是 I^2C 总线。HDMI 标准还包括一个可选的 CEC 总线，具有 400 位/秒的慢速总线速度，用于设备互操作、设置任务或红外遥控。

HDMI 标准多年来经历了几次更新。2002 年引入的第一个 HDMI 标准 1.0 的最大数据速率为 3.96 Gbits/s，字符速率为 165 MHz。2009 年的 1.3 版添加了 10、12、16 位像素编码；具有更高的 240 Hz 刷新率；并将分辨率增加到最大 1440 p 和 4 K。添加了 RGB 到 4:2:0 YC_BC_R 的组合。1.4 版在标准中添加了带宽为 100 Mbits/s 的以太网数据通道和 3D 视频。在 2.0 版(2013 年)和 2.1 版(2017 年)中，添加了 8 K:7680×4320 的图像尺寸和 16b/18b 编码。最大数据速率现在为 42.6 Gbits/s，字符速率为 1.26 GHz；最大音频通道增加到 32。

最后，如果你计划销售 HDMI 系统，请注意，HDMI 不是免费标准。对于生产总额超过 1 万台的公司，需要支付 1 万美元的许可费，对于低产量公司则需要支付 5000 美元/年和每台 1 美元的费用。HDMI 创始成员与 DDWG 类似，包括日立、三洋、飞利浦、Silicon Image、索尼、Technicolor 和东芝。

在开始讨论 CIP 的 HDL 要求之前，让我们简要讨论如何减少通常与图像显示相关的大内存需求。

10.4.4　文本终端和字体设计

即使是低分辨率的图像处理通常也需要使用大量内存。在最低分辨率下，RGB 图像需要 640×400×3×8 位或 7.37 Mb。在 ZyBo 上，我们有 60 个 BRAM，每个容量为 36 Kb。彩色 VGA 图像需要用到 7.37 M/36 K = 204 个块，这对我们的 ZyBo 板来说太多了。然而，在大多数嵌入式应用中，仅显示文本而不是彩色图像就足够了。如果只存储字符所需的 ASCII 值，这将大大减少我们的内存需求，并允许我们使用 HDMI 显示器来显示文本消息，如 DMIPS 或 FPMIPS 测量结果。所以，让我们简要讨论如何为 ZyBo 开发 HDMI 文本终端，并在字体设计领域做一次小小的实地考察。

字符字体就选用为 LCD 和显示器构建的 5×7、6×16、8×8 等像素点阵。8×8 的优势是我们可以使用行/列计数器的三个 LSB 来寻址字符，从而大大简化设计。

对于字体系列，我们有许多不同的选择。只需查看你喜欢的文字处理程序，就能看到众多选择。教科书(如你现在正在阅读的这本)通常使用衬线字体，如 Times New Roman(如 EμPSD) 或 Courier New(例如，我们在本书程序列表中使用的 EμPSD)。这些衬线字体在每个笔画的末端都有可爱的小装饰，使它们看起来更有吸引力。

对于像素数量有限的计算机显示器，无衬线字体(如 Arial)更受欢迎。Arial 字体也经常用于 PPT 幻灯片。Commodore PC 使这种 8×8 无衬线打字机字体在显示器显示中流行起来。我们也可以对字体进行修改，如加粗或斜体，或者使用现代感的字体，如 Future 字体。图 10.12 显示了我们喜欢使用的四种字体的示例。

我们应该支持所有标准 ASCII 字符，即 127 个字符应该足够(参见第 5 章中的图 5.2)。我们可能想在非标准字符位置添加一些常用的特殊符号，如®、©或 μ。如果现在尝试手动设计所有 127 个具有 8×8 像素分辨率的字符，我们将忙碌很长时间。更方便的方法是使用字体编辑器来设计字体，例如 Richard Prinz 的 `PixelFontEdit`。我们使用了 `PixelFontEdit` 的 2.7.0 版本，可以从 https://www.min.at/prinz/o/software/pixelfont 免费下载，以帮助进行字体设计。字体编辑器提供了几个字体模板。我们使用 4 种字体，并在位置 5、6 和 $7F_{16} = 127$ 处添加了三个特殊符号®、©和 μ。图 10.13a 显示了字符 Z 的示例。要设计一个字符，你只需单击像素，8×8 像素代码就会立即计算出来。还应在字符内提供行列分隔/线，以便于阅读。这些像素代码作为常量值存储在*.h 文件中，供 ANSI C 编译器使用(见图 10.13b)。一个简短的 MATLAB 脚本可以用来读取*.h 文件并生成 Verilog `$readmemb()` 函数所需的二进制内存初始化文件。你应该注意到 0/1 图案也允许我们验证字符 Z 的正确编码。由于 Z 的 ASCII 码是 90，因此每个字母需要 8 行进行显示，我们在 MIF 文件中从第 90*8 = 720 行后开始找到字母 Z(见图 10.13c)。

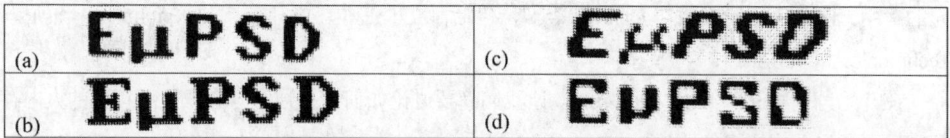

图 10.12 来自 `PixelFontEdit` 的字体示例及修改。(a) 无衬线(San serif)示例，APEAUS。(b) 衬线(serif)示例，HERCULES。(c) 斜体(italic)示例，HERCITAL。(d) 现代(modern)示例，SPACE8

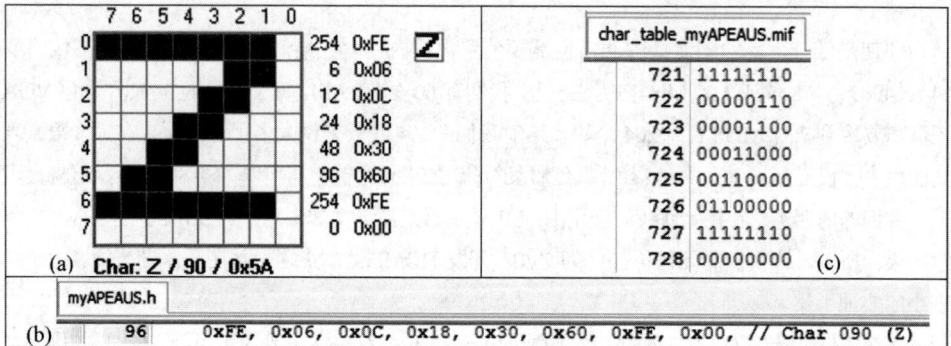

图 10.13 使用 Richard Prinz 的 `PixelFontEdit` 进行字体设计。(a) 通过鼠标进行字符编辑。
(b) ANSI C 表格生成。(c) 用于 Verilog 的 MIF 文件转换

对于我们所用的 8×8 字体，640×480 像素的显示器能够在一行中显示 640/8 = 80 个字符，将需要 480/8 = 60 行。我们需要使用 80×60×7 = 33,600 位或一个 Zynq BRAM 来存储数据。以下是字符内存的 Verilog 描述。

HDL 代码 10.3：带初始化的字符 RAM 描述

```
1    //==============================================================
2    // IEEE STD 1364-2001 Verilog file: img_ram.v
3    // 存储80x60字符数组;使用初始化文件
4    //==============================================================
5    module img_ram
6    #(parameter DATA_WIDTH=8, parameter ADDR_WIDTH=13)
7    (input CLOCK,                        // 系统时钟
8     input WE,                          // 写使能
9     input [DATA_WIDTH-1:0]DATA,        // 数据输入
10    input [ADDR_WIDTH-1:0]ADDRESS,     // 读/写地址
11    output [DATA_WIDTH-1:0]Q);         // 数据输出
12   //==============================================================
13   // 声明 RAM 变量
14   reg [DATA_WIDTH-1:0]ram[2**ADDR_WIDTH-1:0];
15
16   // 用于保存已注册的读地址的变量
17   reg [ADDR_WIDTH-1:0]addr_reg;
18
19   initial
20   begin
21     $readmemh("eupsd_hex.mif", ram);
22   end
23
24   always @ (posedge CLOCK)
25   begin
26     if(WE) // 写入
27       ram[ADDRESS]<= DATA;
28
29     addr_reg <= ADDRESS;   // 同步内存,即存储
30   end                      // 地址到寄存器
31
32   assign Q = ram[addr_reg];
33
34   endmodule
```

代码 10.3 实现了字符存储器。端口描述(第 7~11 行代码)之后是内存数组和地址寄存器(第 13~17 行代码)。这里我们使用了一个初始化文件 eupsd_hex.mif，其中包含 80×60 = 4800 行代码，每一行显示句子 "EµPSD w/ Altera ® and Xilinx ®FPGAs by © 2019 Dr. Uwe Meyer-Baese"，右侧是对字体中所有字符进行的测试。注意测试句子中使用的三种特殊符号®、©和 µ。可以使用小型 MatLab 脚本来生成测试数据。代码清单 10.3 遵循同步 RAM 来编码(第 24~32 行代码)。视频 HDMI4color4fonts.MOV 以不同的颜色和字体显示测试句子。

对于每种字体，我们需要用到 128×8×8 = 8192 位或一个 BRAM。根据 4 种字体 ROM 和字符内存的综合方式，我们总共需要使用 2~5 个 BRAM。与标准 640×480 像素的彩色图像需要

使用的 200 多个 BRAM 相比，这是非常不错的。以下是字体内存的 Verilog 描述。

HDL 代码 10.4：4 种字体的字符 RAM 查找表

```verilog
1  //===============================================================
2  // IEEE STD 1364-2001 Verilog file: char_rom.v
3  // 4 种字体的 ROM 查找表
4  //===============================================================
5  // 使用$readmemb 初始化 ROM。对于 Vivado
6  // 使用 MIF 文件扩展名。没有这个文件，
7  // 这个设计将无法编译。有关该文件格式的详细信息，
8  // 请参见 Verilog LRM 1364-2001 第17.2.8 节。
9
10 module char_rom
11 #(parameter DATA_WIDTH=8, parameter ADDR_WIDTH=10)
12 (input CLK,              // 系统时钟
13  input [1:0]SW,          // 字体选择
14  input [6:0]ADDRESS,     // 地址输入
15  input [2:0]ROW, COL,    // 行/列地址
16  output wire Q);         // 数据输出单个位
17 //===============================================================
18 // 声明 ROM 变量
19 reg [DATA_WIDTH-1:0]rom0[2**ADDR_WIDTH-1:0];
20 reg [DATA_WIDTH-1:0]rom1[2**ADDR_WIDTH-1:0];
21 reg [DATA_WIDTH-1:0]rom2[2**ADDR_WIDTH-1:0];
22 reg [DATA_WIDTH-1:0]rom3[2**ADDR_WIDTH-1:0];
23 reg [DATA_WIDTH-1:0]word0,word1,word2,word3,word;
24 wire [ADDR_WIDTH-1:0]address_row;
25 reg [2:0]col_d, col_dd;
26
27 initial
28 begin
29   $readmemb("char_table_myAPEAUS.mif", rom0);   // Arial 无衬线字体
30   $readmemb("char_table_myHERCULES.mif", rom1);// Times 衬线字体
31   $readmemb("char_table_myHERCITAL.mif", rom2);// 斜体衬线字体
32   $readmemb("char_table_mySPACE8.mif", rom3);  // 趣味/SPACE 类型
                                                        字体
33 end
34
35 assign address_row = {ADDRESS , ROW};  // 连接表地址
36
37 always @(posedge CLK)begin  // 读取表值
38   word0 <= rom0[address_row];
39   word1 <= rom1[address_row];
40   word2 <= rom2[address_row];
41   word3 <= rom3[address_row];
42 end
```

```
43
44  always @*
45    case(SW[1:0])
46      2'b00   : word <= word0;
47      2'b01   : word <= word1;
48      2'b10   : word <= word2;
49      default : word <= word3;
50    endcase
51
52  always @(posedge CLK)begin   // 列值延迟
53    col_d <= COL;
54    col_dd <= col_d;
55  end
56
57  // 选择所需的位
58  assign Q = word[~col_dd];
59
60  endmodule
```

char ROM HDL 支持了 4 种字体的 LUT。HDL 代码以端口定义开始，如时钟(CLK)，然后是字体选择开关 SW。其中 7 位输入用来访问 ASCII 字符，行和列各用去 3 位。每个时钟周期对应一位输出。接下来是内部寄存器和线定义(第 19~25 行代码)。初始部分(第 27~33 行代码)用于将 4 种字体加载到 ROM 内存中。每种字体都有自己的内存初始化文件。在 VIVADO 中，强烈建议对这种类型的文件使用 MIF 扩展名。现代 FPGA 只有同步内存，所以我们根据地址和行将一个字从内存加载到寄存器中(第 37~42 行代码)。下一个 always 块(第 44~50 行代码)包含基于 SW 输入设置的 4 对 1 多路复用器。接下来的 always 块(第 52~55 行代码)实现了列选择的 2 个时钟周期延迟。由于我们从左到右在显示器上写入，因此需要首先返回 MSB。这就是为什么输出赋值(第 58 行代码)在列寻址中使用补码。视频 HDMI4color4fonts.MOV 在 4 种颜色和 4 种字体之间切换。

现在，我们已经掌握了用于构建 80×60 字符 HDMI 编码器所需的所有必要知识。

10.4.5　HDL 实现的 HDMI 编码器

HDMI 编码器的主要模块如图 10.14 所示。主要模块包括以下部分。

- 时钟生成：使用 PLL 将 125 MHz 系统时钟转换为 25 MHz 符号率和 250 MHz 像素时钟率。
- 控制信号生成：需要使用计数器来确定有效图像数据(数据使能)、字符的行/列、垂直同步和水平同步。
- 字符和字体存储：我们有 80×60 字符 RAM 存储和 4 个 127×8×8 ROM 字体内存，需要在两个单独的 HDL 文件中进行设计。

● 3×TMDS 编码器: 我们需要使用三个 TMDS 编码器用于表示三种颜色, 将 8 位原始数据转换为 10 位转换最小化的和 DC 平衡的字符串。10 位并行数据被转换为串行比特流, 应该驱动 250 MHz 差分输出。

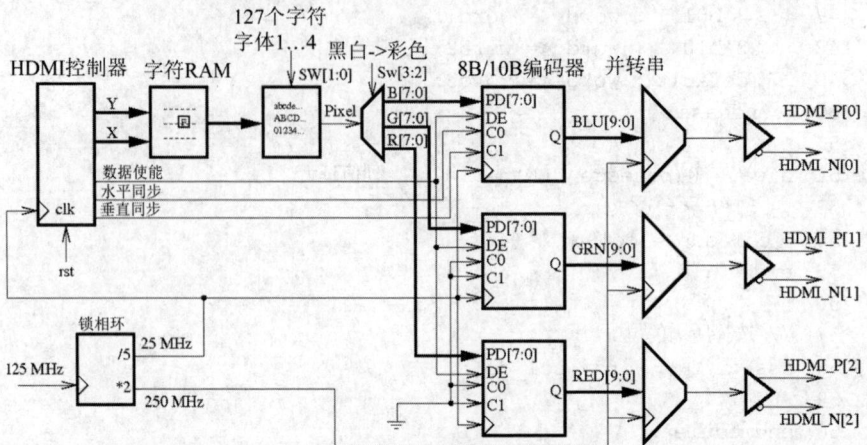

图 10.14　HDMI 编码器概览

在讨论了主要模块之后, 接下来我们可以看一下 HDL 代码。

HDL 代码 10.5: Verilog 写的 HDMI 编码器

```
1    //============================================================
2    // 端口声明
3    //============================================================
4    module HDMI(
5        input    CLOCK_125,        // 125 MHz 时钟
6        output  [3:0]LEDR,        // 4 个 LED
7        input   [3:0]KEY,         // 按钮
8        input   [3:0]SW,          // 滑动开关
9        input   [7:0]X,           // X 坐标
10       input   [7:0]Y,           // Y 坐标
11       input   [7:0]D,           // 数据值
12       output  HDMI_OUT_EN,
13       output [2:0]HDMI_D_P, HDMI_D_N,
14       output  HDMI_CLK_P, HDMI_CLK_N
15       /////// 额外的测试端口
16       //output [9:0]TMDS_RED_out
17   );
18   //============================================================
19   // 寄存器/线网声明
20   //============================================================
21   wire RESET = KEY[0];              // btn[0]在 ZYBO 上为高电平有效复位
22   wire iCLOCK_25, CLOCK_25;         // 25 MHz 时钟
```

```
23    wire iCLOCK_250, CLOCK_250;  // 250 MHz 时钟
24    wire CLOCK_25_n;             // 反相 25 MHz
25    reg DLY_RST;                 // PLL 信号的延迟复位
26    reg [19:0]CONT;              // 延迟计数器
27    assign HDMI_OUT_EN = 1;      // ZYBO 作为源
28    //=========================================================
29    // 复位延迟定时器
30    //=========================================================
31    always@(posedge CLOCK_125 or posedge RESET)
32    begin
33        if(RESET)begin
34            CONT <= 20'H00000;
35            DLY_RST <= 1;
36        end
37        else
38        //if(CONT < 20'hFFFFF)  // 正常操作
39        if(CONT < 20'h0003C)    // 仿真快捷方式
40            CONT <= CONT + 1;
41        else
42                DLY_RST <= 0;
43    end
44    //=========================================================
45    // PLL 生成 25 和 250 MHz 时钟
46    //=========================================================
47    wire LOCKED, FB_CLK;         // 时钟反馈和锁定信号
48    PLLE2_BASE #(
49        .BANDWIDTH("OPTIMIZED"),   // OPTIMIZED, HIGH, LOW
50        .CLKFBOUT_MULT(8),         // 所有 CLKOUT 的乘法值, (2-64)
51        .CLKFBOUT_PHASE(0.0),      // 相位偏移(度), (-360.0-360.0)
52        .CLKIN1_PERIOD(8.0),       // 输入时钟周期(ns)
53        // CLKOUT0_DIVIDE - CLKOUT5_DIVIDE: 每个 CLKOUT 的分频值(1-128)
54        .CLKOUT0_DIVIDE(4),
55        .CLKOUT1_DIVIDE(40),
56        // CLKOUT0..5_DUTY_CYCLE: 每个 CLKOUT 的占空比(0.001-0.999)
57        .CLKOUT0_DUTY_CYCLE(0.5),
58        .CLKOUT1_DUTY_CYCLE(0.5),
59        // CLKOUT0..5_PHASE: 每个 CLKOUT 的相位偏移(-360.000-360.000)
60        .CLKOUT0_PHASE(0.0),
61        .CLKOUT1_PHASE(0.0),
62        .DIVCLK_DIVIDE(1),         // 主分频值, (1-56)
63        .REF_JITTER1(0.01),        // 参考输入抖动(UI), (0.000-0.999)
64        .STARTUP_WAIT("FALSE")     // PLL 锁定前延迟, ("TRUE"/"FALSE")
65    )PLLE2_BASE_inst(
66        // 时钟输出: 1 位输出: 用户可配置时钟输出
67        .CLKOUT0(iCLOCK_250),      // 1 位输出: CLKOUT0
68        .CLKOUT1(iCLOCK_25),       // 1 位输出: CLKOUT1
69        // 反馈时钟: 1 位(每个)输出: 时钟反馈端口
```

```
70        .CLKFBOUT(FB_CLK),           // 1 位输出: 反馈时钟
71        .LOCKED(LOCKED) ,            // 1 位输出: LOCK
72        .CLKIN1(CLOCK_125),          // 1 位输入: 输入时钟
73        // 控制端口: 1 位(每个)输入: PLL 控制端口
74        .PWRDWN(0),                  // 1 位输入: 断电
75        .RST(0),                     // 1 位输入: 复位
76        // 反馈时钟: 1 位(每个)输入: 时钟反馈端口
77        .CLKFBIN(FB_CLK));           // 1 位输入: 反馈时钟
78   // PLLE2_BASE_inst 结束
79
80   BUFG BUFG_250(.I(iCLOCK_250), .O(CLOCK_250));
81   BUFG BUFG_25(.I(iCLOCK_25), .O(CLOCK_25));
82   //================================================================
83   // 同步信号生成
84   //================================================================
85   reg [9:0]COUNTER_X, COUNTER_Y;
86   reg H_SYNC, V_SYNC, DATA_ENABLE;
87   always @(posedge CLOCK_25)
88      if(DLY_RST)begin
89         COUNTER_X <= 0; COUNTER_Y <= 0;
90         DATA_ENABLE <= 0; H_SYNC <= 0; V_SYNC <= 0;
91      end else begin
92         // 同步信号在控制 BLU 内编码
93         DATA_ENABLE <=(COUNTER_X>=2)&&(COUNTER_X<642)
94                          &&(COUNTER_Y<480); // 允许访问内存两次
95         COUNTER_X <=(COUNTER_X==799)? 0 : COUNTER_X+1;
96         if(COUNTER_X==799)COUNTER_Y <=(COUNTER_Y==524)? 0 :
     COUNTER_Y+1;
97         H_SYNC <=(COUNTER_X>=658)&&(COUNTER_X<754); // 延迟两个周期
98         V_SYNC <=(COUNTER_Y>=490)&&(COUNTER_Y<492);
99      end
100  //================================================================
101  // 使用 X/Y 计数器加载图像数据
102  //================================================================
103  reg [7:0]RED, GRN, BLU;
104  //// 地址数组是线性的:
105  wire [18:0]ADDR = COUNTER_X[9:3]+ COUNTER_Y[9:3]*80;
106  wire WE =((COUNTER_X==(X<<3))&&(COUNTER_Y==(Y<<3))&& KEY[3]);
107  wire [7:0]DATA = D; // { 4'h3, SW};
108  wire [7:0]INDEX;
109  wire PIXEL;
110  img_ram img_data_inst(
111     .ADDRESS(ADDR[12:0]),
112     .WE(WE) ,
113     .DATA(DATA) ,
114     .CLOCK(CLOCK_25),
115     .Q(INDEX));
```

```
116  ////// 加载二进制 8x8 字符字体值
117  char_rom Char_inst(
118      .SW(SW[1:0]),
119      .ADDRESS(INDEX[6:0]),
120      .CLK(CLOCK_25),
121      .COL(COUNTER_X[2:0]),
122      .ROW(COUNTER_Y[2:0]),
123      .Q(PIXEL));
124  // 将颜色数据映射到(默认)灰度
125  wire [7:0]GRAY_DATA =(PIXEL)? 8'hFF : 8'h00;
126  always @(posedge CLOCK_25)
127      if(DLY_RST)begin
128          RED <= 0; GRN <= 0; BLU <= 0;
129      end else begin
130          if(SW[2])RED <= 8'h00; else RED <= GRAY_DATA;
131          if(SW[3])GRN <= 8'h00; else GRN <= GRAY_DATA;
132          BLU <= GRAY_DATA;
133      end
134  //=============================================================
135  // TMDS 编码器实例化
136  //=============================================================
137  wire [9:0]TMDS_RED, TMDS_GRN, TMDS_BLU ;
138  tmds_encoder B_inst(.CLK(CLOCK_25), .RESET(DLY_RST), .PD(BLU),
139              .CTL({V_SYNC,H_SYNC}), .DE(DATA_ENABLE) ,
         .Q_OUT(TMDS_BLU));
140  tmds_encoder G_inst(.CLK(CLOCK_25), .RESET(DLY_RST), .PD(GRN),
141                  .CTL(2'b00), .DE(DATA_ENABLE) ,
         .Q_OUT(TMDS_GRN));
142  tmds_encoder R_inst(.CLK(CLOCK_25), .RESET(DLY_RST), .PD(RED) ,
143                  .CTL(2'b00), .DE(DATA_ENABLE),
         .Q_OUT(TMDS_RED));
144  //=============================================================
145  // 对于高 CLOCK 速率，并行到串行可能需要用到 OSERDESE2
146  //=============================================================
147  reg [3:0]TMDS_MOD10=0;  // 模 10 计数器
148  reg [9:0]TMDS_SHIFT_RED=0, TMDS_SHIFT_GRN=0, TMDS_SHIFT_BLU=0;
149  reg TMDS_SHIFT_LOAD=0;
150  //always @(posedge CLOCK_250)TMDS_SHIFT_LOAD <=(TMDS_MOD10==
   4'd9);
151
152  always @(posedge CLOCK_250)
153      if(DLY_RST)begin
154          TMDS_SHIFT_LOAD <= 0;
155          TMDS_SHIFT_RED <= 0; TMDS_SHIFT_GRN <= 0;
156          TMDS_SHIFT_BLU <= 0; TMDS_MOD10 <= 0;
157      end else
158      begin
```

```
159          TMDS_SHIFT_RED <= TMDS_SHIFT_LOAD ? TMDS_RED :
             TMDS_SHIFT_RED[9:1];
160          TMDS_SHIFT_GRN <= TMDS_SHIFT_LOAD ? TMDS_GRN :
             TMDS_SHIFT_GRN[9:1];
161          TMDS_SHIFT_BLU <= TMDS_SHIFT_LOAD ? TMDS_BLU :
             TMDS_SHIFT_BLU[9:1];
162
163          TMDS_MOD10 <=(TMDS_MOD10==4'd9)? 4'd0 : TMDS_MOD10+4'd1;
164          TMDS_SHIFT_LOAD <=(TMDS_MOD10==4'd9);
165      end
166  //===============================================================
167  // 使用硬宏生成差分输出信号
168  //===============================================================
169  OBUFDS OBUFDS_BLU (.I(TMDS_SHIFT_BLU[0]), .O(HDMI_D_P[0]),
170                                           .OB(HDMI_D_N[0]));
171  OBUFDS OBUFDS_GRN (.I(TMDS_SHIFT_GRN[0]), .O(HDMI_D_P[1]),
172                                           .OB(HDMI_D_N[1]));
173  OBUFDS OBUFDS_RED (.I(TMDS_SHIFT_RED[0]), .O(HDMI_D_P[2]),
174                                           .OB(HDMI_D_N[2]));
175  OBUFDS OBUFDS_clock(.I(CLOCK_25), .O(HDMI_CLK_P), .OB(HDMI_
     CLK_N));
176
177  assign LEDR[0]= CLOCK_25;
178  assign LEDR[1]= CLOCK_250;
179  assign LEDR[2]= DLY_RST;
180  assign LEDR[3]= LOCKED;
181  assign TMDS_RED_out = TMDS_RED;
182
183  endmodule
```

    HDMI 编码器从端口描述开始实现(第 5~14 行代码)。端口的名称和大小经过选择，以便我们可以轻松地将其分配给下一节中需要用到的 CIP 端口。端口描述之后是一些额外的线路和寄存器定义(第 21~27 行代码)。第一个逻辑块(第 31~43 行代码)包含整个系统的复位延迟，以便显示器可以首先完成自检。接下来，我们实例化 PLL 块(第 48~77 行代码)。输入是 125 MHz 系统时钟，输出是 TMDS 编码器所需的 25 MHz 字符率和 250 MHz 像素率。我们使用 BUFG 宏来告诉 Vivado 为两个新生成的时钟信号使用全局时钟网络(第 80、81 行代码)。下一个逻辑块(第 85~99 行代码)包含 HDMI 编码器所用的主要计数器和控制逻辑。它生成 X 和 Y 计数器、数据使能、垂直同步(V_SYNC)和水平同步(H_SYNC)信号。以下块(第 110~115 行代码)实例化了之前在代码清单 10.3 中讨论的图像 RAM。图像 RAM 的输出是字符 ROM(即字体内存)的输入，在第 117~123 行进行实例化。字符 ROM LUT 在之前的 HDL 代码清单 10.4 中讨论过。SW 的两个 LSB 用于选择四种字体之一。由于我们所用的 ROM 只提供零和一值，所以我们使用滑动开关位 3 和 4 来为显示添加一些颜色。如果 RGB 都有相同的数据，那么可以得到灰色或黑/白。使用 SW(2)，我们将红色信号设置为 0，使用 SW(3)，我们可以将所有绿色值设置为 0。我们将始终有黑色背景，但现在除了 R + G + B = 白色(00)，还可以选择 G + B = 青色又称水蓝色(01)，R + B = 品红色
(10)和蓝色(11)。

10.4.6　HDMI 编码器的 CIP 接口

为 HDMI 编码器构建 CIP 是一个多步骤的过程。Digilent Inc.在在线教程 "使用 IP 集成器创
建自定义 IP 核" 中提供了一个很好的程序示例。以下是步骤概述：

(1) 首先创建一个新的 RTL 项目。或者，你可以继续使用上一节创建的基本计算机系统的
副本。确保在 General Project Settings 中将 Target language 设置为 Verilog，以便生成适合 HDMI
组件的适当模板。

(2) 跳转到 Tools → Create and Package New IP…，单击 Next，然后选择 Create a new AXI4
peripheral 并单击 Next。在 Peripheral Detail 下，选择一个描述性名称，如 my_hdmi_cip，以
my...开头，这样你以后可以在 IP 库中轻松找到所使用的组件；还要选中 Overwrite existing 框，
然后单击 Next。AXI interface Type 选择默认的 Lite，使用默认 Data Width 32。单击 Next，在 Create
Peripheral 面板下选择 Edit IP，然后单击 Finish。

(3) 将弹出一个全新的 VIVADO 副本。

(4) 展开 Design Sources my_hdmi_cip_v1_0，双击 my_hdmi_cip_v1_0_S00_AXI_
inst 或右击它并选择 Open。通常需要修改 HDL 文件的三个地方：

- 添加用户参数(文件顶部；HDMI 无需添加)
- 添加用户端口(位于代码中参数部分之后)
- 添加用户逻辑(文件末尾)

```
// 用户在这里添加参数
// 无需为 HDMI 添加
// 用户参数结束
…
// 用户在这里添加端口
output HDMI_OUT_EN,
output [2:0]HDMI_D_P, HDMI_D_N,
output HDMI_CLK_P, HDMI_CLK_N,
// 用户端口结束
…
//在这里添加用户逻辑
wire [3:0]LEDR;
HDMI HDMI_inst(
 .CLOCK_125(S_AXI_ACLK), // CLOCK 125 MHz
.LEDR(LEDR),              //4 LEDs (在最终设计中不连接)
 .KEY({slv_reg0[3], 2'h0, ~S_AXI_ARESETN}),
             // 按键 Key(0)复位 KEY(3)=WE
.SW(slv_reg0[7:4]),    // [7:6]颜色; [5:4]字体
.X(slv_reg0[15:8]),    // X 坐标
```

```
.Y(slv_reg0[23:16]),    // Y 坐标
.D(slv_reg0[31:24]),    // 数据值
.HDMI_OUT_EN(HDMI_OUT_EN),
.HDMI_D_P(HDMI_D_P),
.HDMI_D_N(HDMI_D_N),
.HDMI_CLK_P(HDMI_CLK_P),
.HDMI_CLK_N(HDMI_CLK_N));
// 用户逻辑结束
```

(5) 现在修改包装文件 my_hdmi_cip_v1_0.v。通常需要修改 HDL 文件的 4 个地方：

- 添加用户默认参数(文件顶部；HDMI 无需添加)
- 为用户端口添加映射(位于参数部分之后)
- 新端口的实例化参数(在...inst(..)内)
- 添加用户逻辑的映射(文件末尾；HDMI 无需添加)

```
// 用户在这里添加参数
// 无需为 HDMI 添加
// 用户参数结束
…
// 用户在这里添加端口
output HDMI_OUT_EN,
output [2:0]HDMI_D_P, HDMI_D_N,
output HDMI_CLK_P, HDMI_CLK_N,
// 用户端口结束
…
)my_ip_text4hdmi_v1_0_S00_AXI_inst(
.HDMI_OUT_EN(HDMI_OUT_EN),
.HDMI_D_P(HDMI_D_P),
.HDMI_D_N(HDMI_D_N),
.HDMI_CLK_P(HDMI_CLK_P),
.HDMI_CLK_N(HDMI_CLK_N),
  .S_AXI_ACLK(s00_axi_aclk),
…
// 用户在这里添加参数
// 无需为 HDMI 添加
// 用户参数结束
```

(6) 在实例化 HDMI 编码器后，VIVADO 会用问号 `? HDMI_inst - HDMI` 标记缺失的源代码组件。右击该条目并添加适当的 HDL 源文件。添加 HDMI.v 后，VIVADO 会要求使用 img_ram.v、char_rom.v 和 tmds_encoder.v 文件。你需要定位到这些文件并将其添加到项目中。不要忘记也要将 4 个字体文件和默认监视器文本初始化文件*.MIF 添加到项目中。

(7) 现在核心设计已完成，我们需要打包核心，以便在我们的设计中重用 CIP。单击 Package IP– my_hdmi_cip 标签，确保在 Compatibility 选择中有 zynq 可用。单击(<u>Merge changes from</u>

Customization Parameters Wizard)，以便 Vivado 识别新文件和端口。单击 File Groups，确保所有文件(如图 10.15a 所列)都包含在 CIP 中。在 Ports and Interfaces 下，应列出新的 HDMI 信号(见图 10.15b)。如果单击 Customize GUI，应该看到 CIP 符号中包含新端口(见图 10.15c)。最后，单击 Review and Package 面板，选择 Re-Package IP 按钮。对是否关闭项目回答 Yes。第 2 个 Vivado 窗口将关闭，我们返回到原始设计。

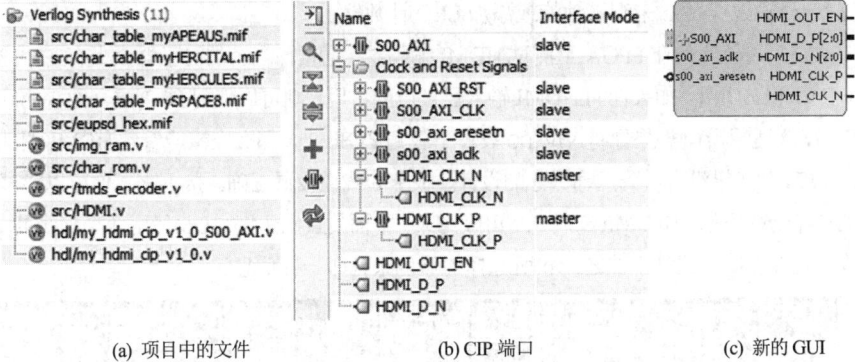

(a) 项目中的文件　　　　(b) CIP 端口　　　　(c) 新的 GUI

图 10.15　CIP 包 IP

(8) 现在可以将 my_hdmi_cip 集成到我们构建的 MicroBlaze 系统中。强烈建议使用上一节构建的基本计算机副本或其他可行的设计。如果你在修订版上操作，并且你的 IP 块被锁定，则需要先运行 Upgrade IP。如果仍然锁定，那么你可以尝试关闭 Vivado，然后重新启动。你可以通过 ⬚ 并搜索 my... 来实例化新 CIP 的副本，并使用 Run Connection Automation。图 10.16 显示了包括 CIP 在内的最终块设计，其中新的 CIP 位于右上角。我们需要在 BD 中创建所有端口并更新 XDC 文件。查找 ##HDMI Signals 部分。你需要启用以下 9 个端口：HDMI_CLK_N、HDMI_CLK_P、HDMI_D_N[0]、HDMI_D_P[0]、HDMI_D_N[1]、HDMI_D_P[1]、HDMI_D_N[2]、HDMI_D_P[2] 和 HDMI_OUT_EN。

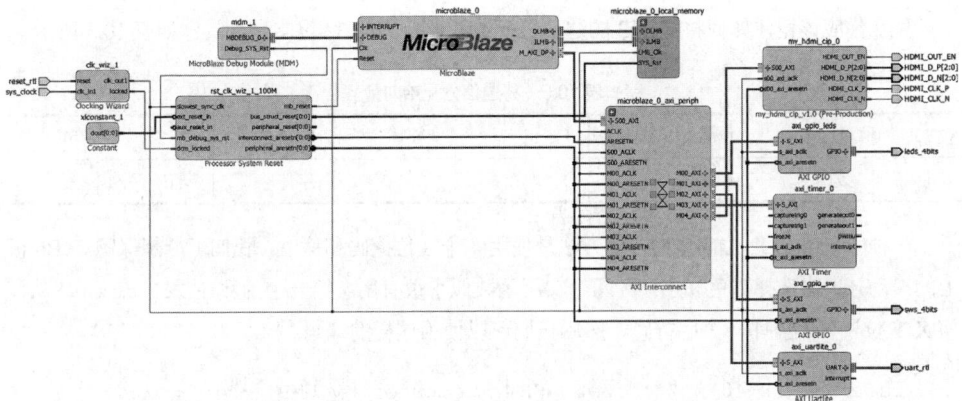

图 10.16　Vivado 中包含 HDMI CIP 的最终基本计算机系统

(9) 开始程序开发。在 Vivado 中使用 File→Export→Export Hardware... 开始。导出前不要忘

记选择 Include bitstream 选项，然后单击 OK。接下来选择 File → Launch SDK 并单击 OK。由于我们有一个新组件，利用 SDK 的功能来生成用于测试所有组件的外设测试程序似乎是个好主意。转到 File→New→Application Project，选择一个项目名称，如 test_IO，然后单击 OK，接着在 Template 中选择 Peripheral Tests。当运行测试时，你会在 Terminal 窗口中看到每个外设发出的成功消息，以及 ZyBo 板上 4 个绿色 LED 出现的非常短暂的跑马灯效果。然后我们可以修改主例程 testperiph.c 来测量性能或添加 LED 计数器。

(10) 最后，让我们在 FPGA 上测试 HDMI 编码器。通常，当今的显示器至少有三个输入：VGA、DVI 和 HDMI。如果你的 HDMI 输入已被电脑占用，则可以使用 DVI(配合便宜的硬连线 HDMI→DVI 适配器)。如果你将 VIVADO 设计下载到 ZyBo 上，那么应该能看到 HDMI 测试图像(见图 10.17a)。如果没有看到，确保你的设计、板卡和线缆设置正确。接下来，你可以尝试在显示器上打印一些信息，如 DMIPS 或 FPMIPS 结果。下面的代码(程序 10.6)使用两个简短的 ANSI C 函数，允许你使用四种字体之一和所选择的颜色来打印一行信息。

图 10.17　HDMI 文本终端示例。(a) 默认显示的前 8 行。(b) DMIPS 测量结果。(c) 浮点基本运算时间测量

现在你应该记住如何将与 CIP 的通信分配给我们定义的 32 位向量，具体如表 10.5 所示。

表 10.5　将通信分配给向量

位	[31:24]	[23:16]	[15:8]	[7:6]	[5:4]	[3]	[0]
功能	数据	Y	X	颜色	字体	WE	复位

一种用来组合 32 位向量的方便方法是使用 4 个 8 位掩码和移位。我们可能想保留 ZyBo 板上的滑动开关来选择颜色和字体。两个实用函数似乎很有用。第一个函数 HDMI_text() 从任何 X/Y 位置开始打印一个字符串。然后我们可以使用这样的编码：

```
char banner[40]= "*** ZyBo HDMI Computer by UMB ***\0";
HDMI_text(23, 3, banner);
```

显示器将从第 23 列和第 3 行开始显示文本字符串。第二个函数 HDMI_cls() 可以用作清屏

功能。我们可能想在显示器边框添加一个横幅，使其更吸引人。以下是完成这个任务所用的 ANSI C 函数。

程序 10.6：用于 HDMI 显示的两个实用程序

```
1   //==========================================================
2   // 向 HDMI 显示器发送文本字符串的子程序
3   //==========================================================
4   void HDMI_text(int x, int y, char *text_ptr)
5   {
6       volatile int i;
7       u32 sv, w0, w1, w2, w3, val, xx=x;
8
9       /* 假设文本字符串长度为一行 */
10      while( *(text_ptr)){
11          sv = Xil_In32(SWITCHES);     // sv= 颜色 + 字体
12          w0= mask0 &((sv << 4)+ 8);   // 设置 WE=1
13          w1= mask1 &(xx << 8);
14          w2= mask2 &(y << 16);
15
16          i = *(text_ptr);             // 一次打印一个字符
17          text_ptr++;
18          w3= mask3 &(i << 24);   // 字符 ASCII 0=48 十进制
19          val= w3 + w2 + w1 + w0;
20          Xil_Out32(HDMI, val);
21          xx++;
22          for(i=0;i<(125000000/9)/30; i++); // 等待 WE 1s/30 Hz
23      }
24  }
25  //==========================================================
26  // 清除前 ymax 行的子程序；给显示器添加横幅
27  //==========================================================
28  void HDMI_cls(int ymax)
29  {
30      volatile int i;
31      u32 sv, w0, w1, w2, w3, val, x, y;
32
33      for(y=0;y<ymax;y++)
34          for(x=0;x<80;x++){
35              sv = Xil_In32(SWITCHES);     // 衬线字体= SW=01;
36              w0= mask0 &((sv << 4)+ 8);   // 颜色=黑白=00; 设置 WE=1
37              w1= mask1 &(x << 8);
38              w2= mask2 &(y << 16);
39              if((x==0)||(x==79)||(y==0)||(y==59))
40                  i=banner[(x+y)%32];
41              else
```

```
42              i=32; // 空格字符 十进制=32
43         w3= mask3 &(i << 24); // 字符 ASCII 0=48 十进制
44         val= w3 + w2 + w1 + w0;
45         Xil_Out32(HDMI, val);
46         for(i=0;i<(125000000/9)/30; i++); // 等待 1s/60 Hz
47     }
48  }
```

10.4.7　HDMI 编码器的综合结果

我们可能还想知道 CIP 会花费多少额外逻辑资源。这主要是编码器逻辑所需用到的块 RAM 和 LUT。

总的来说，LUT 数量增加了 242 个 LUT 和 4 个 BRAM，如表 10.6 所示。IP 块的编译时间相当长，但由于这是一次性工作，因此在使用智能综合(只在发生更改时重新编译)时不需要对其重新编译，而对设计进行小改动后，5 分钟的综合和实现编译时间更加现实。

表 10.6　MICROBLAZE Basic Computer(BC)在 Zynq 7 K xc7z010t-1clg400 设备上的综合结果

资源	无 HDMI 编码器的 BC	带 HDMI 编码器的 BC
LUT	1759	2001
LUT 作为 RAM	139	139
块 RAM RAMB36	32	36
DSP 块	0	0
PLL	0	1
HPS	0	0
125 MHz 系统时钟下的时序裕度	0.518 ns	0.454 ns
IP 编译时间	44:44:36	1:02:10
综合+实现编译时间	5:58	5:42

10.5　深入了解：MICROBLAZE 指令集架构

看看你的汽车引擎盖下包含的部件通常是一件令人印象深刻的事情。你会看到一个闪亮的引擎，以及工程师们每天为驱动你的汽车投入的所有精力、专业知识和热爱。对于微处理器，我们也做类似的事情：只需看看机器(即 CPU)的内部工作机制，往往就会对微处理器设计中投入的架构和细节的数量印象深刻。甚至有人可能会争辩说，构建一个高度流水线化的 7 亿晶体管 CPU 的复杂程度不亚于你能想到的世界上的任何其他建筑，比如金字塔。无论如何，在某些情况下，对 CPU 的这种精确了解是有益的，比如为新组件(如 JTAG 控制器)编写驱动程序。有时候，了解 CPU 架构的细节(如流水线、寄存器或 ANSI C 编译器的期望)甚至是必要的。

通常，逐一浏览每条指令、寻址模式、寄存器等是相当乏味的，所以让我们通过设计自己的小型 MicroBlaze(我们将其称为 Trisc3mb)来让这项研究变得更有趣一些，它实现了 MicroBlaze 指令集架构(Instruction Set Architecture，ISA)的一个简化子集。我们不会尝试实现所有指令，而是实现一个有用的指令子集，允许我们编写简单的任务，如内存访问、(嵌套)函数调用或闪存程序，这样我们就可以研究 MicroBlaze 和 GCC 之间的硬件-软件接口。那么，让我们开始了解 MicroBlaze 中的寄存器是如何组织的。有些寄存器有特殊的职责，这些寄存器会从 GCC 编译器中获得特殊名称。MicroBlaze 有 32 个 32 位寄存器。第一个寄存器 r0 始终为零。写入 r0 不会被执行，实际上可以被视为或用作 NOP 操作。GCC 使用 r1 作为栈指针(sp)，并经常在寄存器 r19 中构建 sp 的镜像；因此，我们在内存访问期间应该关注这两者。MicroBlaze 不使用全局指针寄存器，而是使用符号/存储器表来存储全局变量位置。寄存器 r15 用作子程序的返回地址。其他专用寄存器是 r2、r13、r14、r16、r17 和 r18，它们由编译器使用，不应用于一般用途。例如，r14 保存中断返回地址，r16 保存调试器使用的陷阱地址。

MicroBlaze 使用两种指令类型或范畴。即三寄存器类型(A 类型)和使用立即数的指令(B 类型)。这允许我们也手动编码和解码每条指令(见练习 10.17-10.24)。所有指令都是 32 位长，格式如表 10.7 所示。

表 10.7 MicroBlaze 使用的两种 32 位指令编码格式

位段	0...5	6...10	11...15	16..20	21...31
位宽	6 位	5 位	5 位	5 位	11 位
A 类型	操作码	目标寄存器 D	源寄存器 A	源寄存器 B	0x000
B 类型	操作码	目标寄存器 D	源寄存器 A	16 位立即数	

两种指令类型都在前 6 位 0...5 中指定操作码。B 类型包含一个 16 位长的 IMM16 常量，用于任何需要使用大常量值的指令。大多数 B 类型指令的类型为 r(D)=r(A)□IMM16。D 指定 32 个目标寄存器中的一个，A 指定第一个源寄存器的索引。对于 r(D)，通常使用缩写 rD。一些操作如 addi 需要使用 32 位常量；而 IMM16 会被符号扩展。如果需要使用真正的 32 位常量，那么在 addi(或任何其他...i 指令)之前出现的 imm 指令将在寄存器的 MSB 中加载 16 位。

如果所有指令都严格遵循这两种格式，那只有 $2^6 = 64$ 条指令可以被编码，而 MicroBlaze UG984 在表 2.6 [X18]中列出了 148 条可用指令。例如，所有分支指令都用操作码 0x27 进行编码。2×6 个分支对应的各种条件，如 EQ、NE、LT、...、GE 在位 6...10 中编码。

大多数 A 类型指令使用 r(D)=r(A)□r(B) 风格，这是典型的三地址机器指令。但是，例如，浮点比较指令，也使用位 25...27 来编码七种不同的比较条件。这样，一个单一的操作码实现了 7 种不同的指令。MicroBlaze ISA 多年来也在不断发展：2008 年的 UG081 [X08]列出了 129 条指令，而我们采用的 Vivado 2016.4 [X18]UG984 列出了 148 条指令。

让我们简要看一下可用的指令类。按功能分组，我们可以构建以下 5 组指令：

- 我们统计了 19 条算术指令：三种 B 类型 addi、muli 和 rsubi，以及 8 种 R 类型，add、clz、mul、idiv、mulh、mulhu、mulhsu 和 rsub，其中 u 表示无符号操作数。定义了 8 种浮点操作 fadd、frsub、fmul、fdiv、fcmp、flt、fint 和 fsqrt，这些操作需要启用 FP 硬件。

- 13 条逻辑和移位指令包含以下 A 类型 and、andn、bs、or、sra、src、srl 和 xor，以及 5 种 IMM16 类型 andi、andni、ori、xori、bsi。桶形移位操作 bs 和 bsi 需要在综合时启用额外的硬件支持。

- 我们统计了 21 个分支和条件。我们有两条无条件(br 和 brk)分支指令和 6 条条件分支指令。命名类似于 FORTRAN 比较操作 beq、bge、bgt、ble、blt 和 bne。具有相同操作的 "i" 表示 IMM16 使用的是 beqi、bgei、bgti、blei、blti、bnei、bri 和 brki。有 4 种返回操作：rtbd、rtid、rted 和 rtsd 以及一个比较操作 cmp。

- 数据传输，即加载和存储，有单字节、2 字节(半字)和 4 字节(又称字)大小。包含无符号操作数"u"的指令 lbu、lhu、lw、sb、sh、sw、lwx 和 swx，以及前 6 种指令的 IMM16 等效操作 lbui、lhui、lwi、sbi、shi、swi。imm 指令在 MSB 中存储 16 位数据。有一些额外的指令用于处理寄存器操作和流接口：get、getd、mbar、mfs、msrclr、msrset、mts、put、putd、swapb 和 swaph。我们总共统计了 26 种加载/存储操作。

- MICROBLAZE 有 7 条其他特殊指令，处理缓存内存(wdc 和 wic)、符号扩展(sext16 和 sext8)以及匹配字节模式：pcmpbf、pcmpeq 和 pcmpne。

一些指令带有额外的标志以便进行细化。例如，无条件分支 br 指令使用 3 个标志：位 11 的 D 标志表示使用分支延迟槽，位 12 的 A 标志表示绝对寻址，位 13 的 L 标志表示链接，因此总共 6 个分支操作使用了相同的操作码。所有指令的完整描述可以在处理器参考手册中找到，即用户指南 984 [X18]。确保你下载的手册是与你安装的软件匹配的正确版本。现在让我们仔细看看我们想要在 HDL 中实现的指令。在表中，我们使用 σ(IMM16)作为符号扩展的简写。这些指令列在表 10.8 中，同时也列出了操作码、汇编编码、格式和操作描述。如果我们使用第三位作为立即标志，那么其中一些指令可以进行组合。当 D 位设置为 1 时，分支指令可能使用分支延迟槽。

表 10.8　在 HDL 中实现的 MICROBLAZE ISA 子集。D、A、L 标志在位 11、12、13 中。对于条件分支和返回，D 在位 6 中

操作	ASM 代码	额外条件	操作类型	操作描述
000000	add rD,rA,rB		算术	rD=rA+rB
000010	addc rD,rA,rB		算术	rD=rA+rB+C
000100	addk rD,rA,rB		算术	rD=rA+rB[保留 C]
000110	addkc rD,rA,rB		算术	rD=rA+rB+C[保留 C]
000101	cmpu		分支	rD=rB-rA;rD(MSB)=(rA>rB)?

(续表)

操作	ASM 代码	额外条件	操作类型	操作描述
001000	addi rD,rA,IMM		算术	rD=rA+σ(IMM16)
001010	addic rD,rA,IMM		算术	rD=rA+σ(IMM16)+C
001100	addik rD,rA,IMM		算术	rD=rA+σ(IMM16)[保留 C]
001110	addikc rD,rA,IMM		算术	rD=rA+σ(IMM16)+C[保留 C]
100000	or rD,rA,rB		逻辑	rD=rA OR rB
100010	xor rD,rA,rB		逻辑	rD=rA XOR rB
100110	br rB	DAL=000	分支	PC=PC+rB
100110	bra rB	DAL=010	分支	PC=rB
100110	brd rB	DAL=100	分支	PC=PC+rB[延迟]
100110	brad rB	DAL=110	分支	PC=rB[延迟]
100110	brld rD,rB	DAL=101	分支	rD=PC;PC=PC+rB[延迟]
100110	brald rD,rB	DAL=111	分支	rD=PC;PC=rB[延迟]
100111	beq,bne,blt,ble, bgt,bge	D=0,B8–10: 000..100	分支	If(cond) THEN PC=PC+σ(IMM16)
100111	beqd,bned,bltd, bled,bgtd,bge	D=1,B8–10: 000..100	分支	If(cond) THEN PC=PC+σ(IMM16)[延迟]
101000	ori rD,rA,IMM		逻辑	rD=rA OR σ(IMM16)
101010	xori rD,rA,IMM		逻辑	rD=rA xOR σ(IMM16)
101100	imm		数据传输	rI={IMM16,0x0000}
101110	bri	DAL=000	分支	PC=PC+σ(IMM16)
101110	brai	DAL=010	分支	PC=σ(IMM16)
101110	brid	DAL=100	分支	PC=PC+σ(IMM16)[延迟]
101110	braid	DAL=110	分支	PC=σ(IMM16)[延迟]
101110	brlid	DAL=101	分支	rD=PC;PC=PC+σ(IMM16)[延迟]
101110	bralid	DAL=111	分支	rD=PC;PC=σ(IMM16)[延迟]
	rtsd		分支	If(rA=rB) THEN PC=PC+4+σ(IMM16)ELSE PC=PC+4
101111	beqi,bnei,blti, blei,bgti,bgei	D=0,B8–10: 000..100	分支	If(cond) THEN PC= PC+σ(IMM16)
101111	beqid,bneid,bltid, bleid,bgtid,bgeid	D=1,B8–10: 000..100	分支	If(cond) THEN PC=PC+σ(IMM16)[延迟]
110010	lw rD,rA,IMM		数据传输	rD=MEM[rA+rB]

(续表)

操作	ASM 代码	额外条件	操作类型	操作描述
110110	sw rD,rA,rB		数据传输	MEM[rA+rB]=rD
111110	swi rD,rA,IMM		数据传输	MEM[rA+σ(IMM)]=rD
111010	lwi rD,rA,IMM		数据传输	rD=MEM[rA+σ(IMM16)]

我们尝试为 HDL 和汇编程序使用类似的 CONSTANT/PARAMETER 编码。

由于 SDK 中 GPIO 通常需要使用三个函数调用(见程序 10.1),让我们首先看看 GCC 在 MICROBLAZE 中组织数据的方式。在 ANSI C 代码中,我们可以将变量/数据定义放在代码的初始部分,使数据在主程序段以及我们可能使用的任何函数中都"全局"可用。另一种选择是我们可以将变量定义放在主代码中。让我们看看 GCC 如何处理这两种情况。下面是一个小的 ANSI C 测试程序。

DRAM 程序 10.7:DRAM 写入后读取

```
1    volatile int g;// Volatile 允许我们看到完整的汇编代码
2    volatile int garray[15];
3    int main(void) {
4        volatile int s;              // 声明 volatile 告诉编译器
5        volatile int sarray[14];  // 不要尝试优化
6        s = 1;    // 内存位置 sp+
7        g = 2;    // 内存位置 gp+
8        sarray[0]= s;  // 内存位置 sarray[0]是 sp+4
9        garray[0]= g;  // 内存位置 garray[0]是 gp+4
10       sarray[s]= 0x1357; // 使用变量;需要*4 用于字节地址
11       garray[g]= 0x2468; // 使用变量;需要*4 用于字节地址
12   }
```

SDK elf 文件中相关的汇编输出代码如图 10.18 所示。我们注意到,GCC 使用全局符号表来直接索引全局标量和数组(见第 28 行代码)。在我们的 main() 程序段中定义的局部数据通过栈指针 sp=r1 进行索引。栈指针 r1 的副本也被放置在寄存器 r19 中(见第 14 行代码)。所有数据(和程序)访问都以字节为增量进行,这就是为什么我们使用的第一个整数变量的地址是 0(sp),第二个是 4(sp),第三个是 8(sp) 等等。MICROBLAZE 总线架构在内部设计为具有单独的数据和程序总线,即哈佛架构,可以连接到(一个或多个)紧密耦合的数据内存。然而,由于 MICROBLAZE GCC 只支持一个 .text 段,因此将存储器组织为冯•诺依曼型,即程序和数据共享同一存储器。数据存储器只能使用程序段之后的地址空间。全局数据的起始地址在代码段之后的某个位置,而 sp 使用的起始地址在物理内存的末尾,用该内存地址减去存放数据所需的字节数即可得到。这些值由 GCC 在程序开始时设置(见图 10.18a)。

运行 mb_testdmem.c 程序,直到它到达 ret 指令,然后监视内存内容。在物理内存的末尾,我们看到(图 10.18c)由 sp 索引的局部值。sarray[1]的值 0x1357 可以在地址 0x180C

找到。作为 sarray[1] 的字地址，可以得到 $180C_{16}/4 = 603_{16} = 1539_{10}$。我们在地址 0xC2C 找到 garray[2] (即值 0x2468)，它位于程序代码之后的某处。作为 garray[2] 的字地址，我们得到 $C2C_{16}/4 = 30B_{16} = 779_{10}$。这也应该是我们在 HDL 仿真中应当监视的内存位置 (见图 10.22)。

(a)	

```
      0:  b0000000    imm    0
      4:  30201858    addik  r1, r0, 6232
      8:  3021ffbc    addik  r1, r1, -68
```

```
000003a8 <main>:
===============================================================
  volatile int g;  // 声明为volatile允许我们看到完整的汇编代码
  volatile int garray[15];
int main(void) {
  c:  3021ffbc    addik  r1, r1, -68
  10: fa610040    swi    r19, r1, 64
  14: 12610000    addk   r19, r1, r0
  volatile int s;     // 声明为volatile告诉编译器
  volatile int sarray[14];  // 不要尝试优化
  s = 1; // 内存位置sp+4
  18: 30600001    addik  r3, r0, 1
  1c: f8730004    swi    r3, r19, 4
  g = 2; // 内存位置gp在c20
  20: 30600002    addik  r3, r0, 2
  24: b0000000    imm    0
  28: f8600c20    swi    r3, r0, 3104    // c20 <g>
  sarray[0] = s; // 内存位置 sarray[0]是sp+8
  2C: e8730004    lwi    r3, r19, 4
  30: f8730008    swi    r3, r19, 8
  garray[0] = g; // 内存位置 garray[0]在 c24
  34: b0000000    imm    0
  38: e8600c20    lwi    r3, r0, 3104    // c20 <g>
  3C: b0000000    imm    0
  40: f8600c24    swi    r3, r0, 3108    // c24 <garray>
  sarray[s] = 0x1357; // 使用变量; 需要 *4 作为字节地址
  44: e8730004    lwi    r3, r19, 4
  48: 10631800    addk   r3, r3, r3
  4C: 10631800    addk   r3, r3, r3
  50: 30930004    addik  r4, r19, 4
  54: 10641800    addk   r3, r4, r3
  58: 30630004    addik  r3, r3, 4
  5C: 30801357    addik  r4, r0, 4951
  60: f8830000    swi    r4, r3, 0
  garray[g] = 0x2468; // 使用变量; 需要 *4 作为字节地址
  64: b0000000    imm    0
  68: e8600c20    lwi    r3, r0, 3104    // c20 <g>
  6C: 10631800    addk   r3, r3, r3
  70: 10631800    addk   r3, r3, r3
  74: b0000000    imm    0
  78: 30630c24    addik  r3, r3, 3108
  7C: 30802468    addik  r4, r0, 9320
  80: f8830000    swi    r4, r3, 0
  84: 10600000    addk   r3, r0, r0
}
  88: 10330000    addk   r1, r19, r0
  8C: ea610040    lwi    r19, r1, 64
  90: 30210044    addik  r1, r1, 68
  94: b60f0008    rtsd   r15, 8
  98: 80000000    or     r0, r0, r0
```

(b)	

(c)

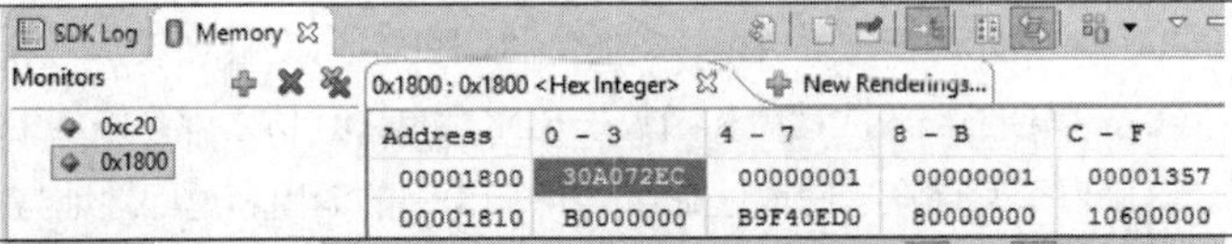

SDK Log | Memory ⊠

Monitors ➕ ✖ ✖

| | 0x1800 : 0x1800 <Hex Integer> ⊠ | New Renderings... |

◆ 0xc20
◆ 0x1800

Address	0 - 3	4 - 7	8 - B	C - F
00001800	30A072EC	00000001	00000001	00001357
00001810	B0000000	B9F40ED0	80000000	10600000

(d)

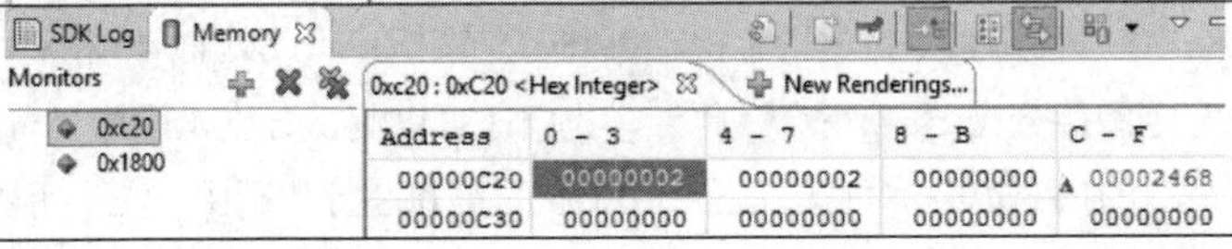

SDK Log | Memory ⊠

Monitors ➕ ✖ ✖

| | 0xc20 : 0xC20 <Hex Integer> ⊠ | New Renderings... |

◆ 0xc20
◆ 0x1800

Address	0 - 3	4 - 7	8 - B	C - F
00000C20	00000002	00000002	00000000	00002468
00000C30	00000000	00000000	00000000	00000000

图 10.18　TRISC3MB 数据内存 ASM 测试程序。局部和全局内存写入后读取相同位置。(a) 开始序列。

(b) main() 程序。(c) sp 处的内存。(d) 全局变量的内存 (在 gp 处)

第二个例子,让我们检查(嵌套)函数调用需要用到哪些指令。我们再次从一个简短的 ANSI C 示例开始,看看 GCC 需要使用哪些指令。以下是我们的 C 代码。

3 级嵌套程序 10.8:嵌套函数测试代码

```
1    void level3(int *array, int s1){
2        s1 += 1;
3        array[3]= s1;
4        return;
5    }
6    void level2(int *array, int s1){
7        s1 += s1;
8        array[2]= s1;
9        level3(array, s1); // 调用第三层
10       return;
11   }
12   void level1(int *array, int s1){
13       s1 += 1;
14       array[1]= s1;
15       level2(array, s1); // 调用第二层
16       return;
17   }
18   int main(void) {
19       volatile int s1, s2, s3;
20       int array[11];
21       s1 = 0x1233; // 存储器位置 sp+0
22       while(1){
23           level1(array, s1);
24           s1 = array[1];
25           s2 = array[2];
26           s3 = array[3];
27       }
28   }
```

与我们之前对 PICOBLAZE 的研究一样,这里也使用三层循环,且只使用局部变量,即 sp 索引的变量。设置 sp 并通过 r2 跳转到 main() 对应的起始序列与前面的例子不同,因为我们希望保留代码行的编号。因此,在设置栈指针之后,我们包含了大量(总共 231 条)NOP 指令(实现为 or r0,r0,r0),以便 main() 程序和函数在 SDK 和 HDL 仿真中恰好从相同的程序存储器地址开始执行。这确保了存储在返回地址寄存器(即 r15)中的调用和返回地址与 ANSI C 调试器和 HDL 相匹配。这些初始指令也适用于检查不同的分支指令。此处有 pc 相对(br 或 bri)、绝对(brai)和寄存器间接分支(bra)指令。此外,我们还可以测试分支延迟槽具有的功能。这里,紧跟在分支指令后的指令也会被执行。在图 10.19a 的第 008 行代码中,我们可以看到将 sp=r1 加载为 $6348_{10} = 18CC_{16}$ 的值位于延迟槽中。因此,如果我们监控 r1,就能看到延迟槽是否在工作。

在函数调用中，我们包含一个数组和一个标量。在调用过程中，我们递增标量并将新值分配给数组。我们使用 0x1233 作为初始值，以便在内存中容易将其识别。图 10.19a 显示了第 2 层和第 3 层函数对应的汇编代码，而图 10.19b 显示了第 1 层和 main() 函数对应的汇编代码。

```
000: b0000000  imm  0
004: b81804b4  braid  4b4
008: 302018CC  addik r1, r0, 6348
00c: 80000000  or r0, r0, r0
…
3a4: 80000000 or  r0, r0, r0
  void level3(int *array, int s1){
3a8: 3021fff8 addik r1, r1, -8
3ac: fa610004 swi  r19, r1, 4
3b0: 12610000 addk r19, r1, r0
3b4: f8b3000c swi  r5, r19, 12
3b8: f8d30010  swi  r6, r19, 16
  s1 += 1;
3bc: e8730010 lwi  r3, r19, 16
3c0: 30630001 addik r3, r3, 1
3c4: f8730010 swi  r3, r19, 16
  array[3] = s1;
3c8: e873000c lwi  r3, r19, 12
3cc: 3063000c addik r3, r3, 12
3d0: e8930010 lwi  r4, r19, 16
3d4: f8830000 swi  r4, r3, 0
  return;
 3d8: 80000000  or  r0, r0, r0
}
3dc: 10330000  addk r1, r19, r0
3e0: ea610004  lwi  r19, r1, 4
3e4: 30210008  addik r1, r1, 8
3e8: b60f0008  rtsd r15, 8
3ec: 80000000  or  r0, r0, r0
```

```
000003f0 <level2>:
void level2(int *array, int s1) {
3f0: 3021ffe0  addik r1, r1, -32
3f4: f9e10000  swi  r15, r1, 0
3f8: fa61001c  swi  r19, r1, 28
3fc: 12610000  addk r19, r1, r0
400: f8b30024  swi  r5, r19, 36
404: f8d30028  swi  r6, r19, 40
  s1 += s1;
408: e8930028  lwi  r4, r19, 40
40c: e8730028  lwi  r3, r19, 40
410: 10641800  addk r3, r4, r3
414: f8730028  swi  r3, r19, 40
  array[2] = s1;
418: e8730024  lwi  r3, r19, 36
41c: 30630008  addik r3, r3, 8
420: e8930028  lwi  r4, r19, 40
424: f8830000  swi  r4, r3, 0
  level3(array, s1);//调用 level 3
428: e8d30028  lwi  r6, r19, 40
42c: e8b30024  lwi  r5, r19, 36
430: b9f4ff78  brlid r15, -136
// 3a8 <level3>
434: 80000000  or  r0, r0, r0
  return;
438: 80000000  or  r0, r0, r0
}
43c: e9e10000  lwi  r15, r1, 0
440: 10330000  addk r1, r19, r0
444: ea61001c  lwi  r19, r1, 28
448: 30210020  addik r1, r1, 32
44c: b60f0008  rtsd r15, 8
450: 80000000  or  r0, r0, r0
```

```
00000454 <level1>:
  void level1(int *array, int s1) {
454: 3021ffe0  addik r1, r1, -32
458: f9e10000  swi  r15, r1, 0
45c: fa61001c  swi  r19, r1, 28
460: 12610000  addk r19, r1, r0
464: f8b30024  swi  r5, r19, 36
468: f8d30028  swi  r6, r19, 40
  s1 += 1;
46c: e8730028  lwi  r3, r19, 40
470: 30630001  addik r3, r3, 1
474: f8730028  swi  r3, r19, 40
  array[1] = s1;
478: e8730024  lwi  r3, r19, 36
47c: 30630004  addik r3, r3, 4
480: e8930028  lwi  r4, r19, 40
484: f8830000  swi  r4, r3, 0
  level2(array, s1); // 调用 level 2
488: e8d30028  lwi  r6, r19, 40
48c: e8b30024  lwi  r5, r19, 36
490: b9f4ff60  brlid r15,-160
                   //3f0 <level2>
494: 80000000  or  r0, r0, r0
  return;
498: 80000000  or  r0, r0, r0
}
49c: e9e10000  lwi  r15, r1, 0
4a0: 10330000  addk r1, r19, r0
4a4: ea61001c  lwi  r19, r1, 28
4a8: 30210020  addik r1, r1, 32
4ac: b60f0008  rtsd r15, 8
4b0: 80000000  or  r0, r0, r0
```
```
===========================================
000004b4 <main>:
int main(void) {
4b4: 3021ffa8  addik  r1, r1, -88
4b8: f9e10000  swi  r15, r1, 0
4bc: fa610054  swi  r19, r1, 84
4c0: 12610000  addk  r19, r1, r0
  volatile int s1, s2, s3;
  int array[11];
  s1 = 0x1233; // 内存位置 sp+0
4c4: 30601233  addik  r3, r0, 4659
4c8: f873001c  swi  r3, r19, 28
  while(1)  {
    level1(array, s1);
4cc: e893001c  lwi  r4, r19, 28
4d0: 30730028  addik  r3, r19, 40
4d4: 10c40000  addk  r6, r4, r0
4d8: 10a30000  addk  r5, r3, r0
4dc: b9f4ff78  brlid  r15, -136 //
454 <level1>
4e0: 80000000  or  r0, r0, r0
    s1 – array[1];
4e4: e873002c  lwi  r3, r19, 44
4e8: f873001c  swi  r3, r19, 28
    s2 = array[2];
4ec: e8730030  lwi  r3, r19, 48
4f0: f8730020  swi  r3, r19, 32
    s3 = array[3];
4f4: e8730034  lwi  r3, r19, 52
4f8: f8730024  swi  r3, r19, 36
  }
4fc: b800ffd0  bri  -48    // 4cc
```

(a) 3层和2层函数	(b) 1层和main()程序

图 10.19　TRISC3MB 嵌套循环 ASM 测试程序

与 PICOBLAZE 不同，MICROBLAZE 没有用于存储循环返回地址的 pc 栈。我们只有一个寄存器 r15=r1 来存储一个返回地址。如果只调用一个函数，那就足够了(参见图 10.19a 中的 level 3)。但是如果我们在第一个被调用的函数中调用另一个函数，就需要将 r15=r1 的值存储到内存中(参见图 10.19 中的 0x3f4 和 0x458 行)，并在函数结束时恢复 r1=r15(0x43c 和 0x49c 行)。为了索引循环地址的内存位置，我们使用栈寄存器 sp=r1。由于 sp 也用于索引我们使用的局部变量，所以将 sp 的副本放在 r19 中(0x4c0 行)以在函数调用期间索引我们使用的变量。最后，在从 0x1890 处开始的内存区域中，我们将有随着 sp 索引的增加而得到的变量值，而在 sp 地址以下(0x1834 和 0x1854)，是用于函数调用的返回地址。我们运行主程序循环一次，然后监控从 0x1830 处开始出现的内存内容。经过一次循环迭代后，我们将观察到如表 10.9 所示的值。

表 10.9　**nesting.c** 程序运行后的内存内容

0x1850 : 0x1850 <Hex Integer> ✕		➕ New Renderings...		
Address	**0 - 3**	**4 - 7**	**8 - B**	**C - F**
00001830	00001834	00000490	0000189C	00002469
00001840	00000000	00000000	00000000	00000000
00001850	00001854	000004DC	0000189C	00002468
00001860	00000000	00000000	00000000	00000000
00001870	00001874	00000374	0000189C	00001234
00001880	00000000	00000000	00000000	00000000
00001890	00001234	00002468	00002469	00000000
000018A0	00001234	00002468	00002469	00000000

在 0x1890 位置，我们会找到 s1=0x1234，而 array[1] 在 0x18A0 处。在地址 0x1834 处，我们看到 0x490 作为调用第一个 level1 函数的返回地址，而 0x4DC 是在 level1 函数内调用 level2 的返回地址，位于地址 0x1854。这将是我们稍后进行 HDL 仿真的测试台数据。

现在作为第三个例子，让我们用 MICROBLAZE 重新编码之前的 PICOBLAZE LED 闪烁示例。对于 GPIO，我们有几种用于处理 I/O 操作的选项。到目前为止，我们经常使用三个函数调用序列。例如，对于 leds，我们可以使用：

```
XGpio sw, leds; // 来自 xgpio.h 结构体
…
XGpio_Initialize(&leds, XPAR_AXI_GPIO_LEDS_DEVICE_ID);
XGpio_SetDataDirection(&leds, 1, 0x0);
XGpio_DiscreteWrite(&leds, 1, count);
```

这将设置 GPIO 的 BaseAddress、IsReady、InterruptPresent 和 IsDual 值。我们需要对开关 sw 做同样的操作。作为替代方案，我们也可以考虑使用 xil_io.h 中定义的函数调用，其中地址值列在 xparameters.h 中，然后可以编码：

```
volatile u32 LEDS = 0x40000000;
volatile u32 SWITCHES = 0x40010000;
…
SW_value = Xil_In32(SWITCHES);
Xil_Out32(LEDS, SW_value) ;
```

第三种替代方案使用指针，这将是我们的首选方案。它的代码最短，不需要进行任何函数调用，我们也在 Nios II 中使用过。以下是代码思路：

```
volatile int * LED_ptr =(int *) 0x40000000; // ZYBO 绿色 LED 地址
volatile int * SW_ptr =(int *) 0x40010000;  // 4 个滑动开关地址
int SW_value;
…
SW_value = *(SW_ptr);  // 获取 SW 值
*(LED_ptr)= SW_value;  // 在 LED 上显示 SW
```

由于我们没有实现 UART 或缓存，因此不需要调用 init_platform()。对 XGpio_Initialize() 和 XGpio_SetDataDirection() 的调用也将被简化，因为我们实际上没有实现完整的 GPIO，比如缺少需要读取和写入的端口。以下是我们将用 GCC 翻译以构建汇编代码的简化 ANSI C 代码。

ANSI C 程序 10.9：使用 MICROBLAZE 编码的 LED 翻转

```
1   #include <stdio.h>
2   #include "xparameters.h"
3   #include "xil_io.h"
4   #include "platform.h"
5   #include "xil_printf.h"
6   #include "xgpio.h"
7
8   #define LOOP_ITERATIONS 2000000
9
10  int main()
11  {
12     XGpio sw, leds; // 来自 xgpio.h 结构体，包含: UINTPTR BaseAddress;
13                     // u32 IsReady; int InterruptPresent; int IsDual;
14
15     volatile unsigned int i = 0; // volatile，编译器不会移除循环
16
17     volatile u32 LEDS = 0x40000000;
18     volatile u32 SWITCHES = 0x40010000;
19     volatile int*LED_ptr =(int*) 0x40000000; // ZYBO 绿色 LED 地址
20     volatile int * SW_ptr =(int *) 0x40010000;  // 滑动开关地址
21     int SW_value;
22
```

```
23    init_platform(); // 启用 UART 和缓存

24    // 初始化 SW/LED 并设置数据方向为 I/O
25    XGpio_Initialize(&leds, XPAR_AXI_GPIO_LEDS_DEVICE_ID) ;
26    XGpio_SetDataDirection(&leds, 1, 0x00000000);
27    XGpio_Initialize(&sw, XPAR_AXI_GPIO_SW_DEVICE_ID) ;
28    XGpio_SetDataDirection(&sw, 1, 0xFFFFFFFF);
29
30    SW_value = *(SW_ptr);        // 获取 SW 值
31
32    while(1){
33        *(LED_ptr)= SW_value;     // 在 LED 上显示 SW
34        for(i = 0; i < LOOP_ITERATIONS; i+=1){}
35        SW_value = SW_value ^ 0xFF; // 翻转 LED
36    }
37
38    // 处理 GPIO I/O 的替代方式
39    SW_value = Xil_In32(SWITCHES); // 可以
40    Xil_Out32(LEDS, SW_value) ;    // 可以
41    SW_value = XGpio_DiscreteRead(&sw, 1);   // 可以
42    XGpio_DiscreteWrite(&leds, 1, SW_value) ; // 可以
43
44    cleanup_platform();
45    return 0;
46 }
```

从生成的汇编代码中，我们只选择对 I/O 操作来说必要的部分，而不包括我们实际上没有实现的 GPIO 寄存器。这包括设置我们所用的栈指针 r1 或 r19，存储在 DRAM 中供以后使用的 SW 和 led 地址，然后是无限 while(1) 循环。GCC 选择 sp 值为 0x1db4，因此 LED 的地址存储在 sp + 32 处，即位置 1909_{10}。对于滑动开关地址 GCC 则选择位置 sp + 36，即 1910_{10}。由于 GCC 的所有跳转都是相对的，因此我们可以调整行号以匹配 pc。MICROBLAZE 汇编器的起始标签始终是 <start 1>:标签。

将汇编代码重新排列成 HDL 代码后，我们准备好遍历汇编代码(图 10.20a)，同时在下面的 HDL 仿真中监控进度(图 10.21)。对于 HDL 仿真，我们将计数器限制设置为 1，以便在合理的时间内看到计数器切换。I/O 地址列在 xparameters.h 中，我们看到 0x40010000 处的滑动开关和 0x400000000 处的 ZyBo LED 共享相同的 16 位 LSB。我们首先加载滑动开关和绿色 LED 的地址值，并将其存储在内存中(00C-020 行)。接下来循环开始。我们首先将 SW 值写入 LED(030-038 行)，然后计数器的值递增并与我们生成的最终值进行比较。如果 r3-r4 的比较结果变为负值(5C 行)，则循环完成，而 SW 的值则使用一条 XOR 指令(064-06C 行)进行翻转，接着循环又通过一条分支语句从头开始执行。

```
<_start1>:
    000:   b0000000     imm    0
    004:   30201db4     addik  r1, r0, 7604
    008:   12610000     addk   r19, r1, r0
--...  ========================================
-- volatile int * LED_ptr =(int *) 0x40000000;//ZYBO 绿色 LED 地址
    00C:   b0004000     imm    16384
    010:   30600000     addik  r3, r0, 0
    014:   f8730020     swi    r3, r19, 32
--volatile int * SW_ptr = (int *) 0x40010000;//滑动开关地址
    018:   b0004001     imm    16385
    01C:   30600000     addik  r3, r0, 0
    020:   f8730024     swi    r3, r19, 36
--...  ========================================
    SW_value = *(SW_ptr); // 获取 SW 值
    024:   e8730024     lwi    r3, r19, 36
    028:   e8630000     lwi    r3, r3, 0
    02C:   f873001c     swi    r3, r19, 28

    while (1) {
        *(LED_ptr) = SW_value; // 在 LED 上显示 SW
    030:   e8730020     lwi    r3, r19, 32
    034:   e893001c     lwi    r4, r19, 28
    038:   f8830000     swi    r4, r3, 0
    for(i = 0; i < LOOP_ITERATIONS; i+=1){}
    03C:   f8130048     swi    r0, r19, 72
    040:   b8000010     bri    16           // 48c
    044:   e8730048     lwi    r3, r19, 72
    048:   30630001     addik  r3, r3, 1
    04C:   f8730048     swi    r3, r19, 72
    050:   e8930048     lwi    r4, r19, 72
    054:   b000001e     imm    30
    058:   3060847f     addik  r3, r0, -31617
    05C:   16441803     cmpu   r18, r4, r3
    060:   bcb2ffe4     bgei   r18, -28             // 480
        SW_value = SW_value ^ 0xFF; // 翻转 LED
    064:   e873001c     lwi    r3, r19, 28
    068:   a86300ff     xori   r3, r3, 255
    06C:   f873001c     swi    r3, r19, 28
    }
    070:   b800ffc0     bri    -64          // 46c
```

(a)

(b)

0x1db4 : 0x1DB4 <Hex Integer> ⊠	🖶 New Renderings...		
Address	0 - 3	4 - 7	8 - B
00001DD0	0000000C	40000000	40010000

图 10.20　TRISC3MB 闪灯 ASM 测试程序。(a) main() 闪灯汇编程序。(b) sw 和 leds 的内存值

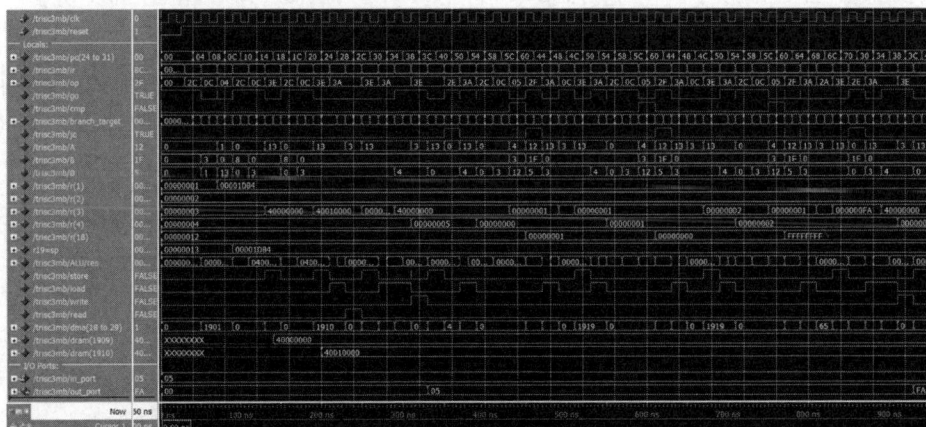

图 10.21　翻转程序的前 1000 ns 仿真步骤，显示了减小的终止计数

这些指令的编码和解码作为本章末尾的练习(参见练习 10.17-10.24)。

现在，我们看一下图 10.21 中的 VHDL 仿真。仿真显示了时钟和复位的输入信号，随后是局部非 I/O 信号，最后是开关和 LED 的 I/O 信号。在复位释放(低电平有效)后，我们看到程序计数器(pc)的值不断增加。pc 在下降沿变化，指令字在上升沿更新(在 ROM 内)。使用 r3 中的地址从输入端口 in_port 中读取值 5 并存入寄存器 r4。地址寄存器 r3 的值被加载到 out_port 寄存器中。计数器的值递增 1 并与终止计数值进行比较。比较结果可以在寄存器 r18 中找到。循环通常会持续多个时钟周期，直到达到 1s 的仿真时间并且输出结果翻转。在仿真中，我们减小了终止计数值，使得输出寄存器 out_port 在完成两个循环后就翻转。在综合和下载到板上之前，我们需要恢复原始的终止计数器值。在仿真中，计数器在 770 ns 时变为负值，在 930 ns 时输出结果翻转。

10.5.1 HDL 实现和测试

PICOBLAZE 设计 trisc2.vhd 或 trisc2.v 应该是我们进行 tiny MICROBLAZE 设计的起点，我们将其称为 TRISC3MB，因为 MICROBLAZE 是一个三地址机器。HDL 代码如下所示。

VHDL 代码 10.10：TRISC3MB(最终设计)

```
1     -- ========================================================
2     -- 标题: T-RISC 3 地址机器
3     -- 描述: 这是 T-RISC 的顶层控制路径/FSM,
4     -- 采用单个三相时钟周期设计
5     -- 它具有三地址类型的指令字
6     -- 实现了 MicroBlaze 架构的一个子集
7     -- ========================================================
8     LIBRARY ieee; USE ieee.std_logic_1164.ALL;
9
10    PACKAGE n_bit_type IS              -- 用户定义类型
11      SUBTYPE U8 IS INTEGER RANGE 0 TO 255;
12      SUBTYPE U12 IS INTEGER RANGE 0 TO 4095;
13      SUBTYPE SLVA IS STD_LOGIC_VECTOR(0 TO 11); -- 程序存储器地址
14      SUBTYPE SLVD IS STD_LOGIC_VECTOR(0 TO 31); -- 数据宽度
15      SUBTYPE SLVD1 IS STD_LOGIC_VECTOR(0 TO 32); -- 数据宽度 + 1
16      SUBTYPE SLVP IS STD_LOGIC_VECTOR(0 TO 31); -- 指令宽度
17      SUBTYPE SLV6 IS STD_LOGIC_VECTOR(0 TO 5);  -- 完整操作码大小
18    END n_bit_type;
19
20    LIBRARY work;
21    USE work.n_bit_type.ALL;
22
23    LIBRARY ieee;
24    USE ieee.STD_LOGIC_1164.ALL;
```

```
25    USE ieee.STD_LOGIC_arith.ALL;
26    USE ieee.STD_LOGIC_signed.ALL;
27    -- ==========================================================
28    ENTITY trisc3mb IS
29    PORT(clk      : IN STD_LOGIC;   -- 系统时钟
30       reset    : IN STD_LOGIC;   -- 低电平有效异步复位
31       in_port  : IN STD_LOGIC_VECTOR(0 TO 7);-- 输入端口
32       out_port : OUT STD_LOGIC_VECTOR(0 TO 7)-- 输出端口
33       -- 以下测试端口仅用于仿真，在综合时应
34       -- 注释掉以避免超出板上引脚数量
35       -- r1_OUT   : OUT SLVD; -- 寄存器 1
36       -- r2_OUT   : OUT SLVD; -- 寄存器 2
37       -- r3_OUT   : OUT SLVD; -- 寄存器 3
38       -- r19_OUT  : OUT SLVD; -- 寄存器 19，即第 2 个栈指针
39       -- r15_OUT  : OUT SLVD; -- 寄存器 14，即返回地址
40       -- jc_OUT   : OUT STD_LOGIC; -- 跳转条件标志
41       -- me_ena   : OUT STD_LOGIC; -- 存储器使能
42       -- i_OUT    : OUT STD_LOGIC; -- 常量标志
43       -- pc_OUT   : OUT STD_LOGIC_VECTOR(0 TO 11); -- 程序计数器
44       -- ir_imm16 : OUT STD_LOGIC_VECTOR(0 TO 15);-- 立即数值
45       -- imm32_out : OUT SLVD; -- 符号扩展立即数值
46       -- op_code  : OUT STD_LOGIC_VECTOR(0 TO 5)-- 操作码
47    );
48    END ENTITY;
49    -- ==========================================================
50    ARCHITECTURE fpga OF trisc3mb IS
51    -- 将 GENERIC 定义为 CONSTANT 用于 _tb
52    CONSTANT WA : INTEGER := 11; -- 地址位宽-1
53    CONSTANT NR : INTEGER := 31; -- 寄存器数量-1; PC 是额外的
54    CONSTANT WD : INTEGER := 31; -- 数据位宽-1
55    CONSTANT DRAMAX : INTEGER := 4095; -- DRAM 字数 -1
56    CONSTANT DRAMAX4 : INTEGER := 16384; -- X"4000";
57                                         -- 实际 DRAM 字节数-1
58    COMPONENT rom4096x32 IS
59    PORT(clk    : IN STD_LOGIC; -- 系统时钟
60         reset : IN STD_LOGIC; -- 异步复位
61         pma : IN STD_LOGIC_VECTOR(11 DOWNTO 0); -- 程序存储器地址
62         pmd : OUT STD_LOGIC_VECTOR(31 DOWNTO 0));-- 程序存储器数据
63    END COMPONENT;
64
65    SIGNAL op : SLV6;
66    SIGNAL dmd, pmd, dma : SLVD;
67    SIGNAL ir, pc, pc4, pc_d, branch_target, target_delay : SLVP;
                                         -- PCs
68    SIGNAL mem_ena, not_clk : STD_LOGIC;
69    SIGNAL jc, go, link, Dflag, Delay, cmp : boolean;-- 控制器标志
```

```
70   SIGNAL br,bra,bri,brai,condbr,condbri : boolean;-- 分支标志
71   SIGNAL swi, lwi, rt : boolean; -- 特殊指令
72   SIGNAL rAzero, rAnotzero, I, K, L, U, LI, D6, D11 : boolean;
                                          -- 标志
73   SIGNAL aai, aac, ooi, xxi : boolean; -- 算术指令
74   SIGNAL imm, ld, st, load, store, read, write : boolean;
                                          -- I/O 标志
75   SIGNAL D, A, B    : INTEGER RANGE 0 TO 31; -- 寄存器索引
76   SIGNAL rA, rB, rD : SLVD :=(OTHERS => '0');-- 当前操作数
77   SIGNAL rAsxt, rBsxt, rDsxt : SLVD1; -- 符号扩展操作数
78   SIGNAL rI,imm16 : STD_LOGIC_VECTOR(0 TO 15);-- 16 位最低有效位
79   SIGNAL sxt16 : STD_LOGIC_VECTOR(0 TO 15);    -- 共 32 位
80   SIGNAL imm32 : SLVD;    -- 32 位分支/存储器/ALU
81   SIGNAL imm33 : SLVD1;   -- 符号扩展 ALU 常量
82   SIGNAL c : STD_LOGIC;
83
84   -- 数据 RAM 存储器定义使用一个 BRAM：DRAMAXx32
85   TYPE MTYPE IS ARRAY(0 TO DRAMAX)OF SLVD;
86   SIGNAL dram : MTYPE;
87
88   -- 寄存器数组定义 16x32
89   TYPE REG_ARRAY IS ARRAY(0 TO NR)OF SLVD;
90   SIGNAL r : REG_ARRAY;
91
92   BEGIN
93
94   rAzero <= true WHEN(rA=0) ELSE false; -- rA=0
95   rAnotzero <= true WHEN(rA/=0) ELSE false; -- rA/=0
96   WITH ir(8 TO 10)SELECT -- 评估有符号条件
97   go <= rAzero                 WHEN "000", -- BEQ =0
98        rAnotzero               WHEN "001", -- BNE /=0
99        rA(0)='1'               WHEN "010", -- BLT < 0
100       rA(0)='1' OR rAzero     WHEN "011", -- BLE <=0
101       rA(0)='0' AND rAnotzero WHEN "100", -- BGT: > 0
102       rA(0)='0' OR rAzero     WHEN "101", -- BGE >=0
103       false WHEN OTHERS;    -- 如果不为真
104
105  FSM: PROCESS(reset, clk)-- 处理器的 FSM
106  BEGIN -- 更新 PC
107  IF reset = '0' THEN
108    pc <=(OTHERS => '0');
109  ELSIF falling_edge(clk)THEN
110    IF jc THEN
111      pc <= branch_target ; -- 任何当前跳转
112    ELSIF Delay THEN
113      pc <= target_delay ; -- 任何带延迟的跳转
```

```
114        ELSE
115          pc <= pc4; -- 通常增加 4 字节
116        END IF;
117        pc_d <= pc;
118        IF Dflag THEN Delay <= true;
119        ELSE              Delay <= false;
120        END IF;
121        target_delay <= branch_target; -- 存储目标地址
122      END IF;
123      END PROCESS FSM;
124      pc4 <= pc + X"00000004"; -- 默认 PC 增量为 4 字节
125      jc <= NOT Dflag AND((go AND(condbr OR condbri))OR br
126                               OR bri or rt); -- 新 PC; 无延迟?
127      branch_target <= rB WHEN bra -- 顺序很重要!
128                      ELSE imm32 WHEN brai
129                      ELSE pc + rB WHEN condbr OR br
130                      ELSE rA + imm32 WHEN rt
131                      ELSE pc + imm32; -- bri, condbri 等
132
133      rt <= true WHEN op= "101101" ELSE false; -- 从子程序返回
134      br <= true WHEN op= "100110" ELSE false; -- 始终跳转
135      bra <= true WHEN br AND ir(12)='1' ELSE false;
136      bri <= true WHEN op= "101110" ELSE false;-- 始终跳转(带立即数)
137      brai <= true WHEN bri AND ir(12)='1' ELSE false;
138      -- link = br 和 bri 的第 13 位
139      link <= true WHEN(br OR bri) AND L ELSE false; -- 保存 PC
140      condbr <= true WHEN op= "100111" ELSE false;-- 条件分支
141      condbri<=true WHEN op= "101111" ELSE false;-- 条件分支(带立即数)
142      cmp <= true WHEN op= "000101" ELSE false; -- cmp 和 cmpu
143
144      -- 指令映射，即解码指令
145      op <= ir(0 TO 5); -- 数据处理操作码
146      imm16 <= ir(16 TO 31); -- 立即 ALU 操作数
147
148      -- 延迟(D)、绝对(A)解码器标志未使用
149      I <= true WHEN ir(2)='1' ELSE false; -- 第 2 个操作数是立即数
150      K <- true WHEN ir(3)='1' ELSE false; -- K=1 保持进位
151      L <= true WHEN ir(13)='1' ELSE false; -- br 和 bri 的链接
152      U <= true WHEN ir(30)='1' ELSE false; -- 无符号标志
153      D6 <= true WHEN ir(6)='1' ELSE false; -- condbr/i;rt 的延迟标志
154      D11 <= true WHEN ir(11)='1' ELSE false; -- br/i 的延迟标志
155      Dflag <=(D6 AND go AND(condbr OR condbri))OR(rt AND D6)OR
156          (D11 AND(br OR bri)); -- 所有延迟操作的摘要
157
158      -- I = 第 2 位; K = 第 3 位; 带(不带)立即数的 add/addc/or/xor
159      aai <= true WHEN ir(0 TO 1)= "00" AND ir(4 TO 5)= "00" ELSE false;
```

```
160    aac <= true WHEN ir(0 TO 1)= "00" AND ir(4 TO 5)= "10" ELSE false;
161    ooi <= true WHEN ir(0 TO 1)= "10" AND ir(3 TO 5)= "000" ELSE false;
162    xxi <= true WHEN ir(0 TO 1)="10" AND ir(3 TO 5)= "010" ELSE false;
163    -- 加载和存储:
164    ld <= true WHEN ir(0 TO 1)= "11" AND ir(3 TO 5)= "010" ELSE false;
165    st <= true WHEN ir(0 TO 1)= "11" AND ir(3 TO 5)= "110" ELSE false;
166
167    imm <= true WHEN ir(0 TO 5)= "101100" ELSE false;-- 始终存储立
                                                            即数
168    sxt16 <=(OTHERS => imm16(0)); -- 符号扩展常量
169    imm32 <= rI & imm16 WHEN LI    -- 立即数扩展到 32 位
170            ELSE sxt16 & imm16; -- 最高有效位来自上一个立即数
171
172    A <= CONV_INTEGER('0' & ir(11 TO 15)); -- 第 1 个源寄存器索引
173    B <= CONV_INTEGER('0' & ir(16 TO 20)); -- 第 2 个源寄存器索引
174    D <= CONV_INTEGER('0' & ir(6 TO 10));   --目标寄存器索引
175    rA <= r(A) ; -- 第1 个 ALU 操作数
176    rAsxt <= rA(0) & rA; -- 符号扩展第 1 个操作数
177    rB <= imm32 WHEN I -- 第 2 个 ALU 操作数可能是常量或寄存器
178        ELSE r(B) ; -- 第 2 个 ALU 操作数
179    rBsxt <= rB(0) & rB; -- 符号扩展第 2 个操作数
180    rD <= r(D) ; -- 旧目标寄存器值
181    rDsxt <= rD(0) & rD; -- 符号扩展旧值
182
183    prog_rom: rom4096x32 -- 实例化一个块 ROM
184    PORT MAP(clk => clk, -- 系统时钟
185            reset => reset, -- 异步复位
186            pma => pc(18 TO 29),-- 程序存储器地址, 12 位
187            pmd => pmd) ; -- 程序存储器数据
188    ir <= pmd;
189
190    dma <= rA + imm32 WHEN I
191          ELSE rA + rB;
192    store <= st AND(dma <= DRAMAX4);-- DRAM 存储
193    load <= ld AND(dma <= DRAMAX4); -- DRAM 加载
194    write <= st AND(dma > DRAMAX4); -- I/O 写入
195    read <= ld AND(dma > DRAMAX4);  -- I/O 读取
196    mem_ena <= '1' WHEN store ELSE '0';  -- 只在存储时有效
197     not_clk <= NOT clk;
198      ram: PROCESS(reset, dma, not_clk)-- 使用一块 BRAM: 4096x32
199     VARIABLE idma : U12 := 0;
200     BEGIN
201      idma := CONV_INTEGER('0' & dma(18 TO 29));-- 强制无符号/跳过
     2 位最低有效位
202       IF reset = '1' THEN       -- 异步清零
203         dmd <=(OTHERS => '0');
```

```
204        ELSIF rising_edge(not_clk)THEN
205          IF mem_ena = '1' THEN
206            dram(idma) <= rD;   --在时钟下降沿写入 RAM
207          END IF;
208          dmd <= dram(idma) ;   --在时钟下降沿从 RAM 读出
209        END IF;
210      END PROCESS;
211
212      ALU: PROCESS(rAsxt,rBsxt,in_port,dmd,reset,clk,load,read,
213                        C,rDsxt,aai,aac,ooi,xxi,cmp,U,rA,rB)
214      VARIABLE res: STD_LOGIC_VECTOR(0 TO 32);
215      BEGIN
216        res := rDsxt; -- 保持旧的/默认值
217        IF aai THEN res := rAsxt + rBsxt; END IF;
218        IF aac THEN res := rAsxt + rBsxt + C; END IF;
219        IF ooi THEN res := rAsxt OR rBsxt; END IF;
220        IF xxi THEN res := rAsxt XOR rBsxt; END IF;
221        IF cmp THEN res := rBsxt - rAsxt; -- 有符号可用
222                IF U THEN -- 无符号的特殊情况
223                    IF('0' & rA) >('0' & rB) THEN res(1):= '1';
224                    ELSE                      res(1):= '0';
225                    END IF;
226                  END IF;
227              END IF;
228        IF load THEN res := '0' & dmd; END IF;
229        IF read THEN res := "0"& X"000000"& in_port; END IF;
230   -- 更新标志和寄存器==============================
231        IF reset = '1' THEN          -- 异步清零
232          LI <= false; C <= '0'; rI <=(OTHERS => '0');
233          out_port <=(OTHERS => '0');
234          FOR k IN 0 TO NR LOOP -- reset to zero
235            r(k) <= conv_std_logic_vector(k,32); --X"00000000";
236          END LOOP;
237        ELSIF rising_edge(clk)THEN
238          IF NOT K THEN -- 若Keep=false, 则计算加法的新的C 标志
239            IF res(0)= '1' AND(aai OR aac) THEN
240                C <= '1';
241          ELSE C <= '0';
242            END IF;
243        END IF;
244        -- 计算并存储新的寄存器值
245        IF imm THEN -- 设置标志: 上一条是立即数操作
246          rI <= imm16; LI <= true;
247        ELSE
248          rI <=(OTHERS => '0'); LI <= false;
249        END IF;
```

```
250          IF D>0 THEN -- 不写入 r(0)
251          IF link THEN -- 存储 LR 用于带链接的分支操作，即调用
252              r(D) <= pc_d; -- 旧 pc + 返回后的 1 个操作
253          ELSE
254              r(D) <= res(1 TO 32); -- 存储 ALU 结果
255          END IF;
256        END IF;
257      IF write THEN out_port <= rD(24 TO 31); END IF;--最低有效位在
                                                          右侧
258    END IF;
259    END PROCESS ALU;
260
261    -- -- 额外的测试引脚:
262    -- pc_OUT <= pc(20 TO 31);
263    -- ir_imm16 <= imm16;
264    -- op_code <= op; -- 数据处理操作
265    -- jc_OUT <= '1' WHEN jc ELSE '0'; -- Xilinx 修改
266    -- i_OUT <= '1' WHEN I ELSE '0'; -- Xilinx 修改
267    -- me_ena <= mem_ena; -- 控制信号
268    -- r1_OUT <= r(1); -- 前两个用户寄存器
269    -- r2_OUT <= r(2); r3_OUT <= r(3); -- 接下来两个用户寄存器
270    -- r15_OUT <= r(15); r19_OUT <= r(19);
271
272        END fpga;
```

我们可以使用与 PICOBLAZE 类似的 I/O 接口，但不会监控第一个寄存器 r0，因为它的值始终为 0。对于内存，我们将监控 sp=r1 值附近的位置。一些额外的标志，如我们称为 I 的比特 2 常量标志，也将被监控。操作码现在都是 6 位，pc、数据和地址宽度需要调整为 32 位。请注意，向量是使用 TO 而不是通常的 DOWNTO 索引来从左到右枚举的，这不允许 LSB 在右侧进行加权数的标准映射，但 VHDL 转换函数仍然有效。由于 VHDL-1993(在 VDHL-2008 中允许)不允许编码 6 位十六进制值，因此在解码指令时我们始终使用二进制编码(默认数基规格)。我们经常使用指令的布尔标志来简化后面的指令解码。我们从对条件分支中的条件进行评估开始架构编码(第 94-103 行代码)。如果没有使用链接寄存器栈，处理器控制器 FSM 的实现代码会略短一些。pc 增量计数是按字节进行的，因此每条标准指令将程序计数器 pc 的值增加 4。对于分支目标，我们现在有更多选择：它可以直接来自 IMM32(用于 brai 等指令)，相对于 pc(bri、bnei、beqi 等)带 IMM32 偏移，相对于 pc(br、bne、beq 等)带 rB 偏移，来自 rB 寄存器(用于 bra 指令)，或来自 IMM32+rA 寄存器(用于 rtsd)。一个额外的特性是所有(条件)分支都可能有所谓的分支延迟槽，并被编码为例如 br 对应的 brd。分支延迟版本的指令在继续执行到新 pc 位置之前也执行分支之后的某条指令。因此，对于延迟指令，我们需要设置延迟标志(第 118~120 行代码)并保存 branch_target 值一个时钟周期(第 121 行代码)。条件指令的评估紧接在处理器 FSM 之后进行(第 133~142 行代码)。

指令解码基于两种指令格式，但有一些小的例外。前 6 位专用于操作，接下来 15 位用于目标寄存器 D 和两个源寄存器、A 和 B 的索引。位 2(立即数)、位 3(保持进位)、位 13(链接)和位 30(无符号)的标志被某些指令但不是所有指令使用。延迟槽代码可以在位 6(条件分支和返回)或位 11(无条件分支)中找到(第 149~155 行代码)。我们将 3 寄存器和 2 寄存器与立即数指令组合用于 add、addc、or、xor、load 和 store(第 159~165 行代码)以简化 ALU 设计。对于常量，我们有特殊指令 imm 来支持访问 16 MSB；否则 16 位常量总是符号扩展到 32 位(第 167~170 行代码)。第一个 ALU 源将始终是 rA=r(A)；第二个 ALU 源可能是寄存器或(符号扩展或添零的)IMM16 值。I 标志标识了所有使用 IMM16 的指令，即位于右侧 16 位中。寄存器值 r(A)、r(B) 和旧 r(D) 作为特殊信号 rA、rB 和 rD 可用(每个寄存器需要使用 32 位 32:1 多路复用器)，并为算术运算进行一位符号扩展(第 172~181 行代码)。接下来是程序存储器(第 183~188 行代码)，它实例化了一个 4 K 字的 32 位程序 ROM。然后是数据 RAM 和控制信号以及 I/O 组件。由于我们只有一个输入和一个输出设备，因此存储器读写是否涉及 DRAM 或 I/O 组件的解码是通过设置 DRAM 的(最大可能)大小的简单阈值完成的(第 190~196 行代码)。DRAM(第 197~210 行代码)是一个同步负边沿触发存储器。字数取决于全局常量 DRAMAX。为了便于 ANSI C 程序进行过渡，你可以使用与程序 ROM 相同的大小，即 4095。DRAM 的最大大小受 I/O 组件使用的第一个地址限制。对于 MICROBLAZE，使用的第一个 I/O 地址在 0x4000 处，所以最后一个 DRAM 地址位于 0x3FFF，它由用于解码的字节常量 DRAMAX4 所指定(第 56 行代码)。

然后是 ALU 编码(第 212~259 行代码)。R 型和 I 型 ALU 指令被组合以允许进行资源共享，因为只有第二个操作数不同，但操作或逻辑门是相同的。当保持标志 K 有效时，不更新进位标志。所有写入寄存器的逻辑、算术以及数据传输都被编码。R 型指令写入 r(D)，而 imm 操作写入临时寄存器 rI。当链接标志 L 有效时，pc_d 被存储。寄存器写入由上升沿时钟控制。寄存器零不写入。当复位有效时，所有寄存器的值都设置为其寄存器编号。最后，会分配一些输出给额外的测试端口；这些端口应该在最终综合时禁用，以避免 FPGA 的 I/O 引脚过载。TRISC3MB 的 HDL 描述告一段落，现在让我们在 MODELSIM 中运行所编写的示例程序。

代码清单 10.7 中讨论的内存访问示例的仿真如图 10.22 所示。仿真中显示的内存值与图 10.18 中 SDK 调试器包含的内存内容匹配。变量已被编译器使用 sp 指针和 DRAM 地址的全局符号表映射，如表 10.10 所示。

表 10.10　变量与地址的映射

变量	s	g	sarray[0]	garray[0]
DRAM 地址(十进制)	1536	776	1537	777

DRAM 测试仿真的主要事件是 180ns 时 s=1；240ns 时 g=2；280ns 时 sarray[0]=s；360ns 时 garray[0]=g；520 ns 时 sarray[1]=0x1357；680 ns 时 garray[2]=2468。

程序 10.8(ANSI C) 和图 10.19(汇编)中嵌套循环代码的 HDL 仿真如图 10.23 所示。sp 范围内的地址值与表 10.7 中的汇编调试显示匹配。应特别注意循环的返回地址寄存器 r(15)=r1。循环行为仿真的主要事件可以总结如下：200 ns 时 s1=0x1233；310 ns 时 r15=0x4DC；360 ns 时 r15=4DC 存储在 DRAM(1557) 中；650 ns 时 r15=490；700 ns 时 r15=0x490 存储在 DRAM(1549) 中；1010 ns 时 r15=430；1380 ns 时，加载 pc 为 0x430+8；1430 ns 时 r15=490；1520 ns 时，加载 pc 为 490+8；1570 ns 时 r15=4DC；1660 ns 时，加载 pc 为 r15=04DC+8=4E4。子例程的进入过程如下：320 ns 时，进入 level1、660 ns 时，进入 level2 和 1020 ns 时，进入 level3。s1、s2 和 s3 的最终 DRAM 值分别位于 DRAM(1572)、DRAM(1573) 和 DRAM(1574) 中。第一个 while 循环在 1800 ns 后完成执行。

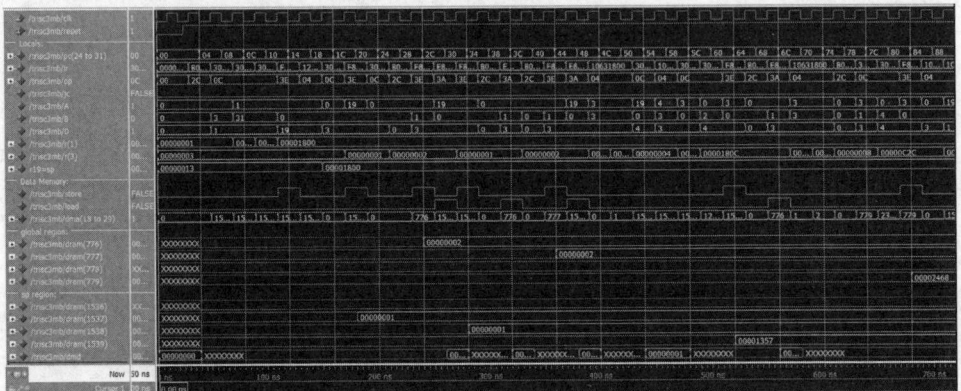

图 10.22　仿真展示了 TRISC3MB 的存储器访问

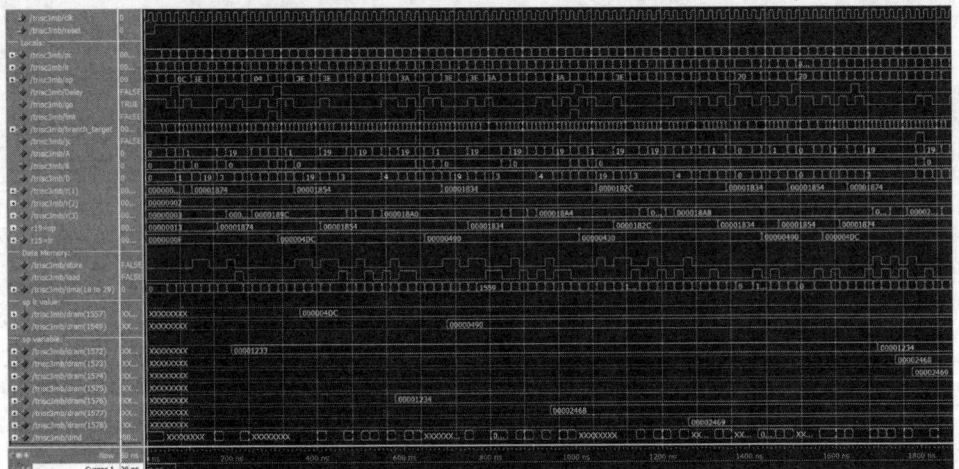

图 10.23　仿真展示了 TRISC3MB 的嵌套循环行为

最后，图 10.24 显示了 TRISC3MB 整体架构以及已实现的指令。额外指令的实现留给读者作为本章末尾的练习(见练习 10.57-10.58)。

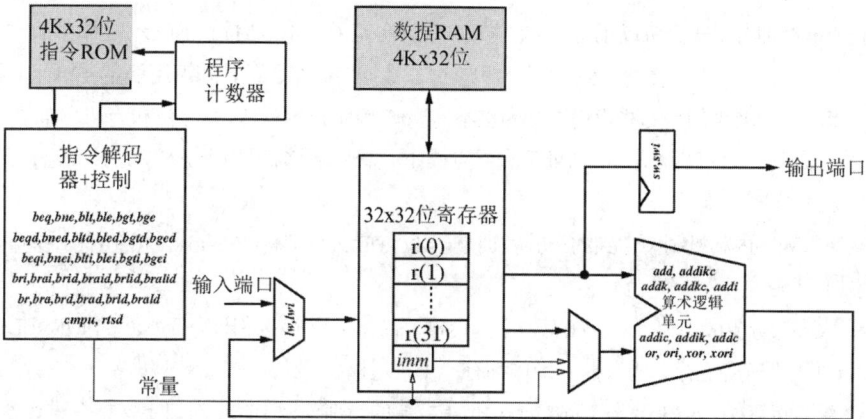

图 10.24　最终实现的微型 MICROBLAZE，即 TRISC3MB 核心。主要与重要硬件单元相关的指令(斜体)。灰色显示实质性内存块(不包括寄存器)

10.5.2　综合结果和 ISA 经验教训

TRISC3MB 的综合结果如表 10.11 所示。第 2 列和第 3 列分别展示 Xilinx VIVADO 的 VHDL 和 Verilog 综合结果。第 4 列和第 5 列展示 Altera QUARTUS 的 VHDL 和 Verilog 综合结果。4 个综合结果的主要差异来自程序 ROM 采用的实现方法。由于我们的程序很小，因此在 4 种情况的其中三种中，综合工具已将 ROM 映射到逻辑单元而不是 BRAM。只有 Verilog QUARTUS 版本对 RAM 和 ROM 使用块 RAM，并且需要用到两倍数量的块 RAM，在这种情况下似乎不是一个好选择，因为性能也降低了。由于嵌入式内存块的大小较小，因此 Altera 需要使用四倍于 Zynq 的块 RAM 数量。编译时间合理，速度超过 50 MHz。ZyBo 上的 VIVADO 可能需要使用 2 分频的时钟，但即使使用 125 MHz 系统时钟，设计也运行良好。

表 10.11　TRISC3MB 在 Altera 和 Xilinx 工具和设备上的综合结果

	VIVADO 2015.1		QUARTUS 15.1	
目标设备	Zynq 7 K xc7z010t-1clg400		Cyclone V 5CSEMA5F31C6	
使用的 HDL	VHDL	Verilog	VHDL	Verilog
LUT/ALM	957	965	766	1458
用作分布式 RAM	0	0	0	0
块 RAM RAMB18	4	4	–	–
或 M10K	–	–	16	32
DSP 块	0	0	0	0
HPS	0	0	0	0
最大频率/MHz	54.05	57.14	63.04	40.17
编译时间	4:36	6:16	4:50	7:24

我们最终拥有了一个可以正常工作的微处理器,实现了 148 种 MicroBlaze 操作中的 53 种。包括寄存器阵列、逻辑、算术运算、输入和输出、数据存储器、跳转和调用等主要单元。相比完整的指令集,缺少的是那些我们迄今为止不需要使用的一些指令,如移位和旋转、布尔 AND 和 AND 立即数、乘法和除法、中断处理和浮点操作。条件分支需要用于 ANSI C 控制语言元素,如 if 或 switch。

从深入观察内部机制中学到的经验教训是,MicroBlaze 架构(与 Nios II 相比)有一些重要的 ISA 添加,即:

- 大多数分支(如 br 和 brd)有一个延迟槽,简化了流水线并让(有流水线的)MicroBlaze 以更高速度运行。所有返回操作都有一个延迟槽。
- 浮点运算如 fadd、fmul 或 fdiv 是指令集的一部分,不需要对自定义指令进行处理,因此大大提高了浮点性能(见图 10.7)。
- 添加了一些特殊指令,如字节交换、直接缓存写入或 8 位和 16 位符号扩展。

然而,这些特殊指令在 DMIPS 例程中没有使用,并且在相同时钟速度下 DMIPS 性能与 Nios II 相似。下一章介绍的 ARMv7 处理器以高 DMIPS 性能而闻名,因此值得看看 ARMv7 如何实现更高的 DMIPS 评级。

10.6 复习题和练习

简答题

10.1. PicoBlaze 和 MicroBlaze 的主要区别是什么?

10.2. 请列举 MicroBlaze 具有而 Nios II 没有的三个特性。

10.3. 在哪些应用中你会使用 MicroBlaze 而不是 PicoBlaze?

10.4. MicroBlaze 汇编器中有哪五组指令?

10.5. 请列举 MicroBlaze 分支操作使用的 4 种寻址模式。对每种模式,给出一个指令示例。

10.6. GCC 如何为 MicroBlaze 实现嵌套循环?

10.7. 与 MicroBlaze IP 核设计相比,Trisc3mb HDL 设计方法有哪 5 个优势?

10.8. MicroBlaze 没有 sub、subi、nop 或清除寄存器指令。请使用 Trisc3mb 的指令定义能完成这些任务的"伪指令"。

10.9. 请举例说明 MicroBlaze 架构如何体现以下 RISC 设计原则:(a)简单有利于规律性;(b)越小越快;(c)好的设计需要好的折中。

10.10. 以下视频标准的主要区别是什么:(a)VGA 与 HDMI? (b)VGA 与 DVI? (c)DVI 与 HDMI?

10.11. 构建 CIP 与直接使用 HDL 相比有哪些好处?

填空题

10.12. MICROBLAZE 指令操作码的前_____位用于编码指令。

10.13. MICROBLAZE 是一个____地址机器。

10.14. TRISC3MB 使用 MICROBLAZE ISA 的_____条指令。

10.15. MICROBLAZE 的首个 SDK 手册发布于_____。

10.16. TRISC3MB 指令中的立即常量长度为_____。

10.17. MICROBLAZE 指令 `brlid r15,0x94` 的十六进制编码为_____。

10.18. MICROBLAZE 指令 `addik r1,r1,-4` 的十六进制编码为_____。

10.19. MICROBLAZE 指令 `xor r5,r4,r3` 的十六进制编码为_____。

10.20. MICROBLAZE 指令 `swi r5,r19,0x1C` 的十六进制编码为_____。

10.21. 十六进制编码为 `0xeb160088` 的 MICROBLAZE 指令是_____。

10.22. 十六进制编码为 `0x12610000` 的 MICROBLAZE 指令是_____。

10.23. 十六进制编码为 `0xa883ffff` 的 MICROBLAZE 指令是_____。

10.24. 十六进制编码为 `0xbc030028` 的 MICROBLAZE 指令是_____。

判断题

10.25. _____ MICROBLAZE 有 3 级和 5 级流水线版本。

10.26. _____在 VIVADO 中，使用 Run Connection Automation 功能简化了自底向上的设计方法。

10.27. _____ 自顶向下的设计将受益于 VIVADO 中的 Run Block Automation 功能。

10.28. _____ ZyBo 开发板可以通过 USB、Wi-Fi 或蓝牙进行编程。

10.29. _____ SDK 调试器可以用于以单步模式监控寄存器值和内存内容。

10.30. _____ 如果我们添加硬件桶形移位器或除法器，MICROBLAZE 核心将需要用到更多的嵌入式 LUT。

10.31. _____ SDK 有 Hello World 代码、I/O 外设测试和 DMIPS 测试的模板。

10.32. _____ MICROBLAZE FPH 提高了单精度和双精度浮点运算的速度。

10.33. _____ MICROBLAZE FPH 使用指令集中预定义的指令。

10.34. _____ SDK 的 `xparameters.h` 文件包含组件的 I/O 地址。

10.35. _____ MICROBLAZE VIVADO SDK 允许使用 Java、Python 和 C/C++进行编程。

10.36. _____ 要将 MICROBLAZE 下载到 ZyBo，我们需要用到 VIVADO，不能使用 SDK 程序。

10.37. _____ ZyBo 上的 Pmod 连接器可用于添加自定义硬件。

10.38. 在表 10.12 中指定 MICROBLAZE 和 TRISC3MB 核心的标准特性(真/假)。

表 10.12 习题 10.38 的表

特性	MICROBLAZE	TRISC3MB
RISC 架构		
32 × 32 位寄存器文件		
gp 和 sp 寄存器		
分支延迟槽		
单时钟周期指令		
布尔 AND 指令		
带保留进位的加法指令		

项目和挑战

10.39. 运行 Xilinx SDK 模板中的一个示例，并写一篇短文(半页)说明该示例的内容。使用了哪些 I/O 组件？

10.40. 开发一个汇编程序或 ANSI C 程序，实现类似福特野马的左转、右转信号灯和紧急灯：左转为 00X、0XX、XXX，其中 0 表示熄灭，X 表示 LED 亮起。右转信号为 X00、XX0、XXX。使用滑动开关进行左/右选择。紧急灯亮时两个开关都打开。转向信号序列应每秒重复一次。参见 mustangQT.MOV 或 mustangWMP.MOV 演示。

10.41. 编写一个 ANSI C 程序实现跑马灯。跑马灯的速度应由 SW 值决定，任何变化都应显示在 SDK 终端上。参见 led_coutQT.MOV 或 led_countWMP.MOV 演示。

10.42. 开发一个 ANSI C 程序，只点亮一个 LED，通过按下按钮 4 或 3 分别向左或向右移动。

10.43. 在 VGA 或 HDMI 显示器上重复上一个练习，使用三色条。

10.44. 开发一个使用 ADD 和 XOR 指令编写的汇编程序或 ANSI C 程序，使其生成随机数。在 LED 上显示随机数。你生成的随机序列的周期是多少？

10.45. 构建一个秒表，以秒为单位向上计数。使用三个按钮：启动时钟、停止或暂停时钟和重置时钟。使用 LED、LCD、OLED 或七段显示器(见表 10.1)进行显示。参见 stop_watch_ledQT.MOV 或 stop_watch_ledWMP.MOV 演示。

10.46. 使用按钮实现反应速度计时器。点亮 4 个 LED 中的一个，测量按下相关按钮所需花费的时间。10 次尝试后在 LED、LCD、OLED、VGA 或 HDMI 显示器上显示测量结果(见表 10.1)。

10.47. 编写 ANSI C 程序在七段显示器上显示所有 A~Z 字符。对于 ZyBo，你需要额外购买 7 欧元/美元的 2xSSD Pmod。特别注意 X、M 和 W 字符。你可以使用横线表示双倍长度，例如 $m = \overline{n}$；$w = \overline{v}$。制作一个简短的视频，展示七段显示器上显示的所有字符。参见 ascii4sevensegment.MOV 演示。

10.48. 使用上一个练习中的字符集，在七段显示器上生成滚动文本，显示当前月份和年份和/或你的名字(如果名字太长，可使用缩写)。参见本书在线资源中的 `idQT.MOV` 和 `idWMP.MOV` 演示。

10.49. 编写 ANSI C 程序，在 HDMI 显示器和终端窗口上重现图 5.2 中所有可打印字符的 ASCII 值(十进制 32...127)。

10.50. 为带 HDMI 文本显示器 CIP 的 MICROBLAZE 基本计算机编写一个 ANSI C 程序，使用 Bresenham 圆算法在显示器上绘制一个圆：从 $y = 0$; $x = R$ 开始。每次迭代在 y 方向上移动 1 像素。如果误差$|x^2 + y^2 - R^2|$对于 $x' = x-1$ 来说更小，则减小 x 的值，否则保持 x 不变。使用*字符进行绘制。利用对称性完成圆的所有四个象限。

10.51. 使用上一个练习中的 Bresenham 算法，用相同的字符绘制一个填充圆。

10.52. 为带 HDMI 文本显示器 CIP 的 MICROBLAZE 基本计算机编写一个 ANSI C 程序，使用标准浮点运算在 HDMI 文本显示器上绘制椭圆：$x = a*\cos([0:0.1:\pi/2])$; $y = b*\sin([0:0.1:\pi/2])$。利用对称性用水平线填充椭圆。椭圆是否完全被填充？这种算法会有什么麻烦或弊端？

10.53. 为带 HDMI 文本显示器 CIP 的 MICROBLAZE 基本计算机编写一个 ANSI C 程序，使用 Bresenham 算法在 VGA 上绘制椭圆：从 $y = 0$; $x = R$ 开始。每次迭代在 y 方向上移动 1 像素。如果误差$|x^2/a^2 + y^2/b^2 - R^2|$对于 $x' = x-1$ 更小，则减小 x 的值，否则保持 x 不变。利用对称性用水平线填充椭圆。椭圆是否完全被填充？这种算法会有什么麻烦或弊端？

10.54. 为带 HDMI 文本显示器 CIP 的 MICROBLAZE 基本计算机编写一个 ANSI C 程序，实现 4 种分形的显示(使用范围 $x, y = -1.5...1.5$)。复数迭代方程如下：

(a) Mandelbrot: $c = x + i*y$; $z = 0$

(b) Douady 兔: $z = x + iy$; $c = -0.123 + j0.745$

(c) Siegel disc: $z = x + i*y$; $c = -0.391 - j0.587$

(d) San marco: $z = x + i*y$; $c = -0.75$

找出迭代次数(并用唯一的颜色或字符编码)$z = z.*z + c$; 使得$|z|^2 > 5$，见图 10.25。分形的名称应显示在屏幕中央。参见 `4fractals.MOV` 演示。

10.55. 为带 VGA 或 HDMI 文本显示器 CIP 的 MICROBLAZE 基本计算机编写一个 ANSI C 程序，实现以下游戏之一。

(a) 井字棋(作者: Christopher Ritchie、Rohit Sonavane、Shiva Indranti,、Xuanchen Xiang、Qinggele Yu、Huanyu Zang，2016 年游戏 3/6/8；2017 年游戏 9/10/11)：支持两名玩家。用滑动开关和按钮输入玩家 1(按钮 3)和玩家 2(按钮 0)的选择。默认规则是轮流进行，还要在 LED 或七段上显示是哪个玩家进行的回合。

(b) 反应时间(作者：Mike Pelletier，2016 年游戏 4)：点亮屏幕上三个方块中的一个，然后测量直到按下正确按钮所需花费的时间。

(c) 扫雷(作者：Sharath Satya，2016 年游戏 7)：在一个 3x3 的场地上，隐藏着三颗炸弹。你需要找到不含炸弹的 6 个箱子。如果你找到所有 6 个，就赢了；否则就输了。

Mandelbrot

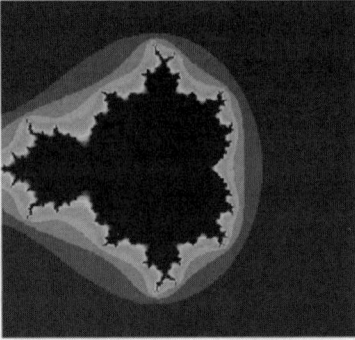

Douday 兔

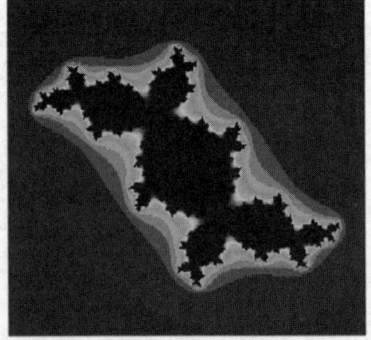

Siegel 圆盘

San marco

图 10.25　项目 10.54 中的 4 个分形例子

(d) 乒(作者：Samuel Reich 和 Chris Raices，2017 年游戏 4/5)：一个玩家。用一个方向键来移动球，用按钮来移动另一个轴上的球拍。设置一个计时器，计算游戏运行了多长时间，直到玩家错过球。球可以是一个小方块。

(e) 西蒙说(作者：Melanie Gonzalez 和 Kiernan Farmer，2016 年游戏 1/2)：用 1、2、3 号按钮重复 VGA 方块的三色顺序。

(f) 追箱子(作者：Ryan Stepp，2017 game 7)：一个大箱子在显示屏上随机移动，你需要用按钮控制你的小箱子向左或向右移动，从而避免被大箱子击中。

(g) 太空入侵(作者：Zlatko Sokolikj 2017，游戏 6)：有个飞行的物体，需要用你的射击枪在 y 方向上击中它。而枪在 x 轴上移动，所以共用到三个按钮。分数取决于在一定时间范围内击中目标的总次数。

(h) Flappy Bird(作者：Javier Matos，2017 年游戏 3)：按下一个按钮，你的小鸟会在 y 方向上移动，同时你的小鸟会不断下降。障碍物如带洞的墙等则从右到左移动。当小鸟撞到墙或地面时游戏结束。

(i) 弹跳(作者：Kevin Powell，2016 年游戏 5)：由两个按钮控制一个三色条向左或向右移动。一个球沿 y 方向弹起，每当球到达顶部时就会改变颜色。当球落地时，球的颜色必须与条的颜色一致；否则，游戏结束。

对于有些游戏，更详细的描述见 11.2。所有的游戏都是在 2016 年和 2017 年的一个学期项目竞赛里由学生们设计的。为你的实现撰写一个简要描述，包括计算机系统、用到的 I/O 组件以及游戏规则。请提交一个游戏演示的短视频。

10.56. 为带 VGA 或 HDMI 文本显示器 CIP 的 MICROBLAZE 基本计算机编写一个 ANSI C 程序，实现以下游戏之一。

(a) 四子棋：用滑动开关选择行，然后用一个按钮提交你的选择，例子见图 10.26a。

(b) 俄罗斯方块：让不同的元素在 y 方向上缓慢移动，见图 10.26b 的例子。

(c) 数独：在棋盘上放置简单、正常或困难级别的起始配置。然后支持用三个条目即行、列和数字(1~9)来进行提交，例子见图 10.26c。

10.57. 运行 ANSI C 代码小片段，指出 TRISC3MB 指令集中缺少的指令。

(a) `if` 和 `switch` 语句

(b) 阶乘例程

10.58. 为 TRISC3MB 架构增加额外的 MICROBLAZE 特性，例如以下指令：

(a) 符号扩展 sxt8 或 16

(b) 乘法

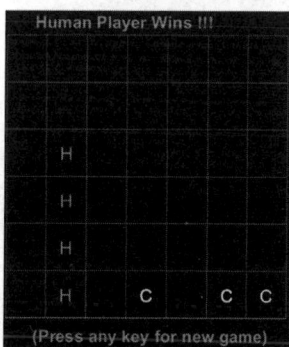
(a) 四子棋

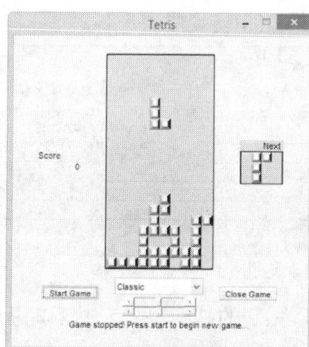
(b) 俄罗斯方块

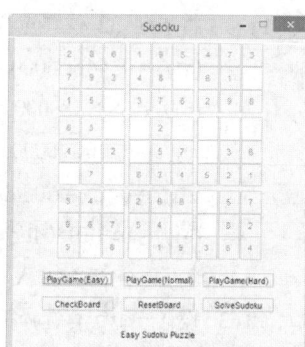
(c) 数独

图 10.26　额外的示例游戏

(c) 除法

(d) 32 比特桶形移位

(e) 字节模式匹配

添加 HDL 代码，然后用小段汇编程序来进行测试。同原始设计比较在综合时面积和速度方面存在的差异。

10.59. 考虑一种带有一个符号比特的浮点表示法，指数位宽 $E=7$，尾数位宽 $M=10$(不计隐藏的 1 位)。

    (a) 用(9.2)计算偏置

    (b) 确定可以表示的(绝对值)最大的数字

    (c) 确定可以表示的(以绝对值衡量)最小的数字(不包括非规格化数)

10.60 利用前面练习的结果

    (a) 确定 $f_1 = 9.25_{10}$ 在(1,7,10)浮点格式中的表示形式

    (b) 确定 $f_2 = 10.5_{10}$ 在(1,7,10)浮点格式中的表示形式

    (c) 用浮点算术计算 $f_1 + f_2$

    (d) 用浮点算术计算 $f_1 * f_2$

    (e) 用浮点算术计算 f_1 / f_2

10.61. 对于 IEEE 单精度格式[I85, I08]，确定下列内容的 32 位表示：

    (a) $f_1 = -0$

    (b) $f_2 = \infty$

    (c) $f_3 = -0.6875_{10}$

    (d) $f_4 = 10.5_{10}$

    (e) $f_5 = 0.1_{10}$

    (f) $f_6 = \pi = 3.141593_{10}$

    (g) $f_7 = \sqrt{3}/2 = 0.8660254_{10}$

10.62. 将下列 32 位浮点数[I85, I08]转换成十进制数：

    (a) $f_1 = 0 \times 44FC6000$

    (b) $f_2 = 0 \times 49580000$

    (c) $f_3 = 0 \times 40C40000$

    (d) $f_4 = 0 \times C1AA0000$

    (e) $f_5 = 0 \times 3FB504F3$

    (f) $f_6 = 0 \times 3EAAAAAB$

10.63. 设计一个带有选择符号 sel 的 32 位浮点 ALU，从以下运算中选择一种：(0)fix2fp (1)fp2fix (2)add (3)sub (4)mul (5)div (6)reciprocal (7)power-of-2 scale。使用图 10.27 所示的仿真来测试设计。

10.63. 按照图 10.8b 设计 TMDS 解码器。使用类似图 10.9 和 10.10 中所用的仿真器来测试解码器。

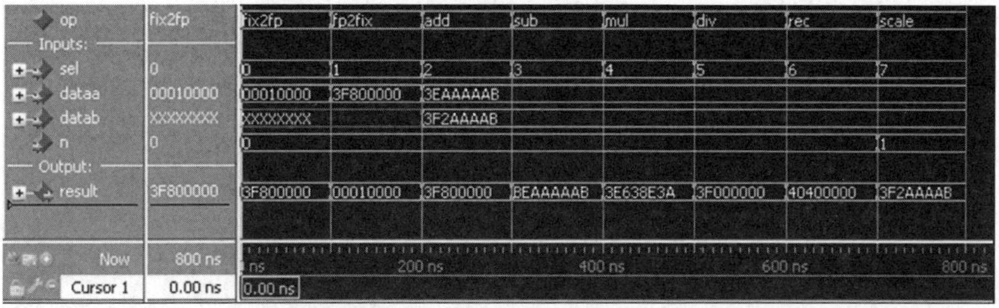

图 10.27　在 MODELSIM 中对浮点运算单元 fpu 的 8 个功能进行 RTL 仿真。sfixed 中的 0001.0000 成为 FLOAT32 的十六进制编码 0x3F800000。算术测试数据是 1/3 = 0x3EAAAAAB 和 2/3 = 0x3F2AAAAA

10.65. 使用代码清单 10.9 中所用的闪灯程序来开发七段显示器，以秒为单位进行计数。这就需要修改引脚分配，使 TRISC3MB 输出端口不仅能驱动 LED，还能驱动七段显示器。对于 ZyBo，还需要花费 7 欧元/美元购买额外的 2×SSD Pmod。

10.66. 编写一个简短的 MatLab 或 C/C++程序，为第 10 章中构建的 HDMI 编码器生成一个新的内存初始化文件。请查看文件 eupsd_hex.mif，了解所需格式。使用新的文本：

(a) 你最喜欢的相声

(b) 你最喜欢的诗句

(c) 你最喜欢的笑话

(d) 你最喜欢的歌词

10.67. 使用 HDMI CIP 文件，构建一个不需要使用微处理器的单独的系统。对于端口，使用下面的分配：reset=KEY[0];WE=KEY[3];DATA={4'h3, SW};COUNTER_X=X<<3; COUNTER_Y=Y<<3; LEDR[0]=CLOCK_25; LEDR[1]= CLOCK_250; LEDR[2] = DLY_RST; LEDR[3]= LOCKED;(keep SW[2]=REG; SW[3]=GRN; SW[1:0]=font; CLOCK_125=sys clock 125 MHz)。在 XDC 文件中使能端口。继续使用 HDMI 输出的名字。使用前一个问题中的文本进行显示。将你的名字加入横幅。

10.68. 修改 HDMI CIP，将其作为文本终端用于 VGA 端口。如果用的是 DE1 SoC 或者 ZyBo，使用可用的 VGA 端口；对于第二代 ZyBo，要购买一块 VGA Pmod(约 9 美元/欧元)；见图 10.6a。还需要用到一条 VGA 线。VGA 使用与 HDMI 相同的时序进行行和列控制，但它使用模拟输出信号。你还需要将内部 H/V 同步信号转发到输出。VGA 端口包含三个用于此目的的 DAC。研究一下 ZyBo 的主 XDC 文件以了解所需使用的 ZyBo 信号。注意##VGA Connector 部分。使用 5 个 MSB 来表示红色和蓝色，6 个 MSB 表示绿色。

10.69. 使用上一问题中的 VGA 代码来构建 VGA 文本终端 CIP。使用 MICROBLAZE 基本计算机测试你的 CIP。

10.70. 为 MICROBLAZE 基本计算机编写一个 ANSI C 程序，并测试组件。

    (a) AUDIO-IN：使用幅度跟踪来决定功率信号的涨落。

    (b) AUDIO-OUT：实现一个随 SW 设置变化的"回声"。

    (c) 自定义指令：执行 DES 算法中使用的 S 盒。

    (d) VGA：使用 HDMI CIP 实现文本终端。

    (e) WiFi：添加 WIFI Pmod(见表 10.1)，并尝试与其他设备通信。

    (f) ACL：添加三轴加速度计 Pmod 并造出一个震动传感器。

    (g) BT2：添加蓝牙 Pmod 并尝试与其他设备通信。

    (h) JTAG-UART：测量与 MICROBLAZE 之间的文件传输速率。

    (i) ACL：用三轴加速度计造出一个震动传感器。

    e~i 项目可能需要购买通过 ZyBo Pmod 连接器来连接的小型附加模块(见表 10.1)。

10.71. 开发一个 `srec2prom` 工具，用于读取 GCC 生成的摩托罗拉 `*.srec` 文件(SREC 文件格式参见[A01])。生成一个完整的 VHDL 文件，其中包括作为常量值的代码，或者为 Verilog 生成一个 `*.mif` 表，可以用 `$readmemh()` 将其加载。使用 MICROBLAZE 的 `mb_flash.c` 示例来测试程序。

10.72. 从 TRISC3MB 中找出当使用前面练习中的 `srec2prom` 时需要用到却缺失的指令。以 HDL 实现缺失的指令，并运行生成的 `srec2prom` 程序。

10.73 开发 TRISC3MB 程序，通过重复加法实现两个 32 位数的乘法。读取 SW 值并计算 $q=x*x$ 来测试你的程序。

10.74 加入 ISA 中缺失的指令，以在硬件中运行阶乘。先以单指令方式测试，然后再运行阶乘程序。

第 11 章

ARM Cortex-A9 嵌入式微处理器

摘要

本章概述了 ARM Cortex-A9 硬核微处理器的系统设计包括其架构和指令集，其中该硬核被 Altera 和 Xilinx 两家 FPGA 供应商所使用。首先进行简单的概述，然后介绍 ISA 架构和值得关注的设计特点。

关键词

ARM Cortex-A9 • ARMv7 • ZyBo • Xilinx • Vivado • TRISC3A • Mandelbrot 分形 • ZYNQ • 游戏设计 • 定制 IP(Custom Intellectual Property，CIP)• 多路输入/输出(Multiplexed input/output，MIO)• GPIO • 自顶向下设计 • 自底向上设计 • 嵌套函数 • 浮点性能 • 快速傅里叶变换 FFT • GCC • 比特反转 • ModelSim

11.1 引言

ARM 嵌入式微处理器系列已成为在所有嵌入式系统中占主导地位的架构之一，它为诸如从 iPhone 到游戏机等许多设备提供了高性能低功耗的解决方案。2015 年，搭载 ARM 核心 IP 的芯片销量超过了 140 亿[PH17]！ARM 最新的核心架构是 32 位 ARMv7 和 64 位 ARMv8。值得注意的是，Xilinx 和 Altera 都推出了新的设备系列，这些系列都包含相同的 ARMv7 Cortex-A9 双处理器核心。Altera 的 Arria V 和 Cyclone V 设备以及 Xilinx Zynq-7000 设备都包含了新的 A9 双核[A11a, X18]。两家供应商使用的 Cortex-A9 版本几乎相同，所以设备上包含的附加功能和硬 IP 往往就成为了我们选择供应商时要考虑的关键点。Xilinx 设备具有双 12 位 1 MSPS ADC 和更大的片上存储器，这就允许我们将引导操作系统包含在芯片上。Altera 系列具有更快的发射器(高达 100 GBps)和更多的逻辑资源，即 LE 和乘法器。

现在让我们进一步看看图 11.1 中所示的 3 地址(Rd <=Rn□Rm)ARM 核。它具有许多如今大家期望之中的现代 32 位 µP 具有的标准特性[A11b, A14, X18, CEE14]，例如：

- 双发射超标量流水线，每兆赫 2.5 DMIPS
- 800 兆赫的双核处理器

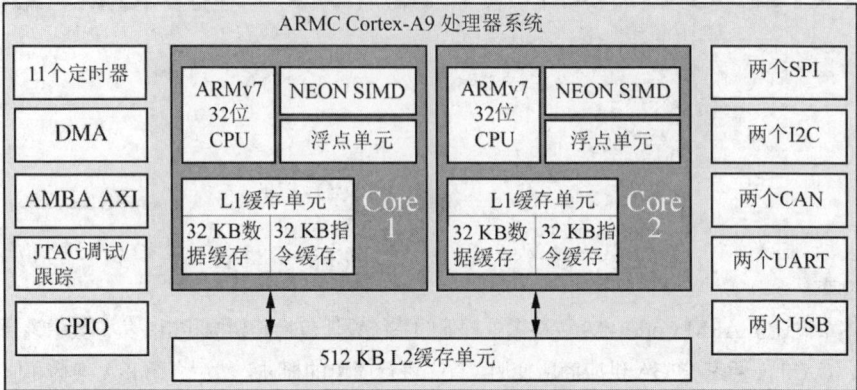

图 11.1　ARM Cortex-A9 总体架构[A14]

- 包含 32 KB 指令和 32 KB 数据的 L1 4 路组关联缓存
- 两个处理器共享 512 KB、8 路关联的 L2 缓存
- 32 位定时器和看门狗

以及一些额外的高级特性，例如：

- 动态分支预测
- 带有推测的乱序多发射指令队列
- 将 16 个架构寄存器重命名为 56 个物理寄存器
- 用于 128 位 SIMD 处理的 NEON 媒体处理加速器
- 支持单精度和双精度浮点运算，包括方根运算
- 用于代码压缩的 Thumb-2 技术
- 可配置的 32 位、64 位或 128 位 AMBA AXI 接口
- 对许多 I/O 标准的硬件支持，如 CAN、I2C、USB、以太网、SPI 和 JTAG
- 与 L1 和 L2 一起运行的 MMU，以确保数据的一致性

其浮点性能大大高于我们到目前为止讨论过的任何其他处理器，见图 11.2。ARM A9 的操作系统支持由多个来源提供。有一些开源的工具，如 Linux、Android 2.3 和 FreeR-TOS。此外，还有商业操作系统对其提供支持，如 WindRiver Linux 或 VxWorks、iVeia Android 或 Xilinx PetaLinux。

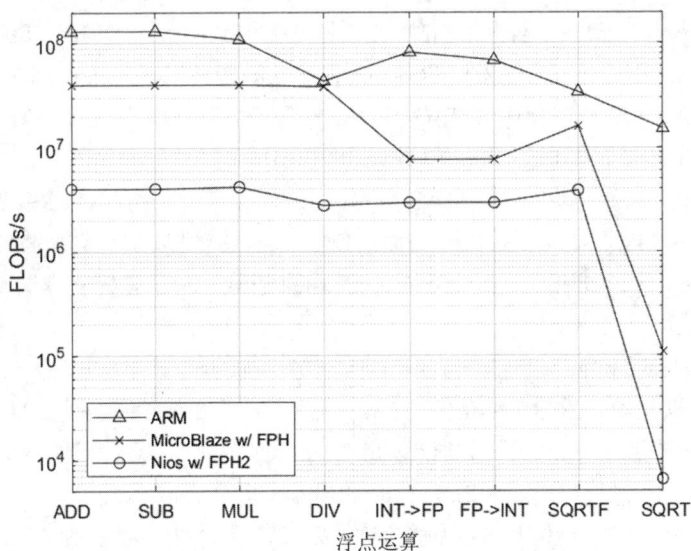

图 11.2　ARM Cortex-A9 与 Nios 和 MICROBLAZE(都具有最大的 FPH 硬件支持)基本运算的浮点性能对比

11.2　自顶向下的 ARM 系统设计

大多数 FPGA 板卡都有一个用于快速评估的起点设计。由于供应商希望展示板卡提供的所有优秀功能，因此这种起点设计往往不是最小系统，而通常会接入大量的外围元件，以使系统更有吸引力，并展示板卡具有的大量功能。由于对这些系统的配置保证了所有的外围元件在功能上都是正确的，所以在自顶向下的设计方法中，外围驱动器的配置错误就不太容易发生。我们只需在系统目标应用中删除所有不需要使用的设计组件和/或根据需要修改现有组件。ZyBo板附带了几个针对特定任务的演示起点设计。使用 ARM SDK 的三个 ZyBo 演示是：

- HDMI-OUT 演示使用了四种功能：USB-UART 桥接器、HDMI 的信宿/信源端口、16 比特 VGA 以及 DDR。生成的人造图片通过 HDMI 和 VGA 显示在监视器上。使用三个帧缓存。基于 UART 生成的菜单支持在 9 种显示选项中进行选择。
- HDMI-IN 演示同 HDMI-OUT 类似，也使用了 4 种功能：USB-UART 桥接器、HDMI 的信宿/信源端口、16 比特 VGA 以及 DDR。HDMI 视频输入通过 HDMI 和 VGA 显示在监视器上。同样，基于 UART 生成的菜单支持在 8 种显示选项中进行选择。
- DMA-Audio 使用了 4 种功能：USB-UART 桥接器、五个按键、音频编解码器以及 DDR。该演示会从一路麦克风信号录制 5 秒并由耳机回放。

我们会注意到 ZyBo 演示并没有使用一个全功能的多媒体计算机；尤其是，以下功能没有使用：4 个开关、4 个用户 LED、MicroSD、用户 EEPROM、10/100/1000 以太网、串行闪存、5 个 PMOD 或者 USB HID 主机[D14]。

TerASIC/Altera DE1 SoC 板卡[T14]提供了更加完整的起始设计："DE1SoC 电脑"是一个全功能的"多媒体电脑"设计，包含了 ARM 和两种 Nios II 处理器以及多数 I/O(SDRAM、LED、7 段显示、开关、按钮、PS2、4 个 JTAG、IrDA、4 个计时器、ADC、音频、VGA、视频)。使用了三个 AXI 桥接器从而让 ARM 和 Nios II 都能访问主要的 I/O 组件：一个 64 比特的 FPGA→HPS 接口、一个 128 比特的 HPS→FPGA 接口，以及一个用作 AXI 桥接器的轻量级的 32 比特的 HPS→FPGA 接口。只是缺少了 I^2C FPGA 接口以及千兆以太网、MicroSD 和 HPS/ARM 侧的双口 USB。无论如何，这是个大系统，其应用的规模也大；又见第 9 章图 9.2 中包含的 IP[A15a]。

今天的学生在多方面都与老一辈学生不同[VTT09]。自顶向下设计方法和今天的学生是绝佳搭配。通过在板卡上修补和把玩，他们就会对软硬件之间的交互获得更好的理解。因为今天的学生缺乏耐心，因此能在一个下午快速开发出来的游戏或视频应用就正合适。最后学生们认为软件就是一切。作为智能手机一代的成员，学生极为善于同电脑屏幕互动，但这就常常会造成一种幻觉，以为一切事情都可以通过按按键盘完成，而别人总归会搞定硬件的设计建造。这种思想在资源受限的嵌入式系统设计中尤其危险，在这类设计中，一个 C++异常捕获就能带来多于 2500 条指令的代码尺寸增长。

为了演示该系统的使用，两个典型的学生项目似乎最为有益：一个是视频项目，用于存储一系列预先算好的图片，之后迅速依次显示出来。如果我们利用 ARM 远超 Nios II 或 MICROBLAZE 的高浮点性能，那图片的计算时间将能大幅缩减；见图 11.2。在 DE 板卡上，软硬核的切换可以使用 ANSI C 代码(非 HAL 函数)轻易完成；我们只需要把 Nios II 系统的头文件"address_map_nios2.h"换成 ARM 的"address_map_arm.h"头文件并重新编译 ANSI C 代码，系统无需改动任何其他代码就应该会正常工作。这点体现在本书在线资源中 ARM/DE1_SoC_TopDown/app_c 文件夹下的示例项目，如 CLOCK、FLASH、FRACTAL_COLOR、FRACTAL、GREY、MOVIE_COLOR 和 MOVIE_GREY 中。它们原本是为 Nios II 处理器开发的，但通过替换头文件也能在 ARM 处理器上运行。在过去，包含分形视频或者错觉的项目(比如丁香追逐者)颇受青睐。让我们来简短地描述一下如何开始进行设计——完整开发好的例子包含在了本书的 CD ROM 文件中。

DE 的默认图像有 16 位彩色 320×240 大小的 QVGA 显示。像素缓冲区的 DMA 控制器采用 X/Y 寻址模式，即每个像素可以很容易地按以下方式寻址

```
pixel_ptr = FPGA_ONCHIP_BASE +(row << 10)+(col << 1);
*(short *)pixel_ptr = pixel_color;
```

其中使用的是颜色编码为 5、6、5 位的 RGB 16 位短整型。在分形影片中，我们将根据 $z=z.*z+c$ 达到 $\sqrt{5}$ 的迭代次数来选择颜色。分形影片生成的核心是以合理的帧数存原始分形的缩放版本，例如，在我们的示例实现中帧数为 25，见图 11.3。在初始计算之后，我们可以一帧接一帧地重复使用帧，给人以放大或缩小视频的印象，从而显示分形的自相似性，这是所有这些美丽的分形最令人惊叹的特性。以下是 ANSI C 代码的核心部分，也可通过本书在线资源中的视频查

看：MandelbrotZoom.MOV。

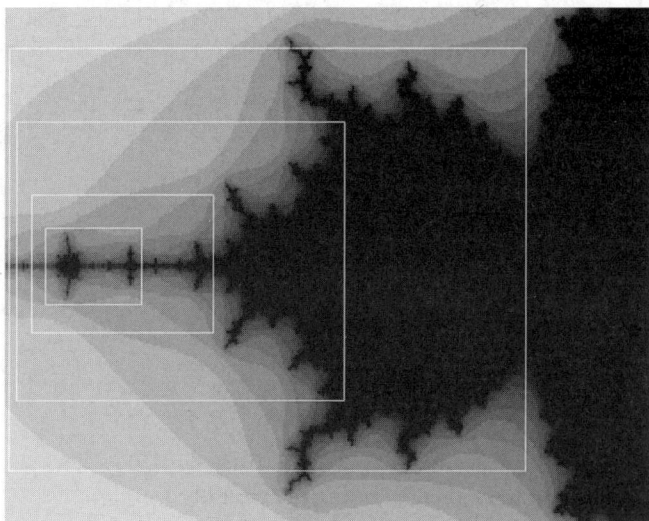

图 11.3　Mandelbrot 影片的缩放

ANSI C 代码 11.1：Mandelbrot 视频的核心

```
1      ...
2      for(r=0;r<240;r++){
3        for(s=0;s<320;s++){
4        //********** Mandelbrot ***********
5        cr=(float)d*(s/320.0*2.5-2.2-x1)+x1;// x 的范围 -1.5 .. 1
6        ci=(float)d*(1.5-r/240.0*3-y1)+y1;   // y 的范围 1.5 .. -1.5
7        nr=0; ni=0;
8        k=0;sq=0;
9        while((k<iterations)&&(sq < 5)){
10         k=k+2;
11         //z=z.*z + c;
12         tr = nr; ti=ni;
13         nr = tr*tr - ti*ti + cr;
14         ni = 2*tr*ti + ci;
15         // a=find(abs(z)>sqrt(5));
16         sq = nr*nr + ni*ni;
17       }
18     //map(r,s)=k*4;
19     g = 30-k;           // 迭代值 k 小的时候用深色
20     pixel_color = g;  // 蓝色
21     if(g<=0)pixel_color = 0xF800;            // 红色
22     if((g>=2)&(g<=8))pixel_color = 0x07FF;// 淡蓝
```

```
23    pixel_ptr = FPGA_ONCHIP_BASE +(r << 10)+(s << 1);
24    *(short *)pixel_ptr = pixel_color;
25    img[iframe][r][s]= pixel_color;
26    }
27  }
28  …
29  iframe=0;direction=1;frame=0;
30  while(1){
31  /* 文本信息在 VGA 监视器上居中输出 */
32  VGA_text(35, 30, " Fractal Video \0");
33  sprintf(text_top_row0, "%2d: Zoom \0",iframe) ;
34  VGA_text(35, 29, text_top_row0);
35  for(r=0;r<240;r++)// 复制图像到图像缓冲
36    for(s=0;s<320;s++){
37      pixel_ptr = FPGA_ONCHIP_BASE +(r << 10)+(s << 1);
38      *(short *)pixel_ptr = img[iframe][r][s];
39      }
40    iframe += direction;
41    if(iframe>FMAX){direction=-1;iframe=FMAX;}
42    if(iframe<0){direction=1; iframe=0;}
43    sw = *(sw_ptr); // 使用开关值来改变显示速度
44    wait(sw); // 等待语句
45  }
```

使用自顶向下的方法熟悉电路板的另一个很好的途径是用嵌入式系统设计一个游戏，这一点受到了很多学生的高度赞赏。大多数游戏已经可以在没有任何额外硬件的情况下进行设计。对于一些游戏，额外的组件如 PS2 鼠标、操纵杆或键盘可能是有用的。下面我们简单了解一下学生在 2016 年和 2017 年的课内竞赛中设计的游戏。冠军是通过双盲投票选出的。以下是对这些游戏的简要描述，它们都使用 DE2 媒体计算机来实现。

- 井字棋(作者：Christopher Ritchie、Rohit Sonavane、Shiva Indranti、Xuanchen Xiang、Qinggele Yu、Huanyu Zang，2016 年游戏 3/6/8；2017 年游戏 9/10/11)：两名玩家。用滑动开关和按钮输入你对球员 1(按钮 3)和球员 2(按钮 0)的选择。对于 DE2，你可以用滑动开关 0~8 来表示玩家 1，滑动开关 9~17 表示玩家 2。

- 反应时间(作者：Mike Pelletier，2016 年游戏 4)：点亮屏幕上三个方块中的一个，然后测量时间，直到按下正确的按钮。

- 扫雷(作者：Sharath Satya，2016 年游戏 7)：在一个 3×3 的场地上，隐藏着三颗炸弹。你需要找到不含炸弹的六个箱子。如果找到所有六个，你就赢了；否则输掉游戏。

- 乒(作者：Samuel Reich 和 Chris Raices，2017 年游戏 4/5)：一个玩家。用一个方向来移动球，用按钮来移动另一个轴上的球拍。设置一个计时器，用于计算游戏运行了多长时间，直到玩家错过球。球可以是一个小方块。

- 西蒙说(作者：Melanie Gonzalez 和 Kiernan Farmer，2016 年游戏 1/2)：用 1、2、3 号按钮重复 VGA 方块的三色顺序。
- 追箱子(作者：Ryan Stepp，2017 game 7)：一个大箱子在显示屏上随机移动，你需要用按钮控制你的小箱子向左或向右移动，从而避免被大箱子击中。
- 太空入侵(作者：Zlatko Sokolikj 2017，游戏 6)：有一个飞行的物体，需要用你的射击枪在 y 方向上将其射击击中。你的枪在 x 轴上移动，所以总共有三个按钮在使用。分数取决于在一定时间范围内击中目标的次数。
- Flappy Bird(作者：Javier Matos，2017 年游戏 3)：按下一个按钮，你的小鸟会在 y 方向上移动，同时你的小鸟会不断下降。障碍物如带洞的墙等则从右到左移动。当小鸟撞到墙或地面时，游戏就结束了。
- 弹跳(作者：KevinPowell，2016 年游戏 5)：一个三色条由两个按钮向左或向右移动。一个球沿 y 方向弹起，每当球到达顶部时就会改变颜色。当球落地时，球的颜色必须与条的颜色一致；否则，游戏结束。

双盲投票选出的 2017 年的冠军是井字棋，2016 年则是弹跳。让我们简单回顾一下井字棋游戏，因为许多其他游戏也可以用类似的方式开发。

对于井字棋游戏，我们需要决定是想要两位玩家对战还是一位玩家对战电脑。对于两个玩家对战，我们需要用到像 DE2-115 上的 18 个开关，或者对于 DE1 SoC，使用键盘作为输入设备。我们也可以使用开关和两个额外的按钮来"提交"选择所发生的变化。然后如果 9 个区域是二进制枚举的，我们也可以使用 ZyBo 来实现游戏。对于一位玩家对战电脑，我们需要用到 DE1 SoC 提供的 9 个开关。让我们讨论一下单人版游戏，其中可以使用 DE1 SoC 而不需要用到任何额外的组件。至于游戏，我们将用以下算法在一个无限循环中运行：

- 画出 9 个颜色交替的框。
- 读取 SW 值，用 O 显示人类玩家的选择。
- 对于计算机，通过随机方式来选择具有相同数量方框的空白区域，并将 X 放置在没有重复选择两次的相同区域中。
- 有个简单的策略，我们会使用一个随机的位置并递增，直到找到一个空区域。而更复杂的策略，你可能更喜欢先选择角落，和/或看人类玩家选择的空白框是否连续有两个位于一行中，如果是的话那就进行干预，让人类在下一步行动中不能选择三个空白框。
- 然后在显示器上绘制出人类和计算机的选择。
- 如果我们有赢家，即有三个空白框连成一行，则更新文本信息；否则，从头继续。

图 11.4 显示了一种可能的结果。我们可以用 ANSI C 语言对游戏进行编码，也可以利用 HAL 函数来清除显示和文本缓冲区并绘制框或文本。

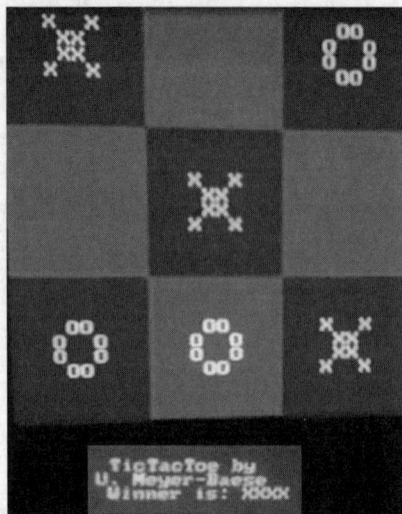

(a) 井字棋

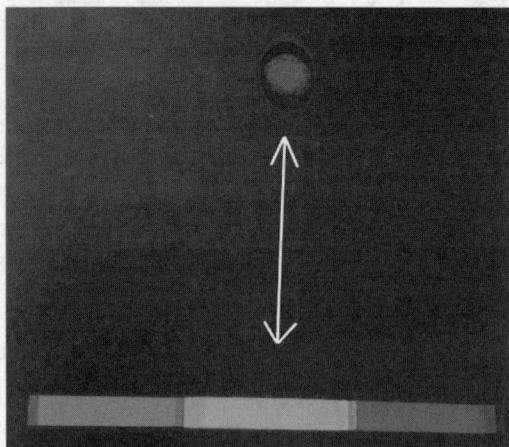

(b) 弹跳

图 11.4　DE 开发板游戏截图

11.3　自底向上的 ARM 系统设计

组建一个基于 ARM 的 FPGA 系统并不是一件简单的事情，需要在设计工具和 ARM 微处理器本身等方面具有大量的经验。让我们来看看组装一个基本的 Zynq ARM 计算机系统所需的主要步骤。由于 VIVADO 中缺少板级包文件，因此自底向上的方法对于基于 ARM 的 DE1 SoC 系统来说似乎要复杂得多。在 VIVADO 设计中，有两个功能似乎使设计比使用 QSYS[1]更容易一些。一个是系统组件的"块自动化"和图形设计过程中布线的"自动完成"，第二个是添加单个组件后自动生成测试程序。然而，要让第一个 ARM/DDRAM 系统运行起来，仍然是一个巨大的挑战。原因是 ARM 需要使用大量的信息，即处理器是如何嵌入到 FPGA 板中的。你可能还记得第 2章中，ARM 使用复用 I/O(Multiplexed I/O，MIO)来选择片上可用的许多通信格式/IP 块，见图 11.1。因此，必须知道 ARM 的 I/O 是如何布线的，以便与 FPGA 板上的 I/O 元件进行正确连接。　你可以按照 Digilent Inc.网页上的"Zynq 入门"等在线教程来开始配置：启动 VIVADO，然后单击Create New Project。选择你想要保存的项目位置，然后单击 Next。使用 RTL Project type，并多次单击 Next，直到你可以选择 Parts 和 Boards。选择 ZyBo 板以获得正确的 I/O 位置、MIO 设置和动态 DDR 时序。确保你从 GitHub 或 digilentinc.com 下载了 master.zip 文件，并在 VIVADO 路径中的...data/boards/board_files 下安装了板卡文件。

现在启动 IP Integrator→Create Block Design，并单击按钮 ⬚，这样你就可以在模块设计中放置 ZYNQ7 Processing System 的新库组件。提示：搜索 Z...，然后用你的鼠标左键单击库组件一

1　QSYS 最近被 Intel 改名为 PLATFORM DESIGNER。

次，再使用键盘上的 Enter。在 Diagram 的顶部，你应该看到 Designer Assistance available；单击蓝色的 <u>Run Block Automation</u> 链接。然后 Vivado 就会添加 DDR 和 FIXED_IO 端口；见图 11.5b。如果你有一个预先设计好的系统，则可以使用 IP Integrator→Open Block Design 打开实例项目的模块设计，然后双击 ZYNQ7 处理系统；你将首先看到处理器的概述。左边的 Page Navigator 面板让我们选择一个配置面板。你会注意到刚刚创建的(即使有板卡规格)设计和实例设计可能不一致。如果你之前没有安装板卡文件，则需要做大量的工作才能真正得到一个具有正确 DDR 接口的 ZYNQ7 系统。ZYNQ7 中一套正确的 ZyBo 配置将使能所有的外围设备，如图 11.6 所示，用 √ 表示。

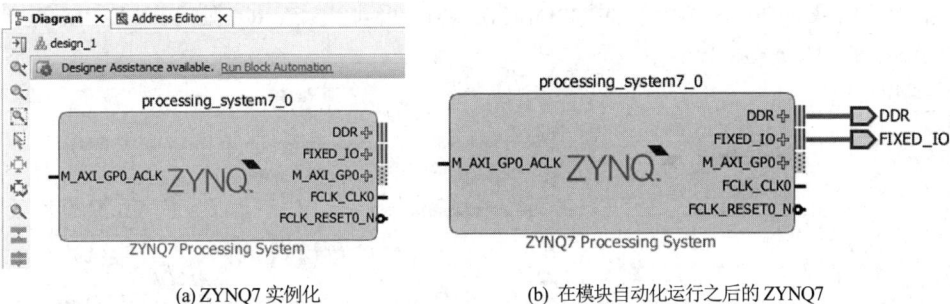

(a) ZYNQ7 实例化　　　　　　　　(b) 在模块自动化运行之后的 ZYNQ7

图 11.5　ZYNQ7 的初始 Vivado Diagram 实例化

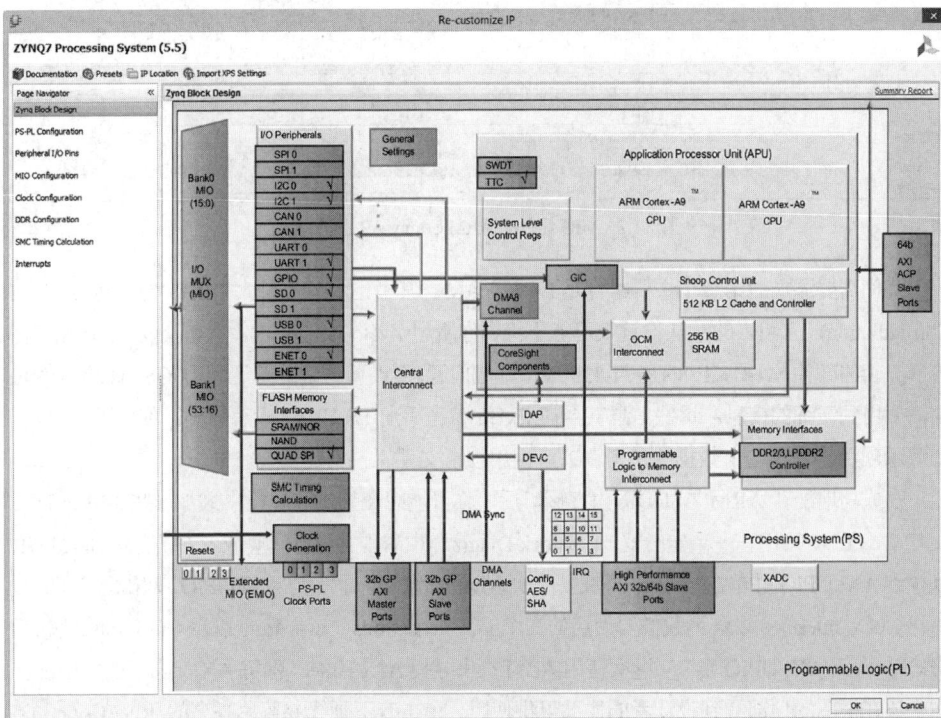

图 11.6　ARM Cortex-A9 配置面板概览

只有在设置 RTL 项目时安装并选择了正确的板卡文件后, 所用 MIO 的默认设置才会与板卡匹配; 否则就不会有复选标记。你需要仔细按照 ZyBo 板的描述, 以便在 Peripheral I/O Pins panel 中进行正确的分配。你可以配置所有可用的组件; 但是, 如果你不使用以太网 IP, 则可能想把它关掉, 因为在自动生成的测试例程中, 你需要实现一个硬件以太网回环以使测试程序正确运行。你需要对 MIO 500 端口组的 SPI 闪存和 LED4 进行正确设置。

对于 MIO 501 端口组, 你需要配置 Ethernet 0、USB0、SDIO、UART1 和 GPIO 以及按钮 4 和 5 对应的 GPIO。图 11.7 显示了 ZyBo 中所有部件的 I/O 引脚分配。如果 ARM 和 DDR 的配置对于第一次自底向上的设计来说似乎太复杂, 你也可以考虑使用已经用板卡测试过的 ARM 示例项目(例如我们在 11.2 节中讨论的 DMA 或 HDMI), 并删除 ZYNQ7 处理系统和 DDR 连接器之外的所有模块和引脚。

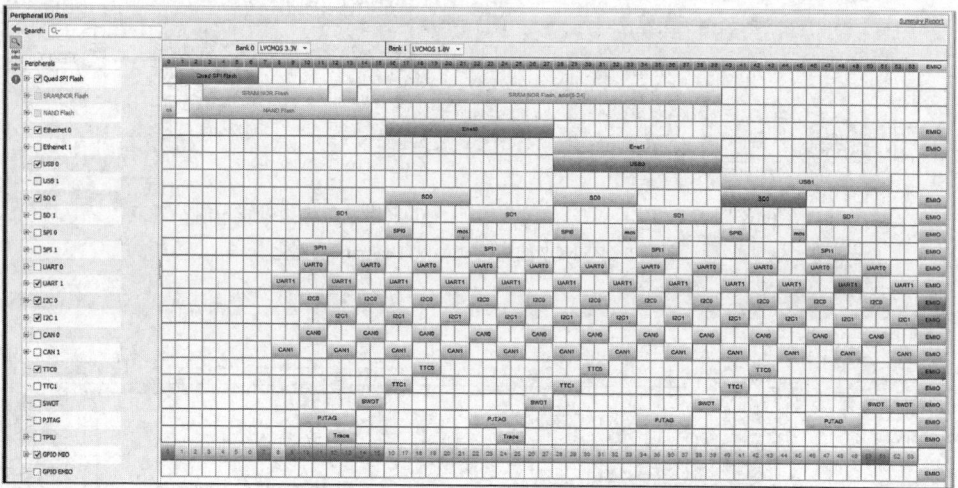

图 11.7　MIO 组件的 ARM Cortex-A9 引脚连接

我们需要添加的第二个重要组件是 DDR RAM。其中也需要提供大量的参数(面板 6: DDR Configuration)。RAM 的默认设置很可能不符合你所用 ZyBo 板的要求。参考 ZyBo 用户指南来选择正确的部件 MT41K128N16 JT-125 应该不成问题。而设置正确的延迟, 如 DQS to Clock Delay 则需要用到详细的信息, 这些信息甚至在 ZyBo 参考手册[D14]中都没有给出。你可以考虑以一个演示项目作为对这个数据的参考, 或者使用板卡文件。

在成功地配置 ARM 和 DDR 内存接口后, 你可能想在基本计算机中添加一些简单的 I/O, 如开关、LED、按钮和一个定时器。在 Block Diagram 中右击并选择 , 或者右击并选择 Add IP... 以找到 AXI GPIO 并单击 return。再重复两次该操作, 你就有了三个 AXI GPIO。双击 AXI GPIO, 并将 Board Interface 设置为我们要使用的三个 I/O: leds_4bits、sws_4bits 以及 btns_4bits。然后单击 OK, 关闭 AXI GPIO 窗口。再次使用 Add IP...来寻找 AXI Timer。保持 AXI Timer 的默认设置。你应该在框图的顶部看到设计者的协助可供使用。单击有下画线并蓝色高亮的 <u>Run Connection Automation</u>。处理器系统复位, AXI 开关和 I/O 端口将被添加, 所有的连接都被布线了。另外,在 IP 内部，AXI GPIOs 内的 IP Configuration 会发生更新。然后，你可以重新命名 AXI GPIOs 来反映端口(例如，`led`、`sw`、`btn`)，最后使用 Validate Design⬚来检查连接错误和◉按钮，或者右击并选择 Regenerate Layout 来产生一个漂亮而对齐的设计框图。图 11.8 显示了框图的最终布局。ARM 和复位逻辑在左边，GPIO 块和 DDR 端口在右边。

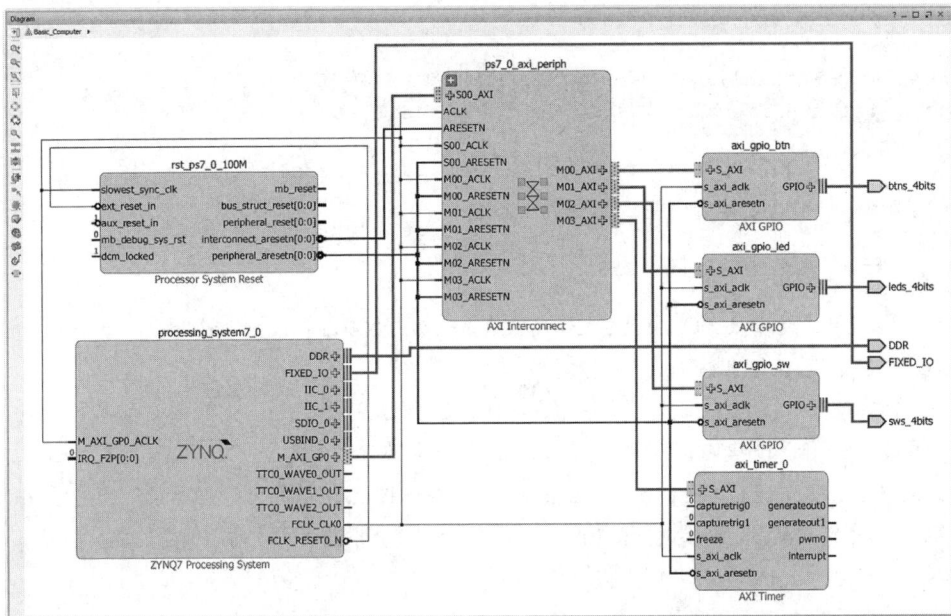

图 11.8　附加时钟和 GPIO 的 ARM Cortex-A9 基本计算机

　　基本计算机的设计不需要使用太多的资源，因其使用了硬核 ARM 作为微处理器。对于 GPIO，总共使用了 928 个 LUT，其中 62 个作为存储器。不需要使用块 RAM 或嵌入式乘法器。ARM CPU 的运行频率为 650MHz，DDR 存储器运行频率为 525 MHz，GPIO 运行频率为 125 MHz。由于报告中有 1.712 的时间裕量，所以时序方面并不吃紧。

　　现在我们已经准备好将设计转换为可以下载到 FPGA 的比特流。为了编译图形设计，我们需要先建立一个 HDL 封装器。在 Block Design 面板上，右击 `design_1.bd`，选择 Create HDL Wrapper ...，并选择 VIVADO auto update 选项。现在在 Program and Debug 面板下，选择 Generate Bitstream。这可能需要花费一些时间来完成。

　　于是开始程序开发。SDK 大体是一个独立的工具，我们使用 File→Export→Export Hardware... 来开始。不要忘记在导出前选择 Include bitstream 选项，然后单击 OK。接下来选择 File→Launch SDK 并单击 OK。既然有了新的组件，不妨利用 SDK 功能为我们生成一个外设测试程序，它可以测试所有组件，但我们可以只测试新添加到系统中的组件。选择 File→New→Application Project，并选择一个 Project name，如 `test_IO` 接着单击 OK，然后在 Template 中选择 Peripheral Tests。然后运行测试，你会在终端窗口中看到每个块运行成功的信息，并且在 ZyBo 板卡上滑块开关旁边的 4 个 LED 指示灯会快速点亮。SDK 会产生一个项目文件夹和另一个带有..._bsp 的文件夹，其中包括系统文件和 ANSI C 服务例程。请看一下主程序 test_IO/src/testperiph.c 和同一文件夹中的相关测试程序。这些程序包含许多你在程序开发中可能需要用到的有用功能。

例如，SDK 为每个 XGpio 组件提供了一个 Initialize 函数和一个 DataDirection 函数。对于 leds，我们可以使用以下函数

```
XGpio_Initialize(&leds, XPAR_AXI_GPIO_LED_DEVICE_ID) ;
XGpio_SetDataDirection(&leds, 1, OUTPUT_DIR);
```

DEVICE_ID 和名称可以在 bsp 包含文件中的 xparameters.h 中查找。然后，我们可以使用函数在 LED 上显示一个整数计数值 count：

```
XGpio_DiscreteWrite(&leds, 1, count);
```

可以看出，每个 GPIO 块通常至少需要进行三次函数调用：Initialize、direction 以及 Write 或 Read 调用。

在 ARM 上，我们现在有两个定时器在工作。处理器定时器 XScuTimer 和 XGpioTimer。下面是一些用于设置内部定时器以进行测量的函数：ScuTimer_LookupConfig()、XScuTimer_CfgInitialize()、XScuTimer_LoadTimer()和XScuTimer_Start()。然后，每次需要测量定时器时间间隔时，我们都会在要测量的代码段前后使用 XScuTimer_GetCounterValue()，并求取差值。

对于新的 AXI 定时器，我们将首先使用 XTmrCtr_Initialize()、XTmrCtr_SelfTest()、XTmrCtr_SetOptions()、XTmrCtr_SetResetValue()、XTmrCtr_Reset 和XTmrCtr_Start()。为了进行测量，我们将在代码段前后调用 XTmrCtr_GetValue()。使用 AXI 定时器的优势在于，不管是用于测量 ARM 或 MICROBLAZE，所用的代码 99%是相同的，从而消除了使用内部 ARM 定时器时可能出现的任何错误。浮点测试的典型测量结果(结果如图 11.2 所示)如下。

ANSI C 代码 11.2：浮点性能测量

```
1   ...
2   //启动计时器
3   Value1 = XTmrCtr_GetValue(TmrCtrInstancePtr, TmrCtrNumber);
4   for(i = 0; i < 1000000; i++){
5     //转换
6     result =(float)i;
7   }
8   //停止计时器
9   Value2 = XTmrCtr_GetValue(TmrCtrInstancePtr, TmrCtrNumber);
10  //计算消耗的时间
11  Value21 = abs(Value1 - Value2);
12  //一百万次单精度转换所消耗的时钟周期
```

```
13  xil_printf("INT->FP 1000K tics: %d\r\n",(int)Value21);
14  xil_printf("INT->FP cycles: %d\r\n",(int)(Value21/1000000));
15  …
```

结果将显示在 ARM 的终端窗口(见图 11.9)中。因为我们用于编程的 UART 也可以在 SDK ARM 配置中用作 UART 终端，因此无需像第 10 章图 10.6 中所示的 MicroBlaze 设计那样使用 Pmod UART 和额外的 USB 电缆。

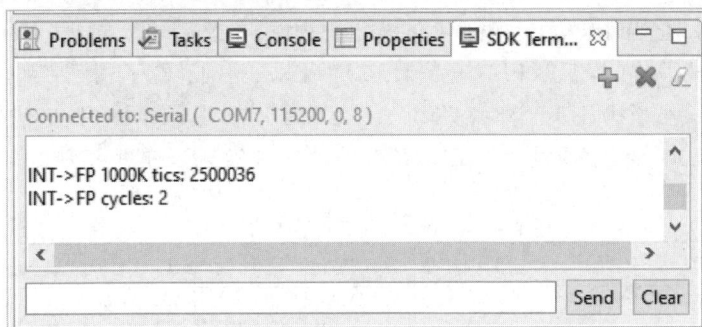

图 10.9　在 ARM 的终端窗口中显示的结果

11.4　定制指令的 ARM 系统设计

现代高度复杂的嵌入式处理器(如 ARM 处理器)通过片上定制硬件为多种标准提供硬件支持，我们所用的 ARM 有 SPI、I2C、CAN、UART、USB 和以太网各两个，因此无需为这些 I/O 标准设计定制逻辑。但是，在两种情况下，使用与微处理器紧密耦合的基于 FPGA 的定制逻辑集成(又称自定义知识产权(Custom Intellectual Property, CIP))是有益的。举例来说，VGA 或 HDMI 等视频显示需要持续提供大量数据。在最低分辨率下，HDMI 控制器需要提供 250 Mb/s 的数据。即使是速度最快的微处理器也会不堪重负，当微处理器必须从内存中提取这些数据并将其转发到 HDMI 端口或 VGA DAC 时，性能的大幅下降就是意料之中的。第 10 章中详细讨论了配合 MicroBlaze 使用的 HDMI CIP 系统。而第二种可能性更小的情况是算法的要求不适合用微处理器完成，例如加密算法中的开关盒或 DCT 或 FFT 算法中所需的位反转[S04, MSC06]。下面，让我们仔细研究一下 ARM 的位反转 CIP 设计，看看是否能提高性能以及能提高多少。

在开始讨论 CIP 设计细节之前，让我们简要回顾一下位反转操作、典型软件实现和所需的 HDL 源代码。

比特反转的例子应用和软件实现

数字信号处理(Digital Signal Processing, DSP)在 20 世纪 80 年代开始流行，主要是因为它具有两个应用：数字滤波和快速傅里叶变换(Fast Fourier Transform，FFT)。快速傅里叶变换是标准离散时间傅里叶变换的快速版本，它支持用(周期性)正弦/余弦分量来表示信号。DFT 的标准方程

$$X(k) = \sum_{n=0}^{N} x(n)e^{-j2\pi nk/N} \tag{11.1}$$

可以通过重新排列的方式，将复数乘法运算次数从 N^2 减少到 $N \times \log_2(N)$，N 为变换中的点数。虽然这看起来并不多，但想想一个 $N=1000$ 点变换的简单例子。标准 DFT 需要进行 $1000^2=1,000,000$ 次乘法运算，而 FFT 只需要进行 $1000 \times \log_2(1000)=1000 \times 10=10,000$ 次运算，即少 100 倍运算！现在，所谓的 radix-2 Cooley-Tukey FFT(以其两位(再)发明者的名字命名，实际上是 200 年前的高斯首先发明，但当时未发表)付出的代价是输出序列顺序的改变。幸运的是，输出序列并非完全随机，而是以所谓的位反序出现；见图 11.10。如果以二进制形式写下索引，那么所有比特位置都需要切换。假设我们有一个 8 点变换，索引范围为 0...7，那么位反转时，二进制 110→011。内存地址 6 和 3 需要交换位置。表 11.1 是所有 8 个二进制索引反转的完整列表。

表 11.1　完整列表

原始	000	001	010	011	100	101	110	111
反转	000	100	010	110	001	101	011	111

图 11.10 展示了计算长度为 8 的 FFT。请注意输出序列 $X[k]$ 为反序，而输入序列 $x[n]$ 为自然序。

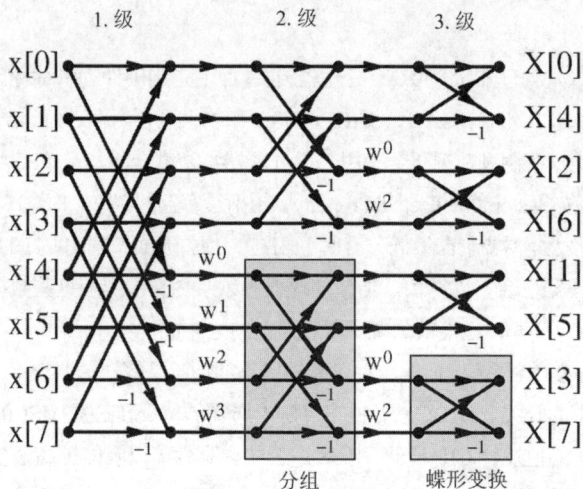

图 11.10　8 点 DIF FFT 信号流图。输出数据 $X[k]$ 以位反序出现[M14]。(箭头表示用 $w = e^{j2\pi/N}$ 进行复数乘法，带两个输入端的圆点表示复数加法器)

在软件测试台中，我们将使用十六进制显示长字符串。为了简化验证，我们将使用长度为 4 的倍数，即 4、8、16、…、32 位字符串。然后，位反转操作将分别应用于每个半字节，十六进制数字的顺序也将切换。例如，如果输入字符串的长度为 32 位，那么我们首先对所有半字节进行位反转，然后再颠倒顺序，如图 11.11 所示。

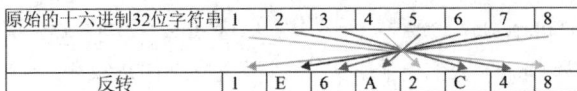

图 11.11　对所有半字节进行位反转，然后再颠倒顺序

在图 11.11 中，$1_{16} \rightarrow 0001_2 \rightarrow 1000_2 \rightarrow 8_{16}$，$2_{16} \rightarrow 0010_2 \rightarrow 0100_2 \rightarrow 4_{16}$ 等等。遗憾的是，这种位反转操作在软件中的运行速度并不快。我们首先需要分离每个位，将其移到新的位置，然后将其添加到输出字中。下面是用 ANSI C 语言写的一种可行解决方案。

ANSI C 代码 11.4：软件中的位反转

```
1   //============================================================
2   int SW_BITSWAP(int a)
3   { int lsb, k, r=0;
4     int t=a;
5     for(k=0; k<BITS; k++)
6     {
7        lsb = t & 1;     // 取 LSB
8        r = r*2 + lsb;  // 加 lsb 和左移
9        t >>= 1;         // 向右移一位
10    }
11    return(r);
12  }
13  // ============================================================
```

虽然代码并不长，但由于每个索引都要运行该代码，因此会耗费大量的时钟周期。现在，让我们来看看位反转(又称位交换)的硬件解决方案，以及如何将 HDL 设计为 CIP 提供给微处理器。

位反转 CIP 的 HDL 设计

为位反转操作创建 CIP 的过程与我们在第 10 章 MICROBLAZE HDMI 接口中用过的 CIP 的创建过程类似。Digilent 公司在"利用 IP Integrator 创建自定义 IP 核"在线教程中提供了另一个介绍该流程的优秀教程。以下是步骤概要：

(1) 首先创建一个 New RTL 项目。或者继续使用上一节中创建的 Basic Computer 系统，或者使用 HDMI-out 或 DMA 作为起始模板。如果使用 HDMI-out 或 DMA，则删除除了 ZyNq 块和 DDR 端口之外的所有内容。

(2) 转到 Tools→Create and Package IP，单击 Next，然后选择 Create a new AXI4 peripheral 并单击 Next。在 Peripheral Detail 下选择一个名称，如 MY_SWAP。以 MY... 开头，这样可以方便以后在 IP 库中找到你所用的组件；同时选中 Overwrite existing 复选框。至于 AXI interface Type，选择默认的 Lite 并使用数据宽度 32。单击 Next，在 Create Peripheral 面板下选择 Edit IP，然后单击 Finish。

(3) 一个全新的 VIVADO 副本将弹出。

(4) 展开 Design Sources `MY_SWAP_core_v1_0`，双击 `MY_SWAP_Core_v1_0_S00_AXI_inst`，或右击并选择 Open。我们通常需要在三个位置修改 HDL 文件：

- 添加用户参数(文件顶部)
- 添加用户端口(就在参数之后)
- 添加用户逻辑(文件末尾)

```
        // 用户在此添加参数
    parameter integer BITS = 32,
        // 用户参数结束
…
        // 用户在此添加端口
        // 这里没有 SWAP
        // 用户端口结束
…
//在此添加用户逻辑
  integer k; // 循环变量
  reg [31:0]result = 0;
  always @(posedge S_AXI_ACLK )
   begin
     for(k=0; k<BITS; k=k+1)begin
       result[k]= slv_reg0[BITS-k-1];
     end
   end
  // 用户逻辑结束
```

(5) 现在修改封装文件 `MY_SWAP_v1_0.v`。我们通常需要修改 HDL 文件的三个地方：

- 添加用户默认参数
- 添加用户参数映射
- 添加用户端口映射(我们没有)

```
  // 用户在此添加参数
parameter integer BITS = 4,
// 用户参数结束
….
.BITS(BITS)
…
```

(6) 现在内核设计已经完成，我们需要对内核进行封装，以便在设计中重复使用 CIP。单击 Package IP-MY_SWAP 开关，确保选择 Compatibility 时，zynq 可用。现在从左侧面板选择 Customization Parameters，如果是进行修订，则应列出默认值为 4 的 BITS。如果不进行修订，则选择 Customization GUI。右击 BITS 并选择 Edit Parameter....以选中 Visible in Customization GUI 旁边的复选框。选中 Specify Range。从 Type 下拉菜单中选择 Range of Integers。选择最大值 32，最小值 0。单击 OK。最后将 BITS 拖入第 0 页，使其进入 Customization Parameters 列表。现在

单击 Review and Package 面板，选择 Re-Package IP 按钮。回答 YES 来关闭项目。VIVADO 的第二个副本将消失。

(7) 现在我们可以将 MY_SWAP 集成到 Zynq 系统中。强烈建议使用上一节中提到的 Basic Computer 或其他现成设计(如 HDMI-out tutor)，以避免出现任何 MIO 或 DDR 配置问题。如果你是进行修订，而 IP 块是锁定的，则需要先运行 Upgrade IP。如果仍被锁定，则可以尝试关闭 VIVADO，然后重新启动。现在，应该可以从 IP 库通过 🖫 实例化一份新的 CIP，然后使用图形用户界面进行参数设置，并运行 <u>Connection Automation</u>。这里无需创建端口，因为我们只需使用本地 AXI 总线(见图 11.12)。

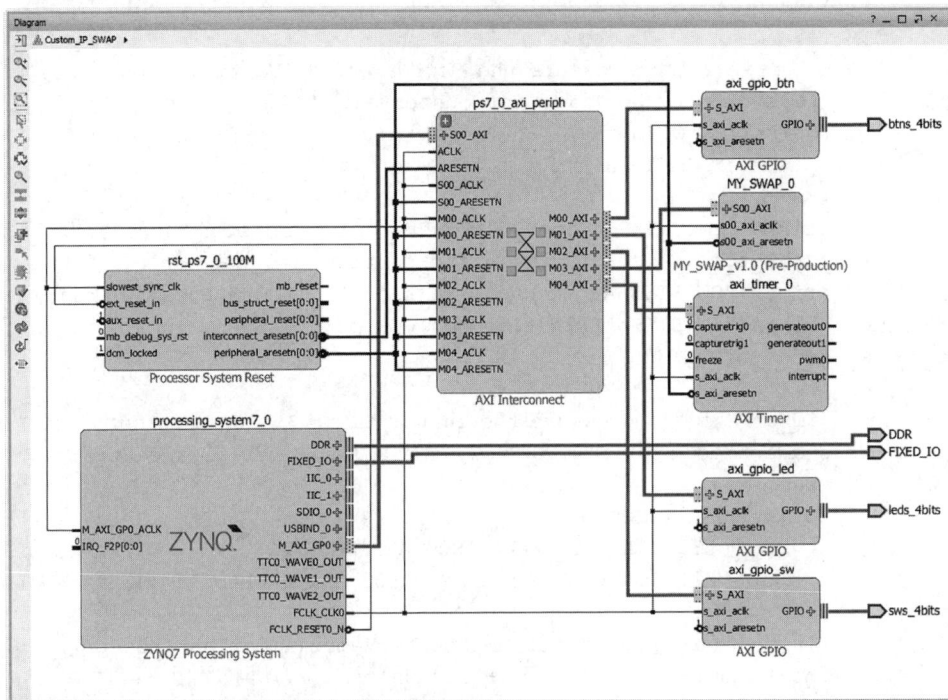

图 11.12 VIVADO 中的 CIP 总体系统。新 CIP 在右上角

(8) 现在开始开发程序。在 VIVADO 中使用 File→Export→Export Hardware...来开始。不要忘记在导出前选择 Include bitstream，然后单击 OK。然后选择 File→Launch SDK 并单击 OK。既然有了新的组件，不妨利用 SDK 功能为我们生成一个外设测试程序，用于测试所有组件。选择 File→New→Application Project，然后选择 Project name 如 Test_MY_SWAP，单击 OK，然后在 Templates 中选择 Peripheral Tests。运行测试后，你将在终端窗口中看到每个外设运行成功的信息，ZYSWAP 的 4 个 LED 灯也会快速闪动。然后，我们修改主例程 Test_MY_SWAP/src/testperiph.c 来测量交换性能。

到此，比特翻转所需的硬件和软件都实现了，让我们来做点性能比较。

软硬件方案的性能比较

测量 SWAP 的运行时间需要测量大量的交换操作。我们进行 100 万次测试并报告循环前后的计时器时间。时间之比将给出 CIP 的加速因子。与 CIP 的通信通过 `Xil_In32()` 和 `Xil_Out32()` 函数调用完成。CIP 总线命名和地址定义可在⋯ `bsp/ps7_cotex9_0/include` 文件夹下的 `xparameters.h` 文件中找到。

ANSI C 代码 11.5：使用 XScuTimer 测量 SWAP 性能

```
1    #define LOOPS 1000000
2    #define BITS 32
3    ...
4    xil_printf("*** Measure the Software BITSWAP operation ...\n");
5    start_time = XScuTimer_GetCounterValue(TimerInstancePtr);
6    for(k=1;k<LOOPS;k++){
7       sv = SW_BITSWAP(sv);
8    }
9    finish_time = XScuTimer_GetCounterValue(TimerInstancePtr);
10   total_time1 = start_time - finish_time; // 倒数到零
11   printf("SW_BITSWAP %d cycle %d ticks\n",LOOPS,total_time1);
12   printf("SW_BITSWAP %d time %d/1000 ms\n",LOOPS,(int)
13   total_time1/325);
14
15   xil_printf("*** Measure the Custom IP BITSWAP operation ...\n");
16   start_time = XScuTimer_GetCounterValue(TimerInstancePtr);
17   swap = sv;
18   for(k=1;k<LOOPS;k++){
19      Xil_Out32(XPAR_MY_SWAP_0_S00_AXI_BASEADDR, swap); // 写入 CIP
20      swap = Xil_In32(XPAR_MY_SWAP_0_S00_AXI_BASEADDR + 4); // 读 CIP
21   }
22   finish_time = XScuTimer_GetCounterValue(TimerInstancePtr);
23   total_time2 = start_time - finish_time; // 倒数到零
24   printf("CIP_BITSWAP %d cycle %d ticks\n",LOOPS,total_time2);
25   printf("CIP_BITSWAP %d time %d/1000 ms\n",LOOPS,(int)
                         total_time2/325);
26   printf("CIP_BITSWAP speedup = %d(int)\n",(int)(total_time1*1.0
                         /total_time2));
27   printf("CIP_BITSWAP speedup = %d percent\n",(int)
                         (100.0*total_time1/total_time2))
```

测量结果如图 11.13 所示。对于 32 位位宽，SWAP 的速度提高了 2 倍，即快了 100%。对于 8 位位宽，软件解决方案的速度更快，因为 ARM 的运行频率为 650 MHz，而我们所用的 AXI 组件的总线速度只有 125 MHz。由于 Vivado 报告的裕量为 1.712 ns，因此我们可以尝试综合更高的速度，但一般来说，我们不应期望 CIP 达到很高的速度。

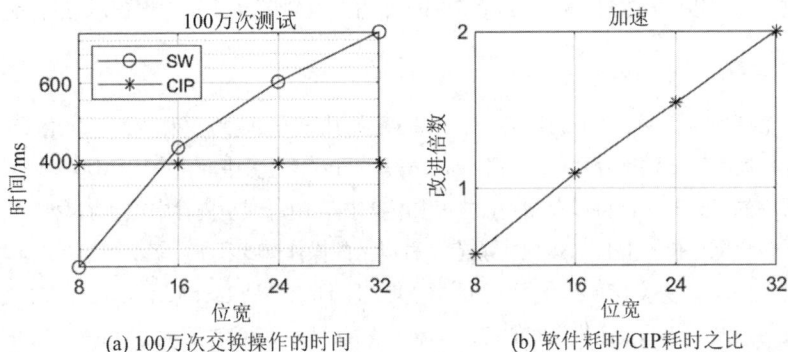

(a) 100万次交换操作的时间   (b) 软件耗时/CIP耗时之比

图 11.13   CIP 性能

我们可能还想知道 CIP 会花费哪些额外的逻辑资源。这主要是 AXI 接口和 AXI 多路复用器上的一个额外端口，因为硬件中的位反转只是进行连线，而不需要用到太多逻辑。总的来说，LUT 的数量从基本计算机的 928 个增加到带 CIP 的基本计算机的 1021 个。

11.5   深入了解：ARMv7 指令集架构

ARM 处理器的 DMIPS/MHz 性能大大高于 MICROBLAZE 或 Nios II。其中部分优势是显而易见的，因为它具有寄存器重命名、动态分支预测、虚拟到物理寄存器池或一级和二级缓存(带窥探控制以解决内存冲突)等出色的架构特性。那么，现在的问题是，指令集是否也具有其他微处理器所没有的特殊功能。为此，我们应该看看生成的汇编代码，以了解 ARM 性能为何如此之高。为了让这项研究更有趣一些，让我们设计自己的小小 ARM，用于实现 32 位 ARMv7 指令集体系结构(Instruction Set Architecture，ISA)的一个缩减集，并设计一个微处理器(我们称之为 TRISC3A)，使我们能够运行基本的闪灯程序、全局和局部存储器访问以及嵌套循环示例。正如你在本章开头所看到的，ARM 的整体架构比我们以前所见过的任何架构都要复杂得多，其中包括许多 I/O 标准内置硬件、L1 和 L2 缓存、动态 DDR 内存控制器等。这种高复杂性在 ISA 中也得到了延续。我们的 Cortex-A9 处理器所使用的 ARMv7 ISA 概述手册[A14]长达 2736 页！下面我们简单看一下基本 add 操作的示例。典型的三地址机器可能支持以下指令

```
add r1, r2, r3
```

或是用立即数

```
add r1, r2, #1
```

ARM ISA 也支持在加法之前对第二个操作数进行移位

```
add r1, r2, r3, lsl #3
```

或进行算术移位及左/右移位，或者在第四个寄存器中指定对第二个操作数进行循环移位

```
add r1, r2, r3, ror r4
```

另一个有趣的指令是用于加载/存储多个寄存器的指令：PUSH 又称 STM，POP 又称 LDM，都可以操作所有选中的寄存器。这些指令在子程序和中断服务中非常有用。使用一条指令，16 个寄存器中的任意一个都可以存储到栈指针指定的内存中，或从内存中重新加载。

除了包含更复杂的指令，ARM 还具有 9 种以上的操作模式和 100 多级中断控制，可用于软件和任何 I/O 单元，并支持 4 种完全不同的指令集：标准 32 位 ARM、16 位 Thumb、32 位 Thumb 和 8 位 Java 代码。这些指令集之间的切换只需一条 BX 指令即可完成。虽然 16 位 Thumb 和 8 位 Java 代码可以减小程序大小，但使用标准 32 ISA 通常可以实现高性能，因此我们将重点讨论 32 位 ISA。你将再次看到，ISA 比我们以前见过的指令要复杂得多。有些指令使用 12 个标志来精确说明指令的性质。除了一些例外情况，我们可以将 ISA 大致分为 4 大类，由指令中的第 27 位和第 26 位指定：

- 00 指定数据处理和其他杂项指令
- 01 包含加载/存储指令
- 10 分支(带链接)类型指令和块寄存器传送
- 11 协处理器指令

我们将集中讨论前三种指令，因为 GCC 最常用的就是这三种。与其他 ISA 相比，我们可以看到 ARMv7 格式有两大不同，一个是寄存器，另一个是条件代码。程序员看到的是 16 个寄存器，而不是大多数其他 32 位处理器中所用的 32 个寄存器。其中三个寄存器有特殊的职责：r13 是栈指针(sp)，r14 是链接寄存器(lr)，r15 是程序计数器(pc)，这使得 pc 可以进行相对寻址，但也会导致意外覆盖 pc 的值。这 16 个寄存器以 4 位二进制编码，这使得读取十六进制汇编程序代码变得更容易一点，但寄存器数量的减少使得 ANSI C 编译器更难生成好的代码。另一个区别是 r0 是通用寄存器，不像 Nios II 或 MICROBLAZE 中所用的寄存器那样包含一个 0。另一个主要区别是，所有指令，而不仅仅是分支指令，都在第 31~28 位附加了一个条件。表 11.2 列出了条件代码和相关标志。这些标志值由前一条指令设置，在汇编代码中用附加的"s"表示，如 ADD 与 ADDS。标志值按表 11.3 所示的顺序保存在 32 位当前程序状态寄存器(Current Program Status Register，CPSR)中。

表 11.2　条件代码总结

代码	后缀	标志	意义
0000	EQ	Z=1	相等
0001	NE	Z=0	不等
0010	CS	C=1	无符号更高或者相等
0011	CC	C=0	无符号更低
0100	MI	N=1	负数

(续表)

代码	后缀	标志	意义
0101	PL	N=0	正数或 0
0110	VS	V=1	溢出
0111	VC	V=0	没有溢出
1000	HI	C AND NOT Z=1	无符号更高
1001	LS	NOT C AND Z=1	无符号更低或者相等
1010	GE	N EXOR V=0	更大或者相等
1011	LT	N EXOR V=1	更小
1100	GT	Z OR(N EXOR V)=0	更大
1101	LE	Z OR(N EXOR V)=1	更小或者相等
1110	AL	忽略	其他情况总为真

表 11.3　标志值在 32 位 CPSR 中的保存顺序

31	30	29	28	27...8	7	6	5	4...0
N	Z	C	V	-	I	F	T	M

除了 4 个算术标志，我们还可以看到中断禁用标志(I/F)、Thumb 标志(T)和 4 位处理器运行模式标志(M)都存储在 CPSR 中。由于大多数指令都与条件无关，因此我们会在汇编代码的 4 位 MSB 中经常看到用于表示其他情况总为真的 AL 代码 $E_{16} = 1110_2$。

让我们从最简单的分支和带链接的分支即调用的编码格式(比特 $27...26 = 10$)开始介绍。格式如表 11.4 所示。

表 11.4　编码格式

31...28	27...26	23	24	23...0
cond	10	X	L	imm24

对于 $X=1$ 和 $L=0$ 的情况，对应于常见的带有 24 位 pc 相对偏移的分支指令。对于 $X=1$ 和 $L=1$ 的情况，对应于有 call 又称带链接分支(bl)的指令，即当前 pc 保存在链接寄存器(r14)中，然后 CPU 在 imm24 指定的相对 pc 的新内存地址继续处理。对于条件代码"F"，这种分支格式会变成一条 BLX 指令，使其切换到另一个指令集(此处不支持)。如果 $X=0$，该代码用于单个或多个存储/加载，又称 push/pop。push/pop 指令有两种不同的形式。在单寄存器格式(A2)中，源寄存器/目标寄存器定义在通常的目标 Rd 位置，即第 12~15 位。如果需要移动多个寄存器，则必须使用另一种格式 A1。其中，第 0~15 位指定了所有需要移动的寄存器(1=移动；0=不移动)。比如指令 PUSH {r1, r3-r5, r13}用一条汇编指令编码了多周期操作，把寄存器 1、3、4、5 和 13(又称链接寄存器)移到栈(即数据 RAM 中靠近末尾的位置)上。sp 寄存器用于索引，

每次访问内存时其增量为 4。sp 寄存器的自动更新是通过 push 前的递减和 pop 后的递增来实现的。4 种不同的压栈/弹栈操作各有一个 12 位的操作代码。表 11.5 显示了 4 种格式。

表 11.5　4 种格式

格式	31…28	27…16	15…12	11…0
pop A1	cond	100010111101	register list	
pop A2	cond	010010011101	Rd	0x004
push A1	cond	100100101101	register list	
push A2	cond	010100101101	Rd	0x004

我们将只执行单个压栈/弹栈操作，因为多个压栈/弹栈操作需要使用多周期指令，这将大大增加设计的复杂性。为了方便起见，我们允许使用多寄存器汇编代码，但只移动索引号最大的寄存器，例如，PUSH {r3, lr} 将只执行为 PUSH {lr}，因为 13 > 3。

数据处理指令的第二组格式(比特位 27…26=00)则要复杂得多，如表 11.6 所示。

表 11.6　复杂格式

31…28	27…26	25	24…21	20	19…16	15…12	11…0
cond	00	I	OP code	S	Rn	Rd	Operand 2

对于第二个操作数，我们可以根据 I 标志进行进一步的区分。当 I=1 时，我们使用 12 位立即操作数作为第二个操作数，即：

11…0
imm12

而操作则变为 Rd <= Rn □ imm12，当 I=0 时第二个操作数则是寄存器(带可选移位)，格式如表 11.7 所示。

表 11.7　格式 1

11…7	6…5	4	3…0
Operand 3	type	R	Rm

而操作则变为 Rd <= Rn □ Rm，其中 type 指定了可选的移位操作(ASR = 10、LSL = 00、LSR = 01 或 ROR = 11)。对于 R=0，第 11…7 位中的第三个操作数可以指定为 5 比特常数 imm5，对于 R=1，可以指定为第四个寄存器{Rs, 0}。如果 S 位被置位，那么 CPSR 寄存器的 N、Z、C 和 V 标志将被更新。第 24…21 位对应的 4 比特操作码指定了表 11.8 所示 16 种操作中的一种。首先是两种布尔运算(AND 和 EXOR)，然后是六种算术运算。接下来的 4 种运算不会修改 Rd 寄存器的值，只会更新标志位。接下来是布尔 OR 运算。移动运算通常用于重置或复制寄存器值，但也可包括移位。还有按位操作清零和按位取非运算，共 16 条数据处理指令。

表 11.8　带 S 的支持标志更新的数据处理寄存器指令

代码	汇编码	标志	意义	标志更新			
				N	Z	C	V
0000	AND	Rd=Op1 AND Op2	按位与	是	是	是	否
0001	EOR	Rd=Op1 EOR Op2	按位异或	是	是	是	否
0010	SUB	Rd=Op1-Op2	减法	是	是	是	是
0011	RSB	Rd=Op2-Op1	逆序减法	是	是	是	是
0100	ADD	Rd=Op1+Op2	加法	是	是	是	是
0101	ADC	Rd=Op1+Op2+C	带进位加法	是	是	是	是
0110	SBC	Rd=Op1-Op2+C-1	带借位减法	是	是	是	是
0111	RSC	Rd=Op2-Op1+C-1	带借位逆序减法	是	是	是	是
1000	TST	Check Op1 AND Op2	测试与	是	是	是	否
1001	TEQ	Check Op1 EOR Op2	测试相等	是	是	是	否
1010	CMP	Check Op1-Op2	比较	是	是	是	是
1011	CMN	Check Op2+Op1	比较负值	是	是	是	是
1100	ORR	Rd=Op1 OR Op2	按位或	是	是	是	否
1101	MOV	Rd=Op1	移动(可选移位)	是	是	否	否
1110	BIC	Rd=Op1 AND NOT Op2	按位清零	是	是	是	否
1111	MVN	Rd=NOT Op2	按位非	是	是	是	否

到目前为止，我们只进行了 12 位立即数运算，没有介绍 16 位立即数常量运算。虽然不可能对所有算术运算都这样做，但我们可以在移动指令中加入这一支持。这就是高位移动 MOVT 以及 MOVW 指令，前者将 16 位常数置于 MSB 位，后者将零扩展后的 16 位常数置于 LSB 位。位于 Rn 的 4 比特用于附加 imm4 常量。第 22 位又称 M 标志用于区分这两种操作。格式如表 11.9 所示。

表 11.9　格式 2

31…28	27…26	25	24…21	20	19…16	15…12	11…0
cond	00	1	10M0	0	imm4	Rd	imm12

与表 11.9 相比，这两条指令看起来像是从 TST 和 CMP 指令中"借鉴"而来。注意到 S 变成了 0，原 TST 和 CMP 类指令中的标志位不再需要更新。

我们讨论的第三种指令格式是单数据传输，即加载/存储(比特位 27...26=01)。也有 8 位和 16 位数据指令，但我们只使用和讨论 32 位数据指令。由于我们采用的是加载/存储架构，因此只允许数据在内存和寄存器之间移动。ARMv7 ISA 使用 6 个标志来区分 Cortex-A9 处理器支持的多种不同寻址模式。典型的加载运算 LDR 所用的函数为 Rd=Mem(Rn+offset)，典型的存储指令

STR 所用的函数为 Mem(Rn+offset)=Rd。格式如表 11.10 所示。

表 11.10　格式 3

31…28	27…26	25	24	23	22	21	20	19…16	15…12	11…0
cond	01	I	P	U	B	W	L	Rn	Rd	Operand 2

第 25...20 位对应的 6 个标志位的功能如下：

- 比特 25 的 I 用于确定操作数 2 中指定的偏移量是一个 12 位常数 imm12(I=0)还是一个寄存器(I=1)。寄存器与数据处理指令类似，可以选择移位。(注意，这里使用 I 标志有点违背直觉，因为 I=1 时不使用 imm12)。
- P 标志表示偏移是在传输前还是传输后添加。P=0 表示后添加，P=1 表示前添加。
- 在 U=1 时，偏移量被加到地址寄存器 Rn 中，U=0 时从地址寄存器 Rn 中减去。
- B=1 时使用字节大小，B=0 时使用字大小。
- 回写标志为 W。W=1 时更新索引寄存器，W=0 时不进行回写。
- L=1 时进行加载操作，L=0 时进行存储操作。

对于我们所用的微型 RISC，将只使用标志 I、U 和 L，而其他标志将被忽略。Rn、Rd 和 Operand 2 的位置和功能与数据处理指令相同。

所有指令的完整说明可参见处理器参考手册[A14]。请确保下载了与你所用的处理器相匹配的 ARMv7-A 手册版本。

现在，我们用 ARMv7 汇编语言来重新编码 PICOBLAZE LED 闪灯示例。下面是我们编写的第一个 ARMv7 汇编程序清单(使用 DE1 SoC 板的地址值)：

ASM 代码 11.6：使用 ARMv7 汇编码进行 LED 开关

```
1       .text           /* 以下是 ARM 可执行代码 */
2       .global _start
3   _start:
4       mov  r1, #0
5       movt r1, #65312
6       ldr  r2, [r1,#64]    // 读取 SW 开关值
7   flash: str  r2, [r1]     // 写入红色 LED
8       movw r3, #30784      // =25_000_000
9       movt r3, #381
10  loop:  subs r3, r3, #1    // 延时计数器
11      bne  loop
12      mvn  r2, r2          // 开关/比特翻转
13      b    flash
```

ARM 汇编程序的起始标签始终是 _start 标签。I/O 地址列在 address_map_arm.h 中，我们可以看到 0xFF200040 位置的滑动开关和 0xFF200000 位置的红色 LED 具有一样的 16 位 MSB。我们首先加载滑块开关值(第 6 行代码)，然后将数据写入红色 LED 输出。GCC 将寄存

器 r3 的延时计数器值 25,000,000 对应的 32 位加载指令(第 8、9 行代码)转换为一系列 LSB 的 movw 和 MSB 的 movt 立即数指令。如果我们使用伪指令 LDR r3,=0x17D7840,那么汇编程序就会将该常量放在程序后面的字面量池中。然后按照 Altera ARM 教程[A15b]的建议,通过单个 pc 从相对内存地址,如 ldr r4,[pc,#20]中来加载该常量。第 10 行和第 11 行的指令实现了延迟循环:对 r3 进行倒计时,直到 r3 的值为 0。然后对寄存器 2 中的所有位进行翻转。这也可以用 eor 指令来完成。在第 13 行,使用 branch 回到第 7 行(闪灯),开始另一个循环。我们可以看到,数据处理指令的使用频率最高。我们只使用了两次条件指令,因此所有其他汇编代码的机器码都应以 E 开头。这些指令的编码和解码将作为本章最后的练习;见练习 11.17-11.24。

现在让我们看看图 11.14 中的 VHDL 仿真。仿真显示了时钟和复位的输入信号,然后是本地非 I/O 信号,最后是开关和 LED 的 I/O 信号。在复位(低电平有效)释放后,我们可以看到程序计数器(pc)的值是如何持续增加直至循环结束的。pc 随下降沿变化,指令字随上升沿更新(在 ROM 内)。端口地址放入寄存器 r1 中。然后从输入端口 in_port 读取数值 5,并将其放入寄存器 r2 中。寄存器 r2 的值被加载到寄存器 out_port 中。然后分两步将计数器起始值 0x17D7840 加载到寄存器 r3 中:首先通过 movw 加载 16 位 LSB,然后通过 movt 指令加载 16 位 MSB。计数器的值递减 1,由于 32 位的值不为 0,因此循环继续。这一过程会持续许多时钟周期,直到模拟时间达到 1s,输出结果翻转。

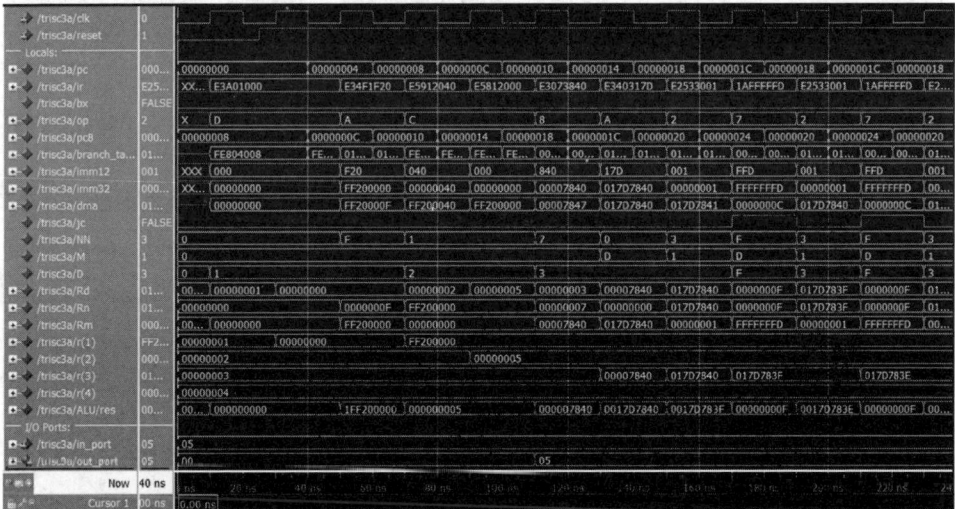

图 11.14　翻转程序起始 200 ns 的仿真轨迹展示了 r(4)中 32 位计数器加载和倒数的情况...40,...3F,...3E,...

在了解了 ARMv7 的基本 I/O 后,我们来看看 GCC 如何在内存中为 ARM 处理器组织数据。在 ANSI C 代码中,我们可以将变量/数据定义放在代码的初始段,从而使数据在主代码段和任何函数中都是"全局"的。另一种方法是将变量定义放在主代码中,又称"局部"变量。让我们看看 GCC 是如何处理这两种情况的,因为 ARM 只使用单个栈指针,而不像 Nios II 那样使用全局指针。下面是一个小小的 ANSI C 测试程序。

DRAM 程序 11.7：DRAM 读然后写

```
1    volatile int g;    // Volatile 让我们看到完整的汇编代码
2    volatile int garray[15];
3    int main(void) {
4      volatile int s;              // 声明为 volatile 让编译器执行
5      volatile int sarray[14];     // 不要尝试优化
6      s = 1;  // 内存地址 sp+15*4
7      g = 2;  // 内存地址 gp+0
8      sarray[0]= s;                // 内存地址 sarray[0]是 sp+4
9      garray[0]= g;                // 内存地址 garray[0]是 gp+4
10     sarray[s]= 0x1357; // 使用变量；要求字节地址为*4
11     garray[g]= 0x2468; // 使用变量；要求字节地址为*4
12   }
```

图 11.15 显示了该代码在 Altera 监视器中的汇编输出。在 main() 代码段中定义的本地数据是通过栈指针 sp 索引的。所有数据(和程序)的访问都是以字节为单位递增的，这就是为什么第一个整数变量的地址是 0(sp)，第二个是 4(sp)，第三个是 8(sp) 等等。除 Nios II 外，ARM 没有全局指针，因此 GCC 需要跟踪并找到主存中位于程序段后面、sp 段低处的适当位置。ARM 采用的是冯-诺依曼体系结构，而没有将数据总线和程序总线分开(又称哈佛体系结构)，因此只需要进行一次相对 pc 的内存读取，即可加载整个 32 位常量。全局内存段的起始地址位于代码段之后的某个位置，而 sp 使用的起始地址为物理内存末尾地址减去存放数据所需的字节数。GCC 会在程序开始时设置 sp 的值；见图 11.15a。出于简洁，我们略过 GCC 为 ARM 所做的其他初始化操作。GCC 在程序内存位置 25C 处启动实际的 main() 程序；见图 11.15b。

我们运行 testdem.c 程序，直至到达 garray[g]=0x2468 处，然后查找存储器内容。在物理存储器的末尾(见图 11.15c)，我们找到了以 sp 索引的本地值。我们看到 sarray[1] 位于地址 0x3FFFFFB4 处，即接近 DDR 的末尾地址，而 garray[2] 位于程序代码后的某个地址 0xBB0。这也是我们在 HDL 仿真中应该监视的内存位置。

将生成的 ARMv7 汇编程序代码与 Nios II 进行比较，我们可以看到存在两种方式让代码更短更快：由于数组索引计算是按字节进行的，因此需要"乘以"4。在 Nios II 中，这是通过两次加法运算完成的(注意 *s=a+a*；*i=s+s*，从而得出 i=4a)。ARMv7 允许在加法运算的同时进行移位，因此 add r3,r3,r2,lsl #2 让索引计算减少了一条指令。第二种减少代码量的方式是使用 pc 相对读取指令。由于微处理器的代码字长为 32 位，因此两条指令(加载 MSB 和 LSB)通常需要使用的 32 位常量加载操作可以在一次操作中完成。pc 相对读取的代价(在不增加一倍内存需求的情况下)是，我们需要放弃哈佛架构中程序和数据内存分离的概念，因为现在常量从程序内存加载到数据寄存器，使得程序和数据内存很难分离。对于哈佛设计，我们需要使用双倍存储器：PROM 的上半部分闲置，DRAM 的下半部分闲置。

```
                                              _start:
0x00000128   E51FD000      ldr    sp, [pc, #-0]    ; 130 <_start+0x8>
0x0000012C   EAFFFFC4      b      44 <__cs3_start_c>
0x00000130   3FFFFFFC      .word  0x3ffffffc
```
(a)

```
                              int main(void) {
                              main:
0x0000025C   E24DD040        sub    sp, sp, #64      ; 0x40
                                volatile int s;    // 声明为volatile 告诉编译器
                                volatile int sarray[14];   // 不要试图优化
                                s = 1;   // 内存位置 sp+15*4
0x00000260   E3A03001        mov    r3, #1
0x00000264   E58D303C        str    r3, [sp, #60]    ; 0x3c
                                g = 2;   // 内存位置 gp+0
0x00000268   E3003BA4        movw   r3, #2980        ; 0xba4
0x0000026C   E3403000        movt   r3, #0
0x00000270   E3A02002        mov    r2, #2
0x00000274   E5832000        str    r2, [r3]
                                sarray[0] = s;   // 内存位置 sarray[0]为sp+4
0x00000278   E59D203C        ldr    r2, [sp, #60]    ; 0x3c
0x0000027C   E58D2004        str    r2, [sp, #4]
                                garray[0] = g;   // 内存地址 garray[0]为gp+4
0x00000280   E5932000        ldr    r2, [r3]
0x00000284   E5832004        str    r2, [r3, #4]
                                sarray[s] = 0x1357;   // 使用变量；要求字节地址 *4
0x00000288   E59D203C        ldr    r2, [sp, #60]    ; 0x3c
0x0000028C   E28D1040        add    r1, sp, #64      ; 0x40
0x00000290   E0812102        add    r2, r1, r2, lsl #2
0x00000294   E3011357        movw   r1, #4951        ; 0x1357
0x00000298   E502103C        str    r1, [r2, #-60]   ; 0xffffffc4
                                garray[g] = 0x2468;   // 使用变量；要求字节地址 *4
0x0000029C   E5932000        ldr    r2, [r3]
0x000002A0   E0833102        add    r3, r3, r2, lsl #2
0x000002A4   E3022468        movw   r2, #9320        ; 0x2468
0x000002A8   E5832004        str    r2, [r3, #4]
                              }
```
(b)

(c)

	+0x0	+0x4	+0x8	+0xc
0x3FFFFFB0	00000001	00001357	0000070C	00000002
0x3FFFFFC0	FFFFF014	FFFF5F08	000002CC	00000714
0x3FFFFFD0	0000058C	00000208	000006C8	00000B88
0x3FFFFFE0	00000758	FFFFFFFF	00000001	00000BE8
0x3FFFFFF0	000000D8	FFFFF014	FFFF1351	4B097224

(d)

	+0x0	+0x4	+0x8	+0xc
0x00000BA0	00000000	00000002	00000002	00000000
0x00000BB0	00002468	00000000	00000000	00000000

图 11.15　Trisc3a 数据存储器 ASM 测试程序。局部和全局存储器写完后，再读取相同的位置。(a) 启动流程。(b) main() 程序。(c) sp 处的内存。(d) 全局内存段

　　存在的挑战是要找到一个具有独立时钟和初始数据的真双口 RAM 存储器的 HDL。定义双口 RAM 有多种方法。找到一个能综合到块 RAM 而不是逻辑单元的 HDL 描述非常重要，这是因为我们所用的 RAM 有 4 K×32=131 K 位，而 DE1 SoC FPGA 只有 70 K 触发器，故而必须使用 BRAM。我们需要仔细研究供应商提供的语言模板，以保证我们的 HDL 代码在三种语言中都能使用：ModelSim、Quartus 和 Vivado。我们可以使用无更改模式、读优先模式或写优先模式的双口存储器。这些模式可处理对同一地址同时进行读/写操作的不同情况。对于我们的微处理器来说，这并不是一个真正需要解决的问题，因为在一条指令中，我们只进行读取或写入，而不会同时进行读取和写入。ModelSim 对这三种指令都能很好地编译，Vivado 会使用 4 个 36 Kb BRAM 来综合这三个模板。Quartus 在写优先模式和无更改模式下正常工作。而读优先模式模板无法在 Quartus 上合成。Quartus 需要使用 16 个 M10K 大小的块 RAM 和 1 个双口 RAM 的 LUT。下面的 HDL 以 DMEM 测试程序初始化来展示写入优先模式风格。

VHDL 程序 11.8：VHDL 版本的 Tʀɪsᴄ3ᴀ DMEM 测试程序

```
1   -- ============================================================
2   -- 本文件为带有双时钟的真双口 RAM，用于 DRAM 和 ROM 的 DMEM 测试程序
3   -- 基于 tiny ARMv7 处理器
4   -- Copyright(C) 2019 Dr. Uwe Meyer-Baese.
5   -- ============================================================
6   LIBRARY ieee; USE ieee.STD_LOGIC_1164.ALL;
7   USE ieee.STD_LOGIC_arith.ALL; USE ieee.STD_LOGIC_unsigned.ALL;
8   -- ============================================================
9   ENTITY dpram4Kx32 IS
10  PORT(clk_a  : IN STD_LOGIC; -- DRAM 系统时钟
11       clk_b  : IN STD_LOGIC; -- PROM 系统时钟
12       addr_a : IN STD_LOGIC_VECTOR(11 DOWNTO 0);-- 数据存储器地址
13       addr_b : IN STD_LOGIC_VECTOR(11 DOWNTO 0);-- 程序存储器地址
14       data_a : IN STD_LOGIC_VECTOR(31 DOWNTO 0);-- DRAM 数据输入
15       we_a : IN STD_LOGIC := '0'; -- 只写 DRAM
16       q_a  : OUT STD_LOGIC_VECTOR(31 DOWNTO 0); -- DRAM 输出
17       q_b  : OUT STD_LOGIC_VECTOR(31 DOWNTO 0));-- ROM 输出
18  END ENTITY dpram4Kx32;
19  -- ============================================================
20  ARCHITECTURE fpga OF dpram4Kx32 IS
21
22  -- 为 RAM 构建一个二维数组类型
23  TYPE MEM IS ARRAY(0 TO 4095)of STD_LOGIC_VECTOR(31 DOWNTO 0);
24
25  -- 定义 RAM 以及初始值
26  SHARED VARIABLE dram : MEM :=(
27  -- 这种风格需要进行 pc 相对寻址
28  X"E51F_D000", --        ldr sp, [pc, #0] /* 初始栈指针 */
29  X"EA00_0000", --        b main           /* 初始全局指针 */
30  X"3FFF_FFEC", --        .word 0x3fffffec /* 常量 */
31  X"E24D_D040", -- main: sub sp, sp, #64 /* 安排栈上空间 */
32  --------------- s = 1 -------------
33  X"E3A0_3001", --        mov r3, #1        /* s= 1 */
34  X"E58D_303C", --        str r3, [sp, #60] /* 存储 s */
35  --------------- g = 2 -------------
36  X"E300_3BA4", --        movw r3, #2980    /* 指针 g */
37  X"E340_3000", --        movt r3, #0       /* g 的 MSB */
38  X"E3A0_2002", --        mov r2, #2        /* LSB */
39  X"E583_2000", --        str r2, [r3]      /* 存储 g */
40  --------------- sarray[0]= s -------------
41  X"E59D_203C", --        ldr r2, [sp, #60] /* 寻址 sarray[0]*/
42  X"E58D_2004", --        str r2, [sp, #4]  /* sarray[0]=s */
43  --------------- garray[0]= g -------------
44  X"E593_2000", --        ldr r2, [r3]      /* 寻址 garray[0]*/
```

```
45   X"E583_2004", --      str r2, [r3, #4]   /* 存储 garray[0]=g */
46   --------------- sarray[s]= 0x1357 -------------
47   X"E59D_203C", --      ldr r2, [sp, #60]      /* s */
48   X"E28D_1040", --      add r1, sp, #64        /* 移动 sp 到 r1*/
49   X"E081_2102", -- add r2, r1, r2, lsl #2 /* s*4+sp =
50   &sarray[s]*/
51   X"E301_1357", --      movw r1, #4951         /* =0x1357 */
52   X"E502_103C", --      str r1, [r2, #-60]     /* 存储 sarray[s]*/
53   --------------- garray[g]= 0x2468 -------------
54   X"E5932000", --      ldr r2, [r3]            /* 加载 g */
55   X"E0833102", --      add r3, r3, r2, lsl #2 /* g*4+&garray[0]*/
56   X"E3022468", --      movw r2, #9320          /* =0x2468 */
57   X"E5832004", --      str r2, [r3, #4]        /* 存储 garray[g]*/
58   X"EAFFFFEB", -- b main                        /* 再开始循环 */
59   OTHERS =>"UUUUUUUUUUUUUUUUUUUUUUUUUUUUUUUU"); -- 默认的未知地址
60
61   BEGIN
62
63    -- Port A 即 DRAM
64    PROCESS(clk_a)
65    BEGIN
66      IF rising_edge(clk_a) THEN
67       IF we_a = '1' THEN
68         dram(CONV_INTEGER('0'& addr_a) ):= data_a;
69         q_a <= data_a;
70       ELSE
71         q_a <= dram(CONV_INTEGER('0'& addr_a) );
72       END IF;
73      END IF;
74    END PROCESS;
75
76    -- Port B 即 ROM
77    PROCESS(clk_b)
78    BEGIN
79      IF rising_edge(clk_b) THEN
80       q_b <= dram(CONV_INTEGER('0' & addr_b) );
81      END IF;
82    END PROCESS;
83
84   END fpga;
```

　　两种存储器的内存数据定义都使用了相同的"共享"变量。请注意，程序定义(第 28~59 行代码)和数据常量(30 行代码)成为程序段的一部分。DRAM 映射到端口 A(第 63~74 行代码)，使用上升沿时钟。程序 ROM 映射到端口 B(第 77~82 行代码)，使用下降沿时钟。由于我们不向 ROM 写入数据，因此删除了模板中的可写部分。

第三个例子是检查(嵌套)函数调用需要哪些指令。同样，我们从一个简短的 ANSI C 示例开始，看看 GCC 需要使用哪些指令。下面是对应的 C 代码。

三层嵌套程序 11.9：嵌套函数测试代码

```
1    void level3(int *array, int s1){
2        s1 += 1;
3        array[3]= s1;
4        return;
5    }
6    void level2(int *array, int s1){
7        s1 += s1;
8        array[2]= s1;
9        level3(array, s1);      // 调用第三层
10       return;
11   }
12   void level1(int *array, int s1){
13       s1 += 1;
14       array[1]= s1;
15       level2(array, s1);      // 调用第二层
16       return;
17   }
18   int main(void) {
19     volatile int s1, s2, s3;
20     int array[11];
21     s1 = 0x1233;           // 内存地址 sp+0
22     while(1){
23       level1(array, s1);
24       s1 = array[1];
25       s2 = array[2];
26       s3 = array[3];
27     }
28   }
```

与对 PICOBLAZE 的研究一样，我们在这里也使用了三层循环，并且只使用局部变量，即 sp 索引变量。起始指令序列需要设置 sp，并且跳转到 main() 的过程与上一个示例类似，因此我们对这一部分不再赘述。在函数调用中，我们使用一个数组和一个标量。在调用过程中，我们会递增标量并将新值赋值给数组。我们使用的初始值为 0×1233，以便在内存中轻松识别。图 11.16a 展示了三个函数对应的汇编代码，图 11.16b 展示了 main() 的汇编代码。

除 PICOBLAZE 外，ARM Cortex-A9 没有用于存放循环返回地址的 pc 栈。我们只有一个寄存器 r13=lr 用于存储返回地址。如果我们只调用一个函数，那么使用一个返回地址寄存器就足够了(见图 11.16a 中的第 3 层)。bx lr 指令(第 0x264 行)将进入子程序之前存储在 lr 中的原始值恢复到 pc 中。但是，如果我们在第一个调用的函数中调用另一个函数，就需要将 lr 值存到存储器中，并在子程序结束时恢复 lr。在 ARMv7 中，lr 的保存和恢复可以通过 push 和

pop 操作方便地完成。这两个操作使用 sp 并执行自动更新(push 操作前递减;pop 操作后递增)。由于在我们的简短子程序中没有使用 r3，因此如编码示例，不需要保存和恢复 r3(我们的 HDL 将在 push/pop 中使用一个寄存器)。栈寄存器 sp 用于索引循环地址的内存位置。由于 sp 也用于索引局部变量，因此 GCC 需要仔细跟踪数组索引和返回地址。最后，我们将在 sp 所寻址的内存区域中，以递增顺序索引变量值，并以较低的值显示函数调用所使用的返回地址。我们运行一次主程序循环，然后从 sp=0x3FFFFFA0 处开始监测内存内容。循环迭代一次后，我们将观察到如表 11.11 所示的值。

```
                    void level3(int *array, int s1) {
                        s1 += 1;
                    level3:
0x0000025C  E2811001    add     r1, r1, #1
                        array[3] = s1;
0x00000260  E580100C    str     r1, [r0, #12]
0x00000264  E12FFF1E    bx      lr

                        return;
                    }
                    void level2(int array, int s1) {
                    level2:
0x00000268  E92D4008    push    {r3, lr}
                        s1 += s1;
0x0000026C  E1A01081    lsl     r1, r1, #1
                        array[2] = s1;
0x00000270  E5801008    str     r1, [r0, #8]
                        level3(array, s1); // 调用第三层
0x00000274  EBFFFFF8    bl      25c <level3>
0x00000278  E8BD8008    pop     {r3, pc}

                        return;
                    }
                    void level1(int *array, int s1) {
                    level1:
0x0000027C  E92D4008    push    {r3, lr}
                        s1 += 1;
0x00000280  E2811001    add     r1, r1, #1
                        array[1] = s1;
0x00000284  E5801004    str     r1, [r0, #4]
                        level2(array, s1); // 调用第二层
0x00000288  EBFFFFF6    bl      268 <level2>
0x0000028C  E8BD8008    pop     {r3, pc}

                        return;

            (a) 三层函数
```

```
                    int main(void) {
                    main:
0x00000290  E52DE004    push    {lr}        ; (str lr, [sp, #-4]!)
0x00000294  E24DD03C    sub     sp, sp, #60 ; 0x3c
                        volatile int s1, s2, s3;
                        int array[11];
                        s1 = 0x1233; // 内存地址 sp+0
0x00000298  E3013233    movw    r3, #4659   ; 0x1233
0x0000029C  E58D3034    str     r3, [sp, #52]   ; 0x34
                        while(1) {
                            level1(array, s1);
0x000002A0  E59D1034    ldr     r1, [sp, #52]   ; 0x34
0x000002A4  E1A0000D    mov     r0, sp
0x000002A8  EBFFFFF3    bl      27c <level1>
                            s1 = array[1];
0x000002AC  E59D3004    ldr     r3, [sp, #4]
0x000002B0  E58D3034    str     r3, [sp, #52]   ; 0x34
                            s2 = array[2];
0x000002B4  E59D3008    ldr     r3, [sp, #8]
0x000002B8  E58D3030    str     r3, [sp, #48]   ; 0x30
                            s3 = array[3];
0x000002BC  E59D300C    ldr     r3, [sp, #12]
0x000002C0  E58D302C    str     r3, [sp, #44]   ; 0x2c
0x000002C4  EAFFFFF5    b       2a0 <main+0x10>

            (b) main() 程序
```

图 11.16　TRISC3A 嵌套循环 ASM 测试程序。局部和全局存储器写完后，再读取相同的位置

表 11.11　运行 **nesting.c** 后的 ARM 存储器内容

	+0x0	+0x4	+0x8	+0xc
0x3FFFFFA0	0000028C	00001233	000002AC	00000BB8
0x3FFFFFB0	00001234	00002468	00002469	00000002
0x3FFFFFC0	FFFFF014	FFFF5F08	000002E0	00000728
0x3FFFFFD0	000005A0	00000208	00002469	00002468
0x3FFFFFE0	00001234	FFFFFFFF	00000624	00000BB8
0x3FFFFFF0	000000D8	FFFFF014	FFFF1351	4B097264

在地址 0x3FFFFFE0 处，我们找到 s1=0x1234 和位于 0x3FFFFFB0 处的 array[1]。在地址 0x3FFFFFA8 处，我们看到了调用第一个 level1 函数时的返回地址 0x2AC，而在地址 0x3FFFFFA0 处，我们找到了 level1 函数内调用 level2 的返回地址 0x28C。这就是我

们接下来进行 HDL 仿真的测试台数据。

HDL 实现和测试

PICOBLAZE 设计 trisc2.vhd 或 trisc2.v 应该是我们称为 TRISC3A 的小型 ARM 设计的起点，因为 ARM Cortex-A9 是三地址机器。这是一个单三相时钟周期设计——流水线版本则将需要用到更多的 HDL 代码[L06]。HDL 代码如下所示。

VHDL 代码 11.10：TRISC3A (最终设计)

```
1    -- ===========================================================
2    -- 名称： T-RISC 三地址机器
3    -- 描述：这是 T-RISC 的顶层控制路径/FSM
4    -- 采用单个三相时钟周期设计
5    -- 它采用三地址类型的指令字
6    -- 实现了 ARMv7 Cortex A9 架构的子集
7    -- ===========================================================
8    LIBRARY ieee; USE ieee.std_logic_1164.ALL;
9
10   PACKAGE n_bit_type IS -- 用户定义类型
11     SUBTYPE U8 IS INTEGER RANGE 0 TO 255;
12     SUBTYPE U12 IS INTEGER RANGE 0 TO 4095;
13     SUBTYPE SLVA IS STD_LOGIC_VECTOR(11 DOWNTO 0); -- 程序存储器地址
14     SUBTYPE SLVD IS STD_LOGIC_VECTOR(31 DOWNTO 0); --  数据宽度
15     SUBTYPE SLVD1 IS STD_LOGIC_VECTOR(32 DOWNTO 0);-- 数据宽度+1
16     SUBTYPE SLVP IS STD_LOGIC_VECTOR(31 DOWNTO 0);  -- 指令宽度
17     SUBTYPE SLV4 IS STD_LOGIC_VECTOR(3 DOWNTO 0);-- 完整的操作数大小
18   END n_bit_type;
19
20   LIBRARY work;
21   USE work.n_bit_type.ALL;
22
23   LIBRARY ieee;
24   USE ieee.STD_LOGIC_1164.ALL;
25   USE ieee.STD_LOGIC_arith.ALL;
26   USE ieee.STD_LOGIC_unsigned.ALL;
27   -- ===========================================================
28   ENTITY trisc3a IS
29    PORT(clk        : IN STD_LOGIC; -- 系统时钟
30       reset        : IN STD_LOGIC; -- 低有效异步重启
31       in_port      : IN STD_LOGIC_VECTOR(7 DOWNTO 0);   -- 输入端口
32       out_port     : OUT STD_LOGIC_VECTOR(7 DOWNTO 0); -- 输出端口
33   -- 以下测试端口仅用于仿真，综合时
34   -- 应注释掉以避免板上的引脚不够用
35   --   r0_OUT     : OUT SLVD;  -- 寄存器 0
36   --   r1_OUT     : OUT SLVD;  -- 寄存器 1
37   --   r2_OUT     : OUT SLVD;  -- 寄存器 2
```

```
38  --    r3_OUT      : OUT SLVD;   -- 寄存器 3
39  --    sp_OUT      : OUT SLVD;    -- 寄存器 13，即栈指针
40  --    lr_OUT      : OUT SLVD;    -- 寄存器 14，即返回地址
41  --    jc_OUT      : OUT STD_LOGIC;  -- 跳转条件标志
42  --    me_ena      : OUT STD_LOGIC;  -- 存储器使能
43  --    i_OUT       : OUT STD_LOGIC;  -- 常量标志
44  --    pc_OUT      : OUT STD_LOGIC_VECTOR(11 DOWNTO 0);-- 程序计数器
45  --    ir_imm12    : OUT STD_LOGIC_VECTOR(11 DOWNTO 0); -- 立即数值
46  --    imm32_out   : OUT SLVD;                   -- 符号扩展立即数值
47  --    op_code     : OUT STD_LOGIC_VECTOR(3 DOWNTO 0) -- 操作码
48  --    );
49  END;
50  -- =========================================================
51  ARCHITECTURE fpga OF trisc3a IS
52  -- 为 _tb 定义 GENERIC 为 CONSTANT
53    CONSTANT WA       : INTEGER := 11; -- 地址位宽-1
54    CONSTANT NR       : INTEGER := 15; -- 寄存器数目-1；PC 是额外的
55    CONSTANT WD       : INTEGER := 31; -- 数据位宽-1
56    CONSTANT DRAMAX   : INTEGER := 4095;        -- DRAM 字的数目-1
57    CONSTANT DRAMAX4  : INTEGER := 1073741823; -- X"3FFFFFFF";
58                                   -- 真正的 DDR RAM 字节数-1
59  COMPONENT dpram4Kx32 IS
60  PORT(clk_a  : IN STD_LOGIC; -- DRAM 系统时钟
61       clk_b  : IN STD_LOGIC; -- PROM 系统时钟
62       addr_a : IN STD_LOGIC_VECTOR(11 DOWNTO 0); -- 数据存储器地址
63       addr_b : IN STD_LOGIC_VECTOR(11 DOWNTO 0); -- 程序存储器地址
64       data_a : IN STD_LOGIC_VECTOR(31 DOWNTO 0);-- DRAM 的数据输入
65       we_a : IN STD_LOGIC := '0'; -- 只写 DRAM
66       q_a  : OUT STD_LOGIC_VECTOR(31 DOWNTO 0);  -- DRAM 输出
67       q_b  : OUT STD_LOGIC_VECTOR(31 DOWNTO 0)); -- ROM 输出
68  END COMPONENT;
69
70    SIGNAL op : SLV4;
71    SIGNAL dmd, pmd, dma : SLVD;
72    SIGNAL cond : STD_LOGIC_VECTOR(3 DOWNTO 0);
73    SIGNAL ir, tpc, pc, pc4_d, pc4, pc8, branch_target : SLVP;-- PC
74    SIGNAL mem_ena, not_clk : STD_LOGIC;
75    SIGNAL jc, go, dp, rlsl : boolean; -- 跳转和解码器标志
76    SIGNAL I, set, P, U, bx, W, L : boolean;-- 解码器标志
77    SIGNAL movt, movw, str, ldr, branch, bl : boolean; -- 特殊指令
78    SIGNAL load, store, read, write, pop, push:boolean;-- I/O 标志
79    SIGNAL popPC, popA1, pushA1, popA2, pushA2: boolean;--LDR/STM
                                                          指令
80    SIGNAL ind, ind_d : INTEGER RANGE 0 TO NR; --压栈/弹栈索引
81    SIGNAL N, Z, C, V : boolean; -- CPSR 标志
82    SIGNAL D, NN, M : INTEGER RANGE 0 TO 15; -- 寄存器索引
83    SIGNAL Rd, Rdd, Rn,Rm,r_M : SLVD :=(OTHERS => '0');-- 当前操作
```

```
84      SIGNAL Rd1, Rn1, Rm1 : SLVD1; -- 符号扩展操作
85      SIGNAL imm4  : STD_LOGIC_VECTOR(3 DOWNTO 0); -- 扩展后的 imm12
86      SIGNAL imm5  : STD_LOGIC_VECTOR(4 DOWNTO 0); --在 Op2 之内
87      SIGNAL imm12 : STD_LOGIC_VECTOR(11 DOWNTO 0); -- 12 个 LSB
88      SIGNAL sxt12 : STD_LOGIC_VECTOR(19 DOWNTO 0); -- 共 32 位
89      SIGNAL imm24 : STD_LOGIC_VECTOR(23 DOWNTO 0); -- 24 个 LSB
90      SIGNAL sxt24 : STD_LOGIC_VECTOR(5 DOWNTO 0); -- 共 30 位
91      SIGNAL bimm32, imm32, mimm32 : SLVD; -- 32 位的 branch/mem/ALU
92      SIGNAL imm33 : SLVD1; -- 符号扩展的 ALU 常量
93
94   -- 指令的操作码：
95   -- 所有数据处理指令都有这样的 4 位
96      CONSTANT opand : SLV4 := "0000"; -- X0
97      CONSTANT eor   : SLV4 := "0001"; -- X1
98      CONSTANT sub   : SLV4 := "0010"; -- X2
99      CONSTANT rsb   : SLV4 := "0011"; -- X3
100     CONSTANT add   : SLV4 := "0100"; -- X4
101     CONSTANT adc   : SLV4 := "0101"; -- X5
102     CONSTANT sbc   : SLV4 := "0110"; -- X6
103     CONSTANT rsc   : SLV4 := "0111"; -- X7
104     CONSTANT tst   : SLV4 := "1000"; -- X8
105     CONSTANT teq   : SLV4 := "1001"; -- X9
106     CONSTANT cmp   : SLV4 := "1010"; -- XA
107     CONSTANT cmn   : SLV4 := "1011"; -- XB
108     CONSTANT orr   : SLV4 := "1100"; -- XC
109     CONSTANT mov   : SLV4 := "1101"; -- XD
110     CONSTANT bic   : SLV4 := "1110"; -- XE
111     CONSTANT mvn   : SLV4 := "1111"; -- XF
112
113  -- 寄存器数组定义 16x32
114     TYPE REG_ARRAY IS ARRAY(0 TO NR) OF SLVD;
115     SIGNAL r : REG_ARRAY;
116
117  BEGIN
118
119     WITH ir(31 DOWNTO 28) SELECT -- 条件位求值
120     go <= Z WHEN "0000", NOT Z WHEN "0001",  -- 零：相等或不等
121         C WHEN "0010", NOT C WHEN "0011",    -- 进位：置位或复位
122         N WHEN "0100", NOT N WHEN "0101",    -- 负值：减或加
123         V WHEN "0110", NOT V WHEN "0111",    -- 溢出：置位或复位
124         C AND NOT Z WHEN "1000",             -- 高于
125         NOT C AND Z WHEN "1001",             -- 低于
126         N=V WHEN "1010", N/=V WHEN "1011",   -- 大于等于或小于
127         NOT Z AND N=V WHEN "1100",           -- 大于
128         Z AND N/=V WHEN "1101",              -- 小于等于
129         true WHEN OTHERS;                    -- 其他情况总为真
130
```

```
131    P1: PROCESS(ir)-- 为压栈/弹栈格式 A1 找到最后一个 '1'
132    BEGIN
133      ind <= 0;
134      FOR i IN 0 TO NR LOOP
135        IF ir(i)='1' THEN ind <= i; END IF;
136      END LOOP;
137    END PROCESS;
138
139    P2: PROCESS(reset, clk)-- 处理器的 FSM
140    BEGIN -- 更新 PC
141      IF reset = '0' THEN
142        tpc <=(OTHERS => '0');pc4_d <=(OTHERS => '0');
143        popPC <= false;
144      ELSIF falling_edge(clk)THEN
145        IF jc THEN
146          tpc <= branch_target ; -- 任何使用立即数的跳转
147        ELSE
148          tpc <= pc4; -- 通常以 4 字节递增
149        END IF;
150        pc4_d <= pc4;
151        popPC <= false;
152        IF(popA1 AND ind=15) OR (popA2 AND D=15) THEN
153          popPC <= true; -- 最后 op= pop PC ?
154      END IF;
155    END IF;
156  END PROCESS P2;
157  -- 如果最后操作是 pop 且 ind=15,则在 dmd 寄存器中放入真正的 pc
158  pc <= dmd WHEN popPC ELSE tpc;
159  pc4 <= pc + X"00000004"; -- 默认 PC 以 4 字节递增
160  pc8 <= pc + X"00000008"; -- 双操作 PC 以 8 字节递增
161  jc <= go AND (branch OR bl OR bx OR(pop AND ind=15));
162  sxt24 <=(OTHERS => imm24(23)); -- 符号扩展常量
163  bimm32 <= sxt24 & imm24 &"00"; -- 分支的立即数
164  branch_target <= r_m WHEN bx ELSE
165                bimm32 + pc8; -- PC 相对寻址的跳转
166
167  -- 指令的映射,即解码指令
168  op <= ir(24 DOWNTO 21);     -- 数据处理的操作码
169  imm4 <= ir(19 DOWNTO 16);   -- 扩展后的 imm12
170  imm5 <= ir(11 DOWNTO 7);    -- Op2 的移位值
171  imm12 <= ir(11 DOWNTO 0);   -- 立即数 ALU 操作数
172  imm24 <= ir(23 DOWNTO 0);   -- 跳转地址
173  -- P, B, W 解码器标志, 没有使用
174  set <= true WHEN ir(20)='1' ELSE false; -- 为 S=1 更新标志
175  I <= true WHEN ir(25)='1' ELSE false;
176  L <= true WHEN ir(20)='1' ELSE false; -- L=1 则加载 L=0 则存储
177  U <= true WHEN ir(23)='1' ELSE false; -- U=1 加偏移
```

```
178  movt <= true WHEN ir(27 DOWNTO 20)= "00110100" ELSE false;
179  movw <= true WHEN ir(27 DOWNTO 20)= "00110000" ELSE false;
180  branch <= true WHEN ir(27 DOWNTO 24)= "1010" ELSE false;
181  bl <= true WHEN ir(27 DOWNTO 24)= "1011" ELSE false;
182  bx <= true WHEN ir(27 DOWNTO 20)= "00010010" ELSE false;
183  ldr <= true WHEN ir(27 DOWNTO 26)= "01" AND L ELSE false; --加载
184  str <= true WHEN ir(27 DOWNTO 26)= "01" AND NOT L ELSE false;--
                                                               存储
185  popA1 <= true WHEN ir(27 DOWNTO 16)= "100010111101" ELSE false;
186  popA2 <= true WHEN ir(27 DOWNTO 16)= "010010011101" ELSE false;
187  pop <= popA1 OR popA2;
188  -- 加载多个(A1)或一个(A2)在存储器访问后更新 sp-4
189  pushA1 <= true WHEN ir(27 DOWNTO 16)= "100100101101" ELSE false;
190  pushA2 <= true WHEN ir(27 DOWNTO 16)= "010100101101" ELSE false;
191  push <= pushA1 OR pushA2;
192  -- 存储多个(A1)或一个(A2)在存储器访问前更新 sp+4
193  dp <= true WHEN ir(27 DOWNTO 26)= "00" ELSE false;-- 数据处理
194
195  NN <= CONV_INTEGER('0' & ir(19 DOWNTO 16));-- 索引 1. 源寄存器
196  M <= CONV_INTEGER('0' & ir(3 DOWNTO 0));    -- 索引 2. 源寄存器
197  D <= CONV_INTEGER('0' & ir(15 DOWNTO 12));  -- 索引目标寄存器
198  Rn <= r(NN); -- 第一个操作数 ALU
199  Rn1 <= Rn(31)& Rn; -- 符号扩展 1. 操作数一个比特
200  r_M <= r(M);
201  rlsl <= true WHEN ir(6 DOWNTO 4)= "000" ELSE false;-- 左移寄存器
202  Rm <= imm32 WHEN I - ALU 操作数可以是常量或寄存器
203      ELSE r_M(30 DOWNTO 0)&"0" WHEN imm5="00001" AND rlsl --LSL=1
204      ELSE r_M(29 DOWNTO 0)&"00" WHEN imm5="00010" AND rlsl --LSL=2
205      ELSE r_M; -- 第二个操作数 ALU
206  Rm1 <= Rm(31)& Rm; -- 符号扩展 2. 操作数一个比特
207  Rd <= r(D) ; -- 旧的目标寄存器值
208  Rd1 <= Rd(31)& Rd; -- 符号扩展旧的值一个比特
209
210  mimm32 <= sxt12 & imm12; -- 存储器立即数
211  dma <= Rn + Rm WHEN I
212      ELSE r(13)- 4 WHEN push -- 等同于 STMDB sp!, {Rx}
213      ELSE r(13)WHEN pop -- 等同于 LDMIA sp!, {Rx}
214      ELSE Rn + mimm32 WHEN U AND NN/=15
215      ELSE Rn - mimm32 WHEN NOT U AND NN/=15
216      ELSE pc8 + mimm32 WHEN U and NN=15 -- 特别的 PC-相对寻址
217      ELSE pc8 - mimm32;
218  store <=(str OR push)AND(dma <= DRAMAX4); -- DRAM 存储
219  load <=(ldr OR pop)AND(dma <= DRAMAX4); -- DRAM 加载
220  write <= str AND(dma > DRAMAX4); -- I/O 写
221  read <= ldr AND(dma > DRAMAX4); -- I/O 读
222  mem_ena <= '1' WHEN store ELSE '0'; -- 仅对存储有效
223  Rdd <= r(ind) WHEN pushA1 ELSE Rd;
```

```
224  not_clk <= NOT clk;
225
226  -- ARM PC-相对操作要求使用带有双时钟的真双口 RAM
227  mem: dpram4Kx32 -- 实例化块 DRAM 和 ROM
228  PORT MAP(clk_a => not_clk, -- DRAM 系统时钟
229          clk_b => clk, -- PROM 系统时钟
230          addr_a => dma(13 DOWNTO 2),-- 12 位数据存储器地址
231          addr_b => pc(13 DOWNTO 2), -- 12 位程序存储器地址
232          data_a => Rdd,      -- DRAM 数据输入
233          we_a   => mem_ena, -- 只写 DRAM
234          q_a    => dmd,      -- 数据 RAM 输出
235          q_b    => pmd) ; -- 程序存储器数据
236  ir <= pmd;
237
238  -- ALU 立即数计算:
239  sxt12 <=(OTHERS => imm12(11)); -- 符号扩展常量
240  imm32 <= imm4 & imm12 & Rd(15 DOWNTO 0)WHEN movt ELSE
241          X"0000"& imm4 & imm12 WHEN movw ELSE
242          sxt12 & imm12;      -- 将 imm16 放入 MSB, 以便 movt
243  imm33 <= imm32(31)& imm32; -- 符号扩展常量
244
245  ALU: PROCESS(op,Rm1,Rn1,in_port,dmd,reset,clk,load,read,
246                      C,Rd1,dp,movw,imm33,movt,pop)
247  VARIABLE res: STD_LOGIC_VECTOR(32 DOWNTO 0);
248  VARIABLE Cin: STD_LOGIC;
249  BEGIN
250    IF C THEN Cin := '1'; ELSE Cin := '0'; END IF;
251    res := Rd1; -- Keep old/default
252    IF DP THEN
253      CASE op IS
254      WHEN opand => res := Rn1 AND Rm1;
255      WHEN eor | teq => res := Rn1 XOR Rm1;
256      WHEN sub   => res  := Rn1 - Rm1;
257      WHEN rsb   => res  := Rm1 - Rn1;
258      WHEN add | cmn => res := Rn1 + Rm1;
259      WHEN adc   => res  := Rn1 + Rm1 + Cin;
260      WHEN sbc   => res  := Rn1 - Rm1 + Cin -1;
261      WHEN rsc   => res  := Rm1 - Rn1 + Cin -1;
262      WHEN tst   => IF movw THEN res := imm33; ELSE
263                      res := Rn1 AND Rm1; END IF;
264      WHEN cmp   => IF movt THEN res := imm33; ELSE
265                      res := Rn1 - Rm1; END IF;
266      WHEN orr   => res  := Rn1 OR Rm1;
267      WHEN mov   => res  := Rm1;
268      WHEN bic   => res  := Rn1 AND NOT Rm1;
269      WHEN mvn   => res  := NOT Rm1;
270      WHEN OTHERS => res  := Rd1;
```

```
271    END CASE;
272  END IF;
273  IF load OR pop THEN res := '0' & dmd; END IF;
274  IF read THEN res := "0"& X"000000"& in_port; END IF;
275 --更新标志和寄存器 --------------------------------
276  IF reset = '0' THEN                    -- 异步清零
277    Z <= false; C <= false; N <= false; V <= false;
278    out_port <=(OTHERS => '0');
279    FOR k IN 0 TO NR LOOP -- 重置为0
280      r(k)<= conv_std_logic_vector(k,32); --X"00000000";
281    END LOOP;
282  ELSIF rising_edge(clk)THEN -- ARMv7 有 4 个标志
283    IF dp AND set THEN -- 对于所有 16 个操作设置 N 和 Z 标志
284      IF res(31)= '1' THEN N <= true; ELSE N <= false; END IF;
285      IF res(31 DOWNTO 0)= X"00000000" THEN
286                              Z <= true; ELSE Z <=false; END IF;
287      IF res(32)= '1' AND op /= mov THEN
288                              C <= true; ELSE C <=false; END IF;
289                  -- 除了 MOV 计算新的 C 标志
290      IF res(32)/= res(31)AND(op = sub OR op = rsb OR op = add
291      OR op = adc OR op = sbc OR op = rsc OR op = cmp OR op = cmn)
292      THEN -- 为算术操作算出新的溢出标志
293                              V <= true; ELSE V <=false; END IF;
294    END IF;
295    IF bl THEN -- 为带链接的分支操作即调用操作存储 LR
296      r(14)<= pc4_d; -- 返回后旧的 pc 进行加 1 操作
297    ELSIF push THEN
298      r(13)<= r(13)- 4;
299    ELSIF read OR load OR movw OR movt OR(dp AND
300    op /= tst AND op /= teq AND op /= cmp AND op /= cmn)THEN
301      r(D) <= res(31 DOWNTO 0);  --存储 ALU 结果(不是为了测试操作)
302      IF popA1 AND ind /= 13 THEN
303        r(13)<= r(13)+ 4;
304        r(ind) <= res(31 DOWNTO 0);
305      END IF;
306      IF popA2 AND D /= 13 THEN
307        r(D) <= res(31 DOWNTO 0);
308        r(13)<= r(13)+ 4;
309      END IF;
310    END IF;
311    IF write THEN out_port <= Rd(7 DOWNTO 0); END IF;
312  END IF;
313  END PROCESS ALU;
314
315 -- -- 额外的测试引脚:
316 -- pc_OUT <= pc(11 DOWNTO 0);
317 -- ir_imm12 <= imm12;
```

```
318 -- imm32_out <= imm32;
319 -- op_code <= op; -- 数据处理操作
320 -- jc_OUT <= '1' WHEN jc ELSE '0'; -- 经 Xilinx 修改
321 -- i_OUT <= '1' WHEN I ELSE '0';   -- 经 Xilinx 修改
322 -- me_ena <= mem_ena; -- 控制信号
323 -- r0_OUT <= r(0); r1_OUT <= r(1);   -- 前两个用户寄存器
324 -- r2_OUT <= r(2); r3_OUT <= r(3);   -- 后两个用户寄存器
325 -- sp_OUT <= r(13); lr_OUT <= r(14); -- 编译器寄存器
326
327 END fpga;
```

我们可以使用与 PICOBLAZE 类似的 I/O 接口。对于存储器，我们将监测 sp 值周围的位置。除了前 4 个寄存器 pc、ir、lr 和 sp，我们还将监测一些额外的标志，如 jc、store 和 load。数据处理操作码都是 4 字节，pc、数据和地址宽度则需调整为 32 位。在 ENTITY 之后，指定了所有常量、信号、标志和双口 RAM 组件(第 53~115 行代码)。然后，架构主体开始根据 4 个 ALU 标志对 4 位条件进行并发解码：Z、N、V 和 C(第 119~129 行代码)。在 PROCESS P1 中，检测寄存器列表的 MSB 并将其放入变量 ind 中，以执行 push 和 pop 指令。如果没有链接寄存器栈，FSM 处理器控制器的实现代码(PROCESS P2)就会稍短一些(第 139~156 行代码)。pc 的增量计数是按字节进行的，因此每条标准指令都会使程序计数器的值增加 4。对于分支目标，我们有了更多选择：对于 bl 或 b 等指令，它可以来自相对于 pc 的 IMM24；对于 bx 指令，它可以来自 r_m 寄存器。由于 DRAM 和 pc 随下降沿更新，因此如果上一条指令是 pop pc，我们就直接使用 dmd 寄存器的值。

指令和寄存器标识的解码将在下一节代码中进行(第 167~208 行代码)。指令解码并不简单，因为编码格式中有许多例外情况。我们有 4 个大小分别为 4、5、12 和 24 的常量需要识别(第 169~172 行代码)。为了简化对几条指令的处理，需要使用一个额外的标志。N、M 和 D 各为 4 位。第一个 ALU 源始终是 Rn=r(NN) (这里使用 NN，因为 N 是 ALU 负数标志)；第二个 ALU 源可以是(移位)寄存器或 IMM32 的值。目前我们只支持 0、1 或 2 位左移。I 标志用于识别所有使用了 IMM32 的指令。接下来是双口 RAM 的输入信号，该 RAM 承载着程序 ROM 和数据存储器(第 210~224 行代码)。接下来是 4 K 字数据和程序 RAM 的实例化，每个字 32 位(第 226~236 行代码)。由于我们使用的内存只有 4 K 字，因此 DPRAM 的工作原理类似于直接映射缓存。我们只用了 pc 和 dma 的最后 12 位。不过，为了便于 ANSI C 程序的转换，I/O 端口的地址处理使用了 DRAMAX4 中指定的全部 DDR RAM 大小。第 238~313 行代码对应于 ALU 处理过程。数据处理指令的 ALU 输出是基于 4 位操作码计算的。除了具有 16 种操作，它还负责执行前面描述的 16 比特的移动指令。reset 有效时，所有寄存器的值都被设置为其寄存器编号(第 279~281 行代码)。然后，当且仅当 S 比特 20 被置位时，才会更新寄存器标志(283~294 行代码)。

寄存器写入由上升沿时钟控制。对于仅供测试的操作和某些读/写操作，目标寄存器 r(D) 不会被写入。sp 也会为 push 和 pop 操作更新。最后为一些额外的测试端口分配输出；这些端口应在最后禁用，以避免 FPGA 的 I/O 引脚资源浪费。

图 11.17 展示了 ANSI C 代码清单 11.7 中讨论的内存访问示例的仿真。仿真中显示的内存值与图 11.15 中监测程序显示的内存内容一致。编译器使用 sp 指针将变量映射到表 11.12 中的 DRAM 地址。

表 11.12　变量到 DRAM 地址的映射

变量	s	g	sarray[0]	garray[0]
DRAM 地址(十进制)	4090	745	4076	746

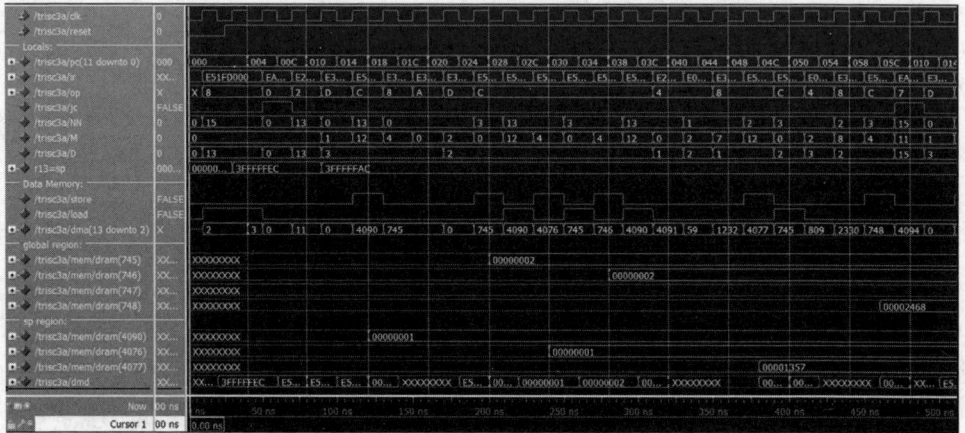

图 11.17　TRISC3A 存储器访问时的仿真

DRAM 测试仿真的主要事件有 120 ns 时 s=1；200 ns 时 g=2；240 ns 时 sarray[0]=s；280 ns 时 garray[0]=g；380 ns 时 sarray[1]=0x1357；460 ns 时 garray[2]=2468。

程序 11.9 所示的嵌套循环代码的 HDL 仿真展示在图 11.18 中。sp 范围内的地址值与表 11.11 中的汇编调试视图所示非常类似。不过，我们仅仅压栈 lr 而不压栈 r3，所以 lr 值在存储器中的地址会不同。要特别注意循环所用的返回链接寄存器 r(14)=lr。循环行为仿真中发生的主要事件可以作如下概括：140 ns 时 s1=0x1233；210 ns 时 lr=0x2AC；220 ns 时 lr=0x2AC 存储在 DRAM(4074)中；290 ns 时 lr=0x28C；300 ns 时 lr=0x28C 存储在 DRAM(4073)中；420 ns 时将 lr=0x278 加载到 pc 中；440 ns 时加载 0x28C 到 pc。子程序的进入过程如下：200 ns 时在 level1，280 ns 时在 level2，360 ns 时在 level3。s1、s2 和 s3 的最终 DRAM 值分别位于 DRAM(4088)、DRAM(4087) 及 DRAM(4086) 中。

最后，图 11.19 展示了 TRISC3A 的总体架构和已实现的指令。额外指令的实现在本章末尾留给读者作为练习，见练习 11.58-11.61。

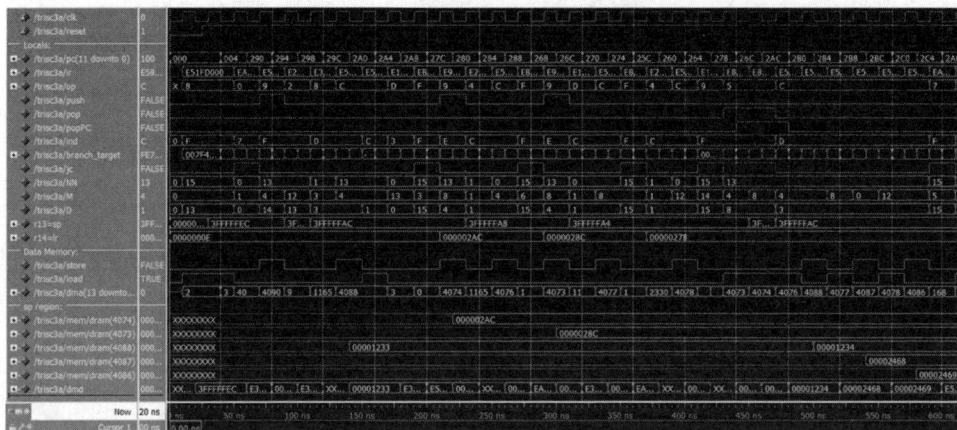

图 11.18　仿真展示 TRISC3A 嵌套循环行为

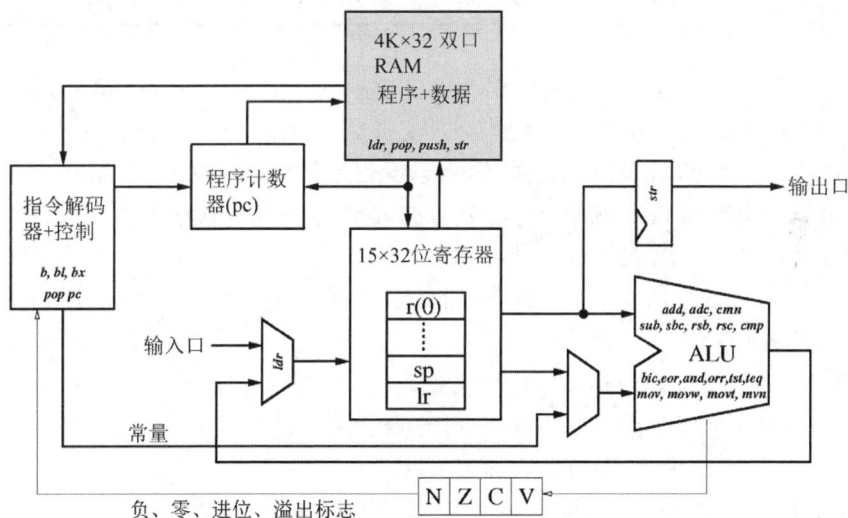

图 11.19　tiny ARMv7 Cortex-A9 即 TRISC3A 核心的最终实现。指令(斜体)总体上和主要硬件单元相关联。
大块存储器(除寄存器外)涂成灰色

综合结果和设计收获

　　TRISC3A 的综合结果如表 11.13 所示。第二列和第三列分别是 Xilinx VIVADO 的 VHDL 和 Verilog 综合结果。第四栏和第五栏分别是 Altera QUARTUS 的 VHDL 和 Verilog 综合结果。在 Xilinx VIVADO 中，双口 4K×32 RAM 可通过 Xilinx 器件中的 4 个 RAMB36 或 8 个 RAMB18 块来实现。Altera BRAM 只有 10 Kbits，而我们需要使用 16 Kbits 才能构建 4K×32 双口存储器。Altera DE1 SoC 板的整体速度接近 50 MHz 的默认速度。125 MHz 的 Xilinx 系统时钟很可能过高。我们可能需要增加一个 PLL 或使用四分频器(即 125/4= 31.25 MHz)，以达到最高时钟速率。Xilinx 合成器使用 31 个加法 LUT 来合成四分频。

表 11.13 TRISC3N 在 Altera 和 Xilinx 工具及设备上的综合结果

	VIVADO 2016.4		QUARTUS 15.1	
目标设备	Zynq 7K xc7c010t-1clg400		Cyclone V 5CSEMA5F31C6	
所用 HDL	VHDL	Verilog	VHDL	Verilog
LUT/ALM	1637	1615	1300	1301
作为分布式内存	0	0	0	
块内存 RAMB36	4	4	-	-
或者 M10K	-	-	16	16
DSP 块	0	0	0	0
HPS	0	0	0	0
Fmax/MHz	36.36	41.67	43.76	42.81
编译时间	4:20	4:14	5:25	4:17

我们终于有了一个可以工作的微处理器，实现了 25 种 ARMv7 操作。主要的单元包括寄存器阵列、逻辑和算术运算、输入输出、数据存储器、分支和栈管理。跟完整的指令集相比缺失的部分是(除了具有 8 位和 16 位的三套完整的 ISA 以外)到目前为止的任务中不需要用到的部分，例如移位和循环移位、乘除法、中断处理以及协处理器控制。本章结尾会把其中一些作为练习留给读者。

通过对内部机制的分析，可以领会到，同前面讨论过的其他处理器相比，ARMv7 在指令集方面有 4 项重要改进，即：

- 通过 pc 相对寻址用一条指令加载 32 位常量。
- PUSH 操作，用于存储链接寄存器，同时更新栈指针。
- 从数据内存中 POP 程序计数器，无需事先恢复链接寄存器。
- 第二个操作数的可选移位(用于实现乘以 4)支持更快的地址运算。

仅 push/pop 就将 level1 子程序调用所需的指令条数从 Nios II 的 8 条指令减少到 ARMv7 的 5 条指令，执行时间缩短了 60%。因此，除了架构特性，ISA 的改进也是 ARMv7 处理器 DMIPS 等级提高的主要原因。

11.6 复习题和练习

简答题

11.1. ARMv7 和 ARMv8 之间的主要区别是什么？

11.2. 描述 ARMv7 不同于 MICROBLAZE 和 Nios II 的两个架构特性。

11.3. 什么是 MIO，为什么需要使用它？

11.4. ARMv7 汇编程序包含的 4 个指令组是什么？

11.5. 列出 ARMv7 使用的 6 种寻址模式。为每种模式举一个指令示例。

11.6. GCC 如何针对 ARMv7 实现嵌套循环？

11.7. 解释 ARMv7 的 push 和 pop 指令？何时使用？使用这些指令的代价是什么？

11.8. 说出 ARMv7 HDL 设计方法与 IP 核相比的 5 个优点。

11.9. ARMv7 没有 nop 或清除寄存器指令。使用 ARMv7 指令定义"伪指令"以完成这些任务。

11.10. 举例说明 ARMv7 如何体现 RISC 设计原则：(a) 简单性青睐规律性，(b) 更小就更快，以及(c)好的设计要有好的折中。

填空题

11.11. ARMv7 指令的_____位用于编码主要指令组。

11.12. ARMv7 指令的_____位用于编码条件代码。

11.13. ARMv7 是____地址机。

11.14. TRISC3A 使用 ARMv7 ISA 的_____指令。

11.15. ARM IP 核在 2015 年被使用_____次。

11.16. TRISC3A 指令中的 4 个立即数常量长度为_____。

11.17. ARMv7(预加)操作 str r2,[r1,0x40]将以十六进制编码为_____。

11.18. ARMv7 操作 movw r5,0x1234 将以十六进制编码为_____。

11.19. ARMv7 操作 add r3,r4,r2 #2 将以十六进制编码为_____。

11.20. ARMv7 操作 bne #-4 将以十六进制编码为_____。

11.21. ARMv7 操作_____将以十六进制编码为 0xE3451432。

11.22. ARMv7 操作_____将以十六进制编码为 0x0AFFFFF8。

11.23. ARMv7 操作_____将以十六进制编码为 0xE25670FF。

11.24. ARMv7 操作_____将以十六进制编码为 0xE5912008。

判断题

11.25. _____ARMv7 的 DMIPS 值低于 MICROBLAZE。

11.26. _____ARMv7 可通过一条指令加载 12 位、16 位或 32 位常量。

11.27. _____ARMv7 具有常规和逆向减法操作。

11.28. _____Altera 的 FPGA 内核采用 ARMv7 和 Xilinx ARMv8 体系结构。

11.29. _____Altera 监测程序编译器信息显示在 Info & Errors 窗口中。

11.30. _____VIVADO "连接自动化"还将处理所有 I/O 端口。从来不需要使用 XDC 文件。

11.31. _____Altera 监测程序默认启动时会显示五个窗口：反汇编、内存、寄存器、终端以及信息和错误。

11.32. _____ 使用 CIP 无法提高 ARMv7 性能。

11.33. _____ 浮点 CIP 将加速 ARMv7 基本浮点操作。

11.34. _____ ARMv7 自底向上的设计方法需要详细了解电路板配置,以指定正确的 MIO。

11.35. _____ ARMv7 微处理器可以用汇编程序和 C/C++程序编程。

11.36. _____ 要将 ARM 配置下载到 DE1 SoC 板,我们需要使用 QUARTUS;Altera 监测程序不能用于此目的的。

11.37. _____ZYNQ 的 VIVADO 块自动化将为设计添加额外的硬件 IP。

11.38. 在表 11.14 中指定 ARMv7 和 TRISC3A 内核的标准功能(真/假)。

表 11.14　习题 1.38 的表

特性	ARMv7	Trisc3a
软核架构		
I-Cache		
D-Cache		
流水线化		
支持不同的 FPGA 和厂商		
哈佛架构		
非常小的逻辑单元数量		

项目和挑战

11.39. 运行 Xilinx SDK 模板中的一个示例,并撰写一篇短文(1/2 页),介绍示例的内容。使用了哪些 I/O 组件?

11.40. 运行 University_program→Computer_Systems 中 app_software_nios2_C 文件夹下的一个示例,并撰写一篇短文(1/2 页),介绍示例的内容以及使用了哪些 I/O 组件。

11.41. 开发一个汇程序或 ANSI C 程序来实现类似于福特野马的左、右汽车转向灯和紧急双闪灯:00X、0XX 和 XXX 用于左转,其中 0 是关闭,X 是 LED 开启。用 X00、XX0 和 XXX 表示右转向灯。使用滑动开关进行左/右选择。对于紧急双闪灯,两个开关都要打开。转向灯序列应该每秒重复一次。见 mustangQT.MOV 或 mustangWMP.MOV 的演示。

11.42. 编写一个实现跑马灯的 ANSI C 程序。跑马灯的速度应该由 SW 值决定,任何变化都应该显示在 Altera 监测终端。见 led_coutQT.MOV 或 led_countWMP.MOV 的演示。

11.43. 开发一个 ANSI C 语言程序,只点亮一个 LED,并通过按下按钮 4 或 3 分别向左或向右移动。

11.44. 重复前面的练习，控制点亮和移动的是 VGA 或 HDMI 显示器的一个三色条。

11.45. 使用 ADD 和 XOR 指令，开发一个随机数发生器的汇编程序或 ANSI C 程序。在 LED 上显示该随机数。你生成的随机序列的周期是多少？

11.46. 构建一个秒表，它以秒为单位进行计数。使用三个按钮：开始计时、停止或暂停计时，以及重置计时。使用 LED、LCD、OLED 或者前一个练习中所用的七段式显示器(见表 10.1)来显示。参见 stop_watch_ledQT.MOV 或 stop_watch_ledWMP.MOV 的演示。

11.47. 使用按钮来实现一个反应速度计时器。点亮四个 LED 中的一个，并测量出从灯亮起到相关按钮被按下所需花费的时间。在 LED、LCD、OLED、七段显示器或是 VGA/HDMI 上显示 10 次尝试后的测量结果。

11.48. 编写 ANSI C 程序，在七段显示器上显示所有字符 $A{\sim}Z$。请特别注意如 X、M 以及 W 字符。你可以用一个横杠来表示双倍长度，例如：$m=\overline{n}$；$w=\overline{v}$。制作一个简短的视频，展示七段显示器上的所有字符。请看 ascii4sevensegment.MOV 的演示。在 ZyBo 上，你会需要用到七段扩展 Pmod；见 10.2 节和表 10.1。

11.49. 使用上个练习中的字符集在七段显示器上生成一个跑动的文本，使用当前的年月日和/或作者的名字，如果名字太长，则使用名字的首字母。见本书在线资源中的演示 idQT.MOV 和 idWMP.MOV。

11.50. 编写 ANSI C 语言程序，将图 5.2 中 ASCII 表的所有可打印字符(十进制 32...127)显示在 VGA/HDMI 显示器和终端窗口上；见图 5.2b。

11.51. 为 Altera DE1 SoC 计算机或者 Xilinx HDMI 输出演示编写一个 ANSI C 程序，使用 Bresenham 圆周算法在 VGA/HDMI 显示器上画一个圆：从 $y=0$；$x=R$ 开始，每次迭代在 y 方向上移动一个像素。如果误差 $|x^2+y^2-R^2|$ 对于 $x'=x-1$ 变小了，则减少 x 的值；否则，保持 x 不变。利用对称性完成圆的四段。

11.52. 使用上次练习中的 Bresenham 算法，以指定的颜色画一个实心圆。

11.53. 为 Altera DE1 SoC 计算机或者 Xilinx HDMI 输出演示编写一个 ANSI C 程序，用标准的浮点运算在 VGA/HDMI 显示器上画一个椭圆：$x = a*\cos([0:0.1:\pi/2])$；$y = b*\sin([0:0.1:\pi/2])$。利用对称性，用水平线填充椭圆。椭圆是否完全被填充？这类算法有什么问题？

11.54. 为 Altera DE1 SoC 计算机或者 Xilinx HDMI 输出演示编写一个 ANSI C 程序，用 Bresenham 算法在 VGA 显示器上画一个椭圆：从 $y=0$；$x=R$ 开始，每次迭代在 y 方向上移动一个像素。如果误差 $|x^2/a^2 + y^2/b^2 - R^2|$ 对于 $x'=x-1$ 变小了，则减少 x 的值；否则，保持 x 不变。利用对称性，用水平线填充椭圆。椭圆是否被完全填充？将此算法与前面练习中的版本进行比较，并说出其优缺点。

11.55. 为 Altera DE1 SoC ARM 计算机或是 Xilinx ZyBo HDMI 输出演示编写一个 ANSI C 程序，实现 4 种分形的显示(取值范围 $x, y=-1.5...1.5$)。复数迭代方程如下：

(a) Mandelbrot: $c = x + i*y; z = 0$

(b) Douady 兔: $z = x + iy; c = -0.123 + j0.745$

(c) Siegel 圆盘: $z = x + i*y; c = -0.391 - j0.587$

(d) San Marco: $z = x + i*y; c = -0.75$

找到迭代次数(并以独特的颜色编码)$z = z.*z + c$，使$|z|^2 > 5$；见图11.20。分形的名称显示在VGA屏幕的中央。见 4fractals.MOV 的演示。

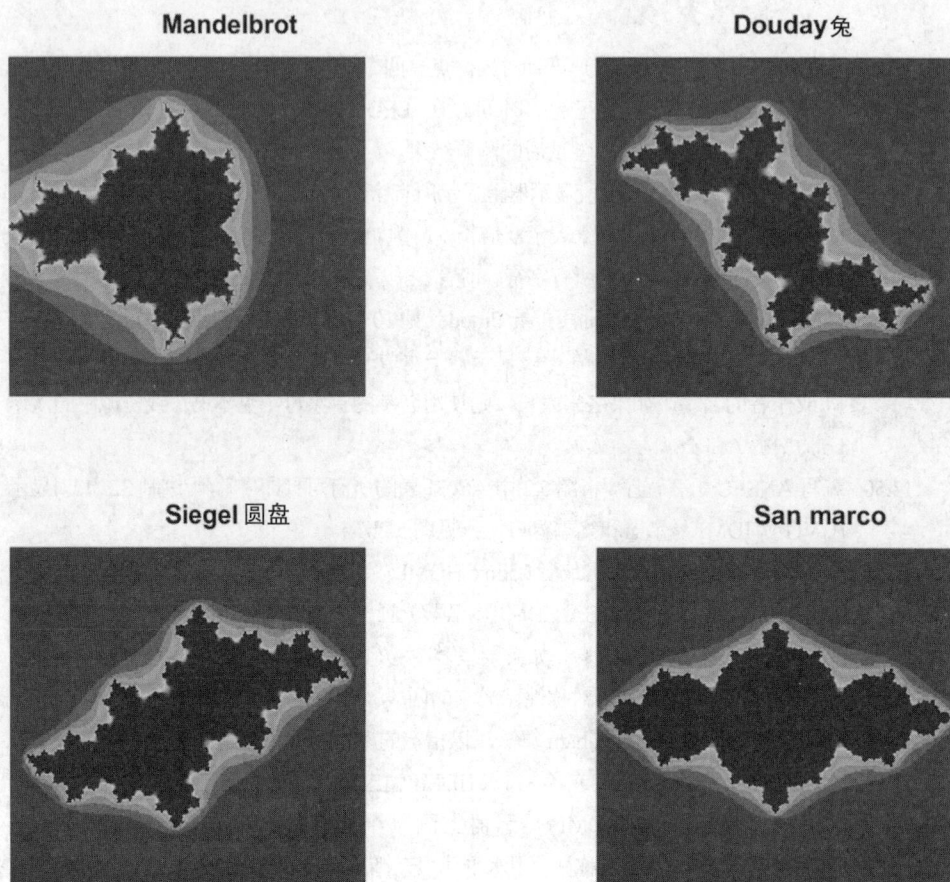

Mandelbrot

Douday兔

Siegel 圆盘

San marco

图 11.20　项目 11.54 中的 4 个分形例子

11.56. 为 Altera DE1 SoC 计算机或是 Xilinx ZyBo HDMI 输出演示编写一个 ANSI C 程序，实现对 Mandelbrot 分形的缩放。在 25 个不同的缩放级别上计算分形，然后将这 25 幅图像按顺序显示。帧数应显示在VGA屏幕的中央。请看 MandelbrotZoomColor.MOV 和 MandelbrotZoomGrey.MOV 的演示。

11.57. 为 Altera DE1 SoC ARM 计算机或是 Xilinx ZyBo HDMI 输出演示编写 ANSI C 程序，实现以下游戏之一。

(a) 井字棋(作者: Christopher Ritchie、Rohit Sonavane、Shiva Indranti,、Xuanchen Xiang、

Qinggele Yu、Huanyu Zang，2016 年游戏 3/6/8；2017 年游戏 9/10/11)：支持两名玩家。用滑动开关和按钮输入玩家 1(按钮 3)和玩家 2(按钮 0)的选择。默认规则是轮流进行，还要在 LED 或七段上显示是哪个玩家进行的回合。对于 DE115 来说，你可以用滑动开关 0~8 来表示玩家 1，滑动开关 9~17 表示玩家 2。

(b) 反应时间(作者：Mike Pelletier，2016 年游戏 4)：点亮屏幕上三个方块中的一个，然后测量直到按下正确按钮所需花费的时间。

(c) 扫雷(作者：Sharath Satya，2016 年游戏 7)：在一个 3x3 的场地上，隐藏着三颗炸弹。你需要找到不含炸弹的 6 个箱子。如果你找到所有 6 个，就赢了；否则就输了。

(d) 乓(作者：Samuel Reich 和 Chris Raices，2017 年游戏 4/5)：一个玩家。用一个方向键来移动球，用按钮来移动另一个轴上的球拍。设置一个计时器，用于计算游戏运行了多长时间，直到玩家错过球。球可以是一个小方块。

(e) 西蒙说(作者：Melanie Gonzalez 和 Kiernan Farmer，2016 年游戏 1/2)：用 1、2、3 号按钮重复 VGA 方块的三色顺序。

(f) 追箱子(作者：Ryan Stepp，2017 game 7)：一个大箱子在显示屏上随机移动，你需要用按钮控制你的小箱子向左或向右移动，以避免被大箱子击中。

(g) 太空入侵(作者：Zlatko Sokolikj 2017，游戏 6)：有个飞行的物体，需要用你的射击枪在 y 方向上击中它。而枪在 x 轴上移动，所以共用到三个按钮。分数取决于在一定时间范围内击中目标的总次数。

(h) Flappy Bird(作者：Javier Matos，2017 年游戏 3)：按下一个按钮，你的小鸟会在 y 方向上移动，同时你的小鸟会不断下降。障碍物如带洞的墙等则从右到左移动。当小鸟撞到墙或地面时游戏结束。

(i) 弹跳(作者：KevinPowell，2016 年游戏 5)：由两个按钮控制一个三色条向左或向右移动。一个球沿 y 方向弹起，每当球到达顶部时就会改变颜色。当球落地时，球的颜色必须与条的颜色一致；否则，游戏结束。

对于有些游戏，更详细的描述见 11.2 节。所有的游戏都是在 2016 年和 2017 年的一个学期项目竞赛里由学生们设计的。为你的实现撰写一个简要描述，包括计算机系统、用到的 I/O 组件以及游戏规则。请提交一个游戏演示的短视频。

11.57. 为 DE1 SoC 计算机或是 Xilinx ZyBo HDMI 输出演示编写一个 ANSI C 程序，实现以下游戏之一。

(a) 四子棋：用滑动开关来选择行，然后用一个按钮提交你的选择；例子见图 11.21a。

(b) 俄罗斯方块：让不同的元素在 y 方向上缓慢移动；见图 11.21b 的例子。

(c) 数独：在棋盘上放置简单、正常或困难级别的起始配置。然后支持用三个条目即行、列和数字(1~9)来进行提交；例子见图 11.21c。

11.58. 运行 ANSI C 代码小片段，指出 TRISC3A 指令集中缺少的指令。

    (a) if 和 switch 语句

    (b) 阶乘例程

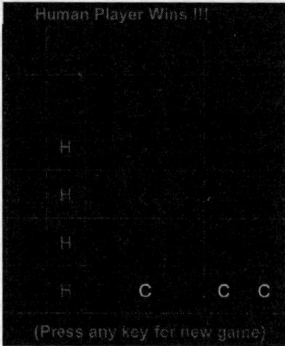
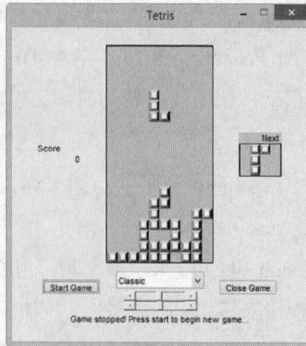
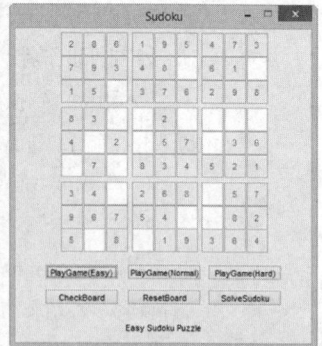

(a) 四子棋   (b) 俄罗斯方块   (c) 数独

图 11.19　额外的示例游戏

11.59. 为 TRISC3A 架构增加额外的 ARMv7 特性，例如以下指令：

    (a) 乘

    (b) 除

    (c) 32 比特移位

    (d) 循环移位

    添加 HDL 代码，然后用小段汇编程序来测试。同原始设计比较在综合时面积和速度方面存在的差异。

11.60. 开发一个 TRISC3A 程序，通过重复加法实现两个 32 位数的乘法运算。通过读取 SW 值并计算输出到 LED 的 $q = x*x$ 来测试这个程序。

11.61. 添加 ISA 中缺失的指令以在硬件上运行分形程序。测试单条新指令，然后运行分形程序。

11.62. 考虑一种带有一个符号比特位的浮点表示法，指数位宽 $E=7$，尾数位宽 $M=10$(不计隐藏的 1 位)。

    (a) 用公式(9.2)计算偏置

    (b) 确定可以表示的(绝对值)最大的数字

    (c) 确定可以表示的(以绝对值衡量)最小的数字(不包括非规格化数)

11.63. 利用前面练习的结果：

    (a) 确定 $f_1 = 9.25_{10}$ 在(1,7,10)浮点格式中的表示形式。

    (b) 确定 $f_2 = 10.5_{10}$ 在(1,7,10)浮点格式中的表示形式。

    (c) 用浮点算术计算 $f_1 + f_2$。

    (d) 用浮点算术计算 $f_1 * f_2$。

    (e) 用浮点算术计算 f_1 / f_2。

11.64. 对于 IEEE 单精度格式[I85, I08]，确定下列内容的 32 位表示：

(a) $f_1 = -0$

(b) $f_2 = \infty$

(c) $f_3 = -0.6875_{10}$

(d) $f_4 = 10.5_{10}$

(e) $f_5 = 0.1_{10}$

(f) $f_6 = \pi = 3.141593_{10}$

(g) $f_7 = \sqrt{3}/2 = 0.8660254_{10}$

11.65. 将下列 32 位浮点数[I85, I08]转换成十进制数：

(a) $f_1 = 0 \times 44FC6000$

(b) $f_2 = 0 \times 49580000$

(c) $f_3 = 0 \times 40C40000$

(d) $f_4 = 0 \times C1AA0000$

(e) $f_5 = 0 \times 3FB504F3$

(f) $f_6 = 0 \times 3EAAAAAB$

11.66. 设计一个带有选择符号 sel 的 32 位浮点 ALU，从以下运算中选择一种：(0)fix2fp (1)fp2fix (2)add (3)sub (4)mul (5)div (6)reciprocal (7)power-of-2 scale。使用图 11.22 所示的仿真来测试设计。

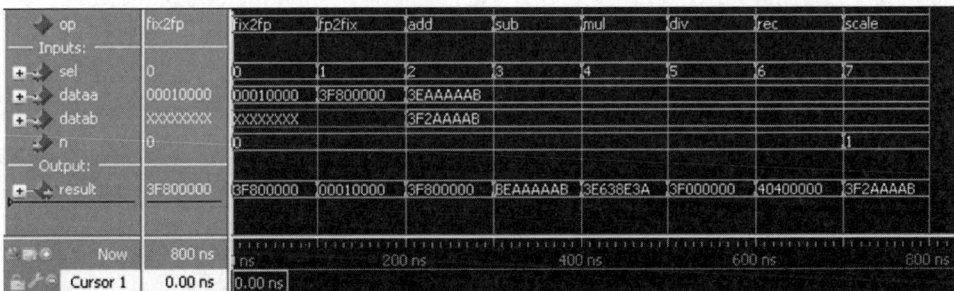

图 11.22　在 MODELSIM 中对浮点运算单元 fpu 的 8 个功能进行 RTL 仿真。sfixed 中的 0001.0000 成为 FLOAT32 的十六进制编码 0x3F800000。算术测试数据是 1/3 = 0x3EAAAAAB 和 2/3 = 0x3F2AAAAA

11.67. 使用代码清单 11.38 中的闪灯程序开发七段显示器，以秒为单位进行计数。这就需要修改引脚分配，使 TRISC3A 输出端口不仅能驱动 LED，还能驱动七段显示器。对于 ZyBo，需要用到七段扩展 Pmod；参见 10.2 节和表 10.1。

11.68. 编写一个简短的 MATLAB 或 C/C++程序，为第 10 章中提到的 HDMI 编码器生成一个新的内存初始化文件，并将 CIP 添加到 ARM μP 系统中。请查看文件 eupsd_hex.mif，了解所需格式。使用新的文本：

(a) 你最喜欢的相声

(b) 你最喜欢的诗句

(c) 你最喜欢的笑话

(d) 你最喜欢的歌词

11.69. 使用第 10 章中的 HDMI CIP 文件，构建一个不需要使用微处理器的单独的 ZyBo 系统。对于端口，使用下面的分配：reset=KEY[0]；WE=KEY[3]；DATA = { 4'h3, SW}；COUNTER_X=X<<3；COUNTER_Y=Y<<3；LEDR[0]=CLOCK_25；LEDR[1]= CLOCK_250；LEDR[2]= DLY_RST；LEDR[3]= LOCKED；(keep SW[2]=REG；SW[3]=GRN；SW[1:0]=font；CLOCK_125=sys clock 125 MHz)。在 XDC 文件中使能端口。继续使用 HDMI 输出的名字。使用前一个问题中的文本进行显示。将你的名字加入横幅。

11.70. 修改第 10 章中的 HDMI CIP，将其作为文本终端用于 VGA 端口。如果用的是 DE1 SoC 或者 ZyBo，则使用可用的 VGA 端口；对于第二代 ZyBo，要购买一块 VGA Pmod(约 9 美元/欧元)；见图 10.6a。还需要一条 VGA 线。VGA 使用与 HDMI 相同的时序进行行和列控制，但它使用模拟输出信号。你还需要将内部 H/V 同步信号转发到输出。VGA 端口包含三个用于此目的的 DAC。研究一下 ZyBo 的主 XDC 文件以了解所需用到的 ZyBo 信号。注意##VGA Connetor 部分。使用 5 个 MSB 来表示红色和蓝色，6 个 MSB 表示绿色。

11.71. 使用上一问题中的 VGA 代码来构建 VGA 文本终端 CIP。使用 ARM 基本计算机测试你构建的 CIP。

11.72. 为 ZyBo 编写一个 ANSI C 程序，测试一个组件。

(a) USB OTG：检查 USB 记忆棒等设备是否存在 R/W 错误，并测量最大传输速率。

(b) SD 卡：检查存储器 R/W 并测量最大传输速率。

(c) 自定义指令：执行 DES 算法中使用的 S 盒。

(d) 以太网：尝试通过以太网电缆与其他设备通信。

(e) JTAG-UART：测量与 ARMv7 之间的文件传输速率。

(f) XADC：从 XADC 读取数据并存入主机系统上的文件。

(g) VGA：使用 HDMI CIP 实现文本终端。

(h) WiFi：添加 WIFI Pmod(见表 10.1)，并尝试与其他设备通信。

(i) ACL：添加三轴加速度计 Pmod(见表 10.1)，并构建震动传感器。

(j) BT2：添加蓝牙 Pmod(见表 10.1)，并尝试与其他设备通信。

其中项目 g~j 可能需要购买通过 ZyBo Pmod 连接器来连接的小型附加模块(见表 10.1)。

11.73. 为 DE1 SoC 计算机编写一个 ANSI C 程序，测试一个组件。

(a) AUDIO-IN：使用振幅跟踪来确定功率信号中的骤降或骤升。

(b) AUDIO-OUT：实现随 SW 设置变化的"回声"。

(c) USB：检查 USB 记忆棒等设备是否存在 R/W 错误，并测量最大传输速率。

(d) IrDA：用光学设备传输数据。

(e) PS2：从键盘输入数据，并显示在 VGA 或 LED 上。

(f) VGA：让“EuPSD”在 VGA 显示器上浮动显示。

(g) SD 卡：检查内存 R/W，并测量最大传输速率。

(h) 自定义指令：执行 DES 算法中使用的 S 盒。

(i) 以太网：尝试通过以太网电缆与其他设备通信。

(j) JTAG-UART：测量 Nios II 之间的文件传输速率。

(k) G 传感器：建造震动传感器。

(l) 视频：边缘检测或重采样器。

11.74. 开发一个 srec2prom 工具，用于读取 Altera Monitor 程序中 GCC 生成的摩托罗拉*.srec 文件(SREC 文件格式参见[A01])。生成一个完整的 VHDL 文件，其中包括作为常量值的代码，或者为 Verilog 生成一个*.mif 表，可以用$readmemh()将其加载。使用 TRISC3A flash.c 示例测试程序。

11.75. 从 TRISC3A 中找出当使用前面练习中的 srec2prom 时需要用到却缺失的指令。在 HDL 中实现缺失的指令，并运行生成的 srec2prom 程序。